高等学校"十二五"规划教材

大学物理

主　编　王亚民
副主编　渊小春　班丽瑛

西北工业大学出版社

【内容简介】 物理学是一门理论性和实践性很强的理工科专业的公共基础课。本书以物理学教学大纲(非物理专业)为依据，全面地介绍了物理学的基本知识，主要内容包含质点力学、刚体的定轴转动、狭义相对论、振动和机械波、热学、电磁学、现代物理技术等。

本书的特色在于坚持“保证宽度、培养素质、涉及前沿”的原则，体现了新知识、新工艺、新方法。本书可作为高等院校、成人大学理工科各专业的大学物理教材，也可供有关教师、科技人员和广大青年自学者参考。

图书在版编目(CIP)数据

大学物理/王亚民主编. —西安:西北工业大学出版社，2011.9(2014.2 重印)
ISBN 978-7-5612-3186-9

Ⅰ.①大… Ⅱ.①王… Ⅲ.①物理学—高等学校—教材 Ⅳ.①O4

中国版本图书馆 CIP 数据核字(2011)第 188891 号

出版发行：西北工业大学出版社
通信地址：西安市友谊西路 127 号 邮编：710072
电 话：(029)88493844 88491757
网 址：www.nwpup.com
印 刷 者：陕西向阳印务有限公司
开 本：787 mm×1 092 mm 1/16
印 张：23
字 数：557 千字
版 次：2011 年 9 月第 1 版 2014 年 2 月第 3 次印刷
定 价：49.00 元

前　　言

在科学与技术迅猛发展的今天，新兴学科与交叉学科不断地涌现，物理学的概念、研究方法，以及严谨而富有创新性的逻辑思维方式和实验技术在其他学科得到了广泛的应用和认同，显示了物理学在自然科学和社会科学中重要的基础性作用。为了适应当今科技、经济、社会发展对人才培养的需求，高等院校开设了学时不等的物理学课程以满足各类学科专业的需求。

大学物理是一门理论性和实践性很强的基础课程，其重要性在于它所提供的一定范围的、系统的物理知识是科学素质的基础，它蕴涵着思考问题和解决问题的科学思想、方法和态度，以及激发学习者创新意识的能力。本课程旨在增强学生分析问题和解决问题的能力，培养学生的探索精神和创新意识，以实现学生知识、能力、素质的协调发展。

在本书编写中考虑到各个层次学生教育的特点，保证基本知识结构完备，系统完整，贯彻“少而精、理论联系实际”的原则。书中基本概念和基本理论的阐述力求清楚细致、由浅入深、易读易懂，便于学生掌握；对一般性内容简要介绍，阐明物理思想并给出重要结论，其中的数学推导从简，着力培养学生使用数学工具解决物理问题的能力。

本书由王亚民教授任主编，渊小春副教授和班丽瑛副教授任副主编，庞绍芳参编。编写分工如下：第 1,2,3,15,16 章由王亚民编写，第 4,7,8 章和答案及附录由庞绍芳编写，第 5,6,14 章由班丽瑛编写，第 9,10,11,12,13 章由渊小春编写，全书由王亚民和渊小春统稿核定。

在本书的编写和出版过程中，得到了西安科技大学继续教育学院、理学院物理系的支持，杨梅忠教授、史正有教授、郭何明和李强高工等为本书的编写提供了不少帮助，在此向他们一并表示诚挚的谢意。

由于时间仓促，水平有限，书中难免存在错误和不足之处，恳请专家、同行和读者斧正。

编　者

2011 年 3 月

目　录

第1章 物理学导论

中国自古就有一个美丽的传说——嫦娥奔月，多少年来，多少代中国人孜孜不倦地探求，终于使神话变成了现实。2003年10月，由宇航员杨利伟(1965—)驾驶"神舟5号"飞船，环绕地球14圈，圆了中国人的千年飞天梦。从意大利航海家哥伦布(C. Colombo，1446—1506年)的帆船航海，到美国莱特兄弟的飞机上天，直到今天的宇宙飞船漫游天际，人类就像插上了翅膀，在浩瀚的宇宙间翱翔。回首过去，我们不禁感叹，世界变化得多么快！我们不禁要问，是谁使我们这个世界变化得这么快！这就是现代科学技术，是现代科学的基础——物理学！

1.1 物理学的形成与发展

本节我们将沿着物理学发展的历程，介绍经典物理学的建立过程，以及20世纪物理学的革命，使大家对物理学的理论体系、研究方法及其作用有一个初步的了解。

1.1.1 从自然哲学到物理学

物理学的前身称为自然哲学。早期的物理学含义非常广泛，它在直觉经验的基础上探寻一切自然现象的哲理。中国作为发明指南针、火药、造纸和印刷术的文明古国，在哲学思考上很有特色。我国春秋战国时代的《墨经》是一本最古老的科学书籍，里面记载了许多关于自然科学问题的研究。其中有一句话："力，刑之所以奋也。""刑"即"形"，可解释为"物体"，"奋"可解释为"运动的加速"，这与牛顿第二定律($\boldsymbol{F}=m\boldsymbol{a}$)有一定的联系。书中并载有万物都是由"不可斫"的"端"即"点"所构成(斫，zhuó，用刀斧砍的意思)。与差不多同时代的希腊"原子"说，是世界上关于物质组成问题的最早文字记载。但是这些观察和分析，仅仅是定性的，没有系统化、定量化。

公元前7至前6世纪，古希腊文化进入一个繁荣时期，人才辈出，其杰出的代表——亚里士多德(Aristoteles，公元前384年至公元前322年)。这位百科全书式的学者，系统研究了运动、空间和时间等物理及相邻自然科学方面的问题，著有《物理学》《力学问题》《论天》及《玄学》(14卷本巨著)等。他的著作处于古希腊及整个中世纪自然哲学的"皇冠"地位，其中《物理学》一书，是Physics一词最早的起源(虽然今天含义已不同了)。他提出了许多概念，但有一些观念是错误的。如"在地球上重物比轻物落得快"的观念，直到伽利略(Galileo Galilei，1564—1642年)在1590年登上比萨(Pisa)斜塔(建于1174年)，用实验证明了一个100磅重和一个半磅重的两个球体几乎同时落地，才纠正过来。又如他的"地心说"，认为地球位于整个宇宙的中心，整个宇宙由环绕地球的7个同心球壳所组成，月亮、太阳、星星在其上作完美的圆周运动。当然，用今天的知识我们很容易指出其错误，但昨天终归不是今天。在两千年前，亚里士多德敢于主张"地球是球形"，较之远古人的"大地是平坦的"，客观地说，那是人类认识上的一大飞跃。但后来被神学所利用，在封建教会的统治下，欧州中世纪的科学发展十分缓慢。直到15世纪后，工业革命使得科学技术获得了快速的进步，为科学实验开展提供了前所未有的条件，带动了科学理论的飞速发展。

1.1.2 经典物理学的建立

波兰天文学家哥白尼（N. Copernicus，1473—1543年）在他的不朽著作《天体运行论》中，提出"太阳是宇宙的中心，地球是围绕太阳旋转的一颗行星"的日心说，引起了宇宙观的大革命。日心说使教会感到恐慌，因为若地球是诸行星之一，那么圣经上所说的那些大事件就完全不能够在地面上出现了。"日心说"被称为"邪说"，《天体运行论》被列为禁书。为捍卫真理，当时的科学家进行了不屈不挠、可歌可泣的斗争。意大利天文学家布鲁诺（G. Bruno，1548—1600年）为此献出了生命。这种为科学献身的崇高精神和宽广的胸怀永远让人崇敬，永远值得我们学习。

在15世纪以后，科学空前发展，逐步建立了比较完整的系统理论。物理学先驱伽利略研究了落体和斜面运动，做了著名的比萨斜塔实验，发展了科学实验方法，并提出了物质惯性等重要概念。到17世纪，杰出的英国物理学家牛顿（I. Newton，1642—1727年）在前人工作的基础上，于1678年发表了他的名著《自然哲学的数学原理》，提出牛顿三大定律，成为经典力学的理论基石。后来，他在开普勒（J. Keppler，1571—1630年）提出的行星运动三定律的基础上，提出了万有引力定律，这是牛顿对物理学的两大杰出贡献。牛顿还是位数学家，他和莱布尼兹同时创立了微积分，并应用于力学，使力学与数学不断结合。后来，欧勒等人进一步使力学沿分析方向发展，建立了分析力学。至此，在常速情况下，宏观物体的机械运动所遵循的规律——经典力学——已建立起来了。我们常把经典力学称为牛顿力学，它的建立被认为是第一次科学革命。牛顿也被誉为科学史上的一位巨人，因为他代表了整整一个时代。

1850年左右，在大量实验的基础上，确立了能量转化和守恒定律，其另一种表达形式是热力学第一定律，这和进化论及细胞学说并列为当时的三大自然发现。能量的转化和守恒是一回事，但能量的可利用性是另一回事，这种研究促进了1851年热力学第二定律的建立。另外，对于低温的研究，于1848年了解到"绝对零度"即-273.16℃是不可能达到的，这就是热力学第三定律。同时，物理学家意识到热现象的基本规律是热现象的基础，是一切热现象的出发点，应列入热力学定律；因为这时热力学第一、第二定律都已有了明确的内容和含义，有人提出这应该是第零定律。于是，热力学形成了一个以4个定律为基础的系统完整的体系。

热学和热力学的微观理论是建立在分子-原子理论上的。19世纪末期，从分子运动论逐渐发展到统计物理，建立了统计物理学。

从美国的富兰克林（B. Franklin，1706—1790年）首次用风筝把"天电"引入实验室，英国的卡文迪许（H. Cavendish，1731—1810年）精密地用实验证明了静电力与距离的二次方成反比，再经过法国人库仑（C. A. Coulomb，1736—1806年）的研究，最后确立了静电学的基础——库仑定律。

电荷的流动显现为电流，电流会对周围产生磁的效应。电能生磁，那磁能否生电呢？英国物理学家法拉第（M. Faraday，1791—1867年）于1831年发现并确立了电磁感应定律，这一划时代的伟大发现是今天广泛应用电力的开端。完整地总结电和磁的联系的工作是由麦克斯韦（J. C. Maxwell，1831—1879年）完成的，它建立了微分形式的"麦克斯韦方程组"，该方程组的形式极为对称和优美，被誉为物理学上"最美的一首诗"，是19世纪物理学最辉煌的成就。至此，经典电磁学建立起来了。

光的现象是一类重要的物理现象，光的本质是什么？一直是物理学要回答的问题。

17世纪，人们对光的本质提出了两种假说：一是牛顿的微粒说，认为光是发光物体射出的大量的微粒；另一是荷兰科学家惠更斯(Christian Huygens，1629—1695年)的波动说，认为光是发光物体发出的波动。两种学说展开了旷日持久的论战。开始，由于牛顿在科学界的威望，以及光在均匀介质中的直线传播、折射与反射现象等实验的支持，微粒说占据有利地位。后来，随着光的干涉、衍射现象的发现，给波动说以强有力的支持。最后，由麦克斯韦确认了光实际上是一种电磁波，波动光学由此建立。

到19世纪末20世纪初，经典物理学理论已经系统、完整地建立，它包括经典力学、热力学、统计物理学、电磁学、光学。至此，经典物理学辉煌的科学大厦建立起来了。

1.1.3　20世纪初物理学的革命

经过力学、热力学与统计物理学、电磁学和光学各分支学科的迅猛发展，到19世纪末，经典物理学看来似乎已经很完善了。英国物理学家开尔文(W. Thomson，1824—1907年)在著名的题为《遮盖在热和光的动力理论上的19世纪乌云》的演说中说："在已经基本建成的科学大厦中，后辈物理学家似乎只要做一些零碎的修补工作就行了；但是，在物理学晴朗天空的远处，还有两朵令人不安的乌云。"开尔文所说的一朵乌云指的是热辐射的"紫外灾难"，它冲击了电磁理论和统计物理学；另一朵乌云指的是迈克尔逊-莫雷实验的"零结果"，它否定了以太的存在。开尔文没料到，正是这两朵小小的乌云，引发了物理学史上一场伟大的革命。

1905年，著名物理学家爱因斯坦(A. Einstein，1879—1955年)对高速物体运动进行研究，创立了狭义相对论。爱因斯坦以其独特的思维方式，发动了一场关于时空观的革命。从低速到高速，从小宇宙到大宇宙，爱因斯坦于1915年建立了广义相对论，使人们的视野扩展到广阔无垠的宇宙空间。爱因斯坦的相对论做出了划时代的贡献。

在研究微观世界时，经典理论暴露了其局限性，从而把物理学的伟大革命推向一个高潮。在研究黑体辐射时，普朗克(M. Planck，1858—1947)发现：若假设光子能量是量子化的，则理论与实验结果相符。但普朗克摆脱不了经典概念的束缚，竟不敢加以承认。又是爱因斯坦这位杰出的理论物理学家，第一个勇于承认。尔后，玻尔(N. Bohr，1885—1962年)、薛定谔(E. Schrodinger，1887—1961年)、海森伯(W. K. Heisenberg，1901—1976年)等物理学家建立了量子力学。

20世纪初的30年，相对论和量子论的建立完成了近代物理学的一场深远的革命，把人类认识世界的能力提升到了前所未有的高度，为实践应用开辟了广阔的道路，为20世纪层出不穷、不断涌现的高科技、新学科、新技术的发展奠定了基础。19世纪两朵令人不安的乌云转化为近代物理学诞生的彩霞。物理学不仅仍然是自然科学基础研究中最重要的前沿学科之一，而且已发展成为一门应用性、渗透性极强的学科。今天的物理学决不仅是少数物理学家关起门来埋头研究的专门学问，而是生气勃勃地向一切科学技术，甚至经济管理部门渗透的一种力量，它已经而且正在继续改变我们这个世界！

1.2　物理学的层次

物理学是研究物质结构和运动基本规律的学科，或者说物理学是关于自然界最基础形态的学科，它研究宇宙间物质存在的各种基本形式、它们的内部结构、相互作用及运动基本规律。物理学研究范围也和它本身的发展一样，经历着历史的变化。物理学对客观世界的描述，已由可与人体大小相比的范围(称为宏观世界)向两个方向发展：一是向小的方面——原子内部(称为微观世界)；另一是向大的方面——天体、宇宙(称为宇观世界)。近年来随着高科技的发展，要求器件微型化、超微型化，出现了呈现微观特性的准宏观世界，称为介观世界。

宇观世界的尺度大于 10^{7} m，按物体线度从大到小排列有：总星系、星系团、银河系、太阳系、地球、月球等。宏观世界的尺度为 $10^{3}\sim10^{6}$ m，人们对它的研究比较透彻，其运动服从经典物理规律。微观世界尺度小于 10^{-8} m，它是构成宏观物质的基本单元，从外向内有：分子、原子、原子核、强子、夸克或轻子。介观世界的尺度为 $10^{-8}\sim\times10^{-6}$ m，在这个介于宏观和微观的世界里，一方面它表现出微观世界中的量子力学特性；另一方面，就尺度而言，它几乎又是宏观的。就物质结构的尺度来划分，物质的层次见表 1-1。

表 1-1　物质的层次

实　　体	尺　　度	相关的专门科学分支
基本粒子	10^{-15} m 以下	粒子物理学
原子核	10^{-14} m	核物理学
原子	10^{-10} m	核物理学
分子	10^{-9} m	化学
巨型分子	10^{-7} m	生物化学
固体		固体物理学
液体		液体动力学
气体		气体动力学
植物与动物	$10^{-7}\sim10^{2}$ m	生物学
地球	10^{7} m	地质学、地球物理学
恒星	$10^{7}\sim10^{12}$ m	天体物理学
星系	10^{20} m	天文学
银河星团	10^{23} m	
宇宙已知部分	10^{26} m	宇宙学

物质的层次以其尺度从 10^{-15} m 到 10^{26} m，大小相差 10^{41} 倍，却几乎都与物理学密切相关。可见，物理学在自然科学中占有特殊的地位。

1.3　物理学的特点

1. 物理学是“普遍”的、“基本”的

我们知道：物理学几乎和宇宙中各种尺度的物质都有关系，它的研究范围非常宽广，所以物理学是普遍的。

物理学是一切自然科学中最基本的，它的重要性在于物理学努力去澄清"更基础""更基本"的含义，在于它对最基础、最基本内容的理性追求和它对内容进行精巧、成熟性的提炼，从而提供了基本性、理论性的框架，以及为几乎所有领域提供了可用的理论、实验手段和研究方法。

物理学由于它的普遍性、基本性，使它在自然科学中占有独特的地位，渗透性极强，与许多学科关系密切。在19世纪，力学、热学、电磁学从少得惊人的几条基本原理出发，引出了众多意义深远的推论，加强了物理学同数学、天文学、化学和哲学的密切联系。近代科学的发展，使物理学进一步与其他学科融合。如量子力学是物理化学和结构化学的理论基础，同时又产生了许多交叉学科，如生物物理学、量子生物学和生物磁学等。现代计量学多采用物理现象来定义它的基本单位(如时间、长度等)，甚至考古学、艺术等学科，也采用了现代物理学的成就和方法。可见，物理学不仅促进了对自然界的探索，同时也对人类社会的进步做出了较大的贡献。

2. 物理学是"求真"的

物理学研究"物"之"理"，从哲学的思辨时期开始就具有彻底的唯物主义精神。物理学中的实验方法充分体现了"实践是检验真理的唯一标准"的哲学原则，物理学发展出一套成功的探求规律的研究方法，是由相对真理不断逼近绝对真理的充分展示。物理学家不畏权势、不盲目迷信、勇于牺牲的科学精神，达到了"求真"的最高境界。

3. 物理学是"至善"的

物理学致力于把人从自然界中解放出来，导向自由，帮助人认识自己，使理论趋于完善，使人类生活趋于高尚。从根本上说，它是"至善"的。

人类知识的发展从来是肯定—否定—否定之否定，是一种螺旋式上升。这是一个长期而曲折的过程，这个过程永远不会终结，使认识不断逼近真理。物理学的发展亦如此。从历史上看，物理学已经历了几次革命：力学率先发展完成了物理学的第一次大综合，这是第一次革命；第二次是能量转化与守恒定律的建立，完成了力学和热学的综合；第三次是把光、电、磁三者统一起来的麦克斯韦电磁理论的建立；第四次则是由相对论和量子力学带动起来的。每一次革命都产生了观念上深刻的变革，每一个新理论都是对旧理论批判的继承和发展，并把旧理论中经过实践检验为正确的那一部分很自然地包容其中，从而使理论趋于完善。

4. 物理学是"美"的

几百年来，人们对物理学中的"简单、和谐、统一"赏心悦目，赞叹不已。首先，物理规律在各自适用的范围内有其普遍的适用性、统一性和简单性，这本身就是一种深刻的美。表达物理规律的语言是数学，而且往往是非常简单的数学表达式，这又是一种微妙的美。如爱因斯坦的质能关系式 $E=mc^2$，形式极为简单，却揭示了一种巨大的能量——原子核能可从核内释放出来的深刻理论，导致了原子能的利用，因而质能关系式被称为"改变世界的方程"。其次，说到"和谐"，人们曾经认为，只有将相同的东西放在一起才是和谐的，而物理学特别是量子力学的发展揭示的真理，证明了古希腊哲学家赫拉克利特(Heracleitus，公元前540年至公元前480年)的话："自然……是从对立的东西产生和谐，而不是从相同的东西产生和谐。"爱因斯坦曾说："从那些看来与直接可见的真理十分不同的各种复杂现象中认识到它们的统一性，那是一种壮丽的感觉。"科学的统一性本身就显示出一种崇高的美。

1.4　物理学的方法和思想

回顾物理学的发展，我们感到，当今物理学成果实在是太丰富了！一系列重大的突破性成果的取得，充分体现了物理学家勇于探索、不畏艰难的精神，更得益于物理学家的创造性思维及正确、科学方法的运用。我们学习物理学，不只是掌握其知识内容，更重要的是掌握其物理思想和物理方法，这才是物理学的精华所在。对那些杰出物理学家丰富的物理思想、绝妙的物理方法，我们不应只是赞叹不止，更重要的是要好好领悟，并力求很好掌握。下面仅就重要的物理思想及方法做一简介。

1. 模型方法

在物理学研究中发展出一种十分成功的研究方法，称为“模型方法”。它是一种抓住主要矛盾，暂时除去次要矛盾，从而使问题简化的方法。因它突出本质，亦更深刻、更正确、更完全地反映着自然，这也是物理学建立模型的目的之所在。实际上，全部物理学的原理、定律都是对于一定的模型行为的刻画。如力学中的质点、刚体、弹性体等模型；原子结构中的葡萄干面包模型、行星原子模型、原子核的液滴模型等，都是物理模型。

模型方法具有三大特点：一是简单性。物理现象常常是很复杂的，包含的因素很多，要想对某个物理现象直接建立起一套完整的理论进行阐明往往是很困难的。物理学家常用分析的方法把物理对象分解为许多较简单的部分，对这些简单的部分建立模型，再通过对模型的研究建立起基本规律，最后利用综合的方法把各个较简单的部分复合起来，得到总的结果。二是形象性。随着人们的认识深入到微观领域之后，为了更好地说明微观现象，物理学家通过模型把微观的东西宏观化，把抽象的东西形象化，从而使人们得到一个比较直观的认识。如汤姆逊的葡萄干面包模型，把原子中的正电荷比做面包，把电子比做嵌在面包中的葡萄干；卢瑟福却提出了大家熟知的行星原子模型。这两种模型都是非常生动和直观的。随着物理学的发展，人们的认识愈深入，表现形式也愈抽象，模型理论形象性的意义也就愈大。三是近似性。模型只突出了物理对象的主要因素，常常忽略其次要因素，因而，利用模型所得到的结论一般是近似的，只有通过一级级的近似，才可能逼近真实。另外，模型常常是一种假说，因而模型的正确性是不确定的，像葡萄干面包模型就是错误的。这就需要不断改进模型，使其逐步向真实逼近。

2. 类比方法

类比方法是物理学研究中常用的一种逻辑推理方法，是根据两个或两类对象之间某些方面的相似性，从而推出它们在其他方面也可能有相似的推理方法。

例如，电磁学中电与磁的相似性不仅反映了自然界的对称美，而且也说明电与磁之间有一种内在联系。法拉第正是从电与磁的对称性出发，由电能生磁大胆猜想磁能生电，发现了电磁感应现象。

类比方法是逻辑推理方法中最富有创造性的一种方法。它是从特殊事物推论另外的特殊事物，这种推论不受已有知识的限制，也不受特殊事物数量的限制，凭的是预感和猜测，因而最富有创造性，在物理学中得到了广泛的应用。

3. “实验—理论—实验”方法

物理学的一个重要研究方法，也是自然科学所公认的科学工作方法，可概括为“实验—理论—实验”，意即：深入观察自然现象，从复杂因素中选择典型的单个因素进行实验—对观察和实验所得的结果进行综合分析，做出必要的假设，建立恰当的模型，再利用数学工具得出规律，从而形成一套理论—理论结果再回到实践中，得到检验和校正。这个“实验—理论—实验”的研究方法，贯穿于物理学始终，需要我们多加体会。

4. 辩证唯物主义思想

物理学中包含了丰富的哲学思想。从上面提到的“实验—理论—实验”研究方法中，我们自然联想到哲学的认识发展规律：“实践—认识—实践，如此循环往复，以至无穷。”物理学对自然的认识遵循同样的规律。其实，早期的物理学是从“哲学的思辨”开始的，它在直觉经验基础上探寻一切自然现象的哲理，所以物理学的前身称为“自然哲学”。因此，学习物理时，应以辩证唯物主义为指导，辩证、科学地研究问题。

1.5 几何学与物理学

物理学是定量的科学，所以在物理学中广泛地使用数学，可以说，数学是物理学的语言，它为物理学提供了定量表示和预言能力。

1.5.1 欧几里德几何空间

我们研究物体的运动，均是考虑它随着时间的流逝在空间的变化情况，离不开“空间”概念。对于空间，我们是熟悉的。我们生活的空间是包含在上下、前后、左右之中的。如果需要描述我们所处的空间中的某一位置，就需要用3个方向来表示。

古希腊数学家欧几里德（公元前330年至公元前275年）将公元前7世纪以来希腊积累起来的既丰富又纷纭庞杂的结果整理在一个严密统一的体系中，从最原始的定义开始，引出5条公理和5条公设为基础，通过逻辑推理，演绎出一系列定理和推论，编写出《几何原本》，从而建立了欧几里德几何的第一个公理化的数学体系。

在欧几里德几何中，空间是平直的，它用长、宽、高三个维度来表示立体空间，即我们常说的三维空间。另外，欧几里德几何空间还是均匀的和各向同性的，因而具有平移不变性和转动不变性。平移不变性是指空间是均匀的，即从一点到另一点没有什么区别。如果把物体无旋转地从一个位置移到另一位置，它的大小和几何性质都不变，物理性质亦不变。转动不变性是指空间是各向同性的，所有的方向都是等价的。一个物体在空间内改变取向时，它的几何性质与物理性质均不变。平移不变性导致动量守恒，转动不变性导致角动量守恒，这将在第4章中讨论。

1.5.2 时空观

时间和空间是物质运动的两种基本形式，时间是物质运动的顺序性和持续性，而空间则是物质运动的广延性或延展性。一切运动着的物质都有其时间和空间的存在形式，也只有在一定的时空中才能存在、运动和发展。

在牛顿的经典物理学中，采用欧几里德几何空间，它是平直的、均匀的、各向同性的。假如我们从欧氏几何小尺度范围看，地球上的大地是平直的，因而牛顿的时空观是“绝对的”“不变的”，物体在“绝对时间”“绝对空间”中进行“绝对运动”。但爱因斯坦推翻了牛顿的绝对时空观，指出时空是客观存在的，但又是相对的，不是绝对的。在黎曼空间中，地球上的地面实际上并不平直，而是一个弯曲的球面。爱因斯坦相对论把时间、空间和物质运动联系起来、统一起来，把物质运动置于四维时空中。

第2章 质点力学

自然界中的物质都处于不停的运动和变化之中，物质的运动形式多种多样，最为简单的是物质的机械运动，牛顿力学（经典力学）就是研究物质的机械运动规律及其应用的科学。一个物体相对于另一个物体，或者是一个物体的某些部分相对于其他部分的位置的变化，称为机械运动。如星体在太空中的运动，机器运转中各部件的运动及车辆在行驶中相对位置的改变等。力学在各种自然科学中发展得最早。17 世纪形成了以牛顿定律为基础的经典力学，其理论体系在 19 世纪上半期已完成，成为物理学其他分支研究的基石和起点，并广泛应用于生产实际之中，成为工程技术的重要基础。

任何物体都有一定的大小和形状，当物体运动时，其中各点的位置变化一般来说是各不相同的。因此，要精确描述实际物体的运动并不是一件简单的事情。但在某些实际问题中，如果物体各点的运动状态完全相同，或者物体本身形状、大小可以忽略不计，那么就可以把物体看做一个具有质量而没有大小和形状的点，这种理想的模型称为质点。能否把物体当做质点处理要看具体情况。本章将学习质点力学的基本知识，首先讨论质点运动学问题及表征相互作用规律及运动状态变化与物体间相互作用关系的牛顿运动定律，然后介绍动量、动量守恒定律，最后从牛顿运动定律出发讨论机械能和功的相关知识

2.1 运动方程

2.1.1 参照系与坐标系

一切物质均处于永恒不息的运动之中，称为运动的绝对性。因此，要描述一个物体的机械运动，确定它在空间的位置和运动状态，必须选择另一个物体作为参考，才能研究该物体相对于参考物体的运动情况，这个被选作参考的物体称为参照系。应该指出，同一物体的运动，相对于不同的参照系，其描述结果也不一样，称为描述运动的相对性。例如在一平直道路上匀速行驶的车辆中，坐着的乘客相对车辆是静止的，而相对于道路旁的电线杆，乘客的位置就是变化的。由于我们生活在地球上，如不特别指出，通常选地球作为参照系。

参照系选定后，为了定量描述物体的运动，还需要做两件事。一是在选定的参照系上建立一个合适的坐标系，即建立一套度量空间的尺子。最常用的是直角坐标系，有时为了研究的简便，也用到极坐标系和球坐标系。二是配置一个钟用来测量时间，并规定一个计时零点（即 $t=0$ 的时刻）。

2.1.2 位置矢量

我们以质点在空间运动即三维运动情况为例，来引入描述运动的几个概念。

设质点在 $Oxyz$ 平面内沿一曲线轨道运动，如图 2.1 所示，在 t 时刻质点位于 P 点，其位置可用自坐标原点 O 指向 P 点的直线有向线段 $\boldsymbol{r}$ 表示，这个 $\boldsymbol{r}$ 称为质点在 t 时刻的位置矢量，简称位矢或矢径。

位矢 $\boldsymbol{r}$ 在 Ox 轴、Oy 轴，Oz 轴上的分量分别为 x,y,z。若以 $\boldsymbol{i},\boldsymbol{j},\boldsymbol{k}$ 分别表示沿 x,y,z 三个坐标轴方向的单位矢量，则位矢可表示为

$$\boldsymbol{r}=x\boldsymbol{i}+y\boldsymbol{j}+z\boldsymbol{k} \tag{2-1}$$

位矢 $\boldsymbol{r}$ 是矢量，它的大小 $|\boldsymbol{r}|$ 表示质点的位置与参考点的距离，它的方向表示质点相对参考点的方位。

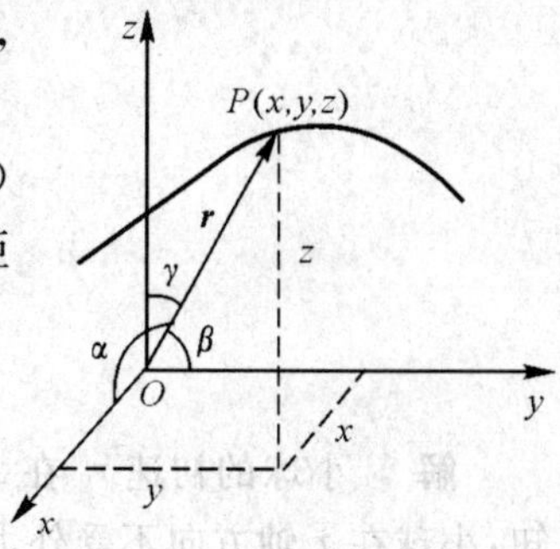

图 2.1　位置矢量

位矢 $\boldsymbol{r}$ 的大小为

$$|\boldsymbol{r}|=\sqrt{x^2+y^2+z^2}$$

位矢 $\boldsymbol{r}$ 的方向余弦为

$$\cos\alpha=\frac{x}{r},\quad \cos\beta=\frac{y}{r},\quad \cos\gamma=\frac{z}{r}$$

式中，α,β,γ 分别表示位矢 $\boldsymbol{r}$ 与 x,y,z 三个坐标轴的夹角，应该指出的是，质点的位矢与参考点的选择有关。

2.1.3　运动方程

质点运动时，位置矢量随时间变化，$\boldsymbol{r}$ 是时间 t 的函数，即

$$\boldsymbol{r}=\boldsymbol{r}(t) \tag{2-2}$$

这个表示矢径 $\boldsymbol{r}$ 随时间 t 变化的函数式叫做质点的运动方程，它包含了质点如何运动的全部信息。在平面直角坐标系中，运动方程的分量式为

$$\left.\begin{aligned} x&=x(t)\\ y&=y(t)\\ z&=z(t)\end{aligned}\right\} \tag{2-3}$$

当质点作直线运动时，只需要一个分量式。因此，运动方程在直角坐标系的每个分量式，实际上代表沿该坐标轴的直线分运动。

随着时间的改变，矢径 $\boldsymbol{r}$ 的末端将描绘出一条连续的曲线或直线，这是质点的运动轨迹（或轨道）。从运动方程式(2-3)中消去时间 t，就得到质点运动的轨迹方程。

例 2-1　已知某质点的运动方程为

$$x=6\cos\frac{\pi}{3}t,\quad y=6\sin\frac{\pi}{3}t$$

式中，t 以秒(s)计，x,y 以米(m)计，求该质点的轨迹方程。

解　将两个运动方程分别二次方相加，消去时间 t，便得到质点的轨迹方程

$$x^2+y^2=36$$

此式表明质点的运动轨迹是在 xOy 平面内，以原点 O 为心，半径为 6 m 的圆周。

须要指出，运动方程式(2-2)在直角坐标系中分解为分量式(2-3)，从本质上表明了运动的叠加性，即空间上的曲线运动可以分解为三个相互垂直的分运动。反过来，三个相互垂直的直线运动叠加起来便构成空间上的合运动，这一性质称为运动的叠加原理。

例 2-2　有一个小球从地面斜抛于空中，初速 $\boldsymbol{v}_0$ 与地面夹角为 θ，忽略空气阻力，重力加

速度为 $\boldsymbol{g}$,试写出对应如图 2.2 所示的直角坐标系的运动方程。

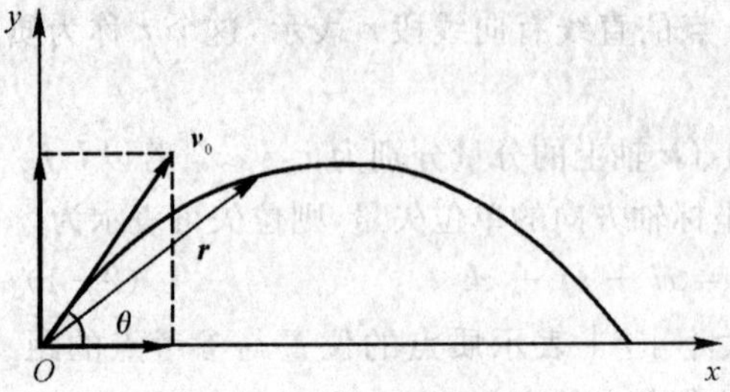

图 2.2

解 小球的初速 $\boldsymbol{v}_0$ 在 x 轴上的分量为 $v_0\cos\theta$,在 y 轴上的分量为 $v_0\sin\theta$,从中学物理可知,小球在 x 轴方向不受外力,是匀速运动;在 y 轴方向受恒定重力,是匀变速运动,其加速度 $\boldsymbol{g}$ 沿 y 轴负方向。斜抛运动可看成水平匀速运动和铅直匀变速运动两个直线运动的叠加。因此运动方程为

$$x=v_0\cos\theta\cdot t$$

$$y=v_0\sin\theta\cdot t-\frac{1}{2}gt^2$$

其矢量式为

$$\boldsymbol{r}=v_0\cos\theta\cdot t\,\boldsymbol{i}+(v_0\sin\theta\cdot t-\frac{1}{2}gt^2)\boldsymbol{j}$$

由前两式消去 t,便得到小球运动的轨迹方程为

$$y=\tan\theta\cdot x-\frac{g}{2v_0^2\cos^2\theta}x^2$$

这是一条抛物线。

2.2 速 度

2.2.1 位移

设质点沿着如图 2.3 所示的曲线运动,在 t 时刻位于 A 点,$t+\Delta t$ 时刻到达 B 点,自起点指向终点的直线有向线段 $\Delta\boldsymbol{r}$ 称为在 Δt 时间内的位移。位移反映了质点在 Δt 时间内位置的改变,由矢量减法知

$$\Delta\boldsymbol{r}=\boldsymbol{r}_B-\boldsymbol{r}_A \tag{2-4}$$

即位移等于在 Δt 时间内质点矢径的增量。在直角坐标系中

$$\left.\begin{aligned}\boldsymbol{r}_A&=x_A\boldsymbol{i}+y_A\boldsymbol{j}+z_A\boldsymbol{k}\\ \boldsymbol{r}_B&=x_B\boldsymbol{i}+y_B\boldsymbol{j}+z_B\boldsymbol{k}\end{aligned}\right\} \tag{2-5}$$

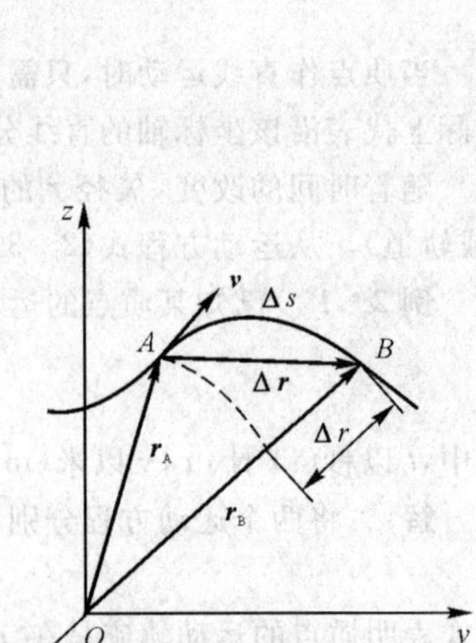

图 2.3 位移矢量

于是,位移矢量 $\Delta\boldsymbol{r}$ 可写成

$$\Delta\boldsymbol{r}=(x_B-x_A)\boldsymbol{i}+(y_B-y_A)\boldsymbol{j}+(z_B-z_A)\boldsymbol{k}=\Delta x\boldsymbol{i}+\Delta y\boldsymbol{j}+\Delta z\boldsymbol{k} \tag{2-6}$$

在图 2.3 中，质点沿轨迹实际行经的路线长度，即弧线 Δs 叫路程。位移 $\Delta \boldsymbol{r}$ 和路程 Δs 是两个不同的概念。$\Delta \boldsymbol{r}$ 是矢量，Δs 是标量，而且总有 $\Delta s \geqslant |\Delta \boldsymbol{r}|$。只是在质点作单向直线运动时，才有 $\Delta s = |\Delta \boldsymbol{r}|$。然而在 $\Delta t \to 0$ 的极限情形下，它们的微分相等，亦即 $\mathrm{d}s = |\mathrm{d}\boldsymbol{r}|$。在国际单位制(SI) 中，位移和路程的单位都是米(m)。

2.2.2　速度

速度是描述质点运动快慢和运动方向的物理量，是矢量。由两种方法得到速度，一种是平均法，另一种是微分法。

(1) 平均速度：质点在 Δt 时间内的平均速度等于质点的位移 $\Delta \boldsymbol{r}$ 与所经历的时间 Δt 的比值，即

$$\bar{\boldsymbol{v}} = \frac{\Delta \boldsymbol{r}}{\Delta t} \tag{2-7}$$

平均速度是矢量，它的方向与位移 $\Delta \boldsymbol{r}$ 相同，其大小为 $|\bar{\boldsymbol{v}}| = |\Delta \boldsymbol{r}| / \Delta t$。平均速度与所取的时间 Δt 的长短有关，只能粗略描述该段时间内质点的运动情况。若要精确描述质点在每一时刻的运动，必须采用微分法。

(2) 瞬时速度：仍以如图 2.3 所示的质点运动为例。若 B 点比较接近 A 点，则位移 $\Delta \boldsymbol{r}$ 较小，相应地从 A 到 B 所用的时间 Δt 也较短，它的平均速度就比较接近于 A 点的真实情况。当时间 Δt 取得越来越短而趋近于零时，B 点趋近 A 点，相应地 $\Delta \boldsymbol{r}$ 也趋近于零，这时平均速度 $\Delta \boldsymbol{r} / \Delta t$ 趋于一极限，这个极限就定义为质点通过 A 点的瞬时速度，用 $\boldsymbol{v}$ 表示：

$$\boldsymbol{v} = \lim_{\Delta t \to 0} \frac{\Delta \boldsymbol{r}}{\Delta t} = \frac{\mathrm{d}\boldsymbol{r}}{\mathrm{d}t} \tag{2-8}$$

亦即瞬时速度(简称速度)等于矢径 $\boldsymbol{r}$ 对时间 t 的一阶导数。速度是矢量，其方向为当 $\Delta t \to 0$ 时 $\Delta \boldsymbol{r}$ 的极限方向，即由割线 AB 方向趋近于 A 点的切线，并指向前进的一方(见图 2.4)。

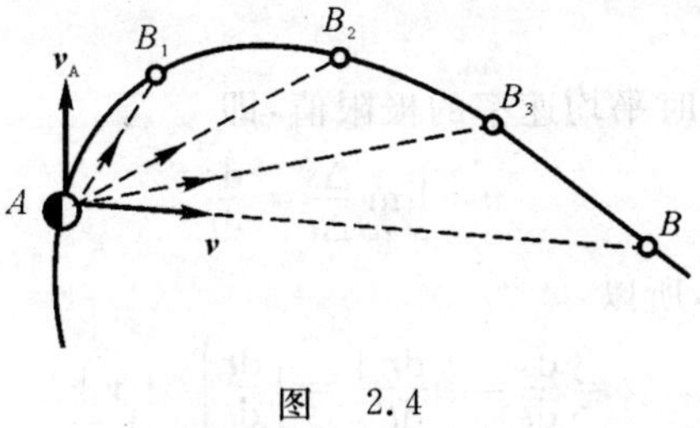

图　2.4

在直角坐标系中，因 $\boldsymbol{r} = x\boldsymbol{i} + y\boldsymbol{j} + z\boldsymbol{k}$，所以有

$$\boldsymbol{v} = \frac{\mathrm{d}\boldsymbol{r}}{\mathrm{d}t} = \frac{\mathrm{d}x}{\mathrm{d}t}\boldsymbol{i} + \frac{\mathrm{d}y}{\mathrm{d}t}\boldsymbol{j} + \frac{\mathrm{d}z}{\mathrm{d}t}\boldsymbol{k} = v_x\boldsymbol{i} + v_y\boldsymbol{j} + v_z\boldsymbol{k} \tag{2-9}$$

式中，v_x, v_y, v_z 是速度 $\boldsymbol{v}$ 在 x, y, z 轴上的分量，显然

$$v_x = \frac{\mathrm{d}x}{\mathrm{d}t}, \quad v_y = \frac{\mathrm{d}y}{\mathrm{d}t}, \quad v_z = \frac{\mathrm{d}z}{\mathrm{d}t} \tag{2-10}$$

速度的大小为

$$|\boldsymbol{v}| = \left|\frac{\mathrm{d}\boldsymbol{r}}{\mathrm{d}t}\right| = \sqrt{v_x^2 + v_y^2 + v_z^2} = \sqrt{\left(\frac{\mathrm{d}x}{\mathrm{d}t}\right)^2 + \left(\frac{\mathrm{d}y}{\mathrm{d}t}\right)^2 + \left(\frac{\mathrm{d}z}{\mathrm{d}t}\right)^2} \tag{2-11}$$

速度的方向可用 $\boldsymbol{v}$ 与一坐标轴方向的夹角表示。

例 2-3 已知质点的运动方程为

$$x=2t,\quad y=6-2t^2$$

式中,x,y 的单位是 m,t 的单位是 s。

(1) 求轨迹方程;

(2) 求 $t=1$ s 到 $t=2$ s 之内的位移 $\Delta\boldsymbol{r}$ 和平均速度 $\bar{\boldsymbol{v}}$;

(3) 求 $t=1$ s 到 $t=2$ s 两时刻的瞬时速度 $\boldsymbol{v}_1$ 和 $\boldsymbol{v}_2$。

解 (1) 从两个运动方程中消去 t,得轨迹方程 $y=6-\dfrac{x^2}{2}$,轨迹是抛物线。

(2) 运动方程的矢量式 $\boldsymbol{r}=2t\boldsymbol{i}+(6-2t^2)\boldsymbol{j}$

当 $t_1=1$ s 时, $\boldsymbol{r}_1=2\boldsymbol{i}+4\boldsymbol{j}$

当 $t_2=2$ s 时, $\boldsymbol{r}_2=4\boldsymbol{i}-2\boldsymbol{j}$

位移

$$\Delta\boldsymbol{r}=\boldsymbol{r}_2-\boldsymbol{r}_1=2\boldsymbol{i}-6\boldsymbol{j}\quad(\text{m})$$

平均速度

$$\bar{\boldsymbol{v}}=\frac{\Delta\boldsymbol{r}}{\Delta t}=\frac{\Delta\boldsymbol{r}}{1}=2\boldsymbol{i}-6\boldsymbol{j}\quad(\text{m}\cdot\text{s}^{-1})$$

(3) 先求出瞬时速度的表达式

$$\boldsymbol{v}=\mathrm{d}\boldsymbol{r}/\mathrm{d}t=2\boldsymbol{i}-4t\boldsymbol{j}$$

再代入时间

当 $t=1$ s 时, $\boldsymbol{v}_1=2\boldsymbol{i}-4\boldsymbol{j}\quad(\text{m}\cdot\text{s}^{-1})$

当 $t=2$ s 时, $\boldsymbol{v}_2=2\boldsymbol{i}-8\boldsymbol{j}\quad(\text{m}\cdot\text{s}^{-1})$

(3) 速率。描述质点运动的快慢,也常用速率这个量。它也有平均与瞬时之分。

平均速率定义为

$$\bar{v}=\frac{\Delta s}{\Delta t}\tag{2-12}$$

由定义知,平均速率是一标量,等于质点单位时间内通过的路程。不能把它与平均速度相混淆。

瞬时速率定义为 $\Delta t\to 0$ 时平均速率的极限值,即

$$v=\lim_{\Delta t\to 0}\frac{\Delta s}{\Delta t}=\frac{\mathrm{d}s}{\mathrm{d}t}\tag{2-13}$$

因为当 $\Delta t\to 0$ 时,$\mathrm{d}s=|\mathrm{d}\boldsymbol{r}|$,所以

$$v=\frac{\mathrm{d}s}{\mathrm{d}t}=\frac{|\mathrm{d}\boldsymbol{r}|}{\mathrm{d}t}=\left|\frac{\mathrm{d}\boldsymbol{r}}{\mathrm{d}t}\right|=|\boldsymbol{v}|$$

即瞬时速率等于瞬时速度的大小。在国际单位制中,速度与速率的单位都是米/秒($\text{m}\cdot\text{s}^{-1}$)。

2.3 加 速 度

在一般情况下,质点运动速度的大小和方向都随时间变化。加速度就是描述速度变化快慢的物理量。

2.3.1 平均加速度和瞬时加速度

如图 2.5 所示,设 t 时刻质点位于 A 点,速度为 $\boldsymbol{v}_A$,沿路径 $\overset{\frown}{AB}$ 于 $(t+\Delta t)$ 时刻到达 B 点,速

度变为 $\boldsymbol{v}_B$，在 Δt 时间内速度增量为

$$\Delta \boldsymbol{v}=\boldsymbol{v}_B-\boldsymbol{v}_A \tag{2-14}$$

质点在 Δt 时间内的平均加速度定义为

$$\bar{\boldsymbol{a}}=\frac{\Delta \boldsymbol{v}}{\Delta t} \tag{2-15}$$

$\bar{\boldsymbol{a}}$ 是个矢量，它的方向就是 $\Delta \boldsymbol{v}$ 的方向。平均加速度只能粗略描述在一段时间内速度的变化，为了精确描述质点在某一时刻速度变化的快慢，需要引入瞬时加速度。

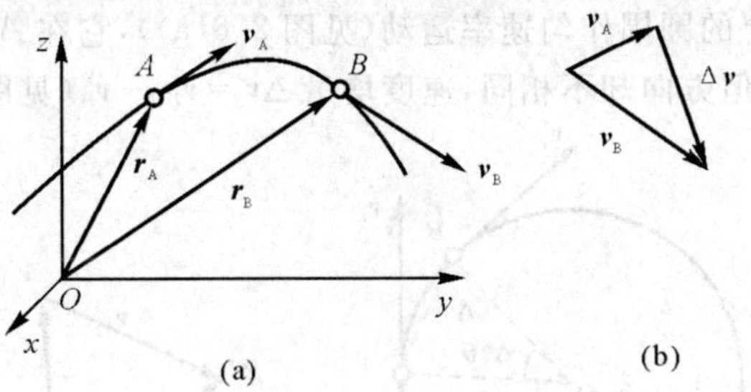

图　2.5

当 Δt 趋于零时，平均加速度的极限就定义为质点在 A 点（或在 t 时刻）的瞬时加速度，简称加速度，其表达式为

$$\boldsymbol{a}=\lim_{\Delta t\to 0}\frac{\Delta \boldsymbol{v}}{\Delta t}=\frac{\mathrm{d}\boldsymbol{v}}{\mathrm{d}t}=\frac{\mathrm{d}^2\boldsymbol{r}}{\mathrm{d}t^2} \tag{2-16}$$

在平面直角坐标系中

$$\boldsymbol{a}=\frac{\mathrm{d}v_x}{\mathrm{d}t}\boldsymbol{i}+\frac{\mathrm{d}v_y}{\mathrm{d}t}\boldsymbol{j}+\frac{\mathrm{d}v_z}{\mathrm{d}t}\boldsymbol{k}=\frac{\mathrm{d}^2x}{\mathrm{d}t^2}\boldsymbol{i}+\frac{\mathrm{d}^2y}{\mathrm{d}t^2}\boldsymbol{j}+\frac{\mathrm{d}^2z}{\mathrm{d}t^2}\boldsymbol{k}=a_x\boldsymbol{i}+a_y\boldsymbol{j}+a_z\boldsymbol{k} \tag{2-17}$$

$\boldsymbol{a}$ 的大小为

$$a=\sqrt{a_x^2+a_y^2+a_z^2}=\sqrt{\left(\frac{\mathrm{d}v_x}{\mathrm{d}t}\right)^2+\left(\frac{\mathrm{d}v_y}{\mathrm{d}t}\right)^2+\left(\frac{\mathrm{d}v_z}{\mathrm{d}t}\right)^2} \tag{2-18}$$

加速度的方向可用 $\boldsymbol{a}$ 与一坐标轴方向的夹角表示。

由于 $\boldsymbol{a}$ 的方向与 $\Delta \boldsymbol{v}$ 的极限方向相同，在一般曲线运动中，$\boldsymbol{a}$ 的方向与 $\boldsymbol{v}$ 的方向不在同一直线上。例如在抛体运动中，加速度的大小为 g，方向铅直向下。在抛体上升过程中，$\boldsymbol{a}$ 与 $\boldsymbol{v}$ 方向的夹角是钝角，物体的速率逐渐减小；在抛体下降过程中，$\boldsymbol{a}$ 与 $\boldsymbol{v}$ 方向的夹角是锐角，物体的速率增大。然而，无论抛体是上升或下降，其加速度 $\boldsymbol{a}$ 的方向总是指向曲线的凹侧，这一结论对任何曲线运动都适用。在国际单位制中，加速度的单位是米 / 秒^2（$\mathrm{m\cdot s^{-2}}$）。

速度是矢量，包含大小和方向两个因素，其中任何一个因素发生变化，都表明速度发生变化，都产生加速度。由此便出现下列三种情况：

(1) 速度的方向不变，大小随时间变化。这是中学物理中常见的单方向变速直线运动，此时的加速度只反映速度大小的变化。

在直线运动中，位移、速度、加速度各矢量都沿同一直线，这时只须取一根坐标轴，并规定坐标的正方向。有关矢量可按标量处理，即方向与坐标轴正向相同者取正值，方向与坐标轴正向相反的取负值。

在直线运动中，运动方程只有一个分量式，例如 $x=x(t)$。$\boldsymbol{v}$ 和 $\boldsymbol{a}$ 也只有一个分量，如

$$v=\frac{dx}{dt}, \quad a=\frac{dv}{dt}$$

$\boldsymbol{a}$ 和 $\boldsymbol{v}$ 同号时为加速运动，异号时为减速运动。

两种特殊情况是匀速直线运动（加速度为零）和匀变速直线运动（加速度为恒矢量），其运动规律已为大家熟知，这里不再赘述。

(2) 速度的大小不变，方向随时间变化，典型情况是匀速率圆周运动。这时的加速度只反映速度方向的变化，我们来确定其大小和方向。

设一质点沿半径为 r 的圆周作匀速率运动（见图 2.6(a)），它在 A，B 两点的速度 $\boldsymbol{v}_A$，$\boldsymbol{v}_B$，其大小相等（$v_A=v_B=v$），但方向却不相同，速度增量 $\Delta\boldsymbol{v}=\boldsymbol{v}_B-\boldsymbol{v}_A$（见图 2.6(b)）。

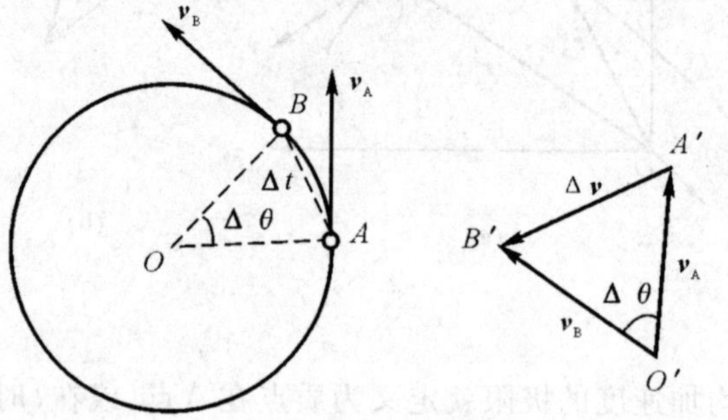

(a)　　(b)

图　2.6

由图 2.6 可知，三角形 OAB 与三角形 $O'A'B'$ 是两个相似的等腰三角形，其对应边成比例，有

$$\frac{|\Delta\boldsymbol{v}|}{v}=\frac{\Delta r}{r}$$

式中，Δr 是弦 AB 的长度，以 Δt 除等式两边得

$$\frac{|\Delta\boldsymbol{v}|}{\Delta t}=\frac{v}{r}\frac{\Delta r}{\Delta t}$$

当 $\Delta t\to 0$ 时，$B\to A$，弦长 Δr 趋近于弧长 Δs。于是，加速度的大小为

$$a=\lim_{\Delta t\to 0}\frac{|\Delta\boldsymbol{v}|}{\Delta t}=\frac{v}{r}\lim_{\Delta t\to 0}\frac{\Delta r}{\Delta t}=\frac{v}{r}\lim_{\Delta t\to 0}\frac{\Delta s}{\Delta t}$$

即

$$a=\frac{v}{r}\frac{ds}{dt}=\frac{v^2}{r} \tag{2-19}$$

加速度的方向是 $\Delta\boldsymbol{v}$ 的极限方向。而当 B 点趋近 A 点时，$\Delta\theta$ 趋近于零，$\Delta\boldsymbol{v}$ 的极限方向垂直于速度 $\boldsymbol{v}_A$。因此 A 点加速度的方向垂直于 $\boldsymbol{v}_A$，且沿半径指向圆心，这个加速度叫向心加速度，常用 $\boldsymbol{a}_n$ 表示。由于向心加速度的方向不断变化，因而匀速率圆周运动是变加速运动。

(3) 速度的大小和方向均随时间变化，这是最一般的运动情况。

2.3.2　切向加速度和法向加速度

以变速率圆周运动为例。因为此时 $\boldsymbol{v}_B\neq\boldsymbol{v}_A$，图 2.6(b) 所示的等腰矢量三角形现在变为如图 2.7 所示。图 2.7 所示的速度增量 $\Delta\boldsymbol{v}$ 同时体现了速度大小和速度方向的变化，在 $\boldsymbol{v}_B$ 上截取 $O'C=|\boldsymbol{v}_A|$，连接 A' 与 C。在三角形 $A'CB'$ 中，令 $\overrightarrow{CB'}=\Delta\boldsymbol{v}_t$，$\overrightarrow{A'C}=\Delta\boldsymbol{v}_n$。由矢量合成知道

$$\Delta \boldsymbol{v} = \Delta \boldsymbol{v}_t + \Delta \boldsymbol{v}_n \tag{2-20}$$

式中，$\Delta \boldsymbol{v}_t$ 的长度是 $\boldsymbol{v}_B$ 与 $\boldsymbol{v}_A$ 长度之差，即 $\Delta v_t = v_B - v_A = \Delta v$，它表示速度大小的变化，而 $\Delta \boldsymbol{v}_n$ 则表示速度方向的变化。当 $\Delta t \to 0$ 时，$\Delta \boldsymbol{v}_n$ 的极限方向垂直于 $\boldsymbol{v}_A$ 指向圆心，而 $\Delta \boldsymbol{v}_t$ 的极限方向与 $\boldsymbol{v}_A$ 相同，即沿 A 点的切线方向。

因此，加速度可表示成

$$\boldsymbol{a} = \lim_{\Delta t \to 0} \frac{\Delta \boldsymbol{v}_t}{\Delta t} + \lim_{\Delta t \to 0} \frac{\Delta \boldsymbol{v}_n}{\Delta t} = \boldsymbol{a}_t + \boldsymbol{a}_n \tag{2-21}$$

式中，$\boldsymbol{a}_n$ 是向心加速度，也称法向加速度，方向指向圆心，大小为 $a_n = v^2/r$，而 v 是质点所在点的瞬时速度的量值。$\boldsymbol{a}_t$ 沿切线方向，称切向加速度，其大小为

$$a_t = \lim_{\Delta t \to 0} \frac{|\Delta \boldsymbol{v}_t|}{\Delta t} = \lim_{\Delta t \to 0} \frac{\Delta v}{\Delta t} = \frac{dv}{dt} \tag{2-22}$$

总加速度的大小和方向(见图 2.8)分别为

$$\left.\begin{aligned} a &= \sqrt{a_n^2 + a_t^2} = \sqrt{\left(\frac{v^2}{r}\right)^2 + \left(\frac{dv}{dt}\right)^2} \\ \tan\theta &= \frac{a_n}{a_t} \end{aligned}\right\} \tag{2-23}$$

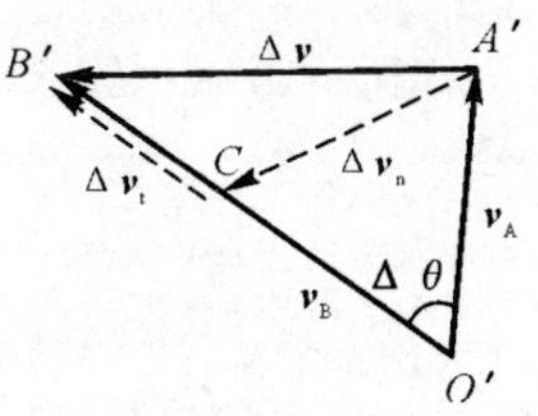

图　2.7

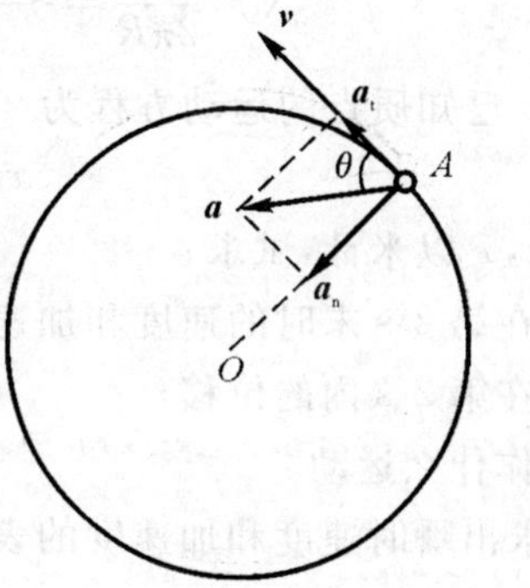

图　2.8

上述结果显然由变速圆周运动得出，但对于一般曲线运动，式(2-20)至式(2-23)仍然适用，只是半径 r 应该用曲线在该点的曲率半径 ρ 代替。在曲线运动中，把加速度 $\boldsymbol{a}$ 沿轨迹的切线方向和法线方向进行分解的方法称自然坐标法。

例 2-4　一质点沿半径为 R 的圆周运动，其路程用圆弧 s 表示，s 随时间 t 的变化规律是 $s = v_0 t - \frac{1}{2}bt^2$，其中 v_0，b 都是正的常数，求：

(1) t 时刻质点的总加速度；

(2) 总加速度的大小达到 b 值时，质点沿圆周已运行的圈数。

解　(1) 质点沿圆周运动的速率为

$$v = \frac{ds}{dt} = \frac{d}{dt}\left(v_0 t - \frac{1}{2}bt^2\right) = v_0 - bt$$

速率随 t 变化，说明质点作变速率圆周运动。

切向加速度　$$a_t = \frac{dv}{dt} = \frac{d}{dt}(v_0 - bt) = -b$$

负号表示切向加速度的方向与速度方向相反。

法向加速度 $$a_n = \frac{v^2}{R} = \frac{(v_0 - bt)^2}{R}$$

t 时刻质点的总加速度的大小为

$$a = \sqrt{a_t^2 + a_n^2} = \frac{1}{R}\sqrt{R^2 b^2 + (v_0 - bt)^2}$$

其方向与速度方向的夹角 θ 为

$$\tan\theta = \frac{a_n}{a_t} = -(v_0 - bt)^2 / Rb$$

(2) a 达到 b 值时用的时间 t 的求解方法为

$$a = \frac{1}{R}\sqrt{R^2 b^2 + (v_0 - bt)^2} = b$$

解出 $$t = \frac{v_0}{b}$$

代入路程 s 随 t 变化的方程式，从而求出质点转过的圈数为

$$N = \frac{s}{2\pi R} = \frac{\left[v_0\left(\frac{v_0}{b}\right) - \frac{1}{2}b\left(\frac{v_0}{b}\right)^2\right]}{2\pi R} = \frac{v_0^2}{4\pi Rb}$$

例 2-5 已知质点的运动方程为

$$x = 5 + 2t - 2t^2$$

式中，t 以秒计，x 以米计，试求：

(1) 质点在第 2 s 末时的速度和加速度；

(2) 质点在第 2 s 内的位移；

(3) 质点作什么运动。

解 先求出瞬时速度和加速度的表达式

$$v = \frac{dx}{dt} = 2 - 4t, \quad a = \frac{dv}{dt} = -4$$

(1) 第 2 s 末，$t = 2$ s 时，有

$$v_2 = 2 - 4 \times 2 = -6 \text{ m} \cdot \text{s}^{-1}; \quad a = -4 \text{m} \cdot \text{s}^{-2}$$

(2) 第 2 s 内是指从 $t_1 = 1$ s 到 $t_2 = 2$ s 这个时间间隔。从运动方程可求得

当 $t_1 = 1$ s 时， $x_1 = 5 + 2t_1 - 2t_1^2 = 5$ m

当 $t_2 = 2$ s 时， $x_2 = 5 + 2t_2 - 2t_2^2 = 1$ m

所以，第 2 s 内的位移

$$\Delta x = x_2 - x_1 = 1 - 5 = -4 \text{ m}$$

负号表示沿 x 轴负方向。

(3) 由 x，v 和 a 随 t 的变化函数式可知

$$x_0 = 5 \text{ m}, \quad v_0 = 2 \text{ m} \cdot \text{s}^{-1}, \quad a = -4 \text{m} \cdot \text{s}^{-2}$$

而 $v = 2 - 4t = 0$ 的时刻为 $t = 0.5$ s。由于初速度 v_0 与加速度 a 异号，表明在 0.5 s 内质点沿 x 轴正向作匀减速运动。而 0.5 s 以后，速度 v 变号，与加速度 a 同号，质点沿 x 轴负方向作加速运动。

牛顿　(1642—1727年)

牛顿(Newton)是17世纪最伟大的科学家,英国剑桥大学教授。1687年出版了他的划时代著作——《自然哲学的数学原理》,奠定了经典力学的基础。他也是微积分学的创始人之一,此外,牛顿在天文、光学等方面也做出了卓越贡献。由于他的辉煌成就,获得终身担任英国皇家学会会长的最高荣誉。他曾说:"如果说我看得远些,那是我站在巨人肩上的缘故。"

2.4 牛顿运动定律

物体为什么能产生各种不同的运动呢?长时期以来,这个问题虽然是科学上的中心论题,但是在伽利略以前一直没有显著的进展。伽利略去世那一年,牛顿正好在英国出生,牛顿总结和发展了伽利略的成就,1678年在《自然哲学的数学原理》一书中把动力学定律归纳成三条,这就是有名的牛顿运动定律。

2.4.1 牛顿三定律

1. 牛顿第一定律

任何物体都保持静止或匀速直线运动的状态,直到其他物体所作用的力迫使它改变这种状态为止。

第一定律的意义在于由它引入了几个重要概念:

(1) 力:是物体之间的相互作用,是物体改变运动状态的原因。物体运动状态的改变就产生了加速度,所以力是物体产生加速度的原因。

(2) 惯性:是物体保持静止或匀速直线运动状态的性质。第一定律又称惯性定律。

(3) 质量:是对物体惯性大小的量度。任何物体都有惯性,也都有质量。质量的这一定义表明物质和运动的不可分割性。

2. 牛顿第二定律

牛顿第二定律:运动的变化与所受的合外力成正比,其方向为合外力作用的方向。

牛顿第一定律只定性地指出了力和运动的关系。牛顿第二定律进一步给出了力和运动的定量关系。牛顿将"运动"一词定义为物体(应理解为质点)的质量和速度的乘积,现在把这一乘积称为物体的动量。以 $\boldsymbol{P}$ 表示质量为 m 的物体以速度 $\boldsymbol{v}$ 运动时的动量,因此动量也是矢量,其定义式为

$$\boldsymbol{P} = m\boldsymbol{v}$$

以 $\boldsymbol{F}$ 表示作用在物体(质点)上的力,则牛顿第二定律用数学公式表达为

$$\boldsymbol{F} = \frac{\mathrm{d}\boldsymbol{P}}{\mathrm{d}t} = \frac{\mathrm{d}(m\boldsymbol{v})}{\mathrm{d}t} \tag{2-24}$$

这一定义在相对论力学中仍然有效。

当物体在低速(即运动速度 $v \ll$ 光速 c)情况下运动时,物体的质量可以认为是不依赖于速度的常量,于是式(2-24)可写成

$$\boldsymbol{F}=m\frac{\mathrm{d}\boldsymbol{v}}{\mathrm{d}t}$$

由于 $\mathrm{d}\boldsymbol{v}/\mathrm{d}t=\boldsymbol{a}$ 是物体的加速度，因而

$$\boldsymbol{F}=m\boldsymbol{a} \tag{2-25}$$

当一个物体同时受到几个力的作用时，式(2-25)中的 $\boldsymbol{F}$ 应是这些力的合力，即这些力的矢量和。这样，这几个力的作用效果跟它们的合力的作用效果一样，这一结论叫力的叠加原理。牛顿第二定律表示为

$$\sum\boldsymbol{F}=m\boldsymbol{a} \tag{2-26}$$

对质点而言，力是产生加速度的原因，而且 $\sum\boldsymbol{F}=m\boldsymbol{a}$ 说明的是力的瞬时作用规律。此外，牛顿第二定律还定量地量度了惯性的大小，物体的质量是物体惯性大小量度。

3. 牛顿第三定律

牛顿第三定律：两个物体间的作用力和反作用力大小相等，方向相反，且作用在同一条直线上。牛顿第三定律表示为

$$\boldsymbol{F}=-\boldsymbol{F}' \tag{2-27}$$

牛顿第三定律指明了物体间相互作用力的定量关系，侧重于说明物体间相互联系和相互制约的关系。应用时需要明确几点：

(1) 作用力和反作用力分别作用在两个不同的物体上，所以对任一物体来说，它们不是一对平衡力，不能相互抵消，产生的效果也不同。

(2) 作用力和反作用力没有主从、先后之分，它们总是同时产生，同时存在，同时消失。

(3) 物体间的作用力与反作用力是同一性质的力，如果作用力是摩擦力，那么反作用力也一定是摩擦力。

2.4.2 力学中常见的几种力

力学中常见的力主要有万有引力、弹性力和摩擦力等。

1. 万有引力

质量为 m_1，m_2 的任意两质点之间都存在着相互吸引力，这种力称为万有引力，其大小为

$$F=G\frac{m_1m_2}{r} \tag{2-28}$$

式(2-28)为万有引力定律的数学表达式，式中 r 为两质点之间的距离，G 是一个比例系数，称为万有引力常量，其值为 $G=6.67\times10^{-11}\ \mathrm{N\cdot m^2/kg^2}$。

万有引力定律用矢量形式表示为

$$\boldsymbol{F}_{21}=-G\frac{m_1m_2}{r^2}\boldsymbol{e}_\mathrm{r}$$

式中，$\boldsymbol{F}_{21}$ 表示物体 m_1 作用于物体 m_2 的万有引力，$\boldsymbol{e}_\mathrm{r}$ 表示以 m_1 为原点由 m_1 指向 m_2 的单位矢量，负号表示 $\boldsymbol{F}_{21}$ 的方向与 $\boldsymbol{e}_\mathrm{r}$ 的方向相反，如图 2.9 所示。

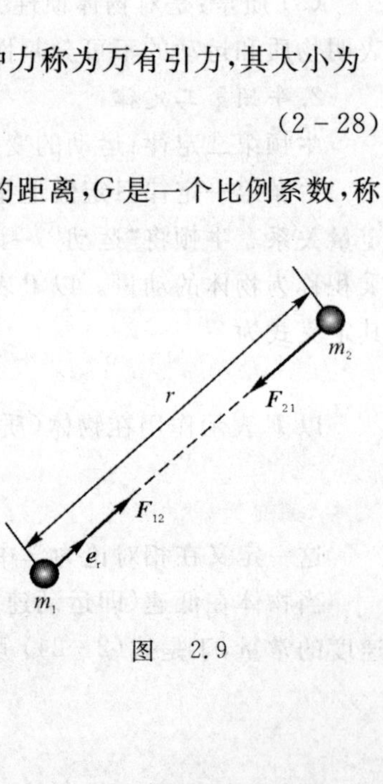

图 2.9

重力是常见的一种引力，它是地球对其表面附近物体的万有引力。

在地球表面附近，万有引力定律可写为

$$F=G\frac{mM_e}{R_e^2}=mg \tag{2-29}$$

式中，$g=G\frac{M_e}{R_e}$ 称为重力加速度，方向竖直向下指向地心，M_e，R_e 分别为地球的质量和半径。一般计算时，地球表面附近的重力加速度取 $g=9.80\ \text{m/s}^2$。实际上，g 的大小与物体所在的纬度、离地面的高度以及地质结构等因素有关。测量不同地区重力加速度的变异，就可以探测有价值的矿床。

2. 弹性力

在外力作用下物体改变形状时，物体内部会产生一种企图恢复原来形状的力，叫做弹性力，常见的表现形式有：

(1) 弹簧被压缩或拉伸时施加于物体上的力是弹簧的弹性力；

(2) 绳子被拉伸时，在绳子内部产生的弹性力又称为绳子的张力。

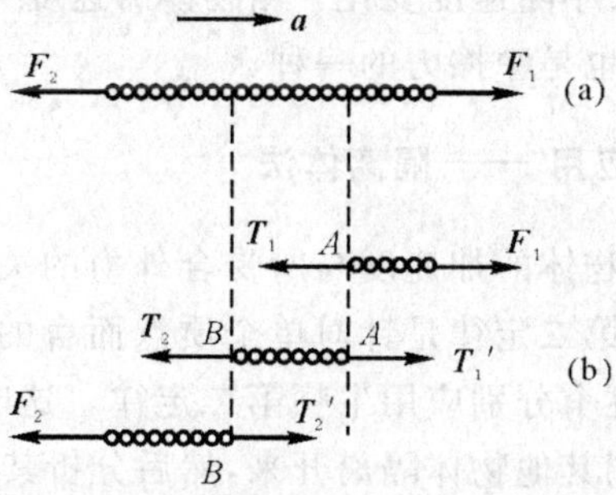

图 2.10

图 2.10 所示是外力 $\boldsymbol{F}_1$ 和 $\boldsymbol{F}_2$ 作用下的绳子，绳子获得加速度 $\boldsymbol{a}$。绳子 A，B 两点把绳子分成质量分别为 m_1，m_2，m_3 的三小段，相邻两小段间都有作用力和反作用力，A 点处是 $\boldsymbol{T}_1$，$\boldsymbol{T}'_1$，B 点处是 $\boldsymbol{T}_2$，$\boldsymbol{T}'_2$，对 m_1，m_2 应用牛顿第二定律，有

$$F_1-T_1=m_1a,\quad T_1=F_1-m_1a$$

$$T'_1-T_2=m_2a,\quad T_2=T'_1-m_2a=T_1-m_2a=F_1-(m_1+m_2)a$$

可见，在一般情况下，绳上各点的张力是不相等的。只有在绳子的加速度 $\boldsymbol{a}=0$ 或者绳子的质量可以忽略不计(轻绳)时，绳子内部各处的张力才是相等的，张力的方向总是沿着绳子。

(3) 相互接触的两物体间所产生的压力和支持力也是弹性力。由于压力的方向与两物体的接触面正交，也称正压力。

3. 摩擦力。

摩擦力也有下列几种表现形式：

(1) 滑动摩擦力：当相互接触的物体沿接触面发生相对滑动时，在接触面间所产生的一对阻碍相对滑动的力称为滑动摩擦力。滑动摩擦力 f_r 与接触面上的正压力 N 成正比，即

$$f_r=\mu N \tag{2-30}$$

式中，μ 称为滑动摩擦因数，$\boldsymbol{f}_r$ 的方向沿接触面的切向与物体运动的方向相反。

(2) 静摩擦力：相互接触物体只有相对运动的趋势，但并未发生相对运动，这时接触面之间出现的一对摩擦力称为静摩擦力。静摩擦力不是恒力，当两物体相对静止时，它随物体所受合外力的增大而增大。当外力达到某一定值，物体即将发生相对运动时，静摩擦力最大，称为

最大静摩擦力 f_{rmax}。实验表明，f_{rmax} 也与接触面上的正压力 N 成正比，即

$$f_{rmax}=\mu_0 N \tag{2-31}$$

式中，μ_0 称为静摩擦因数，它比滑动摩擦因数要大一些，但相差不大。物体之间一旦发生相对运动，静摩擦力立即被滑动摩擦力代替。

静摩擦力的方向是与“相对运动的趋势方向”相反的。所谓“相对运动的趋势方向”是指如果没有摩擦力存在，物体的相对运动方向。在图 2.11 中，M 在外力 $\boldsymbol{F}$ 作用下向右运动，如果 m 与 M 之间没有摩擦力，则 m 将相对 M 向左运动，这就是 m 相对 M 的运动趋势方向，而 M 施于 m 的静摩擦力方向应与这个方向相反，故向右。同理，m 施于 M 的静摩擦力方向应向左。

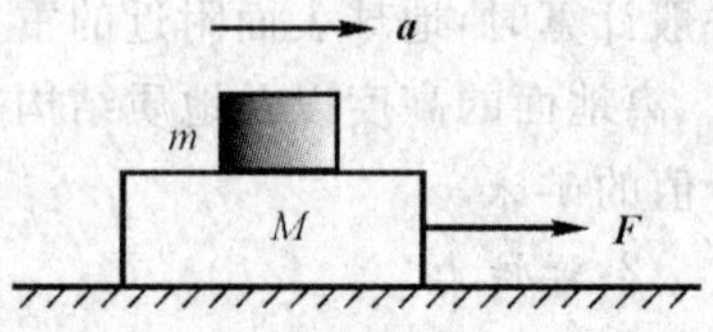

图 2.11

(3) 黏滞阻力：当固体在流体（液体、气体等）中运动时，会受到流体的阻力。阻力的方向与运动物体的速度方向相反，大小随速度变化。当物体的速度不太大时，阻力主要由流体的黏滞性产生，故称为黏滞阻力，它也是摩擦力的一种。

2.4.3 牛顿运动定律的应用 —— 隔离体法

牛顿第二定律指出了一个物体的加速度与所受合外力的关系，因此应用第二定律解题的关键是进行正确的受力分析。第二定律是针对单个质点而言的，若所研究的问题中涉及两个以上相联系的质点运动，就得逐个分别应用牛顿第二定律。这时为了便于分析物体的受力情况，常常将要研究的每个物体同其他物体隔离开来，然后分析其他物体对这个被隔离的物体的作用力，画出示力图。这种分别画出单个物体示力图的方法叫隔离体法，是解决力学问题的一种基本方法。运用隔离体法解题，大致可按定 → 画 → 列 → 解四个步骤进行。

(1) 定：根据题设条件和需求，确定一个或几个隔离体作为研究对象，同时选定参照系和坐标系。

(2) 画：正确分析每个隔离体的受力情况，画出示力图。先画重力，再画出物体间的接触面上出现的弹性力和摩擦力。对质点，画出的每幅示力图都是共点力。

(3) 列：按照坐标系对每个物体列出牛顿运动方程的分量式，找出物体间相互联系的关系式。

(4) 解：联立求解，先解出用文字式表示的结果，再代入已知量的数据（统一成国际单位）算出答案。如有必要，对结果进行讨论。

例 2-6 一重物 m 用绳悬起（见图 2.12），绳的另一端系在天花板上，绳长 $l=0.5\ \mathrm{m}$，重物经推动后，在一水平面内作匀速圆周运动，转速 n 为每秒 1 转（1 r/s），求这时绳和铅直方向所成的角度 θ。

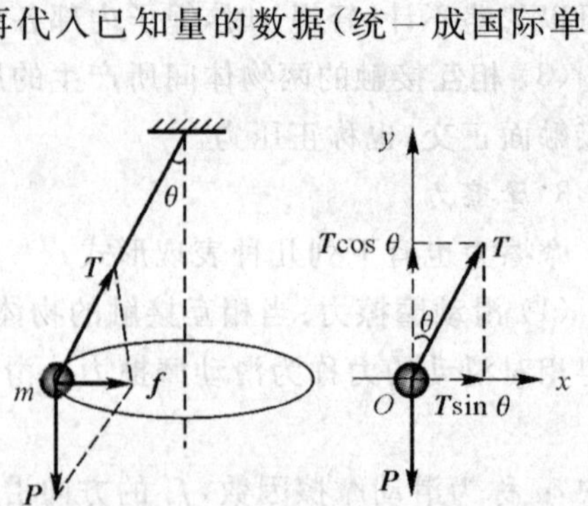

图 2.12

解 本题只有一个研究对象——重物 m。重物作匀速圆周运动时，加速度是向心加速度。根据牛顿第二定律，合外力的方向应与加速度的方向相同。因此，重物受到的重力 $\boldsymbol{P}(=m\boldsymbol{g})$ 和绳子张力 $\boldsymbol{T}$ 的合力 $\boldsymbol{f}$ 必定是指向圆心，这种引起向心加速度的力是向心力，向心力并非是另一物体作用的新力，在示力图中不必画出。

坐标原点取在重物上，沿水平指向圆心取 x 轴，垂直向上取 y 轴。

在 y 轴方向上，重物受的力是平衡的，即

$$T\cos\theta = mg \qquad ①$$

在 x 轴方向，重物所受合力 f 的大小为

$$T\sin\theta = ma \qquad ②$$

式中，a 为向心加速度，从式 ①、式 ② 可得

$$\tan\theta = a/g \qquad ③$$

从图中可看出，圆的半径 $R = l\sin\theta$，圆周长为 $2\pi l\sin\theta$，所以重物在圆周上运动的速率 $v = 2\pi nl\sin\theta$，而向心加速度为

$$a = \frac{v^2}{R} = \frac{(2\pi nl\sin\theta)^2}{l\sin\theta} = 4\pi^2 n^2 l\sin\theta \qquad ④$$

把式 ④ 代入式 ③，得

$$\cos\theta = \frac{g}{4\pi^2 n^2 l} \qquad ⑤$$

由式 ⑤ 看出，重物的转速 n 愈大，θ 也愈大，而与重物的 m 无关。代入已知数据，得

$$\cos\theta = \frac{9.8}{4\pi^2 \times 1 \times 0.5} = 0.497,\quad \theta = 60.2°$$

例 2－7　一细绳跨过一轴承光滑的定滑轮，绳的两端分别悬有质量 m_1 和 m_2 的物体，且 $m_1 < m_2$，如图 2.13 所示。设滑轮和绳的质量可以略去不计，绳子不能伸长，试求物体的加速度以及悬挂滑轮的绳子上的张力。

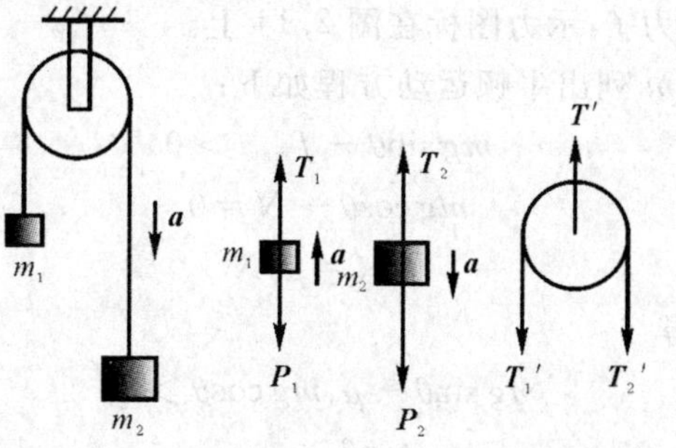

图　2.13

解　本题研究对象是 m_1，m_2 和滑轮。

作示力图。对 m_1，在绳子 T_1 和重力 $P_1(=m_1g)$ 的作用下，以加速度 a_1 向上运动，取向上为坐标正向。所以有

$$T_1 - m_1 g = m_1 a_1 \qquad ①$$

对 m_2，在绳子的拉力 T_2 及重力 $P_2(=m_2g)$ 的作用下，以加速度 a_2 向下运动，取向下为坐标正向，所以有

$$m_2 g - T_2 = m_2 a_2 \qquad ②$$

对滑轮因质量不计，只受两侧绳子向下拉力 $T'_1(=T_1)$ 与 $T'_2(=T_2)$ 和悬挂滑轮的绳子向上拉力 T'。滑轮静止，故三个力平衡，即

$$T' = T'_1 + T'_2 = T_1 + T_2 \qquad ③$$

因滑轮轴承光滑，绳子质量不计，故绳上各部分张力相等；又因绳子不能伸长，m_1 与 m_2 的加速度在量值上应相等，故 $T_1 = T_2 = T$，$a_1 = a_2 = a$。解式 ① 和式 ② 得

$$a = \frac{m_2 - m_1}{m_1 + m_2}g, \quad T = \frac{2m_1 m_2}{m_1 + m_2}g$$

把 T 值入式 ③ 得

$$T' = \frac{4m_1 m_2}{m_1 + m_2}g$$

容易证明 $T' < (m_1 + m_2)g$

例 2-8 把一个质量为 m 的木块放在与水平成 θ 角的固定斜面上，两者间的静摩擦因数 μ_0 较小，因此若不加支持，木块将加速下滑。(1) 试证：$\tan\theta > \mu_0$；(2) 须施加多大的水平力 $\boldsymbol{F}$，可使木块恰不下滑？这时木块对斜面的正压力是多大？

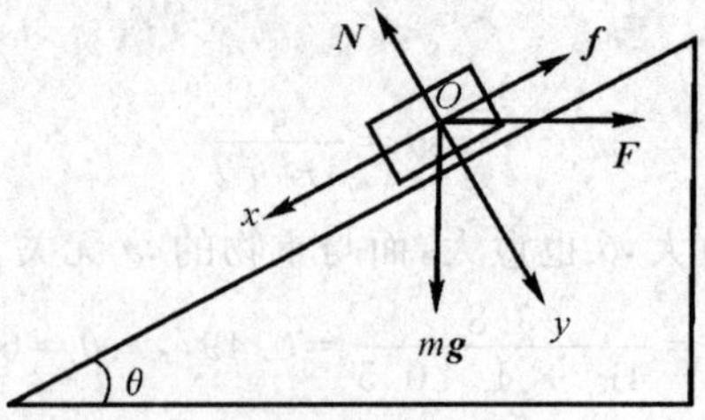

图 2.14

解 研究对象是木块 m，选取坐标系如图 2.14 所示。m 受四个力，外力 $\boldsymbol{F}$，重力 $m\boldsymbol{g}$，斜面对木块的支持力 $\boldsymbol{N}$ 和摩擦力 $\boldsymbol{f}$，示力图标在图 2.14 上。

(1)$\boldsymbol{F} = 0$ 的情况。对 m 列出牛顿运动方程如下：

在 x 轴方向 $$mg\sin\theta - f_{\max} > 0 \quad ①$$

在 y 轴方向 $$mg\cos\theta - N = 0 \quad ②$$

$$f_{\max} = \mu_0 N \quad ③$$

将式 ②、式 ③ 代入式 ① 得

$$mg\sin\theta - \mu_0 mg\cos\theta > 0$$

即 $$\tan\theta > \mu_0$$

证毕

(2)$\boldsymbol{F} \neq 0$。当木块恰不下滑时，静摩擦力 $\boldsymbol{f}$ 方向沿斜面向上，量值 $f = f_{\max}$。这时牛顿运动方程的分量式为

$$mg\sin\theta - f_{\max} - F\cos\theta = 0 \quad ④$$

$$mg\cos\theta + F\sin\theta - N = 0 \quad ⑤$$

联解式 ③、式 ④、式 ⑤ 得

$$F = \frac{mg(\sin\theta - \mu_0\cos\theta)}{\mu_0\sin\theta + \cos\theta}, \quad N = mg\cos\theta + F\sin\theta = \frac{mg}{\mu_0\sin\theta + \cos\theta}$$

例 2-9 质量为 m 的物体，以初速度 v_0 沿水平方向向右运动，所受阻力与速度 v 成正比，比例系数为常量 k。求物体的运动方程。

解 取运动方向为 x 轴正向，初始条件：当 $t = 0$ 时，$x = 0$，$v = v_0$。

物体所受阻力 $$F = -kv$$

由牛顿第二定律得
$$F=-kv=m\frac{dv}{dt}$$
分离变量有
$$\frac{dv}{v}=-\frac{k}{m}dt$$
两侧积分
$$\int_{v_0}^{v}\frac{dv}{v}=-\int_{0}^{t}\frac{k}{m}dt$$
$$v=v_0e^{\frac{-k}{m}t}$$
将 $v=\frac{dx}{dt}$ 代入上式，得
$$\frac{dx}{dt}=v_0e^{-\frac{k}{m}t}$$
$$\int_{0}^{x}dx=\int_{0}^{t}v_0e^{-\frac{k}{m}t}dt$$
$$x=\frac{mv_0}{k}(1-e^{-\frac{k}{m}t})$$

物体的速度和位置随时间变化的关系曲线如图 2.15(a) 和(b) 所示。

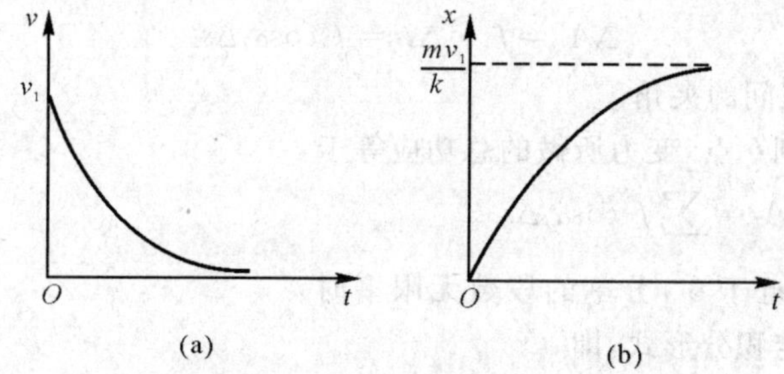

图 2.15 物体的速度和位置随时间变化的关系曲线图

2.5 功 动能定理

牛顿第二定律阐明了力和加速度的瞬时关系。本节将阐述对物体作用一段位移所产生的效果，即力的空间累积效应，从而引出重要的功和能的概念。

2.5.1 恒力的功

设质量为 m 的物体在恒力 $\boldsymbol{f}$ 作用下作直线运动，当发生位移 $\boldsymbol{s}$ 时，恒力的功定义为：力在物体位移方向的分量与位移大小的乘积，表达式为
$$A=f\cos\alpha s=\boldsymbol{f}\cdot\boldsymbol{s} \tag{2-32}$$

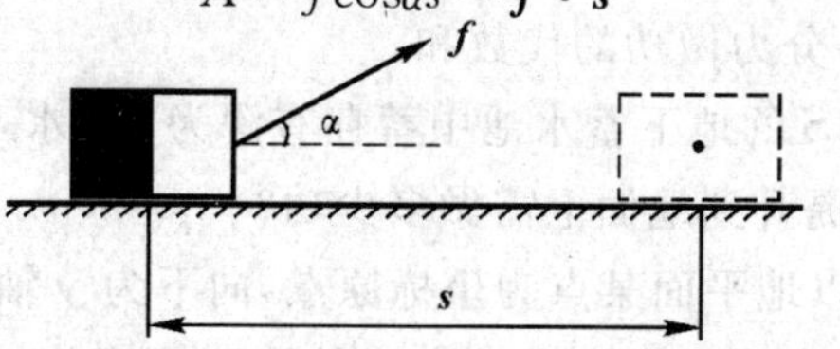

图 2.16

从功的定义得知：

(1) 做功有两要素。一是力，二是位移，缺一不可。只有力，物体不发生位移；或者物体发生位移时力消失了，都谈不上做功。

(2) 功是标量。在国际单位制中，功的单位是焦耳(J)，1 J＝1 N·m。

(3) 功有正、负之分。功的正、负取决于力与位移的夹角 α。当 $\alpha < \frac{\pi}{2}$ 时，力对物体做正功；当 $\alpha > \frac{\pi}{2}$ 时，功是负值，力对物体做负功，也可以说是物体克服该力做功；当 $\alpha = \frac{\pi}{2}$ 时，$A = 0$，即与物体运动方向相垂直的力对物体不做功，例如曲线运动中的法向力就不做功。

2.5.2　变力的功

在一般情况下，作用在物体上的力 $\boldsymbol{f}$ 的大小和方向可能都在改变，物体作一般曲线运动(见图 2.17)，不能用式(2-32)来计算变力的功。这时我们可以把曲线分成许多微小的位移，在每段位移 $\Delta \boldsymbol{s}_i$ 中，可近似认为力 $\boldsymbol{f}_i$ 的大小和方向都不变，即可视为恒力做功。由式(2-32)可知，力 $\boldsymbol{f}$ 在位移 $\Delta \boldsymbol{s}_i$ 中做的微功是

$$\Delta A_i = \boldsymbol{f}_i \cdot \Delta \boldsymbol{s}_i = f_i \cos\alpha_i \Delta s_i$$

式中，α_i 是 $\boldsymbol{f}_i$ 与 $\Delta \boldsymbol{s}_i$ 之间的夹角。

将物体从 a 点移到 b 点，变力所做的总功应等于

$$A = \sum_i \Delta A_i = \sum_i f_i \cos\alpha_i \Delta s_i$$

从数学上知，当 Δs_i 趋近于零，分割的段数无限多时，此求和的极限可写成定积分形式，即

$$A = \int_a^b f\cos\alpha \mathrm{d}s \tag{2-33}$$

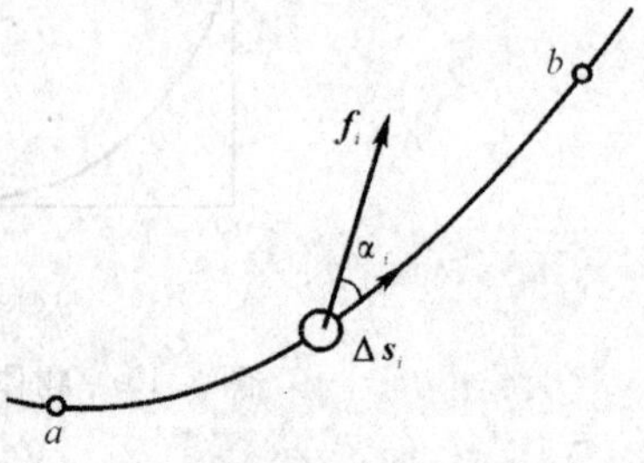

图　2.17

式中，$\mathrm{d}s$ 又叫位移元，f 在位移元 $\mathrm{d}s$ 上做的功叫元功，用 $\mathrm{d}A$ 表示为

$$\mathrm{d}A = f\cos\alpha \mathrm{d}s = \boldsymbol{f} \cdot \mathrm{d}\boldsymbol{s}$$

如果力和位移同方向，物体作直线运动。设运动方向为 x 轴正方向，力 f 是物体坐标 x 的函数，用 $f(x)$ 表示，这时求变力功的式(2-33)将改写成

$$A = \int_{x_a}^{x_b} f(x)\mathrm{d}x \tag{2-34}$$

假如物体同时受到几个力的作用，这些力的合力为 $\boldsymbol{f} = \sum_i \boldsymbol{f}_i$，则合力所做的功为

$$A = \int_a^b \boldsymbol{f} \cdot \mathrm{d}\boldsymbol{s} = \int_a^b \left(\sum_i \boldsymbol{f}_i\right) \cdot \mathrm{d}\boldsymbol{s} = \sum_i \int_a^b \boldsymbol{f}_i \cdot \mathrm{d}\boldsymbol{s} = \sum_i A_i \tag{2-35}$$

即合力对物体做的功等于各分力做功的代数和。

例 2-10　在一面积为 S 的地下蓄水池中蓄存有深为 l 的水，水面与地平面之间的距离为 h。若把蓄水池中的水全部提升到地面上需做多少功？

解　如图 2.18 所示，以地平面某点为坐标原点，向下为 y 轴正向。设想把蓄水池中的水分成许多与地面相平行的薄水层。在距原点为 y 处取一厚度为 $\mathrm{d}y$ 的薄水层，其质量为 $\mathrm{d}m = \rho s \mathrm{d}y$，$\rho$ 为水的密度。此薄水层受到向下重力 $\boldsymbol{P}$ 和向上提升力 $\boldsymbol{f}$ 的作用，设匀速提升，提升力 $\boldsymbol{f}$

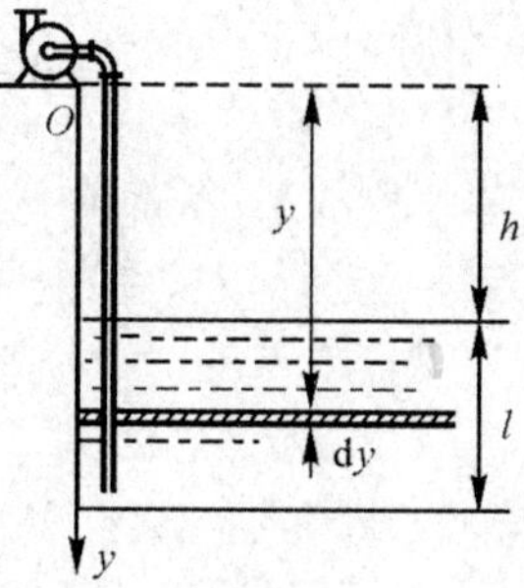

图 2.18

和重力 $\boldsymbol{P}$ 时刻相等，即

$$f = P = (\mathrm{d}m)g = \rho sg\,\mathrm{d}y \qquad ①$$

因提升力方向与位移方向相同，把此薄水层提升到地平面须做的元功为

$$\mathrm{d}A = fy = \rho sgy\,\mathrm{d}y \qquad ②$$

对蓄水池中的全部水，变量 y 的取值范围是 $h \to h+l$。所以把池中的水全部提升到地面，提升力做的功为

$$A = \int_h^{h+l} \rho sgy\,\mathrm{d}y = \rho sg\int_h^{h+l} y\,\mathrm{d}y = \frac{1}{2}\rho sg[(h+l)^2 - h^2]$$

由此例可总结出求变力功的步骤如下：

(1) 选取坐标，根据受力分析，找出变力随位移变化的函数式。

(2) 任取一位移元，写出元功的计算式。

(3) 统一变量，确定积分的上下限。

(4) 进行积分计算。

2.5.3 功率

生产实践中，不仅要知道力做了多少功，而且要知道它做功的快慢。

我们把力在单位时间内所做的功叫功率，用 N 表示。如果在 $\mathrm{d}t$ 时间内做的功为 $\mathrm{d}A$，则

$$N = \frac{\mathrm{d}A}{\mathrm{d}t} = f\cos\alpha\,\frac{\mathrm{d}s}{\mathrm{d}t} = f\cos\alpha v = \boldsymbol{f}\cdot\boldsymbol{v} \qquad (2-36)$$

即功率等于力在物体运动方向上的分量与物体速度大小的乘积。从这个结果可知，当汽车发动机的功率一定时，上坡时需要较大的牵引力，所以应该减速。

在国际单位制中，功率的单位是瓦特(W)。

2.5.4 动能定理

运动的物体具有能量已是众所周知的事，这种能量叫动能，用 E_k 表示。由中学物理可知

$$E_\mathrm{k} = \frac{1}{2}mv^2 \qquad (2-37)$$

式中，m 是运动物体的质量，v 是它的速率。显见，动能与物体的运动状态有关，它是状态的函数。外力做功与物体动能之间有什么关系呢？

如图 2.19 所示，质量为 m 的物体在变力 $\boldsymbol{f}$ 作用下，自 a 点沿曲线运动到 b 点，它在 a，b 两点的速率分别是 v_a 和 v_b，同样我们把曲线分成许多位移元，在任一位移元 $\mathrm{d}\boldsymbol{s}$ 处，力 $\boldsymbol{f}$ 与 $\mathrm{d}\boldsymbol{s}$ 的夹角为 α，它对物体做的元功为

$$\mathrm{d}A = f\cos\alpha\,\mathrm{d}s$$

因为

$$f\cos\alpha = ma_\mathrm{t} = m\frac{\mathrm{d}v}{\mathrm{d}t}$$

所以

$$\mathrm{d}A = m\frac{\mathrm{d}v}{\mathrm{d}t}\mathrm{d}s = mv\,\mathrm{d}v = \mathrm{d}\left(\frac{1}{2}mv^2\right)$$

于是，物体从 a 点移到 b 点，变力做的总功为

$$A = \int_a^b \mathrm{d}A = \int_{v_a}^{v_b} \mathrm{d}\left(\frac{1}{2}mv^2\right)$$

$$A=\left(\frac{1}{2}mv_b^2\right)-\left(\frac{1}{2}mv_a^2\right)=E_{kb}-E_{ka}=\Delta E_k \qquad (2-38)$$

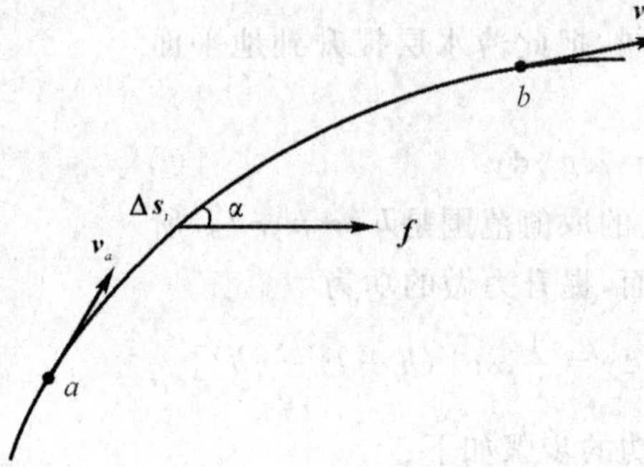

图 2.19

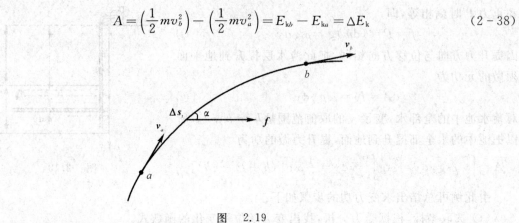

式(2-38)表明，合外力对物体做的功等于物体动能的增量，这一结论称为动能定理。中学物理对物体在恒力作用下作匀加速直线运动也得到这个结果。动能定理的意义如下：

(1) 这个定理本身提供了一种求变力做功的方法，而勿须进行积分运算。

(2) 它把功和能的概念联系起来。当外力对物体做正功时，物体的动能增加。反之，当物体反抗外力做功时，物体的动能减少。也就是说，物体依靠自身能量的减少可以做功。因此，能量是物体具有的做功本领，而功是物体能量变化的量度。

(3) 它反映了力的空间累积作用的效果，也就是力的空间积累作用将引起物体动能的变化。

例 2-11 质量 $m=1$ kg 的物体，在原点处从静止出发在水平面内沿 x 轴运动，其所受合力的方向与运动方向相同，合力的大小 $F=3+2x$(SI)，那么物体在开始运动的 3 m 内，合力做的功 $A=$ ________；且 $x=3$ m 时，物体的速率 $v=$ ________。

解 利用求变力功的式(2-34)，这里 $x_a=0$，$x_b=3$ m，所以合力做的功为

$$A=\int_{x_a}^{x_b}f(x)\mathrm{d}x=\int_0^3(3+2x)\mathrm{d}x=(3x+x^2)\Big|_0^3=18\ \mathrm{J}$$

再利用动能定理式(2-38)，这里 $v_a=0$，$v_b=v$，所以

$$A=\frac{1}{2}mv_b^2-\frac{1}{2}mv_a^2=\frac{1}{2}mv^2$$

所以
$$v=\sqrt{\frac{2A}{m}}=\sqrt{\frac{2\times18}{1}}=6\ \mathrm{m\cdot s^{-1}}$$

2.6 保守力 势能

本节首先讨论重力和弹性力做功的特点，由此引出保守力的概念，然后讨论机械能的另一形式 —— 势能。

2.6.1 重力做功

设有一质量为 m 的物体，在重力作用下，从 a 点出发沿 acb 曲线运动到 b 点。a，b 两点距地面的高度分别为 h_a 和 h_b，如图 2.20 所示。

重力是恒力，自 a 点到 b 点的位移是从 a 点指向 b 点的直线有向线段，重力和位移方向的夹角为 θ，在此过程中重力做功为

$$A = mg\,\overline{ab}\cos\theta = mgh_a - mgh_b \qquad (2-39)$$

从 a 点到 b 点有许多条路径，但位移相同，θ 角不变，重力做的功都相同。由此得出重力做功的特点是只与始、末位置有关，而与路径的形状无关。如果物体沿任一闭合路径绕行一周再回到起点，重力做的功等于零。

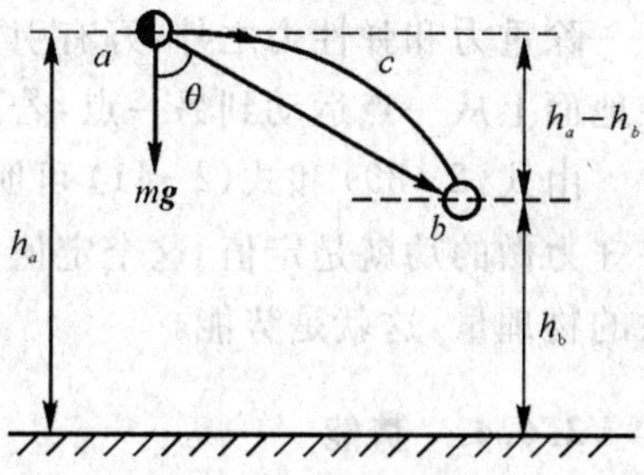

图　2.20

2.6.2　弹性力做功

将轻弹簧的一端固定，另一端连接一物体，并限制在光滑水平面内运动，如图 2.21 所示，O 点为弹簧未伸长时物体的位置，称平衡位置。取 O 为坐标原点，水平向右为 x 轴正向。如果把弹簧向右拉长，弹簧将对物体作用一弹性力 $\boldsymbol{F}$，方向向左，根据胡克定律，弹性力 $\boldsymbol{F}$ 的大小与弹簧的伸长量 x 成正比，而方向总是指向平衡位置，即

$$F = -kx \qquad (2-40)$$

式中，k 称为弹簧的劲度系数，亦即弹簧每伸长单位长度所需的力。

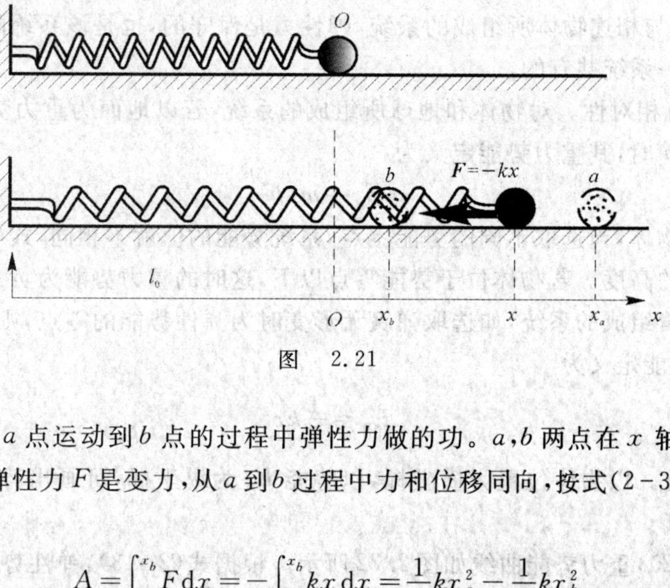

图　2.21

现计算物体由 a 点运动到 b 点的过程中弹性力做的功。a，b 两点在 x 轴上的位置分别用 x_a 和 x_b 表示。因弹性力 F 是变力，从 a 到 b 过程中力和位移同向，按式(2-34)，弹性力对物体做的功为

$$A = \int_{x_a}^{x_b} F\,\mathrm{d}x = -\int_{x_a}^{x_b} kx\,\mathrm{d}x = \frac{1}{2}kx_a^2 - \frac{1}{2}kx_b^2 \qquad (2-41)$$

由此可见，弹性力做功也是仅与物体的始末位置有关，与路径的形状无关。如果物体由某一位置出发使弹簧经过任意的伸长和压缩(在弹性限度内)，再回到原处，则在整个过程中，弹性力做的功等于零。

2.6.3　保守力和非保守力

由以上两例可见，重力和弹性力有一共同特点，它们做功与路径无关，仅由起点和终点的位置决定。或者说，它们沿闭合路径对物体做的功为零，具有这种性质的力称为保守力。不具有这种性质的力称为非保守力。

除重力和弹性力之外，万有引力和静电力也是保守力，而摩擦力是非保守力。例如一物体在地面上从一点运动到另一点，若路径不同，则摩擦力做功也不相等。

由式(2-39)和式(2-41)可明显看出，始末位置不同，保守力做的功不同，始末位置一定，保守力做的功就是定值，这个定值完全取决于物体的位置。因此，可以引入一个作为位置的函数的物理量，这就是势能。

2.6.4　势能

物体之间因保守力的作用而具有的与位置有关的能量称为势能，用字母 E_p 表示。从势能的定义可看出：

(1) 不同的保守力对应不同类型的势能。与重力对应的势能叫重力势能，与弹性力对应的势能叫弹性势能。

(2) 势能是系统共有的。在物理学中，常把相互有联系的几个物体称为一个系统。这几个物体彼此之间的作用力称为内力；而外部物体与系统内任一物体的作用力称为外力。研究物体在地球表面附近的运动，总是把物体和地球看成一个系统，重力是保守力，也是这个系统的内力，而重力势能是该系统的能量，因为没有地球就没有重力，当然也无势能可言。通常说物体的重力势能只是简称而已。

同样，对弹簧与相连物体所组成的系统，弹性力是保守的，也是该系统的内力，弹性势能也是弹簧和物体这一系统共有的。

(3) 势能具有相对性。对物体和地球所组成的系统，若以地面为重力势能的零点，当物体距地面的高度为 h 时，其重力势能定义为

$$E_p = mgh \tag{2-42}$$

处于某一位置的物体，当选取不同的势能零点，系统势能的值就不相同，式(2-42)中的 h 是物体相对势能零点的高度。若物体位于势能零点以下，这时的重力势能为负。

对物体和弹簧组成的系统，如选取弹簧无形变时为弹性势能的零点，则当弹簧伸长量为 x 时，系统的弹性势能定义为

$$E_p = \frac{1}{2}kx^2 \tag{2-43}$$

(4) 势能曲线。以物体位置为横坐标，以势能 E_p 为纵坐标，可画出势能随位置变化的曲线，称势能曲线。

根据式(2-42)，重力势能曲线如图 2.22 所示。根据式(2-43)，弹性势能曲线如图 2.23 所示，它是一条抛物线。

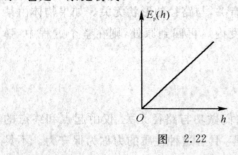

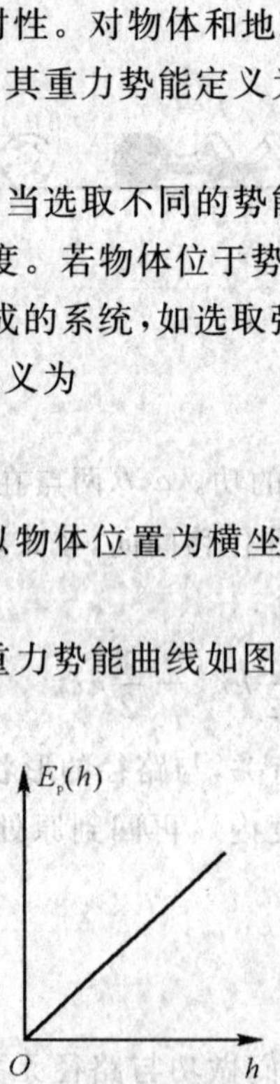

图　2.22

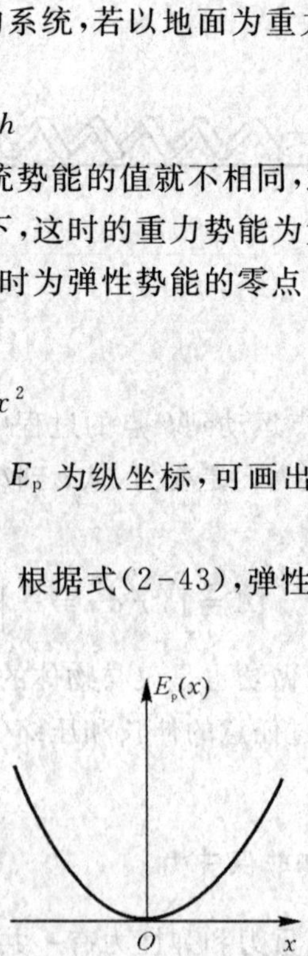

图　2.23

引入重力势能和弹性势能之后，式(2-39)和式(2-41)可写成同一形式，即

$$A = E_{pa} - E_{pb} = -(E_{pb} - E_{pa}) = -\Delta E_p \qquad (2-44)$$

即保守力对物体做的功等于相应的势能增量的负值。保守力做正功，系统的势能减小。

例 2-12　悬挂一根轻弹簧，量得长度为 $l_0 = 0.10$ m，如图 2.24 所示。若在弹簧下端挂一质量为 $m = 1$ kg 的砝码，则在位置 A 处平衡，此时弹簧长度为 $l_1 = 0.12$ m，将砝码移于 B 处时，弹簧的长度为 $l_2 = 0.08$ m。试求：(1) 弹簧的劲度系数；(2) 砝码由 B 点运动到 A 点的过程中，重力和弹性力各做功多少。

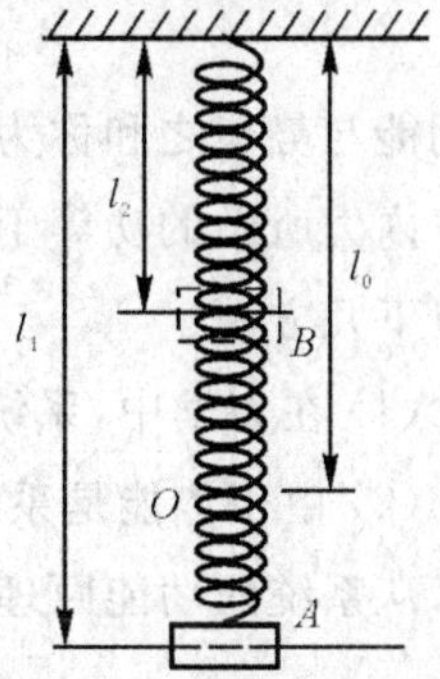

图　2.24

解　(1) 在位置 A 处，弹簧受到的作用力大小为 mg，伸长量为 $(l_1 - l_0)$，由劲度系数的定义知

$$k = \frac{mg}{l_1 - l_0} = \frac{1 \times 9.8}{0.12 - 0.10} = 490\ \mathrm{N \cdot m^{-1}}$$

(2) 由式(2-44)

$$A = -\Delta E_p = E_{pB} - E_{pA}$$

对重力势能，取过 A 点的水平面作势能零点，即 $E_{pA} = 0$。所以砝码从 $B \to A$ 点的过程中重力做功为

$$A_{重} = E_{pB} = mg(l_1 - l_2) = 1 \times 9.8 \times (0.12 - 0.08) = 0.392\ \mathrm{J}$$

对弹性势能，取过 O 点作势能零点，则

$$E_{pA} = \frac{1}{2}k(l_1 - l_0)^2,\quad E_{pB} = \frac{1}{2}k(l_2 - l_0)^2$$

所以

$$A_{弹} = \frac{1}{2}k(l_2 - l_0)^2 - \frac{1}{2}k(l_1 - l_0)^2 = \frac{1}{2}k[(l_2 - l_0)^2 - (l_1 - l_0)^2] =$$

$$\frac{1}{2} \times 490 \times [(-0.02)^2 - (0.02)^2] = 0$$

请读者思考，为什么在此过程中弹性力做的功等于零。

2.7　功能原理　机械能守恒

2.7.1　功能原理

式(2-38)表达的是单个物体的动能定理，它也可以推广到由几个物体所组成的系统，即

$$A_{合} = E_{k2} - E_{k1} = \Delta E_k \qquad (2-45)$$

只不过式中 E_k 应是系统内所有物体的总动能，而 $A_{合}$ 是系统中各物体受到的所有力做功的代数和，这些力既包含外力，也包括内力。内力又可区分为保守内力与非保守内力，用 $A_{保}$ 代表所有保守内力做的功，$A_{非}$ 代表所有非保守内力做的功，$A_{外}$ 代表所有外力做的功，于是

$$A_{合} = A_{外} + A_{保} + A_{非} = \Delta E_k$$

根据式(2-44),保守内力做的功等于系统势能增量的负值,亦即

$$A_{保}=-\Delta E_p$$

上述两式相减得

$$A_{外}+A_{非}=\Delta(E_k+E_p)=(E_{k2}+E_{p2})-(E_{k1}+E_{p1}) \tag{2-46}$$

而动能与势能之和称为机械能,用 E 表示,$E=E_k+E_p$。因此,式(2-46)的意义是,外力和非保守内力所做的功等于系统机械能的增量,这称为系统的功能原理。应用功能原理时应当注意以下几方面:

(1) 在力学中,系统受到的非保守内力是指摩擦力。

(2) 由于势能是系统共有的,因此必须将有保守力作用的各物体都包括在系统之内。

从系统的功能原理出发,可以导出一个很重要的定律。

2.7.2　机械能守恒定律

由式(2-46)可知,如果 $A_{外}+A_{非}=0$,则有

$$E_{k2}+E_{p2}=E_{k1}+E_{p1}=恒量 \tag{2-47}$$

即在系统受到的外力与非保守内力做功等于零的条件下,系统内各物体的动能和势能虽然可以相互转换,但它们的总和保持不变,这一结论称为机械能守恒定律。应用这个定律应当注意:

(1) 守恒是对一个系统而言,如果系统不划定就无守恒而言。

(2) 机械能守恒的条件是 $A_{外}+A_{非}=0$。这包含两种情况,一是系统不受外力和非保守内力的作用,二是外力和非保守内力不做功。这个条件也可说成是,系统运动中只有保守力做功。

用功能原理和机械能守恒定律处理力学问题比较简便。当系统划定后,要看是否有外力或摩擦力做功,若有,用功能原理;若无,用机械能守恒定律。

例 2-13　质量为 m 的小球,栓在劲度系数为 k 的轻弹簧的一端,弹簧的另一端固定,弹簧的原长为 l_0。开始弹簧在水平位置且保持原长,如图 2.25 所示,现将小球由静止释放,当弹簧过铅直位置时,其长度被拉成 l,求该时刻小球的速率 v。

解　取小球、弹簧及地球组成系统。在小球由水平位置运动到竖直位置的过程中,小球受到重力和弹性力的作用,二者都是保守力。当不考虑空气阻力时,系统的机械能守恒。

选弹簧原长时的弹性势能为零,小球在状态 2 的高度为重力势能的零点。对状态 1 和状态 2 应用机械能守恒有

$$mgl=\frac{1}{2}k(l-l_0)^2+\frac{1}{2}mv^2$$

解得

$$v=\sqrt{2gl-\frac{k}{m}(l-l_0)^2}$$

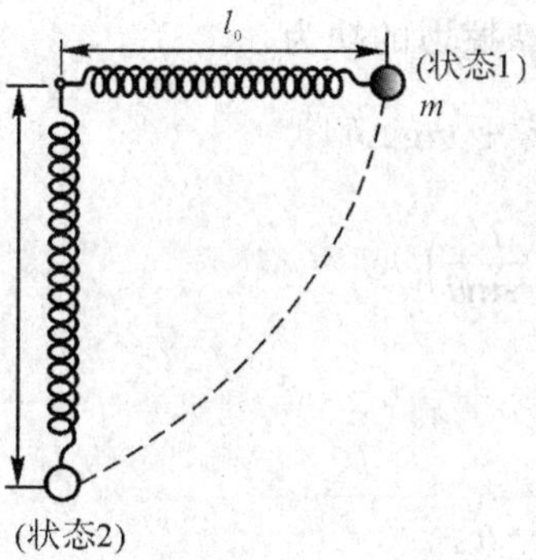

图　2.25

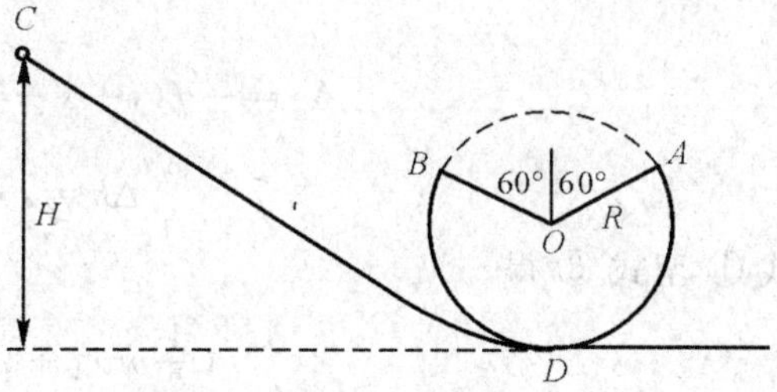

图　2.26

例 2-14　质量为 m 的物体，由静止沿如图 2.26 所示的光滑弯曲轨道从 C 点作无摩擦下滑。轨道的圆环部分有一缺口 AB。已知圆环半径为 R，缺口的张角 $\angle AOB = 2\times 60°$，问 C 点的高度 H 应等于多大才能使物体 m 恰好越过切口继续沿圆环运动？

解　取物体与地球组成系统。物体运动中受重力和轨道对物体的支持力 $\boldsymbol{N}$。$\boldsymbol{N}$ 的方向时刻垂直于轨道(在圆环部分是指向圆心，在缺口部分没有支持力)。

由于支持力对物体不做功，满足机械能守恒的条件。选取轨道的最低点 D 为重力势能零点，设物体在 A 点的速率为 v_A。对状态 C 和状态 A 应用机械能守恒，有

$$mgH = \frac{1}{2}mv_A^2 + mg(R + R\cos 60°) \qquad ①$$

物体在 AB 间作斜抛运动，弦 AB 为射程。设物体从 A 点运动到最高点的时间为 t，根据抛体运动的知识和几何关系有

$$\begin{cases} 2R\sin 60° = 2(v_A\cos 60°)t \\ v_A\sin 60° = gt \end{cases}$$

解得

$$v_A^2 = \frac{Rg}{\cos 60°} = 2Rg \qquad ②$$

联解式 ① 和式 ② 得出　$H = \dfrac{5}{2}R$

例 2-15　如图 2.27 所示，一质量为 2 kg 的木块沿斜面下滑时，受到 8 N 的摩擦力作用。已知木块在 A 点的速率为 3 m·s^{-1}，下滑到 B 点时压缩弹簧 0.2 m 后停止，然后被弹回沿斜面向上滑动。求木块弹回的高度。

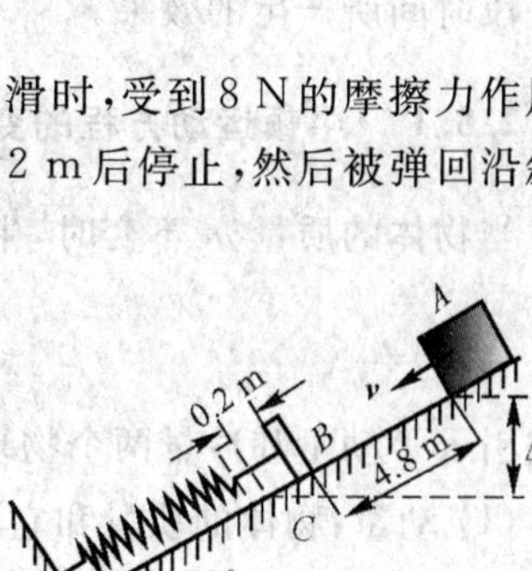

图　2.27

解　取木块、地球和弹簧组成系统。重力和弹性力是系统内的保守力，斜面对木块的正压力与运动方向相垂直不做功。因有摩擦力存在，机械能不守恒，故应用功能原理。已知：木块质量 $m = 2$ kg，$v_A = 3$ m·s^{-1}，摩擦力 $f = 8$ N，$AC = s = 0.2 + 4.8 = 5.0$ m，$\theta = 37°$。

选过 C 点的水平面为零重力势能面。A 点距零势能面的高度为 Δh，设木块弹回到 A' 点，$v_{A'} = 0$，A' 点距零势能面的高度为 $h' = s'\sin\theta$，s' 为 $A'C$ 的长度。

对木块从 A 点运动到 A' 点的全过程应用功能原理，摩擦力的功为

$$A_f = E_{A'} - E_A = mgh' - \left(\frac{1}{2}mv_A^2 + mg\Delta h\right) \quad ①$$

$$A_f = -f(s+s') = -f\left(s + \frac{h'}{\sin\theta}\right) \quad ②$$

$$\Delta h = s \cdot \sin\theta \quad ③$$

联立式 ① 至式 ③ 得

$$h' = \frac{\left(\frac{1}{2}mv_A^2 + mgs\sin\theta\right) - fs}{mg + \frac{f}{\sin\theta}}$$

代入已知数据得 $h' = 0.84\ \text{m}$

2.7.3 能量转换和守恒定律

对一个与外界没有能量交换的系统(常称为封闭系统)，若系统内有非保守内力做功时，按功能原理，系统的机械能要发生变化。大量的实践证明，在系统的机械能减少或增加的同时，必然有等值的其他形式的能量增加或减少，而系统的机械能与其他形式能量的总和仍然保持不变。亦即在一封闭系统内不管发生任何变化，虽然各种形式的能量可以相互转换，但系统内各种形式的能量总和是一个恒量。这一结论称能量转换和守恒定律。它是自然界最具普遍性的定律之一，说明能量既不能创造，也不能消失，只能从一种形式转换成另一形式。这一定律适用于任何变化过程，不论是机械的、热的、电磁的、微观的还是化学、生物的，对生产实践有重大指导意义。

2.8 冲量 动量定理

动能定理说明力的空间累积作用产生的效果，本节研究力的时间累积效应，即力对物体作用一段时间所产生的效果。

2.8.1 牛顿运动方程的变形

当物体的质量 m 不变时，牛顿运动方程可改写成

$$\boldsymbol{F} = m\boldsymbol{a} = m\frac{\mathrm{d}\boldsymbol{v}}{\mathrm{d}t} = \frac{\mathrm{d}(m\boldsymbol{v})}{\mathrm{d}t} \quad (2-48)$$

此式引入了动量和冲量两个物理量。

(1) 动量：物体的质量和它的速度的乘积称为物体的动量。这是一个表征物体机械运动状态的物理量，常用字母 $\boldsymbol{P}$ 表示，即

$$\boldsymbol{P} = m\boldsymbol{v} \quad (2-49)$$

动量是矢量，其方向与速度方向相同。在国际单位制中，动量的单位是 $\text{kg} \cdot \text{m} \cdot \text{s}^{-1}$。把式(2-49) 引入式(2-48) 中，则牛顿运动方程变形为

$$\boldsymbol{F}=\frac{\mathrm{d}\boldsymbol{P}}{\mathrm{d}t} \qquad (2-50)$$

这便是牛顿本人所表述的第二运动定律，意义是：一物体动量的变化率等于作用在该物体上的合力。

(2) 冲量：作用在物体上的力和作用时间的乘积称为该力的冲量。这是一个反映力的时间累积效应的物理量，常用字母 $\boldsymbol{I}$ 表示。

按此定义，$\boldsymbol{F}\Delta t$ 就是力 $\boldsymbol{F}$ 在 Δt 时间内的冲量。对于变力 $\boldsymbol{F}$ 呢？可将它作用的时间分成许多很短的时间元 Δt_i，在 Δt_i 时间内作用力 $\boldsymbol{F}_i$ 可作为恒力对待，其冲量为 $F_i\Delta t_i$。把所有时间元内的冲量求和 $\sum F_i\Delta t_i$，它近似等于变力 $\boldsymbol{F}$ 在作用时间 (t_2-t_1) 内的冲量。当 $\Delta t_i\to 0$ 时，这个求和可写成积分形式。即变力 $\boldsymbol{F}$ 在 (t_2-t_1) 时间内的冲量为

$$\boldsymbol{I}=\int_{t_1}^{t_2}\boldsymbol{F}\mathrm{d}t \qquad (2-51)$$

特别强调，$\boldsymbol{I}$ 的方向与 $\boldsymbol{F}$ 的方向不一定相同。若 $\boldsymbol{F}$ 是恒力，$\boldsymbol{I}=\boldsymbol{F}(t_2-t_1)$，这时冲量与恒力的方向一致。在国际单位制中，冲量的单位是 N·s。

2.8.2　动量定理

将式(2-50)两边同乘以 $\mathrm{d}t$，得

$$\boldsymbol{F}\mathrm{d}t=\mathrm{d}\boldsymbol{P}=\mathrm{d}(m\boldsymbol{v})$$

在 t_1 到 t_2 时间内对该式两边求积分，并以 $\boldsymbol{v}_1$，$\boldsymbol{v}_2$ 分别表示物体 m 在 t_1，t_2 时刻的速率，则得

$$\int_{t1}^{t2}\boldsymbol{F}\mathrm{d}t=m\boldsymbol{v}_2-m\boldsymbol{v}_1 \qquad (2-52a)$$

或写成

$$\boldsymbol{I}=\boldsymbol{P}_2-\boldsymbol{P}_1 \qquad (2-52b)$$

式(2-52)表明：物体所受合力的冲量等于物体动量的增量。这一结论称为动量定理。为了便于应用，对动量定理作几点说明：

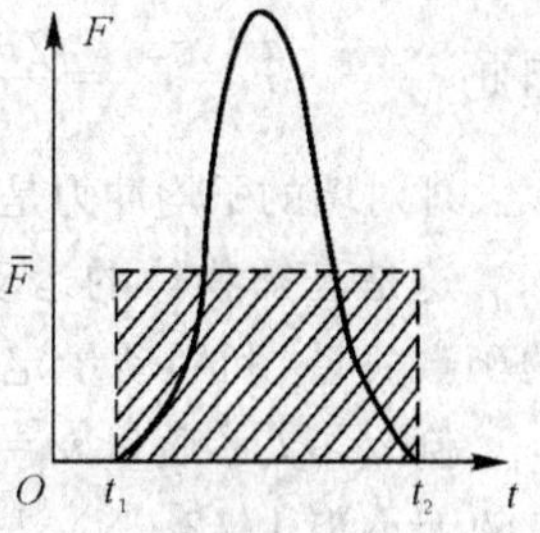

图　2.28

(1) 动量定理说明了力对物体的时间累积作用所产生的效果，这个累积作用引起物体动量的变化。冲量 $\boldsymbol{I}$ 的方向与物体动量增量的方向相同。

(2) 式(2-51)表明，只有已知 $F(t)$ 的函数式才能应用积分计算冲量。然而在碰撞和冲击一类现象中，物体间的相互作用力很大，且作用的时间很短，常称为冲力。冲力是变力，随时间的变化关系很复杂，这时可以利用动量定理计算它的冲量。至于冲力的大小，常以平均力 $\boldsymbol{F}$ 代替之，条件是：平均力与变化冲力作用的时间相同，且冲量相等，即

$$\overline{F}(t_2-t_1)=\int_{t_1}^{t_2}\boldsymbol{F}(t)\mathrm{d}t=m\boldsymbol{v}_2-m\boldsymbol{v}_1 \qquad (2-53)$$

在图 2.28 上，就是用虚线包围的矩形面积去代替实线下的面积。

(3) 式(2-53)是矢量式，为了研究问题方便，常利用它在平面直角坐标系中的分量式

$$\left.\begin{aligned}F_x(t_2-t_1)&=\int_{t_1}^{t_2}F_x\mathrm{d}t=mv_{2x}-mv_{1x}\\F_y(t_2-t_1)&=\int_{t_1}^{t_2}F_y\mathrm{d}t=mv_{2y}-mv_{1y}\\F_z(t_2-t_1)&=\int_{t_1}^{t_2}F_z\mathrm{d}t=mv_{2z}-mv_{1z}\end{aligned}\right\}\tag{2-54}$$

由式(2-54)可以看出，在物体动量变化相同的情况下，若作用时间越短，平均冲力就越大；反之，作用时间越长，则平均冲力越小。日常见到的玻璃杯掉在水泥地上立刻破碎，而掉在沙土上不易破碎就是这个道理。生产上用冲床冲压钢板，就是利用冲头对钢板的冲击时间短以产生很大的冲力。

(4) 在冲击一类问题中，如果其他常力(如重力、摩擦力等)与冲力同时作用，因冲力很大，其他常力的冲量与冲力冲量相比，可以忽略。

例 2-16　一弹性球质量 $m=0.2$ kg，速度 $v=6\ \mathrm{m\cdot s^{-1}}$，与墙碰撞后跳回，设跳回时速度大小不变，碰撞前后速度的方向和墙的法线的夹角都是 α(图 2.29)。已知球与墙壁碰撞的时间 $\Delta t=0.01$ s，$\alpha=60°$，求碰撞时球对墙的平均冲力。

解　以球为研究对象。取坐标如图 2.29 所示，设墙对球的平均冲力为 $\overline{F}$。由式(2-54)，有

$$\overline{F}_x\Delta t=mv_{2x}-mv_{1x},\quad \overline{F}_y\Delta t=mv_{2y}-mv_{1y}$$

由图知　$v_{1x}=-v_{2x}=-v\cos\alpha,\quad v_{1y}=v_{2y}=v\sin\alpha$

代入前式得　$\overline{F}_y\Delta t=0$

所以　$\overline{F}_y=0$

而　$\overline{F}_x\Delta t=mv\cos\alpha-(-mv\cos\alpha)=2mv\cos\alpha$

因此　$\overline{F}=\overline{F}_x=\dfrac{2mv\cos\alpha}{\Delta t}=\dfrac{2\times0.2\times6\times0.5}{0.01}=120\ \mathrm{N}$

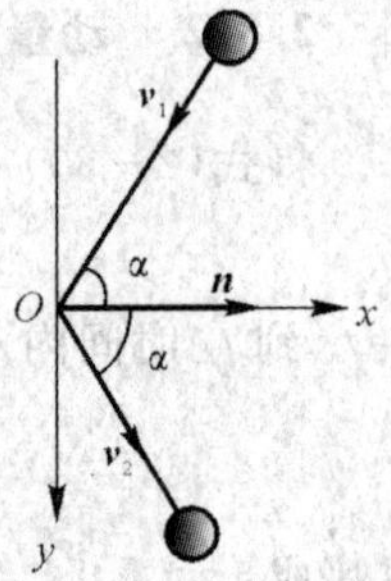

图　2.29

球对墙的平均冲力是 $\overline{F}$ 的反作用力，大小为 120 N，方向沿墙的法线方向，与 x 轴正向相反。

这是已知物体的运动状态，利用动量定理求冲力的例子。另一类型是已知力随时间变化的函数关系，利用动量定理去求运动状态。

例 2-17　质量 $m=1$ kg 的物体，与水平桌面间的摩擦因数 $\mu=0.2$。对物体施以变力 $\boldsymbol{F}$，$\boldsymbol{F}$ 的大小为 $1.12t$(N)，与水平面夹角 $\theta=37°$，如图 2.30 所示，求物体运动 3 s 末的速度。

解　以物体为研究对象，它共受四个力的作用，即拉力 $\boldsymbol{F}$、重力 $m\boldsymbol{g}$、正压力 $\boldsymbol{N}$ 和摩擦力 $\boldsymbol{f}_r$。由于 $\boldsymbol{F}$ 的大小随时间变化，从而引起 $\boldsymbol{N}$ 和 $\boldsymbol{f}_r$ 的大小也随时间 t 变化。

当 $t=3$ s 时，$F=1.12t=3.36$N，它的竖直分量 $F\sin37°=3.36\sin37°=2.02\mathrm{N}<mg=9.80\mathrm{N}$，故在这段时间内物体只在水平方向上运动。

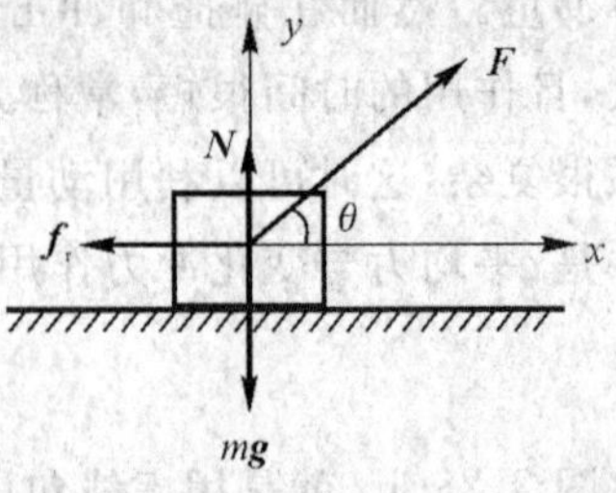

图　2.30

在水平方向应用动量定理有

$$\int_{t_1}^{t_2}(F\cos\theta - f_r)\mathrm{d}t = \int_{t_1}^{t_2}(1.12t\cos\theta - \mu N)\mathrm{d}t = mv_{2x} - mv_{1x} \quad ①$$

式中，$t_2=3$ s，v_{2x} 就是 3 s 末物体的速度。t_1 是物体开始运动的时刻，即 $v_{1x}=0$，在水平方向物体开始运动的条件是

$$F\cos\theta = \mu N \quad ②$$

$$N + F\sin\theta = mg \quad ③$$

解式 ② 和式 ③，得 $$1.12t_1\cos\theta = \mu(mg - 1.12t_1\sin\theta)$$

代入数据求出 $$t_1 = 1.94 \text{ s}$$

联立式 ① 和式 ③，并代入 t_1 值，有

$$\int_{1.94}^{3}(1.12t\cos\theta - \mu mg + \mu 1.12t\sin\theta)\mathrm{d}t = mv_{2x}$$

$$\left[1.12(\cos\theta + \mu\sin\theta)\frac{t^2}{2} - \mu mgt\right]\Bigg|_{1.94}^{3} = mv_{2x}$$

代入数据可求出 $$v_{2x} = 0.62 \text{ m} \cdot \text{s}^{-1}$$

2.8.3 系统的动量定理

先考虑相碰撞的两个物体所组成的系统，它们的质量分别为 m_1 和 m_2。在碰撞期间某时刻，m_1 受到内力 $\boldsymbol{F}'_1$ 和外力 $\boldsymbol{F}_1$ 的作用，动量为 $\boldsymbol{P}_1$，m_2 受到内力 $\boldsymbol{F}'_2$ 和外力 $\boldsymbol{F}_2$ 的作用，动量为 $\boldsymbol{P}_2$，如图 2.31 所示。

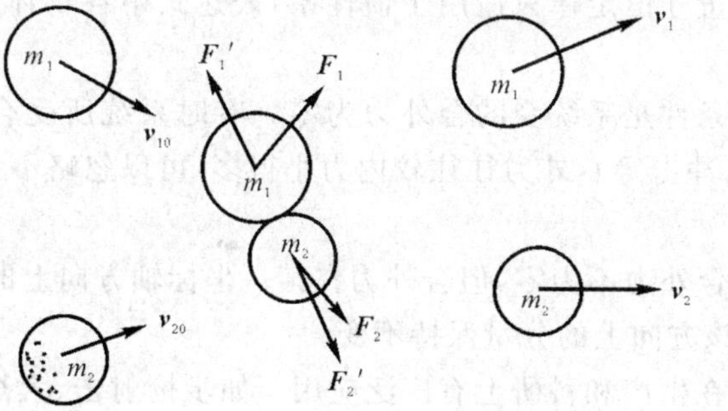

图 2.31

对 m_1，m_2 分别列出牛顿运动方程如下：

$$\frac{\mathrm{d}\boldsymbol{P}_1}{\mathrm{d}t} = \boldsymbol{F}_1 + \boldsymbol{F}'_1, \quad \frac{\mathrm{d}\boldsymbol{P}_2}{\mathrm{d}t} = \boldsymbol{F}_2 + \boldsymbol{F}'_2$$

两式相加，由牛顿第三定律知，$\boldsymbol{F}'_1 = -\boldsymbol{F}'_2$，因此

$$\frac{\mathrm{d}}{\mathrm{d}t}(\boldsymbol{P}_1 + \boldsymbol{P}_2) = \boldsymbol{F}_1 + \boldsymbol{F}_2$$

式中，$\boldsymbol{P}_1 + \boldsymbol{P}_2$ 是系统的总动量，$\boldsymbol{F}_1 + \boldsymbol{F}_2$ 是系统受到的外力之和，即合外力。推广到多个物体组成的系统，有

$$\frac{\mathrm{d}}{\mathrm{d}t}\left(\sum_i \boldsymbol{P}_i\right) = \frac{\mathrm{d}}{\mathrm{d}t}\left(\sum_i m_i \boldsymbol{v}_i\right) = \sum_i \boldsymbol{F}_i \quad (2-55)$$

这就是系统的动量定理，它表明，系统总动量随时间的变化率等于系统受到的合外力。换言之，内力不能改变系统的总动量。

2.9 动量守恒

2.9.1 动量守恒定律

由系统的动量定理式(2-55)可知,若系统受到的合外力为零,即$\sum \boldsymbol{F}_i=0$,则

$$\sum_i \boldsymbol{P}_i=\text{恒量} \quad \text{或} \quad \sum_i m_i \boldsymbol{v}_i=\text{恒量} \tag{2-56}$$

式(2-56)表明,在合外力为零的条件下,系统的总动量保持不变,这就是动量守恒定律。式(2-56)是矢量式,为了便于计算,常用其在直角坐标系中的分量式,即

$$\left.\begin{aligned}\sum_i m_i v_{ix}&=\text{恒量}\\ \sum_i m_i v_{iy}&=\text{恒量}\\ \sum_i m_i v_{iz}&=\text{恒量}\end{aligned}\right\} \tag{2-57}$$

对于这个重要定律作如下几点说明:

(1) 定律中的守恒是指系统的总动量守恒,即系统运动过程中任何两个状态下的总动量都相等,但组成系统的各种物体的动量是可以变化的。

(2) 动量定理和动量守恒定律只适用于惯性系,表达式中各物体的速度都是对同一惯性系的。

(3) 该定律适用的条件是系统受的合外力为零。有时系统所受合外力虽不为零,可是某些短暂过程中(如碰撞、冲击等),外力往往较内力小得多,可以忽略不计,仍可认为系统的动量守恒。

(4) 若系统受到的合外力不为零,但合外力在某一坐标轴方向上的分量为零,由式(2-55)可知,系统的总动量在该方向上的分量保持不变。

(5) 动量守恒定律在生产和科研上有广泛应用。如步枪射击、大炮发射时的后座现象;火箭和一切喷气发动机飞行时的反冲现象等。甚至人们在研究微观粒子的运动时,牛顿运动定律已失效,但动量守恒定律仍适用。因此,动量守恒定律是自然界具有更大普遍性的一条基本定律。

例 2-18 一个静止的物体炸裂成三块,其中两块具有相等的质量,且以相等的速率 $30\ \mathrm{m\cdot s^{-1}}$ 沿相互垂直的方向飞开,第三块的质量恰好等于这两块质量的总和,试求第三块的速度。

解 取整个物体作为一个系统,炸裂是系统内力作用,由于在炸裂过程中其他外力同内力相比小得可以忽略,因此系统的动量守恒,炸裂前物体静止,动量为零。分成三块后,三块碎片的动量总和仍然等于零,即

$$m_1\boldsymbol{v}_1+m_2\boldsymbol{v}_2+m_3\boldsymbol{v}_3=0$$

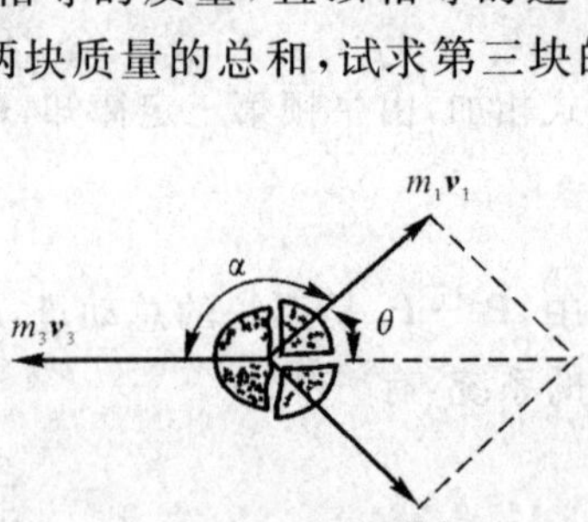

图 2.32

可见,这三个动量必处于同一平面内,且第三块的动量必和前两块合动量的大小相等,方向相反,如图 2.32 所示。因 $\boldsymbol{v}_1$ 和

$\boldsymbol{v}_2$ 相垂直，故

$$(m_3v_3)^2=(m_1v_1)^2+(m_2v_2)^2$$

已知 $m_1=m_2=m, m_3=2m, v_1=v_2=v$，所以 $\boldsymbol{v}_3$ 的大小为

$$v_3=\frac{\sqrt{2}}{2}v=\frac{\sqrt{2}}{2}\times 30=21.2\ \mathrm{m\cdot s^{-1}}$$

$\boldsymbol{v}_3$ 的方向可用它与 $\boldsymbol{v}_1$ 的夹角 α 确定，即

$$\alpha=180°-\theta=180°-45°=135°$$

例 2-19　质量为 m 的小球从半径为 R、质量为 M 的可移动的 1/4 圆弧槽的顶端由静止滑下，如图 2.33 所示。忽略所有摩擦，求小球滑离圆弧槽时二者的速度各是多少？

解　取小球和圆弧槽为一系统，系统运动中在水平方向不受外力，故水平方向上系统的动量分量守恒。设小球滑离槽时的速度为 $\boldsymbol{v}$，圆弧槽的速度为 $\boldsymbol{V}$。以向右为坐标正方向，由动量守恒得

$$mv-MV=0 \qquad ①$$

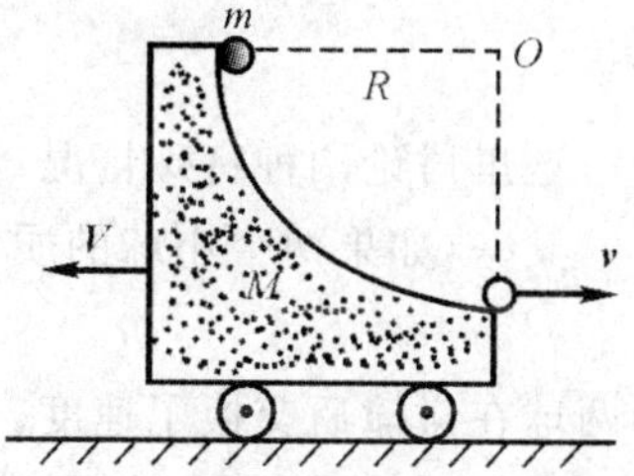

图　2.33

再取小球、圆弧槽和地球为一个系统，由于忽略摩擦，小球下落过程中系统的机械能守恒，即

$$mgR=\frac{1}{2}mv^2+\frac{1}{2}MV^2 \qquad ②$$

联立式 ①、式 ② 解得

$$v=\sqrt{\frac{2MgR}{M+m}},\quad V=\frac{m}{M}\sqrt{\frac{2MgR}{M+m}}$$

2.9.2　碰撞

宏观世界中广泛存在着像打桩、打棒球一类的碰撞现象。在微观领域里按照一定模型也把分子、原子看成小球，因此两个小球的碰撞便特别重要。

(1) 碰撞的特征：碰撞过程的主要特征是，在极短的时间内相互作用力非常大，而其他力相对来说是微不足道的。如果把相互碰撞的物体作为一个系统，将只须考虑系统内物体间的内力，所以在碰撞过程中系统的动量守恒。

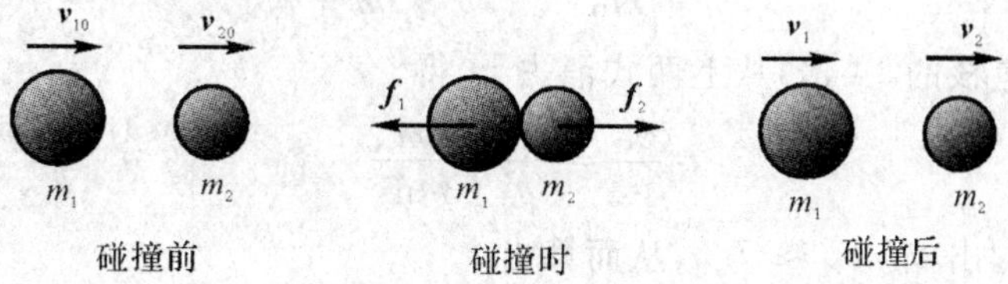

图　2.34

以两个小球的碰撞为例。如果碰撞前后两小球的速度在连接两球心的同一直线上，称之为对心碰撞，有时也叫做正碰。两球的质量与碰撞前后的速度如图 2.34 所示，将两球中心连线设为 x 轴，正向向右，系统在 x 轴方向动量守恒，故有

$$m_1v_{10}+m_2v_{20}=m_1v_1+m_2v_2 \qquad (2-58)$$

已知两球碰撞前的速度 v_{10} 和 v_{20}，欲求碰后的速度 v_1 和 v_2，还需要第二个方程，这个方程

由两小球的弹性决定。

(2) 碰撞的分类:按两个球的弹性可将碰撞分成两类:

1) 弹性碰撞:碰撞后两个球的机械能完全没有损失,这是理想的情况。在弹性碰撞期间,虽然两球的动能与弹性势能相互转换,但碰撞前后两球的动能之和保持不变,即

$$\frac{1}{2}m_1 v_{10}^2 + \frac{1}{2}m_2 v_{20}^2 = \frac{1}{2}m_1 v_1^2 + \frac{1}{2}m_2 v_2^2 \tag{2-59}$$

联立式(2-58)和式(2-59)可解出

$$\left.\begin{aligned} v_1 &= \frac{(m_1 - m_2)v_{10} + 2m_2 v_{20}}{m_1 + m_2} \\ v_2 &= \frac{(m_2 - m_1)v_{20} + 2m_1 v_{10}}{m_1 + m_2} \end{aligned}\right\} \tag{2-60}$$

这里讨论两种特殊情况:

其一,如果两个小球的质量相等,即 $m_1 = m_2$,代入式(2-60)得

$$v_1 = v_{20}, \quad v_2 = v_{10}$$

即两球在碰撞后交换了速度。

其二,如果第二个球碰撞前是静止的,即 $v_{20} = 0$,且 $m_2 \gg m_1$。式(2-60)可简化为

$$v_1 = \frac{(m_1 - m_2)v_{10}}{m_1 + m_2}, \quad v_2 = \frac{2m_1 v_{10}}{m_1 + m_2} \tag{2-61}$$

因 $m_2 \gg m_1$,可进一步得出

$$v_1 \approx - v_{10}, \quad v_2 = 0$$

这说明碰撞后第二个球仍然静止,而第一个球碰撞前后的速度大小相等,方向相反,橡皮球与地球或墙壁的碰撞就近似如此。

例 2-20 中子的发现。1930年,人们发现用α粒子轰击铍原子核时,产生一种不带电的、贯穿本领非常强的辐射粒子流。究竟这种粒子是光子还是一种新粒子呢?英国物理学家查德威克用这种粒子分别与静止的氢原子核和氮原子核相碰撞,以此来确定新粒子的质量。

设这种粒子的质量为 m_1,速率为 v_0,氢核和氮核的质量分别为 m_H 和 m_N,碰后的速率分别为 v_H 和 v_N。假定这种粒子与氢核或氮核发生的是弹性碰撞,由式(2-61)的第二式可知

$$v_H = \frac{2m}{m + m_H}v_0, \quad v_N = \frac{2m}{m + m_N}v_0$$

因氮核的质量约为氢核的14倍,从上两式消去 v_0 得

$$\frac{v_H}{v_N} = \frac{m + 14m_H}{m + m_H}$$

查德威克通过实验测出 $v_H / v_N \approx 7.5$,从而算出

$$m \approx 1.00 m_H$$

由此得出结论,这种不带电的辐射粒子是一种质量接近质子(氢核)的重粒子,称为中子。

2) 非弹性碰撞:两球碰撞时由于形变,总有一部分机械能转变为热、声等其他形式的能量,这是非弹性碰撞。其中重要的情况是两球碰撞后以同一速度运动,这种情形称为完全非弹性碰撞。两个泥球碰撞后黏在一起;子弹射入砂箱内;一人从地面跳到运动的车上等等,都是完全非弹性碰撞的实例。由于在完全非弹性碰撞中 $v_1 = v_2 = v$,因此由动量守恒式(2-58)便

可得到碰撞后的速度 v 为

$$v=\frac{m_1 v_{10}+m_2 v_{20}}{m_1+m_2}$$

例 2-21　一质量为 m 的子弹在水平方向以速度 $\boldsymbol{v}$ 射入铅直悬挂的质量为 M 的砂箱中，并使砂箱摆至某一高度 h，如图 2.35 所示，这是用冲击摆测定子弹速度的装置。试从高度 h 求出子弹速度的大小。

解　系统的运动可分为两个阶段来理解。

第一是子弹射入砂箱中，两者以同一速度 v' 运动。选 x 轴如图 2.35 所示，由动量守恒得

$$mv=(M+m)v' \quad ①$$

第二是砂箱同子弹一起摆动，直至最高位置。若忽略空气阻力，只有重力做功，对砂箱（包括子弹）和地球组成的系统，符合机械能守恒，于是

$$\frac{1}{2}(m+M)v'^2=(m+M)gh \quad ②$$

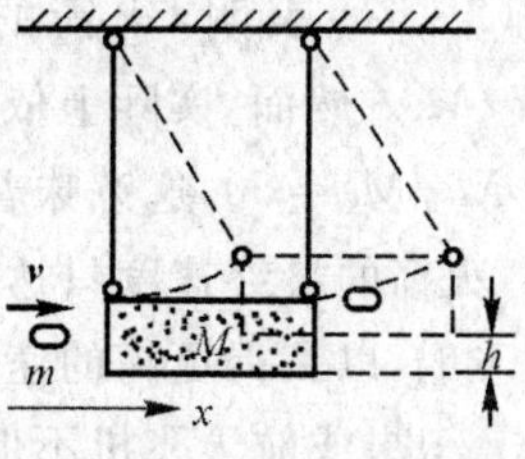

图　2.35

由式 ① 和式 ② 消去 v'，可求出子弹的速度为

$$v=\frac{M+m}{m}\sqrt{2gh}$$

*2.10　变质量问题——火箭飞行原理

火箭是一种靠反作用原理飞行的运载工具，它既可以运载科学仪器和卫星、宇宙飞船，也可以运载常规武器和核武器。

火箭飞行时，装载的固体（或液体）燃料加上助燃剂在燃烧室燃烧，产生的大量高温高压气体，从火箭的尾部以高速向后面喷出，根据动量守恒定律，使火箭获得向前的推力。这个推力作用在火箭上，加之火箭的有效质量随着气体的喷出而减少，按照动量定理，火箭在飞行方向将获得很大速度，由于火箭飞行时不需要依赖外力作用，因而可在空气稀薄的高空或外层空间飞行。

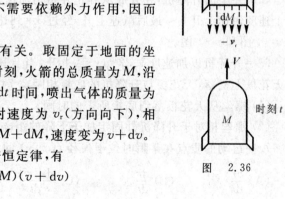

下面分析火箭的飞行速度与哪些因素有关。取固定于地面的坐标系，z 轴垂直向上，如图 2.36 所示。在 t 时刻，火箭的总质量为 M，沿 z 轴相对地面以速度 $\boldsymbol{v}$ 垂直向上运动；经过 $\mathrm{d}t$ 时间，喷出气体的质量为 $-\mathrm{d}M$（$\mathrm{d}M$ 本身为负值），相对于箭体的喷射速度为 v_r（方向向下），相对地面的速度为 $v-v_r$，而火箭的质量变为 $M+\mathrm{d}M$，速度变为 $v+\mathrm{d}v$。把火箭和喷出气体视为一系统，运用动量守恒定律，有

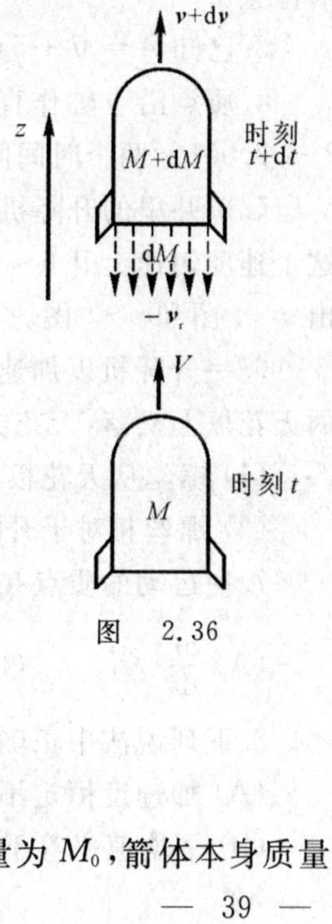

图　2.36

$$Mv=\mathrm{d}M(v-v_r)+(M+\mathrm{d}M)(v+\mathrm{d}v)$$

展开后，略去二阶小量 $\mathrm{d}m\mathrm{d}v$，得

$$\mathrm{d}v=-v_r\frac{\mathrm{d}M}{M}$$

设开始喷气时火箭的初速度为零，火箭箭体连同燃料与助燃剂的总质量为 M_0，箭体本身质量

为 M_s。到燃料烧完而喷气终了时火箭的速度为 v_s，将上式积分为

$$\int_0^{v_s} dv = -v_r \int_{M_0}^{M_s} \frac{dM}{M}$$

积分后得

$$v_s = v_r \ln \frac{M_0}{M_s} \tag{2-62}$$

式(2-62)表明，火箭的最后速度 v_s 取决于两个因素：① 喷射速度 v_r；② 火箭的质量比 M_0/M_s。然而，实际上依靠增大这两个因素来提高火箭的速度是有限的，且代价很高。例如，使 $M_0/M_s=50$，这意味着 1 t 火箭须装载 40 t 燃料。因此，目前单级火箭的质量比约为 15 左右，火箭的最终速度只达到 7 km/s。为此，通常采用多级(一般用三级)火箭来发射卫星和宇宙飞船，以获得更高的速度。

卫星或航天飞机不但要送上去，还要能收回来，因为诸如资源卫星和侦察卫星上的磁带、胶卷等成果和载人的航天飞机都需要回收。回收过程也运用了动量守恒定律。当卫星需要返回时，在轨道的近地点附近，将卫星上的制动火箭点火，使卫星的飞行速度降低，于是卫星脱离运行轨道而转入返回轨道，并进入大气层。当距离地面 2 万米左右时，打开降落伞，以每秒十几米的速度降落到预定回收区。

习　　题

1. 已知矢量 $\boldsymbol{A}=3\boldsymbol{i}-4\boldsymbol{j}$，$\boldsymbol{B}=-3\boldsymbol{i}-2\boldsymbol{j}$，$\boldsymbol{C}=-3\boldsymbol{j}$，$\boldsymbol{D}=2\boldsymbol{i}+5\boldsymbol{j}$，试用几何方法(多边形法则)和解析方法求 $\boldsymbol{A}+\boldsymbol{B}+\boldsymbol{C}+\boldsymbol{D}$。

2. 一飞机由某地起飞，向东飞行 50 km 后，又向东偏北 60° 的方向飞行 40 km，求此时飞机的位置。

3. 已知 $\boldsymbol{A}=3\boldsymbol{i}+5\boldsymbol{j}$，$\boldsymbol{B}=5\boldsymbol{i}-3\boldsymbol{j}$，求 $\boldsymbol{A}\cdot\boldsymbol{B}$。

4. 质点沿 y 轴作直线运动，其位置随时间的变化规律为 $y=5t^2$ m。试求：(1) 2 ~ 2.1 s，2 ~ 2.001 s 两个时间间隔内的平均速度；(2) $t=2$ s 时的瞬时速度。

5. 矿井里的升降机，在井底从静止开始匀加速上升，经过 3 s，速度达到 3 m·s^{-1}，然后以这个速度匀速上升 6 s，最后减速上升，经过 3 s 到达井口，刚好停止。求：(1) 矿井深度；(2) 给出 $x-t$ 图和 $v-t$ 图。

6. 一升降机以加速度 1.22 m·s^{-2} 上升，当上升速度为 2.44 m·s^{-1} 时，有一螺丝自升降机的天花板上松落，天花板与升降机的底板相距 2.74 m，计算：

(1) 螺丝从天花板落到底板所需的时间；

(2) 螺丝相对于升降机外固定柱子下降的距离。

7. 一运动的质点在某瞬时位于矢径 $\boldsymbol{r}(x,y)$ 的端点处，其速度大小的表达式是(　　)。

(A) $\dfrac{dr}{dt}$　　(B) $\dfrac{d\boldsymbol{r}}{dt}$　　(C) $\dfrac{d|\boldsymbol{r}|}{dt}$　　(D) $\sqrt{\left(\dfrac{dx}{dt}\right)^2+\left(\dfrac{dy}{dt}\right)^2}$

8. 下列说法中正确的是(　　)。

(A) 加速度恒定不变时，物体运动方向也不变

(B) 平均速率等于平均速度的大小

(C) 运动物体速率不变时，速度可以变化

(D) 不管加速度如何，平均速率表达式总可以写成 $\bar{v}=(v_1+v_2)/2$

9. 已知运动方程为

$$\boldsymbol{r}=(3t-4t^2)\boldsymbol{i}+(-6t^2+t^3)\boldsymbol{j}$$

式中，t 的单位为 s，$\boldsymbol{r}$ 的单位为 m，试求：(1) $t=4$ s 时质点的坐标；从 $t=0$ 到 $t=4$ s 质点的位移；(2) 前 4 s 内质点的平均速度和平均加速度；(3) $t=2$ s 时质点的速度和加速度。

10. 一人乘摩托车跳越一个大矿坑，他以与水平成 22.5° 夹角的初速度 65 $\mathrm{m\cdot s^{-1}}$ 从西边起跳，准确地落在坑的东边，如图 2.37 所示，已知东边比西边低 70 m，忽略空气阻力，取 $g=10\ \mathrm{m\cdot s^{-2}}$，问：(1) 矿坑有多宽？他飞越的时间多长？(2) 他在东边落地时的速度多大？速度与水平面的夹角多大？

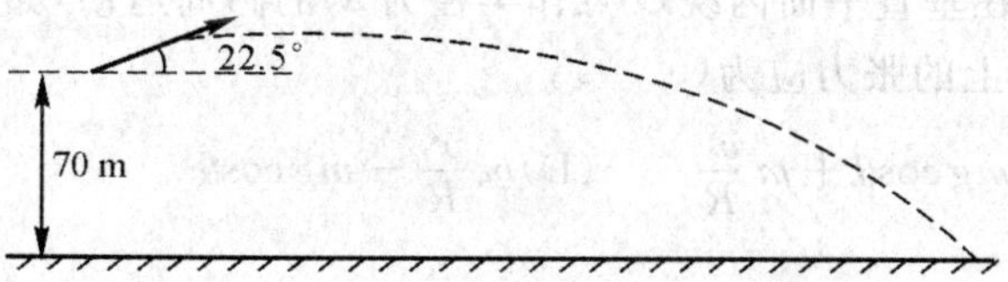

图　2.37

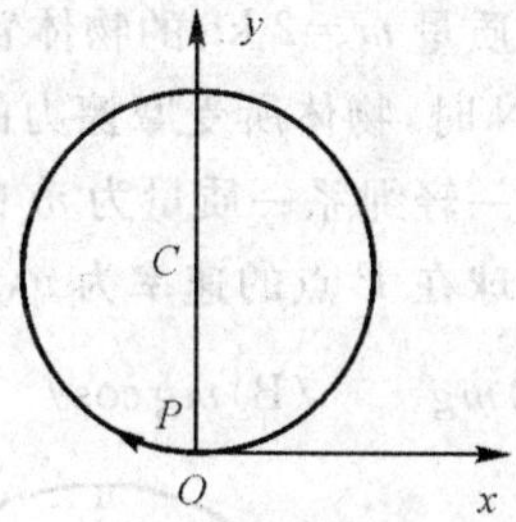

图　2.38

11. 设炮弹以 400 $\mathrm{m\cdot s^{-1}}$ 的初速度，$\theta=30°$ 的仰角射击，若不计空气阻力，求在 3 s 末炮弹的矢径、速度、切向加速度和法向加速度。

12. 一质点 P 从 O 点出发以匀速率 1 $\mathrm{cm\cdot s^{-1}}$ 作顺时针转向的圆周运动，圆的半径为 1 m，如图 2.38 所示。当它走过 2/3 圆周时，走过的路程是______，这段时间内的平均速度大小为______，方向是______。

13. 火车在曲率半径 $\rho=400$ m 的轨道上减速行驶，速度为 10 $\mathrm{m\cdot s^{-1}}$，切向加速度 $a_t=0.2\ \mathrm{m\cdot s^{-2}}$，且与速度反向。求此时法向加速度和总加速度，并求出总加速度与速度的夹角。

14. 路灯距地面高度为 h，行人身高为 l，若人以匀速度 v_0 背向路灯行走。问人头顶的影子的移动速度 v 为多大？

15. 在离水面高为 h 的岸边，有人用绳拉船靠岸，船在离岸边 S 米处。当人以 v_0 ($\mathrm{m\cdot s^{-2}}$) 的速率收绳时，试求船的速度、加速度的大小各为多少。

16. 分别画出如图 2.39 所示的两种情况下，质量为 m 的物体的示力图。

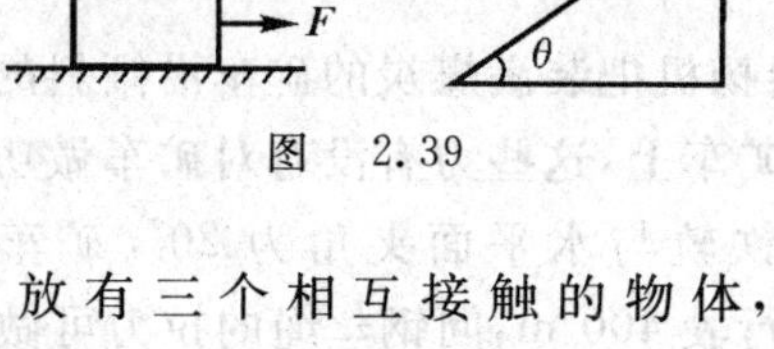

图　2.39

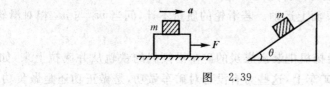

17. 光滑的水平桌面上放有三个相互接触的物体，它们的质量 $m_1=1$ kg，$m_2=2$ kg，$m_3=4$ kg。

(1) 如果用一个大小等于 98 N 的水平力作用于 m_1 的左方，如图 2.40(a) 所示。问这时 m_2 和 m_3 的左边所受的力各等于多少？

(2) 如果用一同样大小的水平力作用于 m_3 的右方，如图 2.40(b) 所示。问这时 m_2 和 m_1 的左边所受的力各等于多少？

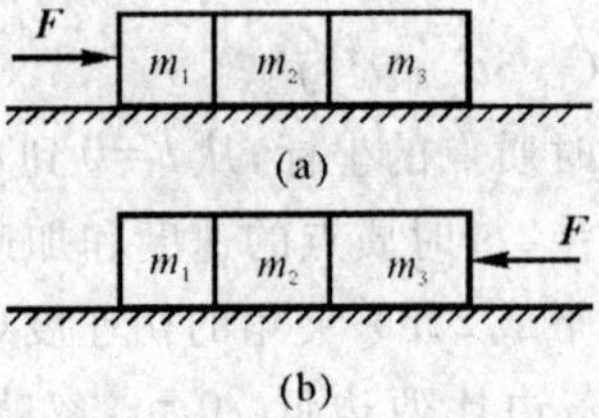

图 2.40

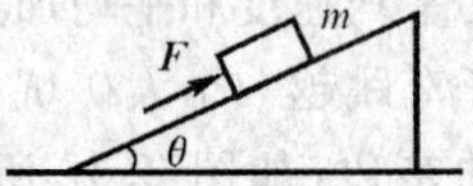

图 2.41

18. 质量 $m=2$ kg 的物体置于 $\theta=30^\circ$ 的斜面上，静摩擦因数 $\mu_0=\sqrt{3}/3$，如图 2.41 所示，当 $F=10$ N 时，物体所受摩擦力的方向为______。$F=25$ N 时，摩擦力的方向为______。

19. 一轻绳系一质量为 m 的小球在垂直平面内绕 O 点作半径为 R 的圆周运动，如图 2.42 所示，小球在 P 点的速率为 v，这时绳上的张力应为(　　)。

(A) mg　(B) $mg\cos\theta$　(C) $mg\cos\theta+m\dfrac{v^2}{R}$　(D) $m\dfrac{v^2}{R}-mg\cos\theta$

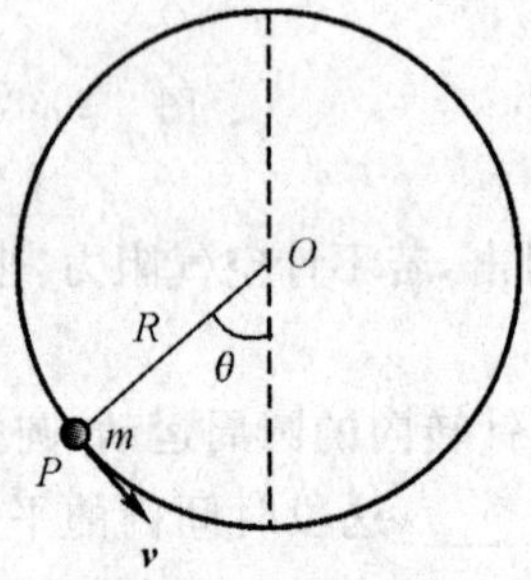

图 2.42

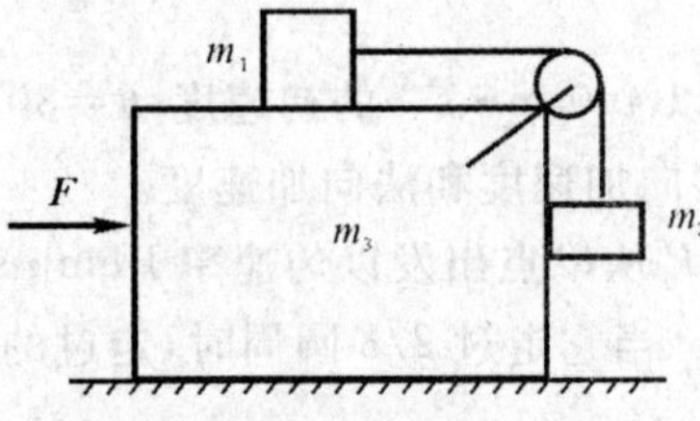

图 2.43

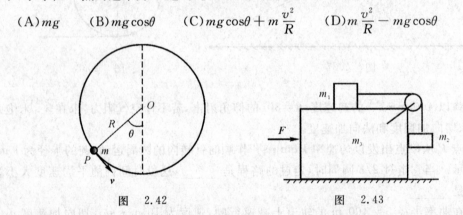

20. 月球的质量是地球质量的 1/81，月球的半径为地球半径的 3/11。不计自转的影响，试计算地球上体重 600 N 的人在月球上时体重多大。

21. 公路转弯处是一半径为 200 m 的圆形弧线，其内外坡度是按车速 60 km/h 设计的，此时轮胎不受路面左右方向的作用力。雪后公路上结冰，若汽车以 40 km/h 的速度行驶，问车胎与路面间的摩擦因数至少多大，才能保证汽车在转弯时不至滑出公路？

22. 如图 2.43 所示，所有接触面都是光滑的，$m_1=1.0$ kg，$m_2=2.0$ kg，$m_3=7.0$ kg。m_3 在水平力 $\boldsymbol{F}$ 作用下可在一水平桌面上运动。若滑轮的质量不计，问当 m_1 与 m_2 相对滑轮无运动时，水平推力应等于多少？

23. 在煤矿的斜井中，用卷扬机把装满煤炭的矿车沿倾斜的铁轨从井底拉上来，如图 2.44 所示，试分析有哪些力作用在矿车上，这些力有没有对矿车做功，是做正功还是做负功。

已知矿车的质量为 1 t，铁轨与水平面夹角为 20°，矿车与铁轨间的摩擦力为车重的 5/100。若使矿车沿铁轨匀速行驶 400 m，问钢丝绳的拉力可做的功为多少？

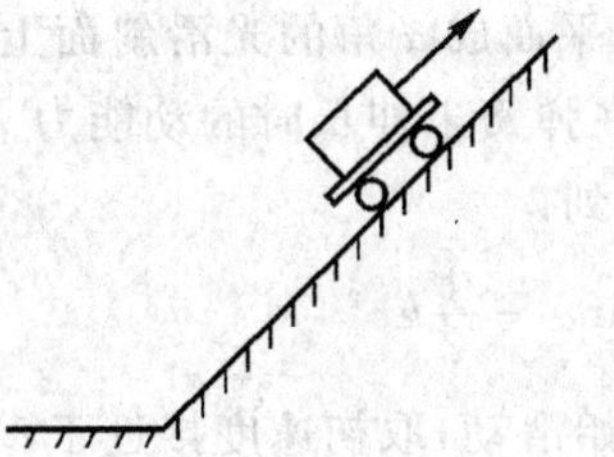

图　2.44

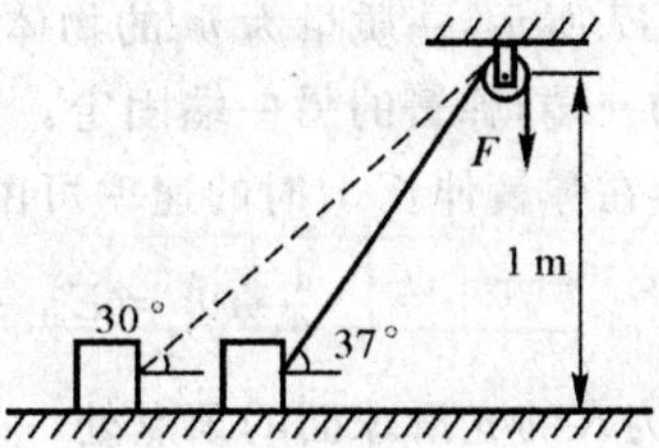

图　2.45

24. 如图 2.45 所示，一绳索跨过无摩擦的滑轮，系在质量为 1.0 kg 的物体上。起初物体静止在水平的光滑平面上，一大小为 5 N 的恒力作用在绳索的另一端，使物体向右作加速运动。问当系在物体上的绳索从与水平面成 30° 角变成 37° 角时，力对物体做的功为多少？已知滑轮与水平面之间的距离为 1 m。

25. 设把一弹簧拉长 4 cm 须用力 120 N。求在弹性限度内将该弹簧拉长 10 cm 所需做的功。

26. 用力推地面上的石块。已知石块的质量为 20 kg，力的方向和地面平行。当石块运动时，推力随位移的增加而线性增加，有关系式为 $F=6x$，其中 x 的单位是 m，力的单位是 N。求石块由 $x_1=16$ m 移到 $x_2=20$ m 的过程中，推力所做的功。

27. 一颗速率为 700 $\mathrm{m\cdot s^{-1}}$ 的子弹，打穿一块木板后，速率降低为 500 $\mathrm{m\cdot s^{-1}}$。如果让它继续穿过与第一块完全相同的第二块木板，求子弹的速率降为多少。

28. 一质量为 m 的质点在 xOy 平面上运动，其位置矢量为 $\boldsymbol{r}=a\cos\omega t\boldsymbol{i}+b\sin\omega t\boldsymbol{j}$ (SI)，式中 a,b,ω 是正的常数，且 $a>b$。

(1) 求质点在 A 点 $(a,0)$ 时和 B 点 $(0,b)$ 时的动能。

(2) 求质点所受的作用力 $\boldsymbol{F}$ 以及当质点从 A 点运动到 B 点的过程中 $\boldsymbol{F}$ 的分力 F_x 和 F_y 分别做的功。

29. 在下列几种说法中，正确的是(　　)。

(A) 保守力做正功时，系统内相应的势能增加

(B) 质点运动经一闭合路径，保守力对质点做的功为零

(C) 作用力和反作用力大小相等，方向相反，所以两者所做功的代数和必为零

30. a,b 两弹簧的劲度系数分别为 K_a 和 K_b，其质量均忽略不计，今将两弹簧连接起来并竖直悬挂，如图 2.46 所示。当系统静止时，两弹簧的弹性势能之比为(　　)。

(A) $\dfrac{E_a}{E_b}=\dfrac{K_a}{K_b}$　　(B) $\dfrac{E_a}{E_b}=\dfrac{K_a^2}{K_b^2}$　　(C) $\dfrac{E_a}{E_b}=\dfrac{K_b}{K_a}$；　　(D) $\dfrac{E_a}{E_b}=\dfrac{K_a^2}{K_b^2}$

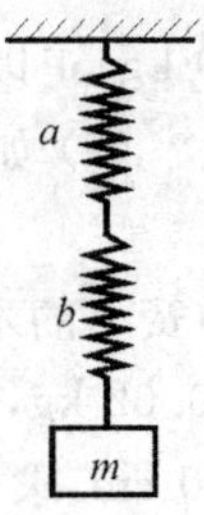

图　2.46

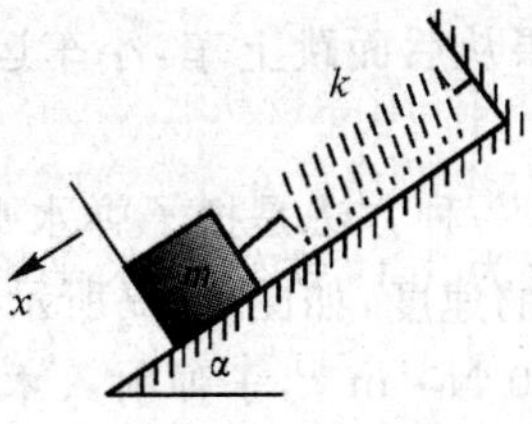

图　2.47

31. 如图 2.47 所示，一质量为 m 的物体，在与水平面成 α 角的光滑斜面上，系于一劲度系数为 k 的弹簧的一端，弹簧的另一端固定。设物体在弹簧未伸长时的动能力 E_{k1}，弹簧的质量不计。试证物体在弹簧伸长 x 时的速率可由下式得到：

$$\frac{1}{2}mv^2 = E_{k1} + mgx\sin\alpha - \frac{1}{2}kx^2$$

32. 在半径为R的光滑球面的顶点处，一质点开始滑动，取初速度接近于零，试问质点滑到顶点以下多远的一点时，质点要脱离球面？

33. 下列说法中正确的是(　　)。

(A) 物体的动量不变，则动能也不变

(B) 物体的动能不变，则动量也不变

(C) 物体的动量变化，则动能也一定变化

(D) 物体的动能变化，而动量却不一定变化

34. 一质量为 m 的物体，以初速 $\boldsymbol{v}_0$ 从地面抛出，抛射角 $\theta = 30°$，如忽略空气阻力，则从抛出到刚要接触地面的过程中，有

(1) 物体动量增量的大小为＿＿＿＿＿＿＿＿；

(2) 物体动量增量的方向为＿＿＿＿＿＿＿＿。

35. 一质量为 10 kg 的物体沿 x 轴无摩擦地运动，设 $t=0$ 时物体位于原点，速度为零，如物体在力 $F=(3+4t)$N 的作用下运动了 3 s，试问它的速度和加速度各增为多大？

36. 测材料弹性的一种方法是用该种材料制成大平板，然后测球的回跳高度。如回跳高度越大，该材料的弹性越好。今有一质量为 0.1 kg 的小钢球，在高度为 2.5 m 处自由下落，与水平钢板碰撞后，回跳高度为1.6 m。设碰撞时间为0.01 s，问钢球对钢板的撞击力为多大？在碰撞过程中，小球机械能损失多少？(空气阻力不计)

37. 如图 2.48 所示，质量各为 m_A 与 m_B 的两木块，用弹簧连接，开始静止于光滑水平的桌面上，现将两木块拉开(弹簧被拉长)，然后由静止释放，此后两木块的动能之比$\dfrac{E_{kA}}{E_{kB}}=$＿＿＿＿＿＿。

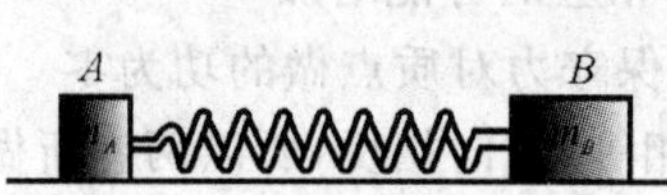

图　2.48

38. 质量为m的物体，以速率 v_0 沿 x 轴正向运动，运动中突然射出质量为它的1/3的质点，以速度 $2v_0$ 沿 y 轴正向运动，求余下部分的速度。

39. 一质量为 30 kg 的小孩，以 4km/h 的速度跳上质量为 80 kg、正以 2.5 km/h 的速度运动的小车，问：(1) 如果从后面跳上车，小车运动的速度变为多大？(2) 如果迎面跳上小车，小车的速度变为多大？

40. 测子弹速度的一种方法是把子弹水平射入一个固定在弹簧上的木块内，由弹簧压缩的距离就可以求出子弹的速度，如图 2.49 所示。已知子弹质量是 0.02 kg，木块质量是 8.98 kg，弹簧的劲度系数是 100 N·m^{-1}，子弹射入木块后，弹簧被压缩 10 cm，求子弹的速度。设木块与平面间的滑动摩擦因数为 0.2。

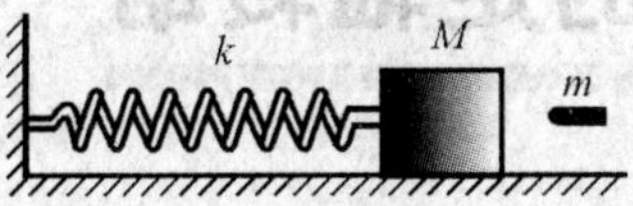

图　2.49

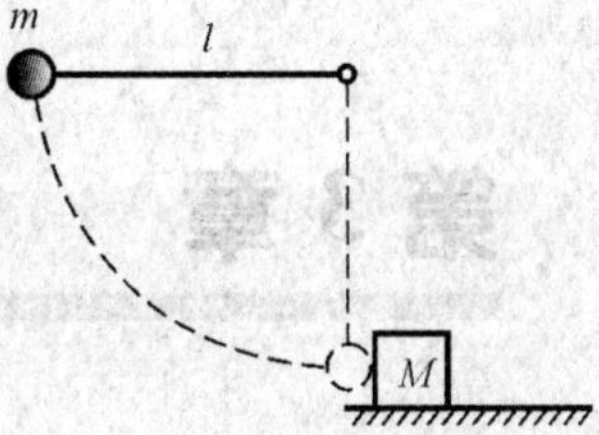

图　2.50

41. 如图 2.50 所示，一质量为 1 kg 的钢球，系在一个长为 80 cm 的绳子的一端，绳的另一端固定。把绳拉到水平位置后使球从静止释放，球在最低点与一质量为 5 kg 的钢球作弹性碰撞，问碰撞后钢球能升到多高处？

42. 火箭起飞时，从尾部喷出气体的速度为 3 000 $m \cdot s^{-1}$，每秒喷出气体的质量为 600 kg，若火箭的质量为 50 t，求火箭得到的加速度。

第3章　刚体的定轴转动

在第2章中，我们忽略了物体的形状和大小，把物体看成质点，研究了质点的运动规律。但是在很多问题中，物体的形状和大小不能忽略，例如研究地球的自转、砂轮的转动等，就不能把它们看成质点。

一般来说物体在外力作用下都要发生形变，如果形变甚小以致可以忽略不计时，我们就把这种在外力作用下形状大小保持不变的物体称为刚体。刚体也是实际物体的理想化模型。研究刚体时，可以把它看成由无数个质点组成的系统，刚体运动中，任何两个质点间的距离恒保持不变。

刚体的两种基本运动是：

(1) 平动：如果刚体运动时，刚体内连接任意两点的直线始终保持它的方向不变，这种运动称为平动。图3.1画出一矩形薄板的平动。刚体作平动时，体内各点的运动轨迹完全相同，但轨迹不一定是直线。既然各点的轨迹都一样，那么各点的位移、速度和加速度也都相同，因此刚体任一点的运动都能代表整个刚体的运动，于是可用质点力学知识来处理。

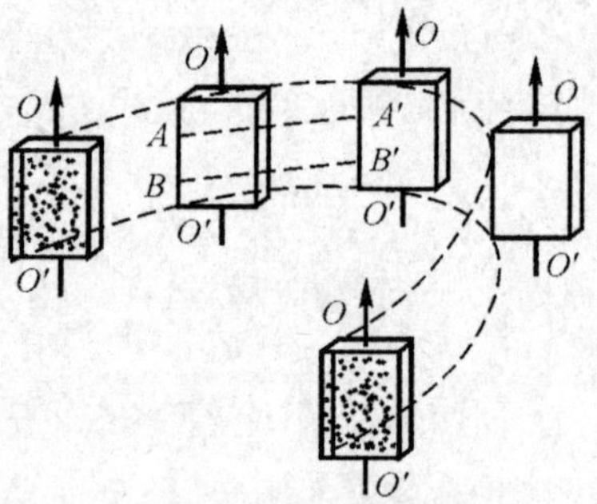

图　3.1

(2) 转动：如果刚体运动时，刚体内各点都绕同一直线作圆周运动，这种运动称为刚体的转动，这一直线称为转轴。假如转轴相对于所选的参照系固定不动，这便是刚体的定轴转动。如门窗的开关、电动机转子的运动。

刚体的复杂运动(滚动、进动等)可以看成是平动和转动的叠加。

3.1　定轴转动的描述

3.1.1　转动平面

刚体作定轴转动时，刚体上各点均在垂直于转轴的平面内作圆周运动。因此，研究刚体绕定轴的转动，通常取一垂直于转轴的平面，这个平面叫转动平面。如图3.2所示，O为转轴与转动平面的交点，P为刚体上任一点，它在转动平面内作以O为心，以OP为半径的圆周运动。为了表示P点转过的角度，常过O点作一参考轴Ox。刚体内其他各点也都在各自的转动平面内作圆周运动。

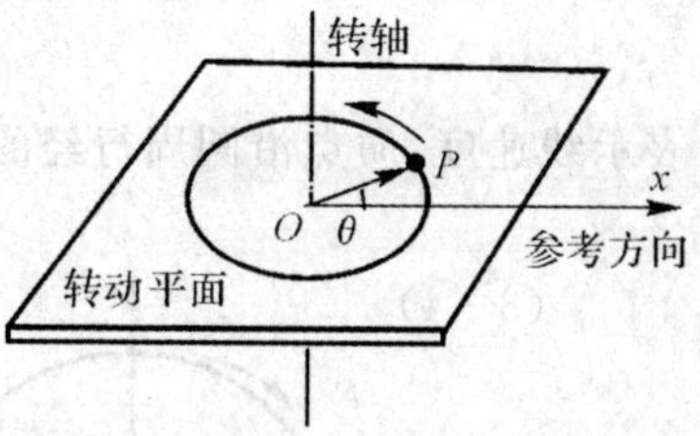

图　3.2

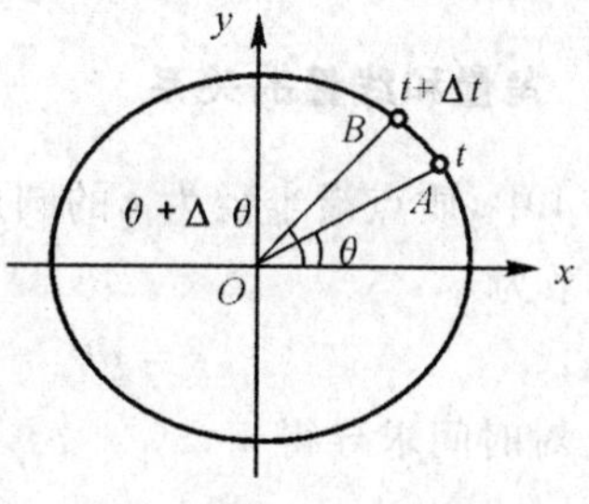

图　3.3

3.1.2　角度描述

质点作圆周运动，可用自圆心到质点的半径与参考轴 Ox 之间的夹角来描述质点的位置，称角位置，如图 3.3 所示。设某时刻 t，质点在 A 点，其角位置为 θ。到 $t+\Delta t$ 时刻，质点转到 B 点，其角位置为 $\theta+\Delta\theta$。在 Δt 时间内，质点转过的角度 $\Delta\theta$ 称角位移。角位移不但有大小而且有转向，一般规定沿逆时针转向的角位移取正值，沿顺时针转向的角位移取负值。

作圆周运动的质点，其角位置 θ 随时间 t 变化的函数式称运动方程，即 $\theta=\theta(t)$。

(1) 角速度：当 Δt 趋近于零时，角位移 $\Delta\theta$ 与时间 Δt 的比值的极限，称为质点在 t 时刻的瞬时角速度，简称角速度，用 ω 表示，则有

$$\omega=\lim_{\Delta t\to 0}\frac{\Delta\theta}{\Delta t}=\frac{\mathrm{d}\theta}{\mathrm{d}t} \tag{3-1}$$

角速度反映质点沿圆周运动的快慢程度。通常沿逆时针转动时，ω 取正值；沿顺时针转动时，ω 取负值。

在国际单位制中，角位移的单位是弧度(rad)，角速度的单位是弧度 / 秒($\mathrm{rad\cdot s^{-1}}$)。角速度也以每秒绕行的圈数(转速)n 表示，显然 $\omega=2\pi n$，当质点的角速度 ω 随时间变化时，需要引入角加速度的概念。

(2) 角加速度：设质点在 t 时刻的角速度为 ω_0，经时间 Δt 后，角速度变为 ω，$\Delta\omega=\omega-\omega_0$ 称为这段时间内角速度的增量。角速度增量 $\Delta\omega$ 与时间 Δt 的比值，在 Δt 趋近于零时的极限，称为 t 时刻质点的瞬时角加速度，简称角加速度，用 β 表示，则有

$$\beta=\lim_{\Delta t\to 0}\frac{\Delta\omega}{\Delta t}=\frac{\mathrm{d}\omega}{\mathrm{d}t}=\frac{\mathrm{d}^2\theta}{\mathrm{d}t^2} \tag{3-2}$$

角加速度的正负号与角速度增量的符号一致，其大小反映角速度变化的快慢。在国际单位制中，角加速度的单位是 $\mathrm{rad\cdot s^{-2}}$。

质点作匀速率圆周运动时，ω 是恒量，β 为零，运动方程是 $\theta=\omega t$。质点作匀变速圆周运动时，ω 均匀变化，β 为恒量，也有类似于匀变速直线运动的几个方程。

$$\left.\begin{aligned}\omega&=\omega_0+\beta t\\ \theta&=\omega_0 t+\frac{1}{2}\beta t^2\\ \omega^2&=\omega_0^2+2\beta\theta\end{aligned}\right\} \tag{3-3}$$

相对于本节引入的角量，前面描述圆周运动时引入的速度 $\boldsymbol{v}$，切向和法向加速度 $\boldsymbol{a}_t$ 和 $\boldsymbol{a}_n$ 等称为线量，那么角量和线量有什么关系呢？

3.1.3 角量和线量的关系

在图 3.4 中,质点沿半径为 r 的圆周运动,以 v 表示线速度,质点沿圆周行经的路程 s 与角位置 θ 的关系为

$$s=r\theta \tag{3-4}$$

将式(3-4) 对时间求导得

$$\frac{ds}{dt}=r\frac{d\theta}{dt} \quad 即 \quad v=r\omega \tag{3-5}$$

这是线速度和角速度的关系。利用此关系可将法向加速度表示为

$$a_n=\frac{v^2}{r}=r\omega^2 \tag{3-6}$$

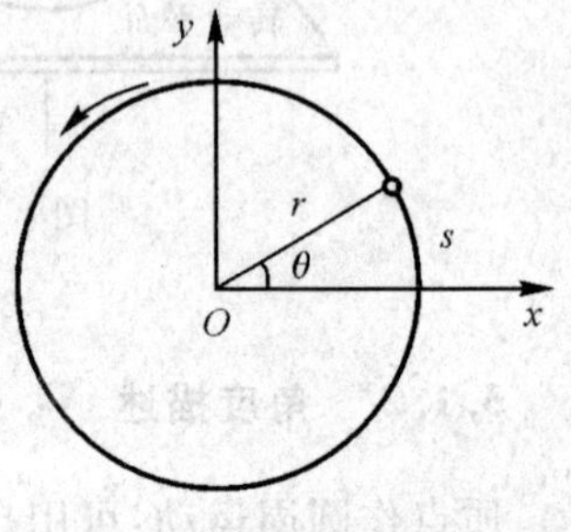

图 3.4

将式(3-5) 再对时间求导得

$$\frac{dv}{dt}=r\frac{d\omega}{dt} \quad 即 \quad a_t=r\beta \tag{3-7}$$

这是切向加速度与角加速度的关系。

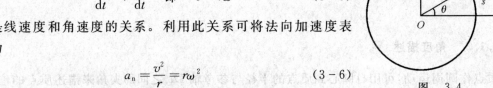

由于刚体上各质点的相对位置固定不变,因此在刚体绕定轴转动的过程中,刚体内各质点在同一时间 Δt 内的角位移相同,在同一时刻各质点具有相同的角速度和角加速度。这是定轴转动的主要特征。

例 3-1 某电动机的转子由静止开始作匀变速转动,5 s 后转速增为 $n=1\ 450$ 转 / 分(r/min),试求此电动机的角加速度和在 5 s 内转过的圈数。

解 由题意知,$\omega_0=0, n=1\ 450\ \text{r/min}=\frac{1\ 450}{60}\text{r/s}$。在 5 s 末的角速度为

$$\omega=2n\pi=2\pi\times\frac{1450}{60}=152\ \text{rad}\cdot\text{s}^{-1}$$

由式(3-3) 的第一式,转子的角加速度为

$$\beta=\frac{\omega-\omega_0}{t}=\frac{152}{5}=30.4\ \text{rad}\cdot\text{s}^{-2}$$

由式(3-3) 的第二式,转子在 5 s 内转过的角度为

$$\theta=\omega_0 t+\frac{1}{2}\beta t^2=\frac{1}{2}\times 30.4\times 5^2=380\ \text{rad}$$

所以电动机在 5 s 内转过的圈数为

$$N_0=\frac{\theta}{2\pi}=\frac{380}{2\pi}=60.5$$

例 3-2 一半径为 0.1 m 的转轮,绕定轴转动的规律为 $\theta=2+4t^3$(rad),式中 t 以秒(s)计,求:

(1)$t=2$ s 时转轮的角速度和角加速度;

(2)$t=2$ s 时轮缘上一点的速度和加速度;

(3) 当 θ 角多大时,轮缘上一点的加速度与半径成 45° 角?

解 由式(3-1) 与式(3-2),转轮的角速度和角加速度的表达式为

$$\omega=\frac{d\theta}{dt}=12t^2, \quad \beta=\frac{d\omega}{dt}=24t$$

(1) 当 $t=2$ s 时,有

$$\omega=12\times(2)^2=48\ \text{rad}\cdot\text{s}^{-1},\quad \beta=24\times2=48\ \text{rad}\cdot\text{s}^{-2}$$

(2) 由式(3-5)至式(3-7),对轮缘上一点,有

$$v=r\omega=12t^2r=1.2t^2,\quad a_n=r\omega^2=144t^4r=14.4t^4,\quad a_t=r\beta=24tr=2.4t$$

当 $t=2$ s 时,有

$$v=1.2\times(2)^2=4.8\ \text{m}\cdot\text{s}^{-1},\quad a_n=14.4\times(2)^4=230.4\ \text{m}\cdot\text{s}^{-2},$$
$$a_t=2.4\times2=4.8\ \text{m}\cdot\text{s}^{-2}$$

总加速度的大小为

$$a=\sqrt{a_n^2+a_t^2}=230.5\ \text{m}\cdot\text{s}^{-2}$$

(3) 当总加速度的方向与半径成 45° 角时,$a_n=a_t$,即

$$14.4t^4=2.4t,\quad t^3=\frac{1}{6}$$

代入运动方程得

$$\theta=2+4t^3=2+4\times\frac{1}{6}=2.67\ \text{rad}$$

3.2　转动动能　转动惯量

3.2.1　转动动能

刚体以角速度 ω 绕定轴转动时,刚体内各质点具有相同的角速度 ω,但具有不同的线速度。设刚体内任一质点的质量为 Δm_i,到转轴的垂直距离为 r_i,其线速度为 $v_i=r_i\omega$,则该质点的动能为

$$\frac{1}{2}\Delta m_i v_i^2=\frac{1}{2}\Delta m_i r_i^2\omega^2$$

整个刚体的转动动能等于刚体内所有质点的动能之和,即

$$E_k=\sum_i\frac{1}{2}\Delta m_i v_i^2=\frac{1}{2}\left(\sum_i\Delta m_i r_i^2\right)\omega^2$$

令

$$J=\sum_i\Delta m_i r_i^2 \tag{3-8}$$

则

$$E_k=\frac{1}{2}J\omega^2 \tag{3-9}$$

这就是刚体转动动能的表达式,与质点平动动能表达式 $\frac{1}{2}mv^2$ 相比,ω 对应于 v,J 对应于 m。质量 m 是质点平动时惯性大小的量度,J 就是刚体转动时惯性大小的量度,故称为刚体绕定轴的转动惯量,式(3-9)表示,刚体的转动动能等于刚体的转动惯量与角速度二次方的乘积的一半。

3.2.2　转动惯量

由转动惯量的定义知,转动惯量 J 等于刚体上各质点的质量与它们到转轴的距离二次方的乘积之和。对于质量连续分布的刚体,转动惯量的定义式(3-8)可用积分表示为

$$J=\lim_{\Delta m_i\to 0}\sum_i \Delta m_i r_i^2=\int r^2\mathrm{d}m \tag{3-10}$$

式中，$\mathrm{d}m$ 代表刚体内的任一质量元，r 为 $\mathrm{d}m$ 到转轴的距离。如果用 ρ 表示刚体的密度，$\mathrm{d}V$ 表示质量元 $\mathrm{d}m$ 的体积，则式(3-10)可写成

$$J=\int_V r^2\rho\mathrm{d}V \tag{3-11}$$

积分遍及刚体的整个体积。在国际单位制中，转动惯量的单位是 $\mathrm{kg}\cdot\mathrm{m}^2$。

例 3-3 求质量为 m，长为 l 的均匀细棒对给定转轴的转动惯量。

(1) 转轴通过棒中心并与棒垂直；

(2) 转轴通过棒上离中心为 h 的一点并与棒垂直。

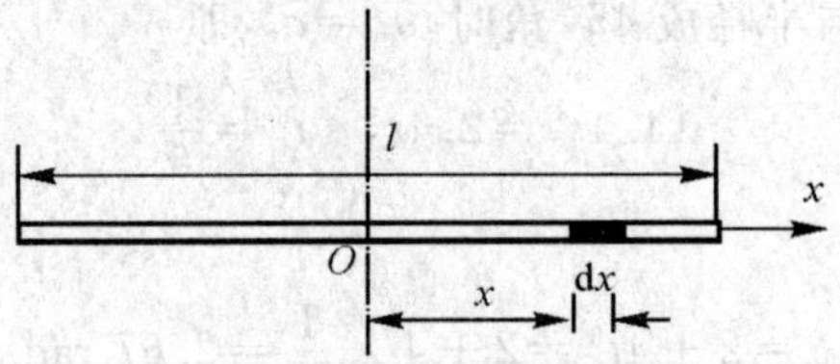

图 3.5

解 在细棒上任取一长度 $\mathrm{d}x$，离转轴为 x 的质量元 $\mathrm{d}m=\lambda\mathrm{d}x$（见图 3.5），$\lambda$ 为细棒的质量线密度。应用式(3-10)可得

(1)
$$J=\int_{-l/2}^{+l/2}x^2\lambda\mathrm{d}x=\frac{1}{3}x^3\lambda\bigg|_{-l/2}^{l/2}=\frac{l^3}{12}\lambda$$

因 $\lambda=\dfrac{m}{l}$，故

$$J=\frac{l^3}{12}\frac{m}{l}=\frac{ml^2}{12}$$

(2) 转轴的位置变了，坐标原点 O 也随着变，积分限也应变动，故

$$J=\int_{-(\frac{l}{2}+h)}^{\frac{l}{2}-h}x^2\lambda\mathrm{d}x=\frac{1}{12}ml^2+mh^2$$

从这个例子的结果可引伸出一个定理：如果有一转轴与通过质心 C 的转轴平行，那么刚体对此转轴的转动惯量为

$$J=J_c+mh^2 \tag{3-12}$$

式中，J_c 为刚体绕通过质心 C 的转轴的转动惯量，m 为刚体的质量，h 为此转轴与质心 C 间的距离。这一结论称平行轴定理。

利用平行轴定理，可求得当转轴通过棒的一端并与棒垂直时，棒对此轴的转动惯量为

$$J=J_c+mh^2=\frac{1}{12}ml^2+m\left(\frac{l}{2}\right)^2=\frac{1}{3}ml^2$$

例 3-4 求质量为 m，半径为 R 的细圆环或圆盘绕通过中心并与圆面垂直的转轴的转动惯量。

解 (1) 细圆环：质量可认为全部分布在半径为 R 的圆周上，因此任何质量元到转轴的距离都是 R，据式(3-10)，得

$$J=\int r^2\mathrm{d}m=R^2\int\mathrm{d}m=mR^2$$

(2) 薄圆盘：质量均匀分布在半径为 R 的圆面上，质量面密度 $\sigma=m/\pi R^2$。在圆盘上任取一半径为 r，宽 $\mathrm{d}r$ 的圆环（见图 3.6）。圆环面积为 $2\pi r\mathrm{d}r$，质量为 $\mathrm{d}m=\sigma 2\pi r\mathrm{d}r$。从(1)中的结果知，此圆环绕中心垂直轴的转动惯量为 $\mathrm{d}J=r^2\mathrm{d}m=2\pi\sigma r^3\mathrm{d}r$。

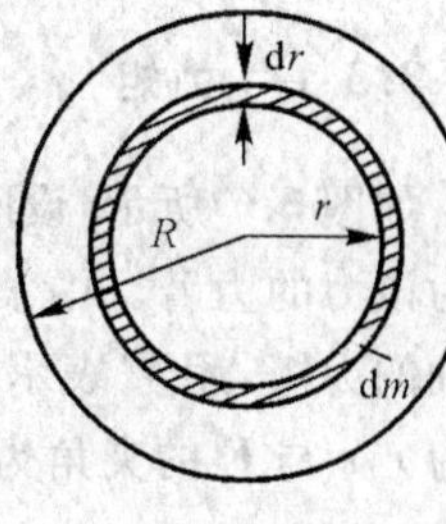

图　3.6

圆盘可看成由许多同心、半径不同的圆环组成的，故圆盘绕中心垂直轴的转动惯量为

$$J=\int\mathrm{d}J=\int_0^R 2\pi\sigma r^3\mathrm{d}r=2\pi\sigma\int_0^R r^3\mathrm{d}r=\frac{\pi}{2}R^4\sigma=\frac{\pi}{2}R^4\frac{m}{\pi R^2}=\frac{1}{2}mR^2$$

由上述二例可看出，刚体的转动惯量决定于以下几个因素：① 与刚体的质量有关；② 在质量相同的情况下，与质量的分布有关，质量分布得离转轴越远，转动惯量就越大；③ 与转轴的位置有关。

表 3-1 列出几种常见的形状对称而质量分布均匀的刚体对给定轴的转动惯量。至于形状不规则的物体，其转动惯量的计算较复杂，一般都用实验测定。

表 3-1　几种刚体的转动惯量

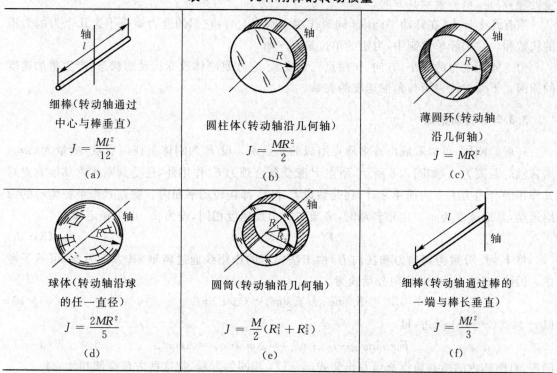

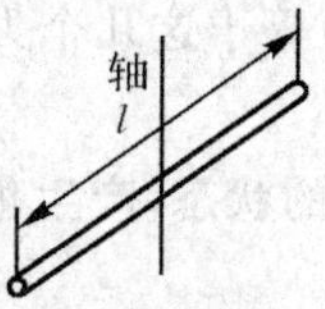 细棒（转动轴通过中心与棒垂直） $J=\frac{Ml^2}{12}$ (a)	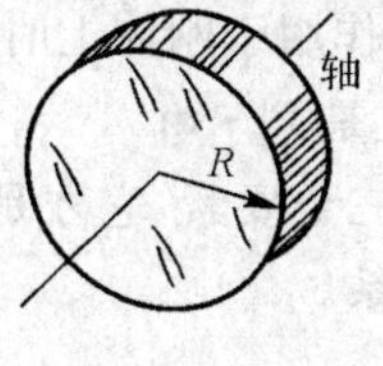 圆柱体（转动轴沿几何轴） $J=\frac{MR^2}{2}$ (b)	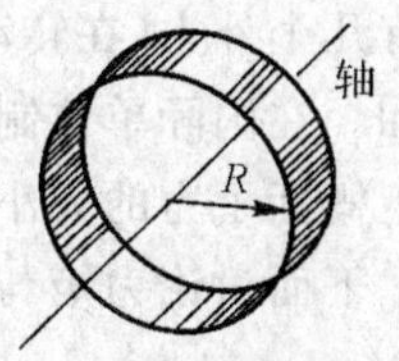 薄圆环（转动轴沿几何轴） $J=MR^2$ (c)
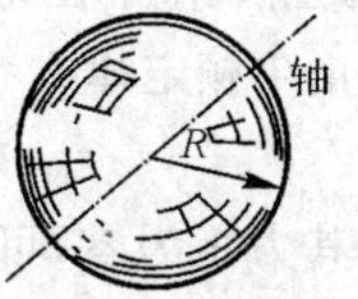 球体（转动轴沿球的任一直径） $J=\frac{2MR^2}{5}$ (d)	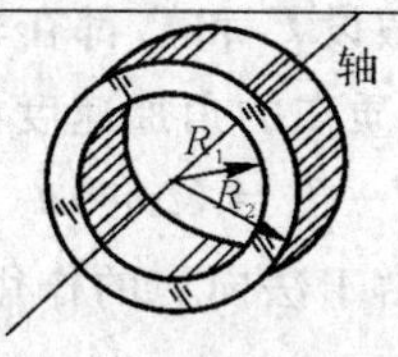 圆筒（转动轴沿几何轴） $J=\frac{M}{2}(R_1^2+R_2^2)$ (e)	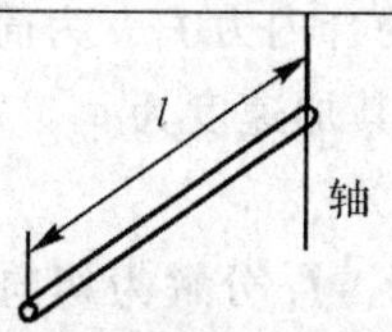 细棒（转动轴通过棒的一端与棒长垂直） $J=\frac{Ml^2}{3}$ (f)

3.3　力矩　转动定律

力可以使物体产生加速度，然而日常开关门的经验告诉我们，如果施力的方向与转轴平行或通过转轴，力再大也不能把门打开或关上。这就是说，力不一定能使刚体产生角加速度，刚体的转动不仅跟力的大小有关，而且还与力的方向、力的作用点的位置有关。因此，要引入一个把力的三个特征都包含进去的物理量。

3.3.1 力矩

如图 3.7 所示，设刚体受外力(位于转动平面内)作用，从转轴到力的作用线的垂直距离 d 称为该力的力臂。中学物理已述及，力和力臂的乘积就是该力对转轴的力矩，用 $\boldsymbol{M}$ 表示。设力的作用点为 P，它在转动平面内的矢径为 $\boldsymbol{r}$，$\boldsymbol{r}$ 与 $\boldsymbol{F}$ 的夹角为 φ，因为 $d=r\sin\varphi$，所以力矩 M 的大小为

$$M=Fd=Fr\sin\varphi \tag{3-13}$$

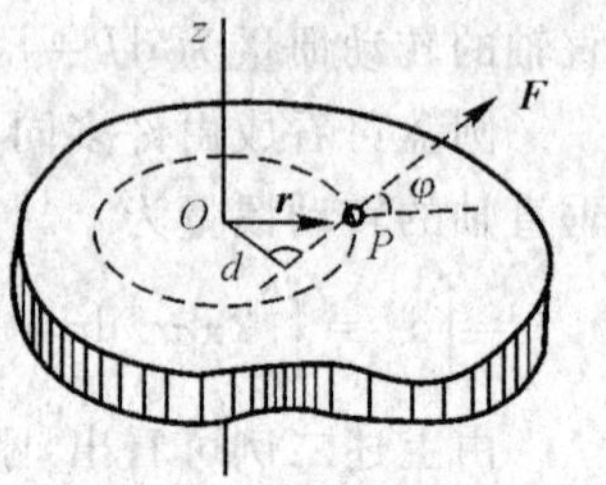

图 3.7

力矩是矢量，其方向规定为是 $\boldsymbol{r}\times\boldsymbol{F}$ 的方向，即可用右手螺旋法则判定。将右手四指从 $\boldsymbol{r}$ 方向经过小于 180° 的角度转到 $\boldsymbol{F}$ 的方向，大拇指的指向就是力矩 $\boldsymbol{M}$ 的方向。按矢量叉乘的定义，力矩 $\boldsymbol{M}$ 可写成

$$\boldsymbol{M}=\boldsymbol{r}\times\boldsymbol{F} \tag{3-14}$$

刚体作定轴转动时，力矩的方向沿着转轴。这时可规定一个转轴的正方向，将力矩作代数量处理，以正、负号表示其方向。

当有几个外力(在转动平面内)同时作用于刚体上时，它们的合力矩等于这几个力的力矩的代数和。在国际单位制中，力矩的单位是 N·m。

力矩概括了力的大小、方向、作用点三个要素，它才是刚体改变运动的状态，产生角加速度的原因。下面讨论力矩与角加速度的关系。

3.3.2 转动定律

一般的刚体，可以看成由许多质点组成的质点系。设 P 为刚体上任一质点，质量为 Δm_i，离转轴的距离为 r_i，如图 3.8 所示，质点 P 除受到合外力 $\boldsymbol{F}_i$ 作用外，还受到刚体内其他质点对其作用的合内力 $\boldsymbol{f}_i$。为简单之计，还是假设 $\boldsymbol{F}_i$ 和 $\boldsymbol{f}_i$ 都在转动平面内。质点 P 作半径为 r_i 的圆周运动，其加速度为 $\boldsymbol{a}_i$。定轴转动时，各质点的角加速度相同，设为 β。由牛顿定律有

$$\boldsymbol{F}_i+\boldsymbol{f}_i=(\Delta m_i)\boldsymbol{a}_i \tag{3-15}$$

将 $\boldsymbol{F}_i$，$\boldsymbol{f}_i$ 分解为切向力和法向力，由于法向力的作用线通过转轴，其力矩为零，可不予考虑。因此，式(3-15)的切向分量式为

$$F_i\sin\varphi_i+f_i\sin\theta_i=(\Delta m_i)a_{it} \tag{3-16}$$

以 r_i 乘式(3-16)两边，得

$$F_ir_i\sin\varphi_i+f_ir_i\sin\theta_i=(\Delta m_i)r_ia_{it}=\Delta m_ir_i^2\beta \tag{3-17}$$

同理，对刚体内的所有质点都可写出与式(3-17)相同的方程，把这些方程全部相加，得

$$\sum_i F_ir_i\sin\varphi_i+\sum_i f_ir_i\sin\theta_i=(\sum_i \Delta m_ir_i^2)\beta \tag{3-18}$$

式中，等号左边第一项是刚体受到的全部外力的力矩之和，也就是合外力矩，用 M 表示。等号左边第二项是刚体内所有内力力矩之和，因为内力都是成对的，且每一对内力的力矩和为零，故这一项实际上为零。等号右边括号中的因子正是上节引入的刚体绕定轴的转动惯量 J。所以，式(3-18)可写成

$$M=J\beta \tag{3-19}$$

这就是刚体绕定轴转动的转动定律，它表明，刚体的角加速度与它受到的合外力矩成正

比，与刚体的转动惯量成反比。

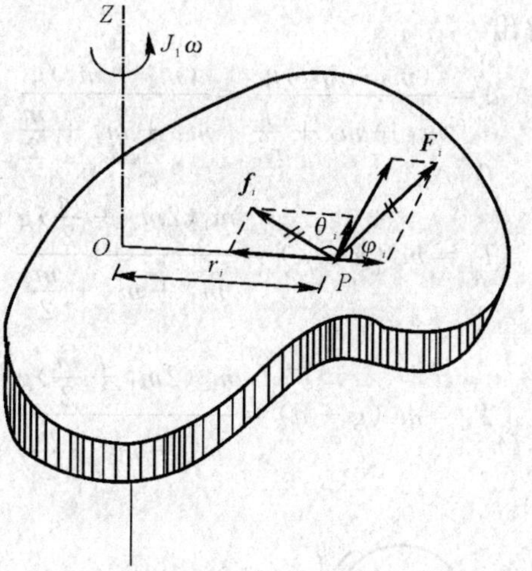

图　3.8

3.3.3　转动定律的应用

转动定律是刚体动力学的基本定律，其地位与牛顿第二定律在质点动力学中的地位相当。它指明了刚体所受合外力矩与其角加速度的瞬时关系。如果刚体所受的合外力矩为零，则其角加速度也为零，即刚体处于静止或匀速转动状态。如果刚体所受的合外力矩为恒量，则其角加速度也不变，即刚体处于匀变速转动状态。

应用转动定律解题的基本步骤如下：

(1) 确定转轴。转动定律中的 M，J 和 β 都是对同一转轴而言的。

(2) 分析受力，求出刚体受到的合外力矩。

(3) 用转动定律求角加速度。

(4) 利用 3.1 节的运动方程，确定刚体的转动状态。

例 3-5　一轻绳跨过一轴承光滑的定滑轮，绳两端分别悬有质量为 m_1 和 m_2 的物体，$m_1 < m_2$，如图 3.9 所示。滑轮质量为 m，半径为 r，可视为圆盘，绳与轮之间无相对滑动，试求物体的加速度和绳的张力。

解　转轴穿过滑轮中心且垂直纸面。

滑轮在转动中两边绳子的张力不再相等，m_1 边的张力为 T_1，$T'_1(=T_1)$，m_2 边的张力为 T_2，$T'_2(=T_2)$。图 3.9 右方画出 m_1，m_2 和滑轮的示力图。因滑轮受的重力和轴承的支撑力其方向均穿过转轴，力矩为零，故图中未画。

因 $m_2 > m_1$，m_1 向上运动，m_2 向下运动，其加速度设为 a。滑轮顺时针转动，其角加速度设为 β。对 m_1，m_2 应用牛顿定律，对滑轮应用转动定律，列出下列方程：

$$T - m_1 g = m_1 a \quad ①$$

$$m_2 g - T_2 = m_2 a \quad ②$$

$$T'_2 r - T'_1 r = J\beta \quad ③$$

滑轮边缘上的切向加速度与物体的加速度相等，即

$$a=r\beta \quad ④$$

联立式 ① 至式 ④ 可解出

$$a=\frac{(m_2-m_1)g}{m_1+m_2+\dfrac{J}{r^2}}=\frac{(m_2-m_1)g}{m_1+m_2+\dfrac{m}{2}}$$

$$T_1=m_1(g+a)=\frac{m_1\left(2m_2+\dfrac{m}{2}\right)g}{m_1+m_2+\dfrac{m}{2}}$$

$$T_2=m_2(g-a)=\frac{m_2\left(2m_1+\dfrac{m}{2}\right)g}{m_1+m_2+\dfrac{m}{2}}$$

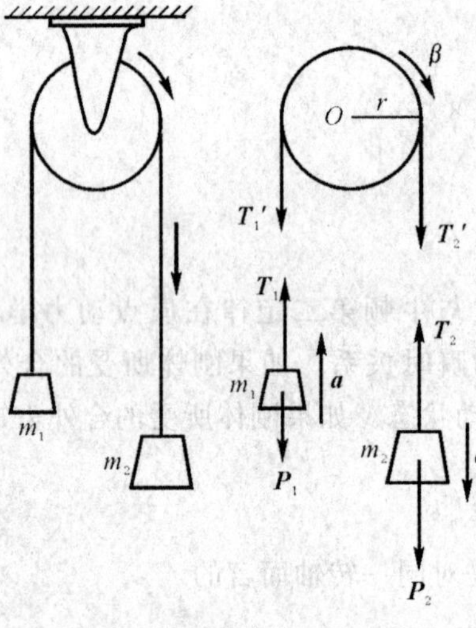

图 3.9

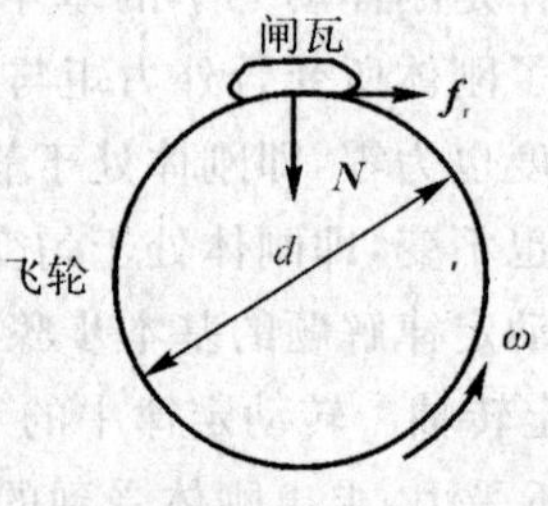

图 3.10

例 3-6 某飞轮的直径 $d=0.5$ m，转动惯量 $J=2.4$ kg·m^2，转速 $n=1\,000$ r/min。若制动时闸瓦对轮的正压力为 490 N，闸瓦与轮间的滑动摩擦因数 $\mu=0.4$，问制动后飞轮转过多少圈停止？

解 制动时作用于飞轮上的正压力方向通过转轴，其力矩为零，只有闸瓦对飞轮的摩擦力矩（图 3.10）。

摩擦力的最值为 $f_r=\mu N=0.4\times 490=196$ N

摩擦力矩 $M=-f_r\left(\dfrac{d}{2}\right)=-196\times\left(\dfrac{0.5}{2}\right)=-49$ N·m（负号表示 M 引起飞轮的转向与飞轮实际的转向相反）

应用转动定律，飞轮的角加速度为

$$\beta=\frac{M}{J}=\frac{-49}{2.4}=-20.4\ \text{rad}\cdot\text{s}^{-2}$$

制动后飞轮作匀减速转动，初速度 $\omega_0=2\pi n=2\pi\times\dfrac{1000}{60}=\dfrac{100\pi}{3}$ rad·s^{-1}，末速度 $\omega=0$。按照匀变速转动的公式（3-3），飞轮转过的圈数为

$$n_0=\frac{\theta}{2\pi}=\frac{1}{2\pi}\left(\frac{\omega^2-\omega_0^2}{2\beta}\right)=\frac{(100\pi/3)^2}{4\pi(-20.4)}=43\text{ 圈}$$

3.4　力矩的功　转动动能定理

这一节研究力矩的空间累积作用，即力矩对刚体作用，使刚体转过一角位移的情况，我们说力矩对刚体做了功。

3.4.1　力矩的功

如图 3.11 所示，设刚体在外力 $\boldsymbol{F}$ 作用下，绕 Oz 轴转过一极小角位移 $d\theta$。力的作用点 P 沿圆周轨迹的位移 $ds=rd\theta$，则力 $\boldsymbol{F}$ 在这段位移上做的元功为

$$dA=\boldsymbol{F}\cdot d\boldsymbol{s}=Fds\cos\left(\frac{\pi}{2}-\varphi\right)=Fr\sin\varphi d\theta$$

即

$$dA=Md\theta \tag{3-20}$$

式(3-26)表明，力矩的功等于力矩与角位移的乘积。

刚体在变力矩作用下转过一有限角度 θ 时，力矩做的总功为

$$A=\int_0^\theta Md\theta \tag{3-21}$$

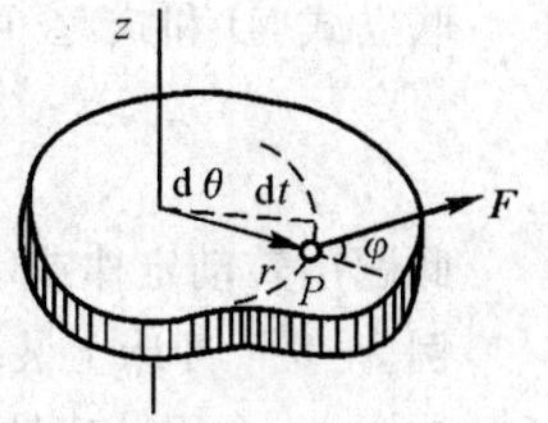

图　3.11

若 M 是恒力矩，则总功为 $A=M\theta$。

如果刚体受到几个外力矩的作用，上面公式中的 M 应为合外力矩。

按功率的定义，力矩的瞬时功率为

$$N=\frac{dA}{dt}=M\frac{d\theta}{dt}=M\omega \tag{3-22}$$

即力矩的功率等于力矩和角速度的乘积。

3.4.2　转动动能定理

设刚体在合外力矩 M 作用下绕定轴转动，角速度由 ω_0 变为 ω，根据求功公式(3-21)和转动定律

$$A=\int_0^\theta Md\theta=\int_0^\theta J\beta d\theta=\int_0^\theta J\frac{d\omega}{dt}d\theta=J\int_{\omega_0}^{\omega}\frac{d\omega}{dt}\omega\, dt=J\int_{\omega_0}^{\omega}\omega d\omega$$

所以，力矩的功为

$$A=\frac{1}{2}J\omega^2-\frac{1}{2}J\omega_0^2=\Delta E_k \tag{3-23}$$

式(3-23)表明，合外力矩对刚体所做的功等于刚体转动动能的增量。这一结论称为转动动能定理，它描述了力矩的空间累积作用的效果。

在工程上很多机器配置有飞轮，转动的飞轮把能量以转动动能的形式储存起来，在需要做功时又释放出来。冲床就是典型例子。

从动能定理式(3-23)出发，不难得出这样的结论：在只有保守力和保守力矩做功的条件下，系统的机械能守恒。对系统中的刚体，其动能是指转动动能，其重力势能仍为 mgh，m 为

刚体的质量，而 h 是指刚体的质心距零势能面的距离。

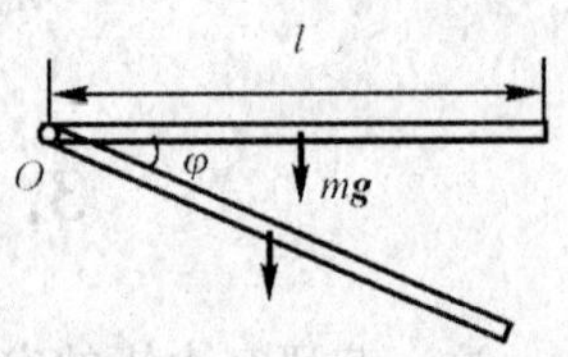

图 3.12

例 3-7 质量为 m，长为 l 的均匀细杆可绕过杆端的光滑水平轴在竖直平面内转动(见图3.12)。设杆从水平位置的静止状态开始自由下摆。向摆至与水平位置成 φ 角时的角速度 ω。

解 将细杆和地球视为一系统，重力是保守内力，外力的功为零，系统的机械能守恒。

取杆的水平位置为重力势能的零点，则杆在初始态的动能和势能均为零。当杆摆至与水平位置成 φ 角时其动能为 $\frac{1}{2}J\omega^2$，重力势能为 $-mg\ \frac{l}{2}\sin\varphi$。应用机械能守恒

$$\frac{1}{2}J\omega^2 - mg\ \frac{l}{2}\sin\varphi = 0 \qquad ①$$

而杆绕过杆端的水平轴 O 的转动惯量为

$$J = \frac{1}{3}ml^2 \qquad ②$$

联立式 ① 和式 ② 可解出

$$\omega = \sqrt{\frac{3g}{l}\sin\varphi}$$

此题用转动定律或动能定理也可求解，请读者练习，但解法不如守恒定律简便。

例 3-8 冲床上装配一铁制飞轮，转动惯量为 325 kg·m²，在电动机驱动下，飞轮转速为 150 r/min。今用冲床冲断 0.5 mm 厚的薄钢片需用冲力 9.80×10^4 N，而且消耗的能量全由飞轮提供。向冲断钢片后飞轮的转速变为多大?

解 研究对象是飞轮(刚体)，冲断前飞轮的角速度为

$$\omega_0 = 2\pi n_0 = 2\pi\ \frac{150}{60} = 5\pi = 15.70\ \text{rad}\cdot\text{s}^{-1}$$

转动动能为

$$E_{k0} = \frac{1}{2}J\omega_0^2 = \frac{1}{2}\times 325\times(15.7)^2 = 40\ 055\ \text{J}$$

在冲断钢片的过程中，冲力做的功为

$$A = fd = 9.80\times10^4\times0.5\times10^{-3} = 49\ \text{J}$$

应用转动的动能定理式(3-23)，冲断钢片后飞轮的动能变为

$$E_k = E_{k0} - A = 40\ 055 - 49 = 40\ 006\ \text{J}$$

角速度变为

$$\omega = \sqrt{\frac{2E_k}{J}} = \sqrt{\frac{2\times 40\ 006}{325}} = 15.69\ \text{rad}\cdot\text{s}^{-1}$$

转速变为

$$n = 60\ \frac{\omega}{2\pi} = \frac{60\times15.69}{2\pi} = 149.8\ \text{r/min}$$

结果表明，冲断钢片后飞轮的转速变化很小，从而保证冲床平稳地工作。

3.5　角动量　角动量守恒定律

在质点动力学中，讨论力的时间累积效应时，引出动量和冲量等概念。本节研究力矩的时间累积效应，从而引出角动量和冲量矩等概念。

3.5.1　转动定律的变形

由转动定律

$$M = J\beta = J\frac{\mathrm{d}\omega}{\mathrm{d}t} = \frac{\mathrm{d}(J\omega)}{\mathrm{d}t}$$

令

$$L = J\omega \tag{3-24}$$

则

$$M = \frac{\mathrm{d}L}{\mathrm{d}t} \tag{3-25}$$

式中，L 称为物体的角动量（又称动量矩），它等于物体的转动惯量与角速度的乘积，是表征物体运动状态的物理量。对于一个在垂直转轴的平面内作半径 r 的圆周运动，角速度为 ω 的质点，其角动量的大小为

$$L = J\omega = (mr^2)\frac{v}{r} = (mv)r$$

式(3-24)表明：作用于物体上的合外力矩等于物体的角动量随时间的变化率。转动定律的这一表达式比 $M=J\beta$ 的适用范围更广泛，如果物体的转动惯量发生变化，式(3-25)仍然成立。

对式(3-25)两边乘以 $\mathrm{d}t$ 后积分得

$$\int_{t_1}^{t_2} M\mathrm{d}t = \int_{L_1}^{L_2}\mathrm{d}L = L_2 - L_1 \tag{3-26}$$

式中，$\int_{t_1}^{t_2} M\mathrm{d}t$ 是外力矩对作用时间的积分，称为冲量矩。式(3-26)表明：作用于物体上的冲量矩等于物体角动量的增量。这一结论叫角动量定理，它反映力矩的时间累积作用对物体产生的效果。

在国际单位制中，冲量矩的单位是 N·m·s，而角动量的单位是 $\mathrm{kg\cdot m^2\cdot s^{-1}}$。

3.5.2　角动量守恒定律

由式(3-25)，当 $M=0$ 时，则

$$L = J\omega = \text{恒量} \tag{3-27}$$

该式表明，当物体所受的合外力矩为零时，其角动量保持不变。这一结论称角动量守恒定律。

物体的角动量（动量矩）守恒，可能有两种情况：

(1) 物体绕定轴转动，如转动惯量保持不变，由式(3-27)得 $\omega=$ 恒量，即物体作匀速率转动。

(2) 物体转动时如转动惯量发生变化（非刚体），由式(3-27)得，$J_1\omega_1 = J_2\omega_2$。当 J 变大时，ω 变小；当 J 变小时，ω 变大。

3.5.3　角动量守恒的应用

角动量守恒，如同动量守恒、能量守恒一样，是物理学和自然界的普遍规律之一，甚至到微观领域，角动量守恒仍然适用。

在日常生活中有许多角动量守恒的事例。站在转台上手握哑铃的人，如图 3.13 所示，开始伸直双臂与转台一起转动，然后将双臂突然收到胸前，由于转动惯量减少，其角速度必然增大。滑冰和跳水运动员，在表演中不断改变自身的转动惯量，从而改变旋转速度，表演出优美的动作。猫从高处落下，灵活转动尾巴使身子翻转，最后使双脚着地。

对于绕同一转轴转动的几个物体所组成的系统。若系统受到的合外力矩为零，则系统的总角动量守恒，即

$$\sum J_i\omega_i = \text{恒量} \tag{3-28}$$

系统内物体间的内力矩作用，可使角动量在物体之间发生转移，但总的角动量保持不变。

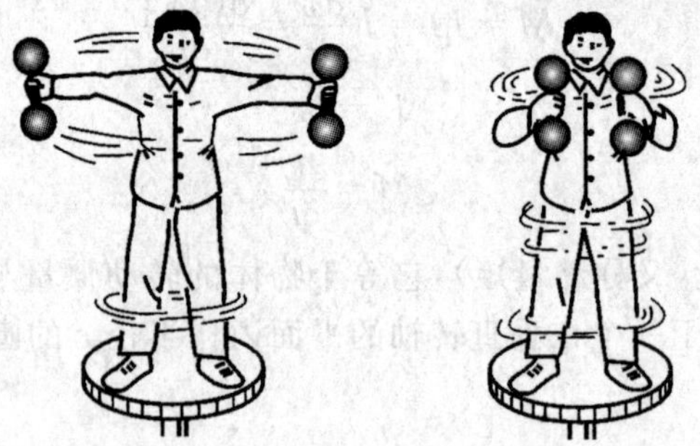

图 3.13

例 3-9 如图 3.14 所示，A，B 两圆盘分别绕其过中心的垂直轴转动，角速度分别是 $\omega_A = 50\ \text{rad}\cdot\text{s}^{-1}$，$\omega_B = 200\ \text{rad}\cdot\text{s}^{-1}$，两圆盘的半径与质量分别是 $R_A = 0.2\ \text{m}$，$R_B = 0.1\ \text{m}$，$m_A = 2\ \text{kg}$，$m_B = 4\ \text{kg}$，试求两圆盘对心衔接后的角速度 ω。

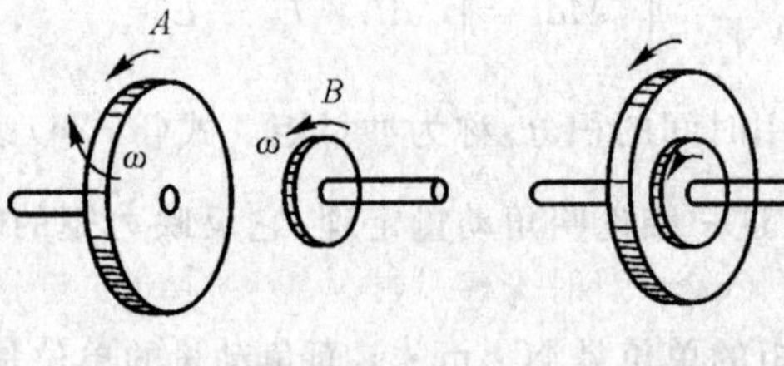

图 3.14

解 取两圆盘作为一系统。在衔接过程中，系统不受外力矩作用，因此系统的角动量守恒，即衔接前两圆盘的角动量之和等于衔接后组合盘的角动量，即

$$J_A\omega_A + J_B\omega_B = (J_A + J_B)\omega$$

所以

$$\omega = \frac{J_A\omega_A + J_B\omega_B}{J_A + J_B} = \frac{\frac{1}{2}m_AR_A^2\omega_A + \frac{1}{2}m_BR_B^2\omega_B}{\frac{1}{2}m_AR_A^2 + \frac{1}{2}m_BR_B^2} =$$

$$\frac{\frac{1}{2}\times 2\times(0.2)^2\times 50 + \frac{1}{2}\times 4\times(0.1)^2\times 200}{\frac{1}{2}\times 2\times(0.2)^2 + \frac{1}{2}\times 4\times(0.1)^2} = 100\ \text{rad}\cdot\text{s}^{-1}$$

例 3－10　如图 3.15 所示，一质量为 m_1、长度为 l 的均质细棒，可绕过其顶端的水平轴自由转动，质量为 m_2 的子弹以水平速度 v_0 射入静止的细棒下端，穿出后子弹的速度减小为 $\frac{1}{4}v_0$。求子弹穿出后棒所获得的角速度。

解　已知子弹的初速度为 v_0，穿出后子弹的速度为 $v=\frac{1}{4}v_0$，设子弹与细棒以初速 v_0 接触相碰时为起始状态，子弹以速度 $\frac{1}{4}v_0$ 穿出棒时为末状态。本题有两种不同的解法：

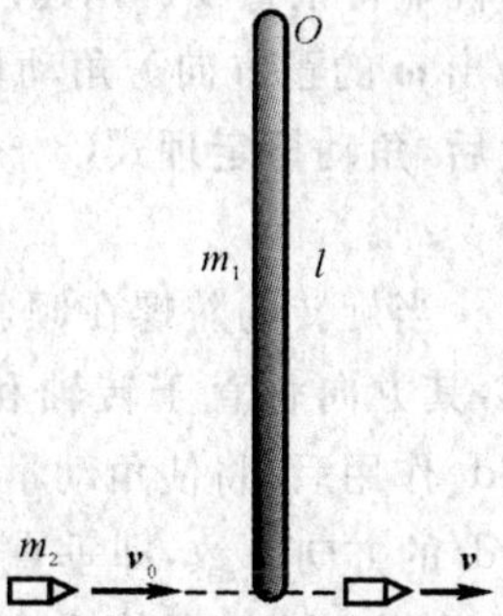

图　3.15

(1) 应用动量定理和角动量定理求解。

设棒对子弹的阻力大小为 F，对子弹应用动量定理可得

$$\int_0^t F\mathrm{d}t = m_2 v - m_2 v_0 = -\frac{3}{4}m_2 v_0 \qquad ①$$

子弹对细棒的冲击力为 F'，对细棒应用角动量定理可得

$$\int_0^t F' l\,\mathrm{d}t = J\omega$$

而 $F'=-F, J=\frac{1}{3}m_1 l^2$，故上式化为

$$\int_0^t F\mathrm{d}t = -\frac{1}{3}m_1 l\omega \qquad ②$$

比较式 ① 和式 ② 可得

$$-\frac{1}{3}m_1 l\omega = -\frac{3}{4}m_2 v_0$$

所以角速度为

$$\omega = \frac{9m_2 v_0}{4m_1 l}$$

(2) 应用系统角动量守恒定律求解。

取子弹和细棒作为系统。在子弹射入棒端并从棒中穿出的过程中，子弹与细棒之间的作用力为内力，轴承上的作用力以及重力均不产生力矩，故系统所受合外力矩为零，系统角动量守恒。应用系统角动量守恒定律，有

$$m_2 l v_0 = m_2 l v + J\omega$$

由此解得

$$\omega = \frac{m_2 l(v_0 - v)}{J} = \frac{\frac{3}{4}m_2 l v_0}{\frac{1}{3}m_1 l^2}$$

所以角速度为

$$\omega = \frac{9m_2 v_0}{4m_1 l}$$

*3.6　进动及其应用

大家知道，玩具陀螺不转动时，由于受到重力矩的作用便倾倒下来，但当陀螺急速旋转时，

尽管同样也受到重力矩的作用，却不会倒下来。这时陀螺在绕本身对称轴线转动的同时，对称轴还将绕竖直轴 Oz 回转（见图 3.16）。人们把这种回转现象称为进动。

进动现象可以用角动量定理解释。在研究刚体的一般运动时，角速度、角动量、力矩的矢量性显得很重要。角速度矢量的方向是这样规定的：用右手四指沿刚体的转动方向，大姆指便给出 $\boldsymbol{\omega}$ 的正方向。角动量 $\boldsymbol{L}$ 的方向与 $\boldsymbol{\omega}$ 的方向一致，而力矩 $\boldsymbol{M}$ 就是 $\boldsymbol{r}\times\boldsymbol{F}$ 的方向。引入矢量性后，角动量定理式(3－25)写成

$$\boldsymbol{M}\mathrm{d}t=\mathrm{d}\boldsymbol{L}$$

当旋转的陀螺在倾斜状态时，重力 $\boldsymbol{G}$ 对 O 点产生一力矩 $\boldsymbol{M}$，其方向垂直于转轴和重力所成的平面。陀螺受到冲量矩 $\boldsymbol{M}\mathrm{d}t$ 作用后，将使角动量 $\boldsymbol{L}$ 发生变化，角动量增量 $\mathrm{d}\boldsymbol{L}$ 的方向与 $\boldsymbol{M}\mathrm{d}t$ 的方向一致，即垂直于陀螺的角动量 $\boldsymbol{L}$ 的方向。因此，陀螺并不倒下来，而是绕垂直轴沿一锥面作进动。

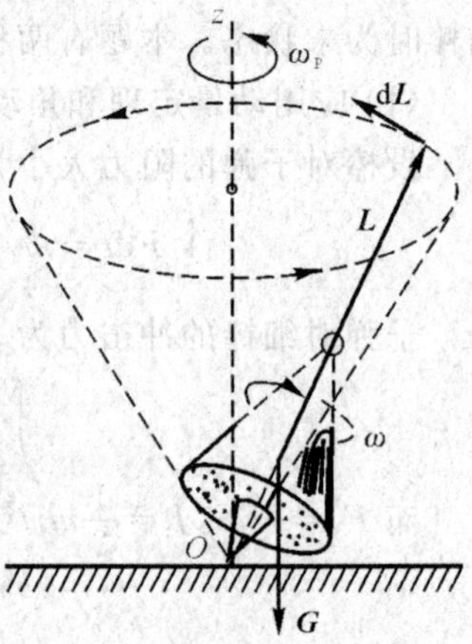

图 3.16

进动现象在工程技术上应用很广泛。例如，为了使飞行中的炮弹（或子弹）不至于在空气阻力的作用下翻转，在炮筒（或枪膛）内制有来复线，使炮弹射出后绕自转轴高速旋转，在空气阻力矩的作用下，炮弹的自转轴基本上不偏离弹道曲线并能击中目标。利用进动现象制成的回转仪还被用来控制水雷的运动、减低船的震动等。

进动的概念在微观世界里也常用到。例如，原子中的电子同时参与绕核的运动和电子本身的自旋，都具有角动量。在外磁场中，电子还以外磁场方向为轴线作进动。这是从物质的电结构来说明物质磁性的理论依据。

习 题

1. 一台发电机的飞轮在时间 t 内转过的角度 θ 为

$$\theta=at+bt^3-ct^4$$

式中，a，b，c 都是恒量。试求角加速度的表达式。

2. 一汽车发动机曲轴的转速在 12 s 内由 1 200 r/min 均匀地增加到 2 700 r/min。求：(1) 角 加速度；(2) 在此时间内，曲轴转了多少转。

3. 半径为 30 cm 的飞轮，从静止开始以 0.5 $\mathrm{rad\cdot s^{-2}}$ 的匀角加速度转动，则飞轮缘上一点在飞轮转过 240° 时的切向加速度 $a_t=$________，法向加速度 a_n ________。

4. 决定刚体转动惯量的因素是________________。

5. 五个质点用质量可以忽略的长为 l 的四根细杆连接，如图 3.17 所示。求整个系统对通过 A 点且垂直纸面的转轴的转动惯量。

图 3.17

6. 一个长为 a、宽为 b 的均质矩形薄平板，质量为 m，试证：

(1) 对通过平板中心并与长边平行的轴的转动惯量

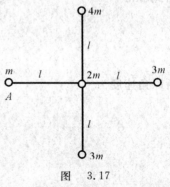

为 $mb^2/12$；

(2) 对与平板一条长边重合的轴的转动惯量为 $mb^2/3$。

7. 一质量均匀分布的圆盘状飞轮重 50 kg，半径为 1.0 m，转速为 300 r/min，在一恒定的阻力矩作用下，50 s 后停止，问该阻力矩等于多大？

8. 飞轮的质量 $m=60$ kg，半径 $R=0.25$ m，绕其水平中心轴 O 转动，转速为 900 r/min。现用一制动的闸杆，在闸杆的一端加一垂直方向的制动力 $\boldsymbol{F}$，可使飞轮减速。已知闸杆的尺寸如图 3.18 所示，闸瓦与飞轮的摩擦因数 $\mu=0.4$。飞轮的转动惯量可按匀质圆盘计算。设 $F=100$ N，问飞轮经多长时间停止转动？在这段时间里，飞轮转了几圈？

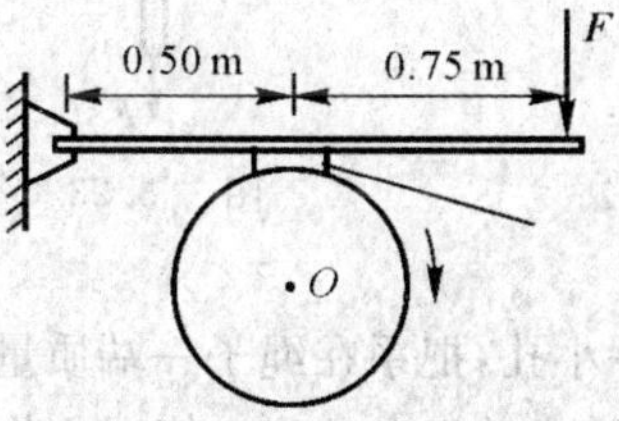

图　3.18

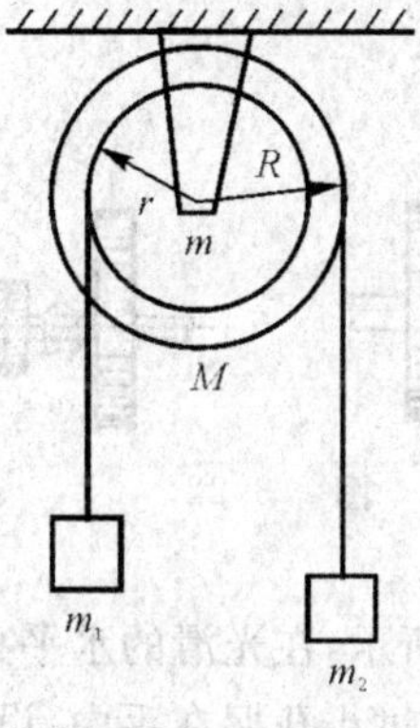

图　3.19

9. 质量为 m_1 和 m_2 的两物体分别悬挂在如图 3.19 所示的组合轮两端。设两轮的半径分别为 r 与 R，质量分别为 m 和 M，均可视为圆盘，忽略所有摩擦，绳的质量也略去不计，试求两物体的加速度和绳的张力。

10. 一轻绳绕于半径 $r=0.2$ m 的飞轮边缘，现以恒力 $F=98$ N 拉绳的一端，使飞轮由静止开始加速转动，如图 3.20(a) 所示。已知飞轮的转动惯量 $J=0.5\ \text{kg}\cdot\text{m}^2$，飞轮与轴承之间的摩擦不计，求：(1) 飞轮的角加速度；(2) 绳子拉下 5 m 时，飞轮的角速度和动能；(3) 如以重量 $P=98$ N 的物体挂在绳端，如图 3.20(b) 所示，再计算飞轮的角加速度和绳子拉下 5 m 时飞轮获得的动能。试问该动能和重力对物体所做的功是否相等？为什么？

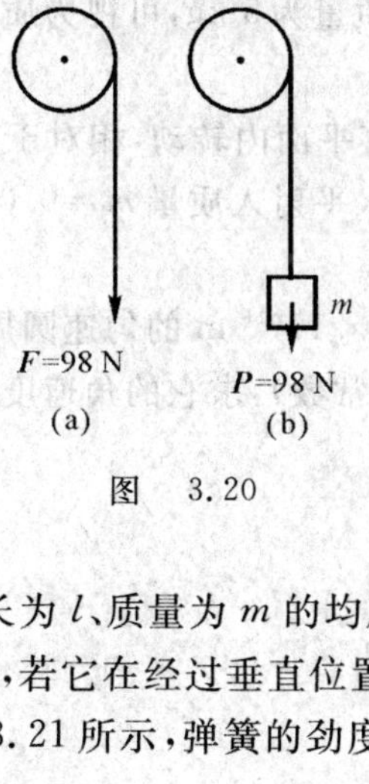

图　3.20

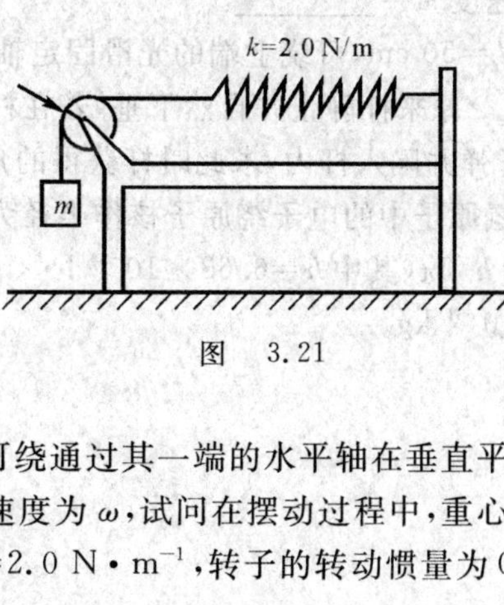

图　3.21

11. 一根长为 l、质量为 m 的均质细棒，可绕通过其一端的水平轴在垂直平面内自由转动，现推动它一下，若它在经过垂直位置时的角速度为 ω，试问在摆动过程中，重心能升高多少？

12. 如图 3.21 所示，弹簧的劲度系数 $k=2.0\ \text{N}\cdot\text{m}^{-1}$，转子的转动惯量为 $0.50\ \text{kg}\cdot\text{m}^2$，轮

子的半径 r 为 30 cm。问当质量 m 为 60 g 的物体落下 40 cm 时的速率是多大?(假定开始时间物体静止而弹簧无伸长)

13. 工程上常用摩擦啮合器使两飞轮以相同的转速一起转动,如图 3.22 所示,A 和 B 的轴杆在同一中心线上,设 A 轮的转动惯量 $J_A=10\ \text{kg}\cdot\text{m}^2$,$B$ 轮的转动惯量 $J_B=20\ \text{kg}\cdot\text{m}^2$。开始时,$A$ 轮转速为 600 r/min,B 轮静止。C 为摩擦啮合器。当 C 的左、右组件啮合时,B 轮得到加速而 A 轮减速,直到两轮的转速相等。求:(1) 两轮啮合后的转速;(2) 两轮各自所受的冲量矩;(3) 啮合过程中损失的机械能。

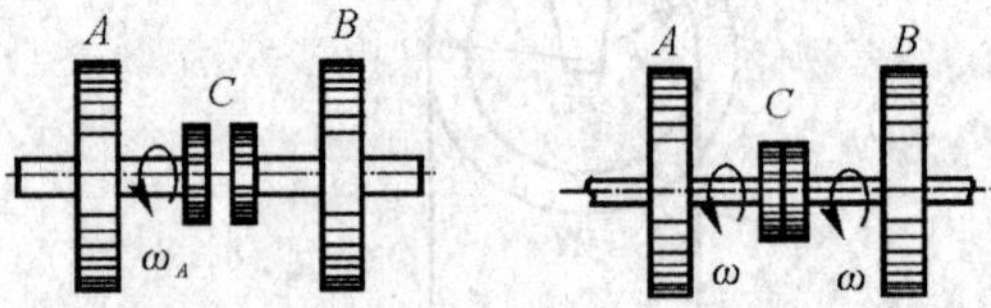

图 3.22

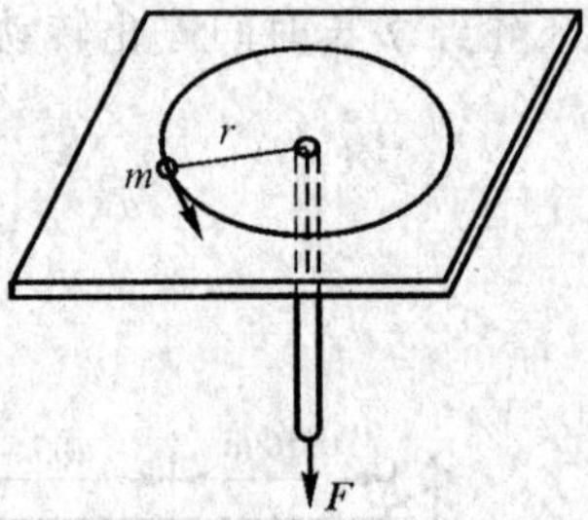

图 3.23

14. 如图 3.23 所示,在光滑的水平桌面上开一小孔,把系在绳子一端质量为 m 的小球置于桌面上,绳的另一端穿过小孔握在手中,设开始时先使小球以角速度 ω 绕孔心作半径 r 的圆周运动,然后向下慢慢拉绳,试问小球的动能、动量、角动量三个物理量中,哪些改变?哪些不变?

15. 一力学系统由两个质点组成,它们之间只有引力作用。若两质点所受外力的矢量和为零,则此系统(　　)。

(A) 动量、机械能以及对一轴的角动量都守恒

(B) 动量、机械能守恒,但角动量是否守恒不能确定

(C) 动量守恒,但机械能和角动量守恒与否不能确定

(D) 动量和角动量守恒,但机械能是否守恒不能确定

16. 一个人坐在转椅上,双手各持一哑铃,哑铃与转轴的距离各为 0.6 m,先让人体以 $5\ \text{rad}\cdot\text{s}^{-1}$ 的角速度随转椅旋转。此后,人将哑铃拉回使之与转轴的距离为 0.2 m。人体和转椅对轴的转动惯量为 $5\ \text{kg}\cdot\text{m}^2$,并视为不变。每一哑铃的质量为 5 kg,可视为质点。哑铃被拉回后,人体的角速度 $\omega=$________。

17. 一杆长 $l=50$ cm,可绕上端的光滑固定轴 O 在垂直平面内转动,相对于 O 轴的转动惯量 $J=5\ \text{kg}\cdot\text{m}^2$。原来杆静止并自然下垂,若在杆的下端水平射入质量 $m=0.01$ kg、速度 $v=400\ \text{m}\cdot\text{s}^{-1}$ 的子弹并陷入杆内,求此时杆获得的角速度。

18. 设想在氢原子中的电子绕原子核作半径为 $r=0.5\times10^{-11}$ m 的匀速圆周运动,若电子对核的角动量为 $h/2\pi$(其中 $h=6.63\times10^{-34}\ \text{J}\cdot\text{s}$,为普朗克常数),求它的角速度。已知电子的质量为 9.11×10^{-31} kg。

第 4 章　狭义相对论基础

19 世纪末，物理学达到了历史上的“黄金时代”。各种力学现象被统一在牛顿力学之中；光、电、磁被统一在麦克斯韦理论之中；力、热、电磁、光的现象都被统一在能量守恒与转换定律之中。因此，当时许多学者认为物理学已定型。正如著名的英国物理学家开尔文(Kelvin)在一次讲演中谈：“在已经基本建成的科学大厦中，后辈物理学家只要做一些零碎的修补工作就行了。”然而，他也有点担心地指出“在物理学晴朗天空的远处，还有两朵小小的令人不安的乌云”。他指的是迈克耳逊实验和黑体辐射实验。正是这两朵“乌云”促进了 20 世纪初物理学上的两项伟大成果问世，一是普朗克量子假设的提出及随后量子力学的建立；二是爱因斯坦狭义相对论的诞生。本章将介绍狭义相对论的基本原理。

4.1　经典力学的时空观

4.1.1　力学相对性原理

第 2 章已提出，牛顿定律适用的参照系称为惯性系。实验表明，凡是相对于惯性系作匀速直线运动的参照系，牛顿定律都成立，因而也都是惯性系。这表明，对一切惯性系而言，力学现象服从同样的规律，这就是力学相对性原理。按照这一原理，我们在研究一个力学现象时，不论取哪个惯性系，对这一现象的描述是没有丝毫差别的。因此这个原理也可表述成：一切惯性系对力学规律是等价的。

力学相对性原理是伽利略通过大量实验证明的。伽利略特别观测了在一个封闭的作匀速直线运动的船舱内发生的一些力学现象，他发现在船舱内所作的任何力学实验都不能判断这支船是静止的，或是作匀速直线运动的。

4.1.2　伽利略变换

描述一个事件，首先应该指出事件发生的时间和地点。设有两个惯性系 S 和 S'，它们的坐标轴相互平行，x 和 x' 轴重合。S' 系相对于 S 系以速度 $\boldsymbol{v}$ 沿 OX 轴正向运动，如图 4.1 所示。设开始时，两惯性系重合。我们来观测同一质点 P 的运动。在 S 系测得质点 P 在 t 时刻的位置为 (x, y, z)，在 S' 系测得相应时刻为 t'，位置为 (x', y', z')。牛顿力学认为，从不同惯性系中去测量同一段时间或同一个空间间隔，所测得的结果总是相同的。在此前提下，这两组坐标、时间之间的关系为

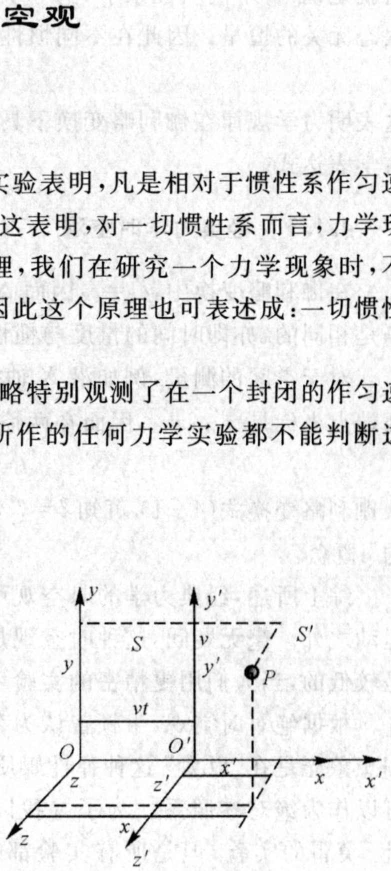

图　4.1

$$\left.\begin{aligned} x' &= x - vt \\ y' &= y \\ z' &= z \\ t' &= t \end{aligned}\right\} \quad \text{或} \quad \left.\begin{aligned} x &= x' + vt' \\ y &= y' \\ z &= z' \\ t &= t' \end{aligned}\right\} \tag{4-1}$$

式(4-1)称为伽利略坐标变换式。把前三式对时间求导，便得到伽利略速度变换公式：

$$\left.\begin{aligned} u'_x &= \frac{\mathrm{d}x'}{\mathrm{d}t'} = \frac{\mathrm{d}x}{\mathrm{d}t} - v = u_x - v \\ u'_y &= \frac{\mathrm{d}y'}{\mathrm{d}t'} = \frac{\mathrm{d}y}{\mathrm{d}t} = u_y \\ u'_z &= \frac{\mathrm{d}z'}{\mathrm{d}t'} = \frac{\mathrm{d}z}{\mathrm{d}t} = u_z \end{aligned}\right\} \tag{4-2}$$

式中，u'_x, u'_y, u'_z 是质点 P 对于 S' 系的速度分量，u_x, u_y, u_z 是质点 P 对 S 系的速度分量。写成矢量式为

$$\boldsymbol{u}' = \boldsymbol{u} - \boldsymbol{v} \tag{4-3}$$

式(4-3)再对时间求导得

$$\boldsymbol{a}' = \boldsymbol{a} \tag{4-4}$$

这就是说，在不同惯性系中，同一质点的加速度相同。经典力学认为，质点的质量是一与运动状态无关的恒量。因此在不同惯性系中，牛顿定律具有相同的形式，即

$$\boldsymbol{F}' = m'\boldsymbol{a}' = m\boldsymbol{a} = \boldsymbol{F} \tag{4-5}$$

这表明力学规律在伽利略变换下具有不变性。因而可以把伽利略变换称为力学相对性原理的数学表达式。

4.1.3 经典力学时空观

在伽利略变换中，$t' = t$，因而 $\Delta t' = \Delta t$。即在不同惯性系中测量同一事件所经历的时间间隔是相同的，亦即时间的量度与惯性系的运动无关，这就是"时间是绝对的"概念。

对于空间的测量，例如沿 X 轴放置的棒，它在 S 系中两端点的坐标是 x_1, x_2，而在 S' 系中两端点坐标是 x'_1, x'_2，因而在两惯性系中测得的棒长分别为

$$l = x_2 - x_1, \quad l' = x'_2 - x'_1$$

从伽利略变换式(4-1)可知 $l = l'$。即棒长的量度与惯性系的运动无关，这就是"空间是绝对的"概念。

综上所述，经典力学的时空观可概括为：时间和空间彼此独立，互不相关，且独立于物质和运动之外。毫无疑问，这种时空观是建立在大量实验基础上的，但这些实验涉及的物体速度都是较低的，当人们用更精密的实验手段研究高速运动的物体时，发现伽利略变换不适用。

根据绝对时空观，牛顿曾认为存在着绝对静止的参照系。在光的电磁理论发展的初期，人们想象光是在"以太"这种弹性媒质中传播的，而以太可以渗透到一切物质内部，且绝对静止，可以作为绝对参照系。为了寻找以太，许多物理学家做了很多实验，其中最有名的是迈克耳逊-莫雷的实验，但是所有实验都得出否定的结果。作为绝对静止参照系的以太根本不存在。为了解释实验结果，爱因斯坦以勇敢的科学进取精神，抛弃经典的时空观点，提出了崭新的假设，最后获得了真理。

4.2　洛仑兹变换

4.2.1　狭义相对论的基本原理

狭义相对论是建立在爱因斯坦的两个基本假设上的。这两个基本假设是：

(1) 相对性原理。在所有惯性系中，物理学定律都相同。亦即所有惯性系对物理学定律是等价的。显然，这条原理是力学相对性原理的推广，它不仅适合于力学定律，也适合于电磁学、光学等所有物理定律。

(2) 光速不变原理。在所有惯性系中测得真空中的光速相同，亦即真空中的光速与光源或接收器的运动无关。这条原理来自迈克耳逊的实验，它表明真空中光速具有特殊性，不遵从伽利略的速度变换式。

例如在以速度 v 飞行的宇宙飞船上向正前方发出一光信号，宇航员测得此光信号的传播速度是 c(真空中的光速)，地球上的观察者测得此光信号相对地球的传播速度也是 c，而决不是$c+v$。

4.2.2　洛仑兹变换

爱因斯坦从自已提出的两条假设出发，推导出了两个惯性系之间的新的变换关系(推导从略)，由于同前一年洛仑兹研究电磁场时提出的变换式完全相同，故仍然命名为洛仑兹变换。

仍然选取如图 4.1 所示的两个惯性系 S 和 S'。空间 P 点在 S,S' 中的时空坐标变换为

$$\left.\begin{aligned} x' &= \gamma(x - vt) \\ y' &= y \\ z' &= z \\ t' &= \gamma\left(t - \frac{v}{c^2}x\right) \end{aligned}\right\} \tag{4-6a}$$

或

$$\left.\begin{aligned} x &= \gamma(x' + vt') \\ y &= y' \\ z &= z' \\ t &= \gamma\left(t' + \frac{v}{c^2}x'\right) \end{aligned}\right\} \tag{4-6b}$$

式中

$$\gamma = \frac{1}{\sqrt{1-\left(\frac{v}{c}\right)^2}} \tag{4-7}$$

因 $0 \leqslant v < c$，则有 $1 \leqslant \gamma < \infty$。

式(4-6a) 就是洛仑兹坐标变换式，它的逆变换是式(4-6b)。由洛仑兹变换可以看出：

(1) 当 $v \ll c$ 时，$\gamma=1$，洛仑兹变换就变成伽利略变换。可见，伽利略变换只是洛仑兹变换在低速情况下的一种近似。

(2) 在正变换式(4-6a) 中，把带撇量换成不带撇量，同时 v 换成 $-v$，就变成逆变换式(4-6b)。反之亦然。

(3) 在时间的变换中包含有坐标，这说明时间和空间是不可分割的。

利用洛仑兹坐标变换式和两惯性系中的速度定义式(4－2)，便可以得到洛仑兹速度变换式，即

$$\left.\begin{aligned} u'_x &= \frac{u_x - v}{1-\frac{v}{c^2}u_x} \\ u'_y &= \frac{u_y}{\gamma\left(1-\frac{v}{c^2}u_x\right)} \\ u'_z &= \frac{u_z}{\gamma\left(1-\frac{v}{c^2}u_x\right)} \end{aligned}\right\} \tag{4-8a}$$

其逆变换为

$$\left.\begin{aligned} u_x &= \frac{u'_x + v}{1+\frac{v}{c^2}u'_x} \\ u_y &= \frac{u'_y}{\gamma\left(1+\frac{v}{c^2}u'_x\right)} \\ u_z &= \frac{u'_z}{\gamma\left(1+\frac{v}{c^2}u'_x\right)} \end{aligned}\right\} \tag{4-8b}$$

同样，在 $v \ll c$ 的低速情况下，式(4－8a)就变成伽利略速度变换式(4－2)。洛仑兹变换反映了相对论的时空观，从它出发可以导出狭义相对论中几个重要而奥妙的结论。

4.3 相对论的时空观

4.3.1 长度收缩

如图4.2所示，一根细棒沿 x 轴水平放置，相对 S' 系静止。S' 系中的观测者测得棒两端的坐标是 x'_1 和 x'_2，棒长 $l' = x'_2 - x'_1$，这个在与棒相对静止时所测得的棒长称固有长度，常用 $l_0 (= l')$ 表示。在 S 系中的观测者看到棒以速度 v 运动，在同一时刻($t_2 = t_1$) 测出棒两端的坐标是 x_1 和 x_2，则棒长 $l = x_2 - x_1$。

由洛仑兹变换式(4－6a)

$$x'_1 = \gamma(x_1 - v t_1), \quad x'_2 = \gamma(x_2 - v t_2)$$

两式相减，得

$$x'_2 - x'_1 = \gamma(x_2 - x_1)$$

即

$$l_0 = \gamma l$$

所以

$$l = \frac{l_0}{\gamma} = l_0\sqrt{1-\frac{v^2}{c^2}} \tag{4-9}$$

因 $\gamma > 1$，则 $l < l_0$，即当物体相对观测者运动时，物体沿运动方向的长度缩短了，这个效应称长度收缩。但在垂直于运动方向上的长度并不改变。

例 4－1 宇宙飞船以 $0.5c$ 的速率相对地球飞行，飞船上的观察者测出一根米尺的长度是

多少？该米尺静止在地球表面上并沿飞船飞行的方向放置。

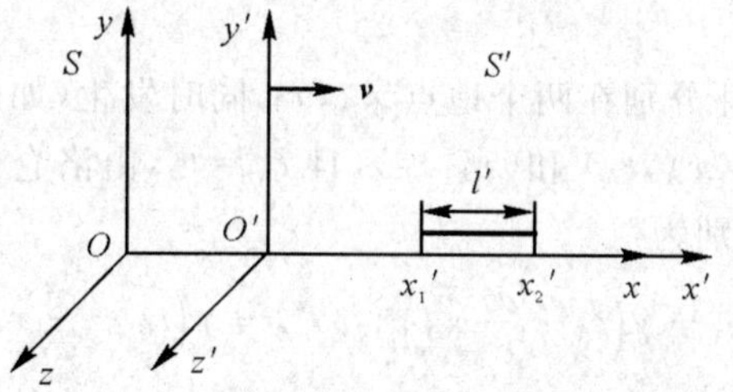

图　4.2

解　取 S 系在地球上，S' 系在飞船上，已知 S' 系相对 S 系运动的速度 $v=0.5c$。自 S 系测得米尺长度是固有长度 $l_0=1$ m，由长度收缩公式(4-9)，S' 系测得的米尺长度为

$$l=l_0\sqrt{1-\frac{v^2}{c^2}}=\sqrt{1-(0.5)^2}=0.886\ \text{m}$$

4.3.2　时间延缓

现在讨论一个物理过程(如导火索点燃到炸药爆炸)所经历的时间在两个惯性系 S 和 S' 中的变换关系。设此过程相对 S' 系静止，其空间坐标为 x'，由 S' 系内的钟来测量，过程开始于 t_1'，终止于 t_2'，经历时间 $\Delta t'=t_2'-t_1'$。这个与物理过程发生的地点相对静止时测出的时间称固有时间，用 τ 表示($=\Delta t'$)。

此过程相对 S 系以速度 v 运动，S 系内的钟测出此过程所经历的时间为 $\Delta t=t_2-t_1$，由洛化兹逆坐标变换式(4-6(b))知

$$t_1=\gamma\left(t_1'+\frac{v}{c^2}x'\right),\quad t_2=\gamma\left(t_2'+\frac{v}{c^2}x'\right)$$

$$t_2-t_1=\gamma(t_2'-t_1')$$

即

$$\Delta t=\gamma\Delta t'=\gamma\tau=\frac{\tau}{\sqrt{1-\frac{v^2}{c^2}}}\tag{4-10}$$

因 $\gamma>1$，则 $\Delta t>\tau$。亦即相对物理过程发生的地点运动时所测得的时间比固有时间延长了，这个效应称时间延慢。由于从 S 系的观察者来看，S' 系内的钟在运动，故上述结论也可表述成，运动的钟走得慢了。

例 4-2　固有寿命为 2.6×10^{-8} s 的 π^+ 介子，以 $0.6c$ 的速度相对实验室运动，问实验室中测得它的平均寿命和生存期内走过的路程各为多大？

解　取实验室为 S 系，而 S' 系固定在 π^+ 介子上，沿介子的运动方向取 x 轴正向。S' 系相对 S 系运动的速度 $v=0.6c$，在 S' 系中 π^+ 介子的固有寿命 $\tau=2.6\times10^{-8}$ s。由时间延缓公式(4-10)，实验室中测得 π^+ 介子的平均寿命为

$$\Delta t=\frac{\tau}{\sqrt{1-\frac{v^2}{c^2}}}=\frac{2.6\times10^{-8}}{\sqrt{1-\left(\frac{0.6c}{c}\right)^2}}=3.25\times10^{-8}\ \text{s}$$

在这段时间内 π^+ 介子所走过的路程为

$$l=v\Delta t=0.6c\times3.25\times10^{-8}=5.85\ \text{m}$$

4.3.3 同时的相对性

设在 S 系中有两个事件分别在两个地点 x_A,x_B 同时发生(如两个婴儿分别在西安和郑州出生)。它们的时空坐标为(x_A,t_A) 和(x_B,t_B),且 $t_A=t_B$,由洛仑兹坐标变换式(4-6(a)),两事件在 S' 系中发生时刻分别为

$$t'_A=\gamma\left(t_A-\frac{v}{c^2}x_A\right),\quad t'_B=\gamma\left(t_B-\frac{v}{c^2}x_B\right)$$

两式相减

$$t'_B-t'_A=\gamma\left[(t_B-t_A)-\frac{v}{c^2}(x_B-x_A)\right] \tag{4-11}$$

因 $t_B=t_A$,但 $x_B\neq x_A$,所以 $t'_B\neq t'_A$,即在 S' 系的时钟所测出的这两个事件并不是同时发生的。

式(4-11)清楚地表明:

(1) 在 S 系中是同时、不同地发生的两事件,在 S' 系中则不是同时发生的。

(2) 在 S 系中是同时又同地发生的两事件,在 S' 系中才是同时的。

4.3.4 相对论的时空观

综上所述,狭义相对论的时空观可概括如下:

(1) 时间和空间相互联系,且与物质运动密切相关;

(2) 同时是相对的;

(3) 在物体的运动方向上发生长度收缩,固有长度最大;

(4) 运动的钟变慢,固有时间最短。

当物体的运动速度远小于真空中的光速时,都回到经典力学的结论。

实验证实了关于时间和空间相对性的结论。1971 年,美国人哈弗尔和基廷把四台铯原子钟装载在飞机上,飞机沿赤道向东环绕地球飞行了一圈后,发现飞行的原子钟比静止在地面上的原子钟平均慢了 5.9×10^{-8} s,直接证实了时间延缓效应。人们从宇宙射线中观测 μ 介子的运动情况,也已证实长度的收缩。

4.4 相对论动力学的主要结论

4.4.1 质速关系

从系统的动量守恒定律出发,根据洛仑兹速度变换式(4-8),可以推导出(从略)运动物体的质量 m 与其速率 v 的关系为

$$m=\gamma m_0=\frac{m_0}{\sqrt{1-\left(\frac{v}{c}\right)^2}} \tag{4-12}$$

式中,m_0 是物体在静止时(即 $v=0$)的质量,称为静止质量。这个重要的质速关系表明:

(1) 假如 $v>c$,质量变成虚数,显然没有物理意义。所以,相对论断定,任何物体($m_0\neq0$)的运动速度不能大于真空中的光速,即光速是极限速度。

(2) 当 $v=c$ 时，只有当 $m_0=0$ 时，式(4-12)才有意义。这说明以光速 c 运动的基本粒子(光子)其静止质量必为零。

例 4-3　一立方体静止时的质量和体积分别为 m_0 和 V_0，试证明该立方体沿一棱边方向以速率 v 运动时，其体积和密度各为

$$V=V_0/\gamma,\quad \rho=\gamma^2 m_0/V_0$$

证明　设立方体静止时边长为 a，则 $V_0=a^3$，当它沿一棱边方向运动时，该棱边的长度收缩为 $a'=a/\gamma$，垂直此棱边的面积 a^2 不变，因此体积变为

$$V=a^2a'=a^3/\gamma=V_0/\gamma$$

由质速关系，当立方体以速率 v 运动时，质量变为 $m=\gamma m_0$，所以密度变为

$$\rho=\frac{m}{V}=\frac{\gamma m_0}{V_0/\gamma}=\frac{\gamma^2 m_0}{V_0}$$

4.4.2　动力学基本方程

以速度 $\boldsymbol{v}$ 运动时物体的动量为

$$\boldsymbol{P}=m\boldsymbol{v}=\gamma m_0\boldsymbol{v}=m_0\boldsymbol{v}\Big/\sqrt{1-\left(\frac{v}{c}\right)^2}\tag{4-13}$$

形如 $\boldsymbol{F}=m\boldsymbol{a}$ 的牛顿第二定律不再成立，运动定律变成

$$\boldsymbol{F}=\frac{\mathrm{d}(m\boldsymbol{v})}{\mathrm{d}t}=\frac{\mathrm{d}}{\mathrm{d}t}\left(\frac{m_0\boldsymbol{v}}{\sqrt{1-\left(\frac{v}{c}\right)^2}}\right)\tag{4-14}$$

式(4-14)为相对论动力学的基本方程。

4.4.3　质能关系

从动能定理出发，根据动力学基本方程式(4-14)和质速关系式(4-12)，可以推导出(推导从略)在相对论中物体的动能为

$$E_\mathrm{k}=mc^2-m_0c^2=E-E_0\tag{4-15}$$

式中，$E_0=m_0c^2$ 称为物体的静能，实际上就是物体内能总和，包括构成物体的分子、原子的动能和势能，原子核与电子、质子和中子间的相互作用能等等。计算表明，任何静止质量为 1 kg 的物质都储有 9×10^{16} J 的静能，可使 100 W 灯泡点亮三千万年之久。而

$$E=mc^2=E_\mathrm{k}+E_0\tag{4-16}$$

称为物体的总能量，它等于其动能与静能之和，式(4-16)把物体的质量与能量联系起来，称为相对论的质能关系式。

把质速关系式(4-12)代入式(4-15)，同时将 $\left(1-\frac{v^2}{c^2}\right)^{\frac{1}{2}}$ 进行二项式展开，于是动能可写成

$$E_\mathrm{k}=\frac{1}{2}m_0v^2+\frac{3}{8}m_0\frac{v^4}{c^2}+\cdots$$

当 $v\ll c$ 时，$E_\mathrm{k}=\frac{1}{2}m_0v^2$，回到经典力学表达式。

例 4-4　一 α 粒子在加速器中被加速，当其质量为静止质量的 3 倍时，其动能为静止能量

的多少倍？

解　因 $m=3m_0$，应用质速关系式(4-12)，即

$$m=\gamma m_0=3m_0$$

求出 $\gamma=3$，再应用动能表达式(4-15)，即

$$E_k=mc^2-m_0c^2=\gamma m_0c^2-m_0c^2=(\gamma-1)m_0c^2=2E_0$$

即当 α 粒子的质量为静止质量的 3 倍时，其动能为静能的 2 倍。

质速关系和质能关系为加速器和核物理中的大量实验所证实，已成为物理学中的基本公式。

习　题

1. 狭义相对论的两条基本原理中，相对性原理的表述为________________。光速不变原理的表述为________________。

2. 一宇宙飞船相对于地面以速度 v 作匀速直线飞行，某一时刻飞船头部的宇航员向飞船尾部发出一光讯号，经过 Δt 时间(飞船上的钟)后被尾部的接收器收到，问飞船的固有长度为多少？

3. 观测者 O，测得与他相对静止的 XOY 平面上一个圆的面积是 12 cm^2，另一观测者 O' 相对 O 以 $0.8c$(c 为真空中的光速)的速度平行 XOY 平面作匀速直线飞行，则 O' 测得这一图形的面积是多少？

4. 远方的一颗星体，以 $0.8c$ 的速度离开我们，我们接收到它辐射出来的闪光按 5 昼夜的周期变化，求固定在该星体上的参照系测得的闪光周期。

5. A 测得两个事件的时空坐标分别为：$x_1=6\times10^4$ m，$y_1=0$，$z_1=0$，$t_1=2\times10^{-4}$ s；$x_2=12\times10^4$ m，$y_2=0$，$z_2=0$，$t_2=1\times10^{-4}$ s，如果 B 测得这两个事件同时发生，求 B 相对于 A 的速率是多少？

6. 相对论的时空观与经典力学的时空观的根本区别是什么？

7. 甲以 $0.8c$(c 为真空中的光速)的速度相对于静止的乙运动，若甲携带一长度为 l、截面积为 S、质量为 m 的棒，这根棒沿运动方向放置，求乙测得此棒的密度。

8. 质子在加速器中被加速，当其动能为静能的 3 倍时，其质量为静止质量的几倍？

第5章 简谐振动

振动和波动是自然界中最常见的物质运动形式。

物体在一定位置附近所作的往复运动叫机械振动，简称振动。它是物体的一种运动形式，从日常生活到生产技术以及自然界中到处都存在着振动，如钟摆的振动，心脏的跳动，气缸活塞的往复运动，微风中树枝的摇曳，地球的自转和绕太阳的公转，海洋的潮汐运动，生命体的新陈代谢以及生物有节律的活动，等等。

今日的物理学中，振动已不再局限于机械运动的范畴，自然界中还存在着各式各样的振动，如交流电中电流和电压的周期性变化，电磁波通过的空间内任意点电场强度和磁场强度的周期性变化，无线电接收天线中电流强度的受迫振荡等，都属于振动的范畴。

广义地说，任何一个物理量随时间的周期性变化都可以叫做振动。

振动形式虽然多样，但都遵从相同的基本规律。在振动中，最简单、最基本的是简谐振动，其他任何复杂的振动都可分解为若干简谐振动的叠加。本章主要讨论简谐振动的规律以及振动的合成。

5.1 简谐振动及其特征

我们以弹簧振子为例说明简谐振动的基本特征。

5.1.1 弹簧振子

如图 5.1 所示，将轻弹簧的一端固定，另一端系一质量为 m 的物体(可视为质点)，放置在光滑的水平面上(见图 5.1)。当弹簧为原长时，物体 m 受到的合力等于零，这一位置 O 称为平衡位置。以平衡位置为坐标原点，取水平向右为 Ox 轴正向，现将物体向右移至某位置，然后放开，在弹性力作用下，物体就在平衡位置附近振动，这种振动系统称为弹簧振子。

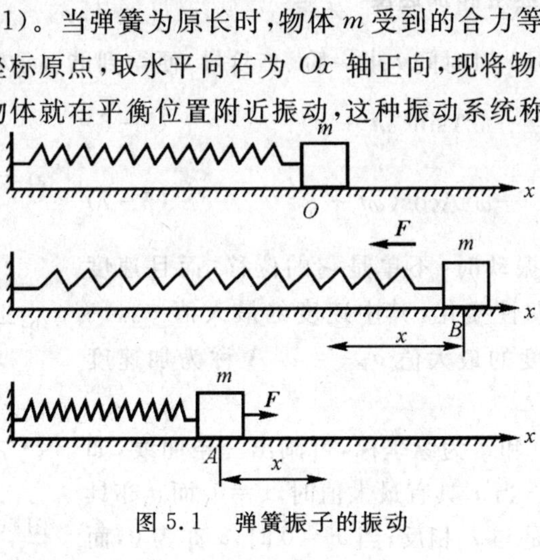

图 5.1 弹簧振子的振动

当物体运动到偏离平衡位置 x 时(x 是物体相对平衡位置的位移),物体受到的合力为

$$\boldsymbol{F}=-k\boldsymbol{x} \tag{5-1}$$

式中,k 是弹簧的劲度系数,由弹簧本身的性质(材料、形状、大小等)所决定,负号表示力的方向与位移方向相反。这个与物体离开平衡位置的位移成正比,方向总是指向平衡位置的力称为回复力。

根据牛顿第二定律,弹簧振子的微分方程为

$$m\frac{\mathrm{d}^2x}{\mathrm{d}t^2}=F=-kx$$

则加速度为

$$a=\frac{\mathrm{d}^2x}{\mathrm{d}t^2}=-\frac{k}{m}x \tag{5-2}$$

对一个确定的弹簧振子,k 和 m 都是常量,而且都是正值,所以式(5-2)说明:弹簧振子的加速度与位移成正比,而方向相反。这是简谐运动的基本特征。

令 $\omega^2=k/m$,则式(5-2)可写为

$$a=-\omega^2x \tag{5-3}$$

即

$$\frac{\mathrm{d}^2x}{\mathrm{d}t^2}+\omega^2x=0 \tag{5-4}$$

式(5-4)揭示了简谐振动的受力特征,这即是简谐运动的运动微分方程,其解为

$$x=A\cos(\omega t+\varphi) \tag{5-5}$$

式中,A 和 φ 为积分常数。

由于 $\cos(\omega t+\varphi)$ 的最大值是1,所以 A 表示振动物体离开平衡位置的最大位移的绝对值,称为振幅,描述振动的范围。φ 的意义将在下节讨论。

式(5-5)是简谐振动的定义式,即物体离开平衡位置的位移随时间 t 的变化规律可表示成余弦函数(或正弦函数)时,这种振动称为简谐振动,简称谐振动。式(5-5)称谐振动方程,式(5-1)是谐振动的动力学特征,式(5-3)是其运动学特征。用这三个方程中的任何一个便可判定一个振动是否为谐振动。

5.1.2 简谐振动的速度和加速度

把谐振动方程式(5-5)对时间 t 求一阶、二阶导,便得到谐振动物体的速度和加速度为

$$v=\frac{\mathrm{d}x}{\mathrm{d}t}=-\omega A\sin(\omega t+\varphi) \tag{5-6}$$

$$a=\frac{\mathrm{d}^2x}{\mathrm{d}t^2}=-\omega^2A\cos(\omega t+\varphi) \tag{5-7}$$

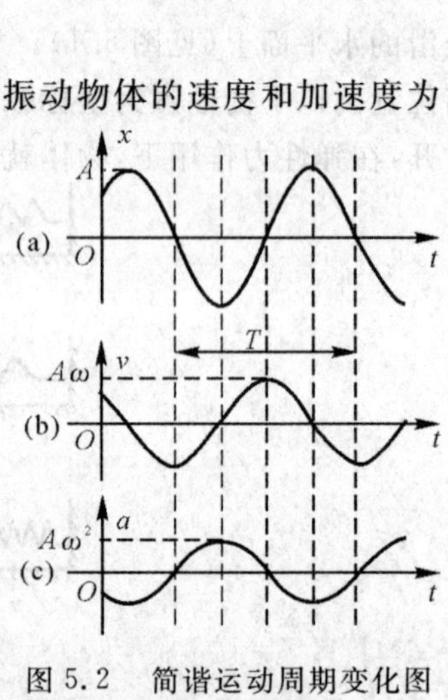

图 5.2 简谐运动周期变化图

结果表明,物体作谐振动时,不单是它的位移,而且速度和加速度也随时间作周期性变化,其中速度的最大值 $v_{\max}=\omega A$ 称为速度振幅;加速度的最大值 $a_{\max}=\omega^2A$ 称为加速度振幅。

若以 t 为横坐标,x,v 和 a 为纵坐标,可画出三条曲线,如图5.2所示。由图可看出,当 x 具有最大值时,$v=0$,而 a 亦具有最大值,但 a 的符号总是与 x 相反;当 $x=0$ 时,a 亦为0,而

v 有最大值。即物体作简谐振动时，它的位移、速度和加速度都是周期性变化的。

5.1.3　单摆

质量为 m 的小球栓在长度为 l 的细线（质量可忽略且不伸长）的下端，细线的上端固定，这个系统叫单摆。

当单摆自然下垂静止时，摆球 m 处于平衡位置 O 点。若将摆球自 O 点移开后放手，摆球将在铅直平面内来回摆动。当空气阻力忽略时，摆球只能沿圆弧运动。

如图 5.3 所示，当摆线与垂直方向成 θ 角时，若忽略空气阻力，则摆球所受的合力沿圆弧切线方向的分力，即重力在这一方向的分力为 $mg\sin\theta$。取摆球在平衡位置右方时 θ 为正，在左方时 θ 为负，则此力应写为

$$F = -mg\sin\theta$$

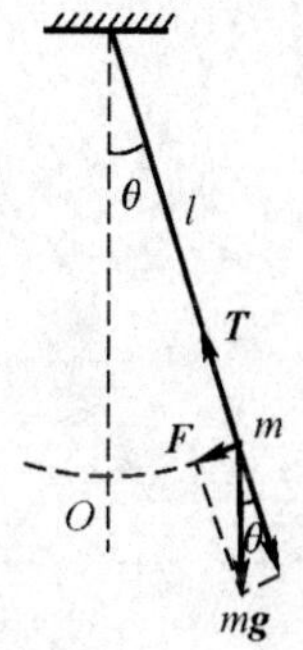

图 5.3　单摆

可见，摆球所受的切向力不是线性的回复力，故单摆的振动不是简谐振动。

但在角位移 $\theta < 5°$ 时，$\sin\theta \approx \theta$，所以

$$F = -mg\theta$$

由于摆球的切向加速度为 $a_t = \frac{\mathrm{d}v}{\mathrm{d}t} = l\frac{\mathrm{d}\omega}{\mathrm{d}t} = l\frac{\mathrm{d}^2\theta}{\mathrm{d}t^2}$，所以由牛顿第二定律得

$$ml\frac{\mathrm{d}^2\theta}{\mathrm{d}t^2} = -mg\theta \quad \text{或} \quad \frac{\mathrm{d}^2\theta}{\mathrm{d}t^2} = -\frac{g}{l}\theta$$

由上式可以得出结论：在摆角很小的情况下，单摆的振动是简振运动。这一振动的圆频率为

$$\omega^2 = \frac{g}{l}$$

故单摆在摆角很小时可认为是谐振动。由于是对 θ 角而言，通常称为角谐振动。

*5.1.4　复摆

一个可绕固定轴 O 转动的刚体称为复摆，如图 5.4 所示。

平衡时，摆的重心 C 在轴的正向下方，摆动到任意时刻，重心与轴的连线 OC 偏离竖直位置一个微小角度 θ，我们规定偏离平衡位置沿逆时针方向转过的角位移为正。设复摆对轴 O 的转动惯量为 J，复摆的重心 C 到 O 的距离 $OC = h$。

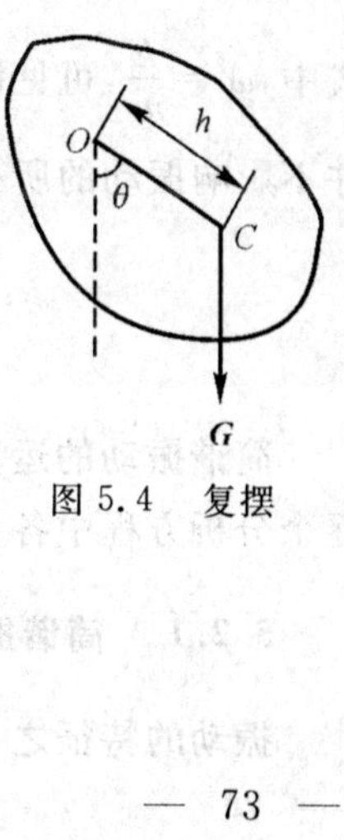

图 5.4　复摆

复摆在角度 θ 处受到的重力矩为 $M = -mgh\sin\theta$，当摆角很小时，$\sin\theta \approx \theta$，所以 $M = -mgh\theta$，由转动定律得

$$-mgh\theta = J\frac{\mathrm{d}^2\theta}{\mathrm{d}t^2}$$

即

$$\frac{\mathrm{d}^2\theta}{\mathrm{d}t^2} + \frac{mgh}{J}\theta = 0$$

式中，令 $\omega^2=\dfrac{mgl}{J}$，与式(5-4)相比较可知，复摆在摆角很小时的振动是简谐振动。

例 5-1 如图 5.5 所示，弹簧下面悬挂重物，当平衡时，从平衡位置 O 对重物施以扰动，则重物在位置 O 附近上下振动。那么该振动是否是简谐振动？通过证明回答。

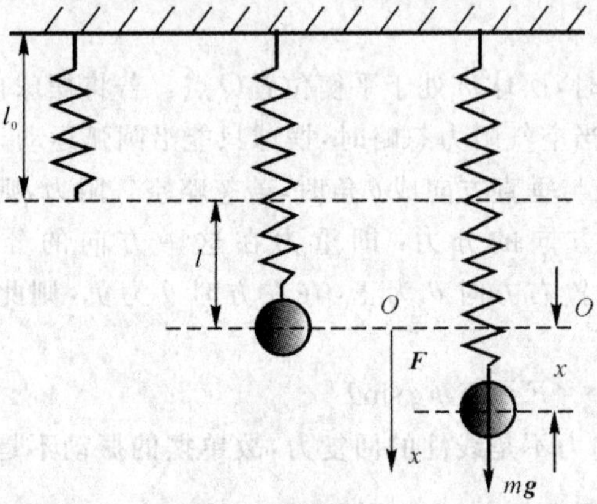

图 5.5 悬挂的弹簧振子

解 如图 5.5 所示，设弹簧原长为 l_0，挂上重物而平衡时，弹簧伸长 l(静伸长)，设平衡位置 $O-O'$，此时重物所受的合外力为零，有

$$mg=kl \qquad ①$$

建立坐标系 Ox，原点在平衡位置，x 轴的正向指向下。设重物在振动过程中某瞬时的坐标为 x，此时弹簧总伸长为$(x+l)$，故弹性力 $F=-k(x+l)$。根据牛顿第二定律，有

$$m\frac{\mathrm{d}^2x}{\mathrm{d}t^2}=-k(x+l)+mg \qquad ②$$

把式 ① 代入式 ② 得

$$a=\frac{\mathrm{d}^2x}{\mathrm{d}t^2}=-\frac{k}{m}x \qquad ③$$

由此可知，重物的加速度与位移成正比，方向相反，故重物作简谐振动。

式 ③ 可以写为
$$\frac{\mathrm{d}^2x}{\mathrm{d}t^2}+\omega^2x=0$$

式中，$\omega^2=\dfrac{k}{m}$，可见该装置与水平位置的弹簧振子并无区别，重力的作用只是使平衡位置改变，并不影响振动的所有性质。

5.2 简谐振动的描述

简谐振动的运动学方程式(5-5)即 $x=A\cos(\omega t+\varphi)$，反映了简谐振动的运动规律。下面逐个分析方程中各量的物理意义。

5.2.1 简谐振动的周期和频率

振动的特征之一是运动具有周期性，作谐振动的物体从某状态开始，经过一段时间后又回

到该状态，称为完成一次全振动。我们把完成一次全振动所经历的时间称为周期，常用 T 表示。因此，每隔一个周期，振动状态就完全重复一次，即

$$x = A\cos[\omega(t + T) + \varphi] = A\cos(\omega t + \varphi)$$

T 的最小值应为 $\omega T = 2\pi$，所以

$$T = \frac{2\pi}{\omega} \tag{5-8}$$

对于弹簧振子，有

$$T = 2\pi\sqrt{\frac{m}{k}} \tag{5-9}$$

单位时间内物体所作的完全振动的次数叫做频率，用 ν 表示，它的单位是赫兹，符号是 Hz。显然，频率与周期的关系为

$$\nu = \frac{1}{T} = \frac{\omega}{2\pi} \tag{5-10}$$

由此还可知

$$\omega = 2\pi\nu$$

即 ω 等于物体在单位时间内所作的完全振动次数的 2π 倍，ω 叫做圆频率（又称角频率），单位是弧度每秒（$\mathrm{rad \cdot s^{-1}}$）。至于弹簧振子的频率，不难得知为

$$\nu = \frac{1}{2\pi}\sqrt{\frac{k}{m}} \tag{5-11}$$

对于单摆，$\omega = \sqrt{\frac{g}{l}}$，所以单摆振动的周期为

$$T = 2\pi\sqrt{\frac{l}{g}} \tag{5-12}$$

这种由振动系统本身性质（m 与 k，或 l）所决定的周期或频率称为固有周期和固有频率。

利用 T 和 ν，简谐振动的运动学方程可改写为

$$x = A\cos\left(\frac{2\pi}{T}t + \varphi\right) = A\cos(2\pi\nu t + \varphi) \tag{5-13}$$

5.2.2　简谐振动的振幅

在谐振动表达式中，因余弦（或正弦）函数的绝对值不能大于 1，所以物体的振动范围在 $+A$ 和 $-A$ 之间。我们把作谐振动的物体离开平衡位置的最大位移的绝对值 A 叫做振幅。

5.2.3　简谐振动的相位

对于圆频率 ω 和振幅 A 都已给定的简谐振动，它的运动状态可用相位来表示。由式（5-5）和式（5-6）可以看出，当振幅 A 和圆频率 ω 一定时，振动物体在任一时刻相对于平衡位置的位移和速率都决定于物理量（$\omega t + \varphi$）。也就是说，当物体以一定的振幅和圆频率作简谐振动时，（$\omega t + \varphi$）既决定振动物体在任意时刻相对平衡位置的位移，又决定着振动物体在该时刻的速度，（$\omega t + \varphi$）即称为振动的相位。对于式（5-5），由余弦函数的周期性可知，（$\omega t + \varphi + 2k\pi$）的值与（$\omega t + \varphi$）之值是相等的，因此它清楚地反映出了物体运动过程中的周期性。所以，相位是描写振动物体运动方程中一个重要的物理量。

常量 φ 是 $t = 0$ 时刻的相位，称为初相位，简称为初相，它是描写振动物体初始时刻的运动

状态的物理量。

简谐振动的振幅 A 的大小和相位 φ 的值都是由初始状态决定的。当 $t=0$ 时有初始条件 $x=x_0, v=v_0$，代入式(5－5)和式(5－6)可得

$$x_0 = A\cos\varphi \tag{5-14a}$$

$$v_0 = -\omega A\sin\varphi \tag{5-14b}$$

由此两式可得 A,φ 的解为

$$A=\sqrt{x_0^2+\left(\frac{v_0}{\omega}\right)^2} \tag{5-15}$$

$$\varphi=\arctan\left(-\frac{v_0}{\omega x_0}\right) \tag{5-16}$$

在 0 到 2π 之间对于式(5－16)有两个值，但初相必须使式(5－14)也能成立，这样可以唯一地确定初相位 φ 的值。

物体在 $t=0$ 时的位移 x_0 和速度 v_0 称为初始条件。上述结果说明，对一定的弹簧振子(即 ω 为已知量)，它的振幅 A 和初相 φ 是由初始条件决定的。由于简谐振动的振幅不随时间而变化，故简谐振动是等幅振动。

例 5－2 一轻弹簧的左端固定，其劲度系数 $k=1.60\ \mathrm{N\cdot m^{-1}}$，弹簧的右端系一质量 $m=0.40\ \mathrm{kg}$ 的物体，并放置在水平光滑的桌面上。今将物体从平衡位置沿桌面向右拉长到 $x_0=0.20\ \mathrm{m}$ 处释放，试求：(1) 谐振动方程；(2) 物体从初位置运动到第一次经过 $A/2$ 处时的速度。

解 (1) 要确定谐振动方程，须求出 ω, A 和 φ 三个量。

$$\omega=\sqrt{\frac{k}{m}}=\sqrt{\frac{1.60}{0.40}}=2.0\ \mathrm{rad\cdot s^{-1}}$$

由题意知初始条件为 $x_0=0.20\ \mathrm{m}, v_0=0$，代入式(5－15)和式(5－16)求得

$$A=\sqrt{x_0^2+\left(\frac{v_0}{\omega}\right)^2}=x_0=0.20\ \mathrm{m}$$

$$\varphi=\arctan\left(\frac{-v_0}{\omega x_0}\right)=\arctan(0)=0$$

故谐振动方程为 $x=0.20\cos(2t)\ \mathrm{m}$。

(2) 物体从初位置 $x_0=A(t=0)$ 第一次运动到 $x=A/2$(t 时刻)处，速度应为负值。由速度公式 $v=-A\omega\sin\omega t$ 知，$\sin\omega t$ 应为正值，ωt 应在第一、二象限。从振动方程得

$$x=A\cos\omega t=A/2$$

$$\cos\omega t=1/2,\quad \omega t=\frac{\pi}{3}\quad 或\quad \frac{5}{3}\pi(应舍去)$$

所以 $$v=-A\omega\sin\omega t=-0.20\times2.0\sin\frac{\pi}{3}=-0.34\ \mathrm{m\cdot s^{-1}}$$

例 5－3 一作谐振动的物体，在一个周期内相继经过 A,B 两点，历时 2 s，并且在 A,B 两点处具有相同的速率，如图 5.6 所示。物体经 B 点再过 2 s 后，又从另一方向通过 B 点。已知 A,B 两点间的距离为 12 cm，求：

(1) 物体运动的周期和振幅；

(2) 物体在 A 点的速度；

(3) 若从物体相继经过 A,B 两点时的中点开始计时，求物体的振动方程。

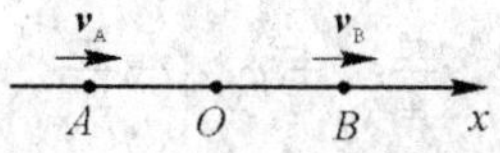

图　5.6

解　以A,B两点连线为x轴,其中点为坐标原点O,如图5.6所示,因为在一个周期内,物体相继经过A,B两点时的速度相同,$v_A=v_B$,所以O点为物体谐振动的平衡位置,设振动方程为

$$x=A\cos(\omega t+\varphi) \tag{①}$$

(1) 由题意知,物体经B点再返回至B点的时间$t_1=2$ s,而物体从O点运动至B点的时间$t_2=1$ s,根据周期的定义,有

$$T=2(t_1+2t_2)=8 \text{ s}$$

则物体运动的角频率为

$$\omega=\frac{2\pi}{T}=\frac{\pi}{4}\text{rad/s}$$

将ω代入式①,有

$$x=A\cos\left(\frac{\pi}{4}t+\varphi\right) \tag{②}$$

又有在时刻t_A,$x_A=-6$ cm,$x_B=6$ cm,将其代入上式,有

$$x_A=A\cos\left(\frac{\pi}{4}t_A+\varphi\right)=-6 \text{ cm}$$

$$x_B=A\cos\left[\frac{\pi}{4}(t_A+2)+\varphi\right]=-A\sin\left(\frac{\pi}{4}t_A+\varphi\right)=6 \text{ cm}$$

联立求解以上两式可得物体运动的振幅为

$$A=6\sqrt{2} \text{ cm}$$

(2) 物体的运动速度为

$$v=\frac{\mathrm{d}x}{\mathrm{d}t}=-\frac{\pi}{4}A\sin\left(\frac{\pi}{4}t+\varphi\right) \tag{③}$$

假定$\frac{\mathrm{d}x_A}{\mathrm{d}t}=\frac{\mathrm{d}x_B}{\mathrm{d}t}>0$,则有

$$v_A=\frac{\mathrm{d}x_A}{\mathrm{d}t}=-\frac{\pi}{4}A\sin\left(\frac{\pi}{4}t_A+\varphi\right) \tag{④}$$

$$v_B=\frac{\mathrm{d}x_B}{\mathrm{d}t}=-\frac{\pi}{4}A\cos\left(\frac{\pi}{4}t_A+\varphi\right) \tag{⑤}$$

由于$\frac{\mathrm{d}x_A}{\mathrm{d}t}=\frac{\mathrm{d}x_B}{\mathrm{d}t}>0$,由式④、式⑤,得

$$\sin\left(\frac{\pi}{4}t_A+\varphi\right)=\cos\left(\frac{\pi}{4}t_A+\varphi\right)=-\frac{\sqrt{2}}{2} \tag{⑥}$$

代入式④得

$$v_A=-\frac{\pi}{4}\times 6\sqrt{2}\times\left(-\frac{\sqrt{2}}{2}\right)=4.71 \text{ cm/s}$$

(3) 依题意知$t_B=1$ s时,$x_B=6\sqrt{2}\cos\left(\frac{\pi}{4}t_B+\varphi\right)=6$ cm,且$v_B>0$,因此有

$$\frac{\pi}{4}t_B+\varphi=-\frac{\pi}{4}$$

即

$$\varphi=-\frac{\pi}{4}-\frac{\pi}{4}t_B=-\frac{\pi}{2}$$

物体的振动方程为

$$x=6\sqrt{2}\cos\left(\frac{\pi}{4}t-\frac{\pi}{2}\right)\quad(\text{cm})$$

5.2.4 简谐振动的矢量图示法

为了直观地领会简谐振动中 A,ω 和 φ 三个物理量的意义,并为后面讨论简谐振动的叠加提供简捷的方法,下面介绍简谐振动的旋转矢量表示法。

如图 5.7 所示,自原点 O 作一矢量 $\boldsymbol{A}$,使其模等于谐振动的振幅 A,并使矢量 $\boldsymbol{A}$ 在图面内绕 O 点沿逆时针方向匀速旋转,其角速度与谐振动的圆频率 ω 相等,这个矢量叫旋转矢量。在 $t=0$ 时,$\boldsymbol{A}$ 的矢端在 M_0 点,它与 Ox 轴的夹角为 φ;到任意时刻 t,$\boldsymbol{A}$ 的端点在 M 点,$\boldsymbol{A}$ 沿逆时针方向转过角度 ωt,它与 Ox 轴的夹角为 $\omega t+\varphi$。由图可见,这时 $\boldsymbol{A}$ 的矢端在 Ox 轴上的投影点 P 的坐标为 $x=A\cos(\omega t+\varphi)$,恰好是沿 x 轴作谐振动的物体 t 时刻相对原点 O 的位移。因此,矢量 $\boldsymbol{A}$ 匀速转动时,其端点 M 在 x 轴上投影点 P 的运动就是简谐振动。旋转矢量 $\boldsymbol{A}$ 以确定的角速度 ω 旋转一周,对应于谐振动物体在 x 轴上作一次全振动,所用的时间就是谐振动的周期。

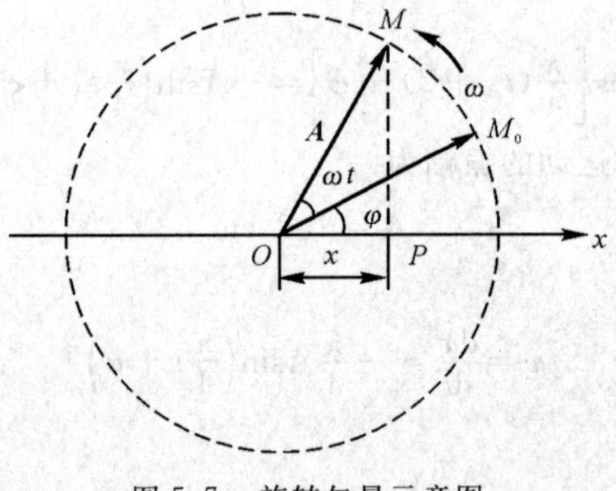

图 5.7 旋转矢量示意图

特别强调,旋转矢量本身并不作谐振动,而是旋转矢量端点的投影点在作谐振动。当矢量 $\boldsymbol{A}$ 在旋转时,其端点 M 是在半径为 A 的圆周上作匀速圆周运动,通常把这个圆称为参考圆。可见,旋转矢量法来源于大家熟悉的参考圆表示法,实质是把谐振动这个变速直线运动变换为一个矢量的匀角速转动。

应用这种方法时请注意下述对应关系:在 t 时刻矢量 $\boldsymbol{A}$ 与 Ox 轴夹角 $\omega t+\varphi$ 对应于谐振动的相位;在 $t=0$ 时刻,$\boldsymbol{A}$ 与 Ox 轴的夹角 φ 对应于谐振动的初相。

例 5-4 一弹簧振子,沿 x 轴作振幅为 A 的谐振动。若 $t=0$ 时,振子的运动状态分别为:

(1) $x_0=-A$;

(2) 过平衡位置向 x 轴正方向运动;

(3) 过 $x_0=A/2$ 处向 x 轴负方向运动。

试用旋转矢量法确定相应的初相值。

解　用旋转矢量法求初相，应当画出 $t=0$ 时的旋转矢量 $\boldsymbol{A}$，该矢量与 x 轴正方向的夹角便是初相 φ。其步骤为：① 以 x 轴的原点 O 为圆心，以振幅 A 为半径画一参考圆。② 在起始位置 x_0 处作 x 轴的垂线与参考圆相交两点。③ 根据初速 $\boldsymbol{v}_0$ 的方向定出矢量的位置。由于旋转矢量 $\boldsymbol{A}$ 是逆时针旋转的，若 $\boldsymbol{v}_0$ 沿 x 轴负向，矢量 $\boldsymbol{A}$ 必定在一、二象限；若 $\boldsymbol{v}_0$ 沿 x 轴正向，矢量 $\boldsymbol{A}$ 必是在三、四象限。④ 画出旋转矢量，求出与 x 轴的夹角。

按题设条件，用上述方法作出相应的旋转矢量图，如图 5.8 所示。

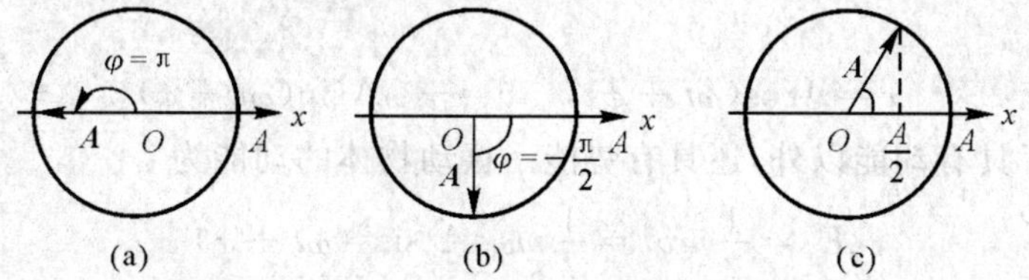

图　5.8

由图定出在题设的三种情况下，其初相分别为：① $\varphi=\pi$；② $\varphi=-\dfrac{\pi}{2}$；③ $\varphi=\dfrac{\pi}{3}$。

例 5-5　一质点沿 x 轴作谐振动，振幅 $A=0.12\ \text{m}$，周期 $T=2.0\ \text{s}$。$t=0$ 时质点的位置 $x_0=0.06\ \text{m}$，且向 x 轴正向运动。用旋转矢量法求：(1) 初相；(2) 自计时起至第一次通过平衡位置的时间。

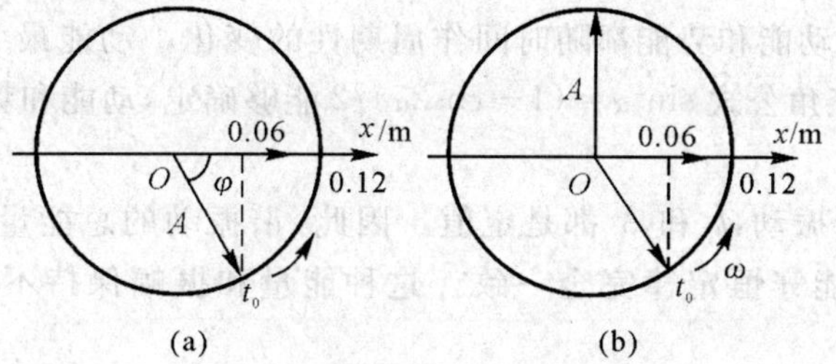

图　5.9

解　(1) 按照初始条件 x_0 和 $\boldsymbol{v}_0$ 的方向，画出 $t=0$ 时的旋转矢量，如图 5.9(a) 所示，从而求出初相 $\varphi=-\dfrac{\pi}{3}$。

(2) 从题意可分析出，质点第一次通过平衡位置时，其速度沿 x 轴负方向。由此画出旋转矢量如图 5.9(b) 所示。自计时起到质点第一次通过平衡位置，旋转矢量转过的角度为

$$\Delta\theta=\frac{\pi}{2}+\frac{\pi}{3}=\frac{5}{6}\pi$$

旋转的角速度为

$$\omega=\frac{2\pi}{T}=\frac{2\pi}{2}=\pi(\text{rad}\cdot\text{s}^{-1})$$

所以，用的时间为

$$\Delta t=\frac{\Delta\theta}{\omega}=\frac{\frac{5}{6}\pi}{\pi}=\frac{5}{6}=0.83\ \text{s}$$

从这两个例子可以看出，用旋转矢量法确定初相和振动的时间间隔是非常直观和方便的，

这种方法的其他用途将在下节振动的合成中介绍。

5.3 简谐振动的能量

下面以如图 5.1 所示的水平弹簧振子为例来说明振动系统的能量。

设在某一时刻物体的位置是 x，速度为 v，由式(5-5)及式(5-6)可知，振子的位置 x 及速度 v 分别为

$$x = A\cos(\omega t + \varphi), \quad v = -\omega A\sin(\omega t + \varphi)$$

此时系统除了具有动能以外，还具有势能。振动物体的动能为

$$E_{\mathrm{k}} = \frac{1}{2}mv^2 = \frac{1}{2}m\omega^2 A^2 \sin^2(\omega t + \varphi) \tag{5-17}$$

若此时物体位移为 x，则系统的弹性势能

$$E_{\mathrm{p}} = \frac{1}{2}kx^2 = \frac{1}{2}kA^2\cos^2(\omega t + \varphi) \tag{5-18}$$

因 $m\omega^2 = k$，系统的总能量为

$$E = E_{\mathrm{k}} + E_{\mathrm{p}} = \frac{1}{2}kA^2 \tag{5-19}$$

式(5-17)至式(5-19)表明：

(1) 谐振动物体的动能和势能都随时间作周期性的变化。动能最大时势能为零；势能最大时动能为零。利用三角公式 $\sin^2\alpha = (1-\cos 2\alpha)/2$ 能够确定，动能和势能的变化频率是位移变化频率的两倍。

(2) 对于给定的谐振动，k 和 A 都是定值。因此，谐振动的总能量在振动过程中是一常量。这一结论与机械能守恒定律完全一致。这种能量和振幅保持不变的振动也称无阻尼振动。

(3) 在一个周期 T 内，动能的平均值等于势能的平均值，都等于总能量的一半，即

$$\overline{E}_{\mathrm{k}} = \overline{E}_{\mathrm{p}} = \frac{E}{2} = \frac{1}{4}kA^2 \tag{5-20}$$

证明如下：

$$\overline{E}_{\mathrm{k}} = \frac{1}{T}\int_0^T \frac{1}{2}kA^2\sin^2(\omega t + \varphi)\mathrm{d}t$$

因为
$$\frac{1}{T}\int_0^T \sin^2(\omega t + \varphi)\mathrm{d}t = \frac{1}{T}\int_0^T \frac{1-\cos 2(\omega t + \varphi)}{2}\mathrm{d}t = \frac{1}{2}$$

所以
$$\overline{E}_{\mathrm{k}} = \frac{1}{4}kA^2 = \frac{E}{2}$$

由式(5-19)知

$$\overline{E}_{\mathrm{p}} = E - \overline{E}_{\mathrm{k}} = \frac{E}{2}$$

得证。

(4) 简谐振动的能量曲线。由图 5.10 可见，系统的动能 E_{k} 与势能 E_{p} 不断地相互转换，总能量却保持不变(设 $\varphi = 0$)。

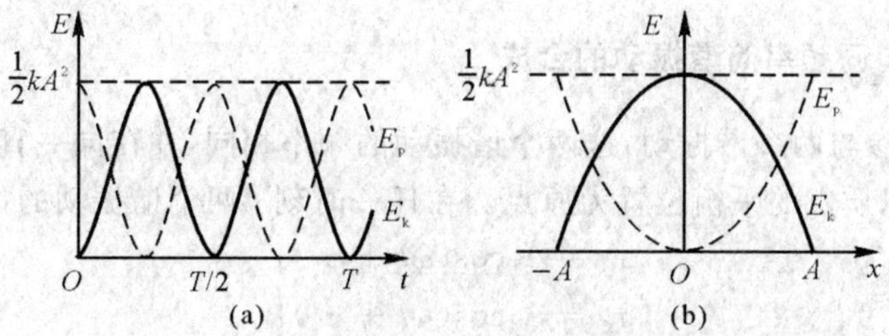

图 5.10　弹簧振子的能量和时间关系曲线

例 5-6　质量为 0.10 kg 的物体，以振幅 1.0×10^{-2} m 作简谐运动，其最大加速度为 4.0 m/s²，求：(1) 振动的周期；(2) 通过平衡位置时的动能；(3) 总能量；(4) 物体在何处其动能和势能相等？

解　(1) 因为

$$a_{\max}=A\omega^2$$

所以

$$\omega=\sqrt{\frac{a_{\max}}{A}}=\sqrt{\frac{4.0}{1.0\times10^{-2}}}=20\ \mathrm{s}^{-1}$$

得

$$T=\frac{2\pi}{\omega}=\frac{2\pi}{20}=0.314\ \mathrm{s}$$

(2) 因通过平衡位置时的速度为最大，故

$$E_{\mathrm{kmax}}=\frac{1}{2}mv_{\max}^2=\frac{1}{2}m\omega^2A^2$$

将已知数据代入，得

$$E_{\mathrm{kmax}}=2.0\times10^{-3}\ \mathrm{J}$$

(3) 总能量 $E=E_{\mathrm{kmax}}=2.0\times10^{-3}$ J。

(4) 当 $E_k=E_p$ 时，$E_p=1.0\times10^{-3}$ J，由

$$E_p=\frac{1}{2}kx^2=\frac{1}{2}m\omega^2x^2$$

得

$$x^2=\frac{2E_p}{m\omega^2}=0.5\times10^{-4}\ \mathrm{m}^2$$

即

$$x=\pm0.707\ \mathrm{cm}$$

5.4　简谐振动的合成

在实际问题中，经常会碰到一个物体同时参与几个振动的情况，这时物体将按照这几个振动的合振动运动，而合振动的位移等于各分振动位移的矢量和，这一规律称为振动叠加原理。例如，两列声波同时传到空间某点，该点处的空气质点就同时参与两个振动，并将按照这两个振动的合振动运动。也就是说，物体在任意时刻的位置矢量为物体单独参与每个分振动的位置矢量之和，即

$$\boldsymbol{r}=\boldsymbol{r}_1+\boldsymbol{r}_2+\boldsymbol{r}_3+\cdots$$

一般的振动合成问题比较复杂，本节重点讨论同方向谐振动的合成，并介绍两个相互垂直的谐振动的合成。

5.4.1 同方向同频率简谐振动的合成

设一质点同时参与两个谐振动，这两个谐振动的频率相同，并在同一直线上振动。如果取这一直线为 x 轴，以质点的平衡位置为原点。在任一时刻 t 两个谐振动的位移分别为

$$\left.\begin{aligned} x_1 &= A_1\cos(\omega t+\varphi_1) \\ x_2 &= A_2\cos(\omega t+\varphi_2) \end{aligned}\right\} \tag{5-21}$$

按振动叠加原理，合振动也应沿着同一直线，位移为

$$x = x_1 + x_2 = A_1\cos(\omega t+\varphi_1) + A_2\cos(\omega t+\varphi_2)$$

应用三角函数的等式关系将上式展开，可以化成

$$x = A\cos(\omega t+\varphi)$$

式中，A 和 φ 的值分别为

$$A = \sqrt{A_1^2 + A_2^2 + 2A_1A_2\cos(\varphi_2-\varphi_1)} \tag{5-22}$$

$$\varphi = \arctan\frac{A_1\sin\varphi_1 + A_2\sin\varphi_2}{A_1\cos\varphi_1 + A_2\cos\varphi_2} \tag{5-23}$$

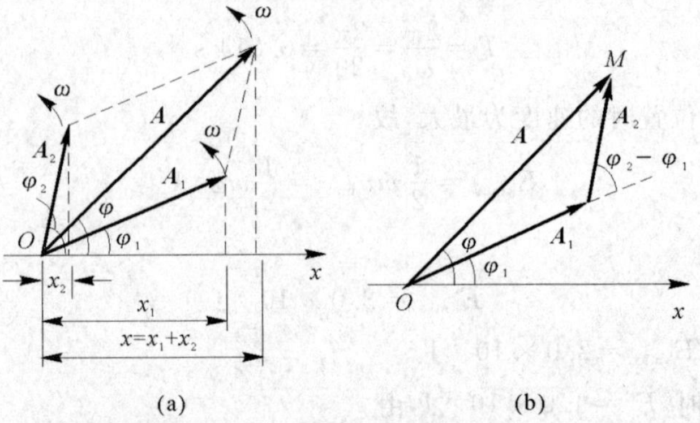

图 5.11 两个相同方向同频率简谐振动合成的矢量图

应用旋转矢量法，也能方便地求出合振动。如图 5.11 所示，用 $\boldsymbol{A}_1$，$\boldsymbol{A}_2$ 代表两个分振动在 $t=0$ 时的旋转矢量，由于 $\boldsymbol{A}_1$，$\boldsymbol{A}_2$ 以相同的角速度 ω 作逆时针转动，它们的夹角 $\varphi_2-\varphi_1$ 保持恒定，而按矢量加法求出的合矢量 $\boldsymbol{A}=\boldsymbol{A}_1+\boldsymbol{A}_2$ 也同样以角速度 ω 旋转，且长度不变。显然 $\boldsymbol{A}$ 也是一个旋转矢量，其矢端在 x 轴上的投影点也代表谐振动。由几何关系不难看出，合矢量 $\boldsymbol{A}$ 在 x 轴上的投影 x 恰好等于 x_1 和 x_2 之和。因此 $\boldsymbol{A}$ 就是对应合振动的旋转矢量，其长度代表合振动的振幅，它与 x 轴的夹角就是合振动的初相 φ。

现在来讨论振动合成的结果。从式(5-22)可以看出，合振动的振幅 A 除了与原来的两个分振动的振幅有关外，还取决于两个分振动的相位差($\varphi_2-\varphi_1$)。

相位差(或周相差)是指两个谐振动的同一时刻的振动相位之差，常用 $\Delta\varphi$ 表示。对于式(5-21)所表示的两个谐振动，其相位差

$$\Delta\varphi = (\omega t+\varphi_2) - (\omega t+\varphi_1) = \varphi_2 - \varphi_1$$

这表明，在同频率的情况下，两个振动的相位差就是它们的初相差，且不随时间变化。实际上，两个频率相同的谐振子，它们的相位不同，往往是由于开始振动的时刻不同，或开始时两个振子的位置以及速度的不同所造成的，因而两个振子在任何时刻的运动状态(或振动步调)有差

异，即它们不能同时到达平衡位置，也不能同时到达某一端点，而总是一个比另一个落后（或超前）一些。这种差异就可以用相位差来描写。

在旋转矢量图 5.11 上，两个振动的相位差就是它们的旋转矢量 $\boldsymbol{A}_2$ 和 $\boldsymbol{A}_1$ 之间的夹角。

下面用相位差的概念来讨论两个同方向、同频率谐振动合成的特例，将来在研究声、光等波动过程的干涉和衍射现象时，这两个特例常要用到。

（1）若 $\Delta\varphi=\varphi_2-\varphi_1=2k\pi, k=0, \pm 1, \pm 2, \cdots$，则

$$\cos(\varphi_2-\varphi_1)=1$$

$$A=\sqrt{A_1^2+A_2^2+2A_1A_2}=A_1+A_2 \tag{5-24}$$

即合振幅最大，等于两个分振幅之和。图 5.12(a) 画出它们的旋转矢量图和相应 $x-t$ 曲线。由于这两个分振动的步调始终完全一致（同时越过平衡位置，向坐标轴同侧运动，且同时到达端点位置），称它们是同相（或同步）。

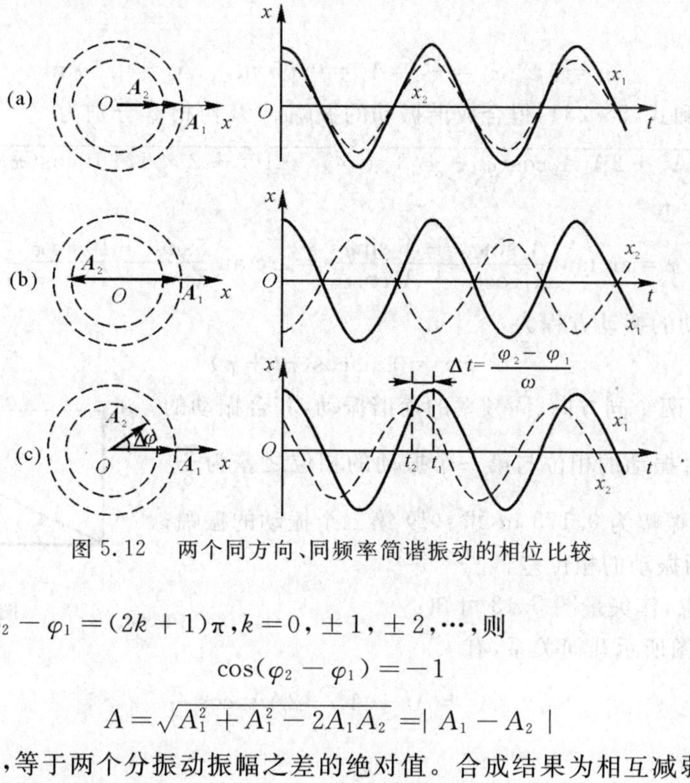

图 5.12　两个同方向、同频率简谐振动的相位比较

（2）若 $\Delta\varphi=\varphi_2-\varphi_1=(2k+1)\pi, k=0, \pm 1, \pm 2, \cdots$，则

$$\cos(\varphi_2-\varphi_1)=-1$$

$$A=\sqrt{A_1^2+A_1^2-2A_1A_2}=|A_1-A_2| \tag{5-25}$$

即合振幅达到最小，等于两个分振动振幅之差的绝对值。合成结果为相互减弱，如图 5.12(b) 所示。由于这两个振动的步调始终完全相反，称它们是反相。

（3）一般情况下，若 $0<\Delta\varphi<\pi$，如图 5.12(c) 所示，设 x_1 和 x_2 两振动分别于 t_1 和 t_2 时刻到达同一运动状态，即

$$\omega t_1+\varphi_1=\omega t_2+\varphi_2, \quad t_1-t_2=\frac{\varphi_2-\varphi_1}{\omega}$$

因 $\varphi_2-\varphi_1=\Delta\varphi>0$，则 $t_1>t_2$。亦即 x_1 的振动到达这一状态的时间要比 x_2 晚 (t_1-t_2)。时间上落后 t_1-t_2，在振动位相上落后 $\Delta\varphi$，或者说 x_2 的振动比 x_1 超前 $\Delta\varphi$。

相位差不但能够表示两个谐振动的步调，而且也能够表示两个物理量变化的步调。如作谐振动物体的位移、速度和加速度分别为

$$x = A\cos(\omega t + \varphi)$$

$$v = -\omega A\sin(\omega t + \varphi) = \omega A\cos\left(\omega t + \varphi + \frac{\pi}{2}\right)$$

$$a = -\omega^2 A\cos(\omega t + \varphi) = \omega^2 A\cos(\omega t + \varphi + \pi)$$

三者相比较，加速度与位移反相；而速度比位移超前$\frac{\pi}{2}$，比加速度落后$\frac{\pi}{2}$。

例 5-7 有两个同方向、同频率的谐振动，振动方程分别为

$$x_1 = 0.05\cos(\pi t), \quad x_2 = 0.10\cos(\pi t + \pi)$$

式中，x，t 的单位分别为 m，s。试求合成振动的振动方程。

解 两个同方向、同频率的谐振动的合成运动仍为谐振动，合成谐振动的频率和原来谐振动的频率相同，故设其振动方程为

$$x = A\cos(\pi t + \varphi)$$

按题设条件，有

$$\varphi_1 = 0, \quad \varphi_2 = \pi, \quad A_1 = 0.05\ \text{m}, \quad A_2 = 0.10\ \text{m}$$

代入式(5-22)和式(5-23)，得合成谐振动的振幅 A 及初相 φ 分别为

$$A = \sqrt{A_1^2 + A_2^2 + 2A_1A_2\cos(\varphi_2 - \varphi_1)} = \sqrt{5^2 + 10^2 + 2\times 5\times 10\cos(\pi - 0)}\times 10^{-2} = 5\times 10^{-2}\ \text{m}$$

$$\varphi = \arctan\frac{A_1\sin\varphi_1 + A_2\sin\varphi_2}{A_1\cos\varphi_1 + A_2\cos\varphi_2} = \arctan\frac{5\sin 0 + 10\sin\pi}{5\cos 0 + 10\cos\pi} = 0$$

因此，合成谐振动的振动方程为

$$x = 0.05\cos(\pi t + \pi)$$

例 5-8 有两个同方向、同频率的简谐振动，其合振动的振幅为 0.2 m，合振动的相位与第一个振动的相位之差为$\frac{\pi}{6}$，若第一个振动的振幅为 0.173 m，求：(1) 第二个振动的振幅；(2) 第一、第二两振动的相位差。

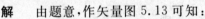

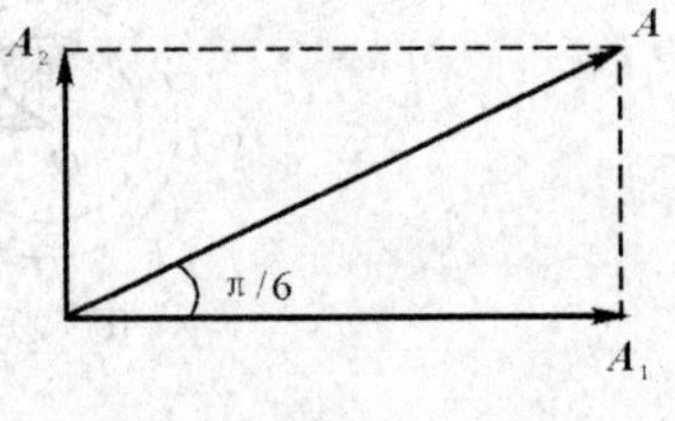

图 5.13

解 由题意，作矢量图 5.13 可知：

(1) 由矢量图所示几何关系，有

$$A_2^2 = A^2 + A_1^2 - 2AA_1\cos\frac{\pi}{6} \qquad ①$$

由题设条件，有

$$A = 0.2\ \text{m}, \quad A_1 = 0.173\ \text{m}$$

代入式 ①，得第二个振动的振幅为

$$A_2 = 0.1\ \text{m}$$

(2) 由矢量的平行四边形关系得

$$\cos\Delta\varphi = \frac{A_1^2 + A_2^2 - A^2}{2A_1A_2}$$

故有
$$\Delta\varphi = \frac{\pi}{2}$$

5.4.2　同方向、不同频率的简谐振动的合成　拍

两个同方向、不同频率的简谐振动的合运动，原则上仍然可以用前面的旋转矢量模拟法来研究。由于 $\boldsymbol{A}_1$，$\boldsymbol{A}_2$ 的角速度不同，它们之间的夹角随时间改变，故合振动的振幅和相位都在随时间变化，不再是一个简谐振动了，但合振动的振动方向仍与分振动的相同。所以一般两个同振动方向、不同频率的简谐振动的合成比较复杂，其合成结果可能是周期振动，也可能是非周期振动。我们在这里不准备进行一般性的讨论，仅对两个频率之差远远小于两频率之和的两个同方向振动，即 $\omega_2 - \omega_1 \ll \omega_1 + \omega_2$ 的情况予以讨论。

下面讨论两个分振动的振幅和初相都相同的情况，其振动方程分别为

$$x_1 = A\cos(\omega_1 t + \varphi),\quad x_2 = A\cos(\omega_2 t + \varphi)$$

利用三角函数的和差化积公式，可得到合振动的方程为

$$x = x_1 + x_2 = A\cos(\omega_1 t + \varphi) + A\cos(\omega_2 t + \varphi) = 2A\cos\frac{\omega_2 - \omega_1}{2}t\cos\left(\frac{\omega_2 + \omega_1}{2}t + \varphi\right) \tag{5-26a}$$

又因为 $\omega = 2\pi\nu$，则式(5-26a)又可表示为

$$x = \left(2A\cos 2\pi\frac{\nu_2 - \nu_1}{2}t\right)\cos\left(2\pi\frac{\nu_1 + \nu_2}{2}t + \varphi\right) \tag{5-26b}$$

其中第一个因子可作振幅看待 $\left|2A\cos\frac{\nu_2 - \nu_1}{2}t\right|$，第二个因子表明振动频率是 $\frac{\nu_1 + \nu_2}{2}$。

式(5-26)表明了如下的物理意义：

(1) 两个同振动方向、频率相近的简谐振动的合振动，由于 $\omega_2 - \omega_1 \ll \omega_1 + \omega_2$，故可以近似地把合振动看成是准简谐振动。合振动的振幅 $\left|2A\cos\frac{\nu_2 - \nu_1}{2}t\right|$ 随时间缓慢地作周期性变化，从而出现振动时强时弱的现象，这种合振幅随时间周期性变化的现象称为拍，其振动合成图线如图 5.14 所示。如两个频率很接近的音叉的振动的合成，人们可以听到时强时弱的声音。

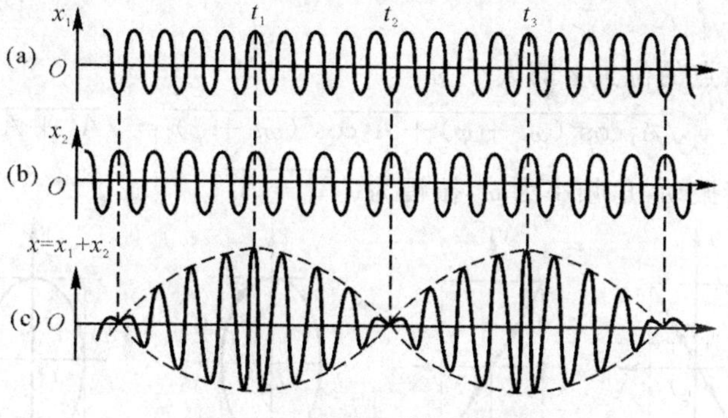

图 5.14　拍现象的振动曲线

(2) 式(5-26)中振幅因子是按余弦函数变化的，其绝对值最小为 0，最大为 1，所以合成振幅的取值范围是 $0 \sim 2A(= A_1 + A_2)$ 之间。

(3) 拍频是指合成振幅变化的频率。因为余弦函数的绝对值 $\left|2A\cos 2\pi\frac{\nu_2 - \nu_1}{2}t\right|$ 以 π 为周期，所以拍的周期和拍周期的倒数即拍频分别为

$$T=\frac{\pi}{\left|2\pi\frac{\nu_2-\nu_1}{2}\right|}=\frac{1}{|\nu_2-\nu_1|},\quad \nu=\frac{1}{T}=|\nu_2-\nu_1| \tag{5-27}$$

在数值上为两个频率相近的分振动的频率之差，反映了振幅在单位时间内加强或减弱的次数。

拍现象在声振动和电磁振动中有许多实际应用，例如管乐器中的双簧管就是利用两个簧片振动频率的微小差别产生悦耳的拍音，超外差收音机中的差频振荡电路也利用了拍的原理。利用拍频可以测量未知振动频率，如已知 ν_1，测出拍频 ν，就可求得未知的 ν_2。

5.4.3 相互垂直简谐振动的合成

当一个质点同时参与两个不同方向的振动时，质点的位移是这两个振动的位移的矢量和。在一般情况下，质点将在平面上作曲线运动。质点的轨迹可有各种形状，轨迹的形状由两个振动的周期、振幅和相位差来决定。

设有两个相互垂直的同频率的简谐运动，它们分别在 x，y 轴上运动，其简谐运动方程为

$$x=A_1\cos(\omega t+\varphi_1),\quad y=A_2\cos(\omega t+\varphi_2)$$

将上两式中的 t 消去，可得到合振动的轨迹方程为

$$\frac{x^2}{A_1^2}+\frac{y^2}{A_2^2}-\frac{2xy}{A_1A_2}\cos(\varphi_2-\varphi_1)=\sin^2(\varphi_2-\varphi_1) \tag{5-28}$$

这是一个椭圆方程，它的形状由两个分振动的振幅及相位差 $(\varphi_2-\varphi_1)$ 的值决定。下面分析几种特殊情形：

(1) $\varphi_2-\varphi_1=0$ 或 $\pm 2k\pi(k=1,2,\cdots)$，即两个振动同相位，$\varphi_2=\varphi_1=\varphi$。

由式(5-28)可得

$$y=\frac{A_2}{A_1}x$$

这表明质点的运动轨迹是一条直线，其斜率为两个分振动的振幅之比，如图 5.15(a)所示。

在某一时刻 t，质点的位矢 $\boldsymbol{r}$ 的大小为

$$r=\sqrt{x^2+y^2}=\sqrt{A_1^2\cos^2(\omega t+\varphi)+A_2^2\cos^2(\omega t+\varphi)}=\sqrt{A_1^2+A_2^2}\cos(\omega t+\varphi)$$

这表明质点仍作简谐振动，角频率为 ω，振幅为 $\sqrt{A_1^2+A_2^2}$。

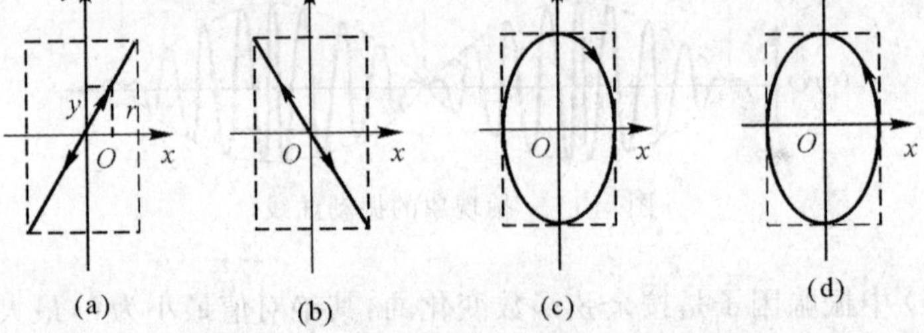

图 5.15

(a) $\varphi_2-\varphi_1=0$； (b) $\varphi_2-\varphi_1=\pi$； (c) $\varphi_2-\varphi_1=\frac{\pi}{2}$； (d) $\varphi_2-\varphi_1=\frac{3}{2}\pi$

(2)$\varphi_2-\varphi_1=\pi$ 或 $\pm(2k+1)\pi(k=1,2,\cdots)$，即两个分振动反相，由式(5-28)得

$$y=-\frac{A_2}{A_1}x$$

这表明质点仍在直线上作简谐振动，其斜率为 $-\frac{A_2}{A_1}$，如图 5.15(b) 所示。

(3) 由 $\varphi_2-\varphi_1=\frac{\pi}{2}$，得

$$\frac{x^2}{A_1^2}+\frac{y^2}{A_2^2}=1$$

即质点的运动轨迹是以坐标轴为主轴、半长轴为 A_1、半短轴为 A_2 的椭圆，如图 5.15(c) 所示，椭圆上的箭头表示质点运动的方向。

(4) 若 $\varphi_2-\varphi_1=-\frac{\pi}{2}$ 或 $\frac{3}{2}\pi$，则质点的轨迹仍如上面的椭圆，只是运动方向与前者相反，如图 5.15(d) 所示。

若两个振动的振幅相等，即 $A_1=A_2=A$，则质点的运动轨迹为圆。

两个频率不同的相互垂直的简谐运动的合成结果比较复杂，但如果二者的频率有简单的整数比，则合成的质点的运动将具有封闭的稳定的运动轨迹。图 5.16 画出了频率比 $\frac{\nu_2}{\nu_1}$ 分别等于 $\frac{1}{2}$，$\frac{2}{3}$ 和 $\frac{3}{4}$ 的两个分简谐运动合成的质点运动的轨迹。这种图称为李萨如图，它常被用来比较两个简谐运动的频率。

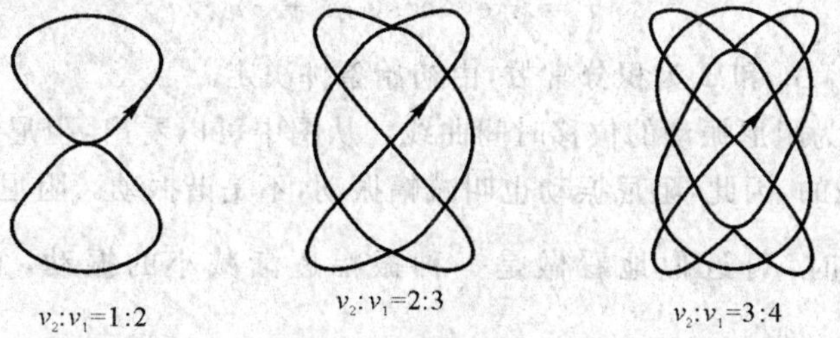

图 5.16　李萨如图

*5.5　受迫振动和共振

简谐振动只是一种理想情况，在对简谐振动的规律弄清之后，我们可对实际的振动加以研究。实际的振动系统除受线性回复力(矩)作用外，还受阻力作用或受周期性外力的持续作用，这里仅从动力学角度对阻尼振动和共振这几种情况作简要介绍。

5.5.1　阻尼振动

实践中，振动物体总是要受到阻力作用的。以弹簧振子为例，由于受到空气阻力等的作用，它围绕平衡位置振动的振幅将逐渐减小，最后终于停止下来。如果把弹簧振子浸在液体里，它在振动时受到的阻力就更大，这时可以看到它的振幅急剧减小，振动几次以后，很快就会停止。当阻力足够大，振动物体甚至来不及完成一次振动就停止在平衡位置上了。在回复力

和阻力作用下的振动称为阻尼振动。

在阻尼振动中，振动系统所具有的能量将在振动过程中逐渐减少。能量损失的原因通常有两种：一种是由于介质对振动物体的摩擦阻力使振动系统的能量逐渐转变为热运动的能量，这叫摩擦阻尼；另一种是由于振动物体引起邻近质点的振动，使系统的能量逐渐向四周射出去，转变为波的能量，这叫辐射阻尼。

对于弹簧振子，振动物体不仅受到弹性力 $\boldsymbol{F}=-k\boldsymbol{x}$ 的作用，而且还要受到黏性阻力的作用，当物体以不太大的速率在黏性介质中运动时，物体受到的阻力与其速率成正比，即

$$f_r=-\gamma v=-\gamma\frac{\mathrm{d}x}{\mathrm{d}t}$$

式中，比例系数 γ 称为阻力系数，它与物体的形状、大小及周围介质的性质有关，负号表示阻力与速度的方向相反。根据牛顿第二定律有

$$-kx-\gamma\frac{\mathrm{d}x}{\mathrm{d}t}=m\frac{\mathrm{d}^2x}{\mathrm{d}t^2}$$

上式两边除以 m，并令 $\frac{k}{m}=\omega_0^2$，$\frac{\gamma}{m}=2\beta$，于是有

$$\frac{\mathrm{d}^2x}{\mathrm{d}t^2}+2\beta\frac{\mathrm{d}x}{\mathrm{d}t}+\omega_0^2x=0 \tag{5-29}$$

式中，ω_0 即振动系统的固有角频率，它是由系统本身的性质所决定的，β 称为阻尼系数，对于给定的振动系统，它是由阻力系数决定。显然，β 值越大，阻力的影响就越大。

在阻尼较小的情况下，即 $\beta<\omega$，这个微分方程的解为

$$x=A_0\mathrm{e}^{-\beta t}\cos(\omega' t+\varphi) \tag{5-30}$$

式中，$\omega'=\sqrt{\omega_0^2-\beta^2}$，$A_0$ 和 φ 为积分常数，由初始条件决定。

如图 5.17 所示为阻尼振动的位移时间曲线。从图中可以看出，阻尼振动的振幅 $A\mathrm{e}^{-\beta t}$ 是随时间 t 作指数衰减的，因此，阻尼振动也叫减幅振动，不是谐振动。阻尼越大，振幅衰减得越快。但在阻尼不大时，可近似地看做是一种振幅逐渐减小的振动，它的周期 $T=\frac{2\pi}{\omega'}=\frac{2\pi}{\sqrt{\omega_0^2-\beta^2}}$，即有阻尼的自由振动周期 T 大于无阻尼时的自由振动周期 $T_0\left(=\frac{2\pi}{\omega_0}\right)$。

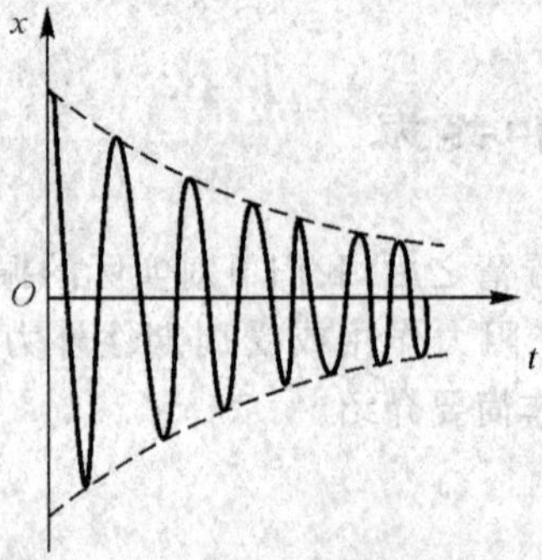

图 5.17　阻尼振动的位移时间曲线

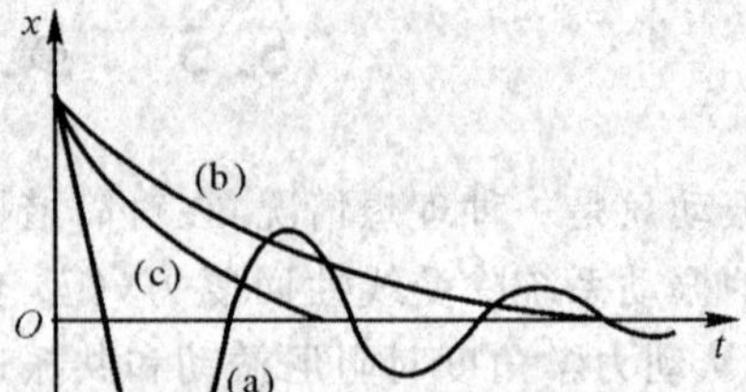

图 5.18　三种阻尼的比较

(a) 欠阻尼；(b) 过阻尼；(c) 临界阻尼

也就是说，由于阻尼，振动变慢了。若阻尼很大，即 $\beta>\omega_0$，式(5-30)不再是式(5-29)的

解，此时物体以非周期运动的方式慢慢回到平衡位置，这种情况称为过阻尼，如图 5.18(b) 所示。若阻尼满足 $\beta=\omega_0$，则振动物体将刚好能平滑地回到平衡位置，这种情况称为临界阻尼，如图 5.18(c) 所示。在过阻尼状态和减幅振动状态，振动物体从运动到静止都需要较长的时间，而在临界阻尼状态，振动物体从静止开始运动回复到平衡位置需要的时间却是最短的。因此，当物体偏离平衡位置时，如果再使它在不发生振动的情况下最快地恢复到平衡位置，常用施加临界阻尼的方法。

在生产实际中，可以根据不同的要求，用不同的方法改变阻尼的大小以控制系统的振动情况。如在灵敏电流计内，表头中的指针是和通电线圈相连的，当它在磁场中运动时，会受到电磁阻力的作用；若电磁阻力过大或过小，会使指针摆动不停或到达平衡点的时间过长，而不便于测量读数，所以必须调整电路电阻，使电表在 $\beta=\omega_0$ 的临界阻尼状态下工作。

5.5.2　受迫振动和共振

1. 受迫振动

在实际的振动系统中，阻尼总是客观存在的。所以实际的振动物体如果没有能量的不断补充，振动最后总是要停止下来的，要使振动持续不断地进行，须对系统施加一周期性的外力。这种系统在周期性外力持续作用下所发生的振动，叫受迫振动，如声波引起耳膜的振动、马达转动导致基座的振动等。这种周期性的外力称为驱动力。

为简单起见，假设驱动力的形式为

$$F=F_0\cos\omega t$$

式中，F_0 是驱动力的幅值，ω 为驱动角频率。物体在弹性力、阻力和驱动力的作用下，其运动方程为

$$m\frac{\mathrm{d}^2x}{\mathrm{d}t^2}=-kx-\gamma\frac{\mathrm{d}x}{\mathrm{d}t}+F_0\cos\omega t$$

仍令 $\dfrac{k}{m}=\omega_0^2$，$\dfrac{\gamma}{m}=2\beta$，则上式可写成

$$\frac{\mathrm{d}^2x}{\mathrm{d}t^2}+2\beta\frac{\mathrm{d}x}{\mathrm{d}t}+\omega_0^2x=\frac{F_0}{m}\cos\omega t \tag{5-31}$$

在阻尼较小的情况下，该方程的解是

$$x=A_0\mathrm{e}^{-\beta t}\cos\left(\sqrt{\omega_0^2-\beta^2}\,t+\varphi'\right)+A\cos(\omega t+\varphi) \tag{5-32}$$

即受迫振动是由阻尼振动 $x=A_0\mathrm{e}^{-\beta t}\cos\left(\sqrt{\omega_0^2-\beta^2}\,t+\varphi'\right)$ 和谐振动 $x=A\cos(\omega t+\varphi)$ 合成的。

实际上，在驱动力开始作用时，受迫振动的情况是相当复杂的，经过不太长的时间，阻尼振动就衰减到可以忽略不计，即式(5-32) 等号右边第一项趋于零，受迫振动达到稳定状态。这时，振动的周期即是驱动力的周期，振动的振幅保持稳定不变，于是受迫振动为谐振动。其振动表达式为

$$x=A\cos(\omega t+\varphi)$$

应该指出，稳态时的受迫振动的表达式虽然和无阻尼自由振动的表达式相同，都是简谐振动，但其实质已有所不同。首先，受迫振动的角频率不是振子的固有角频率，而是驱动力的角频率；其次，受迫振动的振幅和初相位不是决定于振子的初始状态，而是依赖于振子的性质、阻尼的大小和驱动力的特征。据理论计算可得

$$A=\frac{F_0}{m\sqrt{(\omega_0^2-\omega^2)^2+4\beta^2\omega^2}} \tag{5-33}$$

$$\tan\varphi=-\frac{2\beta\omega}{\omega_0^2-\omega^2} \tag{5-34}$$

2. 共振

由式(5-33)可知，稳定状态下受迫振动的一个重要特点是：振幅 A 的大小与驱动力的角频率 ω 有很大的关系。如图5.19所示为对应于不同 β 值的 $A-\omega$ 曲线。图中，ω_0 是振动系统的固有角频率。当驱动力的角频率 ω 与振动系统的固有角频率 ω_0 相差较大时，受迫振动的振幅 A 比较小，而当 ω 与 ω_0 相接近时，振幅 A 逐渐增大，在 ω 为某一定值时，振幅 A 达到最大。我们把驱动力的角频率为某一定值时受迫振动的振幅达到极大的现象称为共振。共振时的角频率称为共振角频率，以 ω_r 表示。对式(5-33)求导数，并令 $\frac{dA}{d\omega}=0$，即可得到共振角频率为

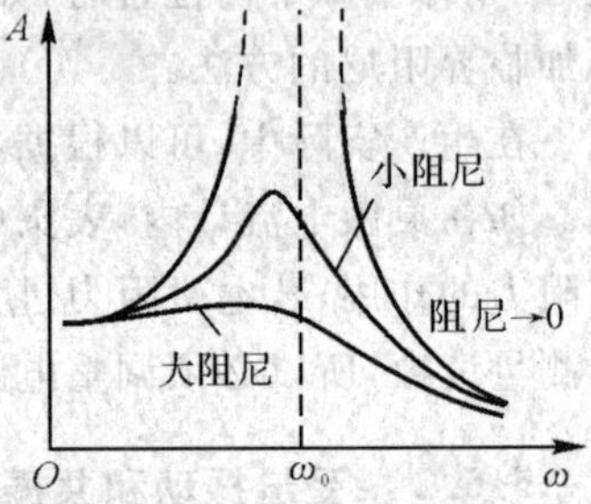

图 5.19　共振频率

$$\omega_r=\sqrt{\omega_0^2-2\beta^2} \tag{5-35}$$

式(5-35)表明，系统的共振角频率 ω_r 是由固有角频率 ω_0 和阻尼系数 β 所决定的，将式(5-35)代入式(5-33)，可得共振时的振幅为

$$A_r=\frac{F_0}{2\beta\sqrt{\omega_0^2-\beta^2}} \tag{5-36}$$

当阻尼无限减小，即 $\beta\to 0$ 时，共振角频率无限接近固有频率，此时的振幅将趋近于无限大，即产生极为激烈的共振。1904年7月美国一座刚刚交付使用4个月的斜拉桥，在一场大风的袭击下，主跨度部分被破坏并落入水中，这就是由于风对桥作用力的频率和桥结构的某一固有频率满足共振条件，使桥的振幅不断增加的结果。又如当机器运转时将给机座以周期性的驱动力，机座发生强烈的共振时，可能使机座损坏。另一方面，共振现象在实际中有着广泛的应用。例如收音机的调谐装置就是利用电磁共振现象，以接收某一频率的电台广播。又如小提琴、二胡等乐器的木质琴身，就是利用了共振现象使其成为一共鸣盒，将悦耳的音乐发送出去，以提高音响效果。

习　题

1. 当质点以频率 ν 作简谐运动时，它的动能变化频率为(　　)。

A. $\frac{\nu}{2}$　　B. ν　　C. 2ν　　D. 4ν

2. 一物体沿 x 轴作简谐振动，振幅为 0.06 m，周期为 2 s，当 $t=0$ 时位移为 0.03 m，且向 x 轴正方向运动，求：(1) 初相位；(2) $t=0.5$ s 时，物体的位移、速度和加速度；(3) 从 $x=-0.03$ m，且向 x 轴负方向运动这一状态回到平衡位置所需时间。

3. 一放置在水平桌面上的弹簧振子，振幅 $A=2.0\times10^{-2}$ m，周期 $T=0.50$ s。当 $t=0$ 时，

求以下各种情况的振动方程：(1) 物体在正方向的端点；(2) 物体在负方向的端点；(3) 物体在平衡位置，向负方向运动；(4) 物体在平衡位置，向正方向运动；(5) 物体在 $x=1.0\times10^{-2}$ m处，向负方向运动；(6) 物体在 $x=-1.0\times10^{-2}$ m处，向正方向运动。

4. 原长为0.50 m的弹簧，上端固定，下端挂一质量为0.10 kg的砝码。当砝码静止时，弹簧的长度为0.60 m。若将砝码向上推，使弹簧缩回到原长，然后放手，则砝码作上下振动。(1) 证明砝码的上下振动是简谐振动；(2) 求此简谐振动的振幅、角频率和频率；(3) 若从放手时开始计算时间，求此简谐振动的运动方程(正向向下)。

5. 质量 $m=0.01$ kg的质点沿 x 轴作简谐振动，振幅 $A=0.24$ m，周期 $T=4$ s，$t=0$ 时质点在 $x_0=0.12$ m处，且向 x 负方向运动。求：(1) $t=1.0$ s时质点的位置和所受的合外力；(2) 由 $t=0$ 运动到 $x=-0.12$ m处所需的最短时间。

6. 两弹簧与物体 m 相连，置于光滑水平面上，如图5.20所示，试证该振动系统的振动周期为

$$T=2\pi\sqrt{\frac{m}{k_1+k_2}}$$

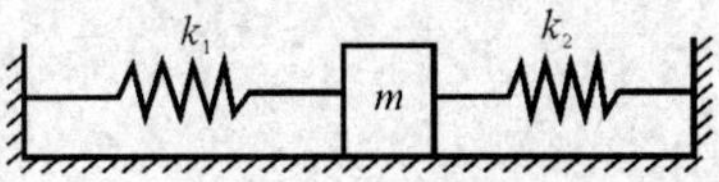

图　5.20

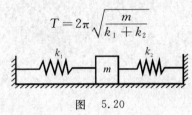

7. 一物体放置在平板上，此板沿水平方向作谐振动。已知振动频率为2 Hz，物体与板面的静摩擦因数为0.5，问：要使物体在板上不发生滑动，最大振幅是多少。

8. 在一竖直悬挂的轻弹簧下端系有质量 $m=5$ g的小球，弹簧伸长 $\Delta l=1$ cm而平衡。经推动后，该小球在竖直方向作振幅为 $A=4$ cm的振动，求：(1) 小球的振动周期；(2) 振动能量。

9. 一个0.1 kg的质点作谐振动，其运动方程 $x=6\times10^{-2}\sin(5t-\pi/2)$m。求：(1) 振动的振幅和周期；(2) 起始位移和起始位置时所受的力；(3) $t=\pi$ (s) 时刻质点的位移、速度和加速度；(4) 动能的最大值。

10. 一质点同时参与两同方向、同频率的谐振动，它们的振动方程分别为

$$x_1=6\cos(2t+\pi/6)\text{cm},\quad x_2=8\cos(2t-\pi/3)\ \text{cm}$$

试用旋转矢量法求出合振动方程。

11. 两个同方向同频率的谐振动，其合振动的振幅为20 cm，与第一个谐振动的相位差为 $\frac{\pi}{6}$，若第一个谐振动的振幅为 $10\sqrt{3}$ cm，则第二个谐振动的振幅为________cm，第一、二两个谐振动的相位差为________。

12. 作谐振动的物体，由平衡位置向 x 轴的正方向运动，试问经过下列路程所需的时间各为周期的几分之几？

(1) 由平衡位置到最大位移处；

(2) 这段距离((1) 中的) 的前半段；

(3) 这段距离((1) 中的) 的后半段。

13. 一质点同时参与两个在同一直线上的谐振动：

$$x_1 = 0.05\cos\left(10t + \frac{3}{4}\pi\right)\ (\mathrm{SI}), \quad x_2 = 0.06\cos\left(10t + \frac{\pi}{4}\right)\ (\mathrm{SI})$$

(1) 求合振动的振幅和初相；

(2) 若另有一振动 $x_3 = 0.07\cos(10t + \varphi)$ (SI)，问 φ 为何值时，$x_1 + x_3$ 的振幅为最大；φ 为何值时，$x_2 + x_3$ 的振幅最小。

14. 已知某音叉与频率为 511 Hz 的音叉产生的拍频为 1 Hz，而与另一频率为 512 Hz 的音叉产生的拍频为 2 Hz，求此音叉的频率。

15. 一轻弹簧的劲度系数为 k，其下悬有质量为 m 的盘子。现有一质量为 M 的物体从离盘 h 高度处自由下落到盘中并和盘子黏在一起，于是盘子开始振动，若取平衡位置为原点，位移以向下为正，试求此振动的振幅和初相。

第6章　机　械　波

振动的传播过程称为波动。波动是一种常见的物质运动形式，灿烂的阳光，荡漾的湖水，悠扬的琴声，高矗的天线在不断向空中传送的信号是波，宇宙深处的许多天体有韵律的辐射，这些都是波。在某种意义上，人类就生活在各种各样波的"海洋"中。特别是在信息时代，人们在社会交往中可以说离不开波。

在宏观世界中，有两类波：一类是机械振动在弹性介质中的传播，叫做机械波，如水面波、声波等；另一类是变化的电场和变化的磁场在空间的传播，叫做电磁波，如无线电波、光波等。近代物理的理论揭示微观粒子乃至任何物质都具有波动性，这种波称为物质波。

以上种种波动过程，它们产生的机制、物理本质不尽相同，但是它们却具有共同的波动规律，即都具有一定的传播速度，且都伴着能量的传播，都能产生反射、折射、干涉和衍射等现象，并且有共同的数学表达式。

6.1　机械波的基本概念

6.1.1　产生机械波的条件

机械波是机械振动在弹性介质中的传播。因此，机械波的产生首先要有作机械振动的物体，亦即波源；其次还要有能够传播这种振动的弹性介质。在介质中，各点间是以弹性力互相联系着的。介质中质点的振动引起邻近质点的振动，邻近质点的振动又引起较远质点的振动，于是振动就以一定的速度由近及远地向各个方向传播出去，形成波动。而电磁波是变化的电场和磁场的逐次激发，它的传播可以不需要介质。

应该注意，波动只是振动状态的传播，介质中的各质元并不随波前进，只是在各自的平衡位置附近作振动。

6.1.2　横波和纵波

机械波按介质质元振动方向与波的传播方向的关系可分成两类：一类是质元振动方向与波的传播方向相垂直的横波（见图 6.1(a)）。例如拉紧一根绳子，使一端作垂直于绳子的振动，就可以看到振动着的绳子向另一端传播，形成峰、谷相间的横波。横波在传播时，一层介质相对另一层介质发生平移（即切变），只有固体发生切变时才出现弹性力，故只有固体能传播横波。另一类是质元的振动方向和波的传播方向相平行的纵波（见图 6.1(b)）。例如空气中传播的声波就是纵波。当纵波在介质中传播时，介质中质元沿波的传播方向振动，使介质不断地经受压缩和拉伸（发生容变），形成疏、密相间的直观变形。固体、液体、气体发生容变时都能出现弹性回复力，故都能传播纵波。横波和纵波是自然界中存在的两种最简单的波，其他如水面波、地震波等，情况就比较复杂。

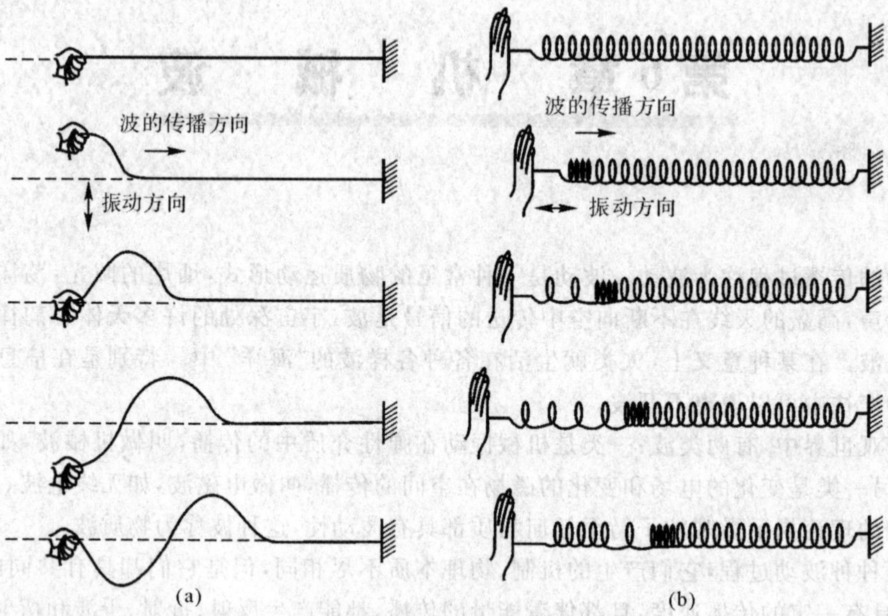

图 6.1　机械波的形成

(a) 横波；(b) 纵波

6.1.3　波面和波线

为了形象地描述波在空间的传播情况，下面介绍波面、波前、波线等概念。

在波传播时，介质中的各质点都在平衡位置附近振动，由振动相位相同的各点连成的面称为波面。在任一时刻距波源最远的波面称为波阵面或波前。从波源出发作垂直于波面的射线称为波线，它表达了波的传播方向。在各向同性介质中，波线恒与波面垂直。

波面可以有不同的形状。如果波面是一些同心球面，这样的波称为球面波(见图6.2(a))，例如点波源发出的声波或点光源发出的光波，在各向同性(即沿各个方向的波速相同)的均匀介质中传播时，就是一种球面波。如果波面是一些平行平面，就称为平面波(见图 6.2(b))。

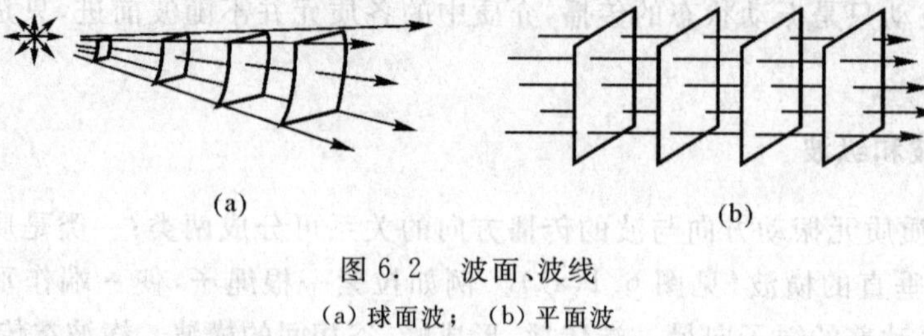

图 6.2　波面、波线

(a) 球面波；(b) 平面波

当离波源很远即满足 $r \gg \sqrt{S}$ 时，这时对曲面 S 而言，也可以视为平面，这类球面波也可以当成平面波来处理。平面波传播时，由于各条波线相互平行，且各波线上的波动情况相同，所以可用任一条波线上的波动代表之。

6.1.4　简谐波

在一般情况下，介质中各个质元的振动情况是很复杂的，由此产生的波动也很复杂。当波源作简谐振动时，介质中各质元也作简谐振动，其频率与波源的频率相同，振幅也与波源有关，这时的波称简谐波。简谐波是一种既简单又重要的波，可以证明，任何复杂的波都可由若干简谐波合成。本章主要讨论简谐波。

图 6.1 描绘了简谐横波和简谐纵波在介质中形成的大概情况。由此图可看出：① 波源每作一次全振动，恰好传出一个完整的余弦波形，所用的时间便是一个振动周期；② 波动实际上是介质质元的集体振动，后一个质元的振动都是在前一个质元的弹性作用下发生的，因此前一个质元现在的位置，就是后一质元下一时刻的位置，据此可确定质元振动速度的方向；③ 当将图 6.1(b) 中各质元的位移都逆时针转过 90°，便得到图 6.1(a) 的波形，因此后面有关横波传播情况的讨论，对于纵波也是适用的。

6.1.5　波长、波的周期和频率、波速

波长、波的周期(或频率)、波速都是描述波动的主要物理量。

波在传播过程中，沿同一波线上相位差为 2π 的两个质元间的距离，也就是一个完整波的长度，用 λ 表示。对横波，同一波线上两相邻波峰或相邻波谷之间的距离都等于一个波长，如图 6.3(a) 所示。而对纵波，同一波线上两相邻密部中心或相邻疏部中心之间的距离是一个波长，如图 6.3(b) 所示。

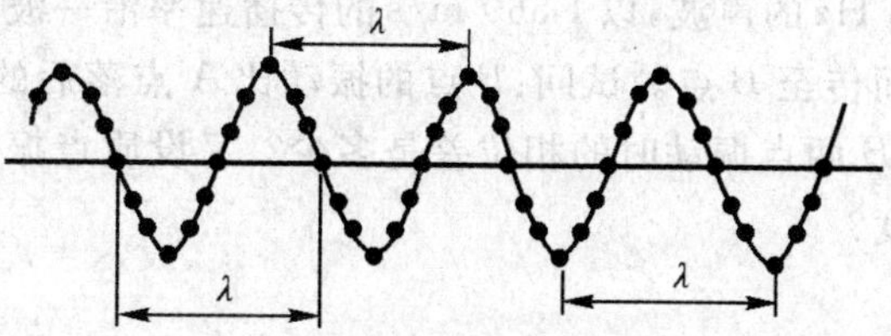

(a)

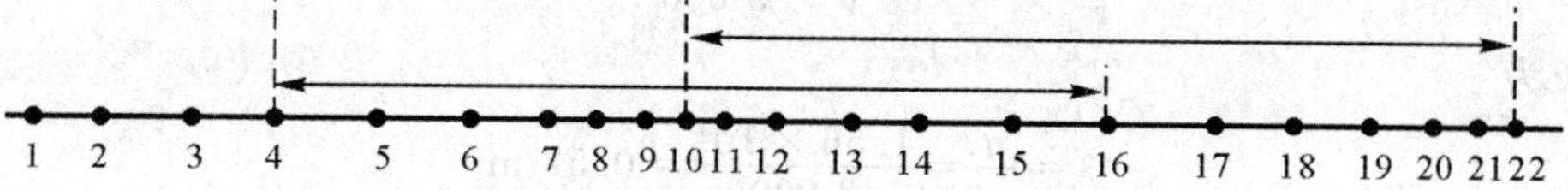

(b)

图 6.3　波长

波传播一个波长的距离所需要的时间，称为波的周期。周期用 T 表示，它也是一个完整的波通过波线上某点所需要的时间。周期的倒数 $\nu = \dfrac{1}{T}$，称为波的频率，即单位时间内通过波线上某点的完整波的数目。

波的传播速度称为波速，用 u 表示，它反映了单位时间内振动状态的传播距离。由于振动的状态由相位确定，所以波速就是相位的传播速度，也称相速，以区别于信息的传播速度 —— 群速。

从定义知，波速 u 与波长 λ、周期 T 的关系是

$$u = \lambda / T = \lambda \nu \tag{6-1}$$

波速的大小决定于介质的性质，即介质的弹性和惯性。定性地讲，如介质质元的弹性联系强(弹性模量大)，一个质元的振动很容易带动邻近质元的振动，波速就大；如介质的密度大，质元的质量就大(惯性大)，一个质元的振动不易带动邻近质元的振动，波速就小。因此，决定波速的是介质的弹性模量和密度。

可以证明，横波在绳或弦上的波速为

$$u=\sqrt{T/\mu} \tag{6-2}$$

式中，T 为绳或弦上的张力，μ 为绳或弦的质量线密度。

横波在固体中的波速

$$u=\sqrt{G/\rho} \tag{6-3}$$

式中，G 为固体的切变弹性模量，ρ 为固体的密度。

纵波在细棒中的波速

$$u=\sqrt{Y/\rho} \tag{6-4}$$

式中，Y 为固体棒的杨氏模量，ρ 为棒的密度。

纵波在液体或气体中的波速

$$u=\sqrt{B/\rho} \tag{6-5}$$

式中，B 是流体的容变弹性模量，ρ 是流体的密度。

波在不同介质中传播时，波速不同，由式(6-1)知，其波长也不一样，应用时注意不要把波速与质元的振动速度相混淆。

例 6-1　频率为 3 000 Hz 的声波，以 1 560 m/s 的传播速率沿一波线传播，经过波线上的 A 点后再经 $\Delta x=0.13$ m 而传至 B 点。试问：B 点的振动比 A 点落后的时间？A，B 之间相当于多少个波长？声波在 A，B 两点振动时的相位差是多少？又设质点振动的振幅为 1 mm，问振动速度是否等于传播速度？

解　波的周期为

$$T=\frac{1}{\nu}=\frac{1}{3\ 000}\ \text{s}$$

波长为

$$\lambda=\frac{u}{\nu}=\frac{1.56\times10^{3}}{3\ 000}=0.52\ \text{m}$$

B 点处振动比 A 点处振动落后的时间为

$$\frac{\Delta x}{u}=\frac{0.13}{1.56\times10^{3}}=\frac{1}{12\ 000}\ \text{s}$$

也就是$\frac{T}{4}$，与之相当的波长为$\frac{1}{4}\lambda$。

B 点比 A 点落后的相位速 $=$ 落后的周期 $\times 2\pi=\frac{\Delta x/u}{T}\cdot 2\pi=\frac{2\pi\times0.13}{0.52}=\frac{\pi}{2}$。

当振幅 $A=10^{-3}$ m 时，振动速度的幅值为

$$v_{\mathrm{m}}=A\omega=10^{-3}\times3\ 000\times2\pi=18.8\ \text{m/s}$$

振动速度是交变的，其幅值为 18.8 m/s，远小于波动的传播速度。

6.2　平面简谐波的波函数

从振动在介质中传播时介质所占据的范围来看，我们把波分为行波和驻波两类。它们有明显不同的特点：行波是指波在前进过程中不受任何边界的限制，即介质空间无限，波在前进中不会发生反射和折射，这种从波源向外传播的波，称为行波；驻波是指波在有限的介质空间传播时，在介质边界上要发生反射，入射波与反射波相互叠加而形成驻波，它是局限于某一有限的区域而不向外传播的波动现象。行波和驻波遵循着完全不同的规律，我们将分别予以研究。

6.2.1　平面简谐波的波动方程

如果简谐波的波面为平面，则为平面简谐波。

设有一平面简谐波，在无吸收、无阻尼、各向均匀、无限大的介质中沿 x 轴的正方向传播，波速为 u，设沿线上任意点 O 为坐标原点，如图 6.4 所示。x 表示各个质点在波线上的平衡位置，y 表示它们相对平衡位置的位移。设 $O(x=0)$ 质点的振动方程为

$$y=A\cos(\omega t+\varphi_0)$$

式中，A 为振幅，ω 为圆频率，φ_0 为初相位。

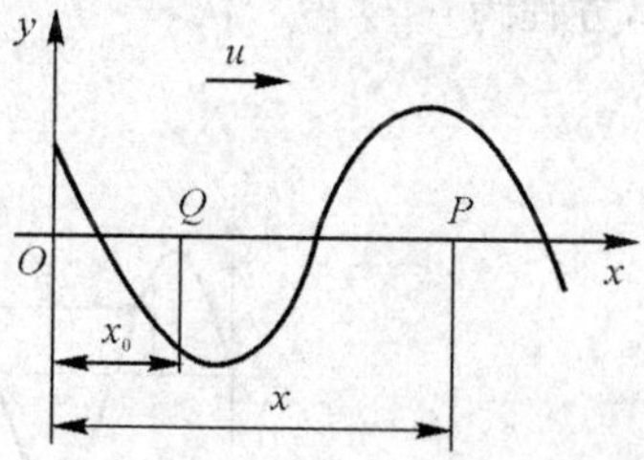

图 6.4　平面简谐波

设 P 为波线上任意点，因为波沿 x 轴正向传播，所以 P 点处质点的振动将落后于 O 点处的质点，落后的时间为 x/u，故 P 点处的质点在 t 时刻的位移等于 O 点处质点在 $(t-x/u)$ 时刻的位移，P 点简谐振动方程为

$$y=A\cos\left[\omega\left(t-\frac{x}{u}\right)+\varphi_0\right] \tag{6-6a}$$

式(6-6a)右边除了变量 t 外，x 也是变量，因而它表示了在波线上任意 x 处的质元在任一时刻 t 的位移，这就是沿 x 轴正方向传播的平面简谐波的波动方程。

若平面简谐波是沿 x 轴负向传播，与原点 O 处质元的振动方程 $y_0=A\cos(\omega t+\varphi_0)$ 相比，x 轴上任一点 x 处质元的振动方程为

$$y=A\cos\left[\omega\left(t+\frac{x}{u}\right)+\varphi_0\right] \tag{6-6b}$$

这就是沿 x 轴负方向传播的平面简谐波的波动方程。

利用关系式 $\omega=\frac{2\pi}{T}=2\pi\nu$ 和 $uT=\lambda$，可以将平面简谐波的波动方程改写成多种形式，即

$$y=A\cos\left[2\pi\left(\frac{t}{T}\mp\frac{x}{\lambda}\right)+\varphi_0\right] \tag{6-6c}$$

$$y=A\cos\left[2\pi\left(\nu t\mp\frac{x}{\lambda}\right)+\varphi_0\right] \tag{6-6d}$$

$$y=A\cos\left(\omega\mp2\pi\,\frac{x}{\lambda}+\varphi_0\right) \tag{6-6e}$$

式(6-6a)到式(6-6e)为平面简谐波动方程的几种不同表示形式，都是标准式，纵波的平面简谐波方程具有同样的形式。这时质元的振动方向和波动的传播方向一致。应注意的是，

y 仍然表示质元的位移，x 依旧表示波动传播方向上某质元在平衡位置时的坐标。

6.2.2 波动方程的意义

(1) 当 $x=x_0$，即对给定的波线 x 轴上任意点 x_0，它的位移 y 只是时间 t 的函数，这时波函数表示的是在 x_0 处质元的振动方程，即

$$y=A\cos\left[\omega\left(t-\frac{x_0}{u}\right)+\varphi_0\right]=A\cos\left[\omega t+\left(\varphi_0-\frac{2\pi x_0}{\lambda}\right)\right]$$

式中，$\left(\varphi-\frac{2\pi x_0}{\lambda}\right)$ 为该点振动的初相位。振动曲线图如 6.5(a) 所示。

(2) 当 $t=t_0$，即对给定时刻 t_0，位移 y 只是 x 的函数，这时波函数表示的是在 $t=t_0$ 时刻波线 x 上各质元离开各自平衡位置的位移分布情况，也就是 t_0 时刻的波形曲线，如图 6.5(b) 所示，方程为

$$y=A\cos\left[\omega\left(t_0-\frac{x}{u}\right)+\varphi_0\right]$$

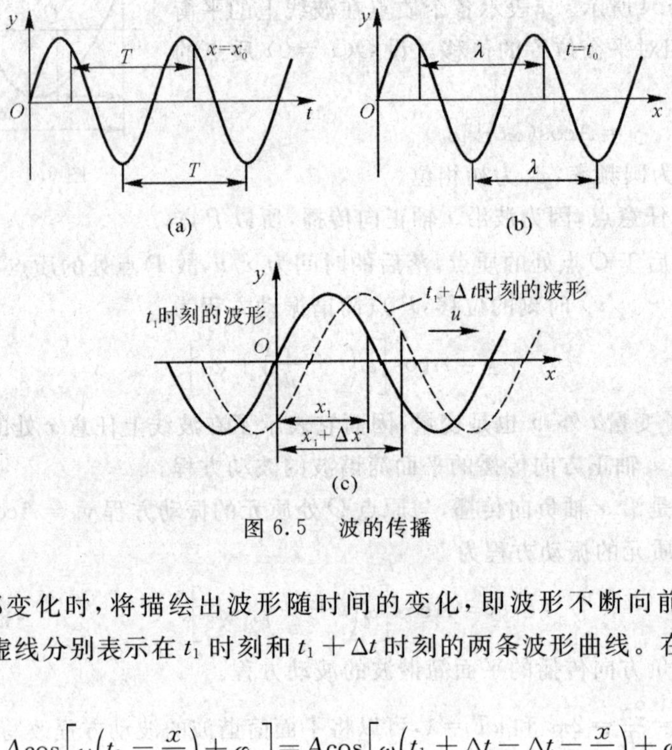

图 6.5 波的传播

(3) 当 x,t 都变化时，将描绘出波形随时间的变化，即波形不断向前移动的图像。图 6.5(c) 的实线和虚线分别表示在 t_1 时刻和 $t_1+\Delta t$ 时刻的两条波形曲线。在 t_1 时刻，x 处质元的位移为

$$y=A\cos\left[\omega\left(t_1-\frac{x}{u}\right)+\varphi_0\right]=A\cos\left[\omega\left(t_1+\Delta t-\Delta t-\frac{x}{u}\right)+\varphi_0\right]=$$

$$A\cos\left[\omega\left(t_1+\Delta t-\frac{x+u\Delta t}{u}\right)+\varphi_0\right]$$

恰好等于 $t_1+\Delta t$ 时刻，位于 $x+u\Delta t$ 处质元的位移。这说明经过 Δt 时间，波形向前移动 $u\Delta t$ 的距离，即波形移动的速度就是波速 u。

(4) 波动方程中的 φ_0 是原点 O 处质元的振动初相。原点 O 取的位置不同，φ_0 的值就不一样，因此波动方程也要发生变化。

例 6-2 一横波沿绳子传播时的波动方程为

$$y = 0.05\cos(10\pi t - 4\pi x)$$

式中，x，y以m计，t以s计。(1) 求此波的振幅、波速、频率和波长；(2) 求绳子上各质点振动时的最大速度和最大加速度；(3) 求 $x_1 = 0.2$ m处的质点，在 $t_1 = 1$ s时的振动状态在 $t_2 = 1.5$ s时传到哪一点？

解 (1) 一般所用的比较法是将给定的方程和标准的波动方程

$$y = A\cos\omega\left(t - \frac{x}{u}\right) = A\cos 2\pi\left(\nu t - \frac{x}{\lambda}\right)$$

相比较，从而求出各参量。现在

$$y = 0.05\cos(10\pi t - 4\pi x) = 0.05\cos 10\pi\left(t - \frac{x}{2.5}\right) = 0.05\cos 2\pi\left(5t - \frac{x}{0.5}\right)$$

所以，此波向 x 轴正方向传播，而

$$A = 0.05\ \text{m},\quad u = 2.5\ \text{m}\cdot\text{s}^{-1},\quad \nu = 5\ \text{Hz},\quad \lambda = 0.5\ \text{m}$$

(2) 平衡位置在 x 处的质元在任意时刻的速度和加速度分别为

$$v = \frac{\mathrm{d}y}{\mathrm{d}t} = -\omega A\sin\omega\left(t - \frac{x}{u}\right)$$

$$a = \frac{\mathrm{d}v}{\mathrm{d}t} = -\omega^2 A\cos\omega\left(t - \frac{x}{u}\right)$$

将给定的方程和标准的波动方程相比较，还有 $\omega = 10\pi\ \text{rad}\cdot\text{s}^{-1}$，故各质点振动时的最大速度和最大加速度分别为

$$v_{\text{m}} = \omega A = 10\pi \times 0.05 = 1.57\ \text{m}\cdot\text{s}^{-1}$$

$$a_{\text{m}} = \omega^2 A = (10\pi)^2 \times 0.05 = 49.3\ \text{m}\cdot\text{s}^{-2}$$

(3) 波速 u 也即相位传播速度，在 Δt 时间间隔内相位传播的距离为 Δx，即

$$\Delta x = u\Delta t = 2.5 \times (1.5 - 1) = 1.25\ \text{m}$$

$$x = x_1 + \Delta x = 1.45\ \text{m}$$

例6-3 一平面简谐波沿 x 轴正向传播，振幅为2 cm，频率为50 Hz，波速为200 $\text{m}\cdot\text{s}^{-1}$。在 $t = 0$ 时，$x = 0$ 处质元正在平衡位置向 y 轴正向运动，求 $x = 4$ m处质元振动的表达式及 $t = 2$ s时的振动速度。

解 求某处质元的振动表达式，应先写出波动方程。按所给条件，有

$$A = 2\times 10^{-2}\ \text{m},\quad u = 200\ \text{m}\cdot\text{s}^{-1},\quad \omega = 2\pi\nu = 100\pi$$

由 $x = 0$ 处质元振动的初始条件：$y_0 = 0$，v_0 沿 y 轴正向。用旋转矢量法可求出初相 $\varphi_0 = -\frac{\pi}{2}$。所以，波动方程为

$$y = 2\times 10^{-2}\cos\left[100\pi\left(t - \frac{x}{200}\right) - \frac{\pi}{2}\right]$$

$x = 4$ m处的振动表达式为

$$y = 2\times 10^{-2}\cos\left[100\pi\left(t - \frac{4}{200}\right) - \frac{\pi}{2}\right] = 2\times 10^{-2}\cos\left(100\pi t - \frac{\pi}{2}\right)$$

$t = 2$ s时的振动速度为

$$v = \left.\frac{\mathrm{d}y}{\mathrm{d}t}\right|_{t=2} = \left.-2\times 10^{-2}\times 100\pi\sin\left(100\pi t - \frac{\pi}{2}\right)\right|_{t=2} = 2\pi = 6.28\quad \text{m}\cdot\text{s}^{-1}$$

例 6-4 如图6.6所示，一横波在弦上以速度 $u = 80\ \text{m}\cdot\text{s}^{-1}$ 沿 Ox 轴正方向传播，已知弦

上某点 A 的振动方程为

$$y_A = 2\times10^{-2}\cos(400\pi t)$$

式中，t 以 s 为单位，y 以 m 为单位。(1) 写出波动方程；(2) 写出以 B 点为原点的波动方程。

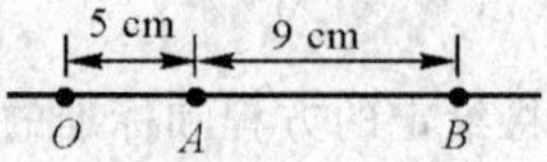

图 6.6

解 (1) 已知 $u=80\ \text{m}\cdot\text{s}^{-1}$，$A$ 的振动方程为

$$y_A = 2\times10^{-2}\cos(400\pi t)$$

$$\nu=\frac{\omega}{2\pi}=\frac{400\pi}{2\pi}=200\ \text{Hz}$$

$$\lambda=\frac{u}{\nu}=\frac{80}{200}=0.4\ \text{m}$$

由于波沿 Ox 轴正方向传播，坐标原点 O 的相位比 A 点的相位超前，它们之间的相位差为

$$\Delta\varphi=2\pi\frac{\overline{OA}}{\lambda}=2\pi\frac{5\times10^{-2}}{0.4}=\frac{\pi}{4}$$

坐标原点 O 的振动方程为

$$y_0=2\times10^{-2}\cos\left(400\pi t+\frac{\pi}{4}\right)$$

据式(6-6c)，波动方程为

$$y=2\times10^{-2}\cos\left(400\pi t+\frac{\pi}{4}-2\pi\frac{x}{0.4}\right)=2\times10^{-2}\cos\left(400\pi t+\frac{\pi}{4}-5\pi x\right)$$

(2) 将 $x=x_B=14\times10^{-2}$ m 代入波动方程，可得 B 点的振动方程为

$$y_B=2\times10^{-2}\cos\left(400\pi t+\frac{\pi}{4}-5\pi\times14\times10^{-2}\right)=2\times10^{-2}\cos\left(400\pi t-\frac{9}{20}\pi\right)$$

同理，据式(6-6c)，波动方程为

$$y=2\times10^{-2}\cos\left(400\pi t-\frac{9}{20}\pi-2\pi\frac{x}{0.4}\right)=2\times10^{-2}\cos\left(400\pi t-\frac{9}{20}\pi-5\pi x\right)$$

6.2.3 波动微分方程

把式(6-6a)分别对 t 和 x 求二阶偏导数，得

$$\frac{\partial^2 y}{\partial t^2}=-A\omega^2\cos\left[\omega\left(t-\frac{x}{u}\right)+\varphi_0\right]$$

$$\frac{\partial^2 y}{\partial x^2}=-A\frac{\omega^2}{u^2}\cos\left[\omega\left(t-\frac{x}{u}\right)+\varphi_0\right]$$

比较上列两式，即有

$$\frac{\partial^2 y}{\partial x^2}=\frac{1}{u^2}\frac{\partial^2 y}{\partial t^2}\tag{6-7}$$

如果从式(6-6b)出发，所得的结果完全相同，仍是式(6-7)。任一平面波，如果不是简谐波，也可认为是许多不同频率的平面余弦波的合成，在对 t 和 x 偏微分两次后，所得的结果将仍是式(6-7)。所以式(6-7)反映一切平面波的共同特征，称为平面波的波动微分方程。

可以证明,在三维空间中传播的一切波动方程,只要介质是无吸收的各向同性均匀介质,都适合

$$\frac{\partial^2 \xi}{\partial x^2}+\frac{\partial^2 \xi}{\partial y^2}+\frac{\partial^2 \xi}{\partial z^2}=\frac{1}{u^2}\frac{\partial^2 \xi}{\partial t^2}$$

式中,为了避免混淆,改用 ξ 代表振动位移。对任何物质运动,只要它的运动规律符合上式,就可肯定它是以 u 为传播速度的波动过程。

当研究球面波时,可将上式化为球坐标的形式,并注意到各个径向方向上的波的传播完全相同,即可得到球面波的波动方程为

$$\frac{\partial^2 (r\xi)}{\partial r^2}=\frac{1}{u^2}\frac{\partial^2 (r\xi)}{\partial t^2}$$

式中,仍以 ξ 代表振动位移,而 r 代表沿一半径方向上离点波的距离。与式(6-7)相比,即可得到与式(6-6)相对应的球面余弦波波动表达式

$$\xi=\frac{a}{r}\cos\left[\omega\left(t-\frac{r}{u}\right)+\varphi_0\right]$$

上式告诉我们,球面波的振幅与距离 r 成反比,随着 r 的增加,振幅逐渐减小。式中,常量 a 的数值等于 r 为单位长度处的振幅,a 不代表振幅,$\frac{a}{r}$ 才代表振幅。

6.3　波的能量

在波动传播的过程中,波源的振动通过弹性介质由近及远地一层接着一层地传播出去,使介质中各质元依次在各自的平衡位置附近振动,因而介质中质元具有动能,同时介质因发生形变而具有势能。所以,波动过程也是能量传播的过程。

6.3.1　波的能量密度

这里以简谐纵波在弹性棒中传播为例来进行分析讨论。

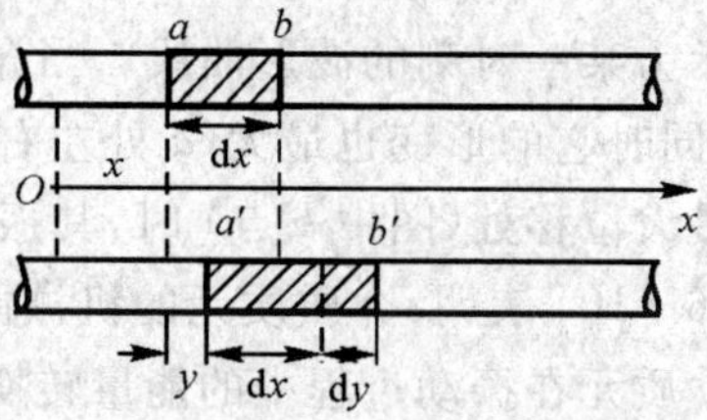

图6.7　纵波在细棒中传播

设弹性棒的密度为 ρ,横截面积为 S,简谐纵波沿 Ox 方向传播,使得棒的每一小段周期性受到压缩和拉伸,如图6.7所示。设简谐纵波的波动方程为

$$y=A\cos\omega\left(t-\frac{x}{u}\right)$$

选择位于 Ox 轴上 x 处 $\mathrm{d}x$ 长的一质元 $\overline{ab}$,其体积 $\mathrm{d}V=S\mathrm{d}x$,质量 $\mathrm{d}m=\rho\mathrm{d}V=\rho S\mathrm{d}x$,在 t 时刻的波传到 x 处后某一时刻 $t+\Delta t$,$\overline{ab}$ 将偏离平衡位置振动至 $x+y$ 位置,并被拉伸成 $\overline{a'b'}$ 伸长

dy，则胁变为$\frac{dy}{dx}$。

当波传到这个质元时，其振动速度为

$$v=\frac{\partial y}{\partial t}=-A\omega\sin\omega\left(t-\frac{x}{u}\right)$$

质元的振动动能

$$W_k=\frac{1}{2}(dm)v^2=\frac{1}{2}(\rho dV)A^2\omega^2\sin^2\omega\left(t-\frac{x}{u}\right) \tag{6-8}$$

同时，介质质元因弹性形变而具有弹性势能，由弹性介质的势能定义得质元 dV 中的弹性势能为

$$W_p=\frac{1}{2}k(dy)^2$$

根据杨氏模量的定义及胡克定律，即

$$Y=\frac{\frac{F}{S}}{\frac{dy}{dx}},\quad F=kdy$$

可得

$$W_p=\frac{1}{2}YS\frac{(dy)^2}{dx}=\frac{1}{2}YSdx\left(\frac{\partial y}{\partial x}\right)^2$$

又根据

$$Y=\rho u^2,\quad \frac{\partial y}{\partial x}=\frac{\omega}{u}A\sin\omega\left(t-\frac{x}{u}\right)$$

即

$$W_p=\frac{1}{2}(\rho dV)A^2\omega^2\sin^2\omega\left(t-\frac{x}{u}\right) \tag{6-9}$$

介质质元的总能量为其动能和弹性势能之和，即

$$W=W_k+W_p=(\rho dV)A^2\omega^2\sin^2\omega\left(t-\frac{x}{u}\right) \tag{6-10}$$

从式(6-8)、式(6-9)可见，介质质元的动能和弹性势能在任一时刻都相等，而且同步地随时间周期性变化。图6.8所示为某一时刻的波形曲线。当介质质元在平衡位置(图中 a 点)时，其振动速度最大，动能最大，同时它的形变也最大(a 处左右两侧的位移方向相反)，所以弹性势能也最大。当介质质元在最大位移处(图中 b 点)时，其振动速度为零，其形变也最小，所以动能和弹性势能都为零。式(6-10)表明，介质质元的机械能不守恒，而是随时间变化的。波动能量的上述特征与一个孤立质元在振动过程中的能量转换是有本质区别的。

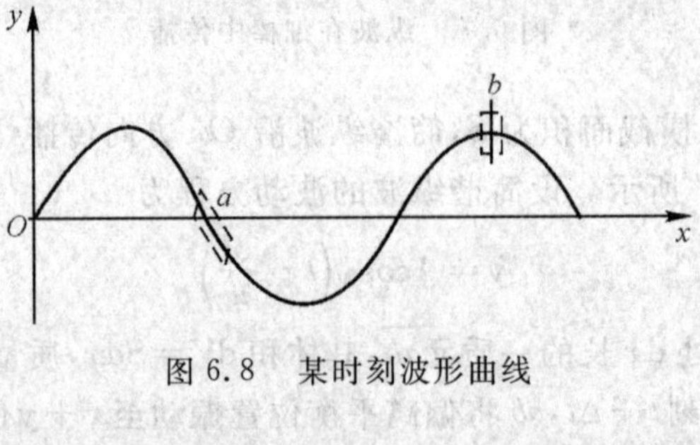

图6.8 某时刻波形曲线

单位体积介质中波的能量称为波的能量密度，用 w 表示，从式(6-10)得

$$w=\frac{W}{\mathrm{d}V}=\rho A^2\omega^2\sin^2\omega\left(t-\frac{x}{u}\right) \tag{6-11}$$

对介质中某一点(x 一定),波的能量密度是随时间 t 作周期性变化的,常用到它在一周期内的平均值,称为平均能量密度。因为正弦函数的平方在一周期内的平均值为$\frac{1}{2}$,所以平均能量密度为

$$\overline{w}=\frac{1}{T}\int_0^T w\mathrm{d}t=\frac{1}{2}\rho A^2\omega^2 \tag{6-12}$$

在国际单位制中,$\overline{w}$ 的单位是 $\mathrm{J\cdot m^{-3}}$。

该公式虽然是从平面简谐纵波的特殊情况下导出的,但是机械波的能量与振幅的平方、频率的平方都成正比的结论却是对于所有弹性波都是适用的。

以上对机械波动过程的定量讨论基本上适用于电磁波。但电磁波是通过电场强度 $\boldsymbol{E}$ 和磁场强度 $\boldsymbol{H}$ 的周期性的变化来描述的。因为电磁场具有能量,所以伴随着电磁波的传播,电磁场的能量也就随之向前传播。电磁波的能量密度为电场与磁场的能量密度之和,即

$$\overline{\mathscr{W}}=\mathscr{W}_e+\mathscr{W}_m=\frac{1}{2}(\varepsilon E^2+\mu H^2)$$

6.3.2 波的能流密度

能量随着波的前进在介质中传播,就好像能量在介质中流动一样,为了表征能量传播的快慢,引入能流的概念。

单位时间内通过介质中某面积的能量,叫做通过该面积的能流。设想在介质中垂直波速 $\boldsymbol{u}$ 取一面积 S,在单位时间内通过 S 面的能量就等于波在体积 uS 中的能量(图 6.9)。这个能量也是周期变化的,通常取其平均值便得平均能流,即

$$\overline{P}=\overline{w}Su \tag{6-13}$$

在国际单位制中,能流的单位是 $\mathrm{J\cdot s^{-1}}$,又称为瓦(W)。如果 S 是一完整波面,且波在传播中无能量损耗,则通过 S 面的能流就等于波源提供的功率。

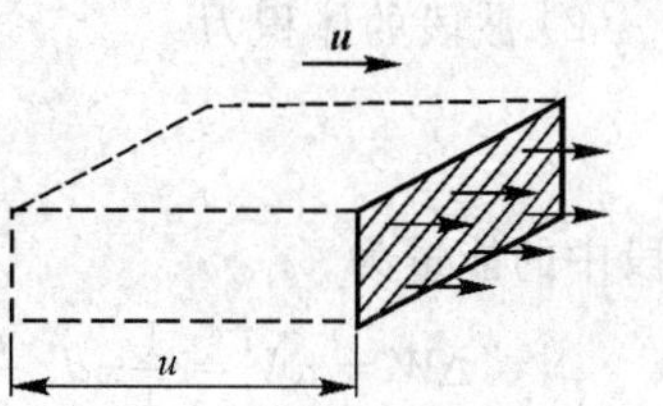

图 6.9 波的能流

通过垂直于波的传播方向的单位面积的平均能流,称为平均能流密度,用 $\overline{I}$ 表示为

$$\overline{I}=\frac{\overline{P}}{S}=\overline{w}u=\frac{1}{2}\rho uA^2\omega^2 \tag{6-14}$$

I 的单位是瓦·米$^{-2}$($\mathrm{W\cdot m^{-2}}$)。式(6-14)表明,在给定的均匀介质(ρ,u 一定)中,平均能流密度与频率的平方和振幅的平方成正比。由于平均能流密度越大,单位时间内通过垂直波线方向的单位面积的能量就越多,波就越强,因此能流密度又称为波强。声波的能流密度就是声强;光波的能流密度就是光强。所以这也是一个具有普遍意义的物理量。

由于 $\boldsymbol{I}$ 与 $\boldsymbol{u}$ 总是同方向的,故常将上述关系式写成矢量式

$$\overline{\boldsymbol{I}}=\overline{w}\boldsymbol{u}=\frac{1}{2}\rho\omega^2A^2\boldsymbol{u} \tag{6-15}$$

平面简谐波在理想的介质中传播时,因为能量没有损耗,波的振幅将保持不变。实际上,平面行波在均匀介质中传播时,介质总要吸收一部分能量并把它变成其他形式的能量(如介质

的内能),因此波的振幅和平均能流密度将逐渐减小,这种现象叫做波的吸收。

例6-5 试证:从点波源发出的球面波,在各处的能流密度与该处到波源的距离平方成反比(忽略介质对波的吸收)。

证明 以点波源为球心,作半径为 r_1 和 r_2 的两个同心球面,如图6.10所示,设距离波源为 r_1,r_2 处波的能流密度分别为 I_1,I_2,则单位时间内穿过这两个球面的总平均能量分别为 $4\pi r_1^2 I_1$ 和 $4\pi r_2^2 I_2$。根据能量守恒定律

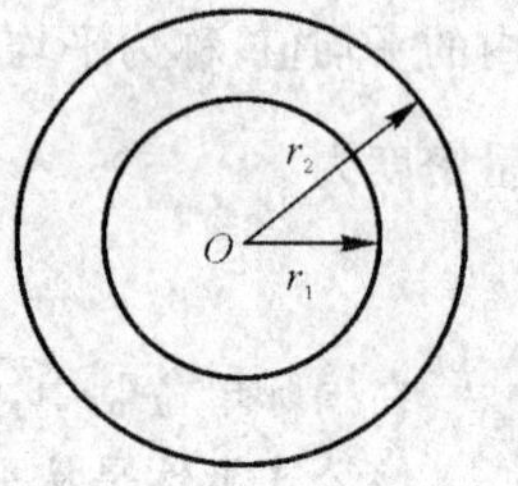

图 6.10

$$4\pi r_1^2 I_1 = 4\pi r_2^2 I_2$$

由此得

$$\frac{I_1}{I_2} = \frac{r_2^2}{r_1^2}$$

证毕。

例6-6 一正弦式空气波,沿直径为0.14 m的圆柱形管行进,波的平均强度为 18×10^{-3} W·m^{-2},频率为300 Hz,波速为300 m·s^{-1},求:

(1) 波中的平均能量密度和最大能量密度;

(2) 每两个相邻的、相位差为 2π 的同相面(即相距一个波长的两同相面)之间的波段中有多少能量?

解 已知量为:$I = 18 \times 10^{-3}$ W·m^{-2},$\nu = 300$ Hz,$u = 300$ m·s^{-1},管直径 $d = 0.14$ m。

(1) 由式(6-14),平均能量密度为

$$\overline{w} = \frac{I}{u} = \frac{18 \times 10^{-3}}{300} = 6 \times 10^{-5}\ \text{J} \cdot \text{m}^{-3}$$

由式(6-11)与式(6-12)知,最大能量密度为

$$w_{\max} = \rho\omega^2 A^2 = 2\overline{w} = 12 \times 10^{-5}\ \text{J} \cdot \text{m}^{-3}$$

(2) 波段的体积为

$$V = \left(\frac{1}{4}\pi d^2\right)\lambda = \left(\frac{1}{4}\pi d^2\right)\frac{u}{\nu}$$

波段中的能量为

$$\Delta W = \overline{w}V = \frac{1}{4}\pi d^2\ \frac{u}{\nu}\overline{w} = \frac{1}{4}\pi(0.14)^2 \times \frac{300}{300} \times 6 \times 10^{-5} = 9.24 \times 10^{-7}\ \text{J}$$

6.4 惠更斯原理及其应用

6.4.1 惠更斯原理

荷兰物理学家惠更斯于1678年提出光是波动不是粒子流的假说。这个假说虽不如麦克斯韦电磁理论那么完备(麦克斯韦电磁理论是一个世纪后才出现的),但却能直观而又浅显地解释一切波的衍射、反射、折射现象,并由几何方法证明反射和折射定律。

惠更斯原理的内容是:介质中波动传到的各点,都可看做是发射子波的波源;在任一时刻,这些子波的包络就是该时刻的波阵面。

惠更斯原理对任何波动过程都适用,不论是机械波还是电磁波,不论这些波动经过的介质

是均匀的或非均匀的，只要知道了某一时刻的波前，就可根据这一原理用几何作图法来决定下一时刻的波前，从而解决了波的传播问题。下面举例说明惠更斯原理的应用。

6.4.2　惠更斯原理的应用

1. 波在均匀介质中传播

设 S_1 为某一时刻 t 的波阵面，根据惠更斯原理，S_1 上的每一点发出的球面子波，经 Δt 时间后形成半径为 $u\Delta t$ 的球面，在波的前进方向上，这些子波的包迹 S_2 就成为 $t+\Delta t$ 时刻的新波阵面，如图 6.11 所示。

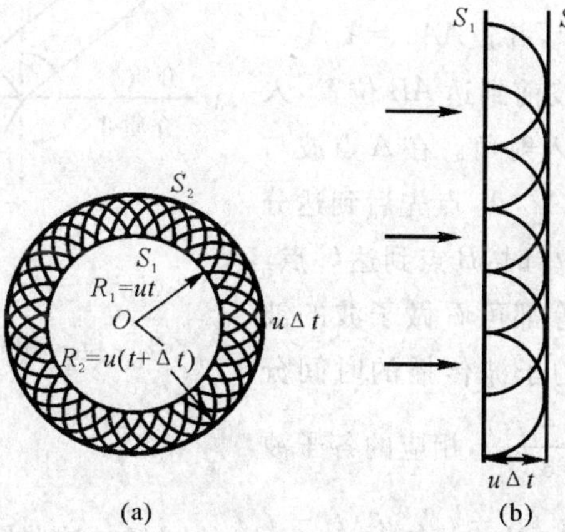

图 6.11　用惠更斯原理求作新的波阵面

(a) 球面波；(b) 平面波

2. 波的衍射

波在传播过程中碰到障碍物时，能够绕过障碍物边缘前进，这种现象称为波的衍射，它是波动的主要特征之一。现以水面波为例，用惠更斯原理可定性解释这种现象。

如图 6.12 所示，一列水面波前进中碰到平行于波面的障碍物 AB，AB 上有一缝，其宽度为 a。按惠更斯原理，把经过缝时的波前上各点作为发射子波的波源，画出子波的波前，作这些波前的包络面，得到波通过缝之后的波前。该波前除了与缝宽相等的中部仍保持为平面外，两侧不再是平面而是曲面，波线也发生了弯曲，并绕到了障碍物后面。图 6.12 中所示缝的宽度 a 可与波长 λ 相比拟，很明显这时的波阵面已不是平面，在靠近边缘处，波阵面是球面，即波绕过障碍物的边缘传播了。

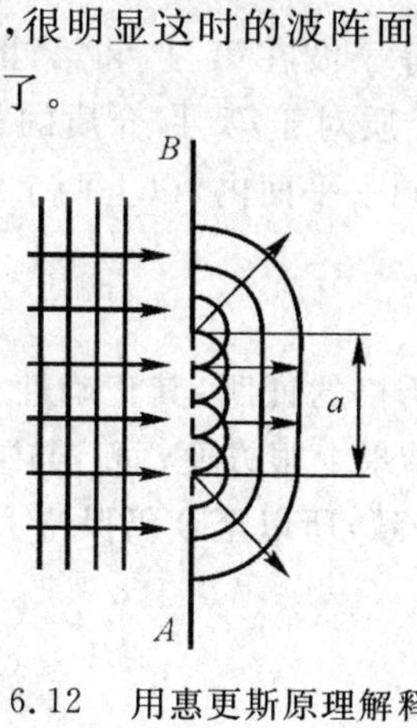

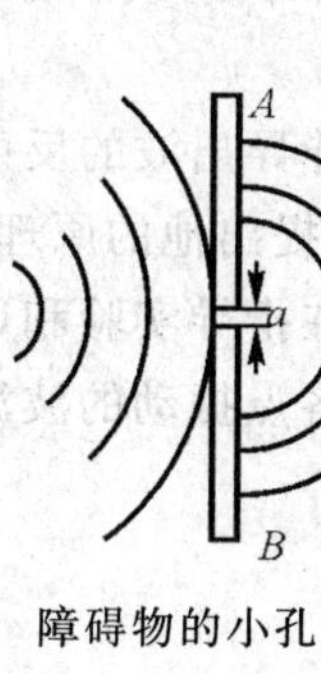

图 6.12　用惠更斯原理解释　　　图 6.13　障碍物的小孔成为新的波源

实验表明，衍射现象是否明显，决定于缝（或孔）的宽度 a 与波长 λ 的比值 $\frac{a}{\lambda}$，a 愈小或 λ 愈大，则衍射现象愈显著，如图 6.13 所示。而波长较短的波（如超声波、光波等），衍射不显著，呈现出明显的方向性好的特征。

3. 波的折射

当波从介质Ⅰ进入另一种介质Ⅱ时，由于在两种介质中的波速不相同，在分界面 MN 上要发生折射现象（图 6.14）。设 u_1 和 u_2 分别为波在第Ⅰ种和第Ⅱ种介质中的波速，并设 $AA_1=A_1A_2=A_2B$。当 $t=t_0$ 时，入射波的波前到达 AB 位置，入射线与分界面法线的夹角叫入射角。在 A 点波与分界面相遇，此后，波前上的 A_1，A_2 点先后到达分界面上的 E_1，E_2 点，直到 $t=t_1$ 时，B 点到达 C 点，分界面上各点 A,E_1,E_2,C 等都可看做子波的波源。自 A,E_1,E_2 各点发出的子波传播的时间分别为 (t_1-t_0)，$\frac{2(t_1-t_0)}{3}$，$\frac{(t_1-t_0)}{3}$，相应的各子波分别为半径是 $u_2(t_1-t_0)$，$\frac{2u_2(t_1-t_0)}{3}$，$\frac{u_2(t_1-t_0)}{3}$ 的圆弧。这些圆弧的包络面是通过 C 点且与这些圆弧相切的直线，因而 $t=t_1$ 时折射波的波前是通过 CD 并与图面垂直的平面。与这一平面垂直的线如 AD 是折射波的波线，称为折射线。折射线与分界面法线之间的夹角 γ 称为折射角。

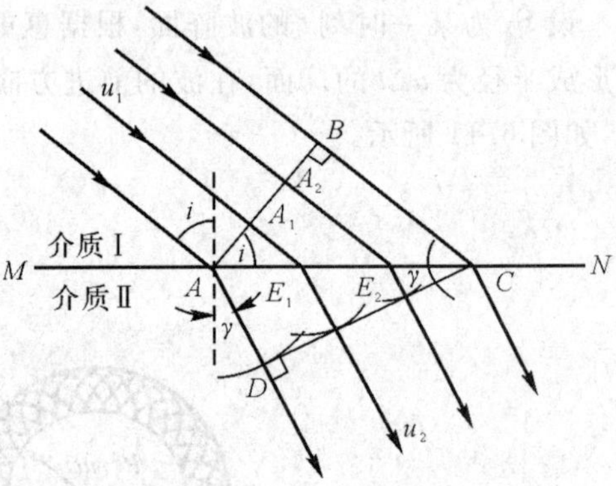

图 6.14 用惠更斯原理证明折射定律

因
$$i=\angle BAC,\quad \gamma=\angle ACD$$
所以
$$BC=u_1(t_1-t_0)=AC\sin i$$
$$AD=u_2(t_1-t_0)=AC\sin\gamma$$
两式相除得
$$\frac{\sin i}{\sin\gamma}=\frac{u_1}{u_2}=n_{21}$$

该式表明，入射角的正弦和折射角的正弦之比等于波在第Ⅰ和第Ⅱ介质中的波速之比。对于给定的两种介质来说，比值 n_{21} 称为第Ⅱ介质对于第Ⅰ介质的相对折射率。从图 6.14 中也可看出，入射线、折射线和分界面的法线在同一平面内，以上两个结论称为波的折射定律。

应用惠更斯原理还能导出波的反射定律。

值得说明，惠更斯在提出他的原理时，未能给出严格的证明，其正确性当时只能通过实验验证。但由于这个原理在指导实验和定性说明实验结果上很方便，而且与“介质中任意一点的振动将是直接引起邻近各点振动的波源”的结论相一致，所以至今仍保持了应有的地位。

6.5　波的干涉

6.5.1　波的叠加原理

在日常生活中，我们常有对波的叠加现象的观察和体验。如乐器合奏时，各种乐器振动通过空气介质传播到人耳中叠加，人们便听到悦耳的音乐，同时人们也可分辨出各种乐器发出的声音，这说明每种乐器发出的声波并不因其他乐器发出的声波的存在而受影响；又如各种颜色的探照灯的光柱，在交叉处改变了颜色，但在其他区域仍是各自的光色；再如，收音机中的磁棒周围有许多不同载波频率的电台信号的存在，但仍可从中选出一个愿意听的电台节目，并不因其他电台信号的存在而有所改变。

通过对大量的叠加现象的观察和研究，可以总结出波的叠加原理：若有几列波同时在介质中传播，则它们各自将以原有的振幅、波长和频率独立地传播，彼此互不影响，在几列波相遇处，介质质点的振动为各列波单独传播时在该处引起的振动位移的矢量和。

6.5.2　波的干涉

两列波相遇时，如果在介质中某些质点的振动将始终加强，而在另一些质点的振动始终是减弱或完全相消，这种现象称为波的干涉。不是随便两列波相遇都会发生明显的干涉现象，两相干波必须满足三个条件，即频率相同、振动方向相同、相位相同或相位差恒定。产生相干波的波源称相干波源。在两列相干波相遇的区域内，介质中每个质元参与的两个分振动具有恒定的相位差，但这一相位差是逐点不同的。

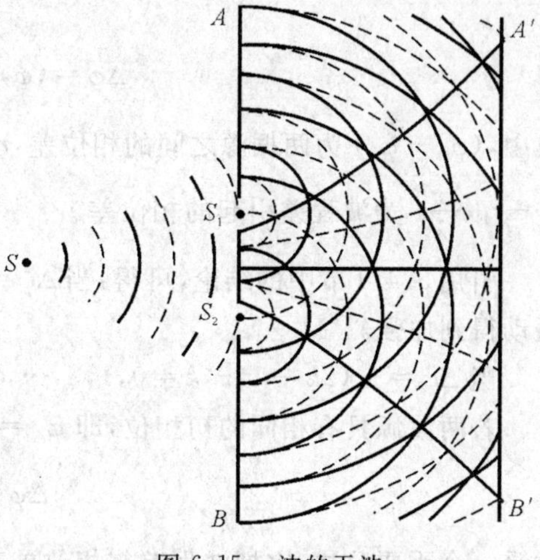

图 6.15　波的干涉

相干波可用以下方法获得，如图6.15所示，设波源 S 发出的圆形波（例如水面波）或球面波（例如点光源发出的光波），在 S 附近放入一障碍物 AB，在 AB 上有两个小孔 S_1 和 S_2，使 S_1 和 S_2 的位置在同一波阵面上。根据惠更斯原理，S_1 和 S_2 可看做是两个同相位的相干波源，在 AB 右边的介质中即产生干涉现象。在图中，振幅最大的点是波峰重合或波谷重合，故这些位置上振动始终加强，用粗实线标出；振幅最小的点是由峰与波谷相重合，这些位置的振动始终减弱，用粗虚线标出。

6.5.3　波的干涉的定量分析

设有两个相干波源 S_1 和 S_2，振动方程分别为

$$y_1 = A_{10}\cos(\omega t + \varphi_1)$$

$$y_2 = A_{20}\cos(\omega t + \varphi_2)$$

式中，ω 为圆频率，A_{10}，A_{20} 为波源的振幅，φ_1，φ_2 为波源的初相。从这两个波源发出的波在空

间 P 点相遇，如图 6.16 所示，则 P 点的两个分振动为

$$y_1 - A_1\cos\left(\omega t + \varphi_1 - \frac{2\pi r_1}{\lambda}\right)$$

$$y_2 = A_2\cos\left(\omega t + \varphi_2 - \frac{2\pi r_2}{\lambda}\right)$$

式中，A_1 和 A_2 为两列波在 P 点引起振动的振幅，φ_1 和 φ_2 为两个波源的初相位，并且 $(\varphi_2 - \varphi_1)$ 是恒定的，r_1 和 r_2 为 P 点到两个波源的距离。P 点的振动为两个同方向、同频率振动的合成，由式(5-22)，其合振幅为

$$A = \sqrt{A_1^2 + A_2^2 + 2A_1A_2\cos\Delta\varphi}$$

式中，$\Delta\varphi$ 为两个分振动在 P 点的相位差，其值为

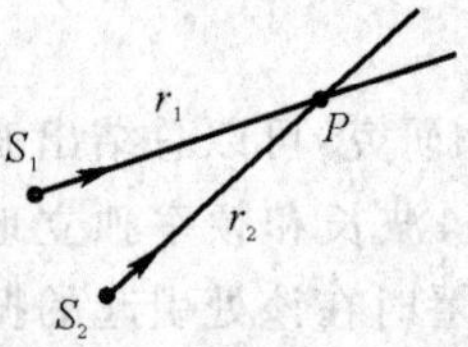

图 6.16　从 S_1 和 S_2 发出的波都传到了 P 点

$$\Delta\varphi = \left(\omega t + \varphi_2 - \frac{2\pi r_2}{\lambda}\right) - \left(\omega t + \varphi_1 - \frac{2\pi r_1}{\lambda}\right)$$

即
$$\Delta\varphi = (\varphi_2 - \varphi_1) - 2\pi\frac{r_2 - r_1}{\lambda} \tag{6-16}$$

式中，$(\varphi_2 - \varphi_1)$ 为两振源之间的相位差，$r_2 - r_1$ 为两波源至 P 点的波程差，波程差记为 δ，$\delta = r_2 - r_1$，$\dfrac{2\pi\delta}{\lambda}$ 为波程差引起的相位差。

引用5.4.1节中的结论，可得：当 $\Delta\varphi = \pm 2k\pi, k = 0,1,2,\cdots$，则 P 点的合振幅 $A = A_1 + A_2$，振动得到加强。

当 $\Delta\varphi = \pm(2k+1)\pi, k = 0,1,2,\cdots$，则 P 点的合振幅 $A = |A_1 - A_2|$，振动减弱。

若两波源具有相同的初相位，即 $\varphi_2 = \varphi_1$，则式(6-16) 演变为

$$\Delta\varphi = \frac{2\pi(r_2 - r_1)}{\lambda} \tag{6-17}$$

这是一个重要公式，它把波程差与相位差直接联系起来，由此得出当两个相干波源具有相同的初相位时，若

$$\delta = r_2 - r_1 = \pm k\lambda \quad (k = 0,1,2,\cdots)$$

则
$$A = A_1 + A_2 \tag{6-18}$$

若
$$\delta = r_2 - r_1 = \pm(2k+1)\frac{\lambda}{2} \quad (k = 0,1,2,\cdots)$$

则
$$A = |A_1 - A_2| \tag{6-19}$$

由上面分析可知，当两列相干波源为同相位时，在两列波的叠加的区域内，在波程差等于零或等于波长的整数倍的各点，振幅最大；在波程差等于半波长的奇数倍的各点，振幅最小。

由此可见，在两波交迭地区，两相干波所分别激发的分振动的相位差仅与各点的位置有关，因此各点的合振幅随位置而异，但确定点的合振幅不随时间变化。有些点的振幅始终最

大，即 $A=A_1+A_2$，有些点的振幅始终最小，即 $A=|A_1-A_2|$，形成一种特殊的不随时间变化的稳定分布，这一现象就是波的干涉。干涉现象是波动遵从叠加原理的表现，是波动形式所独具的重要特征之一。因为只有波动的合成，才能产生干涉现象。干涉现象对于光学、声学等都非常重要，对于近代物理学的发展也有重大的作用。某种物质运动若能产生干涉现象便可证明其具有波动的本质。

例 6-7　S_1，S_2 为两相干波源，它们的振幅皆为 10 cm，频率为 75 Hz。已知两波源的相位差为 2π，波速为 15 m/s。试确定两列波到达 P 点时所产生的相干结果，如图 6.17 所示。

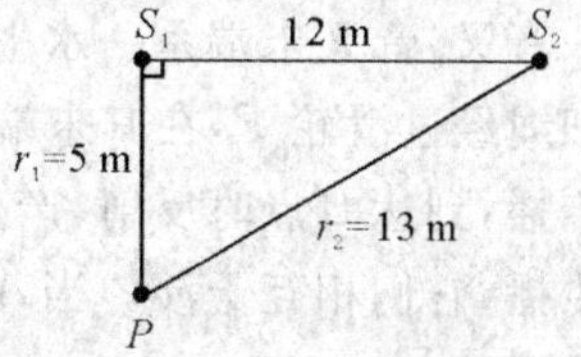

图　6.17

解　为确定 S_1，S_2 两波在 P 点产生的相干结果，必须确定两波传到 P 点时的相位差。先确定波长，有

$$\lambda=\frac{u}{\nu}=\frac{15}{75}\ \text{m}=0.2\ \text{m}$$

按题给数据，有

$$r_1=5\ \text{m},\quad r_2=\sqrt{12^2+5^2}=13\ \text{m}$$

两波传到 P 点的相位差为

$$\Delta\varphi=(\varphi_2-\varphi_1)-2\pi\frac{r_2-r_1}{\lambda}=2\pi-2\pi\frac{8}{0.2}=-78\pi$$

由于相位差为 π 的偶数倍，故 P 点两波干涉相长。

例 6-8　如图 6.18 所示，在同一介质中相距 20 m 的 A，B 两点处各有一个波源，它们作同频率($\nu=100$ Hz)、同方向的振动。设它们激起的波为平面简谐波，振幅均为 5 cm，波速为 200 $\text{m}\cdot\text{s}^{-1}$，且 A 点为波峰时，B 点恰为波谷，求 AB 连线上因干涉而静止的各点的位置。

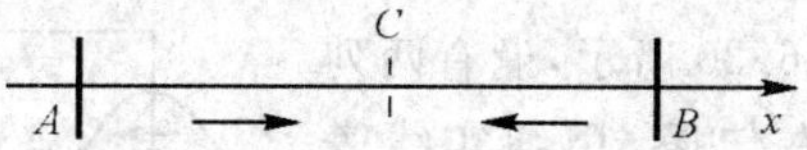

图　6.18

解　首先选定坐标系，以 A 为原点，水平向右为 x 轴正向。设 C 点为 AB 连线上因干涉而静止的点，$AC=x$，$BC=20-x$。由题意知，A，B 两点为一对相干波源 S_1，S_2，且 $\varphi_2-\varphi_1=\pi$，$r_1=x$，$r_2=20-x$，而波长

$$\lambda=\frac{u}{\nu}=\frac{200}{100}=2\ \text{m}$$

C 点因干涉而静止，两列相干波在 C 点的相位差就满足

$$\Delta\varphi=(\varphi_2-\varphi_1)-2\pi\frac{r_2-r_1}{\lambda}=(2k+1)\pi$$

代入数据有

$$\pi-\frac{2\pi}{\lambda}(20-2x)=(2k+1)\pi$$

$$x=\frac{k}{2}\lambda+10=(k+10)\ \text{m}$$

由 $0<x<20$，得 $k=0,\pm1,\pm2,\cdots,\pm9$。

所以，AB 连线上因干涉而静止的各点位置是在 $x=1,2,3,\cdots,17,18,19$(m) 处。

6.6 驻　波

6.6.1 驻波

驻波是一种特殊情况下的干涉，在声学和光学中有着重要的应用。当两列振幅相同的相干波沿相反方向传播时，它们相干叠加形成驻波。驻波的演示实验装置如图 6.19 所示。A 是一音叉，音叉末端系一水平细绳 AB，B 处有一劈尖支点，可以左右移动以改变 AB 间的距离。细绳经过滑轮 P，在其末端加重物 m 使绳子产生一定张力。音叉振动时，绳中产生波动，向右传播，到达 B 点时反射，产生反射波，向左传播。这样，入射波和反射波在同一绳上沿相反方向传播，它们相互干涉。当 AB 间距离和重物 m 的重量调配适当时，绳上就会产生如图 6.19 所示的驻波。

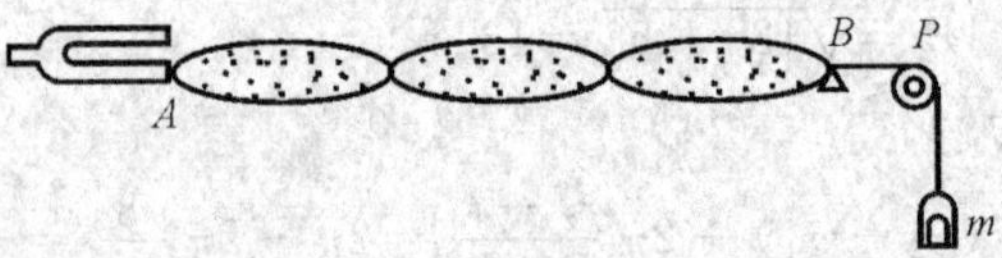

图 6.19　两端固定在弦上的驻波

可见，弦线上各质元以各自的振幅作同方向、同频率的振动。有些点始终保持静止，即振幅为零，称为波节；有些点振幅最大，称为波腹。波形曲线在原地起伏变化，并不行进，所以合成波叫做驻波。

驻波是这样形成的，如图 6.20 所示，设有两列振幅相同的相干波，一列向右传播，用细实线表示，另一列向左传播，用虚线表示。设在 $t=0$ 时，两波互相重叠，合成的波如图中粗实线所示，这时各点的位移最大。经过四分之一周期，即 $t=\frac{T}{4}$ 时，两波分别向右和向左移动 $\frac{\lambda}{4}$ 的距离，这时各点的合位移为零。再经过四分之一周期，即 $t=\frac{T}{2}$ 时，两波又相重叠，各点的合位移又最大，但位移方向与 $t=0$ 时的情况相反，以后依次类推。由图还可以看出，相邻两波节间各质元的振动步调一致，同一波节两侧的质元振动的步调相反。这就是驻波的相位特征。

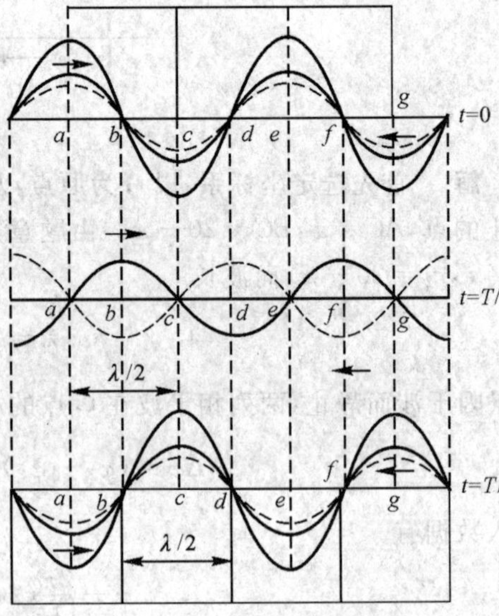

图 6.20　驻波的形成

由于驻波是两列振幅相等的相干波沿相反方向传播叠加而成，因而总的能流密度为零，不存在能量的定向传播。这是驻波的能量特征。

6.6.2 驻波方程

设有两列同方向、同频率、振幅相等的平面简谐波，一列沿 Ox 轴正向传播，另一列沿 Ox

轴负向传播。取波线上两列波相位相同的点为坐标原点，并适当选取计时起点，使原点的初相都等于零，则两列波的波动方程分别为

$$y_1 = A\cos\left[2\pi\left(\nu t - \frac{x}{\lambda}\right)\right],\quad y_2 = A\cos\left[2\pi\left(\nu t + \frac{x}{\lambda}\right)\right]$$

合成波的波动方程为

$$y = y_1 + y_2 = A\cos\left[2\pi\left(\nu t - \frac{x}{\lambda}\right)\right] + A\cos\left[2\pi\left(\nu t + \frac{x}{\lambda}\right)\right]$$

利用三角函数关系，上式可化为

$$y = 2A\cos 2\pi\frac{x}{\lambda}\cos 2\pi\nu t \tag{6-20}$$

这即是驻波方程，式 $\left|2A\cos 2\pi\frac{x}{\lambda}\right|$ 是各点的振幅，它只与 x 有关。式(6-20)表明，当形成驻波时，弦线上的各点作振幅为 $\left|2A\cos 2\pi\frac{x}{\lambda}\right|$、频率为 ν 的简谐运动。

由驻波方程可看出：

(1) 在 x 满足 $\left|\cos\frac{2\pi x}{\lambda}\right| = 0$ 时的各点，振幅始终为零，即

$$2\pi\frac{x}{\lambda} = (2k+1)\frac{\pi}{2}\quad (k = 0, \pm 1, \pm 2, \cdots) \tag{6-21a}$$

或

$$x = (2k+1)\frac{\lambda}{4}\quad (k = 0, \pm 1, \pm 2, \cdots) \tag{6-21b}$$

这些点始终保持静止，称为波节，相邻两波节间的距离为

$$x_{k+1} - x_k = [2(k+1)+1]\frac{\lambda}{4} - (2k+1)\frac{\lambda}{4} = \frac{\lambda}{2}$$

即节点是等距离分布的，相邻两节点间相距半波长。

(2) 在 x 值满足 $\left|\cos\frac{2\pi x}{\lambda}\right| = 1$ 时的各点，振幅最大，等于 $2A$，即

$$2\pi\frac{x}{\lambda} = k\pi\quad (k = 0, \pm 1, \pm 2, \cdots) \tag{6-22a}$$

或

$$x = k\frac{\lambda}{2}\quad (k = 0, \pm 1, \pm 2, \cdots) \tag{6-22b}$$

这些点称为波腹，显然两相邻波腹间相距半波长。

(3) 波节和相邻波腹之间的距离为 $\frac{\lambda}{4}$，波腹和波节交替作等距离排列。

(4) 从式(6-20)可以看出，驻波有确定的波形，此波形既不向左传播，也不向右传播，波线上各点以各自确定的振幅、相同的频率在各自的平衡位置附近振动，没有振动状态(相位)和能量的传播。由于振幅因子 $2A\cos 2\pi\frac{x}{\lambda}$ 在 x 取不同值时有正有负，如果把相邻两波节之间的各点称为一段，每一段内各点的 $\cos 2\pi\frac{x}{\lambda}$ 具有相同的符号，而相邻的两段符号总是相反的。

6.6.3　半波损失

对垂直入射的情况，在两介质分界面处究竟出现波节还是波腹，由介质的密度和波速的乘

积决定。把介质密度ρ和波速u的乘积ρu称为介质的波阻,波阻较大的介质称为波密介质,波阻较小的介质称为波疏介质。实验表明,当波由波疏介质传到波密介质反射时,反射处有半波损失,形成波节;当波由波密介质传到波疏介质时,反射处无半波损失,形成波腹。

若波传播在两分界面上形成波节,说明入射波与反射波在此处的相位相反,即反射波在分界处的相位较之入射波跃变了π,相当于出现了半个波长的波程差,这种现象叫半波损失。

在研究波的反射问题时经常涉及这个重要概念。

特别注意发生半波损失的条件。如果波是从波密介质向波疏介质入射,则反射时就不发生半波损失。例如沿弦线传播的波,如果波在绳子的固定端反射,那么在反射处形成波节;如果波在绳子的自由端反射,则在反射点形成波腹,用手持一根竖直下垂的绳子,绳的下端(绳与空气分界处)为自由端,在其上端轻微抖动时,使波沿绳传到下端,在下端反射时形成波腹,这说明反射波与入射波在反射点是同位相的,没有发生半波损失。

例 6-9 两个相干的点波源S_1和S_2,如图 6.21 所示,S_1的初相位比S_2超前$\frac{\pi}{2}$,且S_1与S_2相距$\frac{\lambda}{4}$。试解释下述现象:在S_1,S_2连线上S_1的左侧各点呈相消干涉,而S_2右侧各点则为相长干涉。

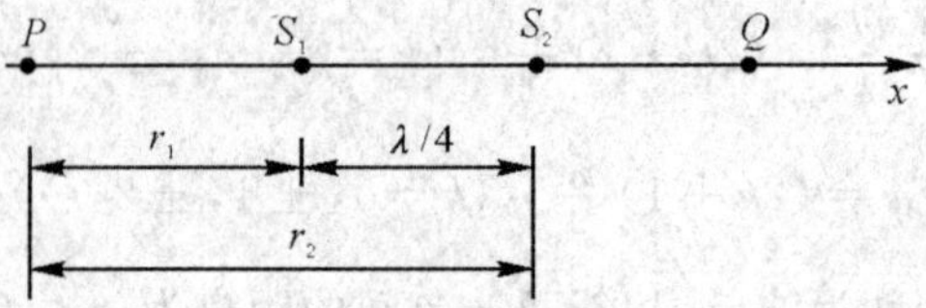

图 6.21

解 以S_1为坐标原点O,S_1,S_2的连线为x轴,先讨论S_1左侧各点的情况,在S_1左侧任取一点P,坐标为x,由S_1,S_2发出的两个相干波在点P的相位差为

$$\Delta\varphi=\varphi_2-\varphi_1+2\pi\,\frac{r_1-r_2}{\lambda}$$

由图 6.21 可见,$r_1-r_2=-\frac{\lambda}{4}$,又因为$\varphi_2-\varphi_1=-\frac{\pi}{2}$,故相位差为

$$\Delta\varphi=-\frac{\pi}{2}-\frac{\pi}{2}=-\pi$$

满足合振幅最小的条件,因此在S_1左侧各点,两波相消干涉。

再讨论S_2右侧各点的情况。在S_2右侧任取一点Q,不难看出,它与两波之间的波程差为

$$r_1-r_2=\frac{\lambda}{4}$$

故两相干波在点Q的相位差为

$$\Delta\varphi=-\frac{\pi}{2}+\frac{\pi}{2}=0$$

满足合振幅最大的条件,因此在S_2右侧各点,两波相长干涉。

例 6-10 已知入射波方程式是

$$y_1=A\cos 2\pi\left(\frac{t}{T}+\frac{x}{\lambda}\right)$$

在 $x=0$ 处发生反射后形成波腹，设反射后波的强度不变，试求：(1) 反射波的方程式；(2) $x=\frac{2}{3}\lambda$ 处质元合振动的振幅。

解　(1) 从入射波方程

$$y_1=A\cos 2\pi\left(\frac{t}{T}+\frac{x}{\lambda}\right) \quad ①$$

知，入射波是沿 x 轴负向传播的，它在 $x=0$ 处的振动方程为

$$y_{10}=A\cos 2\pi\,\frac{t}{T} \quad ②$$

因为在 $x=0$ 处反射后形成合成波的波腹，说明不发生半波损失，反射波与入射波在该点相位相同，从而写出反射波在 $x=0$ 处的振动方程为

$$y_{20}=A\cos 2\pi\,\frac{t}{T} \quad ③$$

反射波是沿 x 轴正向传播的，故反射波方程（即任一点 x 处的振动方程）为

$$y_2=A\cos\left(2\pi\,\frac{t}{T}-2\pi\,\frac{x}{\lambda}\right)=A\cos 2\pi\left(\frac{t}{T}-\frac{x}{\lambda}\right) \quad ④$$

(2) 求合振动的振幅，应先求出驻波表达式。从式 ① 和式 ④ 得驻波方程为

$$y=y_1+y_2=A\cos 2\pi\left(\frac{t}{T}+\frac{x}{\lambda}\right)+A\cos 2\pi\left(\frac{t}{T}-\frac{x}{\lambda}\right)=2A\cos\frac{2\pi x}{\lambda}\cos 2\pi\,\frac{t}{T} \quad ⑤$$

把 $x=\frac{2}{3}\lambda$ 代入式 ⑤ 中的振幅表达式 $\left|2A\cos 2\pi\,\frac{x}{\lambda}\right|$ 之中，便求得该点振幅为

$$\left|2A\cos\frac{2\pi}{\lambda}\cdot\frac{2}{3}\lambda\right|=\left|2A\cos\frac{4\pi}{3}\right|=A$$

*6.7　超　声　波

声波是机械波的一种。在弹性介质中传播的纵波，其频率在 20～20 000 Hz范围内，能够引起人的听觉，这种波叫声波。频率低于 20 Hz 的叫次声波，高于 20 000 Hz 的叫超声波。

超声波的特征是频率高（可以高达 10^{11} Hz），因而波长短。由于这一特征，使它具有一些特殊的物理性质：

(1) 由波的衍射可知，波长越短，衍射越不明显。所以超声波的传播特性是方向性好，容易得到定向而集中的超声波束。它能够产生反射、折射，也能够被聚焦。

(2) 我们知道，波的传播过程也是能量的传递过程，而单位时间内所传递的能量（即波的功率）是与波的频率平方成正比的，频率越高，功率越大。因此超声波的功率可以比一般声波的功率大得多。

(3) 超声波在液体中会引起空化作用。由于超声波的频率高，功率大，因而它引起液体的疏密变化快，疏密的差别大，这种疏密变化，使液体时而受压、时而受拉。液体承受拉力的能力是很差的，如果液体支持不住这种拉力，就会断裂（特别在含有杂质或汽泡的地方），产生一些近乎真空的小空穴，到压缩阶段这些空穴发生崩溃。崩溃时，空穴内部压强会达到几万个大气压，同时还产生极高的局部高温以及放电现象等。超声波的这种作用称为空化作用。

(4) 实验还发现，气体对超声波的吸收很强，液体吸收很弱，固体更弱，所以超声波主要应

用在液体和固体中。

虽然人类听不出超声波，但不少动物却有此本领。它们可以利用超声波“导航”，追捕食物或避开危险物。大家可能看到过夏天的夜晚有许多蝙蝠在庭院里来回飞翔，它们为什么在没有光亮的情况下飞翔而不会迷失方向呢？原因就是蝙蝠能发出 2 ～ 10 万 Hz 的超声波，这好比是一座活动的“雷达站”。蝙蝠正是利用这种“雷达”来判断飞行的前方是昆虫或是障碍物的。

人类直到第一次世界大战才学会利用超声波，这就是利用“声呐”的原理来探测水中的目标及其状态，如潜艇的位置等。此时人们向水中发出一系列不同频率的超声波，然后记录与处理反射回声，从回声的特征我们便可以估计出探测物的距离、形态及其动态改变。医学上最早利用超声波是在1942年，奥地利医生杜西克首次用超声技术扫描脑部结构；到了20世纪60年代，医学上开始将超声波应用于腹部器官的探测，如今超声波扫描技术已成为现代医学诊断不可缺少的工具。

医学超声波检查的工作原理与声呐有一定的相似性，即将超声波发射到人体内，当它在体内遇到界面时会发生反射及折射，并且在人体组织中可能被吸收而衰减。因为人体各种组织的形态与结构是不相同的，因此其反射、折射以及吸收超声波的程度也就不同，医生们正是通过仪器所反映出的波型、曲线或影像的特征来辨别它们的。此外，再结合解剖学知识、正常与病理的改变，便可诊断所检查的器官是否有病。

当超声波在介质中传播时，由于超声波与介质的相互作用，使介质发生物理和化学的变化，从而产生一系列力学的、热的、电磁的和化学的超声效应。

超声效应已广泛应用于实际，总结来说主要有如下三个方面。

1. 超声检验

超声波的波长比一般声波要短，具有较好的方向性，而且能透过不透明物质，这一特性已被广泛应用于超声波探伤、测厚、测距、遥控和超声成像技术。超声成像是利用超声波呈现不透明物内部形象的技术，把从换能器发生的超声波经声透镜聚焦在不透明的试样上，从试样透出的超声波携带了被照部位的信息（如对声波的反射、吸收和散射的能力），经声透镜汇聚在压电接收器上，将所得的电信号输入放大器，利用扫描系统可把不透明试样的形象显在荧光屏上。上述装置称为超声显微镜。超声成像技术已在医疗检查方面获得了普遍应用，在微电子器件制造业中用来对大规模集成电路进行检查，在材料科学中用来显示合金中不同组分的区域和晶粒间界等。声全息术是利用超声波的干涉原理记录和重现不透明物的立体图像的声成像技术，其原理与光波的全息术基本相同，只是记录手段不同而已。用同一超声信号源激励两个放置在液体中的换能器，它们分别发射两束相干的超声波：一束透过被研究的物体后成为物波，另一束作为参考波。物波和参考波在液面上相干叠加形成声全息图，利用激光在声全息图上反射时产生的衍射效应而获得物的重现象，通常用摄像机和电视机作实时观察。

2. 超声处理

利用超声的机械作用、空化作用、热效应和化学效应，可进行超声焊接、钻孔、固体的粉碎、乳化、脱气、除尘、去锅垢、清洗、灭菌、促进化学反应和进行生物学研究等，在工矿业、农业、医疗等各个部门获得了广泛应用。

3. 基础研究

超声波作用于介质后，在介质中产生声弛豫过程，声弛豫过程伴随着能量在分子各自由度间的输运过程，并在宏观上表现出对声波的吸收。通过物质对超声的吸收规律可探索物质的特性和结构，这方面的研究构成了分子声学这一分支。普通声波的波长远大于固体中的原子间距，在此条件下固体可当做连续介质。但对频率在 10^{12} Hz 以上的特超声波，波长可与固体中的原子间距相比拟，此时必须把固体当做是具有空间周期性的点阵结构。点阵振动的能量是量子化的，称为声子。特超声对固体的作用可归结为特超声与热声子、电子、光子和各种准粒子的相互作用。对固体中特超声的产生、检测和传播规律的研究，以及量子液体 —— 液态氦中声现象的研究构成了近代声学的新领域，

习　题

1. 一声波在空气中的波长是 0.25 m，速度是 340 m·s^{-1}。当它进入另一介质时，波长变成了 0.79 m，求它在这种介质中的传播速度。

2. 在下面几种说法中，正确的说法是(　　)。

(A) 波源不动时，波源的振动的周期与波的周期在数值上是不同的

(B) 波源振动的速度与波速相同

(C) 在波传播方向上的任一质元振动相位总是比波源的相位滞后

(D) 在波传播方向上任一质元振动相位总是比波源的相位超前

3. 已知波源的振动周期为 4.00×10^{-2} s，波的传播速度为 300 m·s^{-1}，波沿 x 轴正方向传播，则位于 $x_1=10.0$ m 和 $x_2=16.0$ m 的两质元的振动相位差为________。

4. 一平面简谐波的表达式为

$$y=2\cos[\pi(0.5t-200x)]\ \text{cm}$$

式中，x 的单位是 cm，t 的单位是 s，求振幅、波长、波速及频率，并求 $x_1=20$ cm 及 $x_2=21$ cm 处两个质点振动的相位差。

5. 一平面余弦横波沿水平细绳自左向右传播，当 $t=0$ 时绳的左端开始经平衡位置向下运动。已知振幅 $A=10$ cm，频率 $\nu=0.5$ Hz，波速 $u=100$ cm·s^{-1}，求波动表达式和距左端 150 cm 处的振动表达式。

6. (1) 设在某一时刻，一个向右传播的平面余弦横波的波形曲线的一部分如图 6.22(a) 所示，试分别说明图中 A,B,C,D,E,F,G,H,I 各质点在该时刻的运动方向，在 $\frac{1}{4}$ 周期前和 $\frac{1}{4}$ 周期后，该波的波形又是怎样的？

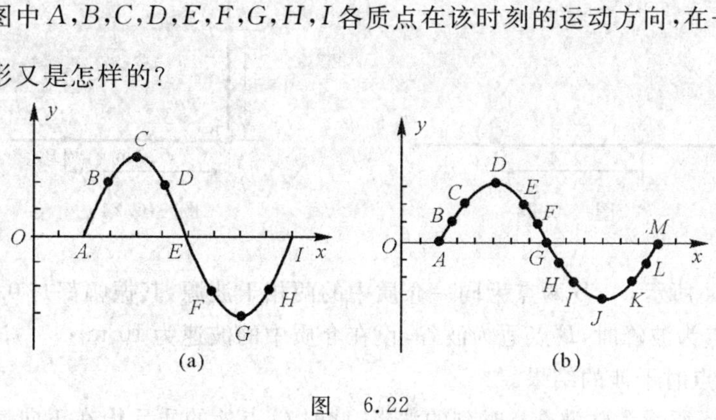

图　6.22

(2) 设在某一时刻，一个向右传播的平面余弦纵波的 $y-x$ 曲线的一部分如图 6.22(b) 所示，试画出图线上 $A,B,C,\cdots,M$ 各点所代表的介质质点的实际位置和运动方向的图形；并将该图形和它们平衡位置的图形作比较，说明该纵波在该时刻的疏部和密部各在哪些部位。此外，再画出 $\frac{1}{4}$ 周期前和 $\frac{1}{4}$ 周期后各质点的实际位置图形，说明疏部和密部的传播情况。

7. 有一个一维简谐波的波源，其频率为 250 Hz，波长为 0.1 m，振幅为 0.02 m。求：(1) 距波源 1.0 m 处一点的振动方程及振动速度；(2) $t=0.1$ s 时的波形方程，并作图；(3) 波的传播速度。

8. 波源的振动方程 $y=6\times10^{-2}\cos\frac{\pi}{5}t(\mathrm{m})$，它所形成的波以 $2.0\ \mathrm{m\cdot s^{-1}}$ 的速度在一直线上传播。求：(1) 距波源 6.0 m 处一点的振动方程；(2) 该点与波源的相位差；(3) 该点的振幅和频率；(4) 此波的波长。

9. 一横波沿 x 轴正方向行进，波速为 $100\ \mathrm{m\cdot s^{-1}}$，且沿 x 轴每一米长度内含有 50 个波长，振幅为 3×10^{-2} m，设 $t=0$ 时，位于坐标原点的质点通过平衡位置向垂直 x 轴向上的方向运动，求波动方程。

10. 一平面简谐波，频率为 300 Hz，波速为 $340\ \mathrm{m\cdot s^{-1}}$，在截面积为 $3.00\times10^{-2}\ \mathrm{m^2}$ 的管内空气中传播。若在 10 s 内通过截面的能量为 2.70×10^{-2} J，求：(1) 通过截面的平均能流；(2) 波的平均能流密度；(3) 波的平均能量密度。

11. 为了保持波源的振动不变，需要消耗 4 W 的功率。如果波源发出的是球面波，且认为介质不吸收波的能量，求距离波源 1 m 和 2 m 处的能流密度。

12. 在截面积为 S 的圆管中，有一列平面简谐波传播，其波的表达式为 $y=A\cos\left(\omega t-\frac{2\pi x}{\lambda}\right)$，管中波的平均能量密度是 w，求通过截面积 S 的平均能流。

13. 两相干波源的振动相位差为 π，它们发出的波经相同的距离相遇，干涉的结果如何？

14. 如图 6.23 所示，S_1，S_2 为两相干波源，相距 $\frac{\lambda}{4}$（λ 为波长），S_1 较 S_2 的相位超前 $\frac{\pi}{2}$。问在 S_1，S_2 的连线上，S_1 外侧各点的合振幅如何？又在 S_2 外侧各点的合振幅如何？

图　6.23

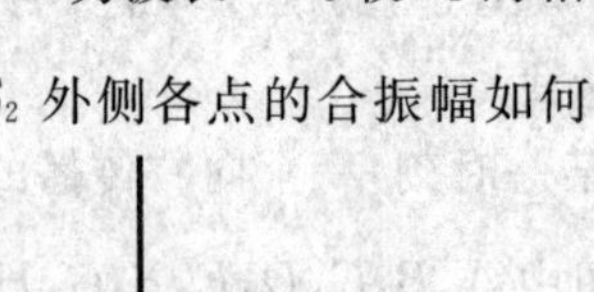

图　6.24

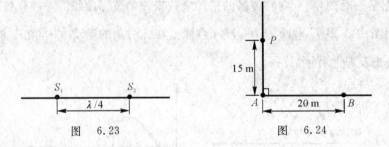

15. 如图 6.24 所示，A,B 两点为同一介质中的两相干波源，其振幅都是 0.05 m，频率都是 100 Hz，且当 A 点为波峰时，B 点适为波谷，设在介质中的波速为 $10\ \mathrm{m\cdot s^{-1}}$，试求从 A,B 发出的两列波传到 P 点时干涉的结果。

16. 如图 6.25 所示为驻波在 t 时刻的波形，此时 O 点处的质元恰在正向最大位移，则平衡位置坐标为 x_A,x_B,x_C 的三个质元在此时刻的振动相位分别为 $\varphi_A=$ ________，

$\varphi_B =$ ______________，$\varphi_C =$ __________。

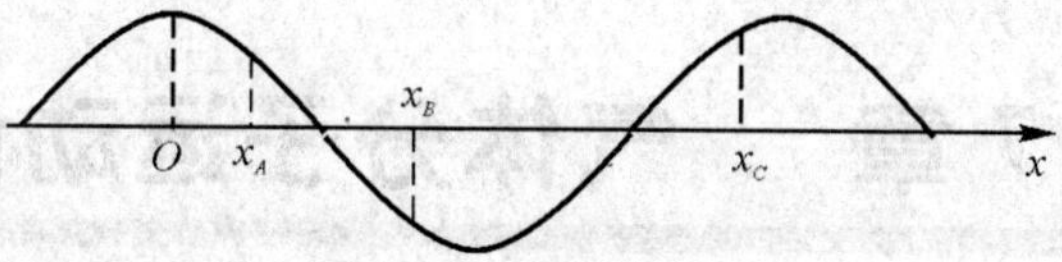

图　6.25

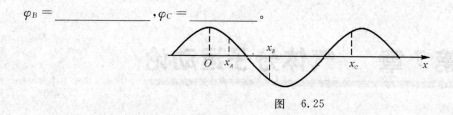

17. 如果在固定端 $x=0$ 处反射的反射波表达式是 $y_2 = A\cos 2\pi\left(\nu t - \dfrac{x}{\lambda}\right)$，设反射波无能量损失，求入射波及所形成的驻波的表达式。

第7章　气体分子运动论

热学是研究物质热现象和热运动规律的学科。自然界中热运动所涉及的现象非常普遍。我们经常遇到的一切与物体冷热状态相关联的熔化、蒸发、凝结、凝固等物质状态变化的宏观现象，都是热运动的具体表现。

研究热运动可从微观和宏观两方面进行，前者叫分子物理学，后者叫热力学。分子物理学的研究方法是以物质的原子分子结构概念和分子热运动的概念为基础，运用统计方法，解释和阐明各种宏观热现象的微观本质，确立宏观量和微观量之间的关系。热力学则不考虑物质的微观结构和过程，从能量观点出发，分析研究在物态变化过程中有关热功转换的关系和条件。两者的关系是：热力学所研究的物质宏观性质，经分子物理学分析，才能了解其本质；分子物理学的理论，经热力学的研究而得到验证。因此，两者彼此联系，相互补充，不可偏废。

本章以气体为研究对象，从气体分子热运动的观点出发，对个别分子的运动应用力学规律，对大量气体分子的集体行为应用统计平均的方法进行研究，即认为气体的宏观性质是大量气体分子运动的集体表现，而宏观量是微观量的统计平均值，总结和概括微观粒子热运动与物质宏观性质之间的联系，从本质上阐明气体分子的热运动规律，并对理想气体的热学性质从微观上给予解释。

7.1　分子热运动的物理图像

7.1.1　宏观物体的微观图像

在长期实验的基础上，经过理论研究，人们总结出物质的微观图像具有如下特点：

1. 宏观物体是由大量不连续的彼此有一定距离的分子(或原子)组成

1摩尔(mol)任何物质都包含 6.02×10^{23} 个分子。由此可见，分子是非常小的，其线度(大小)数量级约为 10^{-10} m，其质量数量级约为 10^{-27} kg。宏观物体是由数量巨大的分子或原子组成。大量实验证明，分子之间有距离，用空气压缩机给汽车轮胎打气，可以把大量空气压缩到轮胎这样小的体积中去，说明气体分子之间有很大空隙。把 50 mL 的酒精和 50 mL 水混合后，总体积小于 100 mL，而变成 97 mL，说明两种液体分子相互挤到对方分子间的空隙中去了。钢管中的油在2万大气压的压强下，从钢管壁中渗透了出来，说明固体分子间也有空隙。在工业上，利用分子间有空隙这一性质，在铝中加入其他元素形成不同良好性能的铝合金；把钢件放入木炭和碳酸盐的混合物中，加热到 1 000℃ 的高温，使碳渗进钢的表面层，提高钢的硬度和耐磨性；在半导体基底中渗入杂质元素，制成各种半导体器件。

2. 分子在不停地作无规则运动(热运动)

大量实验证明，物体内分子处于杂乱无章的、永不停息的运动状态。这可以用扩散现象和布朗运动加以说明，这方面的内容在中学物理教材中已有详细说明。但必须指出，实验发现，分子的无规则运动的剧烈程度与温度的高低有密切关系，温度越高，分子的无规则运动就愈剧烈，所以把大量分子的无规则运动叫做分子的热运动。

3. 分子间有相互作用力

前面说过，构成物体的分子之间有间隙，但要压缩物体却需要外界压力，特别是压缩液体和固体还相当困难。物体不易压缩的事实，说明物体分子之间存在着斥力的作用。气体、液体或固体受压时所产生抵抗压缩的弹性力，是分子间存在着斥力的宏观表现。分子间有间隙，但大量分子在一定条件下，还是能聚在一起而形成固体、液体和气体，说明分子间存在着吸引力。两块作相对运动的固体，如果接触面比较光滑，摩擦力变小；如果接触面非常光滑，摩擦力反而增大，这是因为接触面上分子彼此挤得很近参与相互吸引的缘故。近年来出现的摩擦焊接技术，就是利用分子间的吸引力，将两块磨光的固体压紧并沿相反方向高速旋转，这两块固体就被“焊接”成一个整体了。所以，分子间既有引力，又有斥力，统称为分子力。分子力与分子间的距离 r 有关，如图 7.1 所示。当两个分子间距离 $r=r_0$（约为 10^{-10} m）时，合力为零，距离 r_0 称为平衡距离。当 $r<r_0$ 时，分子间的作用表现为斥力，斥力使两分子“碰撞”后分开；当 $r>r_0$ 时，分子间作用表现为引力；当 $r\gg r_0$ 时，分子间的作用很弱，可以忽略不计。从图 7.1 可以看出，当分子距离 $r<r_0$ 时，强大的斥力是不能忽略的，而且由于斥力随 r 的变化曲线很陡，所以，一旦分子间距接近到斥力作用半径后，强大的斥力将使分子再也不能进一步靠近，而只能斥开了，这就是分子碰撞的微观图像，这与力学中两个小球碰撞是有区别的。分子间能靠近的最小距离 d 称为分子的有效直径。

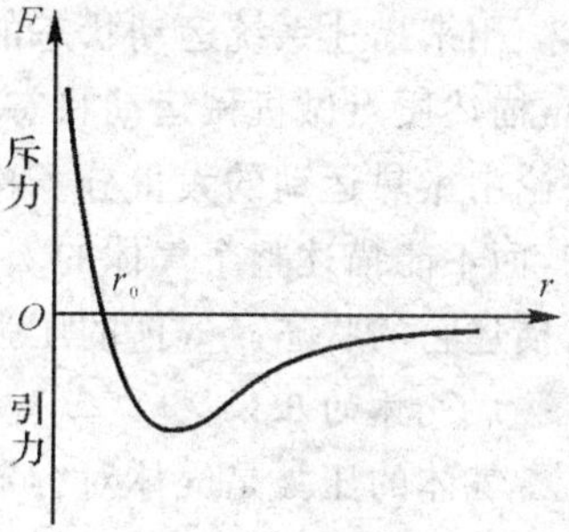

图 7.1　分子力

正是由于分子热运动和分子间的相互作用这两个因素，决定了聚集态的性质。固体中分子引力极大，因而具有确定的体积和形状，微观结构显示了有序性。而气体分子引力很小，热运动使其没有确定的形状和体积，即无序性。至于液体，它介于气体、固体之间，有确定的体积而形状则随容器而变。

7.1.2　微观量与宏观量

分子或原子具有一定大小和质量，作无规则运动，具有速度、能量等，这些用来表征个别分子特性的量叫微观量，微观量一般不能用实验测量。表征大量分子集体特性的量，如气体的压强、温度、热容量等叫宏观量，宏观量可以由实验直接测出。分子物理学认为：虽然每一个分子的运动遵循牛顿运动定律，但要想应用单纯力学定律，研究每一个分子的运动是不可能的，同时也是不必要的。分子物理学还认为：表征分子集体特性的宏观量（如压强、温度）和分子微观量的某种平均值是有确定关系的。因此，分子物理学的研究方法又可简述为：在牛顿力学的基础上，应用统计方法来求大量分子微观量的平均值与宏观量之间的关系，从而阐明各种宏观热现象的微观本质。

7.1.3　理想气体的分子模型

为了便于分析和讨论气体的基本现象，我们常用一个简易的理想模型来看待气体分子。主要假设如下：

(1) 分子的大小与分子间的平均距离比较可忽略不计，分子可看做质点。

(2) 分子间平均距离较大，除分子碰撞时受分子力瞬时作用外，绝大部分时间内分子间相互作用力可以忽略不计，分子作自由运动。

(3) 分子看成完全弹性小球，分子之间、分子与器壁之间的碰撞可看做完全弹性碰撞。这样气体分子的动能不因分子碰撞而有损失。

(4) 在有限容器内，气体处于平衡态时，分子分布均匀，密度相同，压强相同，温度相同。对大量分子来说，分子沿各个方向运动的概率均等，没有任何一个方向气体分子的运动比其他方向占优势，可以认为朝各个方向运动的分子数均等，分子的速度在各个方向的分量的各种平均值相等。

7.2 理想气体状态方程

7.2.1 状态参量

用来描述系统运动状态的物理量称为物态参量(State Parameter)或状态参量。在力学中，描述质点做机械运动状态的状态参量有：位矢、速度和加速度等，我们称其为力学量，而在讨论由做热运动的大量分子构成的气体状态时，位矢和速度只能用来描述气体分子的微观状态，而不能描述整个气体的宏观状态。若要描述一定量的气体，可用压强 p、体积 V 和温度 T 来描述它的状态。气体的压强、体积和温度这三个物理量称作气体的状态参量。

1. 气体的压强

气体的压强是气体对容器壁单位面积的垂直作用力。气体的压强是大量气体分子对器壁不断碰撞的宏观表现。在国际单位制中，压强的单位是帕斯卡(Pa)。1 帕斯卡就是 1 米^2 的面积上作用 1 牛顿的力，即 $1\ \mathrm{Pa}=1\ \mathrm{N}\cdot\mathrm{m}^{-2}$。压强的非国际单位制单位有标准大气压(atm)、毫米汞柱(mmHg)等，它们和帕斯卡的换算关系是

$$1\mathrm{atm}=1.013\times10^5\ \mathrm{Pa}$$

$$1\ \mathrm{mmHg}=1.33\times10^2\ \mathrm{Pa}$$

2. 气体的体积

气体体积是指气体分子运动能够到达的空间范围，与气体分子本身的体积总和不同。通常是指容纳气体容器的容积，其单位是立方米(m^3)，有时也用升(L，即立方分米)和立方厘米(cm^3)。

3. 气体的温度

气体的温度是气体冷热程度的量度。它是大量分子不规则热运动的宏观表现。温度的数量表示方法叫温标，温标有两种，一种是热力学温标 T，单位是开尔文(K)；另一种是摄氏温标 t，单位是摄氏度(℃)。二者之间的数量关系是

$$T=t+273.15$$

7.2.2 平衡状态

平衡态是指系统在不受外界影响的条件下(外界与气体之间没有任何能量和物质的交换)，气体的状态参量(p,V,T)不随时间变化的状态。无数实验事实表明，任何一个系统，不

论其初始的宏观状态如何，只要不受外界影响，经过一定时间后，必将达到一个确定的状态，在该状态下，系统的一切宏观性质都不随时间变化。比如，在容器内盛入一定量的气体，如果它与外界没有能量交换，系统内部也没有任何形式的能量转换，经过一段时间后，容器中气体的密度、温度、压强等将处处相同，而且不再发生变化。又如，两冷热程度不同的物体相互接触后，冷的物体变热，热的物体变冷，经过一定时间后，两物体各处的冷热状态，变得均匀一致，不再发生任何变化。这种在不受外界影响的条件下系统宏观性质不随时间变化的状态，称为平衡态。否则，就是非平衡态。

应当指出：

(1) 不能把平衡态简单地说成是不随时间变化的状态。例如，把金属杆一端放在沸水中，另一端放在冰水混合物内，经过一定时间后，金属杆各处的温度虽然不同，也不随时间变化。但是，对金属杆来说，这时存在着外界影响，它所处的宏观态并不是平衡态。

(2) 系统处于平衡态时，虽然宏观性质不再随时间变化，但从微观角度考虑，组成系统的大量分子仍在不停地运动着，只不过是大量分子运动的平均效果不随时间改变而已。因此，平衡态是热动平衡态。

在实际情况中，完全不受外界影响、宏观性质保持绝对不变的系统是不存在的。所以，平衡态只是一种理想的情况，它是在一定条件下对实际情况的概括和抽象。由于许多实际情况可近似地视为平衡态，处理方法比较简便，所以对平衡态的讨论具有实际意义。

本章所讨论的气体状态，除特别指出外，都视为平衡态。

在以 p 为纵轴，V 为横轴的 $p-V$ 图上，气体的平衡态可用一个确定的点来表示，如图 7.2 中的 Ⅰ(p_1,V_1,T_1) 点或 Ⅱ(p_2,V_2,T_2) 点，由于外界影响，气体状态会从某一初始平衡态，经过一系列的中间平衡态，变化到另一平衡态。我们把这种状态的变化过程叫做准静态过程或平衡过程。图 7.2 中的 Ⅰ → Ⅱ 曲线就表示这一平衡过程。

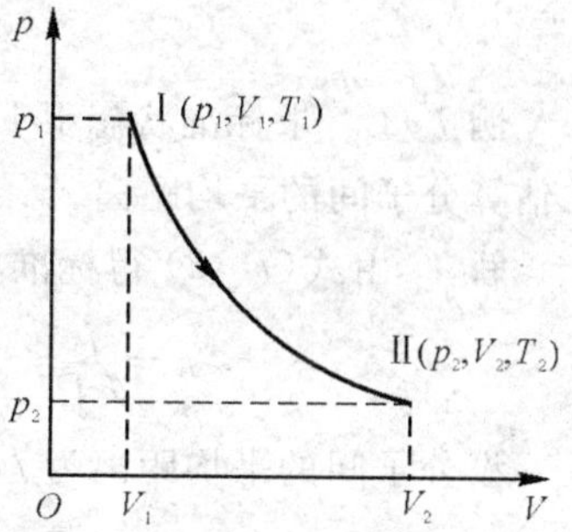

图　7.2

7.2.3　理想气体状态方程

对处于平衡态的一定量气体，其物态可用温度 T、压强 p 和体积 V 这三个状态参量来描述。在一般情况下，当其中任意一个参量变化时，其他两个参量也将随之改变。气体处于某一给定平衡状态时，这三个状态参量也必然有一定的关系，即其中一个量是其他两个量的函数，如

$$T=f(p,V)$$

这个方程就是一定量的气体处于平衡态时的气体状态方程。一般来说，这个方程的形式是很复杂的，它与气体的性质有关。这里我们只讨论理想气体的状态方程。

实际气体在温度不太低、压强不太大的实验条件下遵守玻意耳定律、盖-吕萨克定律和查理定律。我们称遵守这三条定律的气体为理想气体。

由气体的三条实验定律和阿伏加德罗定律，可得处于平衡态的理想气体的状态方程为

$$pV=\frac{M}{\mu}RT \tag{7-1}$$

式中，M 为气体的质量，μ 为气体的摩尔质量，$\frac{M}{\mu}$ 为气体的物质的量。R 为一常数，称为摩尔气体常量。

应当指出，摩尔气体常量 R 的量值，与状态参量的单位有关。在国际单位制中，压强的单位为 Pa（即 $\mathrm{N \cdot m^{-2}}$），体积的单位为 $\mathrm{m^3}$，温度的单位为 K，R 的量值为

$$R = 8.31\ \mathrm{J \cdot mol^{-1} \cdot K^{-1}}$$

因为式(7-1)中，$M = N \cdot m$（N 为分子数，m 为 1 个气体分子的质量），$\mu = mN_A$，则式(7-1)可化为

$$pV = \frac{N \cdot m}{m \cdot N_A}RT = \frac{N}{N_A}RT$$

式中，R 与 N_A 均是恒量，两者之比仍为恒量，称为玻耳兹曼常量，用 k 表示为

$$k = \frac{R}{N_A} = 1.38 \times 10^{-23}\ \mathrm{J \cdot K^{-1}}$$

而 $n = \frac{N}{V}$ 表示单位体积中的分子个数，称为分子数密度，则理想气体的状态方程又可表示为

$$p = nkT \tag{7-2}$$

例 7-1 求标准状态下 1 $\mathrm{cm^3}$ 气体所含的分子数（称施密特常量（Loschmidt number）），并估算分子间的平均距离。

解 由式(7-2)得标准状态下气体分子数密度为

$$n = \frac{p}{kT} = \frac{1.013 \times 10^5}{1.38 \times 10^{-23} \times 273.15} \approx 2.687 \times 10^{25}\ \mathrm{m^{-3}}$$

设分子间的平均距离为 $\bar{l}$，则由

$$n \cdot \bar{l}^3 = 1\ \mathrm{cm^3}$$

得

$$\bar{l} = \sqrt[3]{\frac{1}{n}} \approx 10^{-9}\ \mathrm{m}$$

分子有效直径的数量级为 10^{-10} m。估算表明，常温常压下气体分子间的平均距离约为分子直径的 10 倍。

7.3 压强与温度的微观本质

本节由 7.1 中的理想气体的分子模型出发，导出理想气体的压强公式和能量公式，并从微观角度揭示其本质。

7.3.1 理想气体的压强

气体的压强是气体对容器壁单位面积上的垂直作用力。从气体动理论观点来看，压强是大量气体分子对器壁碰撞的平均效应。无规则运动的气体分子与器壁不断发生碰撞，使器壁受到冲力作用。就个别分子而言，它每次碰在什么地方，对器壁的冲力有多大，都是偶然的、断续的，但是对大量分子的整体来说，由于每一时刻都有许多分子与器壁相碰，器壁就受到一个均匀、恒定、持续的作用力，这便是压强的微观本质。

下面从理想气体的微观模型出发，对各个分子应用牛顿力学定律，对大量气体分子的集体

运用统计假设和统计平均方法，推导平衡态下理想气体的压强和描述分子运动的微观量之间的关系。

为简便计，假设以边长分别为 l_1,l_2,l_3 的立方体容器内装有某种气体(见图 7.3)，共有 N 个气体分子，分子的质量为 m，由于分子的动能平均说来远大于它们在重力场中的势能，分子所受的重力可以忽略不计。

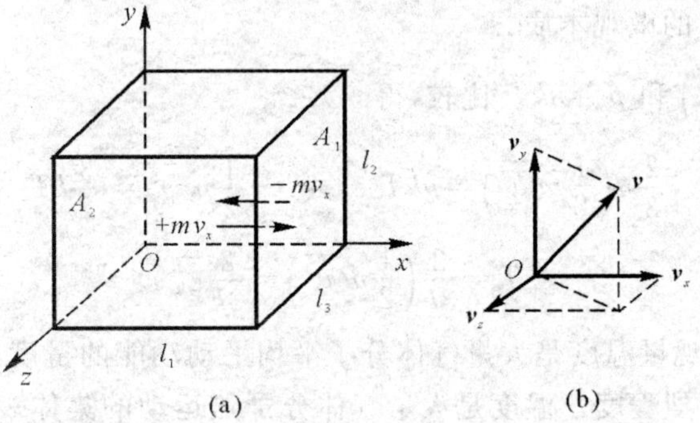

图 7.3　气体动理论压强公式的推导

在平衡态下，气体的压强处处相同，因此只须考虑某个特定的器壁(比如 A_1 面)，计算气体对它的压强。

设第 i 个分子与 A_1 面发生碰撞。碰撞前速度在 x 方向分量为 v_{ix}，碰撞后速度在 x 方向分量变为 $-v_{ix}$，碰撞前后第 i 个分子在 x 方向的动量增量应为 $-2mv_{ix}$，根据动量定理，器壁 A_1 面施于分子 i 的冲量为 $-2mx_{ix}$，由牛顿第三定律可知，分子施于 A_1 面的冲量为 $2mv_{ix}$。

第 i 个分子施于 A_1 面的平均冲力。分子 i 从 A_1 面弹回后，沿 $-x$ 方向运动，与 A_2 面碰撞后被弹回又与 A_1 面碰撞。在此过程中分子 i 沿 x 方向经过的路程为 $2l_1$，经历的时间应为$\frac{2l_1}{v_{ix}}$，很显然，单位时间内的碰撞次数为$\frac{v_{ix}}{2l_1}$，于是单位时间内第 i 个分子施于 A_1 面的冲量(即平均冲力)为

$$2mv_{ix}\cdot\frac{v_{ix}}{2l_1}=\frac{mv_{ix}^2}{l_1}$$

下面求 N 个分子施于 A_1 面的平均冲力。由于容器内每个分子都与 A_1 面碰撞，因此 N 个分子施于 A_1 面的平均冲力为

$$\overline{F}=\frac{m}{l_1}(v_{1x}^2+v_{2x}^2+\cdots+v_{Nx}^2)=\frac{Nm}{l_1}\frac{(v_{1x}^2+v_{2x}^2+\cdots+v_{Nx}^2)}{N}=\frac{Nm}{l_1}\overline{v_x^2}$$

由压强的定义可得，A_1 面受到的压强为

$$p=\frac{\overline{F}}{S}=\frac{Nm}{l_1l_2l_3}\overline{v_x^2}=nm\overline{v_x^2}$$

式中，$n=\frac{N}{V}=\frac{N}{l_1l_2l_3}$，为分子数密度。根据统计假设$\overline{v_x^2}=\frac{1}{3}\overline{v^2}$，所以

$$p=\frac{1}{3}nm\overline{v^2}\quad 或\quad p=\frac{2}{3}n\overline{\varepsilon_k}\tag{7-3}$$

式中，$\overline{\varepsilon_k}=\frac{1}{2}m\overline{v^2}$，是气体分子的平均平动动能，式(7-3)即为理想气体的压强公式。

从上述推导过程可以看出，压强公式是一条统计规律，只适用于大量气体分子组成的系

统，宏观量 p 是微观量 n，$\overline{\varepsilon_k}$ 的统计平均值，压强 p 只具有统计意义，对单个分子或少数分子谈压强是没有意义的。

7.3.2 温度的微观本质

根据压强公式和状态方程可以导出气体的温度与气体分子平均平动动能之间的关系，从而阐明温度这个宏观量的微观本质。

将 $p=\frac{2}{3}n\left(\frac{1}{2}m\overline{v^2}\right)$ 和 $p=nkT$ 比较，得

$$\frac{2}{3}n\left(\frac{1}{2}m\overline{v^2}\right)=nkT \quad 或 \quad \frac{1}{2}m\overline{v^2}=\frac{3}{2}kT \tag{7-4a}$$

或

$$T=\frac{2}{3k}\left(\frac{1}{2}m\overline{v^2}\right)=\frac{2}{3k}\overline{\varepsilon_k} \tag{7-4b}$$

式(7-4)表明，宏观量温度是大量气体分子平均平动动能的量度。温度反映了大量气体分子无规则热运动的剧烈程度。温度是大量气体分子热运动的集体表现，具有统计平均的意义。因此对单个分子谈论它的温度是没有意义的。

从式(7-4b)看出，若 $\frac{1}{2}m\overline{v^2}=0$ 时，$T=0$，可是没有任何方法可使分子热运动停止，即 $\frac{1}{2}m\overline{v^2}\neq 0$，所以绝对零度是达不到的。事实上当温度接近绝对零度时，理想气体状态方程已不能适用，所以式(7-4)有一定适用范围。

式(7-4)是表示宏观量 T 与微观量 $\frac{1}{2}m\overline{v^2}$ 之间的关系式，与压强公式一样，都是气体分子运动论的基本公式之一，也叫做气体分子运动论的能量公式。

由于

$$\frac{1}{2}m\overline{v^2}=\frac{3}{2}kT$$

有

$$\sqrt{\overline{v^2}}=\sqrt{\frac{3kT}{m}}=\sqrt{\frac{3RT}{\mu}} \tag{7-5}$$

这就是气体分子的方均根速率，它是一种统计平均速率。

例 7-2 试计算 27° 时，(1) 一个气体分子的平均平动动能；(2)1 mol 气体分子的总平动动能；(3) 一个氧分子的方均根速率。

解 (1) 由式(7-4a)得

$$\frac{1}{2}m\overline{v^2}=\frac{3}{2}kT=\frac{3}{2}\times 1.38\times 10^{-23}\times 300=6.21\times 10^{-23}\ \text{J}$$

(2)1 mol 气体分子总平动动能为

$$E_k=N_0\left(\frac{1}{2}m\overline{v^2}\right)=\frac{3}{2}N_0kT=\frac{3}{2}RT=\frac{3}{2}\times 8.31\times 300=3.74\times 10^3\ \text{J}$$

(3) 将氧分子质量 $m=5.32\times 10^{-26}$ kg 及 k，T 的值代入式(7-5)，得

$$\sqrt{\overline{v^2}}=\sqrt{\frac{3kT}{m}}=\sqrt{\frac{3\times 1.38\times 10^{-23}\times 300}{5.32\times 10^{-26}}}=483\ \text{m/s}$$

或将氧的摩尔数 $\mu=32\times 10^{-3}\ \text{kg}\cdot\text{mol}^{-1}$ 代入式(7-5)，得

$$\sqrt{\overline{v^2}}=\sqrt{\frac{3RT}{\mu}}=\sqrt{\frac{3\times 8.31\times 300}{32\times 10^{-3}}}=483\ \text{m/s}$$

例 7-3　真空容器中有一氢分子束射向面积 $S=2.0\ \text{cm}^2$ 的平板，与平板作弹性碰撞。设分子束中分子的速率 $v=1.0\times10^3\ \text{m}\cdot\text{s}^{-1}$，方向与平板成 60° 夹角，每秒内有 $N=1.0\times10^{23}$ 个氢分子射向平板。求氢分子束作用于平板的压强。

解　一个氢分子与平板作弹性碰撞时，其动量增量为 $2mv\sin60^\circ$。根据牛顿第三定律和动量定理，分子束作用于平板的平均冲力大小等于 1 s 内分子束的动量增量，即

$$\overline{F}=N2mv\sin60^\circ$$

根据压强定义，有

$$p=\frac{\overline{F}}{S}=\frac{2Nmv\sin60^\circ}{S}=\frac{2\times1.0\times10^{23}\times3.3\times10^{-27}\times1.0\times10^3\times\frac{\sqrt{3}}{2}}{2\times10^{-4}}\approx2.85\times10^3\ \text{Pa}$$

7.4　理想气体的内能

前面讨论分子无规则运动中，只研究了分子的平均平动动能。但是对于结构复杂的分子来说，除了平动，还有转动和振动。为了计算分子各种运动能量，需要引入自由度的概念。

7.4.1　自由度

决定一个物体的空间位置，所需要的独立坐标的数目叫做这个物体的自由度，用 i 表示。

对于单原子分子，如 He，Ne 等仍可当质点处理，确定一个质点在空间的位置需要三个独立的坐标，即 (x,y,z)，因此，单原子分子有三个自由度，也叫三个平动自由度，用 $t=3$ 表示(见图 7.4(a))。

对于双原子分子，如 H_2，N_2，O_2 等，除了需要用三个坐标来确定其质心位置外，还需要确定它的两个原子的连线在空间的方位(见图 7-4(b))，由解析几何知识，一条直线在空间的方位，可用其与 x,y,z 轴的夹角 α,β,r 来确定，但因为

$$\cos^2\alpha+\cos^2\beta+\cos^2r=1$$

所以，α,β,r 中只有两个是独立的，它们实际上给出了分子的转动状态，所以，这两个自由度称为转动自由度，以 $r=2$ 表示。那么，双原子分子的总自由度 $i=t+r=5$。

对于多原子分子，如 CH_4，NH_3，CO_2 等，除了上述 5 个自由度外，还需要一个说明分子绕任意轴转动的角坐标 φ(见图 7-4(c))，这也是一个转动自由度，所以，多原子分子有三个平动自由度和三个转动自由度，其总自由度 $i=t+r=6$。

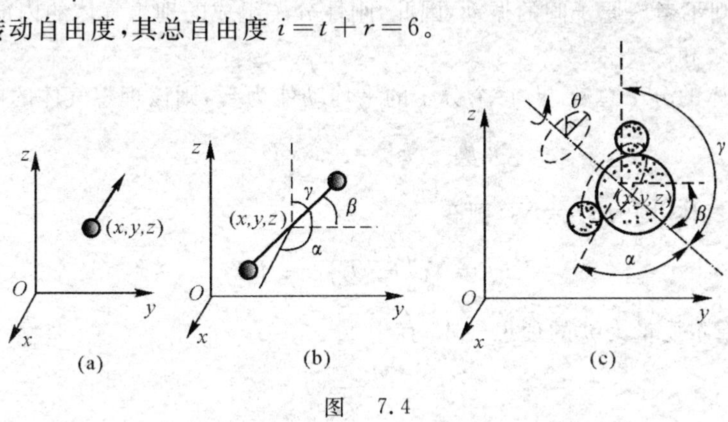

图　7.4

7.4.2 能量按自由度均分定理

由前述理想气体的温度公式

$$\frac{1}{2}m\overline{v^2}=\frac{3}{2}kT$$

根据统计性假设，$\overline{v_x^2}=\overline{v_y^2}=\overline{v_z^2}$，两端同乘以$\left(\frac{1}{2}m\right)$并与温度公式比较可得

$$\frac{1}{2}m\overline{v_x^2}=\frac{1}{2}m\overline{v_y^2}=\frac{1}{2}m\overline{v_z^2}=\frac{1}{2}kT$$

上式可理解为，理想气体分子的平均平动动能均匀地分配在每一个平动自由度上，即每一个平动自由度都具有大小为$\frac{1}{2}kT$的平均平动动能。

分子的任何一种热运动都机会均等，都不会比另一种热运动占优势，因此上述结论可推广到转动和振动。即在温度为T的平衡态下，分子的每一自由度平均地都具有相同的平均动能，其大小为$\frac{1}{2}kT$，称为能量按自由度均分定理，简称能量均分定理。

该定理不仅适用于气体，而且对液体和固体也是正确的，已经得到严格的证明。

如果气体有i个自由度，则气体分子的平均动能

$$\overline{\varepsilon_k}=\frac{i}{2}kT \tag{7-6}$$

能量按自由度均分定理是一条统计规律，是平衡态下对大量分子进行统计平均的结果。对于个别分子来说，任一瞬间它的各种形式的动能和总动能完全可能与平均值有很大差别。对大量分子整体来说，动能之所以会按自由度均分是依靠分子无规则碰撞实现的。碰撞过程中分子之间及各自由度之间会发生能量的交换和转移，使得系统达到平衡态时，能量按自由度分配。

7.4.3 理想气体的内能

以上是从微观上来讨论的。从宏观上讨论气体的能量时，我们引入气体内能的概念。

气体的内能是指它所有分子热运动的动能与分子之间、分子内各原子之间势能之和。对于理想气体，由于不考虑分子间的相互作用力，因而不计分子间的势能，对于刚性分子（除个别分子外，如Cl_2）则不考虑原子间的振动，因此，刚性分子组成的理想气体的内能仅为分子各种运动形式的动能之和。

设某理想气体的分子总数N，每个分子的平均动能为$\bar{\varepsilon}_k$，则该理想气体的内能为

$$E=N\bar{\varepsilon}_k=\frac{i}{2}NkT$$

对于1 mol理想气体，因为$N=N_0$，则有

$$E_0=N_0\left(\frac{i}{2}kT\right)=\frac{i}{2}RT$$

对于质量为M，摩尔质量为μ的理想气体，有

$$E=\frac{M}{\mu}\frac{i}{2}RT \tag{7-7}$$

上述结果表明，从宏观角度讲，一定量的理想气体的内能只是温度的单值函数。因此，当温度变化 ΔT 时，一定量理想气体的内能相应地变为

$$\Delta E = \frac{M}{\mu} \frac{i}{2} R \Delta T \tag{7-8}$$

对于一定量的理想气体，在状态变化过程中，如果温度保持不变而压强和体积变化，那么其内能保持不变。因此，内能是反映理想气体宏观状态的一个重要的状态参量。

例 7-4　1 mol 氧气，其温度为 27℃。(1) 求一个氧分子的平均平动动能、平均转动动能和平均总动能；(2) 求 1 mol 氧气的内能、平动动能和转动动能；(3) 若温度升高 1℃ 时，其内能增加多少？

解　氧气分子是双原子分子，平动自由度 $t=3$，转动自由度 $r=2$，总自由度 $i=t+r=5$。

(1) 根据能量按自由度均分定理，一个氧分子的平均平动动能、平均转动动能和平均动能分别为

$$\bar{\varepsilon}_{kt} = \frac{3}{2}kT = \frac{3}{2} \times 1.38 \times 10^{-23} \times (273+27) = 6.21 \times 10^{-21}\ \text{J}$$

$$\bar{\varepsilon}_{kr} = \frac{2}{2}kT = \frac{2}{2} \times 1.38 \times 10^{-23} \times 300 = 4.14 \times 10^{-21}\ \text{J}$$

$$\bar{\varepsilon}_{k} = \frac{5}{2}kT = \frac{5}{2} \times 1.38 \times 10^{-23} \times 300 = 1.04 \times 10^{-20}\ \text{J}$$

(2)1 mol 氧气分子的平动动能、转动动能和内能分别为

$$E_t = N_0 \cdot \frac{3}{2}kT = \frac{3}{2}RT = \frac{3}{2} \times 8.31 \times 300 \approx 3.74 \times 10^3\ \text{J}$$

$$E_{kr} = N_0 \cdot \frac{2}{2}kT = RT = 8.31 \times 300 \approx 2.49 \times 10^3\ \text{j}$$

$$E = E_{kt} + E_{kr} = \frac{5}{2}RT = \frac{5}{2} \times 8.31 \times 300 \approx 6.23 \times 10^3\ \text{J}$$

(3) 当温度升高 1℃ 时，1mol 氧气的内能增量为

$$\Delta E = \frac{i}{2}R\Delta T = \frac{5}{2} \times 8.31 \times 1 \approx 20.8\ \text{J}$$

7.5　气体分子的速率分布

处于平衡状态下的气体，它的分子各以不同的速率沿各个方向运动着，有的分子速率较大，有的较小；而且由于相互碰撞，每一个分子速度的大小和方向也不断地改变。因此，个别分子的运动情况是完全偶然的，也是不容易而且不必要加以研究的，然而从大量分子的整体来看，在平衡状态下，分子的速率却遵循着一个完全确定的统计分布规律，这又是必然的。有关规律早在 1859 年由麦克斯韦用统计概念首先导出。研究这些规律，不仅加深理解分子运动的性质，其有关概念和方法在科学技术中有普遍应用。

7.5.1　气体分子的速率分布率

研究气体分子速率分布情况，与研究一般的分布问题相似，需要把速率分成若干相等的区间，如从 $0 \sim 100\ \text{m} \cdot \text{s}^{-1}$，$100 \sim 200\ \text{m} \cdot \text{s}^{-1}$，$200 \sim 300\ \text{m} \cdot \text{s}^{-1}$ 等区间。研究分布在各速率区

间 $v-\Delta v$ 之内的分子数 ΔN，各占气体分子总数 N 的百分比 $\frac{\Delta N}{N}\%$ 为多少(即分子速率位于该速率区间的几率为多少)？以及哪一个区间内分子数较多等问题。为便于比较，特把各速率区间取得相等，且所取区间愈小，对分布的情况描述得愈精细。

描述速率分布的方法有三种：① 根据实验数据列表 —— 分布表；② 作出曲线 —— 分布曲线；③ 找出函数关系 —— 分布函数。

表 7.1 为实验测定的氧分子在 0℃ 时速率分布数据。从表中可见，低速或高速运动的分子数目较小，速率在 100 $\mathrm{m\cdot s^{-1}}$ 以下的分子数只占总数的 1.4%，800 $\mathrm{m\cdot s^{-1}}$ 以上的分子数只占总数的 2.9%，分子速率在 300 ～ 400 $\mathrm{m\cdot s^{-1}}$ 之间的分子数最多，占总数的 21.4%。在大量分子热运动中，像上述这样低速或高速运动的分子较少，而多数分子均是以中等速率运动的。对任何温度下的任何气体来说，大体都是如此。这就是分子速率分布的规律性。

表 7.1　在 0℃ 时氧气分子速率分布情况

速率区间 /($\mathrm{m\cdot s^{-1}}$)	分子数的百分比 $\left(\frac{\Delta N}{N}\right)$ /(%)
100 以下	1.4
100 ～ 200	8.1
200 ～ 300	16.5
300 ～ 400	21.4
400 ～ 500	20.6
500 ～ 600	15.1
600 ～ 700	9.2
700 ～ 800	4.8
800 ～ 900	2.0
900 以上	0.9

如果以速率 v 为横坐标，以 $\frac{\Delta N}{N\Delta v}$ 即单位速率间隔内分子的相对数为纵坐标，则表 7.1 给的速率分布，可以表示成如图 7.5(a) 所示的图形。如把速率间隔取得更小，速率分布情况更接近真实(图 7.5(b))；若再把速率间隔尽可能的划小，便可得到一条平滑的速率分布曲线，如图 7.5(c) 所示。分布曲线下面有斜条的小长条面积为 $\frac{\Delta N}{N\Delta v}\cdot\Delta v=\frac{\Delta N}{N}$，表示速率在 v 附近(即 $v-\frac{\Delta v}{2}$ 到 $v+\frac{\Delta v}{2}$ 之间)的分子数目的百分比。因此，速率分布曲线下的面积就表示分布在从零到无穷大整个速率区间的全部百分比之和，此和必等于百分之百，即等于 1；这是分布曲线所必须满足的条件，称为归一化条件。

如果用 $f(v)$ 表示速率分布函数，使 $\Delta v\to 0$，有

$$f(v)=\lim_{\Delta v\to 0}\frac{\Delta N}{N\Delta v}=\frac{\mathrm{d}N}{N\mathrm{d}v} \tag{7-9}$$

则处于速率区间 v_a ～ v_b 的分子数的百分比为

$$\frac{\Delta N}{N}=\int_{v_a}^{v_b} f(v)\mathrm{d}v \tag{7-10}$$

显然,归一化条件可表示为

$$\int_0^{\infty} f(v)\cdot \mathrm{d}v=1 \tag{7-11}$$

1859 年,麦克斯韦从理论上推得,在平衡态下质量为 m 的分子在温度为 T 时的速率分布函数为

$$f(v)=4\pi\left(\frac{m}{2\pi kT}\right)^{3/2}\mathrm{e}^{-\frac{mv^2}{2kT}}\cdot v^2 \tag{7-12}$$

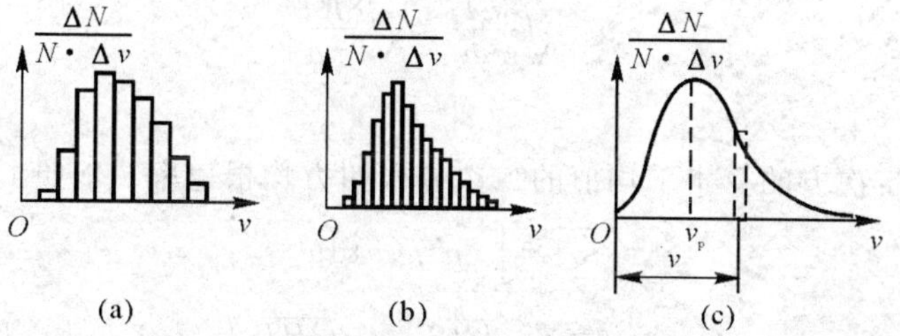

图　7.5

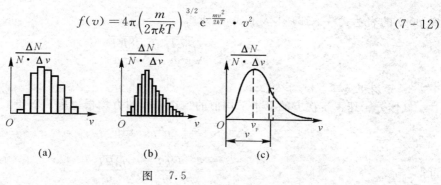

速率分布和温度有关,实验表明,随着温度升高,曲线将变得较为平坦,这是和归一化条件相一致的。图 7.6 为同一种气体在三种不同温度下的分布曲线。

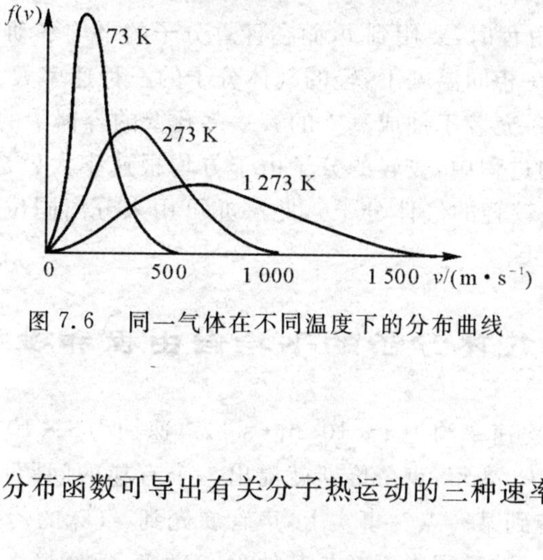

图 7.6　同一气体在不同温度下的分布曲线

7.5.2　三种速率

利用麦克斯韦的速率分布函数可导出有关分子热运动的三种速率。

1. 最概然速率 v_{p}

由于最概然速率对应于速率分布函数曲线的极大值,故可令 $f(v)$ 对 v 的一阶导数为零求得,即

$$\left.\frac{\mathrm{d}f(v)}{\mathrm{d}v}\right|_{v=v_{\mathrm{p}}}=0$$

将 $f(v)$ 的表达式(7-12)代入上式,可得

$$v_{\mathrm{p}}=\sqrt{\frac{2kT}{m}}=\sqrt{\frac{2RT}{\mu}} \tag{7-13}$$

2. 平均速率 $\bar{v}$

气体分子速率的统计平均值叫做气体分子的平均速率。

由式(7-9),速率在$(v \sim v+\mathrm{d}v)$区间的分子数为

$$\mathrm{d}N=Nf(v)\mathrm{d}v$$

由于$\mathrm{d}v$很小,可近似认为$\mathrm{d}N$个分子的速率为v,因而$\mathrm{d}N$个分子速率的总和为

$$v\mathrm{d}N=Nvf(v)\mathrm{d}v$$

根据算术平均值的定义,有

$$\bar{v}=\frac{1}{N}\int v\mathrm{d}N=\frac{1}{N}\int_0^\infty Nvf(v)\mathrm{d}v=\int_0^\infty vf(v)\mathrm{d}v$$

将$f(v)$的表达式(7-12)代入上式,可求得

$$\bar{v}=\sqrt{\frac{8kT}{\pi m}}=\sqrt{\frac{8RT}{\pi\mu}} \tag{7-14}$$

3. 方均根速率$\sqrt{\overline{v^2}}$

气体分子速率二次方的算术平均值的二次方根叫方均根速率。依照上面求$\bar{v}$的方法,有

$$\overline{v^2}=\int_0^\infty v^2 f(v)\mathrm{d}v$$

可得

$$\sqrt{\overline{v^2}}=\sqrt{\frac{3kT}{m}}=\sqrt{\frac{3RT}{\mu}} \tag{7-15}$$

比较三种速率可以看出,它们具有相同的规律:都与$\sqrt{T}$成正比,与$\sqrt{m}$(或$\sqrt{\mu}$)成反比。它们的大小顺序为:$v_p<\bar{v}<\sqrt{\overline{v_2}}$,这三种速率各有不同的用途,在讨论速率分布时,要用到v_p,在计算分子的平均自由程时,要用到$\bar{v}$,而在计算分子的平均平动动能时,要用到$\sqrt{\overline{v^2}}$。

由上面的讨论可知,在相同温度下,轻的气体分子的三种速率大。如果将摩尔质量不同的气体分子组成的混合气体,充装于抽成真空的有一多孔壁的容器中的一边,则混合气体在通过多孔壁向真空一边扩散的过程中,较轻的分子由于方均根速率大就会跑在前面。如采用较多级"过滤"法,就可分离出较轻的气体分子。此法亦可用来分离同位素,如可从六氟化铀中分离出含量较少的核燃料$^{235}\mathrm{U}$。

7.6 气体分子的平均自由程和碰撞频率

室温下,空气分子平均速率约为$4\times10^2\ \mathrm{m\cdot s^{-1}}$,声速约为$3\times10^2\ \mathrm{m\cdot s^{-1}}$,两者是同数量级的,前者还稍快些。早在1858年,克劳修斯就提出一个有趣的问题:若摔破一瓶香水,声音和气味是否该差不多同时传到某一点?事实上,声音要先到,气味的传播要慢得多。克劳修斯认为,这是因为香水分子在运动过程中不断与其他分子碰撞,每碰撞一次,速度的大小和方向就会发生改变,其所走的路径如图7.7所示,是一条十分复杂的折线。

分子的热运动是杂乱无章的,每个分子都要与其他分子频繁碰撞,在相邻的两次碰撞之间,可认为分子作直线运动,它所经过的直线路程,叫做自由程(Free Path)。对个别分子而言,其自由程时长时短,而且单位时间内的碰撞次数也千差万别,带有一定的偶然性。但大量分子的运动具有确定的统计规律性,因此,真正有意义的是大量分子的统计平均值。我们把分子在连续两次碰撞之间所经过的自由程的平均值叫做平均自由程(Mean Free Path),用$\bar{\lambda}$表示。同时,我们把每个分子与其他分子在1 s内的平均碰撞次数叫做平均碰撞频率(Mean Collision Frequency)或平均碰撞次数,用$\bar{Z}$表示。

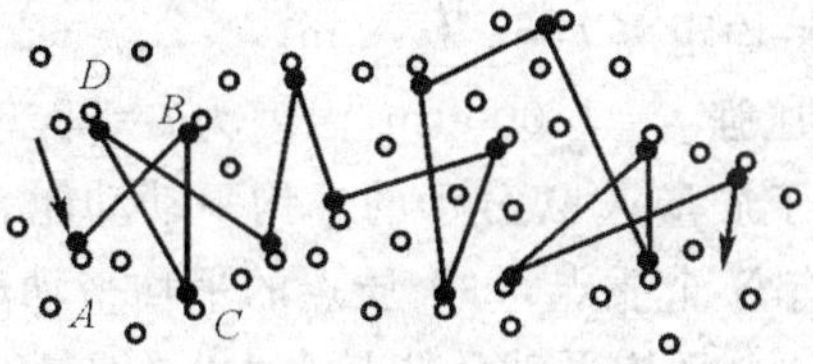

图 7.7　气体分子的碰撞

经理论计算，分子的平均碰撞次数（或平均碰撞频率）为

$$\overline{Z}=\sqrt{2}\,\pi d^2\,\overline{v}n \tag{7-16}$$

平均自由程，其表达式为

$$\overline{\lambda}=\frac{\overline{v}}{\overline{Z}}=\frac{1}{\sqrt{2}\,\pi d^2 n} \tag{7-17a}$$

上述二式中，d 为分子有效直径，n 为分子密度，$\overline{v}$ 为分子平均速率，根据气体状态方程 $p=nkT$，上式可改写成

$$\overline{\lambda}=\frac{kT}{\sqrt{2}\,\pi d^2 p} \tag{7-17b}$$

例 7-5　试计算标准状态下空气分子的平均自由程和碰撞频率。设空气分子有效直径 $d=3.5\times10^{-10}$ m，已知空气分子的平均摩尔质量 μ 是 29×10^{-3} kg·mol^{-1}。

解　将 $p=1.01\times10^5$ Pa，$T=273$ K，$d=3.5\times10^{-10}$ m，及 $k=1.38\times10^{-23}$ J·K^{-1} 代入式(7-17b)，得

$$\overline{\lambda}=\frac{kT}{\sqrt{2}\,\pi d^2 p}=\frac{1.38\times10^{-23}\times273}{1.41\times3.14\times(3.5\times10^{-10})^2\times1.01\times10^5}=6.85\times10^{-8}\ \text{m}$$

标准状态下空气分子的平均速率为

$$\overline{v}=1.60\sqrt{\frac{RT}{\mu}}=1.60\sqrt{\frac{8.30\times273}{29\times10^{-3}}}=446\ \text{m}\cdot\text{s}^{-1}$$

将 $\overline{v}$ 值代入式(7-17a)，得

$$\overline{Z}=\frac{\overline{v}}{\overline{\lambda}}=\frac{446}{6.85\times10^{-8}}=6.51\times10^9\ \text{s}^{-1}$$

平均说来，每个分子每秒和其他分子碰撞次数约 65 亿次，相当于和全世界每个人相碰一次。

习　题

1. 在湖面下 50 m 深处（温度为 4℃），有一个体积为 10 cm^3 的空气泡升到湖面上来，若湖面的温度为 17℃，求升到湖面时的体积。

2. 温度为 27℃ 的 2 mol 理想气体，体积是 30×10^{-3} m^3，问：(1) 它的压强是多大？(2) 保持温度不变，令压强改变 5 mmHg，体积相应变化多少？(3) 保持体积不变，令压强改变 5mmHg，温度相应变化多少？

3. 对一定质量的理想气体，进行等温压缩，若初始时，气体分子数密度为 1.96×10^{24} m^{-3}。当压强升高到初始值的二倍时，每立方米体积的气体分子数为多少？

4. 气体分子间的平均距离 $\overline{l}$ 与压强 p，温度 T 的关系是______。在压强为 1 atm，温度为

0℃ 的情况下，气体分子间的平均距离 $\bar{l}=$ ______ m。

5. 一容器中盛有氧气，其压强 $p=1.00$ atm，温度为 $t=27.0$℃，求：(1) 单位体积中的分子数；(2) 氧气的密度；(3) 氧分子质量；(4) 分子的平均平动动能。

6. 在容积为 V 的容器中有 N 个质点，每个质点的平均平动动能为 $\bar{\varepsilon}_k$，试用 V，N，$\bar{\varepsilon}_k$ 和 k 回答下列问题：(1) 容器中质点的总平均平动动能是多大？(2) 容器中的温度有多高？(3) 容器中的压强有多大？

7. 有一束分子，垂直射到一块光滑的平板上与平板发生完全弹性碰撞。设分子束分子的定向速度为 v，分子的质量为 m，单位体积中的分子数为 n，求：(1) 分子与平板撞击时产生的压强；(2) 若该平板以速度 u 与分子相向运动，分子与平板撞击时产生的压强。

8. 空气中悬浮的小尘埃($m=10^{-3}$ g) 的方均根速率比空气分子($\mu=29.0\ \mathrm{kg\cdot mol^{-1}}$) 的方均根速率小多少倍？

9. 一容积为 10 $\mathrm{cm^3}$ 的电子管，当温度为 300 K 时，将管内空气抽成压强为 5×10^{-6} mmHg 的高真空，问此时管内有多少个空气分子？这些空气分子平均平动动能的总和是多少？平均转动动能总和是多少？平均动能的总和是多少？(1 mmHg $=1.33\times10^{2}$ Pa)

10. 在温度为 27℃ 时，1 mol 氢和 1 mol 氧的内能各是多少？1 g 氢和 1 g 氧呢？

11. 水蒸气水解为同温度的氢气和氧气后内能增加了几分之几？

12. 当压强 $p=1.60\times10^{4}$ Pa 及温度 $t=27$℃ 时，容积 $V=20.0\ \mathrm{cm^3}$ 的容积中，含有多少个双原子分子(设容器内只有这种双原子分子)，这些分子具有的热运动动能是多少？

13. 求标准状态下空气分子的(1) 算术平均速率 $\bar{v}$；(2) 方均根速率 $\sqrt{\overline{v^2}}$；(3) 最概然速率 v_p。

14. 无线电收音机所用真空管的真空度约为 1.00×10^{-5} mmHg，求在 27℃ 时单位体积中的分子数及分子的平均自由程。(设分子的有效直径为 $d=3\times10^{-10}$ m)

15. 求氮分子在标准状态下的平均自由程和平均碰撞频率。当温度不变而压强降到 1.33×10^{-9} Pa 时，平均自由程和平均碰撞频率又是多少？(设氮气分子直径 $d=10^{-10}$ m)

16. 一定量理想气体，先经等容过程使其温度升高为原来的 4 倍，再经等温过程使体积膨胀为原来的 2 倍。根据 $\bar{Z}=\sqrt{2}\pi d^2\bar{v}n$ 和 $\bar{v}=\sqrt{\dfrac{8kT}{\pi m}}$，则平均碰撞频率增至原来的 2 倍；再根据 $\bar{\lambda}=\dfrac{kT}{\sqrt{2}\pi d^2 p}$，则平均自由程增至原来的 4 倍，以上结论是否正确？如有错请改正。

第 8 章　热力学基础

热力学以实验事实为基础，从能量转换观点出发，分析研究热力学系统状态变化过程中热功转换、热量传递的关系与条件，及相关物理量之间所遵循的宏观规律。它不涉及物质的微观结构，是一种宏观理论，其实用价值很高。而上一章的气体分子动理论是微观理论，它们是从不同的角度研究物质热运动规律的，两者相辅相成。

8.1　热力学第一定律

在热力学中，常把所研究的物体（气、液、固体）叫做热力学系统（简称系统）。例如，一瓶气体、锅炉中的蒸汽等都可看做热力学系统。一般地说，热力学就是研究热力学系统的宏观状态及其变化规律。

8.1.1　系统的内能、功、能量

热力学系统的能量依赖于系统的状态（p,V,T）。这种取决于系统状态的能量称为热力学系统的内能（简称内能）。实验证明：内能的改变只决定于始末两个状态，而与所经历的过程无关，即内能是系统状态的单值函数。从分子运动论观点看，系统内能就是系统中所有分子热运动的能量和分子间相互作用势能的总和。

在热力学中，系统处于热平衡状态后，如果它与外界不发生相互作用，它的平衡状态始终保持不变。要想改变系统的状态，从而使它的内能发生变化，必须使之受到外界作用，通常有两种方式：① 外界对系统做功；② 外界向系统传递热量。例如，一杯水，可以通过加热，用传递热量的方式使它温度升高，内能增大；也可用搅拌做功的方法，使它升高到同一温度，从而使系统内能增加相等。所以，对某一系统内能的改变来说，做功和传递热量是等效的，它们都是能量变化的量度。精确的实验指出：4.186 J 的功能够使一个系统增加的内能恰好与传递给它 1 cal 的热量所增加的内能相同，这就是热功当量，即

$$1\ \text{cal} = 4.186\ \text{J}$$

应该指出，“做功”和“传递热量”虽有其等效的一面，但在本质上是有区别的。“做功”是通过系统与外界物体发生宏观的相对位移来完成的，所起的作用是外界物体的有规则运动与系统内分子无规则运动之间的转换，从而改变系统内能。“传递热量”是通过接触边界上分子之间的碰撞来完成的，所起的作用是系统外物体的分子无规则运动与系统内分子无规则运动之间的转换，从而也改变系统内能。

8.1.2　热力学第一定律

前面讲过，对系统做功或向系统传递热量都能使系统的内能增加。在很多实际的热力学过

程中，做功和传递热量是同时进行的。如果有一个系统，外界传给它的热量为 Q，系统由内能为 E_1 的状态变化到内能为 E_2 的状态，同时系统对外界做功为 A，那么由能量守恒和转换定律得

$$Q = E_2 - E_1 + A \tag{8-1}$$

式(8-1)就是热力学第一定律的数学表达式。它说明，外界传递给系统的热量，一部分使系统内能增加，另一部分用于系统对外做功。显然，热力学第一定律就是包括热现象在内的能量守恒和转换定律。

应用热力学第一定律，即式(8-1)时应注意：

(1) 式中各量应该用同一单位，在国际单位制中都用焦耳(J)。

(2)Q，$(E_2 - E_1)$ 和 A 可以是正值，也可以是负值。若系统从外界吸热，则 Q 为正；若系统内能增加，$(E_2 - E_1)$ 为正；若系统对外做功，则 A 为正，否则为负。

对于状态的微小变化过程，热力学第一定律可写为

$$\mathrm{d}Q = \mathrm{d}E + \mathrm{d}A \tag{8-2}$$

应该指出，在系统状态变化过程中，功和热之间的转换不可能是直接的，总是通过物质系统来完成的。向系统传递热量，使系统内能增加，再由系统内能减少而对外做功；或者外界对系统做功，使系统内能增加，再由内能减少，系统向外界传递热量。为简便起见，今后仍沿用"热转为功"或"功转为热"的通俗说法。

历史上曾有人梦想制造出一种机器，这种机器不需要外界提供任何能量，却能不断对外做功。人们称这种机器为第一类永动机。热力学第一定律的确立，告诉人们第一类永动机是永远不能制成的。

应用热力学第一定律分析一个系统的状态变化时，如果知道初始状态 Ⅰ 和终止状态 Ⅱ 的各有关状态参量，就可以求出相应的内能 E_1 和 E_2，若再知道从状态 Ⅰ 到状态 Ⅱ 的变化过程，就可求出所做的功；然后，应用热力学第一定律即可求出传递的热量 Q。在运算过程中，如何计算功是个很关键的问题。做功与状态变化的过程有关，只有准静态过程，做功才可能通过系统的状态方程计算出来。

8.1.3 准静态过程中功的计算

1. 准静态过程

当一热力学系统处于平衡态时，可以用状态方程来描述；当该系统与外界交换能量时，系统的状态发生了变化，即从一个平衡态变为另一平衡态，我们把系统状态随时间变化的过程，称为热力学过程(Thermodyamics Process)(以下简称过程)。系统状态发生变化时，如果过程进行得无限缓慢，则在任何时刻系统的状态都无限接近于平衡态，这种过程称为准静态过程(Quasi-static Process)。准静态过程中任一时刻的状态都可以当做平衡态来处理。

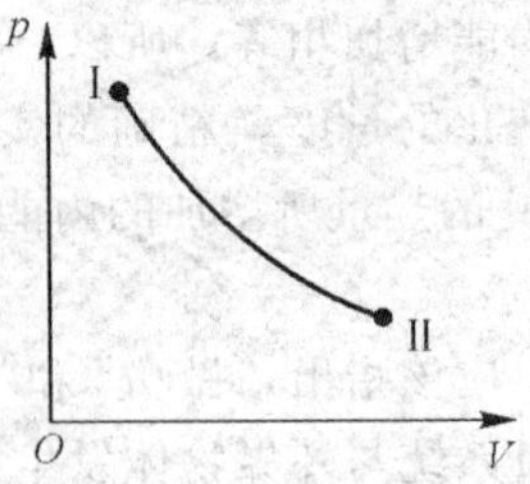

图 8.1 准静态过程 p-V 图

应当指出，准静态过程是一个理想过程，而实际过程往往进行得比较快，以至于在没有达到新的平衡态以前系统就已继续了下一步的变化，即在整个过程中，系统一直处于非平衡态，直至过程结束才达到平衡态，这样的过程称为非准静态过程。

在实际问题中，只要过程进行得不是非常快(如爆炸过程)，一般情况下都可以把实际过程

近似地看做准静态过程。热力学以准静态过程的研究为基础。

准静态过程可用 $p-V$ 图(或 $p-T$ 图、$V-T$ 图)上的一条曲线来表示,如图 8.1 所示。曲线上的每一个点都表示系统的一个平衡态,有确定的 p,V 值,整条曲线表示由一系列平衡态组成的准静态过程,这样的曲线叫做过程曲线。而非平衡态则不能用一组确定的状态参量来表示,所以也无法在状态图上表示出来。

2. 准静态过程的功

为研究系统在状态变化过程中所做的功,我们以气体膨胀为例。设一气缸,其中气体的压强为 p,活塞的面积为 S,当活塞无摩擦地移动一微小距离 dl 时,气体经历了一个微小变化过程,其中压力处处均匀,而且几乎不变,气体所做的功为

$$\mathrm{d}A = f\mathrm{d}l = pS\mathrm{d}l = p\mathrm{d}V \tag{8-3}$$

式中,$\mathrm{d}V$ 是气体体积的微小增量,若 $\mathrm{d}V>0$,则 $\mathrm{d}A>0$,表示气体膨胀对外界做正功;若 $\mathrm{d}V<0$,则 $\mathrm{d}A<0$,表示气体被压缩对外做了负功,即外界对系统做正功。因此在气体的微小变化过程中,热力学第一定律可写为

$$\mathrm{d}Q = \mathrm{d}E + p\mathrm{d}V \tag{8-4}$$

在气体状态变化的整个过程中(如图 8.2 中实线所示),$\mathrm{d}A$ 可用画斜线的小面积来表示,而从状态 Ⅰ 变到状态 Ⅱ 的过程中气体所做的总功则等于上述所有小面积 $\mathrm{d}A$ 的总和,即等于实线下面的面积,用积分法求得

$$A = \int_{\mathrm{I}}^{\mathrm{II}} \mathrm{d}A = \int_{V_1}^{V_2} p\mathrm{d}V \tag{8-5}$$

凡是系统由于体积变化所做的功,皆可用式(8-5)计算。要算出式(8-5)的积分,必须知道压强 p 和体积 V 的函数关系(即过程方程式)。在不同过程中,p 和 V 的关系不同。即使初态和终态相同,如果过程不同,由式(8-5)算得的功也不相同,可见功与过程有关。由图 8.2 可以看出,如果系统是沿着虚线所示的过程进行,那么气体所做的功,等于虚线下的面积,比图中实线表示的过程功大。

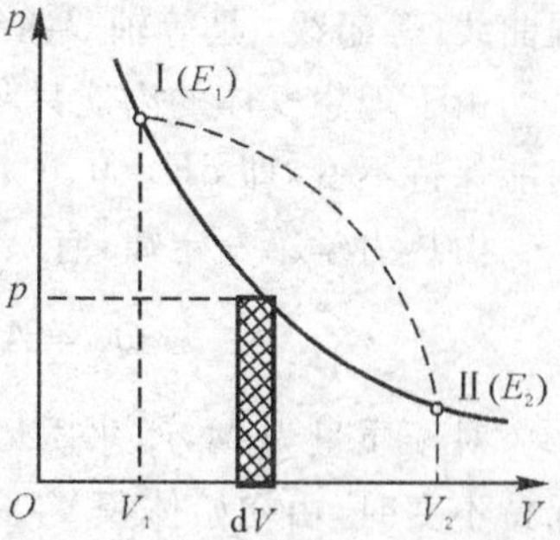

图　8.2

综上所述,可得出一个重要的结论:系统由一个状态变化到另一个状态时,所做的功不仅取决于系统的始末状态,而且与系统所经历的过程有关。也就是说,功是过程量。

利用式(8-5),热力学第一定律可写成常用的一种形式,即

$$Q = E_2 - E_1 + \int_{V_1}^{V_2} p\mathrm{d}V \tag{8-6}$$

因为内能只是状态的函数,而功不仅与初末状态有关,还与过程的方式有关,因而由式(8-6)可知,系统吸入或放出的能量也与过程有关。也就是说,热量也是过程量。

8.1.4　热量的计算

系统与外界之间的热传递也会改变系统的状态,我们把系统与外界之间传递的能量叫做热量,用 Q 表示。

热量的计算除用式(8-6)计算外,还有另一种利用过程中温度的变化的方法来计算。

向一个物体传递热量时,热量的量值计算式为

$$Q=Mc(T_2-T_1)$$

Mc 叫做这一物体的热容。如果取一摩尔的物体即取 $M=\mu$，相应的热容叫做摩尔热容，用大写字母 C 表示，其定义为：1 mol 的物质，当温度升高 1 K 时所吸收的热量，叫做摩尔热容。

$$Q=C(T_2-T_1)\quad (C=\mu c)$$

或

$$C=\frac{Q}{T_2-T_1} \tag{8-7}$$

值得注意的是，对给定的物质，在 T_1，T_2 确定后，因为 Q 与过程有关，所以摩尔热容 C 也与过程有关。因此，同一种气体在不同过程中有不同的摩尔热容。

利用摩尔热容计算质量为 M 的物体传递热量的公式可写为

$$Q=\frac{M}{\mu}C(T_2-T_1) \tag{8-8}$$

8.2 热力学第一定律在理想气体等值过程中的应用

在本节中，我们将利用热力学第一定律来计算三个等值过程（等体、等压、等温）中的功、热量和内能的改变量及它们之间的关系。

8.2.1 等温过程

等温过程的特点是 $T=$ 恒量，根据等温过程方程 $pV=$ 恒量，在 $p-V$ 图上，等温过程的过程曲线（等温线）是等轴双曲线的一支，如图 8.3 所示。

由于理想气体的内能只与其温度有关，因此在等温过程中内能保持不变，即 $\mathrm{d}E=0$。

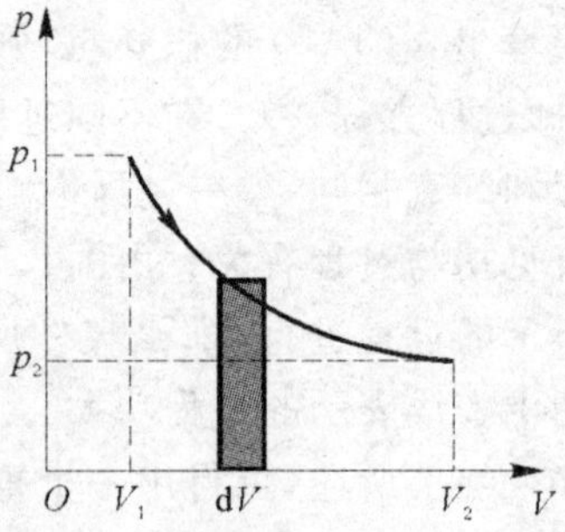

图 8.3

由热力学第一定律，有

$$Q_T=A_T=\int_{V_1}^{V_2}p\mathrm{d}V$$

对于质量为 M，摩尔质量为 μ 的理想气体系统，当温度 T 保持不变时，由初始体积 V_1 等温膨胀到体积 V_2。利用理想气体状态方程，上式可写为

$$A_T=\int_{V_1}^{V_2}\frac{M}{\mu}RT\,\frac{\mathrm{d}V}{V}=\frac{M}{\mu}RT\ln\frac{V_2}{V_1} \tag{8-9a}$$

又因等温过程的过程方程 $p_1V_1=p_2V_2$，则上式又可写成

$$A_T=\frac{M}{\mu}RT\ln\frac{p_1}{p_2} \tag{8-9b}$$

即

$$Q_T=A_T=\frac{M}{\mu}RT\ln\frac{V_2}{V_1}=\frac{M}{\mu}RT\ln\frac{p_1}{p_2} \tag{8-10}$$

因此，在等温过程中，理想气体膨胀所吸收的热量全部用来对外做功。

8.2.2 等体过程

准静态等体过程在 $p-V$ 图上是一条与 p 轴平行的直线，称为等体线，如图 8.4 所示，箭头表示过程进行的方向。

等体过程的特点是 $V=$ 恒量，或 $\mathrm{d}V=0$，故

$$A=\int_{V_1}^{V_2} p\mathrm{d}V=0 \tag{8-11}$$

即等体过程中系统对外不做功。

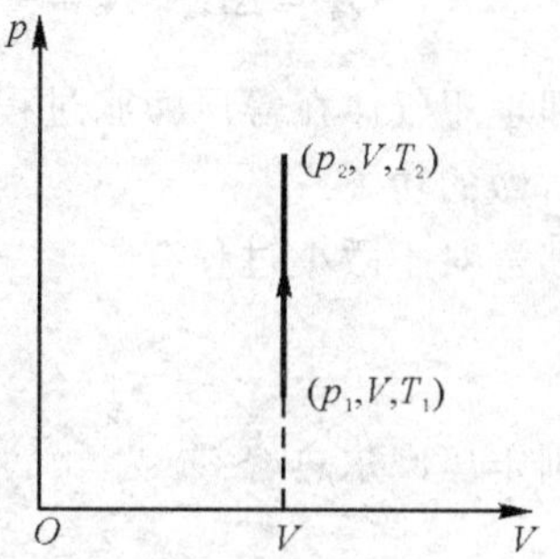

图　8.4

设有质量为 M，摩尔质量为 μ 的理想气体，经等体过程由温度 T_1 初态到温度为 T_2 的末态，内能增量为

$$\Delta E=E_2-E_1=\frac{M}{\mu}\frac{i}{2}R(T_2-T_1) \tag{8-12}$$

根据热力学第一定律，系统从外界吸收的热量为

$$Q_V=\frac{M}{\mu}\frac{i}{2}R(T_2-T_1) \tag{8-13}$$

即等体过程中，气体吸收的热量全部用来增加气体的内能。

热量还采用量热法来表示，我们定义理想气体的定体摩尔热容。设有 1 mol 理想气体在等体过程中，由温度 T 升到 $T+\mathrm{d}T$，所吸收的热量为 $\mathrm{d}Q_V$，则该气体的定体摩尔热容为

$$C_V=\frac{\mathrm{d}Q_V}{\mathrm{d}T}$$

将式(8-13)代入，并注意 $M=\mu$，可得

$$C_V=\frac{i}{2}R \tag{8-14}$$

其单位为焦耳每摩尔开尔文($\mathrm{J\cdot mol^{-1}\cdot K^{-1}}$)。

对于一个微小等体过程，内能增加

$$\mathrm{d}E=\mathrm{d}Q_V=\frac{M}{\mu}C_V\mathrm{d}T \tag{8-15}$$

对于质量为 M 的理想气体，在等体过程中，温度由 T_1 变为 T_2 时，吸收的热量以及内能的增量为

$$Q_V=\Delta E=\frac{M}{\mu}C_V(T_2-T_1) \tag{8-16}$$

8.2.3　等压过程

等压过程在 $p-V$ 图上是一条与 V 轴平行的直线，称为等压线，如图 8.5 所示。

等压过程的特点是 $p=$ 恒量，系统对外界做功为

$$A=\int_{V_1}^{V_2} p\mathrm{d}V=p(V_2-V_1) \tag{8-17}$$

利用理想气体状态方程，式(8-17)还可写成

$$A=\frac{M}{\mu}R(T_2-T_1) \tag{8-18}$$

在 $p-V$ 图上，功可用等压线下的面积表示。

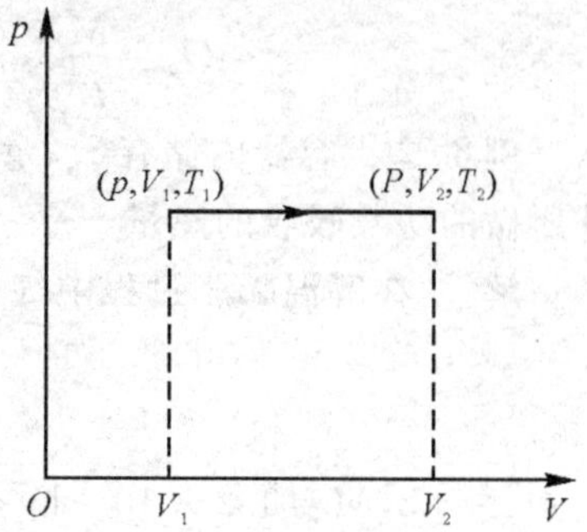

图　8.5

在等压过程中，内能的增量仍为

$$\Delta E=\frac{M}{\mu}C_V(T_2-T_1)$$

由热力学第一定律，外界向系统传递的热量为

$$Q_p=\Delta E+A=\frac{M}{\mu}C_V(T_2-T_1)+\frac{M}{\mu}R(T_2-T_1)=\frac{M}{\mu}(C_V+R)(T_2-T_1)$$

即理想气体在等压膨胀过程中吸收的热量一部分用来增加系统的内能，另一部分转换为对外所做的功。

对于微小过程有

$$\mathrm{d}Q_p=\frac{M}{\mu}(C_V+R)\mathrm{d}T$$

则定压摩尔热容 C_p 为

$$C_p=\frac{\mathrm{d}Q_p}{\mathrm{d}T}=C_V+R$$

所以

$$C_p-C_V=R \tag{8-19}$$

式(8-19)称为迈耶公式。它的意义是，1 mol理想气体温度升高1 K时，在等压过程要比其等体过程多吸收8.31 J的热量。

在等压过程中，系统吸收的热量又可表示为

$$Q_p=\frac{M}{\mu}C_p(T_2-T_1) \tag{8-20}$$

在实际应用中，常用到 C_p 与 C_V 的比值，称为摩尔比热容，即

$$\gamma=\frac{C_p}{C_V}=\frac{i+2}{i} \tag{8-21}$$

例 8-1 压强为 $1.013\,25\times10^5$ Pa，体积为 8.2×10^{-3} m³，温度为 $T_1=300$ K 的氦气，分别在下述条件下加热到 $T_2=400$ K，问各需要多少能量？已知氦气的 $C_{V,\mathrm{m}}=\frac{5}{2}R$，$C_{p,\mathrm{m}}=\frac{7}{2}R$。(1) 体积不变；(2) 压强不变。

解 根据状态方程 $pV=\frac{M}{\mu}RT$，得

$$n=\frac{pV}{RT_1}=\frac{1\times8.2}{0.082\times300}=\frac{1}{3}$$

(1) 体积不变，$\mathrm{d}A=0$，系统吸热为

$$Q_V=\frac{M}{\mu}C_{V,\mathrm{m}}\Delta T=\frac{1}{3}\times\frac{5}{2}R\times(T_2-T_1)=\frac{5}{6}\times8.31\times100\ \mathrm{J}=692.5\ \mathrm{J}$$

(2) 压强不变，系统吸热为

$$Q_p=\frac{M}{\mu}C_{p,\mathrm{m}}\Delta T=\frac{1}{3}\times\frac{7}{2}\times8.31\times100\ \mathrm{J}=969.5\ \mathrm{J}$$

例 8-2 容器内储有3.2 g氧，温度为300 K，若使等温膨胀为原来体积的二倍，求气体对外所做的功及吸收的热量。

解 在等温膨胀过程中气体做功为

$$A=\frac{M}{\mu}RT\ln\frac{V_2}{V_1}$$

已知 $\frac{V_2}{V_1}=2$，$M=3.2\times10^{-3}$ kg，$\mu=3.2\times10^{-2}$ kg，$T=300$ K，代入上式，得

$$A=\frac{3.2\times10^{-3}}{3.2\times10^{-2}}\times8.31\times300\ln2=173\ \mathrm{J}$$

根据热力学第一定律，所吸收的热量为

$$Q_T = A = 173\ \text{J}$$

应注意，在计算时一定要注意各量单位的统一。

8.3　理想气体的绝热过程

气体状态变化时，与外界没有热量交换的过程，叫做绝热过程。例如气体在杜瓦瓶（通常的热水瓶）内，或在用绝热材料包起来的容器内所经历的变化过程，就可看做是绝热过程。又如声波传播时所引起的空气压缩和膨胀，内燃机中的爆炸过程等，由于这些过程进行得很快，热量来不及与四周交换，也可近似的看做是绝热过程。

绝热过程的特征是 $dQ = 0$，根据热力学第一定律，得

$$0 = dE + p dV$$

$$dA = p dV = -dE$$

质量为 M，摩尔质量为 μ 的某种理想气体，当温度变化 dT 时，内能变化为

$$dE = \frac{M}{\mu} C_V dT$$

于是

$$dA = p dV = -dE = -\frac{M}{\mu} C_V dT$$

因为 $\frac{M}{\mu} C_V$ 是恒量，所以当气体由初态（温度为 T_1）绝热地变为末态（温度为 T_2）的过程中，气体做功为

$$A = -\frac{M}{\mu} C_V (T_2 - T_1) \tag{8-22}$$

从式(8－22)可以看出，当气体绝热膨胀而对外做功时，气体内能就要减少，温度就要降低，而压强也在减小。所以在绝热过程中，气体的温度、压强、体积三个参量同时改变。

可以证明，对于理想气体的平衡的过程，在 p，V，T 三个参量中，每两个量之间的相互关系为

$$pV^{\gamma} = \text{恒量} \tag{8-23}$$

$$V^{\gamma-1} T = \text{恒量} \tag{8-24}$$

$$p^{\gamma-1} T^{-\gamma} = \text{恒量} \tag{8-25}$$

这些方程叫做绝热过程方程，式中 γ 为 C_p 与 C_V 的比值，恒量的大小与气体的质量及初始状态有关，并且三个方程中的各恒量均不相同。我们可以按照问题的性质，在三个方程之间任取一个比较方便的来应用。

当气体作绝热变化时，在 $p-V$ 图上，p 与 V 的关系曲线叫做绝热线。图 8.6 中的实线表示绝热线，虚线表示同一气体的等温线，可见绝热线比等温线陡。

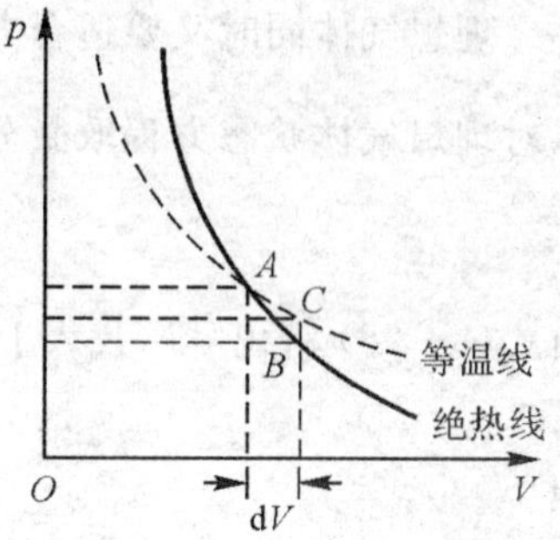

图　8.6

绝热线比等温线陡，其原因可从数学、物理两方面加以说明。从数学方面讲，可以分别求出等温线（pV = 恒量）和绝热线（pV' = 恒量）在交点 A 处的斜率，绝热线的斜率为

$$\left(\frac{\mathrm{d}p}{\mathrm{d}V}\right)_Q=-\gamma\frac{p_A}{V_A} \tag{8-26}$$

等温线的斜率

$$\left(\frac{\mathrm{d}p}{\mathrm{d}V}\right)_T=-\frac{p_A}{V_A} \tag{8-27}$$

因为$\gamma>1$,所以绝热线的斜率比等温线的大,即绝热线比等温线陡。从物理方面讲,由理想气体状态方程$p=nkT$可知,在等温膨胀过程中,温度不变,使p减小的唯一因素是由于V的增大而使n减小;可是在绝热过程中,压强的降低不仅由于体积的膨胀(n减小),而且还由于温度的下降。因此就膨胀相同体积而言,在绝热过程中,压强的减少量$(\mathrm{d}p)_Q$比等温过程中,压强减少量$(\mathrm{d}p)_T$要多,即绝热线比等温线陡。

至此,我们用热力学第一定律分析了理想气体等值过程和绝热过程中内能的增量、热量和功。下面,将理想气体在上述各过程中的一些重要公式列表对照,以供参考(见表 8.1)。

表 8.1　理想气体等值过程和绝热过程公式对照表

过程	特征	过程方程	系统内能增量	系统对外做功	系统吸收热量	摩尔热容
等容	$V=$ 恒量	$\frac{p}{T}=$ 恒量	$\frac{M}{\mu}C_V(T_2-T_1)$	0	$\frac{M}{\mu}C_V(T_2-T_1)$	$C_V=\frac{i}{2}R$
等压	$p=$ 恒量	$\frac{V}{T}=$ 恒量	$\frac{M}{\mu}C_V(T_2-T_1)$	$p(V_2-V_1)$ 或 $\frac{M}{\mu}R(T_2-T_1)$	$\frac{M}{\mu}C_p(T_2-T_1)$	$C_p=\frac{i+2}{2}R$
等温	$T=$ 恒量	$pV=$ 恒量	0	$\frac{M}{\mu}RT\ln\frac{V_2}{V_1}$ 或 $\frac{M}{\mu}RT\ln\frac{p_1}{p_2}$	$\frac{M}{\mu}RT\ln\frac{V_2}{V_1}$ 或 $\frac{M}{\mu}RT\ln\frac{p_1}{p_2}$	∞
绝热	$\mathrm{d}Q=0$	$pV^\gamma=$ 恒量 $V^{\gamma-1}T=$ 恒量 $p^{\gamma-1}T^{-\gamma}=$ 恒量	$\frac{M}{\mu}C_V(T_2-T_1)$	$-\frac{M}{\mu}C_V(T_2-T_1)$	0	0

绝热过程方程的推导:根据热力学第一定律及绝热过程的特征($\mathrm{d}Q=0$),可得

$$p\mathrm{d}V=-\frac{M}{\mu}C_V\mathrm{d}T \tag{8-28}$$

理想气体同时又要适合方程$pV=\frac{M}{\mu}RT$。在绝热过程中,因为p,V,T三量都在改变,所以对理想气体状态方程取微分,得

$$p\mathrm{d}V+V\mathrm{d}p=\frac{M}{\mu}R\mathrm{d}T$$

由式(8-28)解出$\mathrm{d}T$,代入上式,得

$$C_V(p\mathrm{d}V+V\mathrm{d}p)=-Rp\mathrm{d}V$$

但

$$R=C_p-C_V$$

所以

$$C_V(p\mathrm{d}V+V\mathrm{d}p)=(C_V-C_p)p\mathrm{d}V$$

简化后,得

$$C_VV\mathrm{d}p+C_pp\mathrm{d}V=0,\quad \frac{\mathrm{d}p}{p}+\gamma\frac{\mathrm{d}V}{V}=0$$

式中，$\gamma=\frac{C_p}{C_V}$，将上式积分，得

$$\ln p+\gamma\ln V=\text{恒量}$$
$$\ln(pV^{\gamma})=\text{恒量}$$
$$pV^{\gamma}=\text{恒量}$$

这就是绝热过程中 p 与 V 的关系式(8-23)，应用 $pV=\frac{M}{\mu}RT$ 和上式消去 p 或者 V，即可得 V 与 T 及 p 与 T 之间的关系，如式(8-24) 和式(8-25) 所示。

多方过程：前面讨论的四类过程都是一些理想的特殊情况，实际上，系统所进行的过程可能是各种各样的，如果理想气体的状态参量 p,V 在变化过程中满足

$$pV^{n}=\text{恒量} \tag{8-29}$$

则此过程称为多方过程。式中 n 为常数，称为多方指数。

多方过程在热力工程中具有重要的实用价值。如就气体与外界的热交换而言，前面提到的等温过程和绝热过程只是两种理想的极端情况。实际上，当气体与某一恒温热源接触时，在一般情况下，由于过程进行得很快，不能充分交换热量以使系统时时与热源达到热平衡而进行等温变化。由于散热等因素，过程又不是完全绝热的，所以它是介于等温与绝热之间的准静态过程，这就是热工设备中 $1<n<\gamma$ 的多方过程。由数学计算可知，多方过程的摩尔热容 C_n 为

$$C_n=C_V-\frac{R}{n-1} \tag{8-30}$$

由式(8-29) 和式(8-30) 可知，当 n 取不同值时，C_n 的值就不同，于是，就代表不同的过程。

当 $n=0$ 时，$pV^0=p=$恒量，$C_n=C_V+R=C_p$，这是等压过程。

当 $n=1$ 时，$pV=$恒量，$C_n=\infty$，系统吸收多少热量温度也不升高，代表等温过程。

当 $n=\gamma$ 时，$pV^{\gamma}=$恒量，$C_n=0$，系统温度升高不需要吸收热量，代表绝热过程。

当 $n=\infty$ 时，$pV^n=p^{\frac{1}{n}}V=V=$恒量，$C_n=C_V$，这是等容过程。

例 8-3　设有 8×10^{-3} kg 的氧气，体积为 0.41×10^{-3} m^3，温度为 27℃，如氧气作绝热膨胀，膨胀后的体积为 4.1×10^{-3} m^3，问气体做功多少？如氧气作相同体积的等温膨胀，问气体做功又为多少？

解　氧气质量 $M=8\times10^{-3}$ kg，摩尔质量 $\mu=32\times10^{-3}$ kg，原来的温度为 $T_1=273+27=300$ K，令 T_2 为绝热膨胀后的温度，则按式(8-22)，即

$$A=-\frac{M}{\mu}C_V(T_2-T_1)$$

求所做的功 A 必须先求出温度 T_2，由绝热方程

$$V_1^{\gamma-1}T_1=V_2^{\gamma-1}T_2$$

得
$$T_2=\left(\frac{V_1}{V_2}\right)^{\gamma-1}T_1=\left(\frac{1}{10}\right)^{1.40-1}\times300=119\ \text{K}$$

于是
$$A=\frac{M}{\mu}C_V(T_1-T_2)=\frac{1}{4}\times21.0\times181=950\ \text{J}$$

如果氧气作等温膨胀，则由式(8-9) 算出气体所做的功为

$$A=\frac{M}{\mu}RT_1\ln\frac{V_2}{V_1}=\frac{1}{4}\times8.31\times300\times\ln10=1\ 435\ \text{J}$$

8.4　技术上的循环过程

8.4.1　循环过程

把热能转化为功的过程需要物质系统来完成，这样的物质系统称为工作物质，简称工质。在实际应用中，要求工质持续不断地把吸收的热量转变为功，完成这种过程的装置叫做热机。

通过前面的讨论我们知道，理想气体的等温膨胀过程能够把从外界吸收的热量全部用来对外做功，热能转化为功的效果最好，但是这种过程是一次性的，不可能制成实用的热机。这是因为气体在膨胀过程中，气体的体积越来越大，压强则越来越小，最终，系统内压强和外界压强相等，膨胀过程就不能继续了。因此，单一的热力学过程无法实现对外持续不断地做功。为了能使热机将热能转化为功的过程持续地进行下去，就需要利用循环过程。系统经过一系列状态过程后，又回到原来状态的过程叫做热力学循环过程，简称循环。

准静态的循环过程，在 $p-V$ 图上可用一条闭合曲线来表示，如图 8.7 所示。系统从初态 a 开始，沿 aL_1b 曲线膨胀到状态 b，此过程中，系统对外做功 A_1（等于 $V_1aL_1bV_2$ 包围的面积）；然后再将气体由状态 b 从 bL_2a 压缩回到初态 a，此过程中，外界对系统做功 A_2（等于 $V_2bL_2aV_1$ 包围的面积）；整个循环过程中，系统对外做的净功为 $A=A_1-A_2$，其大小等于闭合曲线 aL_1bL_2a 包围的面积。

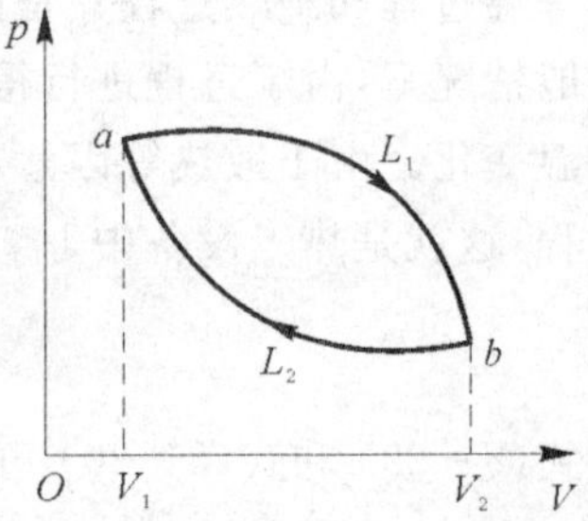

图　8.7

按照循环进行的方向，可将其分为两类：如果循环沿如图 8.7 所示的顺时针方向进行，则循环中系统对外做正功，这样的循环称为正循环；反之，若循环沿逆时针方向进行，则循环中系统对外做负功，这样的循环称为逆循环。在逆循环中，外界对系统做功，系统从低温热源吸热而向外界放热，系统作逆循环的机器叫做制冷机，系统作正循环的机器叫热机。

因为内能是系统状态的单值函数，所以系统经历一个循环过程后，它的内能没有改变，即 $\Delta E=0$，这是循环过程的重要特征。

在正循环中，目的是利用热机对外做功。因此，把热机的工作物质在一次正循环中对外所做的功 A 与它从外界吸收的热量 Q_1 的比值定义为热机效率（循环效率），用 η 表示为

$$\eta=\frac{A}{Q_1}=1-\frac{Q_2}{Q_1} \tag{8-31}$$

式(8-31)表明，当循环过程中工作物质吸收的热量相同时，对外做功愈多，热机效率愈高。

在逆循环过程中，制冷机的目的是通过消耗外界的机械功，使工作物质从低温热源中吸取热量，释放到高温热源处。因此，把一次逆循环中工质从低温热源中吸取的热量 Q_2 与外界对工作物质做的功 A 的比值，定义为循环的制冷系数，用 ω 表示，即

$$\omega=\frac{Q_2}{A} \tag{8-32}$$

式(8-32)说明，当外界消耗的功相同时，工质从低温热源中吸取的热量愈多，制冷系数愈大。

例 8-4　1 mol 氦气经过如图 8.8 所示的循环，其中 $p_2=2p_1$，$V_4=2V_1$，求该循环的

效率。

解　气体经过循环做的净功 A 等于图中 $1\to2\to3\to4\to1$ 所包围的面积，即

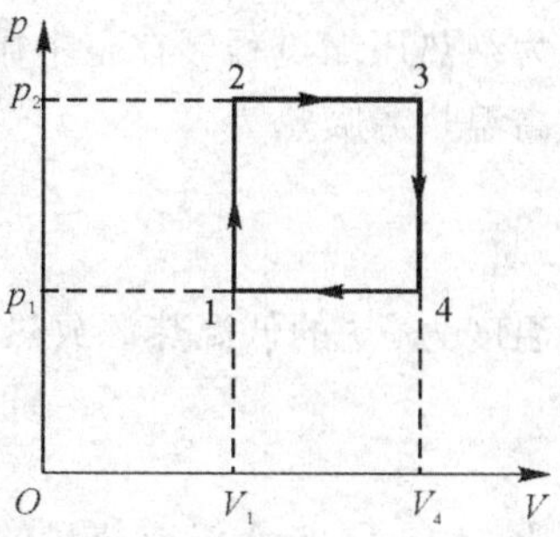

图　8.8

$$A=(p_2-p_1)(V_4-V_1)$$

而 $p_2=2p_1$，$V_4=2V_1$，故

$$A=p_1V_1$$

$1\to2$ 为等体升压过程，系统吸热

$$Q_{12}=C_V(T_2-T_1)$$

$2\to3$ 为等压膨胀过程，系统吸热

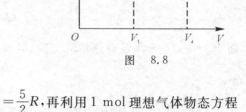

$$Q_{23}=C_p(T_3-T_2)$$

由于氦气为单原子气体，$i=3$，$C_V=\frac{3}{2}R$，$C_p=C_V+R=\frac{5}{2}R$，再利用 1 mol 理想气体物态方程 $pV=RT$，可得氦气经历一个循环吸收的总热量之为

$$Q_1=Q_{12}+Q_{23}=\frac{13}{2}p_1V_1$$

所以

$$\eta=\frac{A}{Q_1}=15.4\%$$

若以此循环作为热机，其将热能转化为功的效率是比较低的。

8.4.2　卡诺循环

19 世纪初期，蒸汽机的使用已经相当广泛，但效率很低，只有 3% ～ 5%，大部分热量都没有得到利用，许多人都为提高热机的效率而努力。1824 年，年轻的法国工程师卡诺(N. L. S. Carnot) 从水通过落差产生动力得到启发，提出了一种理想热机 —— 卡诺热机，并从理论上得出了这种热机效率的极限。卡诺的研究不仅为提高热机效率指出了方向和极限，而且对热力学第二定律的建立起了重要的作用。

卡诺热机的循环过程称为卡诺循环。卡诺循环是指在两个温度恒定的热源(一个高温热源，一个低温热源) 之间工作的准静态循环过程。整个循环由等温膨胀、绝热膨胀、等温压缩和绝热压缩四个分过程组成。由卡诺循环构成的热机或制冷机称为卡诺机。

下面研究理想气体的卡诺循环的效率。图 8.9 是卡诺循环的 $p-V$ 图，图中曲线 $A\to B$，$C\to D$ 是温度分别为 T_1 和 T_2 的两条等温线，曲线 $B\to C$，$D\to A$ 是两条绝热线。在正循环中能量转化情况如图 8.10 所示。

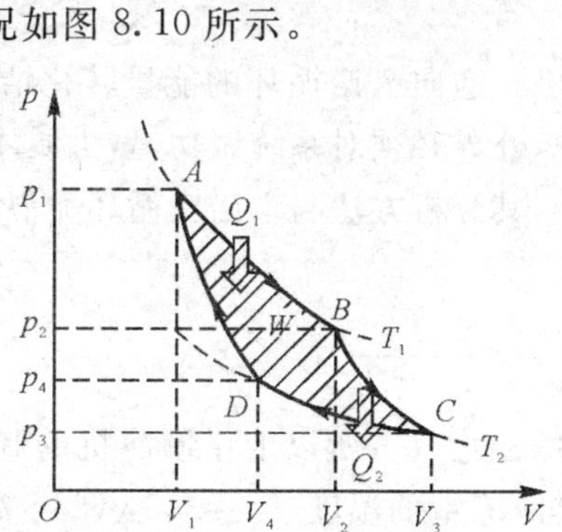

图 8.9　卡诺正循环

图 8.10　卡诺正循环能量关系

由图可知，$A \to B$ 为等温膨胀过程，$B \to C$ 为绝热膨胀过程，$C \to D$ 为等温压缩过程，$D \to A$ 为绝热压缩过程。在整个循环过程中，只有 $A \to B$ 和 $C \to D$ 有热量交换，气体从温度为 T_1 的高温热源吸热为

$$Q_1 = \frac{M}{\mu} R T_1 \ln \frac{V_2}{V_1}$$

向温度为 T_2 的低温热源放热为

$$Q_2 = \frac{M}{\mu} R T_2 \ln \frac{V_3}{V_4}$$

而 $B \to C$，$D \to A$ 没有热量的交换，但满足绝热过程的状态方程，即

$$V_2^{\gamma-1} T_1 = V_3^{\gamma-1} T_2 \tag{8-33}$$

$$V_1^{\gamma-1} T_1 = V_4^{\gamma-1} T_2 \tag{8-34}$$

整个循环过程，气体内能不变，工质对外做的净功为循环曲线包围的面积，其值为

$$A_{净} = Q_1 - Q_2$$

由热机循环效率的定义，可得

$$\eta = \frac{A_{净}}{Q_1} = 1 - \frac{Q_2}{Q_1} = 1 - \frac{T_2 \ln \frac{V_3}{V_4}}{T_1 \ln \frac{V_2}{V_1}} \tag{8-35}$$

将式(8-33)和式(8-34)两式相除，可得

$$\frac{V_2}{V_1} = \frac{V_3}{V_4}$$

代入式(8-35)后，可得卡诺循环的效率为

$$\eta = 1 - \frac{T_2}{T_1} \tag{8-36}$$

由此可见，理想气体准静态过程的卡诺循环效率只由两个热源的温度决定。它指出提高热机效率的方法之一是提高高温热源的温度，例如，当冷却器的温度为 30℃ 时，若蒸汽温度由 300℃ 提高到 600℃ 时，按式(8-36)计算的效率将由 47% 提高到 65%。当然，实际的蒸汽机循环效率只有 15% ～ 30%，这是因为卡诺循环是理想的循环，而实际循环中热源并不是恒温的，工质离开热源后完全绝热也是不可能的，而且实际进行的过程也仅近似为准静态的。

式(8-36)还表明降低低温热源的温度也可以提高效率，但这只有理论上的意义，因为实际上要降低冷却器的温度既困难又不经济。

如果卡诺循环逆向进行，就构成了卡诺制冷机。逆向卡诺循环的能量转化情况由图 8.11 给出，其过程曲线如图 8.12 所示。在整个循环中，外界必须对系统做功 A，工质才可能从低温热源 T_2 中吸收热量 Q_2，向高温热源 T_1 中放热 Q_1，其分析方法与卡诺正循环类似，不难得出卡诺制冷系数为

$$\omega = \frac{Q_2}{A} = \frac{Q_2}{Q_1 - Q_2} = \frac{T_2}{T_1 - T_2} \tag{8-37}$$

在一般的制冷机中，高温热源就是大气环境的温度 T_1，所以卡诺制冷机的制冷系数 ω 取决于希望达到的制冷温度 T_2。假如，家用电冰箱冷冻室的温度 $T_2 = -13$℃，室温为 27℃，由式(8-37)可计算得

$$\omega=\frac{T_2}{T_1-T_2}=\frac{273-13}{(273+27)-(273-13)}=6.5$$

假定室温 T_1 不变，显然，希望值 T_2 越低，则制冷系数就越小，如果仍然要从冷库吸取相等的热量，压缩机就必须做更多的功。

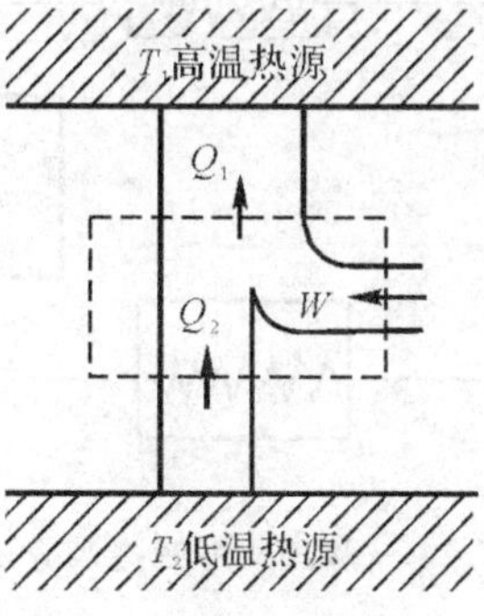

图 8.11　卡诺逆循环能量关系

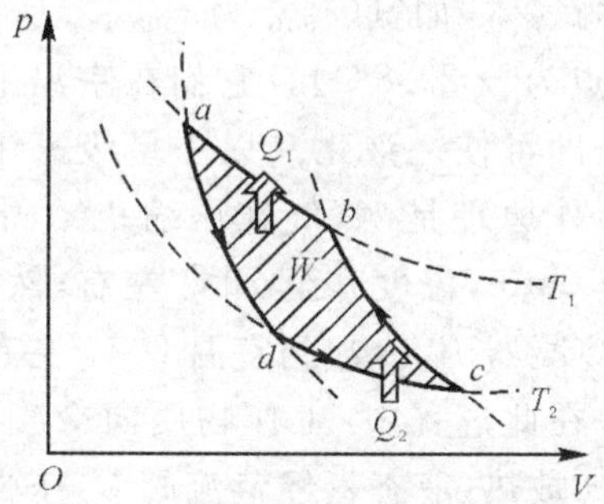

图 8.12　卡诺制冷循环过程曲线

8.4.3　技术上的热力学循环过程

(1) 工程技术上广泛应用不同的正循环过程(热机)将热量转化为内能，再由内能转化为机械能。按照能量转化方式的不同，可将热机分为活塞式发动机(包括蒸汽机、内燃机)、涡轮机(包括蒸汽轮机、燃气轮机)和喷气发动机三类。在活塞式发动机中，高温、高压气体推动活塞做功，将气体内能转化为机械能。在涡轮机中，气体是推动涡轮叶片做功的，由于涡轮机没有往复运动的部件，而且内能向机械能的转化是连续的，因而其功率和效率都高于活塞式发动机。而喷气发动机则直接以高速气体的反作用力为动力，由于其功率大，尺寸小，重量轻，功率随着飞行速度的增大而增大，并能靠自身携带的燃料在真空中飞行，因而在高速飞行和宇宙飞行中具有无可比拟的优越性。

一般常用的蒸汽机、内燃机等，都是利用不同的正循环过程(热机)不断地将热量通过内能再转换为功的，它们虽然构造不同，但工作原理却有共同之处。图 8.13 表示蒸汽动力装置的工作过程：以水和饱和蒸汽作为正循环过程的工作物质。水由水泵压进锅炉加热，变成高温、高压蒸汽进入气缸，并在气缸中膨胀，推动活塞对外做功。然后废气进入冷却器(塔)中冷却放热而凝结成水，再开始新的循环。从能量转化的角度看，整个循环就是工作物质从高温热源 T_1(锅炉)吸收热量 Q_1 使内能增加，一部分内能通过做功转化为机械能，另一部分内能则通过向低温热源 T_2(冷却器)放热 Q_2 而散失掉，工作物质回到原来状态，开始进行新的循环。

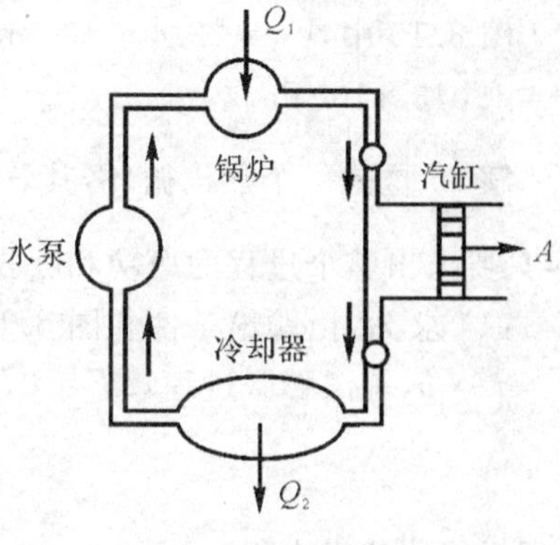

图 8.13　蒸汽动力装置的工作过程

上述蒸汽机的工作原理，概括了其他热机的共同特征：① 在把热转化为功的循环中，至少有两个不同热源，即高温热源 T_1 和低温热源 T_2；② 由于内能是状态的单值函数，工作物质从高温热源吸热 Q_1，以增加内能，所增加内能中一部分对外做功 A，另一部分转换为热量 Q_2 传给低温热源，工作物质的内能不变，即 $\Delta E=0$，其工作示意图如图 8.10 所示。

(2) 制冷机的工作过程与热机相反，它是通过对工作物质做功，使工作物质从低温热源吸热，而向高温热源放热，使热量不断从低温热源流向高温热源，从而保持冷源的低温条件。

图 8.14 为蒸汽压缩制冷装置的流程图，一般家用冰箱、空调等都利用此原理。工作物质用比较容易液化的气体，如氨(沸点为 -33.5℃)或氟里昂-12(沸点为 -29.8℃)。它们在室温下为蒸汽状态，加压即可使之液化。以一星级家用电冰箱为例，其工作原理是：氨气在压缩机 A 中被压缩，压强增至 9atm，温度升至 70℃ 左右；然后，压缩氨气进入冷凝器 B，冷却到室温 20℃ 左右并凝结为液态氨，在此过程中，工作物质向冷凝器(即高温热源 T_1)放热，液态氨经节流阀 C，压强降至 3atm 左右，温度也相应降低并部分汽化，最后进入蒸发器 D(或称冷库)，在蒸发器中液态氨沸腾并继续汽化，由于液态氨的汽化潜热很大，正常沸点为 1.97 kJ/g。所以汽化时要从冷库吸收大量的热量，最后全部变成 -10℃ 的氨气，使冷库内的温度降至 -5℃(星级越高，冷库温度越低，如三星级冰箱可降低到 -18℃)，随后氨气又进入压缩机进行下一个循环。

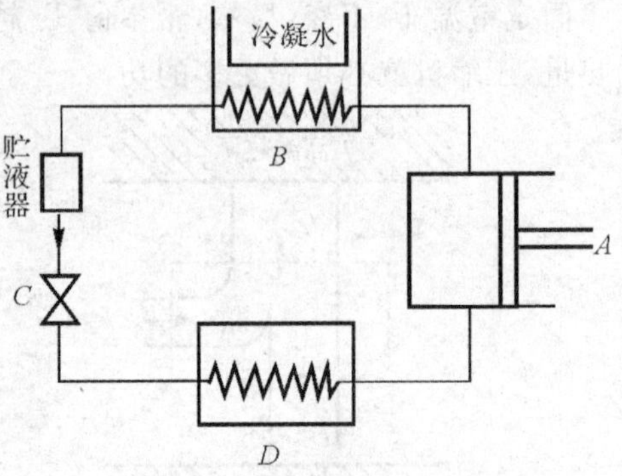

图 8.14　蒸汽压缩制冷装置的流程图

如图 8.14 所示的装置也可当空调使用，在夏天可将房间作为低温热源，以外边的大气作为高温热源，工作时可使房间降温制冷。到冬天，可将外面的大气作低温热源，以房间作为高温热源，工作时就可使房间升温变暖，此时的制冷机称为热泵。

例 8-5　1 mol 氧气作为工作物质，进行图 8.15 所示的 $a\to b\to c\to a$ 循环，其中 $a\to b$ 为等温线。试求：(1) 该循环的效率 η_1；(2) 该循环中，哪一个状态的温度最高，哪一个状态的温度最低；(3) 说明在上述最高与最低温度之间作怎样的循环其效率 η_2 最高，并与 (1) 中的 η_1 相比较。

图 8.15 中，$V_1=22.4\times10^{-3}$ m³，$V_2=44.8\times10^{-3}$ m³，$p_2=1.013\times10^5$ Pa。

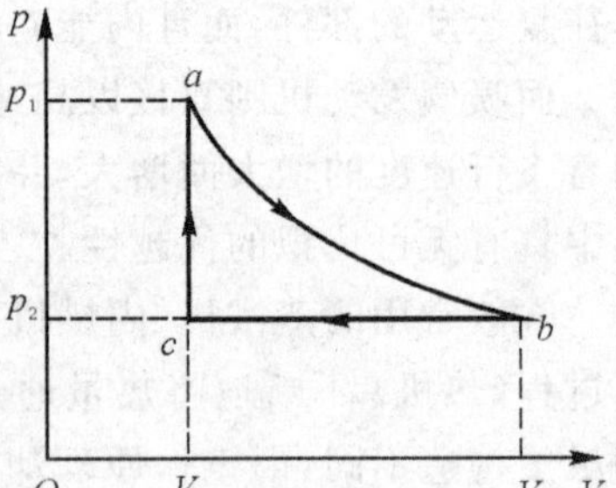

图　8.15

解　这是一个热机循环，其效率 $\eta=\dfrac{A}{Q_1}$。因此，欲求其 η_1，只要求出整个过程的净功和吸收的总热量即可。

(1) 求 η_1，由题给条件和图 8.15 可知：

$a\to b$，等温膨胀过程，$\Delta E=0$，根据热力学第一定律，有

$$Q_{ab}=A_{ab}=\frac{M}{\mu}RT_b\ln\frac{V_2}{V_1}$$

由理想气体状态方程

$$T_b=\frac{p_2V_2}{\frac{M}{\mu}R}=\frac{1.013\times10^5\times44.8\times10^{-3}}{8.31}=546\ \text{K}$$

所以　$$Q_{ab}=A_{ab}=\frac{M}{\mu}RT_b\ln\frac{V_2}{V_1}=1\times8.31\times546\times\ln2=3\ 145\ \text{J}\quad 吸热$$

$b \to c$，等压压缩过程，有$\frac{V_2}{T_b}=\frac{V_1}{T_c}$，即

$$T_c=\frac{V_1}{V_2}T_b=\frac{22.4\times10^{-3}}{44.8\times10^{-3}}\times546=237\ \text{K}$$

$$Q_{bc}=\frac{M}{\mu}C_p(T_c-T_b)=1\times29.09\times(273-546)=-7\ 940\ \text{J}\quad 放热$$

$c \to a$，等容升压过程，有

$$Q_{ca}=\frac{M}{\mu}C_V(T_a-T_c)=1\times20.78\times(546-273)=5\ 672\ \text{J}\quad 吸热$$

所以，在整个循环过程中，工作物质从外界所吸收的总热量为

$$Q_1=Q_{ab}+Q_{ca}=8\ 817\ \text{J}$$

放出总热量为

$$Q_2=Q_{bc}=7\ 940\ \text{J}$$

工作物质对外做的净功为

$$A=Q_1-Q_2=8\ 817-7\ 940=877\ \text{J}$$

所以

$$\eta_1=\frac{A}{Q_1}=\frac{877}{8\ 817}=9.9\%$$

(2) 根据上面的分析计算可知，a 到 b 的状态中，温度最高为 546 K，状态 c 的温度最低为 273 K。

(3) 根据卡诺理论，在两个热源之间，卡诺机的效率最高，即

$$\eta_2=1-\frac{T_2}{T_1}=1-\frac{273}{546}=50\%>\eta_1$$

例 8-6　如图 8.16 所示的循环中，DA，BC 为绝热过程，D，A，B，C 的温度分别为 T_1，T_2，T_3，T_4，设 $t_1=27℃$，$t_2=127℃$，问燃烧 50 kg 汽油可得到多少功？（汽油燃烧值为 4.69×10^7 J/kg，气体视为理想气体）

解　由式 $\eta=1-\frac{Q_2}{Q_1}$，$A\to B$ 为等压膨胀过程，吸收热量为

$$Q_1=\frac{M}{\mu}C_p(T_3-T_2)$$

$C\to D$ 为等压压缩过程，放出热量的绝对值为

$$Q_2=\frac{M}{\mu}C_p(T_4-T_1)$$

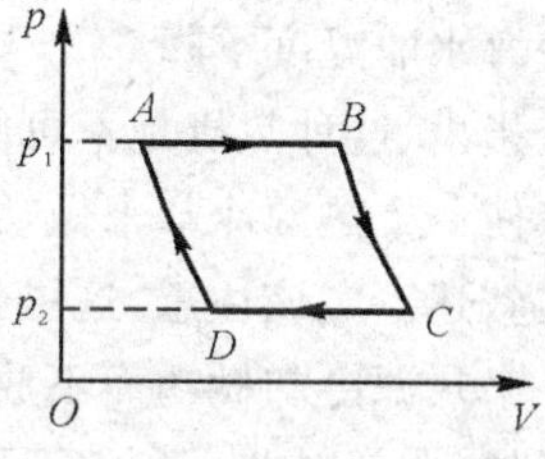

图　8.16

两个绝热过程有

$$Q=0$$

代入效率公式，得

$$\eta=1-\frac{Q_2}{Q_1}=\frac{T_4-T_1}{T_3-T_2}\qquad ①$$

由绝热过程的过程方程式 $p^{\gamma-1}T^{-\gamma}=$恒量，可得

$$\left.\begin{aligned} &\frac{T_3}{T_4}=\left(\frac{p_2}{p_1}\right)^{\frac{\gamma-1}{\gamma}} \\ &\frac{T_2}{T_1}=\left(\frac{p_2}{p_1}\right)^{\frac{\gamma-1}{\gamma}} \\ &\frac{T_3}{T_4}=\frac{T_2}{T_1} \quad \text{或} \quad \frac{T_3-T_2}{T_4-T_1}=\frac{T_2}{T_1} \end{aligned}\right\} \qquad ②$$

将式 ② 代入式 ①,得

$$\eta=1-\frac{T_4-T_1}{T_3-T_2}=1-\frac{T_1}{T_2}=1-\frac{300}{400}=25.0\%$$

又由题设有

$$Q_1=\text{燃烧值}\times\text{质量}=4.96\times10^7\ \text{J/kg}\times50.0\ \text{kg}=2.35\times10^9\ \text{J}$$

因此,50.0 kg 汽油可做功为

$$A=Q\cdot\eta=2.35\times10^9\times25.0\%=5.86\times10^8\ \text{J}$$

8.5　热力学第二定律

8.5.1　热力学第二定律的两种表述

从上节分析中可以看出,要提高热机效率就要使热机从高温热源吸收的热量,尽可能多地用来做功,即要尽可能减少向低温热源放出的热量。从式(8-31)可以看出,Q_2 越小,效率就越高。若 $Q_2=0$,则效率 $\eta=100\%$。历史上,曾有人企图制造这样一种循环工作的热机,它只从高温热源吸收热量,并将吸收的热量全部用来做功,而不放出热量给低温热源,因而它的效率 $\eta=100\%$。这种热机叫做第二类永动机。这种永动机并不违背热力学第一定律,即不违背能量守恒定律。假如这种机器能制造成功,那就可以从单一的热源(如大气或海洋)中吸收热量,并把它全部用来做功。有人曾作过估计,要是用这样的热机来吸收海水的热量做功,只要使海水的温度下降 0.01℃,就能使全世界的机器开动一千多年,但是这只是幻想。实践和理论指出,这种热机是不可能实现的。因此可以说,不可能制造出这样一种循环工作的热机,它只使一个热源冷却来做功,而不放出热量给其他物体。这个规律就是热力学第二定律的开尔文叙述。应该注意,这里指的是循环工作的热机。如果工作物质进行的不是循环过程,那么使一个热源冷却做功而不放出热量是完全可能的。例如在气体等温膨胀中,气体只从一个热源吸热,全部转换为功而不放出任何热量,但如果只是这样做功,工作物质不可能回到初始状态。

克劳修斯在观察自然现象时发现,热量的传递也有一种特殊的规律,这就是:热量不能自动地从低温物体传向高温物体。这一规律叫做热力学第二定律的克劳修斯叙述。这一叙述似乎和前一叙述并无关系。然而,可以证明这一叙述与前一叙述是等价的。即:如果前一叙述成立,则克劳修斯这一叙述也成立;反之,如果克劳修斯的这一叙述成立,则开尔文叙述也成立。因此这两个叙述实际上是一个定律,只是叙述的方法不同而已。应该注意“自动”二字,所谓热量不能自动地从低温物体传向高温物体,意思是:热量直接从低温物体传向高温物体,是不可能的。如通过制冷机,热量可以从低温物体传到高温物体,但此时外界必须做功,因此这就不是热量“自动”地从低温物体传向高温物体。

通过摩擦，功可以全部变为热，热力学第二定律却说明热量不能通过一循环过程全部变成功。热量可以从高温物体自动传向低温物体，而热力学第二定律却说明热量不能自动从低温物体传向高温物体。热力学第一定律说明在任何过程中能量必须守恒，热力学第二定律却说明并非所有的能量守恒的过程均能实现。热力学第二定律是反映自然界过程进行的方向和条件的一个规律，它指出自然界中出现的过程是具有方向性的，某些方向的过程可以实现，而另一方向的过程则不能实现，在热力学中，第二定律和第一定律相辅相成，缺一不可。

从这里也可以看到，我们为什么在热力学中要把做功及传递热量这两种能量传递方式加以区别，这就是因为热量具有只能自动从高温物体传向低温物体的方向性。

8.5.2　可逆过程与不可逆过程

自然界的所有现象按其过程进行的方向可以分为两类：可逆过程和不可逆过程。一个热力学系统由一个状态出发，经过一个过程达到另一个状态，如果过程的每一步都可沿相反的方向进行，同时不引起外界的任何变化，这个过程称为可逆过程。在可逆过程中，系统和外界都能恢复到原来的状态；反之，如果用任何方法都不能使系统和外界恢复到原来的状态，这样的过程称为不可逆过程。

如图 8.17 所示，假想汽缸内的气体在活塞无限缓慢地移动时经历准静态膨胀过程，它的每一个中间态都是无限接近平衡态的。考虑汽缸与活塞间是没有摩擦的理想情况，当活塞无限缓慢地压缩气体，使气体系统在逆过程中以相反的顺序重复正过程的每一个中间态，使系统完全复原，对外界也不留下任何影响，这样的准静态膨胀过程一定是可逆过程。可以推想，一切无摩擦的准静态过程都是可逆过程。

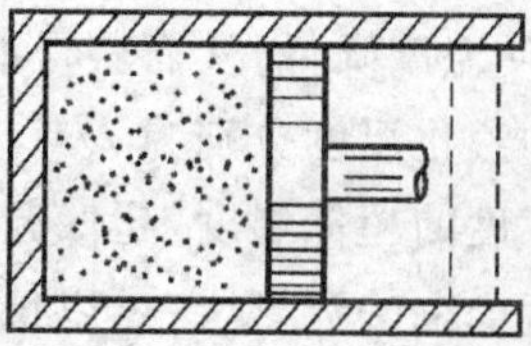

图 8.17　气体的准静态膨胀过程

可逆过程是一种理想过程，而自然界中一切宏观过程都是不可逆的。热力学第二定律是反映自然界过程进行的方向和条件的一个规律，它指出自然界中一切与热现象有关的宏观过程都具有方向性，即不可逆性。例如，物体间热量的自发传递过程具有只能从高温物体传向低温物体的方向性；物质的自发扩散过程具有从密度大的地方传向密度小的地方的方向性。

8.5.3　卡诺定理

卡诺循环中每个过程都是平衡过程，所以卡诺循环是理想的可逆循环。完成可逆循环的热机叫做可逆机。

从热力学第二定律可以证明热机理论中非常重要的卡诺定理：

(1) 在同样高低温热源（高温热源的温度为 T_1，低温热源的温度为 T_2）之间工作的一切可逆机，不论用什么工作物质，效率都等于$\left(1-\dfrac{T_2}{T_1}\right)$。

(2) 在同样高低温热源之间工作的一切不可逆机的效率，不可能高于（实际是小于）可逆机的效率，即

$$\eta \leqslant 1-\frac{T_2}{T_1} \tag{8-38}$$

卡诺定理对提高热机效率具有指导意义。就过程而论，应当使实际的不可逆机尽量地接近可逆机。对高温热源和低温热源的温度来说，应该尽量地提高两热源的温度差，温度差愈大，则热量可利用的价值也愈大。而在实际热机中，如蒸汽机等，低温热源的温度就是用来冷却蒸汽的冷凝器的温度，想获得更低的低温热源温度，就必须用制冷机，而制冷机要消耗外功，因此用降低低温热源的温度来提高热机的效率是不经济的，所以要提高热机的效率，应当从提高高温热源的温度着手。

8.6 低温与等离子体

8.6.1 低温

低温物理所研究的温度范围，一般是在空气液化温度(81K)即近似为－192℃以下。在低温下，物质表现了许多新的特性，这些特性与常温下的特性大不相同。对这些特性的研究，可使我们进一步认识物质的结构，并为低温在生产技术上的应用提供基础。

低温的获得与气体的液化是分不开的。气体液化的基本原理是降低气体分子热运动动能，它可以用不同的方法来实现。有一种方法是使压缩的气体绝热膨胀做功，消耗气体的内能，使温度降低，从而获得液态气体。在一个大气压下空气的液化温度为81K，氮气、氢气、氦气的液化温度分别为77K，20.4K，4.2K。有了液态气体，再采用一些设备，就可以获得接近绝对零度的超低温度(超低温度一般指氦气液化温度4.2K以下)。若采用抽气机，降低液态气体液面上的蒸汽压，可以使温度进一步降低。利用磁冷却法，可以获得低于0.3K的低温，最低可达10^{-3}K。利用核磁冷却法，获得的最低温度可达10^{-6}K。

在低温下最突出的现象是物质呈流动性和超导电性。

液态氦在压力小于0.005 atm、温度低于2.17K的条件下，流过水平旋转的毛细管时，不需要管的两端具有压力差，表现为没有黏滞性，这种现象叫做超流动性。它在研究物性及原子核结构方面有重要意义。超流氦的冷却效率很高，已在超导直线加速器的制造中得到应用。

某些金属、合金或化合物在低温时，其电阻突然下降为零的现象称为超导电现象。这种物质叫做超导体(或称超导材料)。如果把超导体做成圆环，在其中激发电流，由于电阻为零，电能没有转换为其他形式的能量，电流能一直维持下去。但是，如果在超导体中激起的电流太大，会失去超导电性。如果把超导体放在外磁场中，则当外磁场达到一定值时，超导电性也要破坏。

一定物质开始发生超导电现象的温度是确定的，这个温度叫做超导体的转换温度。表8.2列出一些超导体的转换温度。

超导体的另一特性是完全抗磁性，即外磁场在某一确定的磁场强度以下时，磁力线不能穿透超导体。

表8.2 超导体的转换温度

超导体	铝	锡	汞	铟	铅	铌	铌钛合金	铌锆合金	铌锡合金	铌锗合金
转换温度/K	1.14	3.96	4.12	4.15	7.19	9.15	8.10	9.11	18.3	22.3

超导体的特性在近代技术上有很大的应用价值。一般电机由于磁饱和强度所限，进一步提高功率有很大困难，其极限值仅达 2.5×10^6 kW，若采用超导材料线圈，磁感应强度可提高 5 ～15 倍，超导线圈载流能力提高 10 倍以上，可大大提高单机功率。又由于发热现象大大减少，发电机体积和重量也将大大减小。原来制造一台 5×10^5 kW 的发电机要重达 500 t，用超导材料，制造一台 1.0×10^5 kW 的发电机，只不过 70 t 重。超导体制作成的超导磁体，由于其磁场强、费用低、易启动、轻便稳定等优点，为大型粒子加速器、磁流体发电和受控核聚变创造了条件。苏联建成了“托卡马克 —7 号”可控热核装置，采用超导线圈后耗费电功率只是常用铜线圈的几百分之一。利用超导现象，可制成小巧、省电、构造简单的“冷子管”，因其耗电省(100 万个耗电半瓦)、灵敏度高，可用作电子计算机元件，使得机体大大缩小，用电很省。用超导技术做成的通信电缆，用于有线通信，既可提高保密程度，又可扩大通信容量，还可使长途通信不需中间放大而清晰准确。用超导线圈做成“电子仓库”可在用电低谷时将多余电能储存起来，在用电高峰期或急需时放出，形成极好的储能装置。利用超导特性做成的磁悬浮列车速度可达 550 km/h(远超过常规列车的极限速度 350 km/h)，用超导技术做成的电磁推进船由于在潜水航行中不产生涡流，没有机械传动部件和螺旋桨，可达到高速度、噪声小、振动小而效率高。一些国家正在研制潜艇用于军事。用超导体制成的陀螺仪、重力仪、磁强计等测量仪器，可精确测出微小物理量，超导磁强计测出的最小磁场达 10^{-11} 高斯。可以设想如果超导体得到广泛应用，将使电子工业技术发生革命性的变化。

超导技术应用的最大困难是它所需要的低温条件，它大大限制了超导技术的广泛应用。所以人们正在努力寻找常温超导体。1987 年 2 月我国科学院物理所发现了转换温度为 100 K 以上的超导材料，为超导技术做出举世瞩目的贡献。可以预料，如果常温超导材料研制成功，又将在技术上发生一场巨大的革命。

8.6.2　等离子体

气、液、固体是我们所熟悉的三种物态。随着人们对自然界认识的不断深化，发现物质还有第四种状态 —— 等离子态。物态是由物质具有的能量状态所决定的。如以氮为例，在一个大气压下，温度在 −210℃ 以下时是固态；如果使它不断得到能量，到达 −210℃ 时，就变为液态；到达 −195℃ 时就变为气态；到达 5 300℃，气体分子开始离解为原子；到达 1.23×10^5 ℃ 时，原子就电离为原子核和电子。这种处于电离状态的气体就是等离子体。在火焰、闪电、大气电离层、北极光、霓虹灯、氢弹爆炸中都存在着等离子态。据估计，宇宙中有 99.9% 的物质是处于等离子态的。太阳就是一个灼热非凡的等离子体火球。

要获得等离子体，必须使气体处于高温状态或对气体进行电离。在高温下，因为气体分子热运动速度加快，分子间发生激烈碰撞，电子就会脱离原子核的束缚而成为自由电子，这样就形成了大量的电子和带正电的离子，这些大量电子和离子所组成的电离气体就是等离子体。因为等离子体中的正、负电荷所带的电量相等，所以从整体来看，它是中性的。其主要性质为：① 由于等离子体是由等量异号带电粒子所组成，它有很强的导电本领；② 它与气体一样，也有较大的流动性；③ 当这些正、负带电粒子重新结合时，能放出很大的能量，激起很高的温度或发出很强的光。

等离子体的上述特征，在生产技术和科学研究方面有着很广的应用前景。例如等离子体喷涂，就是利用它能激起高温的特性。一般等离子体喷枪产生的火焰，具有摄氏一万至二万度的高温和 300 $m \cdot s^{-1}$ 至 1 000 $m \cdot s^{-1}$ 的速度。像钼、钨、铬、氧化铝等喷涂材料，具有耐磨、耐腐蚀、耐高温等优良性能，把这些喷涂材料制成粉末，送到等离子喷枪火焰中，立即就被熔化。将它们喷涂到工件上可使工件具有这些喷涂材料的优良性能。等离子喷涂解决了将难熔的金属高速、均匀地喷涂在工件上这一技术难题，在航空、航天技术中发挥了巨大作用；等离子体还可用于机械加工中的切割、焊接、钻孔等，且具有高速、光滑、无局部氧化等特点，不但能切割金属，还能切割陶瓷、混凝土或岩石等。

等离子体还可用于磁流体发电，它是使高温的等离子流以很高的速度横穿磁场，在与磁场相垂直的方向得到电动势，这样就能把热能直接转变为电能。在超导强磁场中效果更佳。

根据理论研究，在火箭技术中，用等离子体喷射推进的火箭（称为离子火箭），每秒钟消耗的燃料可从几吨降为几克，如果能实现的话，在宇宙航行中将产生巨大作用。

受控热核反应是当前世界科学技术研究的重大课题之一，这种方法的成功，将会使热核反应按人们的意志进行，为人类提供更多的能源。用超导体做成的超导磁体所产生的强大磁场来约束极高温的等离子体，就可使其在一定范围内进行热核反应。关键是如何产生一个密度比较稀薄、温度为几千万度至几亿度并能维持足够长时间的等离子体团，这是人们正在研究的课题。如果这一问题解决，就有可能在可控制的条件下取用热核反应释放出来的巨大能量，实现受控热核反应。

习　题

1. 一系统由如图 8.18 所示的 a 状态沿 abc 到达 c 状态，有 80 cal 热量传入系统，而系统做功 126 J。(1) 经 adc 过程，系统做功 42 J，试问有多少热量传入系统？(2) 当系统由 c 状态沿曲线 ca 返回状态 a 时，外界对系统做功为 84 J，试问系统是吸热还是放热？传递的热量是多少？

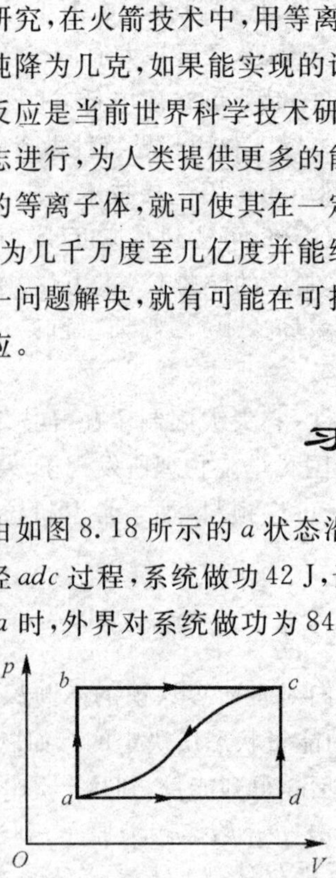

图　8.18

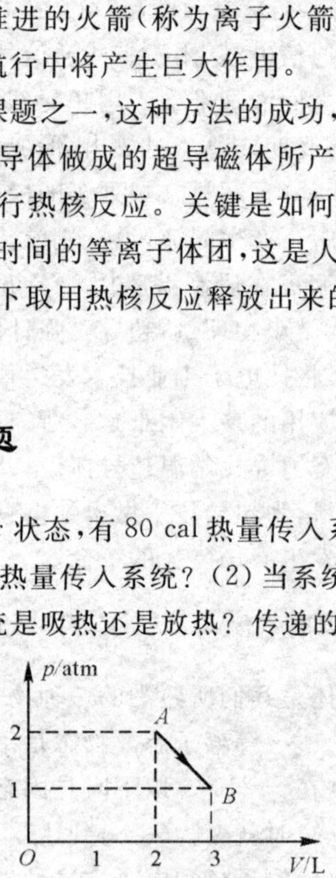

图　8.19

2. 如图 8.19 所示，1 mol 的双原子理想气体开始在状态 A，沿直线 AB 变化到 B，求在此过程中气体所做的功及其内能变化的大小。

3. 回答下列问题：

(1) 解释功、热量和内能三概念，它们之间如何区分？

(2)“气体的内能是气体状态的单值函数”“内能是系统状态的单值函数”，这些话怎样理解？这些论断是如何得出的？

4. 当气缸中的活塞迅速向外移动从而使气体迅速膨胀时，气体所经历的过程是不是平衡过程？它能不能用 $p-V$ 图上的一条曲线表示？

5. 压强为 1.013×10^5 Pa，容积为 8.2×10^{-3} m^3 的氮气，从 300 K 加热到 400 K，如果加热

时:(1) 容积不变;(2) 压强不变;求各过程中系统所做的功及吸收的热量,哪一个过程吸热多? 为什么?

6. 如图 8.20 所示,一个四周用绝热材料制成的汽缸,中间有一固定的用导热材料制成的导热板 C 把汽缸分成 A,B 两部分,D 是绝热的活塞,A 中盛有 1 mol 氦气,B 中盛有 1 mol 氮气(均视为刚性分子的理想气体),今外界缓慢地移动活塞 D,压缩 A 部分的气体,对气体做功为 A_0,试求在此过程中 B 部分气体内能的变化。

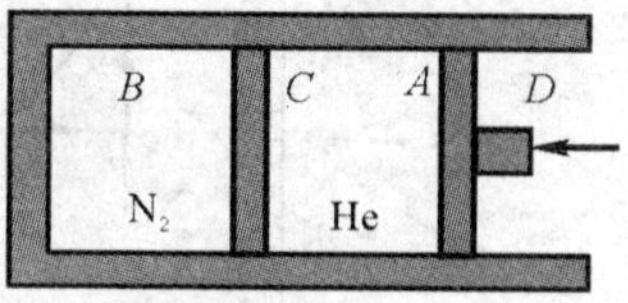

图　8.20

7. 将 500 J 的热量传给标准状态下的 2 mol 氢气。(1) 若体积不变,该热量变为什么? 氢的温度为多少? (2) 若温度不变,该热量变为什么? 氢的压强和体积各为多少? (3) 若压强不变,该热量变为什么? 氢的温度和体积各为多少?

8. 从 15 m 高处落下来的水,如果在下落过程中重力做功的 20% 使水的温度升高。求水落下后的温度可升高多少度。(水的比热为 1.0 cal/g·K)

9. 1 mol 氢气的压强为 1 atm、温度为 20℃ 时,其体积为 V_0。今使其经下列两种过程达到同一状态:(1) 先保持体积不变,加热使其温度升高到 80℃,然后令其等温膨胀,体积变成原来的两倍;(2) 先使其等温膨胀至原来体积的两倍,然后保持体积不变,加热到 80℃。试分别计算以上两种过程中吸收的热量,气体对外做的功和内能的增量,并作出 $p-V$ 图。

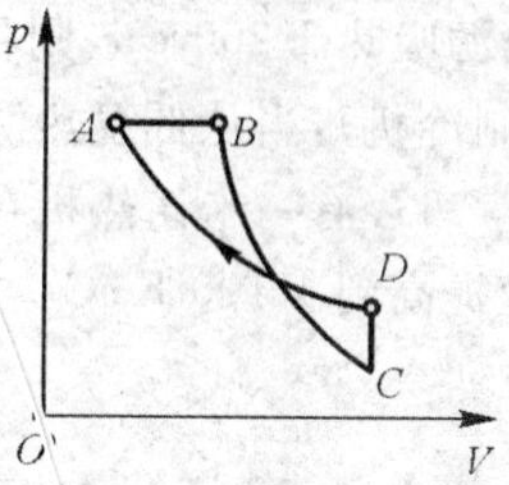

图　8.21

10. 汽缸里有单原子理想气体,若绝热压缩使其容积减半,问气体分子的平均速率变为原来速率的几倍?

11. 将 10 mol 理想气体,在 273.2 K 和 10 atm 时,按下列过程膨胀到压强 1 atm,试分别求出气体最后的体积和对外所做的功:(1) 等温膨胀;(2) 绝热膨胀(设 $C_V=\frac{3}{2}R$)。

12. 1 mol 的某种单原子理想气体,初态为 $p_1=4$ atm,$V_1=6\times10^{-3}$ m³,$T_1=300$ K,经等温膨胀过程、等压膨胀过程、绝热自由膨胀过程达到末态,其体积 $V_2=12\times10^{-3}$ m³。试计算各过程的功、热量和内能的改变。

13. 图 8.21 中 A—B 是等压过程,B—C 是绝热过程,C—D 是等容过程,D—A 是等温过程,一定量气体作 A—B—C—D—A 循环过程,试以正负或零填入下表。

过程	Q	ΔE	A	ΔP	ΔT	ΔV
A—B	+	+	+	0	+	+
B—C						
C—D						
D—A						

14. 1 mol 单原子理想气体经历如图 8.22 所示的循环过程,其中 ab 为等温线,已知 $V_a=3.00\times10^{-3}$ m³,$V_b=6.00\times10^{-3}$ m³,求效率。

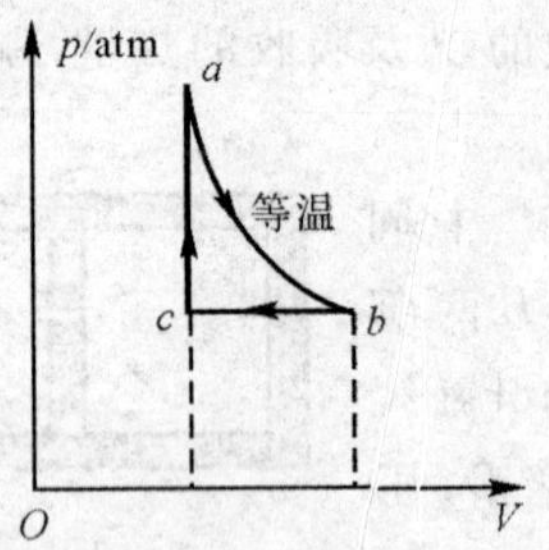

图 8.22

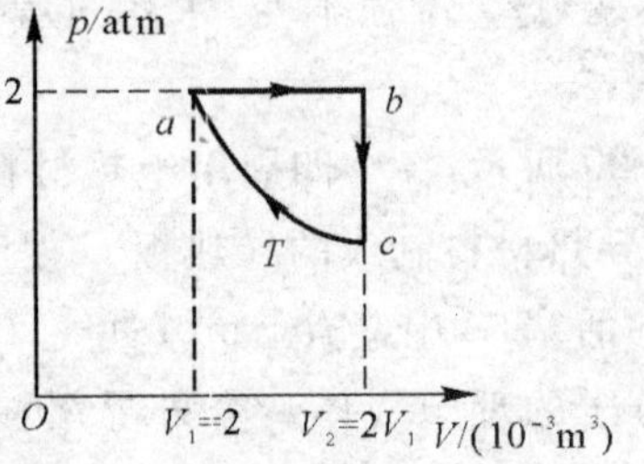

图 8.23

15. 1 mol 双原子理想气体，原有的压强 $p_1=2$ atm，体积 $V_1=2\times10^{-3}$ m^3，经如图 8.23 所示的循环：ab 为等压膨胀过程，并使 $V_2=2V_1$；bc 为等容冷却过程，并使气体的温度降到原来的温度；ca 为等温压缩过程，并回到原始状态。试求：(1) 各过程中系统对外界所做的功及整个循环过程的净功；(2) 此循环的效率。

16. 一卡诺机在温度为 27℃ 及 127℃ 两个热源之间工作：(1) 若在正循环中，该机从高温热源吸热 1 200 cal，则将向低温热源放出多少热量？对外做功多少？(2) 若使该机反向运转(制冷机)，当从低温热源吸取 1 200 cal 热量时，向高温热源放出多少热量？外界做多少功？

17. 有一卡诺热机在温度为 1 000 K 和 300 K 两个热源之间工作，如果：(1) 将高温热源温度提高到 1 100 K；(2) 将低温热源温度降到 200 K，求理论上热机的效率各增加多少。

第 9 章　真空中的静电场

电学是研究电磁及其基本规律的一门学科，在日常生活和工农业生产的电气化、自动化方面以及医疗、生物学等各个领域中，电学规律得到了广泛的应用。电的广泛应用是和电所具有的各种特性分不开的。第一，电能较容易转变为机械能、光能、化学能等其他形式的能量，所以利用电作为能源最为简便；第二，大功率的电能便于远距离传输，而且能量的损耗较少；第三，电磁信号可借电磁波的形式在空中传播，能够在极短的时间内把信号传送到遥远的地方，因而便于远距离控制和自动控制，使工业自动化成为可能。总之，电学对现代生产技术的发展起着十分重要的作用。此外，它也是人类深入研究物质结构，发展近代科学理论必不可少的基础理论之一。

本章主要研究静止电荷所产生的静电场的基本性质和规律。将先后从电场对电荷作用的电场力和电荷在电场中移动时电场力对电荷做功这两个方面，引入电场强度和电势这两个描述电场特性的重要物理量；说明反映静电场基本性质的规律：场强叠加原理、高斯定理和场强环流定理，并讨论场强和电势之间的关系。

9.1　库仑定律　电场

9.1.1　电荷

电荷是电学中一个最基本的概念。现今人们认识到电荷的特点是：① 自然界中只存在两种性质不同的电荷，称为正电荷和负电荷；② 电荷是量子化的；③ 存在一种“电荷对称性”，即对于每种带正电的粒子必须存在与之对应的、带等量负电荷的另一种粒子；④ 电荷守恒。

1. 电荷的量子化

人们经过长期的实验探索已经知道，物质由分子和原子组成，原子又由一个原子核和一定数量绕核运动的电子组成，而原子核一般都是由带正电的质子和不带电的中子组成的。在正常情况下，核内所带正电的总和等于核外电子所带负电的总和，所以物体呈现电中性。但在一定条件下，比如不同材料的相互摩擦，会破坏物体的电中性状态，使一物体失去电子而带上正电，另一物体获得电子而带上负电，这时我们说物体带了电荷。物体所带电荷的总量叫做电量，常用 Q 或 q 表示，其单位为库仑(C)。

密立根油滴实验和无数其他的实验表明，在自然界中，任何带电体的电量都只能是某一基本电荷 e 的整数倍：$q=ne$，即 n 只能取正整数。显然，如果带电体的电量发生变化，它也只能按电子电量的整数倍变化，而不能任意变化，电荷的这一特点称为电荷的量子化。这个基本电荷就是一个电子所带的电量，叫做电子电量，记作 $-e$。质子的电量与电子电量等值异号，所以是 $+e$。1998 年，国际计量委员会的推荐值为

$$e = 1.602\ 176\ 462 \times 10^{-19}\ \text{C}$$

计算中，常取近似值 $e = 1.6 \times 10^{-19}$ C。

近代物理从理论上预言，有一种电量为 $\pm \frac{1}{3}e$ 或 $\pm \frac{2}{3}e$ 的基本粒子（称为夸克）存在，并认为质子和中子等许多粒子是由夸克组成。但迄今为止的研究表明，夸克具有"渐近自由"性质，或称"夸克禁闭"(Quark Cofinement)。即使发现了带分数电荷的粒子，也不破坏电荷的量子性，仅仅是将现在所能测到的最小的一份电量变得更小而已。

2. 电荷守恒定律

两种材料的物体互相摩擦后之所以会带电，是因为通过摩擦，每个物体中都有一些电子获得能量脱离了原子束缚而转移到另一个物体上去。但是，不同材料的物体彼此向对方转移的电子数目往往不相等，所以从总体上讲，一个物体失去了电子而带正电，另一个物体得到了电子而带负电，这就是摩擦起电现象。当我们把带负电的物体移近导体时，导体中的自由电子在负电荷的排斥力作用下远离带电体一端移动，结果导体的这一端因电子过少而带正电，另一端则因电子过多而带负电，这就是静电感应现象。由此可见，摩擦起电和静电感应现象中的起电过程，都是电荷从一个物体转移到另一个物体，或从物体的一部分转移到另一部分的过程。

大量的事实表明：电荷既不能被创造，也不能被消灭，只能从一个物体转移到另一个物体，或从物体的一部分转移到另一部分。也就是说，在一个与外界没有电荷交换的系统内，正负电荷的代数和在任何物理过程中都保持不变，这称为电荷守恒定律。

近代科学实验证明，电荷守恒定律不仅在一切宏观过程中成立，而且被一切微观过程（例如核反应和基本粒子过程）所普遍遵守。电荷是在一切相互作用下都守恒的一个守恒量，电荷守恒定律是自然界中普遍的基本定律之一。

9.1.2 库仑定律

库仑定律是点电荷之间相互作用的基本规律，所谓点电荷，是指这样的带电体，它本身的几何线度比起它到其他带电体的距离小得多。它是带电体的理想模型。

1785 年法国科学家库仑利用扭秤对静止电荷的相互作用进行定量研究后，得出如下定律：在真空中，两个点电荷 q_1 和 q_2 之间的相互作用力 $\boldsymbol{F}$ 的大小与电量 q_1 和 q_2 的乘积成正比，而与这两个点电荷之间的距离 r 的平方成反比，力的方向沿两点电荷的连线，同号电荷相斥，异号电荷相吸，这就是真空中的库仑定律。可用矢量式表示为

$$\boldsymbol{F} = K\frac{q_1 q_2}{r^2}\boldsymbol{r}_0 \qquad (9-1)$$

式中，$\boldsymbol{r}_0$ 是从施力电荷指向受力电荷的单位矢量，K 是比例系数，它的数值和单位决定于式中各量所采用的单位。在国际单位制中，电量的单位是库仑(C)，距离的单位是米(m)，力的单位为牛顿(N)，这时 K 的数值和单位为

$$K = 8.98755 \times 10^9\ \text{N} \cdot \text{m}^2 \cdot \text{C}^{-2} \approx 9 \times 10^9\ \text{N} \cdot \text{m}^2 \cdot \text{C}^{-2}$$

为简化由库仑定律导出的一些重要公式，宁可使库仑定律的形式复杂些，而令

$$K = \frac{1}{4\pi\varepsilon_0} \qquad (9-2)$$

式中，ε_0 叫真空介电系数。

$$\varepsilon_0 = \frac{1}{4\pi K} = 8.854\ 2 \times 10^{-12}\ \mathrm{C^2 \cdot N^{-1} \cdot m^{-2}} \approx 8.85 \times 10^{-12}\ \mathrm{C^2 \cdot N^{-1} \cdot m^{-2}}$$

把式(9-2)代入式(9-1)中，真空中库仑定律又可表示为

$$\boldsymbol{F} = \frac{1}{4\pi\varepsilon_0} \frac{q_1 q_2}{r_2} \boldsymbol{r}_0 \tag{9-3}$$

下面以 q_1 对 q_2 的作用为例，分析式(9-3)中力的方向与单位矢量的方向之间的关系(见图9.1)，设从施力电荷 q_1 指向受力电荷 q_2 的矢径为 $\boldsymbol{r}$，式中 $\boldsymbol{r}_0$ 是矢径 $\boldsymbol{r}$ 的单位矢量。当 q_1 与 q_2 同号时，即 $q_1 \cdot q_2 > 0$，表示 $\boldsymbol{F}$ 与 $\boldsymbol{r}_0$ 方向相同，也就是同号电荷相互排斥。当 q_1 与 q_2 异号时，即 $q_1 \cdot q_2 < 0$，表示 $\boldsymbol{F}$ 与 $\boldsymbol{r}_0$ 方向相反，也就是异号电荷相吸。

图　9.1

例 **9-1**　在氢原子中，电子与质子的距离约为 5.3×10^{-11} m，求它们之间的静电作用力和万有引力，并比较这两种力的大小。

解　静电力的大小为

$$F_e = \frac{1}{4\pi\varepsilon_0} \frac{e^2}{r^2} = 9 \times 10^9 \frac{(1.6 \times 10^{-19})^2}{(5.3 \times 10^{-11})^2} = 8.2 \times 10^{-8}\ \mathrm{N}$$

由于电子的质量 $m = 9.11 \times 10^{-31}$ kg，质子的质量 $M = 1.67 \times 10^{-27}$ kg，因而它们之间的万有引力的大小为

$$f_m = G\frac{mM}{r^2} = \frac{6.67 \times 10^{-11} \times 9.11 \times 10^{-31} \times 1.67 \times 10^{-27}}{(5.3 \times 10^{-11})^2} = 3.6 \times 10^{-47}\ \mathrm{N}$$

静电力和万有引力的比值为

$$\frac{F_e}{f_m} = \frac{8.2 \times 10^{-8}}{3.6 \times 10^{-47}} = 2.3 \times 10^{39}$$

可见，静电力要比万有引力大得多，所以在原子中，作用在电子上的力主要是静电力，而万有引力完全可以忽略不计。

9.1.3　电场力的叠加

库仑定律只讨论两个点电荷间的作用力，当考虑两个以上的静止点电荷的作用时，还需要另一个实验事实：两个点电荷之间的作用力并不因第三个点电荷的存在而有所改变。因此，两个以上的点电荷对一个点电荷的作用力，等于各个点电荷单独存在时对该点电荷作用力的矢量和，这个结论称为电场力的叠加原理。设有 n 个静止的点电荷 $q_1, q_2, \cdots, q_n$，以 $F_1, F_2, \cdots, F_n$ 分别表示它们单独存在时对另一个静止的点电荷 q 的作用力，则由电场力的叠加原理可知，q 受到的总电场力应为

$$\boldsymbol{F} = \boldsymbol{F}_1 + \boldsymbol{F}_2 + \cdots + \boldsymbol{F}_n = \sum_{i=1}^{n} \boldsymbol{F}_i \tag{9-4}$$

9.2 电场强度

9.2.1 电场

库仑定律只说明两点电荷相互作用力的大小和方向是怎样确定的，并没有说明它们之间的作用是怎样进行的。关于这一问题，历史上曾有两种不同的观点。一种是超距作用的观点，它认为一个电荷所受到的作用力是由另一个电荷直接作用的结果，这种作用既不需要中间物质，也不需要传递时间，而是从一个电荷即时地到达另一个电荷，这种作用方式可表示如下：

$$电荷 \leftrightarrows 电荷$$

另一种是近距作用的观点，它认为在带电体周围空间存在着电场，其他带电体所受到的电力(即电场力)是由电场给予的，这种作用方式可表示如下：

$$电荷 \leftrightarrows 电场 \leftrightarrows 电荷$$

近代物理学证明后一种观点是正确的。

理论和实验还证明，电磁波能够脱离电荷和电流而独立存在。和原子、分子组成的实物一样，电磁场也具有动量、能量和质量。这说明电磁场具有物质性，场也是物质的一种形态。

相对于观察者静止的带电体周围所存在的场，称为静电场，静电场的对外表现主要有：

(1) 引入电场中的任何带电体都将受到电场的作用力；

(2) 当带电体在电场中移动时，电场力将对带电体做功，这表示电场具有能量。

下面我们将从力和功这两个方面，分别引出描述电场性质的两个重要物理量——电场强度和电势。

9.2.2 电场强度

为了解电场的性质，可将试验电荷 q_0 放入电场中，通过观察 q_0 在电场中各点的受力情况，即可了解电场的空间分布规律。为此，要求试验电荷所带的电量必须很小，以致它的引入不会对所研究的电场有显著的影响；同时试验电荷的线度必须充分小，即可以把它看做是点电荷，这样才可以用来研究空间各点的电场性质。实验指出，把试验电荷 q_0 放在电场中不同点时，在一般情况下，q_0 所受力的大小和方向是逐点不同的，但在电场中某给定点处改变试验电荷 q_0 的量值，发现 q_0 所受力的方向不变，而力的大小改变了。当 q_0 取各种不同量值时，所受力的大小与相应的 q_0 值之比 F/q_0 却具有确定的量值。由此可见，比值 F/q_0 只与试验电荷 q_0 所在点的电场性质有关，而与试验电荷 q_0 的量值无关，因此可以用比值 F/q_0 来描述电场。我们定义：试验电荷 q_0 在某场点处所受电场力 $\boldsymbol{F}$ 与 q_0 的比值，为该点的电场强度，简称为场强，场强是矢量，用 $\boldsymbol{E}$ 表示，即

$$\boldsymbol{E}=\frac{\boldsymbol{F}}{q_0} \tag{9-5}$$

如果取 $q_0=+1$，即得 $\boldsymbol{E}=\boldsymbol{F}$，即电场中某点的电场强度在量值上等于单位正电荷在该点所受到的电场力的大小，电场强度的方向就是正电荷在该点所受的电场力的方向。

电场强度 $\boldsymbol{E}$ 的单位由 q_0 和 $\boldsymbol{F}$ 的单位而定，在国际单位制中，场强 $\boldsymbol{E}$ 的单位为牛顿・库仑$^{-1}$（$\mathrm{N \cdot C^{-1}}$），也可写成伏特・米$^{-1}$（$\mathrm{N \cdot m^{-1}}$）

根据式(9-5)，如果我们知道某点的场强，则放在该点处的点电荷 q 所受到的电场力应为

$$\boldsymbol{F}=q\boldsymbol{E} \tag{9-6}$$

从式(9-6)可看出，当 $q>0$ 时，$\boldsymbol{F}$ 和 $\boldsymbol{E}$ 同号，即电场力 $\boldsymbol{F}$ 与场强 $\boldsymbol{E}$ 方向相同；当 $q<0$ 时，$\boldsymbol{F}$ 和 $\boldsymbol{E}$ 异号，即电场力 $\boldsymbol{F}$ 与 $\boldsymbol{E}$ 方向相反。

9.2.3　场强的计算

如果已知场源电荷的分布，那么根据场强的定义式(9-5)及叠加原理，原则上就可算出电场中各点的场强。

1. 点电荷电场的场强

设在真空中有一个点电荷 q，在其周围的电场中，距离 q 为 r 的 P 点处，放一试验电荷 q_0，按库仑定律，q_0 所受的电场力为

$$\boldsymbol{F}=\frac{1}{4\pi\varepsilon_0}\frac{qq_0}{r^2}\boldsymbol{r}_0$$

式中，$\boldsymbol{r}_0$ 是从点电荷 q 指向 P 点的单位矢量，根据定义，P 点的场强是

$$\boldsymbol{E}=\frac{\boldsymbol{F}}{q_0}=\frac{1}{4\pi\varepsilon_0}\frac{q}{r^2}\boldsymbol{r}_0 \tag{9-7}$$

式(9-7)表明，在点电荷的电场中，任一点的场强 $\boldsymbol{E}$ 的大小与电荷 q 成正比，与点电荷到 P 点的距离平方成反比。如果 q 为正电荷，场强 $\boldsymbol{E}$ 的方向与 $\boldsymbol{r}_0$ 的方向一致，即背离 q；如果 q 为负电荷，场强 $\boldsymbol{E}$ 的方向与 $\boldsymbol{r}_0$ 的方向相反，即指向 q。如图 9.2 所示。

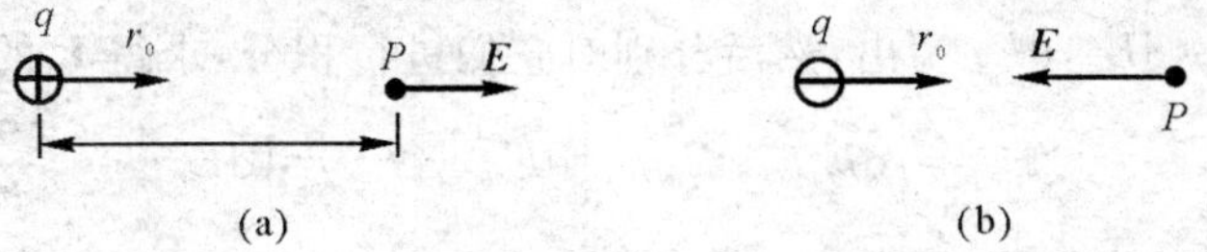

图 9.2　点电荷的电场

2. 点电荷系电场的场强

设真空中的电场是由点电荷系 $q_1, q_2, \cdots, q_n$ 共同产生的。各点电荷到 P 点的矢径分别为 $\boldsymbol{r}_1, \boldsymbol{r}_2, \cdots, \boldsymbol{r}_n$。在 P 点处放置一试验电荷 q_0，q_0 所受到的电场力 $\boldsymbol{F}$ 等于各个点电荷对 q_0 作用力 $\boldsymbol{F}_1, \boldsymbol{F}_2, \cdots, \boldsymbol{F}_n$ 的矢量和，即

$$\boldsymbol{F}=\boldsymbol{F}_1+\boldsymbol{F}_2+\cdots+\boldsymbol{F}_n=\sum_{i=1}^{n}\boldsymbol{F}_i=\sum_{i=1}^{n}\frac{q_0q_i}{4\pi\varepsilon_0 r_i^2}\boldsymbol{r}_{i0}$$

式中，r_i 和 $\boldsymbol{r}_{i0}$ 分别为点电荷 q_i 到 P 点的距离及其单位矢量，则 P 点的场强为

$$\boldsymbol{E}=\frac{\boldsymbol{F}}{q_0}=\sum_{i=1}^{n}\frac{q_i}{4\pi\varepsilon_0 r_i^2}\boldsymbol{r}_{i0}=\sum_{i=1}^{n}\boldsymbol{E}_i \tag{9-8}$$

即

$$\boldsymbol{E}=\boldsymbol{E}_1+\boldsymbol{E}_2+\cdots+\boldsymbol{E}_n$$

式(9-8)说明在点电荷系所形成的电场中，某点的场强等于各点电荷单独存在时在该点的场强的矢量和。这一结论称为场强叠加原理，如图 9.3 所示。

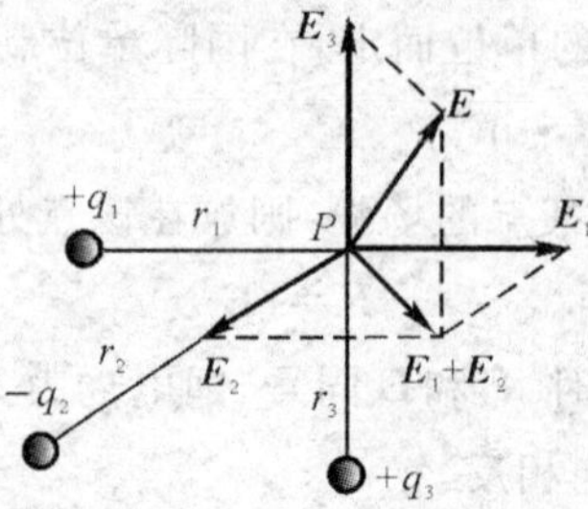

图 9.3

3. 任意带电体电场的场强

在实际问题中所遇到的电场，常由电荷连续分布的带电体形成，要计算任意带电体附近所产生的场强，不能把带电体看做点电荷，用点电荷场强公式来计算。但任何带电体均可划分为无限多个电荷元 $\mathrm{d}q$，可以把它们看做是点电荷，整个带电体产生的场强，就可看做无限多个电荷元产生的场强的矢量和。因此计算带电体的场强时。

首先，取电荷元 $\mathrm{d}q$。

其次，求电荷元 $\mathrm{d}q$ 在电场中某给定点产生的场强 $\mathrm{d}\boldsymbol{E}$，按点电荷的场强公式可写成

$$\mathrm{d}\boldsymbol{E}=\frac{1}{4\pi\varepsilon_0}\frac{\mathrm{d}q}{r^2}\boldsymbol{r}_0$$

式中，$\boldsymbol{r}_0$ 是从 $\mathrm{d}q$ 所在点指向给定点的单位矢量，r 是电荷元 $\mathrm{d}q$ 到给定点的距离。

最后，求整个带电体在给定点产生的场强，利用场强叠加原理，得

$$\boldsymbol{E}=\int\mathrm{d}\boldsymbol{E}=\int\frac{1}{4\pi\varepsilon_0}\frac{\mathrm{d}q}{r^2}\boldsymbol{r}_0 \tag{9-9}$$

必须强调指出，式(9-9)是一个矢量积分，一般不能直接计算，可先将 $\mathrm{d}\boldsymbol{E}$ 在 x,y,z 三坐标轴方向上的分量 $\mathrm{d}E_x,\mathrm{d}E_y,\mathrm{d}E_z$ 写出，然后分别对它们进行积分，求得 $\boldsymbol{E}$ 的三个分量为

$$E_x=\int\mathrm{d}E_x,\quad E_y=\int\mathrm{d}E_y,\quad E_z=\int\mathrm{d}E_z$$

最后再由这三个分量确定场强 $\boldsymbol{E}$ 的大小和方向。

例 9-2　两个等量异号点电荷 $-q$ 和 $+q$ 相距 l，若两点电荷连线的中点 O 到观察点的距离 r 远大于 l 时，则这对电荷称为电偶极子。从电偶极子的 $-q$ 到 $+q$ 的矢径为 $\boldsymbol{l}$，电量 q 与矢径 $\boldsymbol{l}$ 的乘积定义为电偶极子的电矩，用 $\boldsymbol{P}$ 表示，即

$$\boldsymbol{P}=q\boldsymbol{l} \tag{9-10}$$

试求电偶极子的中垂线上任一点的场强。

解　以 O 为原点，取坐标系如图 9.4 所示，设 A 点与 O 点的距离为 r。根据式(9-7)，$+q$ 和 $-q$ 在 A 的场强 E_+ 和 E_- 的大小分别为

$$E_+=\frac{1}{4\pi\varepsilon_0}\frac{q}{r^2+\left(\frac{l}{2}\right)^2},\quad E_-=\frac{1}{4\pi\varepsilon_0}\frac{q}{r^2+\left(\frac{l}{2}\right)^2}$$

方向如图 9.4 所示。根据场强叠加原理，有

$$E_x=E_+\cos\theta+E_-\cos\theta=\frac{1}{4\pi\varepsilon_0}\frac{q}{r^2+\left(\frac{l}{2}\right)^2}\frac{l}{\sqrt{r^2+\left(\frac{l}{2}\right)^2}}$$

$$E_y=(E_+)y+(E_-)y=0$$

故 A 点场强大小为

$$E=\frac{1}{4\pi\varepsilon_0}\frac{ql}{\left[r^2+\left(\frac{l}{2}\right)^2\right]^{\frac{3}{2}}}$$

方向沿 x 轴正向，由于 $r\gg l$，可取

$$\left[r^2+\left(\frac{l}{2}\right)^2\right]^{\frac{3}{2}}\approx r^3$$

并将式(9-10)代入上式，得

$$E=\frac{ql}{4\pi\varepsilon_0 r^3}=\frac{1}{4\pi\varepsilon_0}\frac{P}{r^3}$$

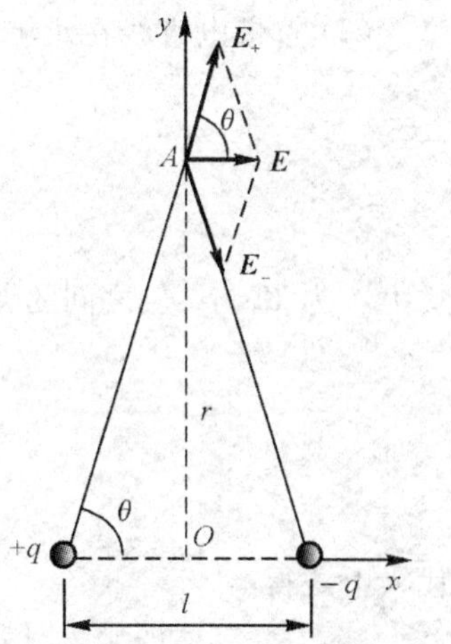

图　9.4

因为电矩 $\boldsymbol{P}$ 与 $\boldsymbol{l}$ 方向一致，而场强 $\boldsymbol{E}$ 与 $\boldsymbol{l}$ 方向相反，所以 $\boldsymbol{E}$ 和 $\boldsymbol{P}$ 方向相反，用矢量式表示，上式变为

$$\boldsymbol{E}=-\frac{\boldsymbol{P}}{4\pi\varepsilon_0 r^3} \tag{9-11}$$

从以上计算结果可知，电偶极子产生场强 $\boldsymbol{E}$ 的大小与电矩 $\boldsymbol{P}$ 成正比，与电偶极子到观察点的距离的三次方成反比。另外，电偶极子在外电场中，可证明它所受到的电场力、力矩都与电偶极子的电矩 $\boldsymbol{P}$ 成正比。因此，电矩矢量 $\boldsymbol{P}$ 是电偶极子的一个重要特征量。

例 9-3　真空中有一均匀带电直线，长为 L，总电量为 q，线外有一点 P 离开直线的垂直距离为 a，P 点和直线两端的连线与直线之间的夹角分别为 θ_1 和 θ_2，如图 9.5 所示。求 P 点的场强。

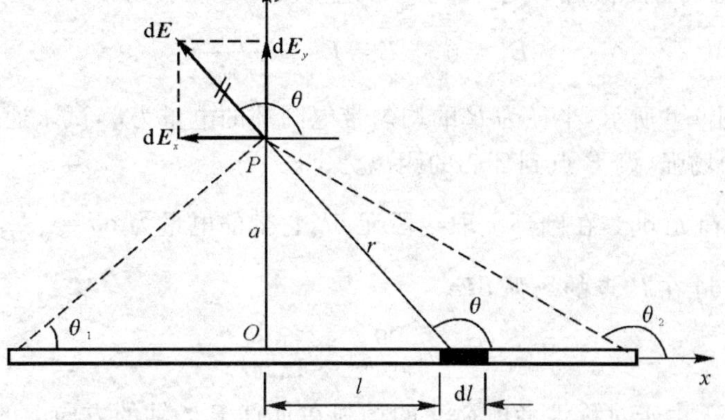

图　9.5

解　这里，产生电场的电荷是连续分布的，求场强时，一般按下列步骤进行：

(1) 取电荷元 dq。在带电直线上任取一线段元 dl，dl 上的电量为 dq，$dq=\frac{q}{L}dl=\lambda dl$，$\lambda=\frac{q}{L}$ 为直线上每单位长度所带的电量，称 λ 为电荷线密度。

(2) 求电荷元 dq 在 P 点产生的场强 $d\boldsymbol{E}$。$d\boldsymbol{E}$ 的大小为

$$dE=\frac{dq}{4\pi\varepsilon_0 r^2}=\frac{\lambda dl}{4\pi\varepsilon_0 r^2}$$

式中，r 为电荷元 dq 到 P 点的距离，方向如图 9.5 所示，这里必须注意要选取方位适当的坐标系 xOy，以便求出 $d\boldsymbol{E}$ 沿 x 轴和 y 轴的分量 $dE_x=dE\cos\theta$，$dE_y=dE\sin\theta$。

(3) 求带电直线在 P 点的场强。

$$E_x=\int \mathrm{d}E_x=\int \mathrm{d}E\cos\theta=\int \frac{\lambda}{4\pi\varepsilon_0}\frac{\cos\theta}{r^2}\mathrm{d}l$$

$$E_y=\int \mathrm{d}E_y=\int \mathrm{d}E\sin\theta=\int \frac{\lambda}{4\pi\varepsilon_0}\frac{\sin\theta}{r^2}\mathrm{d}l$$

式中,θ 为 d$\boldsymbol{E}$ 与 x 轴之间的夹角。对不同的 $\mathrm{d}q,r,\theta,l$ 都是变量,积分时要统一变量,由图 9.5 可知

$$l=a\tan\left(\theta-\frac{\pi}{2}\right)=-a\cot\theta$$

$$\mathrm{d}l=a\csc^2\theta\mathrm{d}\theta$$

$$r^2=a^2+l^2=a^2\csc^2\theta$$

代入上式得

$$E_x=\int_{\theta_1}^{\theta_2}\frac{\lambda}{4\pi\varepsilon_0}\frac{\cos\theta}{a^2\csc^2\theta}a\csc^2\theta\mathrm{d}\theta=\frac{\lambda}{4\pi\varepsilon_0 a}(\sin\theta_2-\sin\theta_1)$$

$$E_y=\int_{\theta_1}^{\theta_2}\frac{\lambda}{4\pi\varepsilon_0}\frac{\sin\theta}{a^2\csc^2\theta}a\csc^2\theta\mathrm{d}\theta=\frac{\lambda}{4\pi\varepsilon_0 a}(\cos\theta_1-\cos\theta_2)$$

可见,P 点处的场强 $\boldsymbol{E}$ 的大小与该点离带电直线的距离 a 成反比,$\boldsymbol{E}$ 的大小和方向为

$$E=\sqrt{E_x^2+E_y^2}$$

$$\alpha=\tan^{-1}\frac{E_y}{E_x}$$

式中,α 是 $\boldsymbol{E}$ 矢量与 x 轴的夹角。

讨论:如果电荷线密度保持不变,而均匀带电直线是无限长的,亦即 $\theta_1=0,\theta_2=\pi$,则

$$E_x=0,\quad E=E_y=\frac{\lambda}{2\pi\varepsilon_0 a}$$

例 9-4 如图 9.6 所示,半径为 R 的均匀带电圆环的电量为 q,试求通过环心且垂直于环面的轴线上 P 点的场强,设 P 点到环心的距离为 x。

解 (1) 取电荷元 dq。在圆环上取线段元 dl,它带的电量为 $\mathrm{d}q=\frac{q}{2\pi R}\mathrm{d}l=\lambda\mathrm{d}l$。

(2) 求电荷元 dq 在 P 点的场强 d$\boldsymbol{E}$。

$$\mathrm{d}E=\frac{\mathrm{d}q}{4\pi\varepsilon_0 r^2}=\frac{\lambda\mathrm{d}l}{4\pi\varepsilon_0 r^2}$$

方向如图 9.6 所示。由于对称性各电荷元的场强在垂直于 x 轴的方向上的分量互相抵消,而沿 x 轴的分量相互增强,可见,P 点的场强 $\boldsymbol{E}$ 沿 x 方向,由图 9.6 可见,dE 沿 x 轴的分量为 $\mathrm{d}E_x=\mathrm{d}E\cos\theta$。

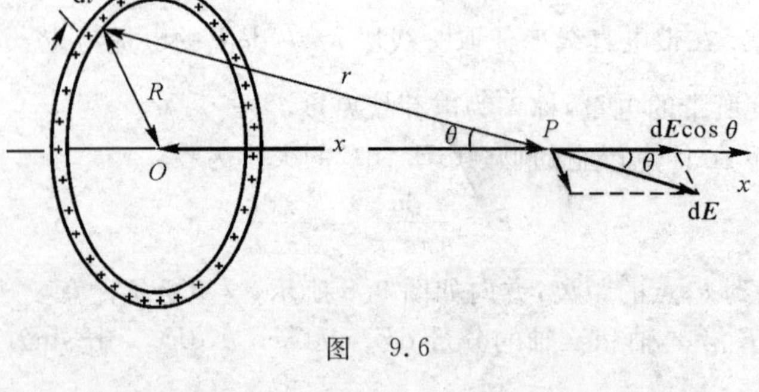

图 9.6

(3) 求带电圆环在 P 点的场强。

$$E = E_x = \int \mathrm{d}E_x = \int \mathrm{d}E\cos\theta = \int \frac{\lambda \mathrm{d}l}{4\pi\varepsilon_0 r^2}\frac{x}{r} = \int \frac{1}{4\pi\varepsilon_0}\frac{\lambda x}{(R^2+x^2)^{\frac{3}{2}}}\mathrm{d}l$$

考虑到对于圆环上的不同线段元，R，x 不变，所以积分结果为

$$E = \frac{\lambda x}{4\pi\varepsilon_0(R^2+x^2)^{\frac{3}{2}}}\int_0^{2\pi R}\mathrm{d}l = \frac{qx}{4\pi\varepsilon_0(R^2+x^2)^{\frac{3}{2}}}$$

讨论：当 $x \gg R$ 时，则 $(R^2+x^2)^{\frac{3}{2}} \approx x^3$，这时有

$$E \approx \frac{q}{4\pi\varepsilon_0 x^2}$$

说明当圆环的线度远小于它中心到场点的距离时，可以把带电圆环作为电荷 q 集中在环心的点电荷来处理。

9.3　电场线　电通量

9.3.1　电场线

为形象地反映电场中场强分布情况，常采用图示法，即在电场中画出一系列有指向的曲线，使曲线上每点的切线方向与该点场强方向一致，这些曲线就叫做电场线或 $\boldsymbol{E}$ 线。

为了使电场线不仅表示电场中场强的方向而且能表示场强的大小，对电场线的疏密程度作如下规定：在电场中某点，取一个与场强 $\boldsymbol{E}$ 垂直的面积元 $\mathrm{d}s_\perp$，使通过它的电场线条数 $\mathrm{d}\Phi_\perp$ 满足

$$E = \frac{\mathrm{d}\Phi_\perp}{\mathrm{d}s_\perp} \tag{9-12}$$

即规定：在电场中任一点，通过垂直于场强 $\boldsymbol{E}$ 的单位面积的电场线数等于该点场强的量值 E，这样，场强大的地方，电场线就密；场强小的地方，电场线就疏。

不同的带电体，周围的电场不一样，因而电场线的分布也不相同，图 9.7 给出几种典型电场的电场线分布图形。从图 9.7(e) 可以看出，带等值异号电荷的两平行板中间部分的电场线是一些疏密均匀并与板面垂直的平行直线，这表明这个区域中的场强 $\boldsymbol{E}$ 处处相等，这种电场叫匀强电场。在板的边缘处，电场线的分布较复杂，所以在板边缘附近的电场不是匀强电场。

按电场线的定义和静电场的性质，静电场的电场线有如下特点：

(1) 电场线总是起始于正电荷，终止于负电荷(或从正电荷伸向无限远，或来自无限远到负电荷终止)，不形成闭合曲线，在没有电荷的地方电场线不中断。

(2) 任何两条电场线都不能相交，这是因为电场中每一点的场强只有一个确定的方向。

还须指出，电场线仅是描述电场分布的一种人为方法，而不是静电场中真有这样的场线存在。另外，电场线一般不是引入电场中的点电荷的运动轨迹。

9.3.2　电场强度通量

通过电场中某一个面的电场线数叫做通过这个面的电场强度通量，用 Φ_e 表示。通量是描述矢量场性质的一个物理量。下面分几种情况来说明计算电场强度通量的方法。

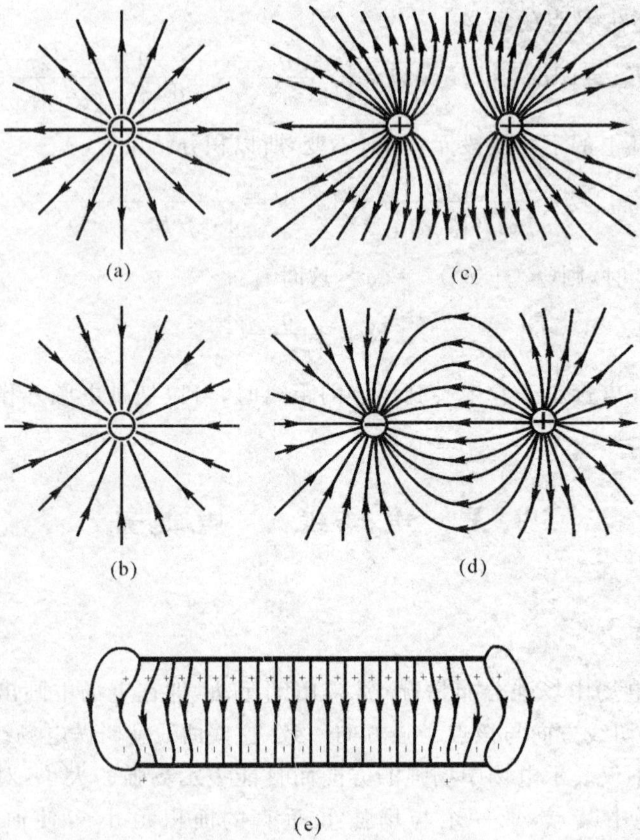

图 9.7　几种常见电场的电场线

1. 均匀电场中，平面与场强垂直

在场强为 $\boldsymbol{E}$ 的均匀电场中，与场强 $\boldsymbol{E}$ 垂直的平面面积为 $S_{\perp}$（见图 9.8(a)），根据画电场线的规定，通过与场强垂直的单位面积上的电场线数等于场强的大小，这样，通过 $S_{\perp}$ 面的电场强度通量为

$$\Phi_e = ES_{\perp} \tag{9-13}$$

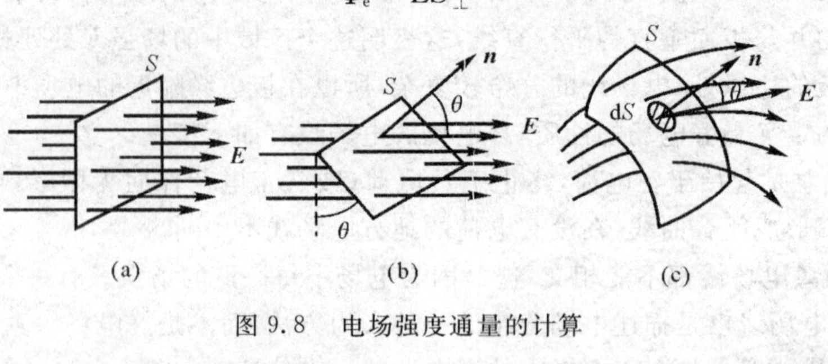

图 9.8　电场强度通量的计算

2. 均匀电场中，平面法线与场强夹角为 θ

由图 9.8(b) 可见，通过平面 S 的电场强度通量等于通过它在垂直于 $\boldsymbol{E}$ 的平面上的投影 $S_{\perp}$ 的电场强度通量，所以通过平面 S 的电场强度通量为

$$\Phi_e = ES_{\perp} = ES\cos\theta \tag{9-14}$$

3. 非均匀电场中的任意曲面

先把曲面 S 划分成无限多个面积元 $\mathrm{d}S$，如图 9.8(c) 所示，每个面积元都可看成为无限小平面，它上面的场强可当做均匀的，设面积元 $\mathrm{d}S$ 的法线 $\boldsymbol{n}$ 与该处场强 $\boldsymbol{E}$ 成 θ 角，则通过面积元 $\mathrm{d}S$ 的电场强度通量为

$$\mathrm{d}\Phi_e = E\cos\theta\mathrm{d}S$$

通过曲面 S 的电场强度通量 Φ_e 应等于曲面上所有的面积元的电场强度通量 $\mathrm{d}\Phi_e$ 的代数和，即

$$\Phi_e = \int_S \mathrm{d}\Phi_e = \int_S E\cos\theta\mathrm{d}S \qquad (9-15)$$

式中，“$\int_S$”表示对整个曲面 S 进行积分。

4. 非均匀电场中的闭合曲面

通过闭合曲面的电场强度通量为

$$\Phi_e = \oint_S E\cos\theta\mathrm{d}S \qquad (9-16)$$

式中，“$\oint_S$”表示对整个闭合曲面进行积分，通常规定面积元 $\mathrm{d}S$ 的法线 $\boldsymbol{n}$ 指向曲面外侧为正方向，这时通过闭合曲面上各面积元的电场强度通量可正可负，如图 9.9 所示，在面积元 A 处，电场线从曲面外穿进曲面内，由于 $\theta > 90°$，所以电场强度通量 $\mathrm{d}\Phi_e$ 为负；在面积元 B 处电场线从曲面内穿出到曲面外，由于 $\theta < 90°$，所以电场强度通量 $\mathrm{d}\Phi_e$ 为正；在面积元 C 处，电场线与曲面相切，即 $\theta = 90°$，所以电场强度通量 $\mathrm{d}\Phi_e$ 为零。

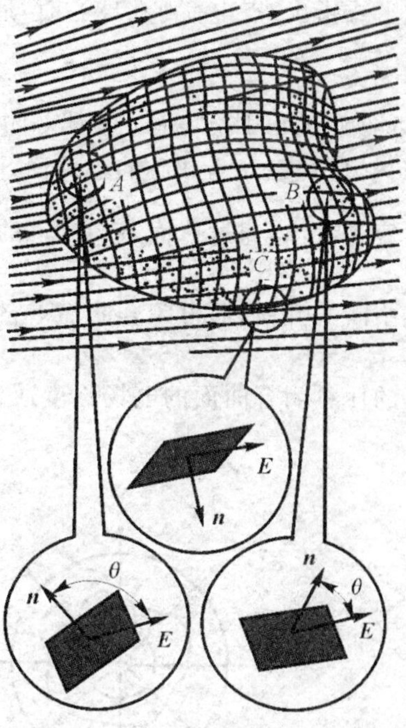

图 9.9　电场强度通量的正负

若引入面积元矢量 $\mathrm{d}\boldsymbol{S}$（大小等于 $\mathrm{d}S$ 而方向是 $\mathrm{d}S$ 的正法线方向），由矢量的标积定义可知，$E\cos\theta\mathrm{d}S$ 为矢量 $\boldsymbol{E}$ 和 $\mathrm{d}\boldsymbol{S}$ 的标积，即有 $E\cos\theta\mathrm{d}S = \boldsymbol{E}\cdot\mathrm{d}\boldsymbol{S}$，那么上面积分式可改写成

$$\Phi_e = \int_S E\cos\theta\mathrm{d}S = \int_S \boldsymbol{E}\cdot\mathrm{d}\boldsymbol{S}$$

对于复杂的闭合曲面，要计算电场强度通量是很困难的，下节将看到通过任意闭合曲面的电场强度通量与场源电荷间存在着一个颇为简单而普遍的规律 —— 高斯定理。

9.4　高斯定理及其应用

9.4.1　真空中的高斯定理

高斯定理是关于任意闭合曲面的电场强度通量与闭合面内净余电荷关系的重要定理，它深刻地反映了电场和场源的内在联系，揭示了静电场的性质，是静电场的基本方程之一。下面

我们分几步导出高斯定理。

(1) 以点电荷 q 为球心，以任意半径 r 作一球面，计算通过该球面的电场强度通量。

由于点电荷 q 的电场具有球对称性：球面上任一点的场强 $\boldsymbol{E}$ 的量值都是 $\frac{q}{4\pi\varepsilon_0 r^2}$，场强的方向都沿矢径方向，且处处于球面正交。如图 9.10 所示，根据式(9-16)可求得通过球面的电场强度通量为

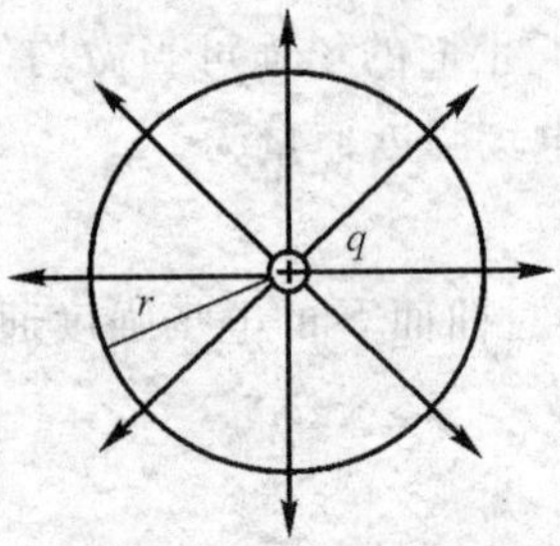

图 9.10　点电荷在球心的电场强度通量

$$\Phi_e = \oint_S \boldsymbol{E}\cdot \mathrm{d}\boldsymbol{S} = \oint_S E\cos\theta \mathrm{d}S = \oint_S \frac{q}{4\pi\varepsilon_0 r^2}\mathrm{d}S =$$

$$\frac{q}{4\pi\varepsilon_0 r^2}\oint \mathrm{d}S = \frac{q}{4\pi\varepsilon_0 r^2}\cdot 4\pi r^2 = \frac{q}{\varepsilon_0}$$

上式指出：点电荷 q 在球心时，通过任意球面的电场强度通量都等于 $\frac{q}{\varepsilon_0}$，而与球面半径 r 的大小无关。

(2) 通过包围点电荷 q 的任意闭合曲面 S 的电场强度通量。如图 9.11 所示，在任意闭合曲面 S 内，作一以 q 为球心的小球面 S_1，然后再在闭合曲面 S 的外面作一以 q 为球心的大球面 S_2。容易看出，通过球面 S_1 和 S_2 的电场强度通量相等，都是 $\frac{q}{\varepsilon_0}$。根据电场线在没电荷的地方不能中断的性质，通过闭合曲面 S 的电场强度通量也一定等于 $\frac{q}{\varepsilon_0}$。由此证明了通过包围点电荷 q 的任意闭合曲面的电场强度通量等于 $\frac{q}{\varepsilon_0}$。

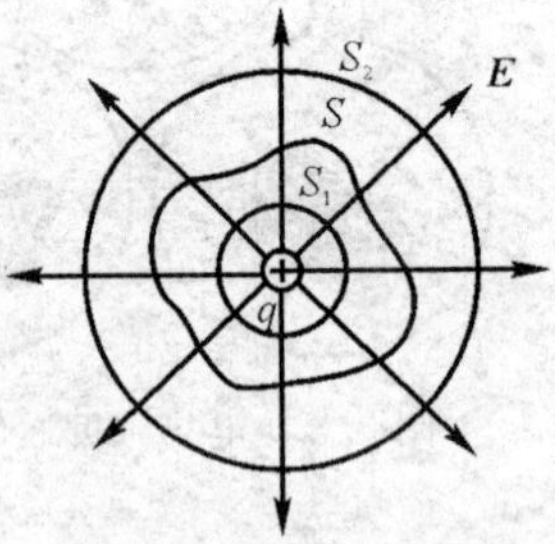

图 9.11　点电荷在任意闭合面内的电场强度通量

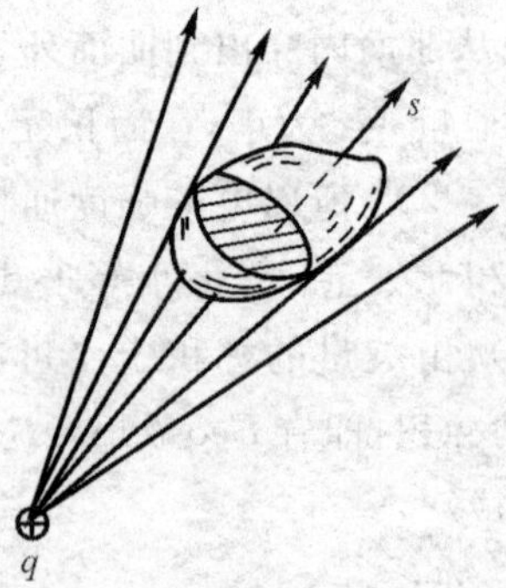

图 9.12　闭合面不包围点电荷

(3) 闭合曲面外的点电荷，通过闭合曲面的电场强度通量。如图 9.12 所示，点电荷 q 在闭合曲面外，在 S 面内没有其他电荷，由于电场线的连续性，有几条电场线穿入闭合曲面，必有几条电场线从闭合曲面内穿出，所以当点电荷 q 在闭合曲面外时，它通过该闭合面的电场强度通量的代数和为零。

应当指出，当点电荷位于闭合曲面外时，穿过闭合面的电场强度通量虽然为零，但闭合面上各点处的场强 $\boldsymbol{E}$ 并不为零。

(4) 点电荷系通过闭合曲面的电场强度通量。若闭合面 S 内有点电荷 $q_1, q_2, \cdots, q_n$，闭合面 S 外有点电荷 $q_{n+1}, q_{n+2}, \cdots, q_m$。在闭合面 S 内的点电荷通过闭合面的电场强度通量分别为

$\Phi_1=\dfrac{q_1}{\varepsilon_0},\Phi_2=\dfrac{q_2}{\varepsilon_0},\cdots,\Phi_n=\dfrac{q_n}{\varepsilon_0}$，在闭合面 S 外的电荷通过闭合面的电场强度通量为零，通过 S 面的总电场强度通量等于各个电荷单独存在时电场强度通量的代数和，即

$$\Phi_e=\oint \boldsymbol{E}\cdot\mathrm{d}\boldsymbol{S}=\frac{q_1}{\varepsilon_0}+\frac{q_2}{\varepsilon_0}+\cdots+\frac{q_n}{\varepsilon_0}=\frac{1}{\varepsilon_0}\sum_{i=1}^{n}q_i \tag{9-17}$$

也就是说，在真空中，通过任一闭合曲面的电场强度通量，等于该面所包围的所有电荷的代数和除以 ε_0，这就是真空中的高斯定理。式(9-17)是高斯定理的数学表达式。

为了正确理解高斯定理，有必要指出：

(1) 高斯定理是静电场的基本定理之一。高斯定理和库仑定律可以互相推导，都可以作为静电学的基础，从这一点来看它们是等价的。但是，对于运动电荷产生的电场以及迅速变化的电磁场来说，库仑定律不再成立，高斯定理却仍然有效，所以高斯定理比库仑定律应用更广泛，意义更深刻。

(2) 式(9-17)表明，通过闭合面的电场强度通量，仅是它所包围的电荷的贡献，与闭合面外的电荷无关。然而，闭合面上各点的场强 $\boldsymbol{E}$ 是闭合面内、外所有电荷产生的总场强。

(3) 式(9-17)指出，当 $\sum q_i>0$ 时，$\Phi_e>0$，表示有电场线从闭合面内穿出，故称正电荷 $\sum q_i$ 为静电场的源头。当 $\sum q_i<0$ 时，$\Phi_e<0$，表示有电场线穿入闭合面内终止，故称负电荷 $\sum q_i$ 为静电场尾间。因此高斯定理表明了电场线起始于正电荷，终止于负电荷，亦即静电场是有源场。

高斯定理不仅反映了静电场的性质，对于具有对称性的电场，用高斯定理计算场强可以避免复杂的积分运算。

9.4.2　高斯定理的应用

下面介绍应用高斯定理计算几种简单而又具有对称性的电场的方法。

1. 均匀带电球壳内、外的场强

设球壳的半径为 R，带的总电量为 Q。由于电荷均匀分布在球壳上，电荷的分布具有球对称性，因此，电场也应具有以球壳的球心为中心的球对称性。也就是说，同一球面上各点的场强 $\boldsymbol{E}$ 的大小应处处相等，场强 $\boldsymbol{E}$ 的方向必沿该点球面的法线方向，据此可以选取与带电球壳同心的球面作为高斯面。

如图 9.13 所示，当 $r>R$ 时，取球壳外一点 P，到球心的距离为 r，以 O 点为中心，以 r 为半径作球面高斯面 S，P 点为高斯面上一点。根据电场强度通量的定义，有

$$\Phi=\oint_S \boldsymbol{E}\cdot\mathrm{d}\boldsymbol{S}=E\cdot 4\pi r^2 \tag{9-18}$$

高斯面 S 内所围的电荷

$$\sum_i q_i=Q$$

根据高斯定理，有 $E=\dfrac{Q}{4\pi\varepsilon_0 r^2}$，考虑到场强的方向，所以

$$\boldsymbol{E}=\frac{Q}{4\pi\varepsilon_0 r^2}\boldsymbol{e}_r \qquad (r>R)$$

当 $r<R$ 时，在球壳内任取一点 P'，过 P' 作半径为 r 的球面高斯面 S'，P' 点在高斯面 S'

上，由于高斯面 S' 内所围的电荷 $\sum_i q_i = 0$，根据高斯定理，有

$$E = 0 \qquad (r < R)$$

结论：均匀带电球壳在外部空间产生的电场，与电荷全部集中在球心时产生的电场一样；均匀带电球壳内部的场强处处为零。图 9.13 中的曲线表明了场强大小随距离的变化情况。

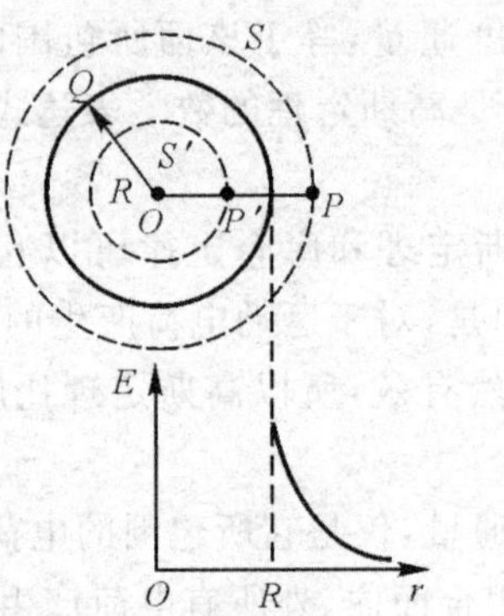

图 9.13　球壳的场强分布

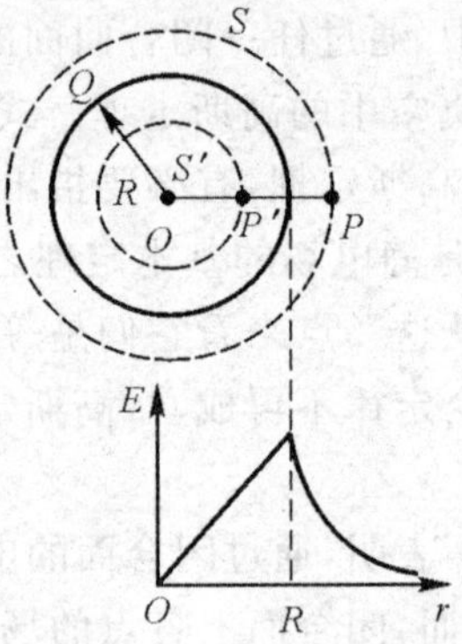

图 9.14　球体的场分布

2. 均匀带电球体内、外的场强

设球体的半径为 R，带电量为 Q，与上例一样，电荷分布具有球对称性，电场的分布也具有球对称性。

如图 9.14 所示，当 $r > R$ 时，过球外 P 点作半径为 r 的球面高斯面 S，由高斯定理可得

$$\boldsymbol{E} = \frac{Q}{4\pi\varepsilon_0 r^2}\boldsymbol{e}_r \qquad (r > R) \tag{9-19a}$$

当 $r < R$ 时，过球内 P' 点取球形高斯面 S'，通过高斯面 S' 的电场强度通量为

$$\Phi_e = \oint_S \boldsymbol{E} \cdot d\boldsymbol{S} = E \cdot 4\pi r^2$$

高斯面 S' 内所围的电荷为

$$\sum q_{内} = \frac{Q}{\frac{4}{3}\pi R^3} \cdot \frac{4}{3}\pi r^3 = \frac{Qr^3}{R^3}$$

由高斯定理可得

$$\boldsymbol{E} = \frac{Qr}{4\pi\varepsilon_0 R^3}\boldsymbol{e}_r \qquad (r < R) \tag{9-19b}$$

即在球内部，$\boldsymbol{E}$ 与 r 成正比。图 9.14 中的 $E-r$ 曲线给出了在球内、外场强大小随距离的变化情况。

3. 无限长均匀带电圆柱面内、外的电场

设圆柱面的半径为 R，沿轴向单位长度圆柱面上所带的电量为 λ。由于电荷分布具有轴对称性，电场分布也具有轴对称性，即离开圆柱面轴线等距离各点的场强大小处处相等，方向都沿圆柱面侧面的法线方向，所以可以选取同轴的柱形高斯面。在柱形高斯面的两个底面上，虽然场强的大小各处不等，但场强的方向则处处与底面的法向垂直，所以通过两个底面的电场强度通量均为零。

如图 9.15 所示，当 $r > R$ 时，在柱面外取一点 P，P 点到柱面轴线的距离为 r，以 r 为半径，

作长度为 l 的同轴柱形高斯面 S，P 点在高斯面 S 上。通过高斯面 S 的电场强度通量为

$$\Phi_e = \oint_S \boldsymbol{E} \cdot d\boldsymbol{S} = \int_{侧面} \boldsymbol{E} \cdot d\boldsymbol{S} + \int_{上底面} \boldsymbol{E} \cdot d\boldsymbol{S} + \int_{下底面} \boldsymbol{E} \cdot d\boldsymbol{S} = \int_{侧面} \boldsymbol{E} \cdot d\boldsymbol{S} = 2\pi r l E$$

柱形高斯面 S 内所包围的电荷为

$$\sum_i q_i = \lambda l$$

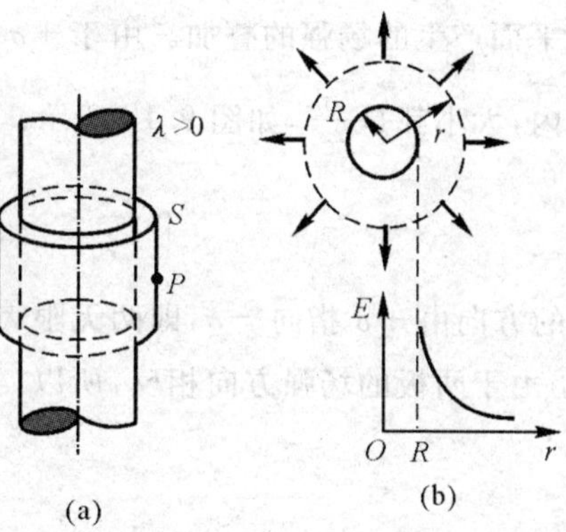

图 9.15　圆柱面的场强

根据高斯定理可得带电圆柱面外的场强为

$$\boldsymbol{E} = \frac{\lambda}{2\pi\varepsilon_0 r}\boldsymbol{e}_r \qquad (r > R) \qquad (9-20a)$$

柱面内($r < R$) 的场强分布：取 $r < R$ 在柱形高斯面，因为高斯面内没有电荷，所以

$$E = 0 \qquad (r < R) \qquad (9-20b)$$

4. 均匀带电的无限大平面薄板的电场分布

由于电荷均匀分布在无限大的平面上，因此电场的分布具有对称性。假设面电荷密度 $\sigma > 0$，则平面两侧对称点处的场强不仅大小相等，而且方向处处与平面垂直并指向两侧。如图 9.16 所示，取圆柱形高斯面，其侧面与带电面垂直，两底面与带电面平行并在对称位置上。由于该高斯面是关于带电平面对称的，在两底面处，场强的大小处处相等，方向沿两底面的法向，侧面上各点的场强方向处处与侧面法向垂直，通过侧面的电场强度通量为零。

设圆柱形高斯面的底面积为 ΔS，则通过此高斯面的电场强度通量为

$$\Phi_e = \oint_S \boldsymbol{E} \cdot d\boldsymbol{S} = \int_{侧面} \boldsymbol{E} \cdot d\boldsymbol{S} + \int_{底面} \boldsymbol{E} \cdot d\boldsymbol{S} = 2E\Delta S$$

圆柱形高斯面 S 内所包围的电荷为

$$\sum_i q_i = \sigma \Delta S$$

由高斯定理可得

$$\boldsymbol{E} = \frac{\sigma}{2\varepsilon_0}\boldsymbol{e}_n \qquad (9-21)$$

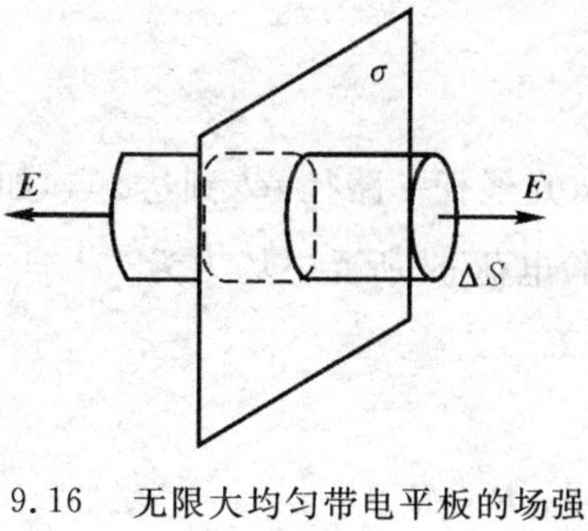

图 9.16　无限大均匀带电平板的场强

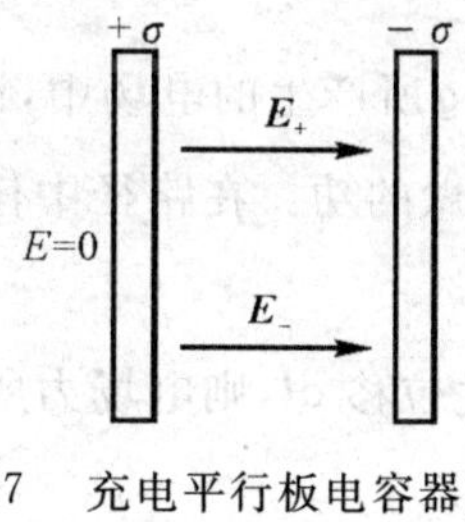

图 9.17　充电平行板电容器的电场

5. 均匀带电无限大平行板电容器的电场

设两平行板电荷面密度为 $+\sigma$ 和 $-\sigma$，根据场强叠加原理，两平行板的总场强可以看成各

个平面产生的场强的叠加。由于$+\sigma$产生的场强垂直于平面向外，$-\sigma$产生的场强垂直于平面向内，大小都是$\frac{\sigma}{2\varepsilon_0}$，如图 9.17 所示。因此两板之间场强的大小为

$$E=\frac{\sigma}{2\varepsilon_0}+\frac{\sigma}{2\varepsilon_0}=\frac{\sigma}{\varepsilon_0} \tag{9-22}$$

$\boldsymbol{E}$ 的方向由$+\sigma$指向$-\sigma$，即两无限大均匀带异号电荷平板之间的电场为均匀电场。在两板之外，由于两板的场强方向相反，所以

$$E=\frac{\sigma}{2\varepsilon_0}-\frac{\sigma}{2\varepsilon_0}=0$$

综上讨论可知，应用高斯定理求场强的一般方法与步骤如下：

(1) 进行对称性分析，即由电荷分布的对称性来分析场强分布的对称性。常见的对称性有球对称性、轴对称性等。

(2) 过场点选取适当的高斯面，使穿过该面的电场强度通量易于计算。例如使部分高斯面与场强方向平行，或使高斯面上场强大小相等，方向与该部分表面垂直等，从而可使 $E\cos\theta$ 提到积分号外。

(3) 计算穿过高斯面的电场强度通量和高斯面内包围的电量的代数和，最后由高斯定理求出场强。

上述各例中，带电体的电荷分布都具有某种对称性，利用高斯定理计算这类带电体的场强分布是很方便的。不具有特定对称性的电荷分布，其电场强度不能直接用高斯定理求出。当然，这绝不是说，高斯定理对这些带电体系的电场不成立。此外，对有些带电体系来说，如果其中每个带电体的电荷分布都具有对称性，那么可以利用高斯定理求出每个带电体的电场，然后再应用场强叠加原理求出整个带电体系的电场分布。

9.5 静电场的环路定理

前面从电荷在电场中受到电场力这一事实出发，研究了静电场的性质。本节从电荷在电场中移动时电场力所做的功来研究静电场的性质。

9.5.1 电场力的功

在点电荷 q 所产生的电场中，试验电荷 q_0 从 a 点经任一路径 acb 到达 b 点，如图 9.18 所示，计算电场力所做的功。在路径中任一点 c 处，试验电荷 q_0 所受电场力为

$$\boldsymbol{F}=q_0\boldsymbol{E}$$

若电荷 q_0 发生位移 $\mathrm{d}\boldsymbol{l}$，则电场力所做的元功为

$$\mathrm{d}A=\boldsymbol{F}\cdot\mathrm{d}\boldsymbol{l}=q_0\boldsymbol{E}\cdot\mathrm{d}\boldsymbol{l}$$

当试验电荷从 a 点沿任一路径到达 b 点时，电场力做的功为

$$A_{ab}=\int_a^b\mathrm{d}A=q_0\int_a^b\boldsymbol{E}\cdot\mathrm{d}\boldsymbol{l}=q_0\int_a^b E\cos\theta\mathrm{d}l \tag{9-23}$$

式中，θ 是场强 $\boldsymbol{E}$ 和 $\mathrm{d}\boldsymbol{l}$ 的夹角，由图可知 $\cos\theta \mathrm{d}l = \mathrm{d}r$，且 $E = \dfrac{q}{4\pi\varepsilon_0 r^2}$，代入式(9-23)得

$$A_{ab} = \int_a^b \frac{qq_0}{4\pi\varepsilon_0} \cdot \frac{\mathrm{d}r}{r^2} = \frac{qq_0}{4\pi\varepsilon_0}\left(\frac{1}{r_a} - \frac{1}{r_b}\right) \tag{9-24}$$

式中，r_a 和 r_b 分别表示从点电荷 q 到路径的起点和终点的距离。由此可见，在点电荷的电场中，试验电荷 q_0 沿任意路径移动时，电场力所做的功只与试验电荷的起点和终点位置以及它的电量 q_0 有关而与路径无关。

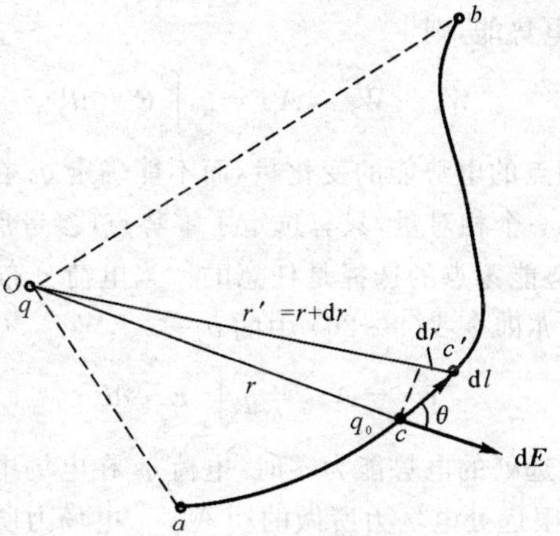

图 9.18　电场力做功

上述结论对任何静电场都适用，因为任何静电场都可看做是点电荷系中各点电荷电场的叠加，试验电荷在电场中移动时，电场力对 q_0 所做的功就等于各个点电荷的电场力所做功的代数和。由于每个点电荷的电场力所做的功都与路径无关，所以相应的代数和也与路径无关。

9.5.2　静电场的环路定理

在静电场中将试验电荷 q_0 从 a 点沿任一闭合回路再回到 a 点，由式(9-24)可知，电场力做的功为零，即

$$\oint q_0 \boldsymbol{E} \cdot \mathrm{d}\boldsymbol{l} = 0$$

因为 q_0 不等于零，所以

$$\oint \boldsymbol{E} \cdot \mathrm{d}\boldsymbol{l} = 0 \tag{9-25}$$

这是静电场力做功与路径无关的必然结果。$\oint \boldsymbol{E} \cdot \mathrm{d}\boldsymbol{l}$ 是静电场强 $\boldsymbol{E}$ 沿闭合路径的线积分，叫做场强 $\boldsymbol{E}$ 的环流。式(9-25)指出：静电场中场强 $\boldsymbol{E}$ 的环流恒等于零，称为静电场的环路定理，它反映了静电场的一个重要性质，这一性质表明静电场力和重力相似，也是保守力，所以静电场是保守场。由于有这种特性，我们才能引入电势能的概念。

9.6 电 势

9.6.1 电势能

由于静电场力与重力相似,是保守力,因此我们仿照重力势能,认为电荷在电场中任一位置也具有电势能,电场力所做的功就是电势能改变的量度,设以 W_a 和 W_b 分别表示试验电荷 q_0 在起点 a 和终点 b 处的电势能,则

$$W_a - W_b = A_{ab} = q_0\int_a^b \boldsymbol{E}\cdot \mathrm{d}\boldsymbol{l} \tag{9-26}$$

式(9-26)只说明了 a,b 两点的电势能的变化量,而不能确定 q_0 在电场中某点的电势能,因为电势能和重力势能一样,是一个相对量,只有选定了零势点(参考点)的位置,才能确定 q_0 在电场中某一点的电势能。电势能零点的选择是任意的。当电荷分布在有限空间时,通常选择 q_0 在无限远处的电势能为零,亦即令式(9-26)中的 $b\to\infty$,$W_\infty=0$,则

$$W_a = A_{a\infty} = q_0\int_a^\infty \boldsymbol{E}\cdot \mathrm{d}\boldsymbol{l} \tag{9-27}$$

式(9-27)表明当选定无限远处的电势能为零时,电荷 q_0 在电场中某点 a 处的电势能 W_a 在量值上等于 q_0 从 a 点移到无限远处电场力所做的功 $A_{a\infty}$。电场力所做的功有正有负,所以电势能也有正有负。与重力势能相似,电势能也是属于一定系统的。式(9-27)表示的电势能是试验电荷 q_0 与电场之间的相互作用能量。电势能是属于试验电荷 q_0 和电场这个系统的。

9.6.2 电势

由式(9-27)可知,电荷 q_0 在电场中某点 a 的电势能与 q_0 的大小成正比;而比值 $\dfrac{W_a}{q_0}$ 却与 q_0 无关,它只决定于电场的性质以及电场中给定点 a 的位置,所以可以用它来描述电场。我们定义:电荷 q_0 在电场中某点 a 的电势能 W_a 跟它的电量的比值叫做该点的电势(电位),用 U_a 表示,即

$$U_a = \frac{W_a}{q_0} \tag{9-28}$$

当 $q_0=+1$ 时,$U_a=W_a$,即电场中某点的电势在量值上等于单位正电荷放在该点时的电势能。与电势能一样,电势也是相对量,它与零电势位置的选择有关,若电荷分布在有限空间内,通常选取无限远处作为电势的零点,即 $U_\infty=0$。由式(9-27),式(9-28)可得

$$U_a = \int_a^\infty \boldsymbol{E}\cdot \mathrm{d}\boldsymbol{l} \tag{9-29}$$

当选定无限远处的电势为零时,电场中某点的电势在量值上等于单位正电荷从该点经过任意路径移到无限远处时电场力做的功。电势是标量,其值可正可负。

在国际单位制中,电势的单位是伏特(V)。

9.6.3 电势差

在静电场中,任意两点 a 和 b 的电势之差称为电势差,也叫电压,用公式表示为

$$U_a - U_b = \int_a^{\infty} \boldsymbol{E} \cdot d\boldsymbol{l} - \int_b^{\infty} \boldsymbol{E} \cdot d\boldsymbol{l} = \int_a^b \boldsymbol{E} \cdot d\boldsymbol{l} \tag{9-30}$$

电场中 a,b 两点的电势差在量值上等于单位正电荷从 a 点经过任意路径到达 b 点时电场力所做的功。如果已知 a,b 两点间的电势差,可以很容易确定电荷 q_0 从 a 点移到 b 点时,静电场力所做的功。根据式(9-28),有

$$A_{ab} = W_a - W_b = q_0(U_a - U_b) \tag{9-31}$$

在实际应用中,需要用到的是两点间的电势差,而不是某一点的电势,所以常取地球的电势为量度电势的起点,即取地球的电势为零。

9.6.4 电势的计算

1. 由电场分布求电势

式(9-29)表示电势和场强的积分关系,如果已知场强 $\boldsymbol{E}$ 随位置变化的具体函数,根据式(9-29)可求得电势分布,或由式(9-30)求得电场中某两点的电势差。

例 9-5 求点电荷电场的电势分布。

解 由式(9-29)及点电荷场强公式得

$$U = \int_r^{\infty} \boldsymbol{E} \cdot d\boldsymbol{l} = \int_r^{\infty} E dr = \frac{q}{4\pi\varepsilon_0}\int_r^{\infty} \frac{1}{r^2} dr = \frac{q}{4\pi\varepsilon_0 r} \tag{9-32}$$

由此可见,如果点电荷 q 为正,场中各点的电势为正,离电荷 q 越远,电势越小,到无限远处电势为零,这是电势的最小值。若点电荷 q 为负,场中各点的电势为负,离电荷 q 越远,电势越高,到无限远处电势为零,这是电势的最大值。

例 9-6 有一半径为 R 的均匀带电球面,带电量为 q,求球面内、外的电势分布。

解 设 P 点至球心 O 的距离为 r,根据均匀带电球面的场强,有

$$E = \begin{cases} 0 & (r < R) \\ \dfrac{q}{4\pi\varepsilon_0 r^2} & (r > R) \end{cases}$$

由式(9-29),得 P 点电势为

$$U_P = \int_r^{\infty} \boldsymbol{E} \cdot d\boldsymbol{l}$$

若 P 点在球面外,这时 $r > R$,由于 P 点场强方向为矢径 $\boldsymbol{r}$ 的方向,又由于电场力做功与路径无关,因此可选择积分路径沿 $\boldsymbol{r}$ 的方向。

$$U_P = \int_P^{\infty} \boldsymbol{E} \cdot d\boldsymbol{l} = \int_r^{\infty} E dr = \int_r^{\infty} \frac{q}{4\pi\varepsilon_0} \frac{dr}{r^2} = \frac{q}{4\pi\varepsilon_0 r} \quad (r > R) \tag{9-33}$$

当 P 点在球面上时,有 $U_P = \dfrac{q}{4\pi\varepsilon_0 R}$

当 P 点在球面内时,$r < R$。由于球面内的场强为零,所以积分分两段进行,即

$$U_P = \int_P^{\infty} \boldsymbol{E} \cdot d\boldsymbol{l} = \int_r^{R} \boldsymbol{E} \cdot d\boldsymbol{l} + \int_R^{\infty} \boldsymbol{E} \cdot d\boldsymbol{l} = \int_r^{R} 0 \cdot dr + \int_R^{\infty} \frac{q}{4\pi\varepsilon_0} \frac{dr}{r^2} = \frac{q}{4\pi\varepsilon_0 R} \tag{9-34}$$

由此可见,均匀带电球面外任一点的电势等于球面上的电荷集中于球心的点电荷在该点的电势,而球面内任一点的电势等于球面上的电势(见图 9.19)。

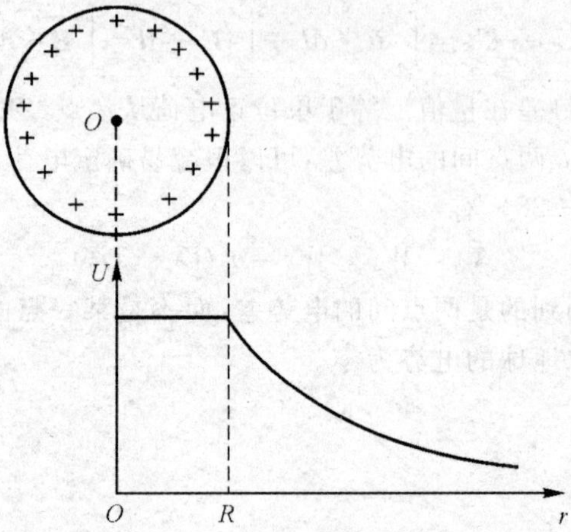

图 9.19 均匀球面的电势分布曲线

2.由电荷分布求电势

(1) 点电荷系的电场中的电势。在点电荷系 $q_1,q_2,\cdots,q_n$ 的电场中,由场强叠加原理及电势的定义式(9-29)可得到电场中任一点的电势为

$$U_P=\int_P^\infty \boldsymbol{E}\cdot \mathrm{d}\boldsymbol{l}=\int_P^\infty (\boldsymbol{E}_1+\boldsymbol{E}_2+\cdots+\boldsymbol{E}_n)\cdot \mathrm{d}\boldsymbol{l}=\int_P^\infty \boldsymbol{E}_1\cdot \mathrm{d}\boldsymbol{l}+\int_P^\infty \boldsymbol{E}_2\cdot \mathrm{d}\boldsymbol{l}+\cdots+\int_P^\infty \boldsymbol{E}_n\cdot \mathrm{d}\boldsymbol{l}=$$

$$\frac{q_1}{4\pi\varepsilon_0 r_1}+\frac{q_2}{4\pi\varepsilon_0 r_2}+\cdots+\frac{q_n}{4\pi\varepsilon_0 r_n}=\sum_{i=1}^n \frac{q_i}{4\pi\varepsilon_0 r_i}=\sum_{i=1}^n U_i \qquad (9-35)$$

式中,r_i 为点电荷 q_i 到 P 点的距离。由此可见,在点电荷系的电场中某点的电势等于每一个点电荷单独在该点产生的电势的代数和。这就是静电场的电势叠加原理。

(2) 任意带电体电场中的电势。如果带电体上的电荷是连续分布的,可把带电体分成无限多个电荷元 $\mathrm{d}q$,每个电荷元 $\mathrm{d}q$ 在电场中给定点产生的电势为

$$\mathrm{d}U=\frac{1}{4\pi\varepsilon_0}\frac{\mathrm{d}q}{r}$$

式中,r 是电荷元 $\mathrm{d}q$ 到给定点的距离,整个带电体在给定点产生的电势为

$$U=\int \mathrm{d}U=\int \frac{1}{4\pi\varepsilon_0}\frac{\mathrm{d}q}{r} \qquad (9-36)$$

由于电势是标量,所以这里的积分是标量积分,它比计算场强的矢量积分要简便得多。

例 9-7 求电偶极子的电势分布。

解 设 P 点与电偶极子同在 xOy 平面内,$-q$,$+q$ 到 P 点的距离分别为 r_-,r_+,电偶极子中心 O 到 P 点的距离为 r(见图 9.20),由电势叠加原理得

$$U_P=U_++U_-=\frac{q}{4\pi\varepsilon_0 r_+}+\frac{-q}{4\pi\varepsilon_0 r_-}=\frac{q}{4\pi\varepsilon_0}\frac{r_--r_+}{r_+r_-}$$

当 $r\gg l$ 时,$r_+r_-\approx r^2$,$r_--r_+\approx l\cos\theta$,所以电场中任一点的电势为

$$U_P\approx\frac{ql\cos\theta}{4\pi\varepsilon_0 r^2}=\frac{P\cos\theta}{4\pi\varepsilon_0 r^2}$$

式中,$P=ql$ 为电偶极子的电矩,θ 为 $\overrightarrow{OP}$ 与 x 轴的夹角,由

$$\cos\theta=\frac{x}{r}\quad 及\quad r^2=x^2+y^2$$

上式可写成

$$U_P=\frac{Px}{4\pi\varepsilon_0(x^2+y^2)^{3/2}}\quad (r\gg l)$$

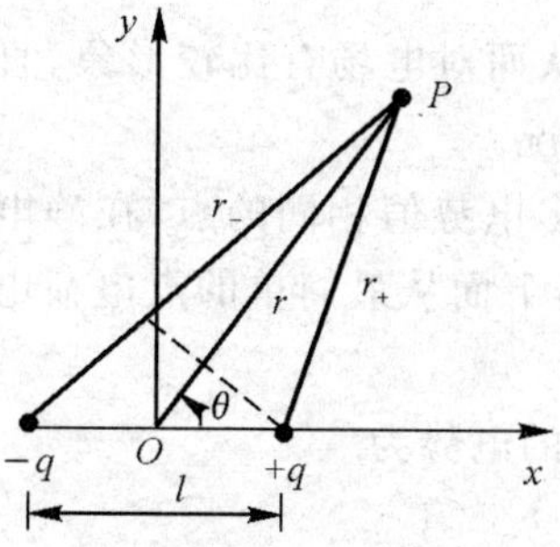

图　9.20

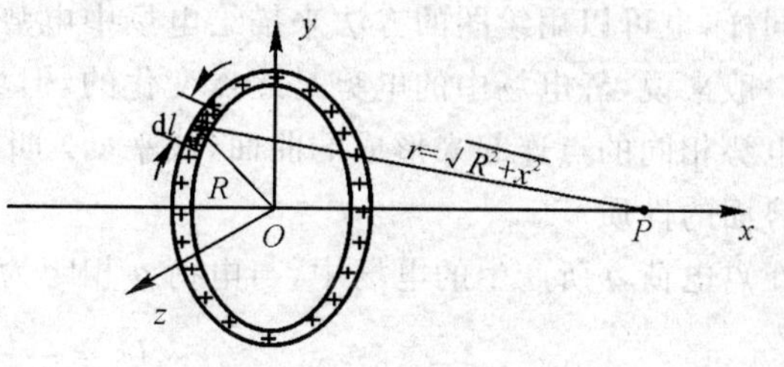

图　9.21

例 9-8　求均匀带电圆环轴线上的一点的电势，圆环半径为 R，带电量为 q，如图 9.21 所示。

解　设 P 点至圆环中心 O 的距离为 x，这里电荷是连续分布的，须用式(9-36)计算电势，一般按下列步骤进行。

(1) 取电荷元 dq。在圆环上取一长度为 dl 的线元，它所带的电量为 $dq=\lambda dl=\frac{q}{2\pi R}dl$。式中，$\lambda$ 是电荷线密度。

(2) 求电荷元 dq 在 P 点产生的电势。

$$dU=\frac{dq}{4\pi\varepsilon_0 r}$$

式中，r 为线元 dl 至 P 点的距离：

$$r=\sqrt{R^2+x^2}$$

(3) 计算整个带电圆环在 P 点的电势。

$$U=\int_0^U dU=\int_0^q\frac{dq}{4\pi\varepsilon_0 r}$$

对不同的电荷元 r 保持不变，积分结果为

$$U=\frac{1}{4\pi\varepsilon_0 r}\int_0^q dq=\frac{q}{4\pi\varepsilon_0 r}=\frac{q}{4\pi\varepsilon_0(R^2+x^2)^{1/2}}\tag{9-37}$$

1) 若 P 点在圆环中心处，即 $x=0$ 时，则 $U=\frac{q}{4\pi\varepsilon_0 R}$。

2) 若 P 点位于轴线上离圆环中心相当远处，即 $x\gg R$ 时，则

$$U=\frac{q}{4\pi\varepsilon_0 x}$$

可见，圆环轴线上足够远处某点的电势，与把电量 q 看做集中在环心的一个点电荷在该点产生的电势相同。

9.7　等势面　场强和电势的关系

9.7.1　等势面

前面曾用电场线描绘了电场中各点场强的分布情况，从而对电场有比较形象、直观的认识。同样，也可以用绘图的方法来描绘电场中电势的分布情况。

一般来说，静电场中的电势是逐点变化的，但场中有许多电势值相同的点，在静电场中把这些电势相同的点连起来形成的曲面(或平面)叫做等势面，下面从最简单的点电荷电场来研究等势面的性质。

在点电荷 q 所产生的电场中，与电荷 q 相距为 r 的各点的电势为

$$U=\frac{q}{4\pi\varepsilon_0 r}$$

由此可见，点电荷电场中的等势面是以点电荷为中心的一系列同心球面(见图(9.23(a))。由于点电荷电场中的电场线是由正电荷发出或会聚于负电荷的径向直线，显然，这些电场线与其等势面是正交的。

在任何静电场中，如果将试验电荷 q_0 沿等势面从 a 点移动到 b 点，电场力做功为零，即 $\int_a^b q_0 E\cos\theta \mathrm{d}l=0$，但因 q_0，E 和 $\mathrm{d}l$ 都恒不等于零，所以 $\cos\theta=0$，$\theta=\frac{\pi}{2}$，这表明在任何静电场中，电场线总是和等势面正交。

为了使等势面能够反映电场的强弱，对等势面的画法作如下规定：在静电场中，任何两相邻等势面的电势差都相等。

如图 9.22 所示，a，b，c 为按以上规定作出的三个彼此相邻的等势面 U_a，U_b 和 U_c 与电场线的交点。若相邻两等势面的电势差取得很小，以致两等势面的场强可看做是均匀的，则有

$$U_a-U_b=E_1\,\overline{ab}$$

$$U_b-U_c=E_2\,\overline{bc}$$

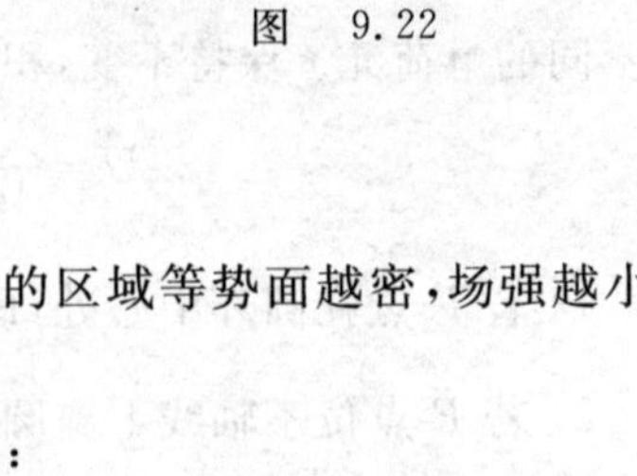

图　9.22

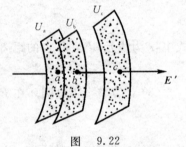

式中，E_1 和 E_2 分别为等势面 U_a，U_b 间和 U_b，U_c 间的场强，由等势面的作法规定，有 $U_a-U_b=U_b-U_c$，故得

$$\frac{E_1}{E_2}=\frac{\overline{bc}}{\overline{ab}} \tag{9-38}$$

即场强的大小和等势面之间的距离成反比，也就是说场强越大的区域等势面越密，场强越小的区域等势面越疏，可见等势面的分布反映了电场的强弱。

按照上述对等势面画法的规定，等势面具有下列基本性质：

(1) 等势面密集处场强大，等势面稀疏处场强小；

(2) 等势面与电场线处处正交；

(3) 电场线总是由电势高的等势面指向电势低的等势面(即指向电势降落的方向)。

等势面是研究电场的一种极为有用的方法，许多实际的电场(如示波管内的加速和聚焦电场)，其电势分布往往不能表述成函数的形式，可用实验的方法测出电场内等势面的分布，并根

据等势面画出电场线，从而了解各处电场的强弱和方向。图 9.23 是几种常见电场的等势面和电场线。

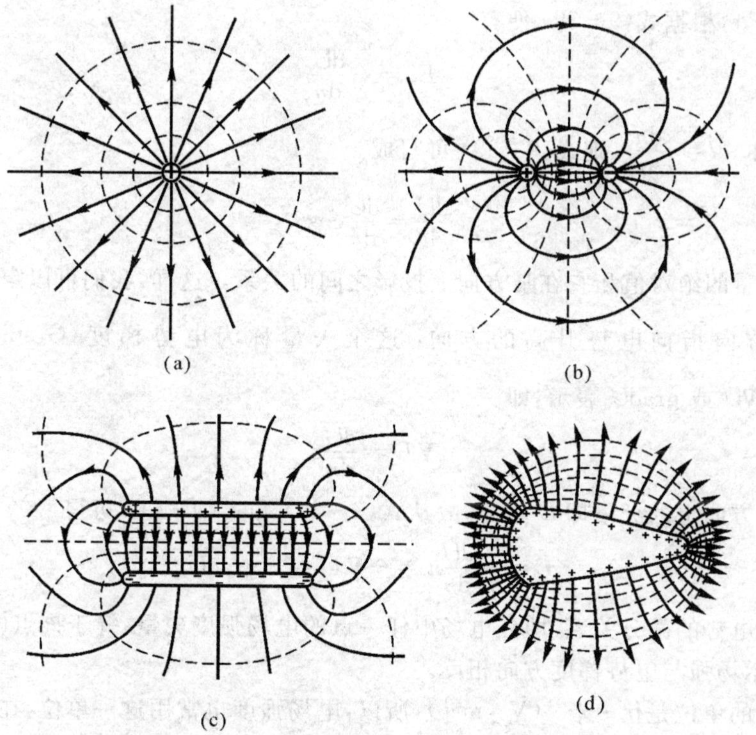

图 9.23　几种常见电场的等势面和电场线图

9.7.2　电场强度与电势的梯度的关系

前面说明了电场强度与电势的定性关系。电场强度与电势的定量关系有积分形式与微分形式两种，式(9-29)是二者的积分关系。下面将讨论其微分关系。

在静电场中取两个相距很近的等势面，其电势分别为 U 和 $U+\mathrm{d}U$，且 $\mathrm{d}U>0$。在等势面 A 上引一法线 $\boldsymbol{n}$，并规定指向电势升高方向为法线正方向，如图 9.24 所示。因两等势面很接近，可认为该法线也垂直等势面 B，且附近场强是均匀的，由于等势面总是与电场线正交，因此在 A 点处的电场强度方向必沿法线方向。假设 $\boldsymbol{E}$ 与 $\boldsymbol{n}$ 反向，当试验电荷 q_0 从 A 点做微小位移 $\mathrm{d}\boldsymbol{l}$ 到 C 点时，场强在此方向上的分量为 E_l，电场力做功可表示为

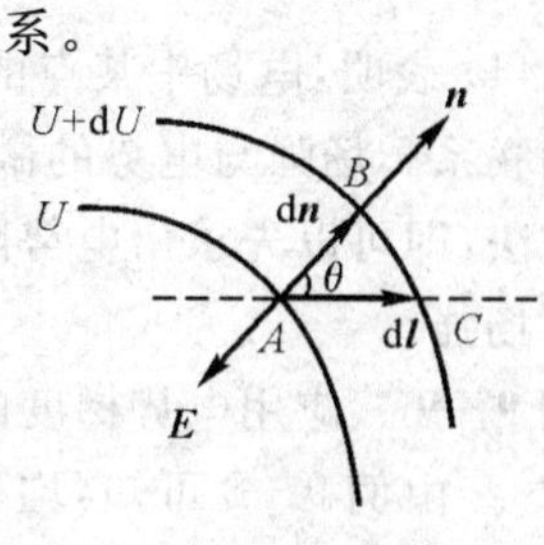

图 9.24　场强和电势梯度的关系

$$\mathrm{d}A=q_0(U_A-U_C)=q_0\boldsymbol{E}\cdot\mathrm{d}\boldsymbol{l}$$

即

$$-\mathrm{d}U=E\cos(\pi-\theta)\mathrm{d}l=-E\cos\theta\mathrm{d}l=E_l\mathrm{d}l$$

则

$$E_l=-\frac{\mathrm{d}U}{\mathrm{d}l} \qquad (9-39)$$

式(9-39)表示，电场中某点场强在某方向上的分量等于电势在此方向上变化率的负值。负号表示场强方向指向电势降低的方向，与假设的方向一致。

从式(9-39)可以看出,电势的空间变化是随 dl 的长度改变的,因此必然存在一个最大值,很显然,沿法线 $\boldsymbol{n}$ 方向最大。因为在两等势面间距离 dl 与 dn 相比,dn 的距离最短,若 E_{n} 为 $\boldsymbol{E}$ 在 $\boldsymbol{n}$ 方向的分量,根据式(9-39)便有

$$E_{\mathrm{n}}=-\frac{\mathrm{d}U}{\mathrm{d}n}$$

由图 9.24 可知,$\mathrm{d}l=\dfrac{\mathrm{d}n}{\cos\theta}$,则式(9-39)可写成

$$\frac{\mathrm{d}U}{\mathrm{d}l}=\frac{\mathrm{d}U}{\mathrm{d}n}\cos\theta \tag{9-40}$$

这正是一个矢量的绝对值和它在某方向上投影之间的关系。这样,我们可以定义一个矢量:其大小为 $\dfrac{\mathrm{d}U}{\mathrm{d}n}$,方向指向电势升高的方向,这个矢量称为电势梯度(Gradient of Electric Potential),用 ∇U 或 grad$U$ 表示,即

$$\nabla U=\frac{\mathrm{d}U}{\mathrm{d}n}\boldsymbol{n} \tag{9-41}$$

因为场强在 $\boldsymbol{n}$ 方向上的分量即 E 本身,故从式(9-39)和式(9-41)可得

$$\boldsymbol{E}=-\frac{\mathrm{d}U}{\mathrm{d}n}\boldsymbol{n}=-\nabla U=-\mathrm{grad}U \tag{9-42}$$

这就是场强和电势的微分关系,即在电场中任一点的电场强度矢量,等于该点电势梯度矢量的负值,负号表示场强与电势梯度方向相反。

电势梯度的单位是伏·米$^{-1}$(V·m^{-1}),所以,电场强度也常用这一单位,在直角坐标系中,电场强度 $\boldsymbol{E}$ 在三个坐标轴方向上的分量若为 E_x,E_y 和 E_z,则场强和电势的关系可表示为

$$E_x=-\frac{\partial U}{\partial x},\quad E_y=-\frac{\partial U}{\partial y},\quad E_z=-\frac{\partial U}{\partial z} \tag{9-43}$$

将式(9-43)中三个分量式合并为一个矢量式,有

$$\boldsymbol{E}=-\left(\frac{\partial U}{\partial x}\boldsymbol{i}+\frac{\partial U}{\partial y}\boldsymbol{j}+\frac{\partial U}{\partial z}\boldsymbol{k}\right) \tag{9-44}$$

式(9-44)表明,电场中某点的场强并非与该点的电势值相联系,而是与电势在该点的空间变化率相联系。场强与电势的微分关系在实际应用上的重要性之一,在于它提供了一个计算场强的方法,即可以先求出电势随位置的变化关系,然后应用式(9-42)或式(9-43),通过求导即求得场强。

例 9-9 应用电势梯度的概念,计算均匀带电圆环轴线上任一点 P 处的场强。

解 由例 9-8 可知,均匀带电圆环轴线上的电势分布为

$$U_P=\frac{q}{4\pi\varepsilon_0\sqrt{x^2+R^2}}$$

根据式(9-41),电场强度沿轴线的分布为

$$E=-\frac{\mathrm{d}U}{\mathrm{d}x}=-\frac{\mathrm{d}}{\mathrm{d}x}\left(\frac{q}{4\pi\varepsilon_0\sqrt{x^2+R^2}}\right)=\frac{qx}{4\pi\varepsilon_0(x^2+R^2)^{\frac{3}{2}}}$$

这一结果与例 9-4 中应用积分法计算的结果完全相同。

习　　题

1. 真空中两个相同的导体球带有异号电荷(可视为点电荷)，相距 0.5 m 时彼此以 0.108 N 的力相吸。保持两球距离不变，用一导线连接，尔后将它拆去，此时两球以 0.036 N 的力相斥。问两球上原来的电荷各是多少？

2. 有四个点电荷，电量都是 $+Q$，分别放在正方形的四个顶点，在这正方形的中心放一个怎么样的点电荷 Q'，才能使每个电荷都达到平衡？

3. 根据真空中点电荷的场强公式

$$E=\frac{q}{4\pi\varepsilon_0 r^2}$$

当 $r\to 0$ 时，$E\to\infty$，对此问题应如何解释？

4. 求证在电偶极子轴线上，距电偶极子中心为 $r(r\gg l)$ 处的场强为

$$\boldsymbol{E}=\frac{\boldsymbol{P}}{2\pi\varepsilon_0 r^3}$$

式中，$\boldsymbol{P}$ 为电偶极子的电矩，如图 9.25 所示。

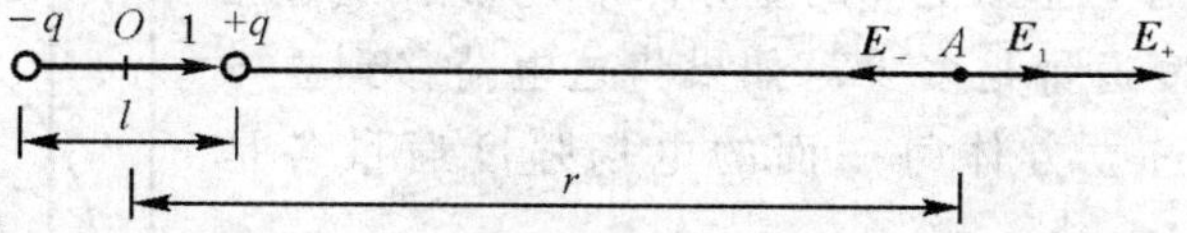

图　9.25

5. 如图 9.26 所示，电矩为 $\boldsymbol{P}$ 的电偶极子在场强为 $\boldsymbol{E}$ 的外电场中，所受到的力矩 $M=$ ________，在 M 的作用下，电偶极子将转到 ________ 方向。

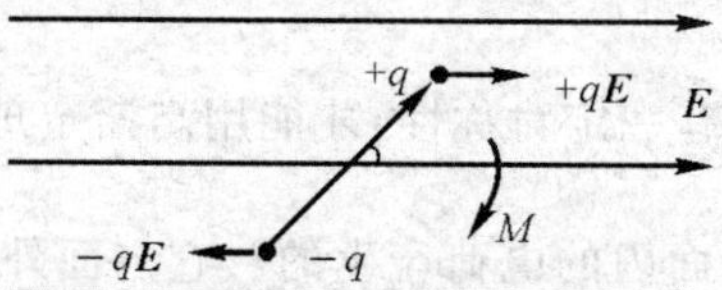

图　9.26

6. 两点电荷 $q_1=2.0\times10^{-7}$ C 和 $q_2=-2.0\times10^{-7}$ C，相距 0.3 m，P 点距 q_1 为 0.4 m，距 q_2 为 0.5 m，求 P 点场强的大小和方向。

7. 若电量 Q 均匀地分布在长为 L 的电棒上，求证：

(1) 在棒的延长线上，离棒中心为 a 处的场强为

$$E=\frac{1}{\pi\varepsilon_0}\frac{Q}{4a^2-L^2}$$

(2) 在棒的垂直平分线上，离棒为 a 处的场强为

$$E=\frac{1}{2\pi\varepsilon_0 a}\frac{Q}{\sqrt{L^2+4a^2}}$$

8. 如图 9.27 所示，一半径为 R 的半圆弧，沿弧的左半部分和右半部分都均匀带电，分别带电量为 $+Q$ 和 $-Q$，求半圆中心点 O 的场强。

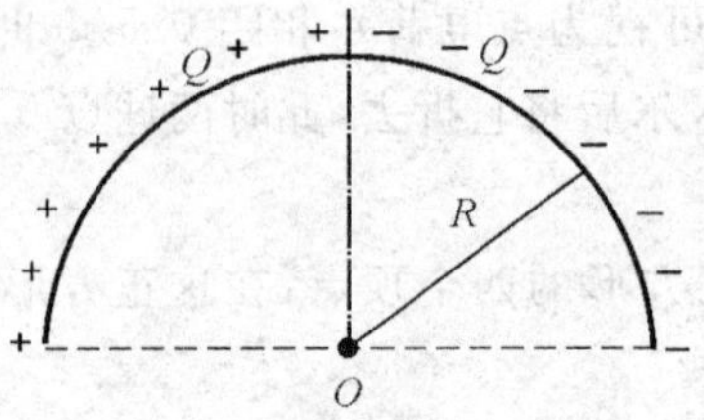

图　9.27

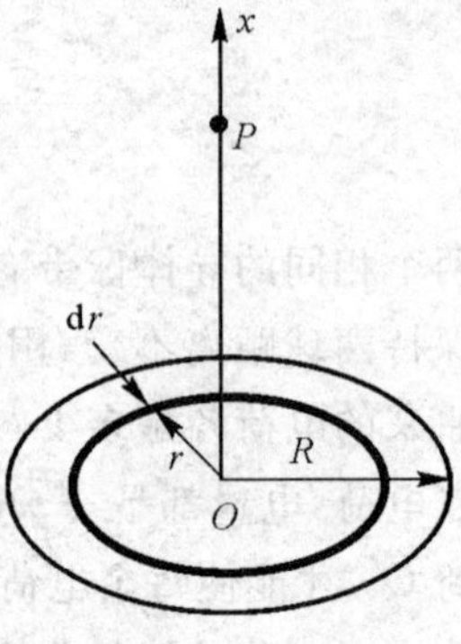

图　9.28

9. 半径为 R 的圆面上均匀带电，电荷面密度为 σ，试求：

(1) 在垂直于圆面的对称轴线上，离圆心为 x 的 P 点的场强，如图 9.28 所示。

(2) 在保持 σ 不变的情况下，$R\to\infty$ 时结果如何？

10. 如图 9.29 所示，设匀强电场的场强 $\boldsymbol{E}$ 与半径为 R 的半球面的轴平行，通过此半球面的电场强度通量为________。

11. 一点电荷 q 位于一边长为 a 的立方体中心，试问通过立方体一个面的电场强度通量是多少？如果将这电荷移到立方体的一个角顶上，通过立方体每一面的电场强度通量各是多少？

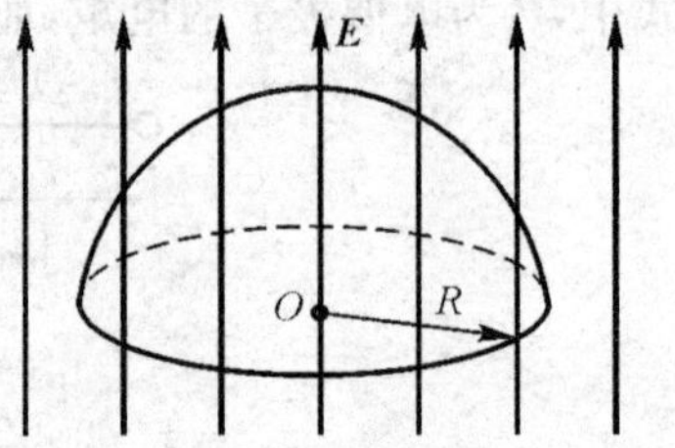

图　9.29

12. 一点电荷放在球面的球心处，讨论下列情形中穿过这球面的电场强度通量是否变化：(1) 点电荷离开球心，但仍在球内；(2) 有另一电荷放在球面外；(3) 有另一个电荷位于球面内。

13. 为什么只有电场分布具有一定对称性，才能用高斯定理计算场强？高斯定理 $\oint \boldsymbol{E}\cdot \mathrm{d}\boldsymbol{S}=\dfrac{q}{\varepsilon_0}$ 中的场强 $\boldsymbol{E}$，是否只是由高斯面内的电荷产生的？它与面外的电荷有无关系？

14. 真空中有相互平行的 A，B 两极板，相距为 d，板面积为 S，分别带有电量 $+q$，$-q$。有人说，两极板的相互作用力 $f=\dfrac{q^2}{4\pi\varepsilon_0 d^2}$；又有人说，因 $f=qE$，而 $E=\dfrac{\sigma}{\varepsilon_0}$；$\sigma=\dfrac{q}{S}$，则 $f=\dfrac{q^2}{\varepsilon_0 S}$。试问这两种说法对吗？为什么？到底 f 应等于多少？

15. 两个均匀带电的同心球面，半径分别为 0.10 m 和 0.30 m，小球上带有电荷 $+1.0\times10^{-8}$ C，大球上带有电荷 $+1.5\times10^{-8}$ C。求离球心为 (1)0.05 m；(2)0.20 m；(3)0.50 m 各处的场强。从结果分析场强是否为场点到球心距离 r 的连续函数。

16. 如图 9.30 所示，一质量为 1.0×10^{-6} kg 的小球，带有电量 2.0×10^{-11} C，系于一丝线下端，线与一块很大的均匀带电平板成 30° 角。求此带电平板上的电荷面密度。

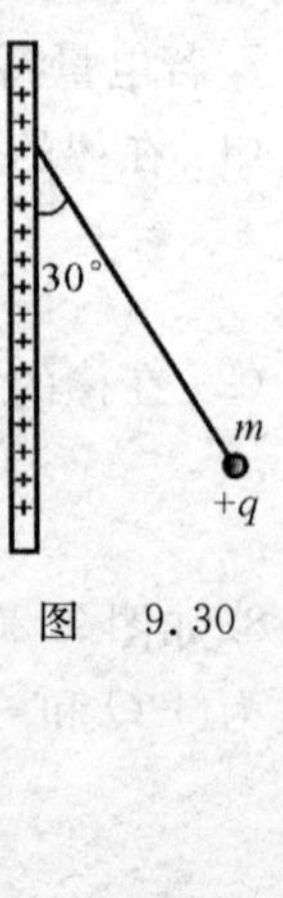

图　9.30

17. 有两块非常靠近的平行平板，面积均为 2×10^{-2} m^2，带等量异号电荷，它们之间匀强电场的场强为 $5.0\times10^4\ V\cdot m^{-1}$，求这两板所带的电量。

18. 两个“无限长”同轴圆柱柱面，半径分别为 R_1 和 $R_2(R_2>R_1)$，带有等值异号电荷，每单位长度的电量为 λ。试分别求出：(1)$r<R_1$；(2)$r>R_2$；(3)$R_1<r<R_2$ 时，离轴线的垂直距离为 r 处的场强。

19. 两无限长带异号电荷的同轴圆柱面，单位长度上的电量为 $3.0\times10^{-8}\ C\cdot m^{-1}$，内半径为 2×10^{-2} m，外半径为 4×10^{-2} m。一电子在两圆柱面之间，沿半径为 3×10^{-2} m 的圆周路径匀速旋转，问此电子的动能为多少？

20. 一无限大均匀带电平板，电荷面密度为 σ，在平板中间挖去一小圆孔（半径为 R），并在圆孔中心轴线上与平板垂直距离为 d 的一点上放一点电荷 q_0，求该电荷所受的静电力（设挖去小孔不影响平板上的电荷分布）。

21. 均匀带电的圆环，半径为 $R=5.0$ cm，总电量 $q=5.0\times10^{-9}$ C。(1) 求轴线上离环心距离为 $x=5.0$ cm 处的 A 点的场强；(2) 轴线上哪些点处的场强最大？最值为多大？

22. 以下各种说法是否正确？

(1) 场强为零的地方，电势也一定为零，电势为零的地方，场强一定为零。

(2) 电势较高的地方，电场强度一定较大。电场强度较小的地方，电势也一定较低。

(3) 场强大小相等的地方，电势相同，电势相等的地方，场强也都相等。

23. 将初速为零的电子放在电场中，在电场力的作用下，该电子将从______电势移向______电势，其电势能将______（增加或减少）。

24. 在一点电荷电场中，把一电量为 1.0×10^{-9} C 的试验电荷从无限远处移到离点电荷为 0.1 m 处，电场力做功为 1.8×10^{-5} J，求该点电荷的电量。

25. 求在电偶极子轴线上，距离电偶极子中心为 r 处的电势。

26. 在图 9.31 中，$r=6$ cm，$a=8$ cm，$q_1=3\times10^{-8}$ C，$q_2=-3\times10^{-8}$ C，问：(1) 将电量为 2×10^{-9} C 的点电荷从 A 点移到 B 点，电场力做功多少？(2) 将此电荷从 C 点沿任意路径移到 D 点，电场力做功多少？

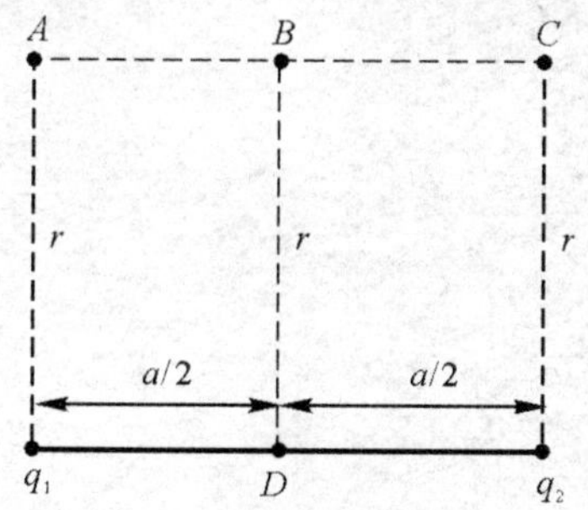

图　9.31

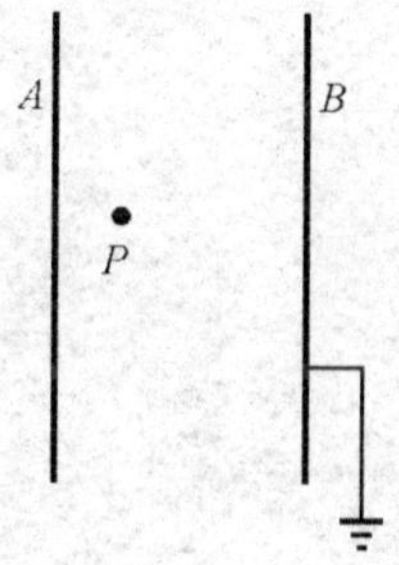

图　9.32

27. 两无限大平行板如图 9.32 所示，设 A,B 两板相距 5.0 cm，板上电荷面密度均为 $3.3\times10^{-6}\ C\cdot m^{-2}$，$A$ 板带正电，B 板带负电并接地（设地的电势为零）。求：(1) 在两板之间离 A 板 1.0 cm 处 P 点的电势；(2)A 板的电势。

28. 两个同心球面，半径分别为 10 cm 和 30 cm，小球均匀带有正电荷 1.0×10^{-8} C，大球带

有正电荷 1.5×10^{-8} C。求离球心分别为(1)20 cm;(2)50 cm 处的电势。

29. 长为 l 的直线上每单位长度均匀分布电荷 λ。(1) 试确定在该线段的延长线上与一端相距为 x 的一点 P 处的电势;(2) 应用(1) 结果,计算 P 点场强的 x 分量和 y 分量,如图 9.33 所示。

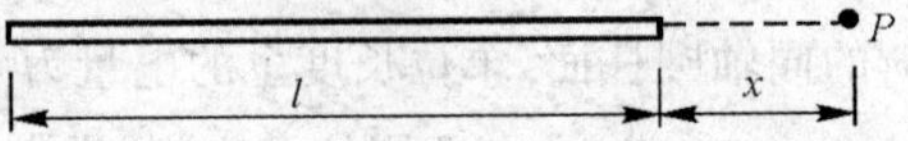

图 9.33

30. 如图 9.34 所示,在 xOy 面上倒扣着半径为 R 的半球面,半球面上电荷均匀分布,电荷面密度为 σ。A 点的坐标为 $\left(0,\dfrac{R}{2}\right)$,$B$ 点的坐标为 $\left(\dfrac{3R}{2},0\right)$,求电势差 U_{AB}。

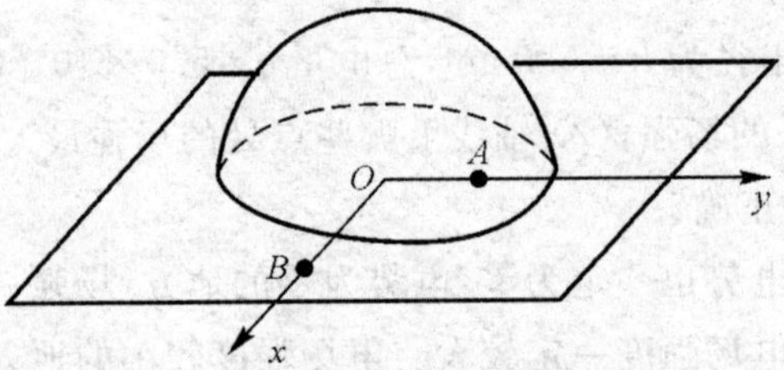

图 9.34

第 10 章　静电场中的导体和电介质

第 9 章讨论了真空中的静电场，即空间除了给定的电荷外，在电场中不存在由分子、原子构成的其他物质。其实，在物质世界里，真空只不过是一种理想的情况，实际电场中总会有导体或电介质。导体和电介质是实物物质，静电场是另一种形态的物质，当它们处在同一空间时，就会产生相互作用，相互影响。本章将研究静电场和导体、电介质相互影响的规律，讨论导体和电介质的有关性质，最后讨论静电场的能量，从一个侧面来反映电场的物质性。

10.1　静电场中的导体

10.1.1　静电感应　静电平衡

金属导体是由大量带负电的自由电子和带正电的晶格点阵所构成。当导体不带电时，如果没有外电场的影响，自由电子的负电荷和晶格点阵的正电荷相互中和，整个导体或其中任一部分都是中性的。这时，除了自由电子的微观热运动外，没有宏观的电荷运动。

如果把导体放在外电场中，不论金属导体原来是否带电，导体中的自由电子在外电场力的作用下，将相对于晶格点阵作宏观运动，引起导体上的电荷重新分布。如图 10.1 所示，在均匀电场中放入一块金属板 G，由于电场力的作用，使得 G 的两个侧面出现了等量异号电荷。我们把外电场使导体上电荷重新分布的现象叫静电感应现象。因静电感应而出现的电荷叫感应电荷。感应电荷在金属板内部也激发电场，其场强 $\boldsymbol{E}'$ 和原来的场强 $\boldsymbol{E}$ 的方向相反，金属板内部的场强就是 $\boldsymbol{E}$ 和 $\boldsymbol{E}'$ 的叠加。只要 $E' < E$，金属板内部的场强不为零，自由电子就会不断地向左移动，直到 $\boldsymbol{E}$，$\boldsymbol{E}'$ 叠加的结果等于零时为止。这时，导体上没有电荷作定向运动，导体处于静电平衡状态。

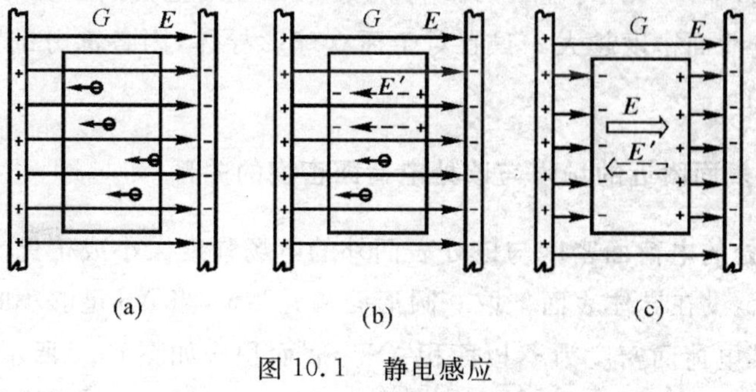

图 10.1　静电感应

在静电平衡时，导体表面也应没有电荷作定向运动，这就要求导体表面处场强的方向与表面垂直，假若导体表面处的场强与导体表面不垂直，则场强沿表面就有一定的分量，自由电子受到与该场强分量相应的电场力的作用，将沿表面运动，这样就不是静电平衡了。所以，当导体处于静电平衡状态时，必须满足以下两个条件：

(1) 导体内部任何一点的场强都等于零；

(2) 导体外无限靠近表面处任何一点的场强都与该处的导体表面垂直。

导体的静电平衡条件，也可用电势来表述，由于在静电平衡时，导体内部场强处处为零，若在导体上(包括导体内部及表面)任意取 a,b 两点，它们的电势差为

$$U_a - U_b = \int_a^b \boldsymbol{E} \cdot \mathrm{d}\boldsymbol{l} = 0$$

因此，可得 $U_a = U_b$，也就是说，在静电平衡状态时，导体内各点和表面上各点的电势都相等，即整个导体是个等势体，导体表面是等势面。

10.1.2　静电平衡状态下导体上电荷的分布

导体处于静电平衡状态时，既然没有电荷作定向运动，那么导体上的电荷就有确定的宏观分布。具体的分布情况可根据静电平衡条件说明如下：设想在导体的内部任取一闭合曲面(见图 10.2)，由于导体内部的场强处处为零，通过该闭合曲面的电场强度通量为零，由高斯定理可知，此闭合曲面内的净电荷也必为零。因为此闭合曲面是任意取的，所以得到如下结论：在静电平衡时，导体所带电荷只能分布在导体的外表面。

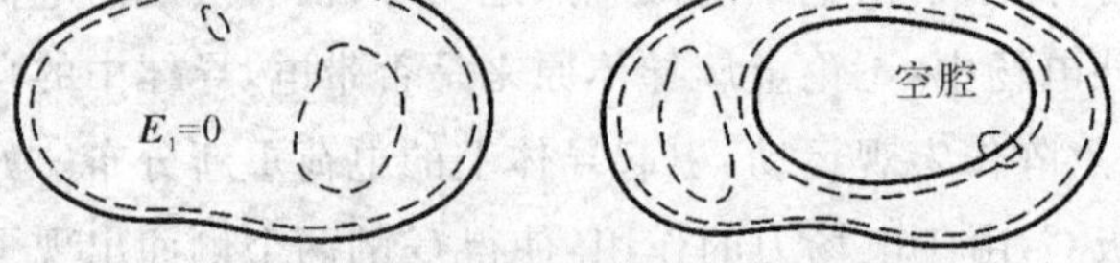

图 10.2　导体所带的电荷只分布在外表面上

如果带电导体内部有空腔存在，而在空腔内没有其他带电体，应用高斯定理，同样可以证明，静电平衡时，不仅导体内部没有净电荷，空腔的内表面也没有净电荷，电荷只能分布在导体外表面。对于形状不规则的带电导体，即使没有外电场影响，在导体外表面上的电荷分布还是不均匀的，实验指出：如果没有外电场的影响，导体表面上的电荷面密度与曲率半径有关，表面曲率半径越小处，电荷面密度越大。只有对于孤立球形导体，因各部分的曲率相同，球面上的电荷分布才是均匀的。

10.1.3　导体表面附近的场强与该处电荷面密度的关系

导体表面上各处的电荷面密度与该处表面外的电场强度大小成正比。

如图 10.3 所示，设在导体表面上取一圆形面积元 ΔS，当 ΔS 足够小时，ΔS 上的电荷分布可当做是均匀的，其电荷面密度为σ，以面积 ΔS 为底面积作如图 10.3 所示的扁圆柱形高斯面，下底面处于导体内部。由于导体内部电场强度为零；在侧面上，电场强度要么为零，要么与侧面的法线垂直，所以通过侧面的电场强度通量也为零；只有在上底面上，电场强度 $\boldsymbol{E}$ 与 ΔS 垂

直，所以通过上底面的电场强度通量为 $E\Delta S$，这也就是通过扁圆柱形高斯面的电场强度通量。由于此高斯面包围的电荷为 $\sigma\Delta S$，所以，根据高斯定理，有

$$\oint_S \boldsymbol{E}\cdot d\boldsymbol{S}=E\Delta S=\frac{\sigma\Delta S}{\varepsilon_0}$$

即

$$E=\frac{\sigma}{\varepsilon_0} \tag{10-1}$$

这样在导体表面曲率半径越小的地方，电荷面密度越大，在导体外，靠近该处表面的场强也越强，因此在导体的尖端附近的场强特别强。对于带电较多的导体，在它的尖端附近，场强可以大到使周围的空气发生电离而引起放电的程度，这就是尖端放电现象。

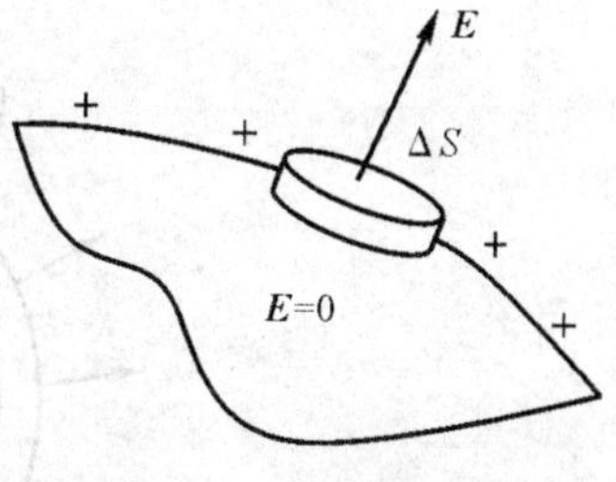

图 10.3　带电导体表面

避雷针就是应用尖端放电的原理，防止雷击对建筑物的破坏，避雷针尖的一端伸出在建筑物的上空，另一端通过较粗的导线接到埋在地下的金属板。由于避雷针尖端处的场强特别大，因而容易产生尖端放电，在没有雷击之前，经过避雷针缓缓而持续地放电，及时地中和掉雷雨云中的大量电荷，从而防止了雷击对建筑物的破坏，从这个意义上说，避雷针实际上是一个放电针。要使避雷针起作用，必须保证避雷针有足够的高度和良好的接地，一个接地通路损坏的避雷针，将更易使建筑物遭受雷击的破坏。在高压电器设备中，为了防止因尖端放电而引起的危险和电能的消耗，应采用表面光滑的较粗的导线；高压设备中的电极也要做成光滑的球状曲面。

10.1.4　静电屏蔽

前面已指出，把导体放到电场中，将产生静电感应现象，在静电平衡时，感应电荷只分布在导体的外表面，导体内部的场强处处为零，整个导体是等势体，但电势值与外电场的分布有关。如果将任意形状的空心导体置于静电场中，如图 10.4(a) 所示，达到静电平衡时，由于导体内表面无净电荷，空腔空间电场为零，所以电场线将垂直地终止于导体的外表面，而不能穿过导体进入空腔，从而放在导体空腔内的物体，将不受外电场的影响，这种作用称为静电屏蔽。

利用静电屏蔽，也可使空腔导体内任何带电体的电场不对外界产生影响，如图 10.4(b) 所示，把带电体放在原来是电中性的金属壳内，由于静电感应，在金属壳的内表面将感应出等量异号电荷，而金属壳的外表面将感应出等量同号电荷。这时金属壳外表面的电荷的电场就会对外界产生影响。如果把金属壳接地，如图 10.4(c) 所示，则外表面的感应电荷因接地被中和，相应的电场随之消失。这样，金属壳内带电体的电场对壳外不再产生任何影响了。

总之，一个接地的空腔导体可以隔离空腔导体内、外静电场的相互影响，这就是静电屏蔽的原理。在实际应用中，常用编织紧密的金属网来代替金属壳体。静电屏蔽应用很广泛，例如高压电气设备周围的金属栅网、电子仪器上的屏蔽罩等。

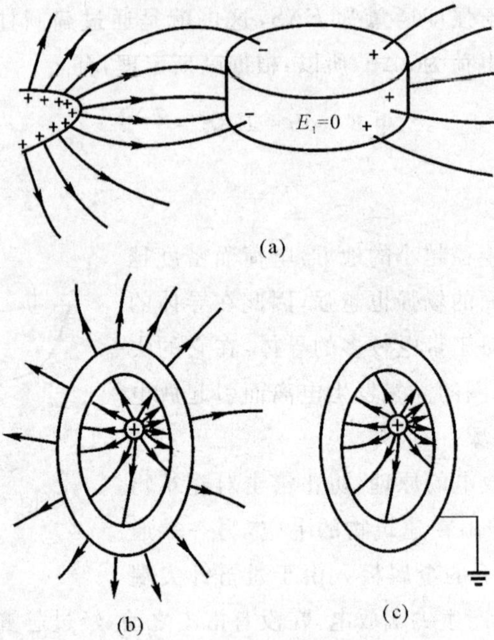

图 10.4　静电屏蔽

例 10-1　一半径为 R_1 的导体小球，放在内外半径分别为 R_2 与 R_3 的导体球壳内。球壳与小球同心，设小球与球壳分别带有电荷 q 与 Q，试求：

(1) 小球的电势 U_1，球壳内表面及外表面的电势 U_2 与 U_3；

(2) 小球与球壳的电势差；

(3) 若球壳接地，再求电势差。

解　(1) 根据导体静电感应现象可知，当小球表面有电荷 q 均匀分布时，该电荷 q 将在球壳内表面感应出 $-q$，在外表面感应出 $+q$；又根据导体电荷分布的性质，球壳所带电量只能分布于球壳的外表面，所以球壳内表面均匀分布的电量为 $-q$，外表面均匀分布的电量为 $q+Q$，如图 10.5 所示。

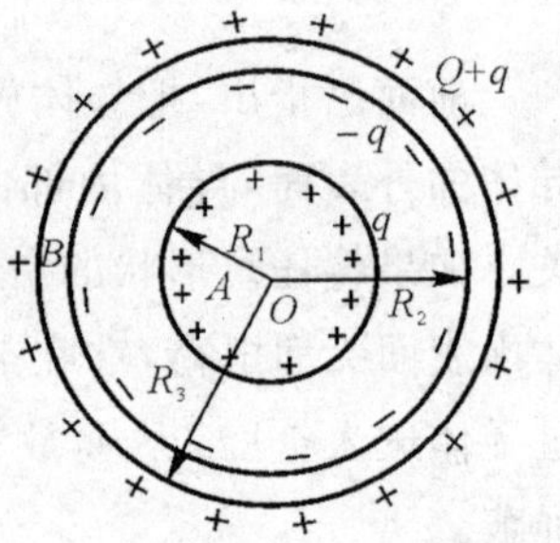

图　10.5

解法一　由电荷分布求电势

(1) 小球电势：

$$U_1=\frac{1}{4\pi\varepsilon_0}\left(\frac{q}{R_1}-\frac{q}{R_2}+\frac{Q+q}{R_3}\right)$$

球壳电势：

内表面

$$U_2=\frac{1}{4\pi\varepsilon_0}\left(\frac{q}{R_2}-\frac{q}{R_2}+\frac{Q+q}{R_3}\right)=\frac{1}{4\pi\varepsilon_0}\frac{Q+q}{R_3}$$

外表面

$$U_3=\frac{1}{4\pi\varepsilon_0}\left(\frac{q}{R_3}-\frac{q}{R_3}+\frac{Q+q}{R_3}\right)=\frac{1}{4\pi\varepsilon_0}\frac{Q+q}{R_3}$$

从这个结果可以看出，球壳内外表面电势是相等的。

(2) 两球电势差为

$$U_1-U_2=\frac{1}{4\pi\varepsilon_0}\left(\frac{q}{R_1}-\frac{q}{R_2}\right)$$

(3) 若外球接地，则球壳外表面上的电荷消失，两球的电势分别为

$$U_1=\frac{1}{4\pi\varepsilon_0}\left(\frac{q}{R_1}-\frac{q}{R_2}\right)$$

$$U_2=U_3=0$$

两球电势差为

$$U_1-U_2=\frac{1}{4\pi\varepsilon_0}\left(\frac{q}{R_1}-\frac{q}{R_2}\right)$$

由上面的结果可以看出，不论外球壳接地与否，两球体的电势差保持不变。

解法二：由电场的分布求电势，必须先计算出各点的场强，由于所讨论的问题是具有球对称的电场，因此可用高斯定理分别求出各区域的场强表示式。结果如下：

$$E=\begin{cases}E_1=0 & (r<R_1)\\ E_2=\dfrac{q}{4\pi\varepsilon_0 r^2} & (R_1<r<R_2)\\ E_3=0 & (R_2<r<R_3)\\ E_4=\dfrac{Q+q}{4\pi\varepsilon_0 r^2} & (r>R_3)\end{cases}$$

如以无限远处的电势为零，则各区域的电势分别为

$$U_3=\int_{R_3}^{\infty}\boldsymbol{E}\cdot\mathrm{d}\boldsymbol{l}=\int_{R_3}^{\infty}\frac{Q+q}{4\pi\varepsilon_0 r^2}\mathrm{d}r=\frac{Q+q}{4\pi\varepsilon_0 R_3}$$

$$U_2=\int_{R_2}^{\infty}\boldsymbol{E}\cdot\mathrm{d}\boldsymbol{l}=\int_{R_2}^{R_3}\boldsymbol{E}_3\cdot\mathrm{d}\boldsymbol{l}+\int_{R_3}^{\infty}\boldsymbol{E}_4\cdot\mathrm{d}\boldsymbol{l}=\int_{R_3}^{\infty}\frac{Q+q}{4\pi\varepsilon_0 r^2}\mathrm{d}r=\frac{Q+q}{4\pi\varepsilon_0 R_3}$$

$$U_1=\int_{R_1}^{\infty}\boldsymbol{E}\cdot\mathrm{d}\boldsymbol{l}=\int_{R_1}^{R_2}\boldsymbol{E}_2\cdot\mathrm{d}\boldsymbol{l}+\int_{R_2}^{R_3}\boldsymbol{E}_3\cdot\mathrm{d}\boldsymbol{l}+\int_{R_3}^{\infty}\boldsymbol{E}_4\cdot\mathrm{d}\boldsymbol{l}=\int_{R_1}^{R_2}\frac{q}{4\pi\varepsilon_0 r^2}\mathrm{d}r+\int_{R_3}^{\infty}\frac{Q+q}{4\pi\varepsilon_0 r^2}\mathrm{d}r=$$
$$\frac{q}{4\pi\varepsilon_0}\left(\frac{1}{R_1}-\frac{1}{R_2}\right)+\frac{Q+q}{4\pi\varepsilon_0 R_3}$$

若外壳接地，两球的电势差为

$$U_1-U_2=\int_{R_1}^{R_2}\boldsymbol{E}_2\cdot\mathrm{d}\boldsymbol{l}=\int_{R_1}^{R_2}\frac{q}{4\pi\varepsilon_0 r^2}\mathrm{d}r=\frac{q}{4\pi\varepsilon_0}\left(\frac{1}{R_1}-\frac{1}{R_2}\right)$$

以上两种解法得到结果完全一致。

10.2　静电场中的电介质

10.2.1　电介质的电结构

上节讨论了静电场中导体的一些特性，在静电平衡条件下，导体内部的场强处处为零，这是导体中有大量自由电荷的缘故。但是，在导电能力很差的电介质中，原子核和电子之间的引力相当大，所有电子都受原子核的束缚。即使在外电场作用下，电子一般也只能在原子内相对原子核作微小位移，而不像导体中的自由电子那样能够脱离原子而作宏观运动，所以电介质中几乎没有自由电荷，因此电介质也叫几乎没有自由电荷的物质，所以它的导电能力很差。为了突出电场与电介质相互影响的主要方面，在静电问题中常常忽略电介质的微弱导电性而把它看成理想的绝缘体。由于电介质与导体在微观结构上的差别，在外电场中，电介质内部仍有电场存在。这是电介质和导体电性能的主要差别。

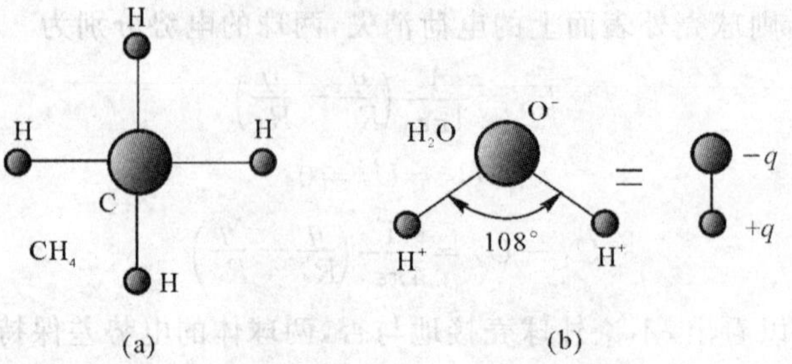

图 10.6　两类电介质分子

从物质的电结构来看，每个分子都是由带负电的电子和带正电的原子核组成。一般地说，正、负电荷在分子中都不是集中于一点的，但在离开分子的距离比分子线度大得多的地方，分子中全部负电荷对于这些地方的影响将和一个单独的负电荷等效，这个等效负电荷的位置称为这个分子的负电荷中心。同样，每个分子的正电荷也有一个正电荷中心。电介质可分成两类，在一类电介质中，外电场不存在时，分子中的负电荷对称地分布在正电荷的周围，正负电荷的中心重合在一起，这种电介质称为无极分子电介质。在另一类电介质中，分子中的负电荷相对正电荷分布不对称，所以在外电场不存在时，分子的正负电荷中心不重合，这种电介质称为有极分子电介质(见图 10.6)。

氯化氢(HCl)、水(H_2O)、氨(NH_3)等都是有极分子，设从有极分子的负电荷中心到正电荷中心的矢径为 $\boldsymbol{l}$，分子中全部正(或负)电荷的电量为 q，则每个有极分子可等效为电矩 $\boldsymbol{P}=q\boldsymbol{l}$ 的电偶极子。在没有外电场时，由于分子的热运动，电介质中各分子的电矩的方向是无序的，虽然每个有极分子的电矩不为零，但是对于电介质的一个宏观体积元来说，它们的矢量和($\Sigma \boldsymbol{P}$)为零，即没有外电场时有极分子电介质呈电中性。

氢(H_2)、氦(He)、氮(N)、甲烷(CH_4)等分子都是无极分子，由于这种分子在没有外电场时，正、负电荷中心重合而每个分子的电矩 $\boldsymbol{P}$ 为零，所以在没有外电场时，无极分子电介质也呈电中性。

10.2.2　电介质的电极化

当无极分子电介质在外电场中时，在电场力的作用下，分子中的正、负电荷中心将发生相对位移而形成一个电偶极子，它的电矩 $\boldsymbol{P}$ 的方向与该点场强的方向相同。因此，相邻的偶极子间正负电荷互相靠近，因而对于均匀电介质来说，其内部各处仍是电中性的；但在和外电场垂直的电介质的表面上将出现正负电荷，这种电荷叫束缚电荷或极化电荷。在外电场的作用下电介质出现极化电荷的现象叫做介质的电极化现象。无极分子电介质是通过正、负电荷中心发生相对位移而产生极化现象的。因而这一极化现象叫做位移极化。外电场越强，每个分子的正负电荷中心的距离越大，分子电矩也越大，在宏观上，电介质表面出现的束缚电荷也越多，电极化的程度也越高。如图 10.7 所示。

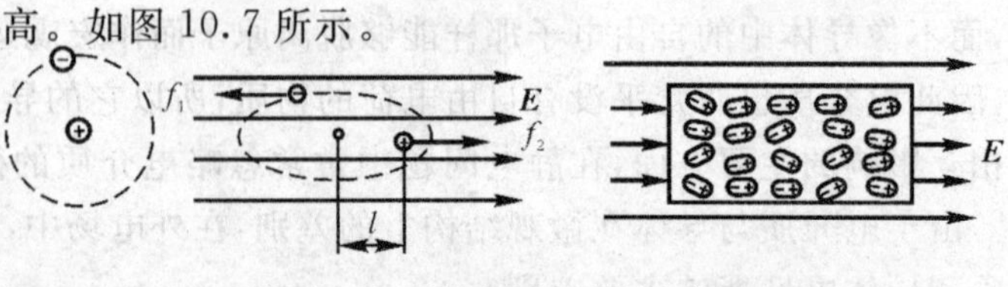

图 10.7　无极分子极化示意图

由有极分子组成的电介质，每个分子都等效成具有一定电矩 $\boldsymbol{P}$ 的电偶极子，它在外电场中受力矩作用，使分子电矩有转向外电场方向的趋势，如图 10.8 所示。由于分子热运动，这种转向也仅是部分的。而只是沿电场方向的取向略占优势，外电场越强，分子偶极子的排列越整齐，在宏观上，电介质表面出现的束缚电荷越多，电极化的程度越高，有极分子的极化在于等效电偶极子转向外电场方向，所以这种极化叫作转向极化。一般说来，有极分子在转向极化的同时还存在着位移极化。

由此可见，所谓电极化过程，就是使分子偶极子有一定取向并增大其电矩的过程。

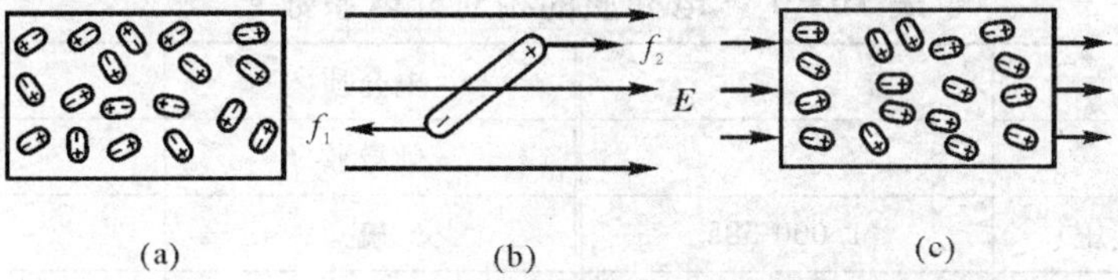

图 10.8　有极分子极化示意图

10.2.3　电介质中的场强

在电场中的电介质要被极化，极化了的电介质要出现束缚电荷，束缚电荷也要产生电场，这个附加电场对原来的电场要产生影响，为了研究介质中的场强，现举一特例说明。

设在场强为 $\boldsymbol{E}_0$ 的恒定的均匀电场中，在垂直于 $\boldsymbol{E}_0$ 的方向插入一块"无限大"平板状的均匀电介质(见图 10.9)，图 10.9(a) 为介质未放入前的外电场 $\boldsymbol{E}_0$；图 10.9(b) 为介质极化后，在"无限大"板的两侧面出现的束缚电荷，面密度为 $-\sigma'$，$+\sigma'$，即形成带等量异号电荷的平行平面，于是介质内附加电场的场强为

$$E' = \frac{\sigma'}{\varepsilon_0}$$

方向与 $\boldsymbol{E}_0$ 相反，介质外的附加场强 $\boldsymbol{E}'=0$，根据叠加原理，介质内部的场强 $\boldsymbol{E}=\boldsymbol{E}_0+\boldsymbol{E}'$，由于附加场强 $\boldsymbol{E}'$ 总是比 E_0 小并反向，故介质中的场强应为

$$\boldsymbol{E} = \boldsymbol{E}_0 + \boldsymbol{E}' \neq 0$$

该式表明，外电场 $\boldsymbol{E}_0$ 在介质中只是被削弱了，而不像金属导体中全部被抵消了；在介质外部，因 $\boldsymbol{E}'=0$，所以有

$$\boldsymbol{E} = \boldsymbol{E}_0 + \boldsymbol{E}' = \boldsymbol{E}_0$$

即电介质外部的场强不变，图 10.9(c) 为平板状电介质插入后，电介质内、外的场强分布。

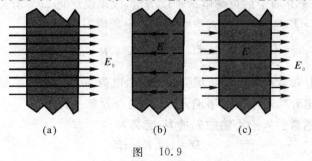

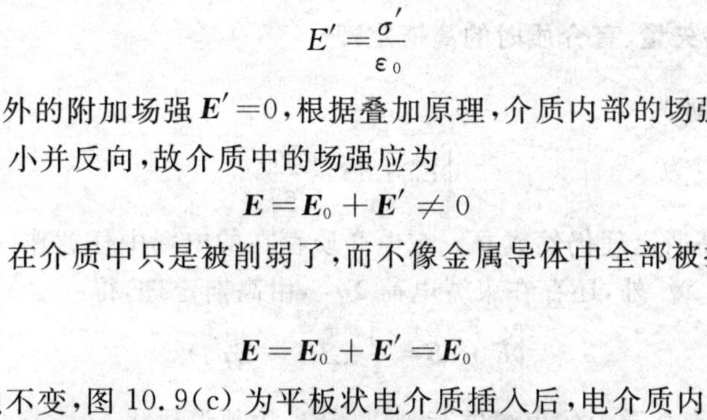

图　10.9

在均匀的电介质充满整个电场，或像本例等一些特殊情况下，实验指出：电介质内某点的场强 E 是电介质不存在时在该点的场强 E_0 的 $\frac{1}{\varepsilon_r}$ 倍，即

$$\frac{E}{E_0}=\frac{1}{\varepsilon_r} \tag{10-2}$$

式中，ε_r 是对于给定的均匀电介质的一个没有单位的纯数，叫做相对介电系数，各种电介质的相对介质系数 ε_r 各不相同，除真空的 ε_r 规定为 1 外，各种电介质的 ε_r 都大于 1(见表 10－1)。

表 10－1　电介质的相对介电系数 ε_r

电介质	ε_r	电介质	ε_r
真空	1	硬橡胶	4.3
空气(1 个大气压)	1.000 585	硫	4.2
氢(1 个大气压)	1.000 264	绝缘子用瓷	5.0 ～ 6.5
石蜡	2.0 ～ 2.3	乙醇(液体 C_2H_5OH)	25.7
云母	6 ～ 8	纯水	81.5
聚氯乙烯	3.1 ～ 3.5	钛酸钡	1 000—10 000

很明显，由于介质极化后，介质上束缚电荷产生的场强方向与自由电荷产生的场强方向相反，所以介质中的场强要小于自由电荷产生的场强。介质极化越强烈，束缚电荷产生的场强越大，E 就越比 E_0 小，即 ε_r 就大，所以 ε_r 是从数量上反映了电介质在外电场中极化的性能，它是在使用电介质时常要用到的一个重要物理量。

10.2.4　电位移矢量、有介质时的高斯定理

真空中的高斯定理为

$$\oint \boldsymbol{E}_0 \cdot \mathrm{d}\boldsymbol{S}=\frac{\Sigma q_i}{\varepsilon_0}$$

在有电介质存在时，高斯定理仍然成立。在电介质存在的电场中任意作一闭合曲面 S，它所包围的电荷除自由电荷 Σq_i 外，还存在束缚电荷 $\Sigma q'_i$，由高斯定理，得

$$\oint \boldsymbol{E} \cdot \mathrm{d}\boldsymbol{S}=\frac{1}{\varepsilon_0}(\Sigma q_i+\Sigma q'_i) \tag{10-3}$$

式中，$\boldsymbol{E}$ 为总场强，由于介质中的束缚电荷难以测定，故须设法将 $\Sigma q'_i$ 消去，对于各向同性电介质根据式(10－2) 用 $\varepsilon_r \boldsymbol{E}$ 代替 $\boldsymbol{E}_0$，则真空中的高斯定理可写成

$$\oint \varepsilon_r \boldsymbol{E} \cdot \mathrm{d}\boldsymbol{S}=\frac{\Sigma q_i}{\varepsilon_0} \quad 或 \quad \oint \varepsilon_0 \varepsilon_r \boldsymbol{E} \cdot \mathrm{d}\boldsymbol{S}=\Sigma q_i \tag{10-4}$$

式(10-4) 表明了有电介质存在时的总场强 $\boldsymbol{E}$ 与自由电荷 Σq_i 的关系，虽然在这个式子里，束缚电荷并没有出现，但电介质对电场的影响，已经通过 ε_r 反映了。

为了研究方便，通常引入一个辅助矢量 $\boldsymbol{D}$，定义为

$$\boldsymbol{D}=\varepsilon_0 \varepsilon_r \boldsymbol{E}=\varepsilon \boldsymbol{E} \tag{10-5}$$

并把它叫做电位移矢量，它的方向与场强 $\boldsymbol{E}$ 相同，单位是库仑·米$^{-2}$($\mathrm{C \cdot m^{-2}}$)，式中 $\varepsilon=\varepsilon_0\varepsilon_r$ 称为电介质的介电系数，其单位与 ε_0 相同，于是式(10－4) 可表示为

$$\oint \boldsymbol{D} \cdot \mathrm{d}\boldsymbol{S} = \Sigma q_i \tag{10-6}$$

式中，$\oint \boldsymbol{D} \cdot \mathrm{d}\boldsymbol{S}$ 叫做电位移通量，式(10-6)表示在任何电场中，通过任意一个封闭曲面的电位移通量等于该面所包围的自由电荷的代数和，这叫做有介质时的高斯定理，它是有电介质时的电场的普遍规律。

式(10-6)比式(10-3)优越的地方在于其中不包含束缚电荷，而引入 $\boldsymbol{D}$ 矢量的根本目的，在于利用式(10-5)顺利地求出介质中的场强。因为对于那些自由电荷分布具有对称性的问题，利用式(10-6)求 $\boldsymbol{D}$ 是十分方便的，而且由实验可以测得 ε_r，从而可以容易得出场强 $\boldsymbol{E}$ 的分布来。

例 10-2　半径为 R 的导体球，带电为 q，周围充满无限均匀的介质，介质的相对介电系数为 ε_r，求在球内、外距球心为 r 的点的场强和电势。如图 10.10 所示。

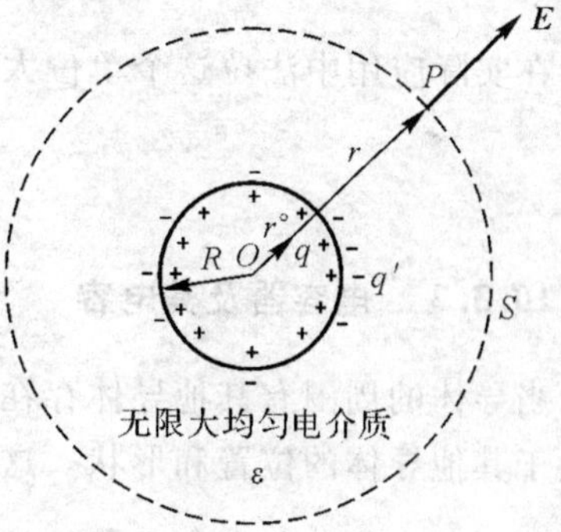

图　10.10

解　在没有电介质时，均匀分布在导体球表面上的自由电荷所产生的电场是球对称的，加入电介质后，束缚电荷均匀分布在导体四周的介质交界面上，它所激发的电场也是球对称的。因此，介质中的总电场是球对称的，这时介质中的场强 $\boldsymbol{E}$ 应为真空中场强 $\boldsymbol{E}_0$ 的 $\dfrac{1}{\varepsilon_r}$，由于束缚电荷难以确定，可由场强分布求电势，场强分布为

$$E = \begin{cases} E_1 = 0 & (r < R) \\ E_2 = \dfrac{q}{4\pi\varepsilon_0\varepsilon_r r^2} & (r > R) \end{cases}$$

电势分布：球内

$$U_1 = \int_r^\infty \boldsymbol{E} \cdot \mathrm{d}\boldsymbol{l} = \int_r^R \boldsymbol{E}_1 \cdot \mathrm{d}\boldsymbol{l} + \int_R^\infty \boldsymbol{E}_2 \cdot \mathrm{d}\boldsymbol{l} = \int_R^\infty \frac{q}{4\pi\varepsilon_0\varepsilon_r r^2}\mathrm{d}r = \frac{q}{4\pi\varepsilon_0\varepsilon_r R} \quad (r < R)$$

球外

$$U_2 = \int_r^\infty \boldsymbol{E}_2 \cdot \mathrm{d}\boldsymbol{l} = \int_r^\infty \frac{q}{4\pi\varepsilon_0\varepsilon_r r^2}\mathrm{d}r = \frac{q}{4\pi\varepsilon_0\varepsilon_r r} \quad (r > R)$$

10.3　电容　电容器

10.3.1　孤立导体的电容

所谓孤立导体，就是远离其他导体和带电体的导体。因此，其他导体或带电体对它的影响都可以忽略。

带电量为 q 的孤立导体，在静电平衡时是一个等势体，并有确定的电势 U，电荷 q 在导体表面各处的分布将是唯一的。如果导体所带电量从 q 增为 kq 时，导体表面各处的电荷面密度也分别增为原来的 k 倍，由电势叠加原理，可断定在静电平衡时导体的电势必增至 kU，由此可见，导体所带电量 q 与相应的电势 U 的比值，是一个与导体所带电量无关的物理量，我们就用

这个比值定义孤立导体的电容，用 C 表示，即

$$C=\frac{q}{U} \tag{10-7}$$

孤立导体的电容是一恒量，它与该导体的尺寸和形状有关，而与该导体的材料性质无关。孤立导体的电容在量值上等于该导体具有单位电势时所带电量。

对于孤立球形导体，它的电容为

$$C=\frac{q}{U}=\frac{q}{\dfrac{q}{4\pi\varepsilon_0 R}}=4\pi\varepsilon_0 R$$

上式表明球形导体的电容与半径 R 成正比。

在国际单位制中，电容的单位为法拉(F)：

$$1\mathrm{F}=\frac{1\mathrm{C}}{1\mathrm{V}}$$

在实际应用中法拉这个单位太大，常用微法(μF)、皮法(pF) 等较小的单位：

$$1\mu\mathrm{F}=10^{-6}\mathrm{F}$$

$$1\mathrm{pF}=10^{-6}\mu\mathrm{F}=10^{-12}\mathrm{F}$$

10.3.2 电容器及其电容

当导体的周围有其他导体存在时，这时导体的电势 U 不仅与它自已所带的电量 q 有关，还取决于其他导体的位置和形状。这是由于电荷 q 使邻近导体的表面产生感应电荷，它们将影响着空间的电势分布和每个导体的电势，在这种情况下，不可能再用一个恒量 $C=\frac{q}{U}$ 来反映 U 和 q 之间的依赖关系了。要想消除其他导体的影响，可采用静电屏蔽原理，设计一种导体组合，电容器就是这样的导体组合。通常所用的电容器，由两块金属板和夹于中间的电介质所构成，电容器带电时，常使两极板带上等量异号电荷，电容器的电容定义为：电容器一个极板所带电量 q(指绝对值) 和两极板的电势差 U_A-U_B 之比，即

$$C=\frac{q}{U_A-U_B} \tag{10-8}$$

式(10-8) 表明电容器的电容在量值上等于两极板具有单位电势差时极板的带电量。

孤立导体实际上仍可认为是电容器，但另一导体在无限远处，且电势为零。这样式(10-8) 就简化为式(10-7)。

10.3.3 电容器电容的计算

下面根据电容器电容的定义式(10-8) 计算常见的电容器的电容。计算方法：先假设极板带电量 q，再求两极板的电势差 U_A-U_B，然后按 $C=\frac{q}{U_A-U_B}$ 算出电容。

1. 平行板电容器

平行板电容器由大小相同的两平行板组成，每板面积为 S，两板内表面之间的距离为 d，并设板面的线度远大于两板内表面之间的距离，如图 10.11 所示。

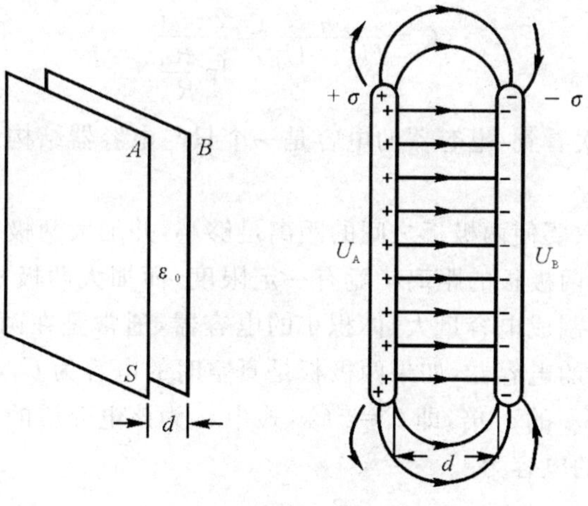

图　10.11

设 A 板带 $+q$，B 板带 $-q$，每板电荷密度的绝对值为

$$\sigma=\frac{q}{S}$$

由于板面线度远大于两板之间的距离，因而除边缘部分外，两板间的电场可认为是均匀的，场强为

$$E=\frac{\sigma}{\varepsilon_0}=\frac{q}{\varepsilon_0 S}$$

两板之间的电势差为

$$U_A-U_B=\int_A^B \boldsymbol{E}\cdot \mathrm{d}\boldsymbol{l}=E\cdot d=\frac{qd}{\varepsilon_0 S}$$

由电容的定义，得平行板电容器的电容为

$$C=\frac{q}{U_A-U_B}=\frac{\varepsilon_0 S}{d} \tag{10-9}$$

2. 圆柱形电容器

圆柱形电容器是由两个半径分别为 R_A 和 R_B 的同轴圆柱面组成，圆柱面的长度为 l，且 $l\gg R_B$，如图 10.12 所示。因为 $l\gg R_B$，所以可把两圆柱面间的电场看成是无限长圆柱面的电场。设内、外极板分别带有电量 $+q$，$-q$，则单位长度上的电量，即电荷线密度 $\lambda=\dfrac{q}{l}$，应用式(9-20)，两圆柱面间的场强大小为

$$E=\frac{\lambda}{2\pi\varepsilon_0 r}=\frac{q}{2\pi\varepsilon_0 l}\frac{1}{r}$$

场强方向垂直于圆柱轴线。

两圆柱面的电势差为

$$U_A-U_B=\int_A^B \boldsymbol{E}\cdot \mathrm{d}\boldsymbol{l}=\int_{R_A}^{R_B}\frac{q}{2\pi\varepsilon_0 l}\frac{\mathrm{d}r}{r}=\frac{q}{2\pi\varepsilon_0 l}\ln\frac{R_B}{R_A}$$

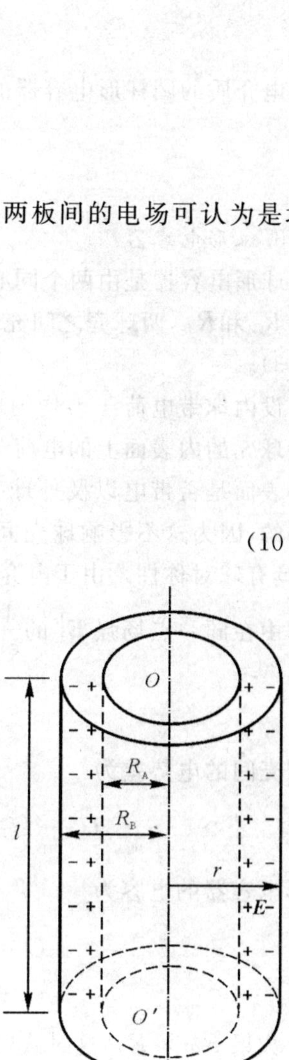

图　10.12

根据式(10-8)，得圆柱形电容器的电容为

$$C=\frac{q}{U_A-U_B}=\frac{2\pi\varepsilon_0 l}{\ln\frac{R_B}{R_A}} \tag{10-10}$$

从上面的讨论再一次看到，电容器的电容是一个只与电容器结构形状有关的常量，与电容器是否带电无关。

由式(10-9)可知，只要使两极板之间的距离足够小，并加大两极板的面积，就可获得较大的电容，但是缩小电容器两极板的距离毕竟有一定限度，而加大两极板的面积，又势必增大电容器的体积。因此，为了制成电容量大、体积小的电容器，通常是在两极板间夹一层电介质。实验指出，不论什么形状的电容器，如果两极板是真空时的电容为 C_0，则两极板间充满某种电介质后的电容 C 就增为 C_0 的 ε_r 倍，即 $C=\varepsilon_r C_0$，式中 ε_r 为该电介质的相对介电系数，于是充满电介质的平行板电容器的电容为

$$C=\frac{\varepsilon_r\varepsilon_0 S}{d} \quad 或 \quad C=\frac{\varepsilon S}{d}$$

充满电介质的圆柱形电容器的电容为

$$C=\frac{2\pi\varepsilon_0\varepsilon_r l}{\ln\frac{R_B}{R_A}}=\frac{2\pi\varepsilon l}{\ln\frac{R_B}{R_A}}$$

3. 球形电容器

球形电容器是由两个同心球壳组成的，设球壳的半径分别为 R_A 和 R_B，两球壳之间充满介电系数为 ε 的电介质(见图10.13)。

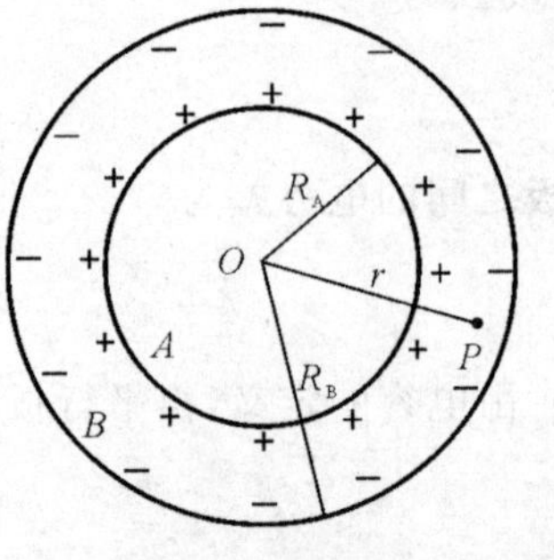

图 10.13

设内球带电荷 $+q$，均匀地分布在内球壳的表面上，同时在外球壳的内表面上的电荷 $-q$ 也是均匀分布的，至于外球壳外表面是否带电以及外球壳外是否有其他带电体是无关紧要的，因为这不影响球壳间的电场分布，两球壳之间的电场，具有球对称性。由于电介质充满整个电场时的场强 $\boldsymbol{E}$ 是真空中在同一点场强 $\boldsymbol{E}_0$ 的 $\frac{1}{\varepsilon_r}$，所以

$$E=\frac{q}{4\pi\varepsilon_0\varepsilon_r r^2}=\frac{q}{4\pi\varepsilon r^2}$$

两球壳间的电势差为

$$U_A-U_B=\int_A^B \boldsymbol{E}\cdot d\boldsymbol{l}=\int_{R_A}^{R_B}\frac{q}{4\pi\varepsilon r^2}dr=\frac{q}{4\pi\varepsilon}\left(\frac{1}{R_A}-\frac{1}{R_B}\right)$$

球形电容器的电容为

$$C=\frac{q}{U_A-U_B}=\frac{q}{\frac{q}{4\pi\varepsilon}\left(\frac{1}{R_A}-\frac{1}{R_B}\right)}=\frac{4\pi\varepsilon R_A R_B}{R_B-R_A} \tag{10-11}$$

如果 $R_B\gg R_A$，这时式(10-11)的分母中可略去 R_A，得

$$C=\frac{4\pi\varepsilon R_A R_B}{R_B}=4\pi\varepsilon R_A$$

此即半径为 R_A 的孤立导体球在电介质中的电容。

电容器的种类繁多，外形也各不相同，但它们的基本结构是一致的，电容器是储存电荷和电能的容器，是电路中广泛应用的基本元件。

10.3.4　电容器的并联和串联

电容器的性能规格中有两个主要指标，一是它的电容量；二是它的耐压能力。使用电容器时，两极板所加的电压不能超过所规定的耐压值，否则电容器就有被击穿的危险。在实际工作中，当遇到单独一个电容器不能满足要求时，可以把几个电容器并联或串联起来使用。

1. 电容器的并联

电容器并联的接法是将每个电容器的一端连接在一起，另一端也连接在一起，如图 10.14 所示，接上电源后，每个电容器两极板的电势差都相等，而每个电容器带的电量却不同，它们分别为

$$q_1 = C_1 U,\quad q_2 = C_2 U,\quad \cdots,\quad q_n = C_n U$$

n 个电容器上的总电量为

$$q = q_1 + q_2 + \cdots + q_n = (C_1 + C_2 + \cdots + C_n)U$$

若用一个电容器来等效地代替这 n 个电容器，使它的电势差为 U 时，所带电量也为 q，那么这个电容器的电容为

$$C = \frac{q}{U} = C_1 + C_2 + \cdots + C_n \tag{10-12}$$

这说明电容器并联时，总电容等于各电容器电容之和，并联后总电容增加了。

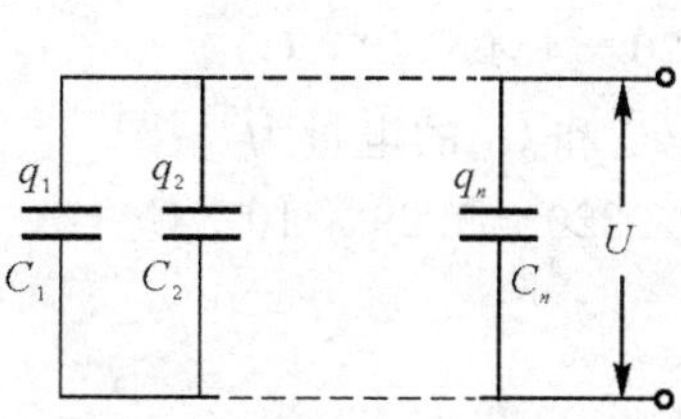

图 10.14　电容器的并联

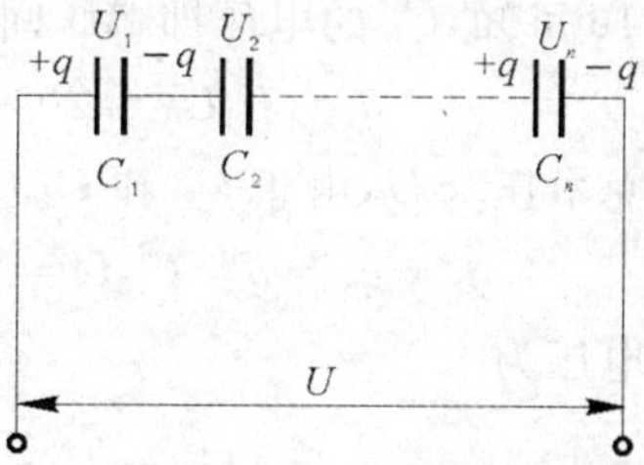

图　10.15　电容器的串联

2. 电容器的串联

n 个电容器的极板首尾相接连成一串，如图 10.15 所示，这种连接叫做串联。设加在串联电容器组上的电势差为 U，两端的极板分别带有 $+q$ 和 $-q$ 的电量，由于静电感应，使每个电容器的两极板上均带有等量异号的电量。每个电容器的电势差为

$$U_1 = \frac{q}{C_1},\quad U_2 = \frac{q}{C_2},\quad \cdots,\quad U_n = \frac{q}{C_n}$$

整个串联电容器组两端的电势差为

$$U = U_1 + U_2 + \cdots + U_n = q\left(\frac{1}{C_1} + \frac{1}{C_2} + \cdots + \frac{1}{C_n}\right)$$

如果用一个电容为 C 的电容器来等效地代替串联电容器组，使它两端的电势差为 U 时，它所带的电量也为 q，那么，这个电容器的电容为

$$C = \frac{q}{U} = \frac{q}{q\left(\frac{1}{C_1} + \frac{1}{C_2} + \cdots + \frac{1}{C_n}\right)}$$

由此得出

$$\frac{1}{C}=\frac{1}{C_1}+\frac{1}{C_2}+\cdots+\frac{1}{C_n} \tag{10-13}$$

这说明电容器串联时,总电容的倒数等于各电容器电容的倒数之和。

如果 n 个电容器的电容都相等,即 $C_1=C_2=\cdots=C_n$,串联后的总电容为 $C=\frac{C_1}{n}$,总电容变小了,但每个电容器两极板间的电势差为单独时的 $\frac{1}{n}$,大大减轻被击穿的危险。

以上是电容器的两种基本连接方法,在实践上,还有混合连接法,即并联和串联一起应用。

例 10-3 三个电容器 $C_1=20\ \mu\text{F}$,$C_2=40\ \mu\text{F}$,$C_3=60\ \mu\text{F}$,如图 10.16 所示连接,求这一组合的总电容,如果在 A,B 间加电压 $U=220$ V,则各电容器上的电压和电量各是多少?

解 这三个电容器既不是单纯的串联,也不是单纯的并联,而是混联。它是 C_2 和 C_3 串联后又和 C_1 并联,C_2 和 C_3 串联的总电容用式(10-13)计算为

$$C_{23}=\frac{C_2C_3}{C_2+C_3}=\frac{40\times 60}{40+60}=24\ \mu\text{F}$$

再和 C_1 并联,用式(10-12)计算为

$$C=C_1+C_{23}=20+24=44\ \mu\text{F}$$

即为此电容器组合的电容。

由图 10.16 可知,C_1 的电压即 AB 间的电压为 $U_1=U=220$ V,可得 C_1 的电量为

$$q_1=C_1U_1=20\times 10^{-6}\times 220=4.4\times 10^{-3}\ \text{C}$$

C_{23} 上的总电压为 U,由于 C_2 和 C_3 串联,所以 C_2 和 C_1 的电量为

$$q_2=q_3=q=C_{23}U=24\times 10^{-6}\times 220=5.29\times 10^{-3}\ \text{C}$$

可得 C_2 上的电压为

$$U_2=\frac{q_2}{C_2}=\frac{5.28\times 10^{-3}}{40\times 10^{-6}}=132\ \text{V}$$

而 C_3 上的电压为

$$U_3=U-U_2=220-132=88\ \text{V}$$

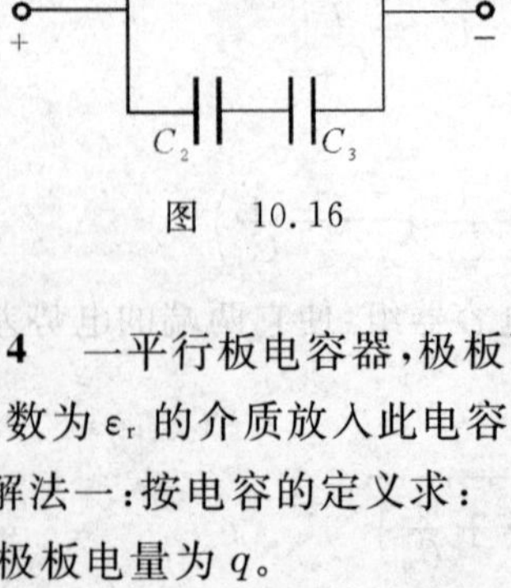

图 10.16

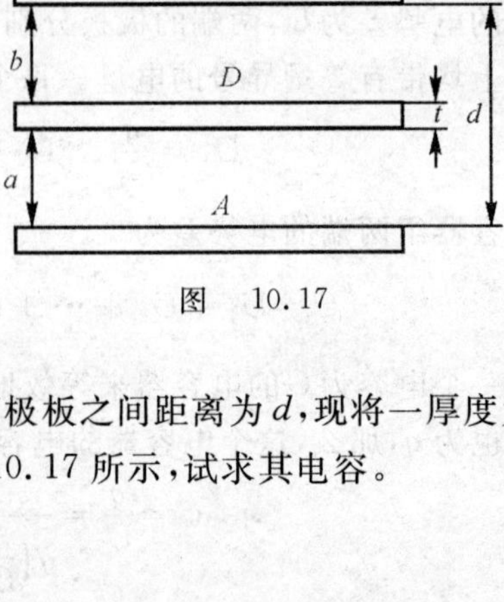

图 10.17

例 10-4 一平行板电容器,极板面积为 S,两极板之间距离为 d,现将一厚度为 $t(t<d)$,相对介电系数为 ε_r 的介质放入此电容器中,如图 10.17 所示,试求其电容。

解 解法一:按电容的定义求:

(1) 设极板电量为 q。

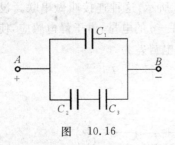

(2) 求两极板的电势差 $U_A - U_B$。

没有介质的那部分空间的场强为

$$E_0 = \frac{q}{\varepsilon_0 S}$$

介质中的场强为

$$E = \frac{E_0}{\varepsilon_r} = \frac{q}{\varepsilon_0 \varepsilon_r S}$$

$$U_A - U_B = E_0(d-t) + Et = E_0\left[(d-t) + \frac{t}{\varepsilon_r}\right] = \frac{q}{\varepsilon_0 S}\left[(d-t) + \frac{t}{\varepsilon_r}\right]$$

(3) 电容器的电容为

$$C = \frac{q}{U_A - U_B} = \frac{\varepsilon_0 S}{(d-t) + \dfrac{t}{\varepsilon_r}}$$

解法二:可以看成三个平板电容器的串联。

设介质的两个界面离 A,B 两极板的距离分别为 a 和 b。三个电容器的电容分别为 C_1,C_2,C_3,则

$$C_1 = \frac{\varepsilon_0 S}{a},\quad C_2 = \frac{\varepsilon_0 \varepsilon_r S}{t},\quad C_3 = \frac{\varepsilon_0 S}{b}$$

串联后总电容的倒数为

$$\frac{1}{C} = \frac{1}{C_1} + \frac{1}{C_2} + \frac{1}{C_3} = \frac{a}{\varepsilon_0 S} + \frac{t}{\varepsilon_0 \varepsilon_r S} + \frac{b}{\varepsilon_0 S} = \frac{d-t}{\varepsilon_0 S} + \frac{t}{\varepsilon_0 \varepsilon_r S} = \frac{1}{\varepsilon_0 S}\left[(d-t) + \frac{t}{\varepsilon_r}\right]$$

总电容为

$$C = \frac{\varepsilon_0 S}{(d-t) + \dfrac{t}{\varepsilon_r}}$$

两种计算方法得出的结果是一致的。

10.4　电场的能量

任何带电过程都是正、负电荷的分离过程,在这个过程中,外力必须克服电荷之间相互作用的静电力而做功。然而外力做功是要消耗能量的,由能量守恒和转换定律可知,所消耗的能量必定转化为其他形式的能量。在这里,具体说来就是转换为带电体所具有的电势能,这个能量分布在电场的空间内。下面以电容器充电为例进行讨论。

10.4.1　电容器的储能

设电容器原来不带电,两极板的电势差为零,克服静电力不断地将正电荷 $\mathrm{d}q$ 从 B 板移到 A 板。某一时刻 A,B 板的带电量分别为 $+q$,$-q$,两极板相应的电势差为

$$U = \frac{q}{C}$$

式中,C 为电容器的电容。如图 10.18 所示,这时再从 B 板移动正电荷 $\mathrm{d}q$ 到 A 板,外力克服静电力所做的元功为

$$dA = U\,dq = \frac{q}{C}\,dq$$

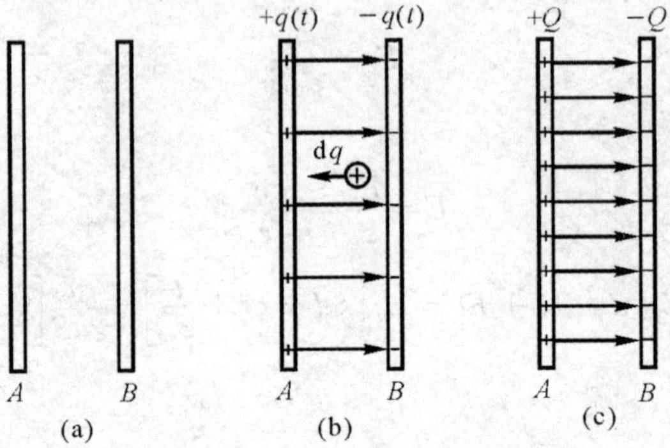

图 10.18　电容器的充电

从两板不带电，到两板分别带电量为 $+Q$ 和 $-Q$，在这个过程中外力克服静电力所做的总功为

$$A = \int dA = \int_0^Q \frac{q}{C}\,dq = \frac{1}{2}\,\frac{Q^2}{C}$$

因为外力所做的功全转化为带电系统所具有的电势能 W，也就是电容器储存了电能 W，即

$$W = \frac{Q^2}{2C} \tag{10-14a}$$

利用 $Q = CU_{AB}$，可将上式改写成

$$W = \frac{1}{2}QU_{AB} = \frac{1}{2}CU_{AB}^2 \tag{10-14b}$$

式中，Q 和 U_{AB} 分别为电容器充电完毕时，极板上所带的电量和两极板间的电势差。由式(10-14b)可看出，当电势差一定时，电容器的电容 C 越大，电容器储存的电能就越多。从这个意义上讲，电容 C 是电容器储能本领大小的标志。

10.4.2　电场的能量　能量密度

电容器不带电时，极板间没有静电场；电容器带电后，极板间就建立了静电场。这表明，一带电体或一带电系统的带电过程，实际上也是带电体或带电系统的电场的建立过程。我们从电场的观点来看，带电体或带电系统的能量也就是电场的能量。既然如此，电场的能量必然与描述电场的物理量有一定的关系。下面我们以平行板电容器为例，找出这个关系。平行板电容器的电容。

$$C = \frac{\varepsilon S}{d}$$

两极板间的电势差为

$$U_{AB} = Ed$$

把这两个关系式代入式(10-14b)中，得

$$W = \frac{1}{2}\,\frac{\varepsilon S}{d}(E \cdot d)^2 = \frac{1}{2}\varepsilon E^2 (S \cdot d)$$

式中，$S\cdot d$ 是两极板间的体积，用 V 表示，所以

$$W=\frac{1}{2}\varepsilon E^2V$$

如果忽略边缘效应，则平行板电容器中的电场是均匀电场，即 E 为常量，这说明电场能量是均匀分布在两极板之间电场存在的空间里，把电场在单位体积内所具有的电场能量叫做电场能量密度，并用 w 表示，则电场能量密度为

$$w=\frac{W}{V}=\frac{1}{2}\varepsilon E^2 \tag{10-15}$$

上面的结果虽然是从均匀电场导出的，但可证明它是一个普遍适用的公式，也就是说，在非均匀电场中只要已知电场中各点的介电常数及场强的大小就可根据式(10-15)算出各点的电场能量密度，至于电场的总能量，则可由下面的积分式算出：

$$W=\int_V w\mathrm{d}V \tag{10-16}$$

式中，积分区间 V 要遍及电场分布的所有空间。

从式(10-14a)看，电场能量似乎是集中在两极板的电荷上，但是在交变磁场的实验中，已经证明了能量能够以电磁波形式和有限的速度在空间传播，该事实证实了能量储存在场中的观点，能量是物质固有属性之一，电场能量正是电场物质性的一个表现。

例 10-5　球形电容器的球壳半径分别为 R_A 和 R_B，两球壳间充满介电系数为 ε 的电介质(见图 10.19)，求当两球壳分别带有 $+Q$ 和 $-Q$ 的电量时，所储存电场的能量。

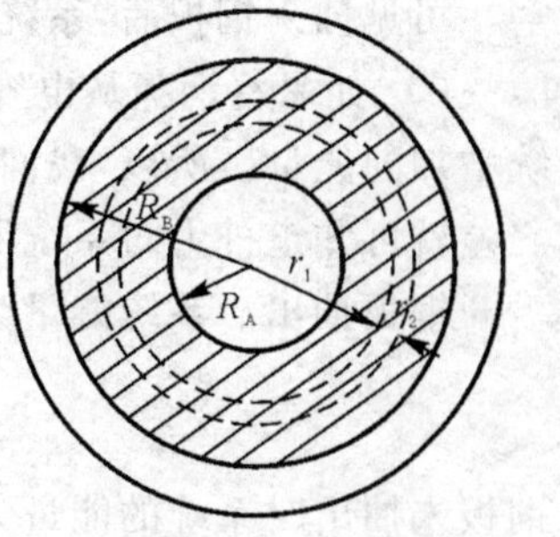

图　10.19

解　两球壳之间的电场，具有球对称性，两同心球壳之间距球心为 r 处的场强 $E=\dfrac{Q}{4\pi\varepsilon r^2}$，该处的电场能量密度为

$$w=\frac{1}{2}\varepsilon E^2=\frac{Q^2}{32\pi^2\varepsilon r^4}$$

在与球心等距离的地方电场的能量密度处处相等。

如果取半径为 r，厚度为 $\mathrm{d}r$ 的同心薄球壳作为体积元 $\mathrm{d}V$(图中虚线部分)，它的体积等于球壳表面积 $4\pi r^2$ 与球壳厚度 $\mathrm{d}r$ 的积，即 $\mathrm{d}V=4\pi r^2\mathrm{d}r$。于是体积元中的电场能量为

$$\mathrm{d}W=w\mathrm{d}V=\frac{Q^2}{32\pi^2\varepsilon r^4}4\pi r^2\mathrm{d}r=\frac{Q^2}{8\pi\varepsilon r^2}\mathrm{d}r$$

因球形电容器的电场只分布在两球壳之间，所以该电容器的电场总能量为

$$W=\int\mathrm{d}W=\int_{R_A}^{R_B}\frac{Q^2}{8\pi\varepsilon r^2}\mathrm{d}r=\frac{Q^2}{8\pi\varepsilon}\left(\frac{1}{R_A}-\frac{1}{R_B}\right)=\frac{Q^2}{2\times4\pi\varepsilon\dfrac{R_AR_B}{R_B-R_A}}$$

把式(10-11)代入上式得

$$W=\frac{Q^2}{2C}$$

这一结果与电容器的储能公式一致，它从场的观点说明了电容器所储存的能量按一定能量密度分布在整个电场之中。

例 10-6　有一平板电容器，每板面积为 S，两板相距为 d，以厚度为 t 的铜板插入电容器内(见图 10.20)，(1) 此时电容器的电容改变多少？(2) 如果使电容器带电至 Q，然后切断电

源，将铜板从电容器内抽出是否需要做功？功的数值为多少？

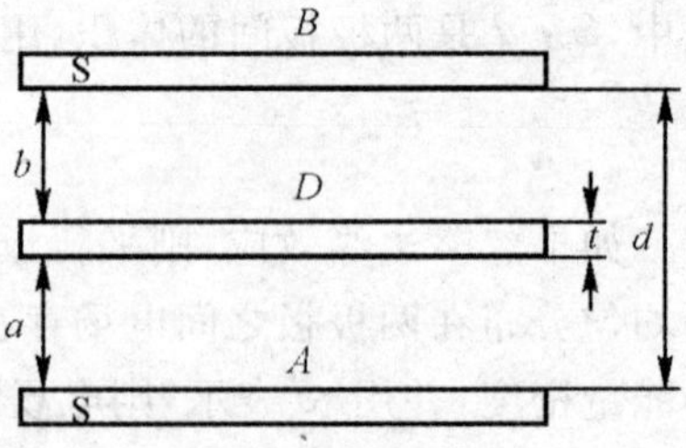

图 10.20

解 (1) 铜板未插入前电容器的电容为

$$C=\frac{\varepsilon_0 S}{d}$$

铜板插入后，可将该电容器看成两个电容器 C_1,C_2 的串联，其中

$$C_1=\frac{\varepsilon_0 S}{a},\quad C_2=\frac{\varepsilon_0 S}{b}$$

设整个系统的电容为 C'，有

$$\frac{1}{C'}=\frac{1}{C_1}+\frac{1}{C_2}=\frac{a}{\varepsilon_0 S}+\frac{b}{\varepsilon_0 S}=\frac{d-t}{\varepsilon_0 S}$$

$$C'=\frac{\varepsilon_0 S}{d-t}$$

电容的改变量为

$$C'-C=\frac{\varepsilon_0 S}{d-t}-\frac{\varepsilon_0 S}{d}=\frac{\varepsilon_0 S}{d}\,\frac{t}{d-t}$$

可见插入铜板后，系统的电容有所增加。

(2) 如果将铜板从电容器内抽出，外力要对这个系统做功，根据功能原理，这个功等于系统增加的能量。所以，我们只要求出铜板抽出后系统的能量 W' 和铜板存在时系统的能量 W 之差就可知道外力对系统所做之功 A 了。

铜板抽出后系统能量为

$$W'=\frac{1}{2}\varepsilon_0 E^2 Sd$$

铜板未抽出时系统的能量为

$$W=\frac{\varepsilon_0}{2}E^2 aS+\frac{\varepsilon_0}{2}E^2 bS=\frac{\varepsilon_0}{2}E^2(a+b)S=\frac{\varepsilon_0}{2}E^2(d-t)S$$

因此 $$A=W'-W=\frac{\varepsilon_0}{2}E^2 Sd-\frac{\varepsilon_0}{2}E^2(d-t)S=\frac{\varepsilon_0}{2}E^2 St=\frac{\varepsilon_0}{2}\left(\frac{Q}{\varepsilon_0 S}\right)^2 St=\frac{Q^2 t}{2\varepsilon_0 S}$$

*10.5 静电的危害与防护

人们用手触摸门把手时，常听到“啪”的一声迸出火花，虽说火花十分微小，但有时也能吓你一跳！这是发生在手指与门把手之间的一种静电放电现象。春冬季，当你脱毛衣等化纤衣物时，可以听到噼噼啪啪的响声，黑暗中可以看到蓝色的小火花，这就是人体与衣物间摩擦产生静电放电引起的。用梳子梳头，用干抹布抹绝缘的桌面，穿着胶鞋在绝缘的地板上走动，在人造革等绝缘面料的椅子上活动，都可能使人体带上静电。因人体静电放电火花引起的燃爆事故是很多的。1965 年 6 月，某厂在制造斯蒂芬酸铅起爆药的倒药工序中，工人去取药盒时，手刚接近药盒就发生爆炸，其右手被炸断。后经测试证明是人体与药盒所带静电发生放电火花而引爆产品的。1987 年 3 月 15 日，哈尔滨亚麻纺织厂因粉尘爆炸造成三个车间的厂房设备炸毁，死亡 47 人，伤 179 人。

静电一旦发生放电，其危害甚大。如果从带有几千伏、几十千伏高电势的物体发生脉冲放电和火花放电时，在瞬间有几安培的电流流动，并伴随着电磁波发射，这种静电能量会引起种种危害。静电放电时将可能引起计算机、自动控制装置等电子设备的故障和误动作，造成绝缘击穿，产品报废。例如，生产感光胶片的涂感光剂工艺过程，由于静电放电，使胶片产生静电斑，或者曝光成为废品。电击是静电危害的一个主要方面，静电电击的发生极限是通过已流过电流的总和来计算的。研究实验表明，电击极限的电荷量值约为 $2\times10^{-7}\sim3\times10^{-7}$ C，也就是说当这个放电量流过人体时，人体明显感受到电击。当人体受到电击时，往往会发生手指尖负伤、麻木等机能性损伤，或由于经常受到电击而产生恐惧的情绪，使工作效率降低。甚至还发生由于最初的电击原因而造成人员从高空坠落之类的二次灾害。引起爆炸和火灾是静电危害的另一个主要方面。当静电放电电量大于或等于可燃物与空气混合的爆炸性混合物的最小点火能量，且其浓度在爆炸极限范围内时，就有发生爆炸、火灾的可能。通常把这个最小点火能量作为静电放电火花引起爆炸、火灾的极限能量。

防止和控制静电的危害一般是分三种情况进行：① 开始就设法尽量防止或减少静电的产生；② 在工业生产的许多场合，由于生产上的要求，在静电大量产生不可避免的情况下，通常是采用加速静电逸散泄漏，防止静电荷积累；③ 若在一些场合不能采用上述措施，或采用了一些措施后，静电仍大量产生，且不断积累时，就只能采用防止静电放电着火措施，避免电击、故障、爆炸和火灾事故的发生。

由于受材料的特性、所处的状态以及工艺的限制，要防止或减少静电的产生，一般是比较困难的，但是要尽力从设计施工、生产、操作、安全管理上采取措施。主要办法如下：

(1) 限制接触和分离，把发生接触和分离的机械动作降到产生最小静电的程度，可通过缩小接触面、降低接触面压力、降低温度、减少接触次数、减慢接触分离速度、不急剧剥离处于接触状态的物质等来实现。要保持良好的表面状态，对于相互摩擦的物体表面的粗滑或清洁也直接影响静电的产生，为此，要使物体表面尽量光滑，有弯角的要圆滑，减少和防止物体表面被油污等杂物污染氧化。选用产生静电少的材料。

(2) 加速静电释放、泄漏的措施。通过接地，使物体与大地之间构成电气上的泄漏，将物体上产生的静电泄漏至大地，防止物体积蓄静电荷，从而限制带电物体的静电电势上升或限制由此产生的静电放电。接地还可以防止带电物体附近的物体受到带电物体的静电感应。通过接地使带电的非导体材料迅速而全部释放电荷是不可能的，因为材料表面电荷移动得相当慢。为此，在很多情况下，需要通过加入附加物增大电导，加速电荷的释放、泄漏，致使不再带电或带电量很小。例如，在金属粉、碳黑等之类的导电材料中掺入塑料制品、橡胶制品和防腐涂料等静电非导体，材料的电阻率随添加量可大大降低，加快静电的泄漏、释放，有效地防止带电。湿度增加，带电体表面上形成水膜，水膜中含有杂质和溶解物质，使表面电阻降低，加速静电的逸散和泄漏。其具体方法：一是设置加热型超声波型的增湿器；二是用比大气压力稍高的压力喷水蒸汽，或向带电体表面吹喷温度略高于该带电体表面的水雾：三是向地面上洒水。可利用静电消除器中和消除静电，因为它可以产生电子和离子，这些电子和离子使带电物体的静电电荷得到相反符号电荷的中和，从而消除静电。

(3) 加强静电检测报警。在防止静电危害中，静电检测是极其重要的一环。通过了解和掌握产生物体的带电状况，决定是否需要采取防静电措施，避免放电着火。特别是在以下情况必须加强静电检测：一是在易燃易爆的危险场所有人员和设备时；二是可带电物料变更生产工艺或发生异常情况时；三是对易带电物料进行生产、储运、处理时。另外，易燃易爆的危险场所也应安装监测报警。

习　题

1. 如图10.21所示，两同心金属球A，B原来不带电，试分别讨论下述四种情况下球壳内、球壳外电场的情况，并画出电场线。

(1) 使外球带正电；

(2) 使内球带正电；

(3) 使内球、外球带等量而异号的电荷，内球带正电；

(4) 使内球、外球带等量而同号的电荷，内球带负电。

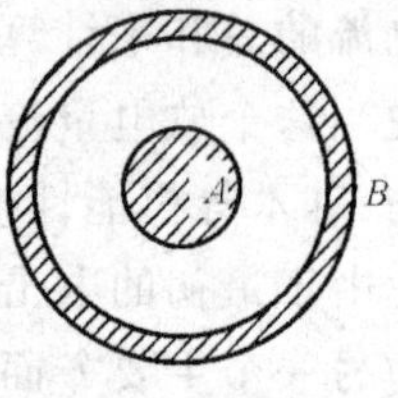

图　10.21

2. 一点电荷$+q$置于带电荷为$-q$的金属球壳中心，球壳的内半径为b，外半径为c，求$r<b$，$b<r<c$及$r>c$处的场强。球壳所带的电荷分布在哪里？

3. 一长直细导线，电荷线密度为λ_1，放在一长直厚壁金属圆筒的轴上，圆筒单位长度所带电荷为λ_2，内半径为b，外半径为c。求$r<b$，$b<r<c$及$r>c$处的场强。圆筒内外表面上每单位长度带的电荷各是多少？

4. 半径为0.1 m的金属球A带电量$q=1\times10^{-8}$ C，把一原来不带电，半径为0.2 m的薄金属球壳B同心地罩在A球的外面，求：(1) 离开球心O为0.15 m处P点的电势；(2) 把A和B用导线连接后，P点的电势又是多大？

5. 半径为1 m的金属球被一与其同心的金属球壳包围着，球壳的内半径为2 m，外半径为2.5 m，使内球带电2×10^{-8} C，球壳带电4×10^{-8} C，试分别求球和球壳的电势及它们之间的电势差。

6. 三平行板A，B，C面积均为200 cm^2，A，B之间相距4 mm，A，C之间相距2 mm，B，C两板接地(见图10.22)，若使A板带正电3.0×10^{-7} C，问：(1)B，C两板上的感应负电荷各为多少？(2)A板电势为多大？

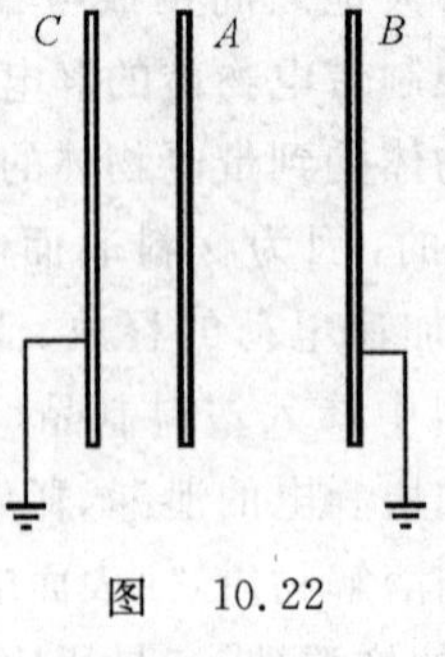

图　10.22

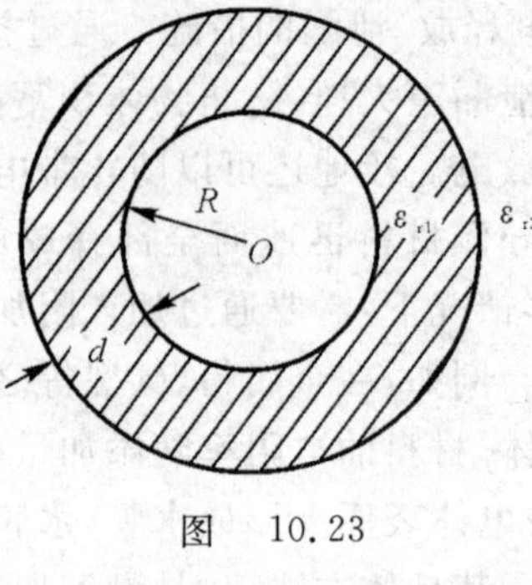

图　10.23

7. 一导体球带电$Q=1.0\times10^{-8}$ C，半径$R=0.1$ m，导体外面有两种均匀介质，一种介质的$\varepsilon_{r1}=5$，厚度$d=0.1$ m，另一种介质为空气，充满其余空间，如图10.23所示。求离球心为$r=5$，15，25cm处的场强和电势。

8. 在半径为R_1的导线外面，套有与它同轴的导体圆筒，圆筒半径为R_2，它们的长度为l，其间充满了相对介电系数ε_r的电介质，设沿轴线的单位长度上，导线的带电量为$+\lambda$，圆筒上为$-\lambda$，略去边缘效应，求介质中的场强和导线与圆筒的电势差。

9. 两极板间距离为 0.5 mm 的空气平板电容器，若使它的电容为 1 F，这个电容器的极板面积要多大？从本题的答案可以看出，法拉是一个很大的单位。

10. 把一空气电容器与电源连接，对它充电，若充电后保持与电源连接，把它浸入煤油中，则电容器的电容______，极板间的场强______，两极板间的电势差______，极板上的电量______ 电容器的储能______（指增大、不变、减小）。

11. 把一空气电容器与电源连接，对它充电后与电源断开，把它浸入煤油中，则电容器的电容______，两极板间的电势差______，极板间的场强______，极板上的电量______，电容器的储能______。

12. 若 $C_1=10\ \mu F$，$C_2=5\ \mu F$，$C_3=4\ \mu F$，$U=100$ V，求图 10.24 中电容器组的总电容和各电容器上的电压。

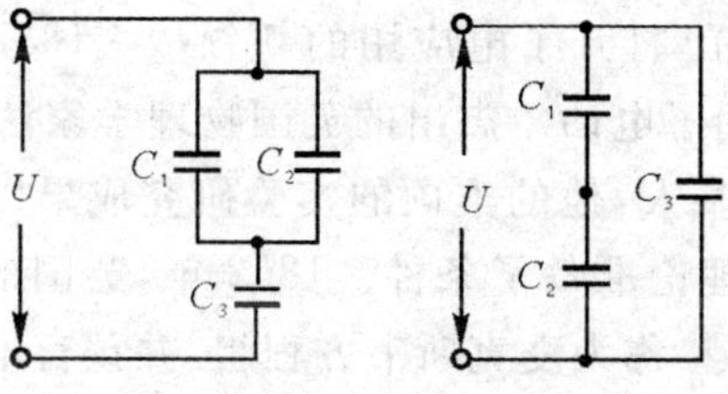

图　10.24

13. 如图 10.25 所示，在两板相距为 d 的平等板电容器中，插入一块厚 $\frac{d}{2}$ 的金属大平板（此板与两极板平行），其电容变为原来电容的多少倍？如果插入的是相对介电系数 ε_r 的大平板，则又如何？

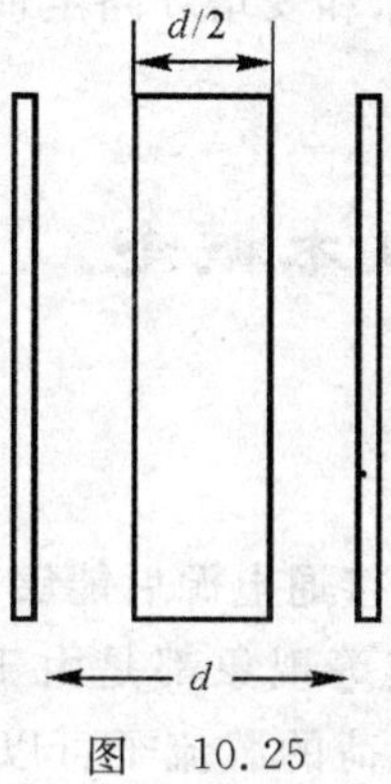

图　10.25

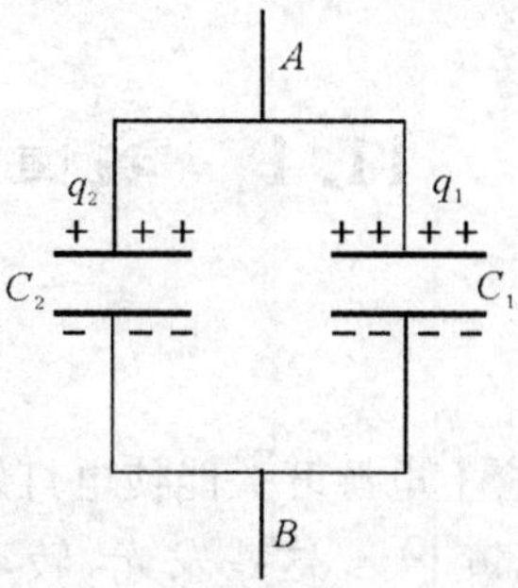

图　10.26

14. 如图 10.26 所示，两电容器的电容分别为 $C_1=10\ \mu F$，$C_2=20\ \mu F$，分别带电 $q_1=5\times10^{-4}$ C，$q_2=4\times10^{-4}$ C。将此两电容器并联，电容器所带电量各变为多少？电能改变多少？

15. 平行板空气电容器，极板面积为 S，板间距为 d，充电至带电 Q 后与电源断开，然后用外力缓缓地把两极间距拉开到 $2d$，求：(1) 电容器能量的改变；(2) 在此过程中外力所做的功，并讨论此过程中的功能转换关系。

16. 有三个同心的薄金属球壳，它们的半径分别为 $a,b,c\ (a<b<c)$，带电量分别为 q_1，q_2，q_3，求这一带电体系的静电能。

第 11 章　电流与磁场

静止电荷的周围存在着电场，当电荷运动时，不仅存在着电场而且还存在着磁场。磁场和电场一样也是物质的一种形态。

1820 年，丹麦的奥斯特发现了电流的磁效应，当电流通过导线时，引起导线近旁的磁针偏转，开拓了电磁学研究的新纪元，打开了电应用的新领域。1837 年，惠斯通、莫尔斯发明了电动机，1876 年，美国的贝尔发明了电话。杰出的英国物理学家法拉第于 1831 年发现了电磁感应现象，被誉为电磁理论的奠基人，他的丰硕的实验研究成果以及他的新颖的“场”的观念和力线思想，为电磁现象的统一理论准备了条件。1862 年，英国的麦克斯韦完成了这个统一任务，建立了电磁场的普遍方程组，称为麦克斯韦方程组，并预言电磁场以波动形式运动，称为电磁波。它的传播速度与真空中的光速相同，表明光也是电磁波。这个预言于 1888 年由德国的赫兹通过实验所证实，从而实现了电、磁、光的统一，并开辟了一个全新的战略领域 —— 电磁波的应用和研究。1895 年，俄国的波波夫和意大利的马可尼分别实现了无线电信号的传输，……。迄今，无论科学技术、工程应用、人类生活都与电磁学有着密切关系。电磁学给人们开辟了一条广阔的认识自然、征服自然的道路。

本章研究磁场的基本性质和规律，主要内容有：描述磁场基本性质的物理量 —— 磁感应强度，传导电流的磁场的基本定律 —— 毕奥-萨伐尔定律和安培环路定理，以及磁感线和磁通量的概念。

11.1　稳恒电流的基本概念

11.1.1　电流

在日常生活中，合上电源开关能使电灯发光；电动机接通电源后能够转动；电镀槽内的电极接上电源能进行电镀 …… 这些发光、转动、化学反应等现象都是由于电流的存在而产生的。所谓电流是大量电荷作有规则的定向运动。携带电荷的载流子可以是自由电子、正负离子、在半导体中还可能是带正电的“空穴”。在第一类导体（金属导体）中，电流是导体内的自由电子相对于导体作有规则的定向移动而形成的。此外，带电物体的机械运动同样也可以形成电流。

在导体中，电子或离子相对于导体作定向运动所形成的电流，叫做传导电流；由带电物体的机械运动所形成的电流，叫做运流电流。

在中学物理中已经知道，传导电流存在的条件是：① 导体内有可移动的电荷即载流子；② 导体两端有电势差，即电压。这两个条件缺一不可。

在金属导体内，自由电子移动的方向是由低电势到高电势。但在历史上，人们把正电荷从高电势向低电势移动的方向规定为电流方向。因而导体中传导电流的方向与自由电子的实际移动方向恰好相反。这样，可以把实际上负电荷的移动，设想为正电荷沿相反方向的移动。

11.1.2　电流密度

常见的电流是沿着一根导线流动的电流。电流的强弱用电流强度 I 来描述。如图 11.1 所示，一段导体 AB 中通有电流，则单位时间里通过导体某一截面积的电量，就叫做电流强度，也可简称为电流，表达式为

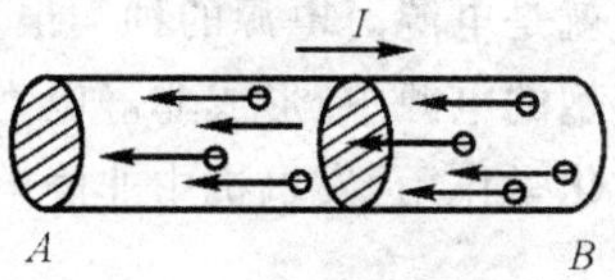

图 11.1　电流的定义

$$I=\frac{\Delta q}{\Delta t} \tag{11-1}$$

如果电流 I 不随时间变化，就称之为稳恒电流，也叫直流电。当导体内的电流随时间而变化时，我们用瞬时电流 i 来表示它，即

$$i=\lim_{\Delta t\to 0}\frac{\Delta q}{\Delta t}=\frac{\mathrm{d}q}{\mathrm{d}t} \tag{11-2}$$

由于电流是电荷定向运动而形成的。设它们的平均速率为 $\bar{v}$，单位体积的电荷数为 n，电量为 q，在 $\mathrm{d}t$ 时间内通过截面积 S 的电荷数就为 $nS\bar{v}\mathrm{d}t$，通过的电量为 $\mathrm{d}q=nqS\bar{v}\mathrm{d}t$，所以

$$i=\frac{\mathrm{d}q}{\mathrm{d}t}=nqS\bar{v} \tag{11-3}$$

电流的单位是安培，以 A 表示，在国际单位制中，它是一个基本单位。常用的电流单位还有毫安(mA) 和微安(μA)，它们与安培之间的换算关系为

$$1\,\mathrm{A}=10^3\,\mathrm{mA}=10^6\,\mu\mathrm{A}$$

如果电流沿均匀导体流动时，电流在导体同一截面上各点的分布是均匀的。但在实际应用中，常常遇到电流流过粗细不均匀的导体或电流由导体流入大块金属等情况，如电阻法勘探大地中的电流分布，电焊时通过工件的电流，电解槽中电解液的电流等，与之相应的电流分布情况就复杂些。这时不仅需要知道通过导体任一截面的电流强度，而且还需要知道通过截面上任一点的电流强弱和方向，为此，引入电流密度 $\boldsymbol{\delta}$ 的概念，有

$$\boldsymbol{\delta}=\frac{\mathrm{d}I}{\mathrm{d}S}\boldsymbol{n} \tag{11-4}$$

它是一个矢量，其大小为垂直流过单位面积的电流，方向与该面积处电场强度 $\boldsymbol{E}$ 的方向一致，其单位为 $\mathrm{A\cdot m^{-2}}$。

由式(11-4)，$\mathrm{d}I=\boldsymbol{\delta}\cdot\mathrm{d}\boldsymbol{S}$，因此，通过整个截面的电流为

$$I=\int_S \mathrm{d}I=\int_S \boldsymbol{\delta}\cdot\mathrm{d}\boldsymbol{S} \tag{11-5}$$

11.1.3　电源的电动势

在电路中，要使电流持续不断且保持稳恒，就必须在电路中接上电源。各种电池和发电机都是电源。如图 11.2 所示，电源、电阻 R、导线、电键构成一个闭合电路。A 为电源的正极，电势较高，B 为电源的负极，电势较低。不论在电源外还是电源内，静电场的电场线都是起自正极 A 而止于负极 B。电路接通后，由于静电力的作用，在外电路中，正电荷由 A 通过电阻 R 流向 B。为了使电流循环不已，当正电荷到达 B 后，在电源内部它必须自负极逆着静电力流向正

极，这就要求在电源内部有一种反抗静电力、把正电荷由 B 推向 A 的力存在。显然这个力和静电力的性质不同，静电力只能将正电荷由 A 送到 B，而这个力却要将正电荷由 B 送到 A，这个力我们称它为非静电力。这种能够提供非静电力把正电荷由低电势的 B 送到高电势的 A 的装置就是电源。电源的种类很多，常见的有干电池、蓄电池、热电偶、光电池、发电机等。在不同类型的电源中，形成非静电力的原因不同。如在化学电池（干电池、蓄电池等）中，非静电力来自化学作用，发电机中非静电力则来自电磁作用。

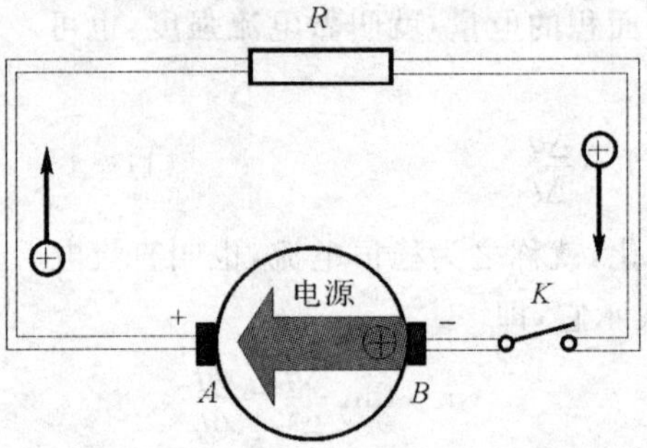

图 11.2　电源内非静电力的作用

在电源之外，驱使电荷流动的力是静电力，所以正电荷在外电路中流动时，总是由正极流向负极。在电源内部，既有静电力又有非静电力，正电荷正是借助于非静电力，逆着静电力由负极流向正极，也就是从低电势处流向高电势处。非静电力只存在于电源内部，在不同的电源内，把一定量的电荷从负极移到正极，非静电力所做的功是不同的。为了定量地描述电源转化能量的本领，引入电动势的概念：把单位正电荷从低电势处（电源负极）经电源内部移至高电势处（电源正极）时非静电力所做的功。若用 $\boldsymbol{E}_k$ 表示这种非静电场的电场强度，则电动势 ε 表示为

$$\varepsilon = \int_{B电筒内}^{A} \boldsymbol{E}_{\mathrm{k}} \cdot \mathrm{d}\boldsymbol{l} \tag{11-6}$$

电动势的单位是伏特，以 V 表示。它虽是一个标量，但它与电流一样也规定有方向，即电源内部电势升高的方向。

尽管不同种类的电源非静电力性质不同，但是，在电源内部，非静电力在移送电荷的过程中，都要克服静电力做功，以致不断消耗电源本身的能量（化学能、机械能、热能等）。这些能量大部分转换为提高电荷的电势能。因此，电源中非静电力做功的过程，实质上就是把其他形式的能量转换为电能的过程。当电路闭合时，电能又在外电路中通过负载转换为热能、光能、机械能等。

电源电动势的大小只取决于电源本身的性质。一定的电源具有一定的电动势，而与外电路无关。

11.2　磁场　磁感应强度

磁现象的发现要比电现象早得多。早在公元前人们知道磁石（Fe_3O_4）能吸引铁，11 世纪我国发明了指南针。但是，直到 19 世纪，发现了电流的磁场和磁场对电流的作用以后，人们才逐渐认识到磁现象和电现象的本质以及它们之间的联系，并扩大了磁现象的应用范围。到 20

世纪初，由于科学技术的进步和原子结构理论的建立和发展，人们进一步认识到磁现象起源于运动电荷，磁场也是物质的一种形式，磁力是运动电荷之间除静电力以外的相互作用力。

11.2.1　磁现象

人们最早发现并认识磁现象，是从天然磁石(磁铁矿)能吸引铁屑的现象开始的。早期认识的磁现象包括以下几个方面：

(1) 天然磁铁能够吸引铁一类物质，这种性质称为磁性。磁性最强的地方称为磁极。一只能够在水平面内自由转动的条形磁铁，在平衡时总是顺着南北指向。指北的一端称为指北极(N 极)，指南的一端称为指南极(S 极)。同性磁极相互排斥，异性磁极相互吸引。

(2) 把磁铁作任意的分割，每一小块都有 N 极和 S 极，任一磁铁的 N 极和 S 极总是同时存在的。

(3) 某些本来不显磁性的物质，在接近或接触磁铁后就有了磁性，这种现象称为磁化。

首先发现电流磁效应的是丹麦科学家奥斯特。1819 年，奥斯特发现位于载流导线附近的磁针会受到力的作用而发生偏转；之后法国科学家安培又相继发现磁铁附近的载流导线会受到力的作用，两载流导线之间有相互作用力，运动的带电粒子会在磁铁附近发生偏转。

在以上实验事实基础上，1822 年，安培提出了物质磁性本质的假说，他认为磁性物质的分子中存在着小的回路电流，称为分子电流。这种分子电流相当于最小的基元磁体，物质的磁性就决定于物质中这些分子电流对外磁效应的总和。如果这些分子电流毫无规则地取各种方向，它们对外界引起的磁效应就会相互抵消，整个物体就不显磁性。当这些分子电流的取向出现某种有规则的排列时，就会对外界产生一定的磁效应。

随着科学技术的发展，安培假说逐渐得到了证实。用近代的观点来看，安培假说中的分子电流，可以看成是由分子中电子绕原子核的运动和电子与核本身的自旋运动产生的。

综上所述，一切磁现象都来源于电荷的运动，磁力就是运动电荷之间的一种相互作用力。

11.2.2　磁场

运动电荷之间的相互作用是怎样进行的呢？人们经过长期的研究认识到，在运动电荷周围的空间除了产生电场外，还产生磁场。运动电荷之间的作用是通过磁场进行的，因此，磁力作用的方式可表示为如图 11.3 所示的形式。

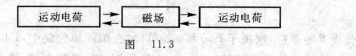

图　11.3

11.2.3　磁感应强度

在静电学中，我们利用电场对静止电荷有电场力作用这一表现，引入电场强度 $\boldsymbol{E}$ 来定量地描述电场的性质。与此类似，我们利用磁场对运动电荷有磁力作用这一表现，引入磁感应强度 $\boldsymbol{B}$ 来定量地描述磁场的性质。其中 $\boldsymbol{B}$ 的方向表示磁场的方向，$\boldsymbol{B}$ 的大小表示磁场的强弱。

运动电荷在磁场中的受力情况，可以用如图 11.4，图 11.5 所示的实验来观察。在不加外磁场时，电子射线的运动轨迹是一条直线。如果用磁铁在水平方向加上一个与电子射线束垂直的磁场，这时可以看到电子射线束的运动轨迹向下偏转。这显示了运动电子受到向下的磁力作用，若改变外加磁场的强弱和方向，电子射线的偏转程度和偏转方向将发生相应变化。

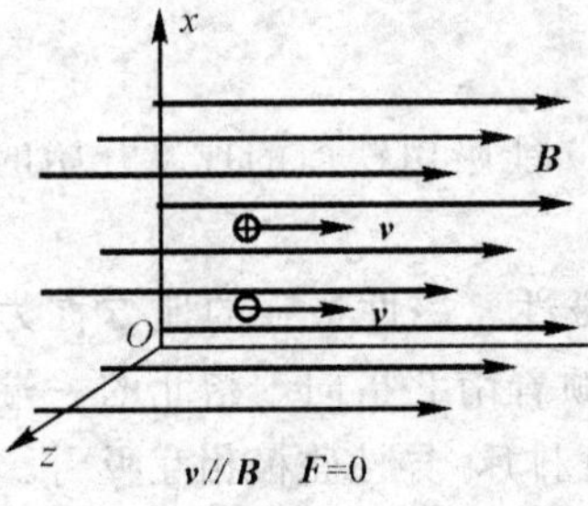

图 11.4　运动电荷在磁场中受力

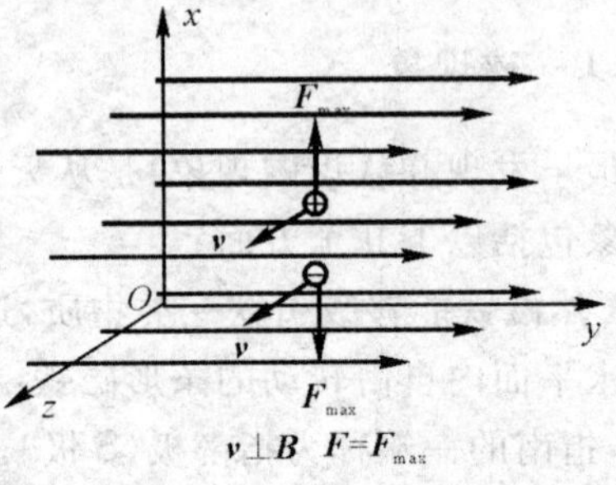

图 11.5　运动电荷在磁场中受力

由大量实验可以得出如下结果：

(1) 作用在运动电荷上的磁力 $\boldsymbol{F}$ 的方向总是与电荷的运动方向垂直，即 $\boldsymbol{F} \perp \boldsymbol{v}$。

(2) 磁力的大小正比于运动电荷的电量，即 $F \propto q$。如果电荷是负的，它所受力的方向与正电荷相反。

(3) 磁力的大小正比于运动电荷的速率，即 $F \propto v$。

(4) 运动电荷在磁场中所受的磁力随电荷的运动方向与磁场方向之间的夹角的改变而变化。当电荷运动方向与磁场方向一致时(见图 11.4)，它不受磁力作用。而当电荷运动方向与磁场方向垂直时(见图 11.5)，它所受磁力最大，用 $F_{\max}$ 表示。

由上述实验结果可以看出，运动电荷在磁场中受的力有两种特殊情况：当电荷运动方向与磁场方向一致时，$\boldsymbol{F}=0$；当电荷运动方向垂直于磁场方向时，$\boldsymbol{F}=\boldsymbol{F}_{\max}$。根据这两种情况，我们可以定义磁感应强度 $\boldsymbol{B}$(简称磁感强度) 的方向和大小如下：

(1) 在磁场中某点，若正电荷的运动方向与在该点的小磁针 N 极的指向相同时，它受的磁力为零，我们把这个方向规定为该点的磁感应强度 $\boldsymbol{B}$ 的方向。

(2) 当正电荷运动方向与磁场方向垂直时，它所受的最大磁力 $F_{\max}$ 与电荷的电量 q 和速度 $\boldsymbol{v}$ 的大小的乘积为正比，但对磁场中某一定点来说，比值 $\frac{F_{\max}}{qv}$ 是一定的。对于磁场中不同位置，这个比值有不同的确定值。我们把这个比值规定为磁场中某点的磁感应强度 $\boldsymbol{B}$ 的大小，即

$$B=\frac{F_{\max}}{qv} \tag{11-7}$$

磁感应强度 $\boldsymbol{B}$ 的单位，取决于 F，q 和 v 的单位，在国际单位制中，F 的单位是牛顿(N)，q 的单位是库仑(C)，v 的单位是米 / 秒($\mathrm{m \cdot s^{-1}}$)，则 $\boldsymbol{B}$ 的单位是特斯拉，简称为特，符号为 T。所以，$1\mathrm{T}=1\mathrm{N \cdot C^{-1} \cdot m^{-1} \cdot s}=1\mathrm{N \cdot A^{-1} \cdot m^{-1}}$。

应当指出，如果磁场中某一区域内各点 $\boldsymbol{B}$ 的方向一致、大小相等，那么，该区域内的磁场就叫均匀磁场。不符合上述情况的磁场就是非均匀磁场。长直螺线管内中部的磁场是常见的均匀磁场。

地球的磁场只有 0.5×10^{-4} T，一般永磁体的磁场约为 10^{-2} T；而大型电磁铁能产生 2T 的磁场，目前已获得的最强磁场是 31T。

11.3　磁通量　磁场中的高斯定理

11.3.1　磁感线

为了形象地描述磁场分布情况，引入磁感线（即磁感应线，简称 **B** 线）的概念，磁感线是按照下述规定在磁场中画出的假想曲线。

(1) 磁感线上任一点的切线方向与该点的磁感应强度 **B** 的方向一致。

(2) 磁感线的密度表示 **B** 的大小，即通过某点处垂直于 **B** 的单位面积上的磁感线条数等于该点处 **B** 的大小。因此，B 大的地方，磁感线就密集；B 小的地方，磁感线就稀疏。

实验上可以利用细铁粉在磁场中的取向来显示磁感线的分布。图 11.6 画出几种不同形状的电流所产生的磁场的磁感线示意图。

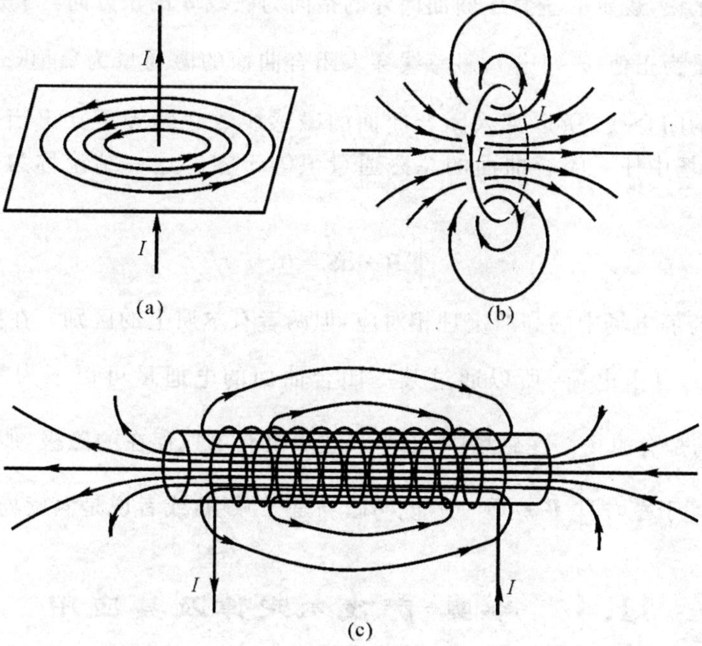

图 11.6　磁感线示意图

从磁感线的图示（见图 11.6），可得到磁感线的重要性质：① 任何磁场的磁感线都是环绕电流的无头无尾的闭合线，这是磁感线与电场线的根本不同点，它说明任何磁场都是涡旋场；② 每条磁感线都与形成磁场的电流回路互相套着，磁感线的回转方向与电流的方向之间遵从右手螺旋法则；③ 磁场中每一点都只有一个磁场方向，因此任何两条磁感线都不会相交。磁感线这一特性和电场线是一样的。

11.3.2　磁通量

通过磁场中任一曲面的磁感线（**B** 线）总条数，称为通过该曲面的磁通量，简称 **B** 通量，用 Φ_m 表示。磁通量是标量，但它可有正、负之分。磁通量 Φ_m 的计算方法与电场强度通量 Φ_e 的计算方法类似。如图 11.7 所示，在磁场中任一给定曲面 S 上取面积元 d$\boldsymbol{S}$，若 d$\boldsymbol{S}$ 的法线 $\boldsymbol{n}$ 的方向与该处磁感应强度 $\boldsymbol{B}$ 的夹角为 α，则通过面积元 d$\boldsymbol{S}$ 的磁通量为

$$\mathrm{d}\Phi_{\mathrm{m}} = \boldsymbol{B} \cdot \mathrm{d}\boldsymbol{S} = B\cos\alpha \mathrm{d}S \tag{11-8}$$

式中，d$\boldsymbol{S}$ 是面积元矢量，其大小等于 dS，其方向沿法线 $\boldsymbol{n}$ 的方向。通过整个曲面的磁通量等于通过此面积上所有面积元磁通量的代数和，即

$$\Phi_{\mathrm{m}} = \int_S \mathrm{d}\Phi_{\mathrm{m}} = \int_S \boldsymbol{B} \cdot \mathrm{d}\boldsymbol{S} = \int_S B\cos\alpha \mathrm{d}S \tag{11-9}$$

在国际单位制中，磁通量的单位是韦伯，符号为 Wb，$1\mathrm{Wb} = 1\mathrm{T} \cdot \mathrm{m}^2$。

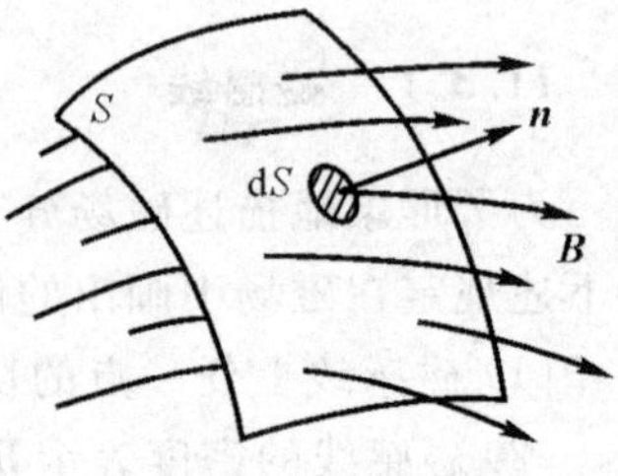

图 11.7　磁通量的计算

11.3.3　磁场中的高斯定理

对闭合曲面来说，规定取垂直于曲面向外的指向为法线 $\boldsymbol{n}$ 的正方向。于是磁感线从闭合曲面穿出时的磁通量为正值（$\alpha < \frac{\pi}{2}$），磁感线穿入闭合曲面的磁通量为负值（$\alpha > \frac{\pi}{2}$）。由于磁感线是无头无尾的闭合线，所以穿入闭合曲面的磁感线数必然等于穿出闭合曲面的磁感线数。因此，通过磁场中任一闭合曲面的总磁通量恒等于零。这一结论称为磁场中的高斯定理，即

$$\oint_S \boldsymbol{B} \cdot \mathrm{d}\boldsymbol{S} = 0 \tag{11-10}$$

式(11-10)与静电场中的高斯定理相对应，但两者有本质上的区别。在静电场中，由于自然界有独立存在的自由电荷，所以通过某一闭合曲面的电通量可以不为零，即 $\oint_S \boldsymbol{D} \cdot \mathrm{d}\boldsymbol{S} = \sum q_i$，说明静电场是有源场。在磁场中，因为自然界没有单独存在的磁极，所以通过任一闭合面的磁通量必恒等于零，即 $\oint_S \boldsymbol{B} \cdot \mathrm{d}\boldsymbol{S} = 0$，说明磁场是无源场，或者说是涡旋场。

11.4　毕奥-萨伐尔定律及其应用

在静电场中，计算带电体在某点产生的电场强度 $\boldsymbol{E}$ 时，先把带电体分割成许多电荷元 dq，求出每个电荷元在该点产生的电场强度 d$\boldsymbol{E}$，然后根据叠加原理把带电体上所有电荷元在同一点产生的 d$\boldsymbol{E}$ 叠加（即求定积分），从而得到带电体在该点产生的电场强度 $\boldsymbol{E}$。与此类似，磁场也满足叠加原理，要计算任意载流导线在某点产生的磁感应强度 $\boldsymbol{B}$，可先把载流导线分割成许多电流元 $I\mathrm{d}\boldsymbol{l}$（电流元是矢量，它的方向是该电流元的电流方向），求出每个电流元在该点产生的磁感应强度 d$\boldsymbol{B}$，然后把该载流导线的所有电流元在同一点产生的 d$\boldsymbol{B}$ 叠加，从而得到载流导线在该点产生的磁感应强度 $\boldsymbol{B}$。因为不存在孤立的电流元，所以电流元的磁感应强度公式不能直接从实验得到。在 19 世纪 20 年代，毕奥和萨伐尔两人首先用实验方法得到关于载有稳恒电流的长直导线的磁感应强度经验公式（$B \propto \frac{I}{r}$）等。再由拉普拉斯通过分析经验公式而得到毕奥-萨伐尔定律。

11.4.1　毕奥-萨伐尔定律

设载流导线中的电流为 I，导线横截面的线度与到考察点 P 的距离比较可略去不计，这样的电流称为线电流。在线电流上取长为 $\mathrm{d}l$ 的定向线元 $\mathrm{d}\boldsymbol{l}$，规定 $\mathrm{d}\boldsymbol{l}$ 的方向与线元中电流的方向相同，并将乘积 $I\mathrm{d}\boldsymbol{l}$ 称为电流元。电流元 $I\mathrm{d}\boldsymbol{l}$ 在真空中的某点 P 所产生的磁感应强度 $\mathrm{d}\boldsymbol{B}$ 的大小，与电流元的大小 $I\mathrm{d}l$ 成正比，与电流元 $I\mathrm{d}\boldsymbol{l}$ 和由电流元到 P 点的矢径 $\boldsymbol{r}$ 间的夹角 θ（也用 $(I\mathrm{d}\boldsymbol{l},\boldsymbol{r})$ 表示）的正弦成正比，而与电流元到 P 点的距离 r 的平方成反比（见图 11.8），即

$$\mathrm{d}B = K\frac{I\mathrm{d}l\sin\theta}{r^2} \tag{11-11a}$$

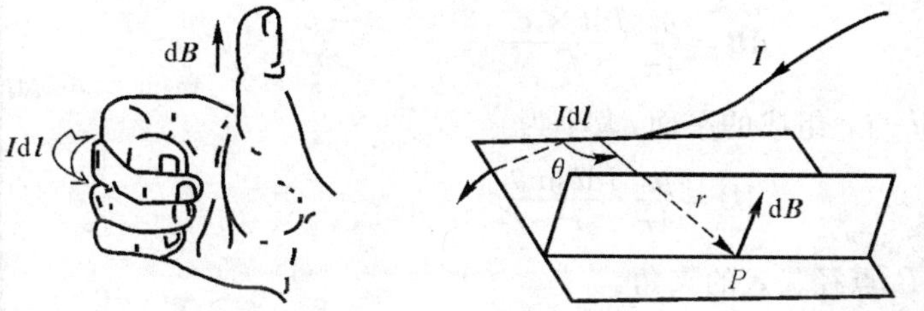

图 11.8　电流元产生的磁感应强度

式中，比例系数 K 决定于单位制的选择，在国际单位制中，K 正好等于 $10^{-7}\ \mathrm{N\cdot A^{-2}}$，为了使从毕奥-萨伐定律导出的一些重要公式中不出现 4π 因子而令 $K=\frac{\mu_0}{4\pi}$，式中 $\mu_0=4\pi K=4\pi\times10^{-7}\ \mathrm{N\cdot A^{-2}}$，叫做真空中的磁导率。于是式(11-11)写成

$$\mathrm{d}B = \frac{\mu_0}{4\pi}\frac{I\mathrm{d}l\sin\theta}{r^2} \tag{11-11b}$$

式中，$\mathrm{d}B$ 的方向垂直于 $I\mathrm{d}\boldsymbol{l}$ 和 $\boldsymbol{r}$ 所组成的平面，并沿矢径 $I\mathrm{d}\boldsymbol{l}\times\boldsymbol{r}$ 的指向，即由 $I\mathrm{d}\boldsymbol{l}$ 经小于 π 的夹角转向 $\boldsymbol{r}$ 的右螺旋前进方向。若用矢量式表示，毕奥-萨伐尔定律可写成

$$\mathrm{d}\boldsymbol{B} = \frac{\mu_0}{4\pi}\frac{I\mathrm{d}\boldsymbol{l}\times\boldsymbol{r}_0}{r^2} \tag{11-12}$$

式中，$\boldsymbol{r}_0$ 为 $\boldsymbol{r}$ 的单位矢量。毕奥-萨伐尔定律虽然不能由实验直接验证，但由这一定律出发而得出的一些结果都很好地和实验符合。

11.4.2　毕奥-萨伐尔定律的应用

要确定任意载有稳恒电流的导线在某点的磁感应强度，根据磁场满足叠加原理，由式(11-12)对整个载流导线积分，即得

$$\boldsymbol{B} = \int_l \mathrm{d}\boldsymbol{B} = \int_L \frac{\mu_0}{4\pi}\frac{I\mathrm{d}\boldsymbol{l}\times\boldsymbol{r}_0}{r^2} \tag{11-13a}$$

值得注意的是，式(11-13)中每一电流元在给定点产生的 $\mathrm{d}\boldsymbol{B}$ 方向一般不相同，所以式(11-13)是矢量积分式。由于一般定积分的含意是代数和，所以求式(11-13)的积分时，应先分析各电流元在给定点所产生的 $\mathrm{d}\boldsymbol{B}$ 的方向是否沿同一直线。如果是沿同一直线，则式(11-13)的矢量积分转化为一般积分，即

$$B = \int_L \mathrm{d}B = \int_L \frac{\mu_0}{4\pi}\frac{I\mathrm{d}l\sin\theta}{r^2} \tag{11-13b}$$

如果各个 d$\boldsymbol{B}$ 方向不是沿同一直线，应先求 d$\boldsymbol{B}$ 在各坐标轴上的分量式(例如 $\mathrm{d}B_x$，$\mathrm{d}B_y$，$\mathrm{d}B_z$)，分别求它们的积分，即得 $\boldsymbol{B}$ 的各分量(例如 $B_x=\int_L \mathrm{d}B_x=\cdots, B_y=\int_L \mathrm{d}B_y=\cdots, B_z=\int_L \mathrm{d}B_z=\cdots$)，最后再求出 $\boldsymbol{B}$ 矢量($\boldsymbol{B}=B_x\boldsymbol{i}+B_y\boldsymbol{j}+B_z\boldsymbol{k}$)。下面应用这种方法讨论几种典型载流导线所产生的磁场。

1. 载流直导线的磁场

如图 11.9 所示，在长直导线中流过电流 I，求距此导线为 r_0 的 P 点处的 $\boldsymbol{B}$。

在导线上任取一电流元 $I\mathrm{d}\boldsymbol{l}$，它到场点 P 的径矢为 $\boldsymbol{r}$，根据毕奥-萨伐尔定律，$I\mathrm{d}\boldsymbol{l}$ 在 P 点产生的磁感应强度为

$$\mathrm{d}\boldsymbol{B}=\frac{\mu_0}{4\pi}\frac{I\mathrm{d}\boldsymbol{l}\times\boldsymbol{e}_r}{r^2}$$

其方向垂直于 $I\mathrm{d}\boldsymbol{l}$ 与 $\boldsymbol{r}$ 组成的平面，大小为

$$\mathrm{d}B=\frac{\mu_0}{4\pi}\frac{I\mathrm{d}l\sin\theta}{r^2}$$

式中，θ 为 $I\mathrm{d}\boldsymbol{l}$ 与 P 点径矢 $\boldsymbol{r}$ 的夹角。

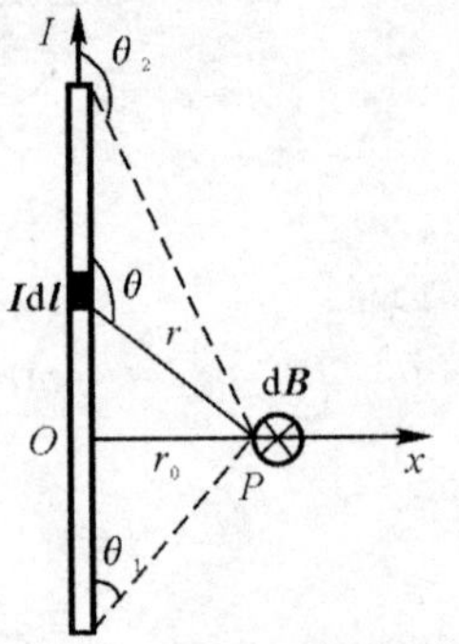

图 11.9

在本问题中，长直导线上所有电流元在 P 点产生的磁感应强度的方向均相同，即都是垂直于纸面朝里。因此，在叠加时只须简单地对 $\mathrm{d}B$ 积分即可。由图 11.9 可以看出

$$r=\frac{r_0}{\sin(\pi-\theta)}=\frac{r_0}{\sin\theta}$$

$$l=r_0\cot(\pi-\theta)=-r_0\cot\theta,\quad \mathrm{d}l=\frac{r_0\mathrm{d}\theta}{\sin^2\theta}$$

于是

$$\mathrm{d}B=\frac{\mu_0}{4\pi}\frac{I\sin\theta\mathrm{d}\theta}{r_0}$$

积分

$$B=\frac{\mu_0}{4\pi}\int_{\theta_1}^{\theta_2}\frac{I\sin\theta\mathrm{d}\theta}{r_0}=\frac{\mu_0 I}{4\pi r_0}(\cos\theta_1-\cos\theta_2)\tag{11-14}$$

其他位置的 $\boldsymbol{B}$ 的方向，都可用右手螺旋法则求出：用右手握住导线，拇指指向电流的方向，其余四指的指向就是 $\boldsymbol{B}$ 的方向。

如果载流导线可以看做是"无限长"导线，则 $\theta_1=0,\theta_2=\pi$，由式(11-14)可得

$$B=\frac{\mu_0 I}{2\pi r_0}\tag{11-15}$$

若 P 点位于导线延长线上，则有 $B=0$。

2. 圆电流轴线上的磁场

如图 11.10 所示，半径为 R 的圆形导线上流过电流 I(通常称此电流为圆电流)，求其轴线上距圆心 x 的 P 点的磁感应强度。

选取如图 11.10 所示的坐标系。圆电流上任一电流元 $I\mathrm{d}\boldsymbol{l}$ 在 P 点产生的磁感应强度的大小为

$$\mathrm{d}B=\frac{\mu_0}{4\pi}\frac{I\mathrm{d}l}{r^2}\sin 90^\circ=\frac{\mu_0}{4\pi}\frac{I\mathrm{d}l}{r^2}$$

由图可见，圆电流上各电流元在 P 点产生的 d$\boldsymbol{B}$ 有不同的方向。为了便于求矢量和，可将 d$\boldsymbol{B}$ 分解为平行于 x 轴的分量 $\mathrm{d}B_{/\!/}$ 和垂直于 x 轴的分量 $\mathrm{d}B_{\perp}$。由于圆电流关于 x 轴对称，各电

流元的 $dB_{\perp}$ 分量逐对抵消，而使总的垂直分量为零，所以 P 点 $\boldsymbol{B}$ 的大小为 $dB_{/\!/}$ 之和，即

$$B=\int dB_{/\!/}=\int dB\sin\theta=\frac{\mu_0 I}{4\pi}\int\frac{dl\sin\theta}{r^2}$$

对于给定点来说，r 和 $\sin\theta$ 都是常量，且 $\sin\theta=\frac{R}{r}$，因此有

$$B=\frac{\mu_0 I}{4\pi}\int\frac{dl\sin\theta}{r^2}=\frac{\mu_0}{4\pi}\frac{I\sin\theta}{r^2}\int_0^{2\pi R}dl=\frac{\mu_0}{2}\frac{IR^2}{(R^2+x^2)^{\frac{3}{2}}} \tag{11-16}$$

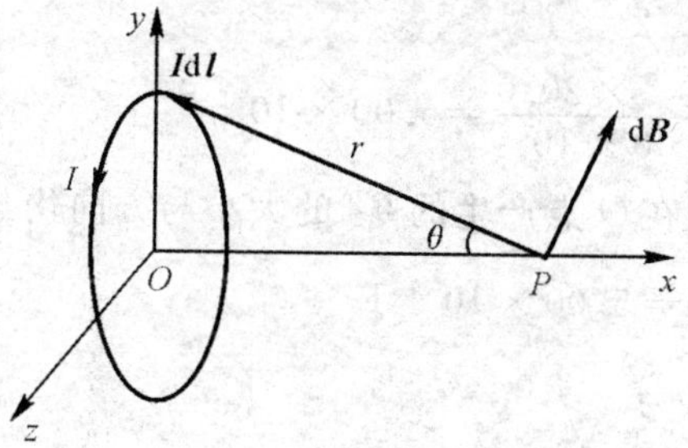

图　11.10

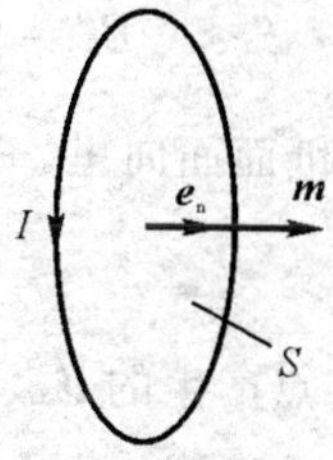

图　11.11

通过分析可知，$\boldsymbol{B}$ 的方向与电流方向也构成右手螺旋，但与长直导线的情况不同的是，这里须用右手四指握成电流方向，拇指所指就是 $\boldsymbol{B}$ 的方向。

当 $x=0$ 时，得到圆心处的磁感应强度为

$$B_0=\frac{\mu_0}{2}\frac{I}{R} \tag{11-17}$$

如果 $x\gg R$，则可得

$$B=\frac{\mu_0}{2}\frac{IR^2}{x^3}=\frac{\mu_0}{2\pi}\frac{IS}{x^3} \tag{11-18}$$

式中，$S=\pi R^2$ 为圆电流的面积。

将圆电流看做是一个磁偶极子，并定义其磁矩为

$$\boldsymbol{P}_m=IS\boldsymbol{e}_n \tag{11-19}$$

式(11-19)中的 I 和 S 分别为圆电流的电流和面积，$\boldsymbol{e}_n$ 为圆电流面积的法向单位矢量，与电流方向成右手螺旋(见图 11.11)。

若利用式(11-19)，则圆电流轴线上的磁感应强度可写成

$$\boldsymbol{B}=\frac{\mu_0}{2\pi}\frac{\boldsymbol{P}_m}{x^3} \tag{11-20}$$

式(11-20)与电偶极子沿轴线上的电场强度公式相似，只要把电场强度 $\boldsymbol{E}$ 换成磁感应强度 $\boldsymbol{B}$，系数 $\frac{1}{2\pi\varepsilon_0}$ 换成 $\frac{\mu_0}{2\pi}$，而电矩 $\boldsymbol{P}_e$ 换成 $\boldsymbol{P}_m$。由此可见 $\boldsymbol{P}_m$ 应叫做载流圆形线圈的磁矩。式(11-19)可推广到一般平面载流线圈。若平面线圈共有 N 匝，每匝包围面积为 S，通有电流为 I，线圈平面的单位法向矢量 $\boldsymbol{e}_n$ 的指向与线圈中的电流方向成右旋关系，那么该线圈的磁矩为

$$\boldsymbol{P}_m=NIS\boldsymbol{e}_n$$

例 11-1　真空中，一无限长载流导线，AB，DE 部分平直，中间弯曲部分为半径 $R=4.00$ cm 的半圆环，各部分均在同一平面内，如图 11.12 所示，若通以电流 20.0 A，求半圆环的

圆心 O 处的磁感应强度。

解 由磁场叠加原理，O 点处的磁感应强度 $\boldsymbol{B}$ 是由 AB，BCD 和 DE 三部分电流产生的磁感应强度的叠加。

AB 部分为“半无限长”直线电流，在 O 点产生的 $\boldsymbol{B}_1$ 大小为

$$B_1=\frac{\mu_0 I}{4\pi R}(\cos\theta_1-\cos\theta_2)$$

因

$$\theta_2=-\frac{\pi}{2},\quad \theta_1=0$$

故

$$B_1=\frac{\mu_0 I}{4\pi R}=\frac{4\pi\times10^{-7}\times20.0}{4\pi\times4.00\times10^{-2}}=5.00\times10^{-5}\ \mathrm{T}$$

$\boldsymbol{B}_1$ 的方向垂直纸面面向里。同理，DE 部分在 O 点产生的 $\boldsymbol{B}_2$ 的大小与方向均与 $\boldsymbol{B}_1$ 相同，即

$$B_2=\frac{\mu_0 I}{4\pi R}=5.00\times10^{-5}\ \mathrm{T}$$

BCD 部分在 O 点产生的 $\boldsymbol{B}_3$ 要用积分计算，为

$$\boldsymbol{B}_3=\int\mathrm{d}\boldsymbol{B}$$

式中，$\mathrm{d}\boldsymbol{B}$ 为圆环上任一电流元 $I\mathrm{d}\boldsymbol{l}$ 在 O 点产生的磁感应强度，其大小为

$$\mathrm{d}B=\frac{\mu_0 I\mathrm{d}l\sin\theta}{4\pi R^2}$$

因 $\theta=\dfrac{\pi}{2}$，故

$$\mathrm{d}B=\frac{\mu_0 I\mathrm{d}l}{4\pi R^2}$$

$\mathrm{d}\boldsymbol{B}$ 的方向垂直纸面向里，半圆环上各电流元在 O 点产生 $\mathrm{d}\boldsymbol{B}$ 方向都相同，则

$$B_3=\int\mathrm{d}B=\int_0^{\pi R}\frac{\mu_0 I\mathrm{d}l}{4\pi R^2}=\frac{\mu_0 I}{4R}=\frac{4\pi\times10^{-7}\times20.0}{4\times4.00\times10^{-2}}=1.57\times10^{-4}\mathrm{T}$$

因为 $\boldsymbol{B}_1$，$\boldsymbol{B}_2$，$\boldsymbol{B}_3$ 的方向都相同，所以 O 点处总的磁感应强度 $\boldsymbol{B}$ 的大小为

$$B=B_1+B_2+B_3=5.00\times10^{-5}+5.00\times10^{-5}+1.57\times10^{-4}=2.57\times10^{-4}\ \mathrm{T}$$

$\boldsymbol{B}$ 的方向垂直纸面向里。

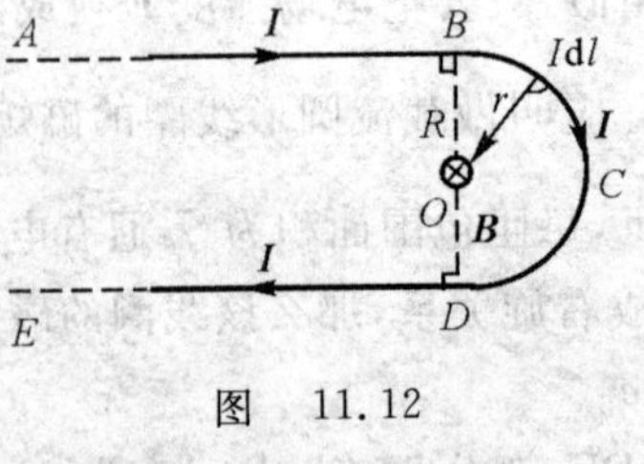

图 11.12

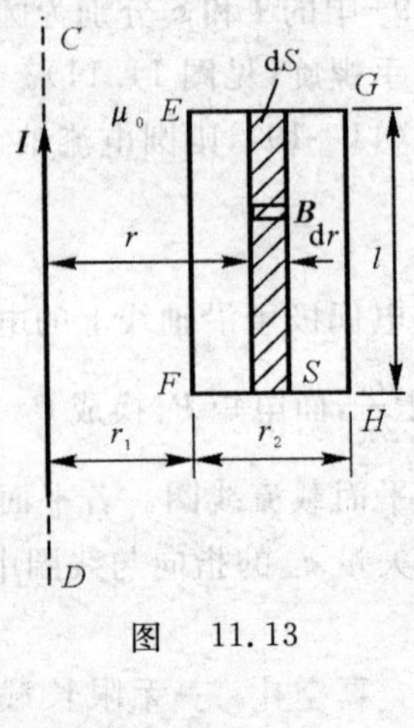

图 11.13

例 11-2 真空中一无限长直导线 CD，通以电流 $I=10.0$ A，若一矩形 $EFHG$ 与 CD 共

面，如图 11.13 所示。其中 $r_1=r_2=10.0\ \text{cm}$，$l=20.0\ \text{cm}$。求通过矩形面积 S 的磁通量。

解　由于无限长直线电流在面积 S 上各点所产生的磁感应强度 $\boldsymbol{B}$ 的大小随 r 不同而不同，所以计算通过 S 面的磁通量 Φ_m 时要用积分。为了便于运算，可将矩形面积 S 划分成无限多与直导线 CD 平行的细长条面积元 $dS=l dr$，设其中某一面积元 dS 与 CD 相距 r，dS 上各点 $\boldsymbol{B}$ 的大小视为相等

$$B=\frac{\mu_0 I}{2\pi r}$$

$\boldsymbol{B}$ 的方向垂直纸面在向里，取 $d\boldsymbol{S}$ 的方向（也就是矩形面积的法线方向）也垂直纸面向里，则

$$\Phi_m=\int_S \boldsymbol{B}\cdot d\boldsymbol{S}=\int_S B dS=\int_{r_1}^{r_1+r_2}\frac{\mu_0 Il}{2\pi r}dr=\frac{\mu_0 Il}{2\pi}\ln\frac{r_1+r_2}{r_1}$$

代入数值，得

$$\Phi_m=\frac{4\pi\times10^{-7}\times10.0\times20.0\times10^{-2}}{2\pi}\ln\frac{10.0+10.0}{10.0}=4\times10^{-7}\ln2=2.77\times10^{-7}\ \text{Wb}$$

11.5　安培环路定理

在研究静电场时，我们曾从场强 $\boldsymbol{E}$ 的环流 $\oint \boldsymbol{E}\cdot d\boldsymbol{l}=0$ 知道静电场是一个保守场，并由此引入电势这个物理量来描述静电场。

对于恒定电流所激发的磁场，也可用磁感应强度 $\boldsymbol{B}$ 沿任一闭合曲线的积分 $\oint \boldsymbol{B}\cdot d\boldsymbol{l}$ 来反映它的性质。

11.5.1　安培环路定理

真空中的安培环路定理可表述为：磁感应强度 $\boldsymbol{B}$ 沿任一闭合路径 L 的线积分（称为 $\boldsymbol{B}$ 的环流），等于穿过此路径所包围面积的所有电流的代数和的 μ_0 倍。安培环路定理的数学表达式是

$$\oint_L \boldsymbol{B}\cdot d\boldsymbol{l}=\mu_0\sum_i I_i \tag{11-21}$$

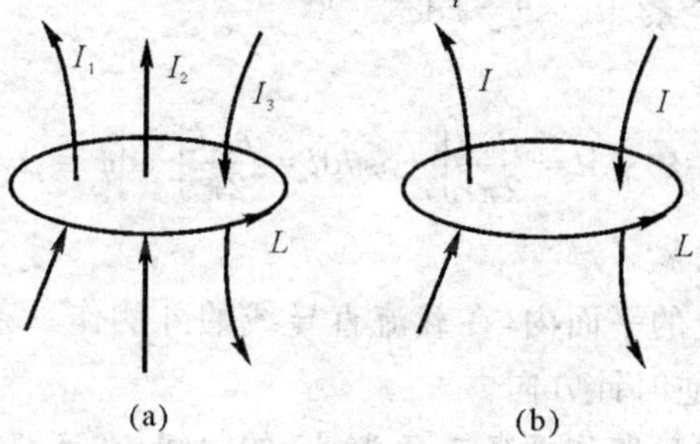

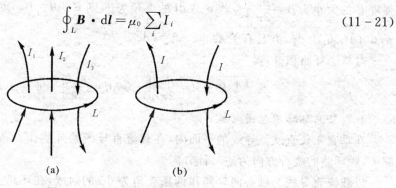

图 11.14　环路包围的电流

环路所包围电流的正负这样确定：先规定环路 L 的绕行方向，与此方向成右手螺旋的电流为正，反之为负。例如图 11.14(a) 中的 I_1，I_2 为正，I_3 为负。因此 $\boldsymbol{B}$ 的环流为

$$\oint_L \boldsymbol{B} \cdot \mathrm{d}\boldsymbol{l} = \mu_0 \sum_i I_i = \mu_0 (I_1 + I_2 - I_3)$$

如果闭合路径 L 如图 11.14(b) 所示，包围的电流等值反向，或者环路中并没有包围电流，则

$$\oint_L \boldsymbol{B} \cdot \mathrm{d}\boldsymbol{l} = 0$$

下面我们以长直载流导线产生的磁场为例，来验证安培环路定理。

1. 取对称环路包围电流

在垂直于长直载流导线的平面内，以载流导线为圆心作一条半径为 r 的圆形环路 L，如图 11.15 所示。在这圆周上任一点的磁感应强度 $\boldsymbol{B}$ 的大小为 $B=\frac{\mu_0}{2\pi}\frac{I}{r}$，方向与圆周相切。环路的绕行方向取为逆时针方向，在环路上取一线元矢量 $\mathrm{d}\boldsymbol{l}$，其方向与 $\boldsymbol{B}$ 的方向一致，即两者的夹角 $\theta=0$。因此，$\boldsymbol{B}$ 沿环路 L 的环流为

$$\oint_L \boldsymbol{B} \cdot \mathrm{d}\boldsymbol{l} = \frac{\mu_0 I}{2\pi r}\oint_L \mathrm{d}l = \mu_0 I$$

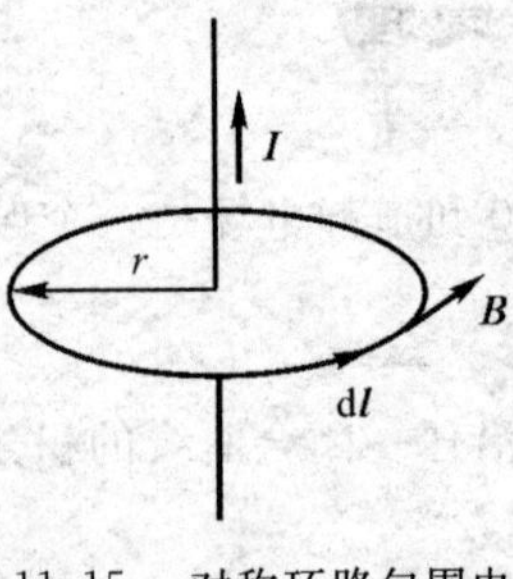

图 11.15　对称环路包围电流

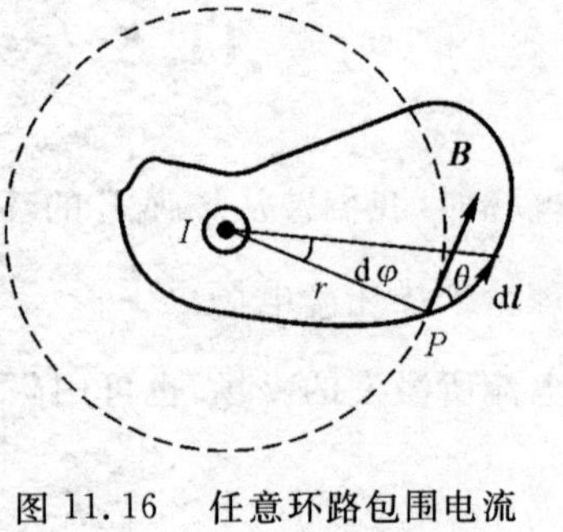

图 11.16　任意环路包围电流

2. 取任意环路包围电流

在垂直于长直载流导线的平面内，围绕导线作一条如图 11.16 所示的任意环路 L，环路的绕行方向取为逆时针方向。在环路上任取一段线元 $\mathrm{d}\boldsymbol{l}$，载流直导线在线元 $\mathrm{d}\boldsymbol{l}$ 处产生的磁感应强度 $\boldsymbol{B}$ 的大小为 $B=\frac{\mu_0}{2\pi}\frac{I}{r}$，若 $\boldsymbol{B}$ 与 $\mathrm{d}\boldsymbol{l}$ 的夹角为 θ，则 $\boldsymbol{B}\cdot\mathrm{d}\boldsymbol{l}=B\cos\theta\mathrm{d}l$。由图可看出，导线对线元 $\mathrm{d}\boldsymbol{l}$ 的张角为 $\mathrm{d}\varphi$，并且有关系 $\mathrm{d}l\cos\theta = r\mathrm{d}\varphi$。

对整个环路积分，得

$$\oint_L \boldsymbol{B} \cdot \mathrm{d}\boldsymbol{l} = \frac{\mu_0 I}{2\pi r}\oint_l \cos\theta \mathrm{d}l = \frac{\mu_0 I}{2\pi}\int_0^{2\pi} \mathrm{d}\varphi = \mu_0 I$$

3. 取任意环路不包围电流

在垂直于长直载流导线的平面内，在载流直导线的外侧作一条如图 11.17 所示的任意环路 L，取环路的绕行方向为逆时针方向。

以载流直导线为圆心向环路作两条夹角为 $\mathrm{d}\varphi$ 的射线，在环路上截取两个线元 $\mathrm{d}\boldsymbol{l}_1$ 和 $\mathrm{d}\boldsymbol{l}_2$，它们到导线的距离分别为 r_1 和 r_2。设导线在 $\mathrm{d}\boldsymbol{l}_1$ 处的磁感应强度为 $\boldsymbol{B}_1$，$\mathrm{d}\boldsymbol{l}_1$ 和 $\boldsymbol{B}_1$ 的夹角为 θ_1；在 $\mathrm{d}\boldsymbol{l}_2$ 处的磁感应强度为 $\boldsymbol{B}_2$，$\mathrm{d}\boldsymbol{l}_2$ 和 $\boldsymbol{B}_2$ 的夹角为 θ_2。从图 11.17 可以看出，$\theta_1 > \frac{\pi}{2}$，而 $\theta_2 < \frac{\pi}{2}$。利用前面的关系 $\mathrm{d}l\cos\theta = r\mathrm{d}\varphi$，可得

$$\boldsymbol{B}_1\cdot\mathrm{d}\boldsymbol{l}_1=-B_1r_1\mathrm{d}\varphi=-\frac{\mu_0 I}{2\pi}\mathrm{d}\varphi$$

$$\boldsymbol{B}_2\cdot\mathrm{d}\boldsymbol{l}_2=B_2r_2d\varphi=\frac{\mu_0 I}{2\pi}\mathrm{d}\varphi$$

所以有

$$\boldsymbol{B}_1\cdot\mathrm{d}\boldsymbol{l}_1+\boldsymbol{B}_2\cdot\mathrm{d}\boldsymbol{l}_2=0$$

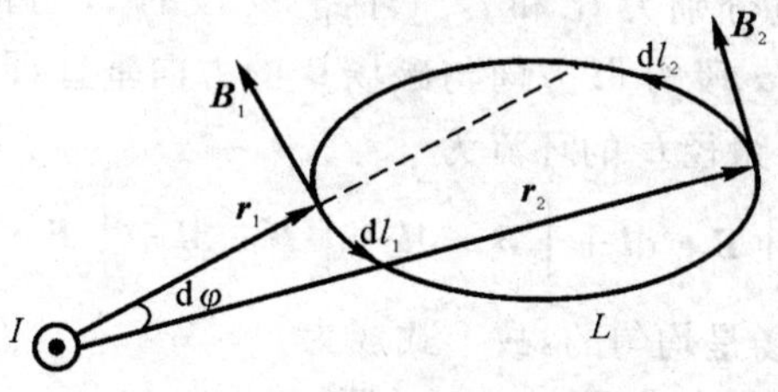

图 11.17　任意环路不包围电流

从载流直导线中心 O 出发，可以作许多条射线，将环路分割成许多成对的线元。磁感应强度与每对线元的标积之和都等于 0，故得

$$\oint_L\boldsymbol{B}\cdot\mathrm{d}\boldsymbol{l}=0$$

即环路不包围电流时，$\boldsymbol{B}$ 的环流为零。

安培环路定理反映了稳恒磁场的另一个重要性质 —— 稳恒磁场是非保守场。

11.5.2　安培环路定理应用举例

如同高斯定理可以用来求电场强度一样，安培环路定理也可以用来求磁感应强度，而且，与高斯定理求电场强度是有条件的一样，利用安培环路定理求磁感应强度也是有条件的。它要求磁场分布具有对称性，而磁场分布的对称性又来源于电流分布的对称性。事实上，只有在电流的分布具有无限长轴对称性或无限大面对称性以及各种圆环形均匀密绕的螺绕环的情况下，才能够利用安培环路定理求 $\boldsymbol{B}$。

利用安培环路定理求磁场的基本步骤如下：

(1) 分析磁场的对称性；

(2) 根据磁场的对称性，选择适当形状的环路，求出 $\oint_L\boldsymbol{B}\cdot\mathrm{d}\boldsymbol{l}$；

(3) 计算出此环路包围电流的代数和 $\sum_i I_i$；

(4) 由安培环路定理 $\oint_L\boldsymbol{B}\cdot\mathrm{d}\boldsymbol{l}=\mu_0\sum_i I_i$ 求出 $\boldsymbol{B}$。

1. 载流长直螺线管内的磁场

载流长直螺线管通过的电流为 I，单位长度的线圈匝数为 n，求螺线管内部任一点的磁感应强度 $\boldsymbol{B}$。

用磁场叠加原理作对称性分析：可将载流长直密绕螺线管看做由无穷多个共轴的圆电流构成，螺线管的磁场是各个圆电流所激发磁场的叠加结果。在螺线管内部任选一点 P(不一定在轴线上)，在 P 点两侧对称地取两个圆电流。由对称性分析可知，这一对圆电流在 P 点产生的合磁感强度的方向是与螺线管的轴线平行的。由于长直螺线管可以看成无限长，只要 P 点不是靠近螺线管的两端，就可以在其两侧找到无穷多对如上述那样对称的圆电流，每对圆电流

在 P 点的合成磁场都是与轴线平行的。又由于 P 点是任选的，因此可以推知长直载流螺线管内部各点磁场的方向均沿轴线方向。在螺线管的外部，由于上、下电流方向相反，产生的磁场互相抵消，故磁感应强度为 0。

根据载流长直螺线管中段的磁场分布特征，选择如图 11.18 所示的矩形环路 $abcda$ 及绕行方向。矩形环路的长和宽分别为 l_1 和 l_2。环路 ab 段的 $\mathrm{d}\boldsymbol{l}$ 方向与磁场 $\boldsymbol{B}$ 的方向一致，即 $\boldsymbol{B}\cdot\mathrm{d}\boldsymbol{l}=B\mathrm{d}l$；环路 bc 段和 da 段的 $\mathrm{d}\boldsymbol{l}$ 方向与磁场 $\boldsymbol{B}$ 的方向垂直，即 $\boldsymbol{B}\cdot\mathrm{d}\boldsymbol{l}=0$；而环路 cd 段上的 $\boldsymbol{B}=0$。于是，$\boldsymbol{B}$ 沿此闭合路径 L 的环流为

$$\oint_L \boldsymbol{B}\cdot\mathrm{d}\boldsymbol{l}=\int_a^b \boldsymbol{B}\cdot\mathrm{d}\boldsymbol{l}+\int_b^c \boldsymbol{B}\cdot\mathrm{d}\boldsymbol{l}+\int_c^d \boldsymbol{B}\cdot\mathrm{d}\boldsymbol{l}+\int_d^a \boldsymbol{B}\cdot\mathrm{d}\boldsymbol{l}=\int_a^b B\mathrm{d}l$$

又由对称性可知 ab 段的磁场是均匀的，故上式成为

$$\oint_l \boldsymbol{B}\cdot\mathrm{d}\boldsymbol{l}=B\int_a^b \mathrm{d}l=Bl_1$$

环路所包围的电流为 nl_1I，根据右手螺旋法则，其值为正。由安培环路定理，有

$$Bl_1=\mu_0 nl_1 I$$

于是，得

$$B=\mu_0 nI \tag{11-22}$$

如果螺线管不是密绕的，则管内、外的磁场是不均匀的，只有在螺线管的轴线附近，磁感应强度 $\boldsymbol{B}$ 才近乎与轴线平行。

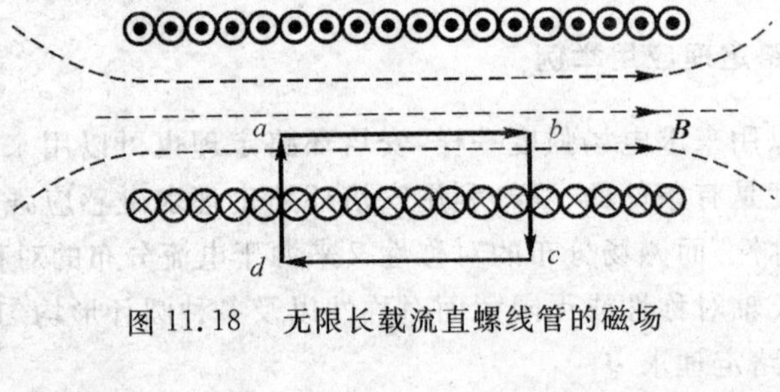

图 11.18　无限长载流直螺线管的磁场

2. 均匀密绕螺绕环的磁场

设均匀密绕螺绕环的总匝数为 N，流过电流为 I，内侧和外侧的半径分别为 r_1 和 r_2。试求其内部任一点的磁场。

由于电流的分布具有中心轴对称性，因而磁场的分布也应具有轴对称性。

将通有电流 I 的螺绕环切开，其剖面如图 11.19 所示，在环内作一个半径为 r 的环路，绕行方向如图 11.19 所示。环路上各点的磁感应强度大小相等，方向与环路绕行方向一致。磁感应强度 $\boldsymbol{B}$ 沿此环路的环流为

$$\oint_L \boldsymbol{B}\cdot\mathrm{d}\boldsymbol{l}=B\oint_L \mathrm{d}l=2\pi r\cdot B$$

环路内包围电流的代数和为 $\sum_i I_i=NI$，根据安培环路定理，有

$$2\pi rB=\mu_0 NI$$

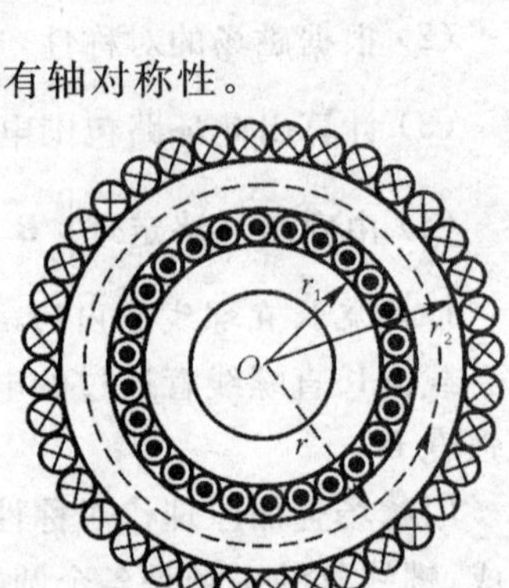

图 11.19　螺绕环

所以

$$B=\frac{\mu_0}{2\pi}\frac{NI}{r}\qquad (r_1<r<r_2) \tag{11-23}$$

如果螺绕环中心线的直径远大于线圈的直径，则有 $r_1 \approx r_2 \approx r$，环内的磁场可看做处处相等。式(11-23)可以写成

$$B=\frac{\mu_0}{2\pi}\frac{NI}{r}=\mu_0 I\frac{N}{2\pi r}=\mu_0 nI$$

式中，n 为单位长度的线圈匝数。如果将螺绕环看成是将长直螺线管两端对接而来，也可以得到同样的结果。

3. 无限长载流圆柱形导体的磁场分布

设真空中有一无限长载流圆柱形导体，圆柱半径为 R，圆柱横截面上均匀地通过电流 I，沿轴线流动。求磁场分布。

如图 11.20 所示，对无限长载流圆柱体，由于电流分布的轴对称性，可以判断在圆柱导体内外空间中的磁感应线是一系列同轴圆周线。证明此结论，只须在图 11.20(b) 中的圆柱横截面上以 OP 为轴，任取一对对称的沿柱轴流动的细长电流 $\mathrm{d}I_1$ 和 $\mathrm{d}I_2$，它们在柱外任一点 P 处产生的磁感应强度 $\mathrm{d}\boldsymbol{B}_1$ 和 $\mathrm{d}\boldsymbol{B}_2$ 的合矢量 $\mathrm{d}\boldsymbol{B}$ 的方向一定沿过 P 点的圆周线的切线方向。从而可以判断，离圆柱轴线距离相同处的各点 $\boldsymbol{B}$ 的大小相同，方向垂直于轴和轴到该点径矢组成的平面。

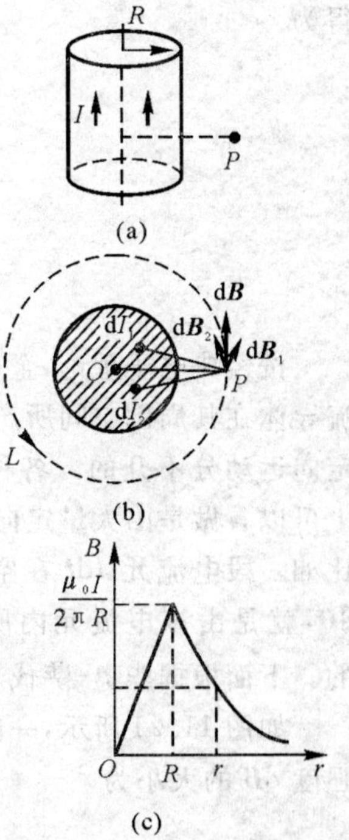

图 11.20　无限长载流圆柱导体的磁场分布

下面先讨论圆柱导体外的磁场分布。设圆柱外一点 P，距轴线为 r。选择过 P 点的同轴圆周线为积分回路 L（回路 L 方向与电流方向成右手螺旋关系），根据上述分析，可求得 $\boldsymbol{B}$ 在回路 L 上的环流为

$$\oint_L \boldsymbol{B}\cdot \mathrm{d}\boldsymbol{l}=2\pi rB$$

根据安培环路定理可得

$$2\pi rB=\mu_0 I$$

所以

$$B=\frac{\mu_0 I}{2\pi r},\quad (r>R)$$

可见，在无限长圆柱导体外部的磁场分布与载有相同电流的无限长直导线周围的磁场一样。

再讨论无限长圆柱导体内的磁场分布。选 $r<R$ 处的任意一点 P'，并选通过 P' 点半径为 r 的同轴圆周线为积分回路 L'（仍与电流成右手螺旋关系），根据同样的分析，由于回路上各点 $\boldsymbol{B}$ 的大小相同，方向沿 L' 切线方向，则 $\boldsymbol{B}$ 沿 L' 的环流为

$$\oint_{L'} \boldsymbol{B}\cdot \mathrm{d}\boldsymbol{l}=2\pi rB$$

由于回路 L' 包围并穿过的电流为 $\sum_i I_i=\frac{\pi r^2}{\pi R^2}I$，由安培环路定理得

$$2\pi rB=\mu_0\frac{\pi r^2}{\pi R^2}I$$

有
$$B=\frac{\mu_0 rI}{2\pi R^2}\quad (r<R)$$

图 11.20(c) 是以圆柱导体轴在原点,离轴距离为 r 的各场点的磁感应强度 $\boldsymbol{B}$ 的大小与距离 r 之间关系曲线,其综合表达式为

$$B=\begin{cases}0 \quad (r=0)\\ \dfrac{\mu_0 rI}{2\pi R^2}\quad (r\leqslant R)\\ \dfrac{\mu_0 I}{2\pi r}\quad (r>R)\end{cases}\tag{11-24}$$

读者可用类似的方法讨论无限长载流圆柱面的磁场分布,其磁感应强度 $\boldsymbol{B}$ 的大小可求得为

$$B=\begin{cases}0 \quad (r<R)\\ \dfrac{\mu_0 I}{2\pi r}\quad (r\geqslant R)\end{cases}\tag{11-25}$$

11.6 运动电荷的磁场

按经典电子理论,金属导体中的电流是由大量自由电子的定向漂移运动形成的。所以载流导体在其周围空间所产生的磁场是与导体内自由电子的定向运动分不开的。各种传导电流所产生的磁场,从微观上可以看做是由大量定向运动的电荷产生的磁场的叠加。比如一段电流元 $Id\boldsymbol{l}$ 在空间某点 P 所产生的磁感应强度 $d\boldsymbol{B}$,就是由该电流元内所有作定向运动的带电粒子产生的。下面根据毕奥-萨伐尔定律推导一个运动电荷所产生的磁场公式。

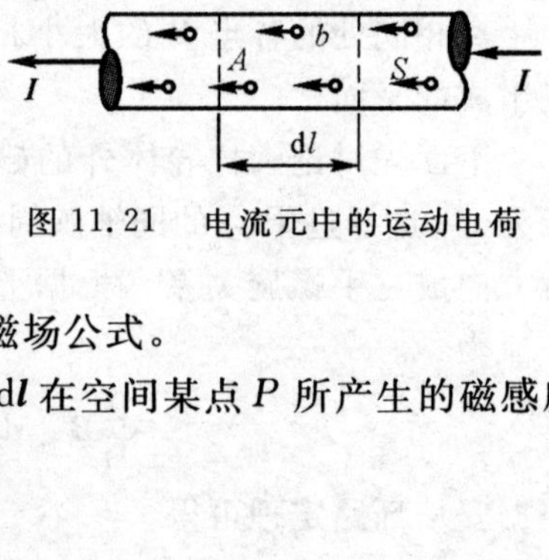

图 11.21　电流元中的运动电荷

如图 11.21 所示,一段长为 dl,横截面积为 S 的电流元 $Id\boldsymbol{l}$ 在空间某点 P 所产生的磁感应强度 $d\boldsymbol{B}$ 的大小为

$$dB=\frac{\mu_0}{4\pi}\frac{Idl\sin\theta}{r^2}$$

设 n 为该电流元内的单位体积内定向运动的带电粒子数,每个带电粒子的电量为 q(以便于讨论,设 $q>0$),其定向运动的速度均为 $\boldsymbol{v}$,方向与 $Id\boldsymbol{l}$ 相同,由于电流强度 I 等于单位时间内通过导体横截面 S 的电量,即 $I=nqvS$,所以上式可改写为

$$dB=\frac{\mu_0}{4\pi}\frac{nqvSdl\sin\theta}{r^2}$$

从微观意义上讲,dB 是该电流元 $Id\boldsymbol{l}$ 内所有定向运动的电荷(总数 $dN=nSdl$) 共同产生的。于是,每一个以速度 $\boldsymbol{v}$ 运动的电荷 q 所产生的磁感应强度 B_e 的大小应为

$$B_e=\frac{dB}{dN}=\frac{\mu_0}{4\pi}\frac{qv\sin\theta}{r^2}\tag{11-26}$$

当运动电荷带正电($q>0$) 时,$\boldsymbol{B}_e$ 的方向与矢积($\boldsymbol{v}\times\boldsymbol{r}$) 的方向相同;当运动电荷带负电($q<0$) 时,$\boldsymbol{B}_e$ 的方向与矢积($\boldsymbol{v}\times\boldsymbol{r}$) 的方向相反。如图 11.22 所示。

若用矢量式来表示运动电荷所产生的磁感应强度 $\boldsymbol{B}$,则

$$B_e = \frac{\mu_0}{4\pi}\frac{q\boldsymbol{v}\times\boldsymbol{r}_0}{r^2} \tag{11-27}$$

式中，$\boldsymbol{r}_0$ 是从运动电荷 q 到场点 P 的矢径 $\boldsymbol{r}$ 的单位矢量。

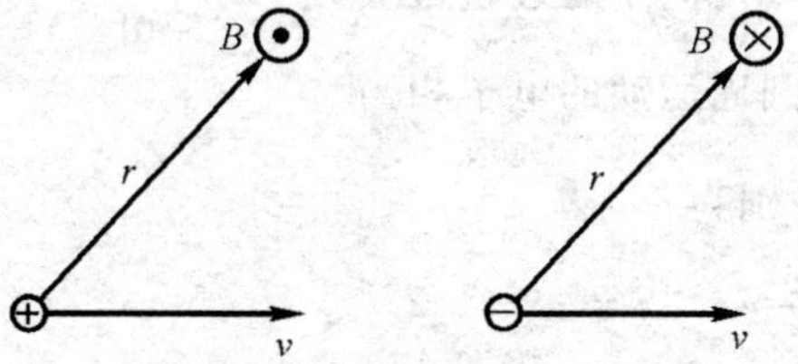

图 11.22　运动电荷的磁场方向

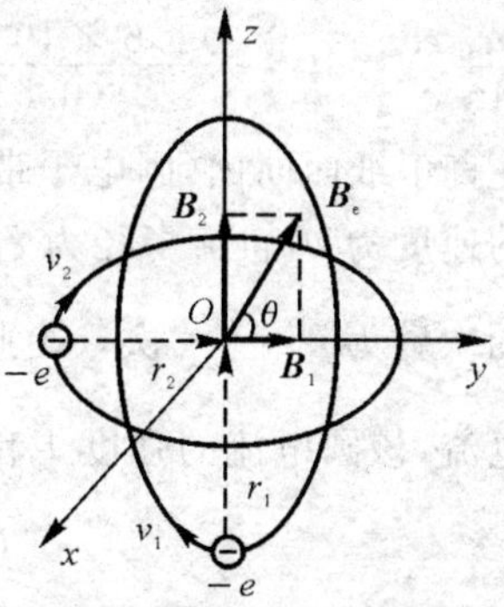

图　11.23

例 11-3　真空中两个电子分别在互相垂直的 xOz 和 xOy 两个平面内绕同一圆心 O 作匀速圆周运动，其半径分别是 r_1 和 r_2，其速率分别是 v_1 和 v_2，如图 11.23 所示。求这两个电子在圆心 O 处所产生的磁感应强度 $\boldsymbol{B}_e$。

解　由式(11-26)知，在 xOz 平面内作圆周运动的电子在 O 点所产生的磁感应强度 $\boldsymbol{B}_{e1}$ 的大小为

$$B_{e1} = \frac{\mu_0}{4\pi}\frac{ev_1\sin\alpha}{r_1^2}$$

因 $\boldsymbol{v}_1 \perp \boldsymbol{r}_1$，$\sin\alpha = 1$，故

$$B_{e1} = \frac{\mu_0}{4\pi}\frac{ev_1}{r_1^2}$$

因电子带负电$(-e)$，B_{e1} 的方向与矢积$(\boldsymbol{v}_1\times\boldsymbol{r}_1)$的方向相反，即 $\boldsymbol{B}_{e1}$ 沿 y 轴正向。

同理，在 xOy 平面内作圆周运动的电子在 O 点所产生的磁感强度 $\boldsymbol{B}_{e2}$ 的大小为

$$B_{e2} = \frac{\mu_0 ev_2}{4\pi r_2^2}$$

$\boldsymbol{B}_{e2}$ 的方向沿 z 轴正向。

由磁场叠加原理，在 O 点总的磁感应强度为

$$\boldsymbol{B}_e = \boldsymbol{B}_{e1} + \boldsymbol{B}_{e2}$$

其大小为

$$B_e = \sqrt{B_{e1}^2 + B_{e2}^2} = \frac{\mu_0 e}{4\pi}\sqrt{\frac{v_1^2}{r_1^4} + \frac{v_2^2}{r_2^4}}$$

$\boldsymbol{B}_e$ 的方向在 yOz 平面内与 y 轴正方向之间的夹角为

$$\theta = \arctan\left(\frac{B_2}{B_1}\right) = \arctan\left(\frac{v_2 r_1^2}{v_1 r_2^2}\right)$$

例 11-4　氢原子中的电子以速率 $v = 2.2\times10^6\ \mathrm{m\cdot s^{-1}}$ 在半径 $r = 0.53\times10^{-10}\ \mathrm{m}$ 的圆周上作匀速圆周运动。试求该电子在轨道中心所产生的磁感应强度 $\boldsymbol{B}_e$ 和电子的磁矩 $\boldsymbol{P}_m$。

解　电子在轨道中心所产生的磁感应强度 $\boldsymbol{B}_e$ 的大小，可根据式(11-26)

$$B=\frac{\mu_0}{4\pi}\frac{ev\sin\alpha}{r^2}$$

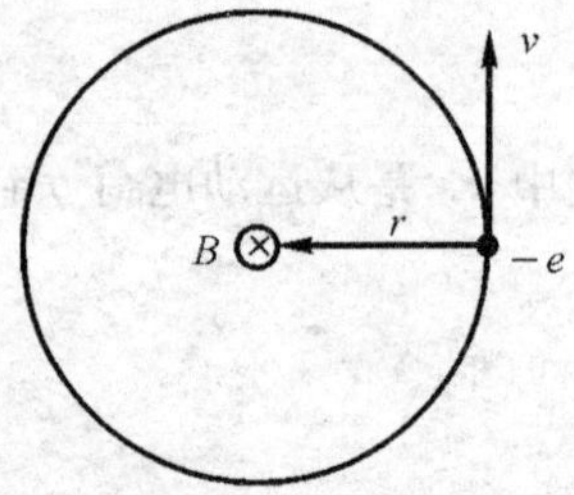

图 11.24

求得，如图 11.24 所示，因 $\boldsymbol{v}\perp\boldsymbol{r}$，所以 $\sin\alpha=1$，因此

$$B=\frac{\mu_0}{4\pi}\frac{ev}{r^2}=10^{-7}\times\frac{1.6\times10^{-19}\times2.2\times10^{6}}{(0.53\times10^{-10})^2}=13.0\ \mathrm{T}$$

$\boldsymbol{B}$ 的方向垂直于纸面向内(因电子带负电)。

电子的速度为 v，轨道半径为 r，所以在 1 s 内电子通过轨道上任意一点的次数为 $n=\frac{v}{2\pi r}$ 次。由此可见，作圆周运动的电子相当于一个圆电流，该圆电流的强度 I 和面积 S 分别为

$$I=ne=\frac{v}{2\pi r}e,\quad S=\pi r^2$$

所以按式(11-19)，电子的磁矩为

$$P_m=IS=\frac{v}{2\pi r}e\pi r^2=\frac{1}{2}vre=\frac{1}{2}\times2.2\times10^{6}\times0.53\times10^{-10}\times1.6\times10^{-19}=0.93\times10^{-23}\ \mathrm{A\cdot m^2}$$

$\boldsymbol{P}_m$ 方向垂直纸面向内。

习　题

1. 磁感线($\boldsymbol{B}$ 线)和电场线($\boldsymbol{E}$ 线)在表征场的性质方面有哪些相似之处？

2. 何谓磁通量 Φ_m？说明其正负的物理意义。

(1) 在非均匀磁场中，Φ_m 的表达式中 $\Phi_m=\int_S \mathrm{d}\Phi_m=$ ________。

(2) 通过一个闭合曲面的 $\Phi_m=$ ________，它说明磁场是 ________ 场。

3. 根据毕奥-萨伐尔定律所得到的有限长载流直导线在空间某点 P 的磁感应强度公式

$$B=\frac{\mu_0 I}{4\pi\alpha}(\sin\beta_2-\sin\beta_1)$$

中，对于不同线段 AB，BC，CD，AO 和 OD 来说哪一个角是 β_1？哪一个角是 β_2？β_1 和 β_2 的正负如何(见图 11.25)？

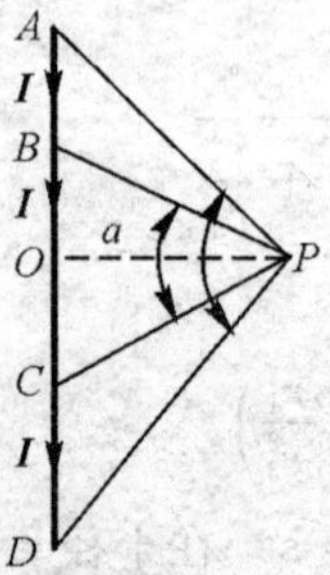

图 11.25

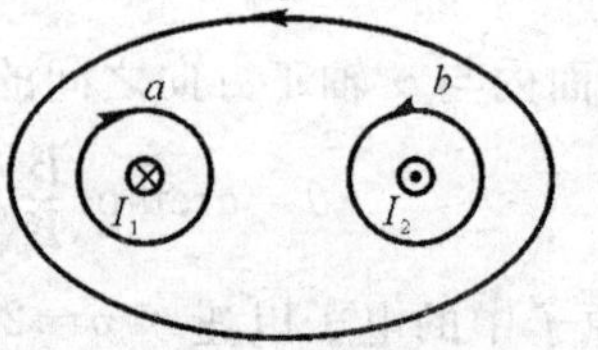

图 11.26

4. 设图 11.26 中两“无限长”直导线中的电流 I_1 和 I_2 均为 8 A，方向相反。试对图示的三条闭合曲线 a,b,c 的绕行方向，分别写出磁感强度 $\boldsymbol{B}$ 的环流$\oint_L \boldsymbol{B}\cdot \mathrm{d}\boldsymbol{l}$ 各等于什么？并讨论：

(1) 在各条闭合曲线上，各点的磁感应强度 $\boldsymbol{B}$ 的大小是否相等？

(2) 在闭合曲线 C 上各点的 $\boldsymbol{B}$ 是否为零？为什么？

5. 如图 11.27 所示的磁感强度为 2.0×10^{-2} T 的均匀磁场，磁场方向沿 x 轴正向。求：(1) 穿过图中 $abcd$ 面的磁通量；(2) 穿过图中 $befc$ 面的磁通量；(3) 穿过图中 $aefd$ 面的磁通量。

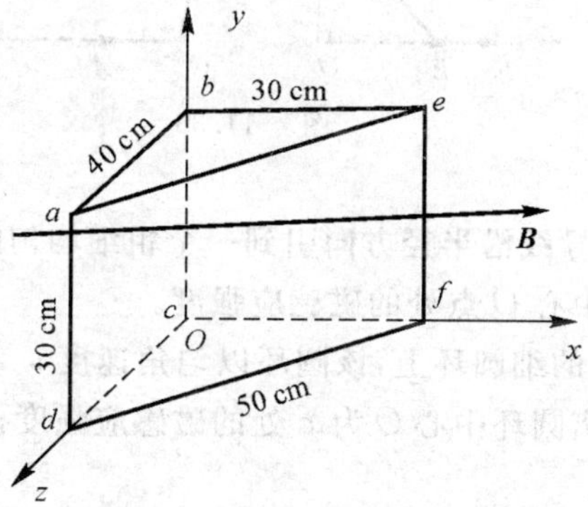

图　11.27

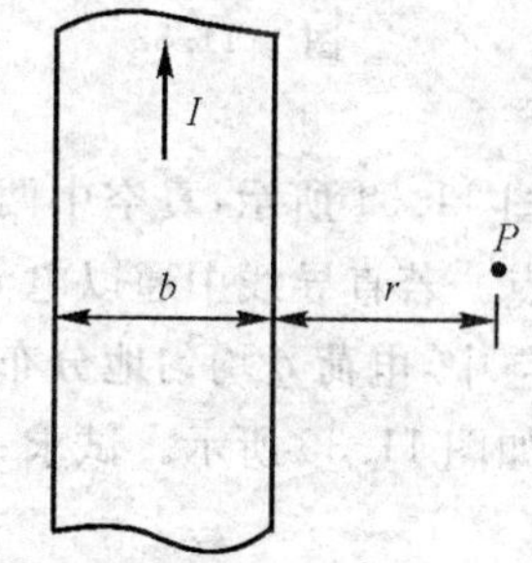

图　11.28

6. 如图 11.28 所示，电流 I 沿着长度方向均匀地流过宽度为 b 的无限长导体薄板。试求在薄板的平面内，距板的一边为 r 的点 P 的磁感应强度。

7. 真空中，有两根互相平等的无限长直导线，载有方向相同（垂直纸面向外）的电流 $I_1=I_2=30$ A，求 P 点的磁感强度。已知 $PI_1=0.40$ m，$PI_2=0.30$ m，$PI_1\perp PI_2$（见图 11.29）。

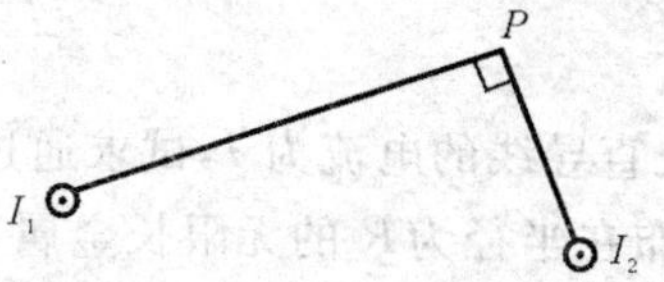

图　11.29

8. 真空中边长为 a 的正三角形回路通以电流 I，方向如图 11.30 所示。试求该三角形中心 O 处的磁感应强度。

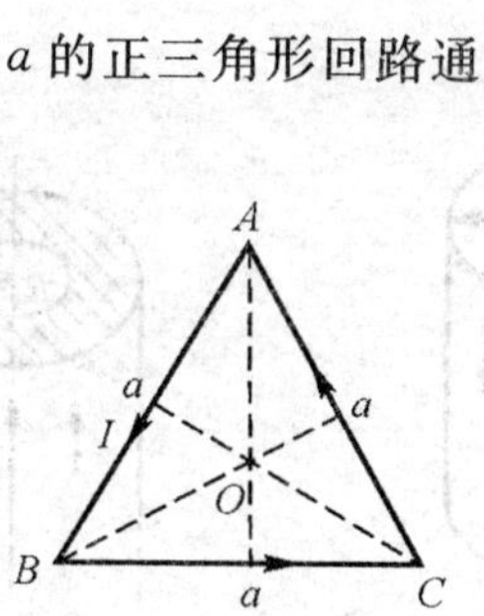

图　11.30

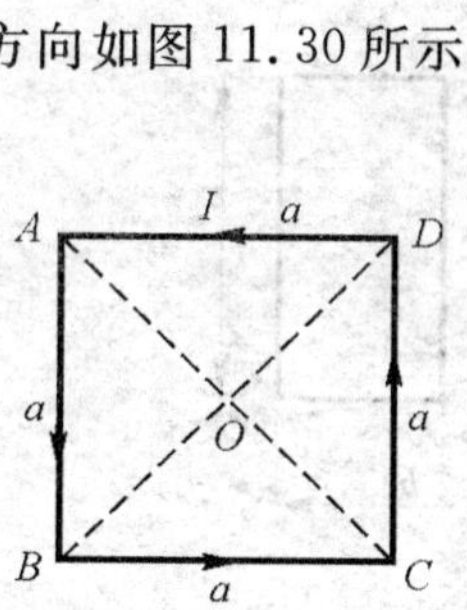

图　11.31

9. 真空中边长为 a 的正方形回路，通以电流 I，方向如图 11.31 所示。试求该正方形中心 O

处的磁感应强度。

10. 真空中一无限长直导线，通以电流 $I=5.0\ \mathrm{A}$，其中部一段弯成半径为 $R=0.20\ \mathrm{m}$，圆心角为 120° 的圆弧形，如图 11.32 所示，求圆心 O 处的磁感应强度。

11. 真空中一导线弯折成如图 11.33 所示的形状，CD 为 $\frac{1}{4}$ 圆弧，半径为 R，圆心 O 在 AC，EF 的延长线上。若导线通以电流 I，求 O 点处的磁感应强度。

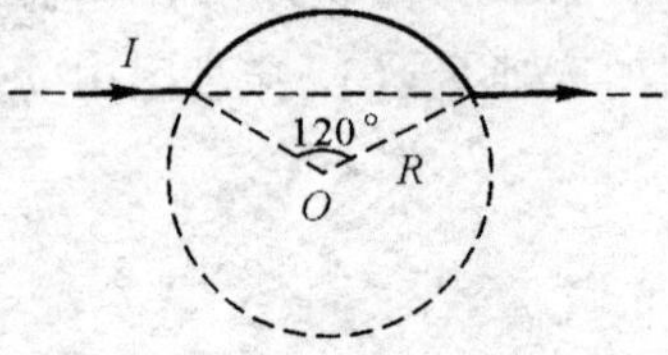

图 11.32

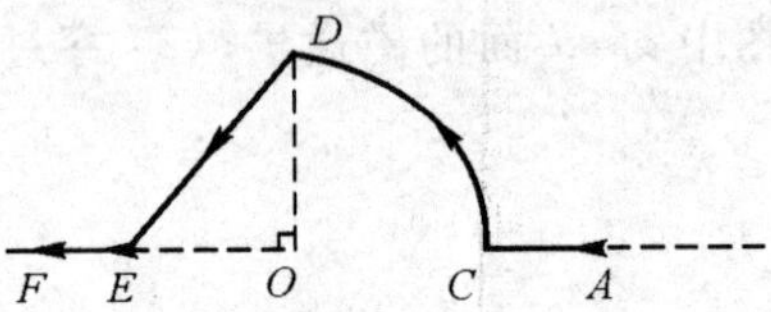

图 11.33

12. 如图 11.34 所示，真空中两根无限长直导线沿半径方向引到一个粗细均匀的细铁环上的 A，B 两点。若直导线中通以电流 I，求圆环中心 O 点处的磁感应强度。

13. 真空中，电荷 q 均匀地分布在半径为 R 的细圆环上，该圆环以匀角速度 ω 绕它的几何轴线旋转，如图 11.35 所示。试求：(1) 轴线上离圆环中心 O 为 x 处的磁感应强度；(2) 圆环的磁矩。

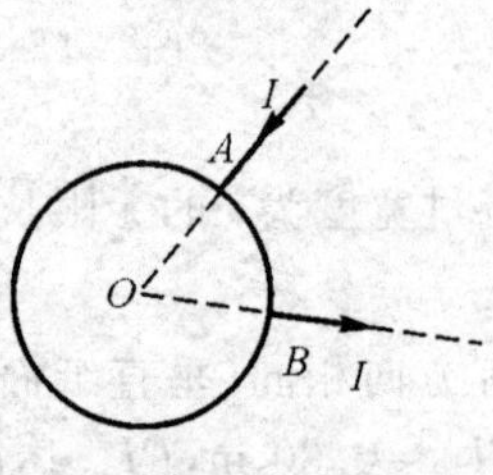

图 11.34

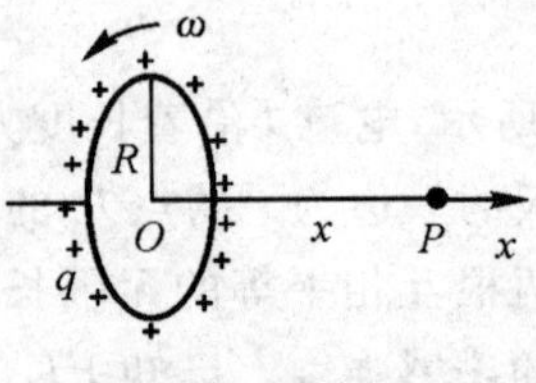

图 11.35

14. 如图 11.36 所示，载流长直导线的电流为 I，试求通过矩形面积的磁通量。

15. 真空中电流 I 均匀地分布在半径为 R 的无限长金属直圆筒表面上，电流方向沿圆筒轴线方向向下，如图 11.37 所示。求离轴线距离为 r 处的磁感应强度。

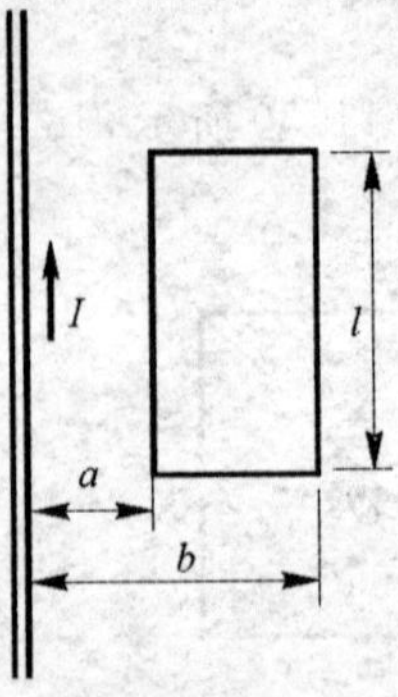

图 11.36

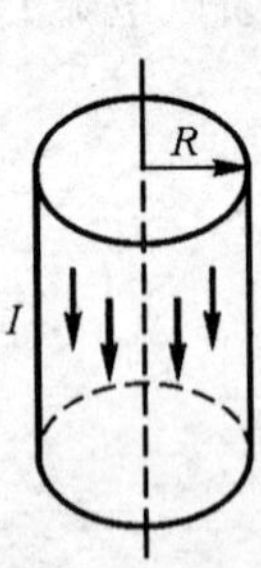

图 11.37

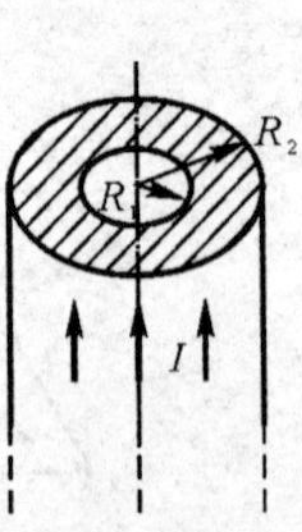

图 11.38

16. 真空中有一根无限长的载流长直金属导体圆管，其内外半径分别为 R_1 和 R_2，电流强

度为 I，电流方向沿圆管轴线方向向上，且均匀分布在圆管的横截面（如图中阴影所示）上。求距圆管轴线距离为 r 处的磁感应强度（见图 11.38）。

17. 试简单计算或直接写出图 11.39 中 O 点的磁感应强度 B。

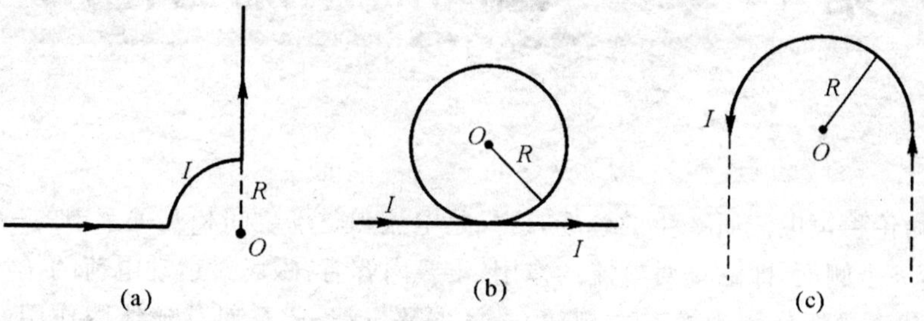

图　11.39

第 12 章　磁场对电流的作用

第 11 章讨论稳恒电流所产生的磁场，这只是电流和磁场之间相互关系中的一个侧面。本章讨论问题的另一个侧面，即磁场对电流的作用，主要内容有：磁场对运动电荷的作用力 —— 洛仑兹力；磁场对载流导线作用力的基本规律 —— 安培定律；磁场对载流线圈作用的磁力矩；载流导线或线圈在磁场中运动时，磁力所做的功；最后讨论磁介质对磁场的影响。

12.1　磁场对运动电荷的作用力

带电粒子在磁场中运动时，受到磁场的作用力，这种磁场对运动电荷的作用力叫做洛仑兹力。

实验发现，运动的带电粒子在磁场中某点所受到的洛仑兹力 $\boldsymbol{f}$ 的大小，与粒子所带电量 q 的量值、粒子运动速度 $\boldsymbol{v}$ 的大小、该点磁感应强度 $\boldsymbol{B}$ 的大小以及 $\boldsymbol{v}$ 与 $\boldsymbol{B}$ 之间夹角 θ 的正弦成正比。在国际单位制中，洛仑兹力 $\boldsymbol{f}$ 的大小为

$$f = qvB\sin\theta \tag{12-1}$$

洛仑兹力 $\boldsymbol{f}$ 的方向垂直于 $\boldsymbol{v}$ 和 $\boldsymbol{B}$ 构成的平面，其指向按右手螺旋法则由矢积 $\boldsymbol{v}\times\boldsymbol{B}$ 的方向以及 q 的正负来确定：对于正电荷($q>0$)，$\boldsymbol{f}$ 的方向与矢积 $\boldsymbol{v}\times\boldsymbol{B}$ 的方向相同；对于负电荷($q<0$)，$\boldsymbol{f}$ 的方向与矢积 $\boldsymbol{v}\times\boldsymbol{B}$ 的方向相反，如图 12.1 所示。

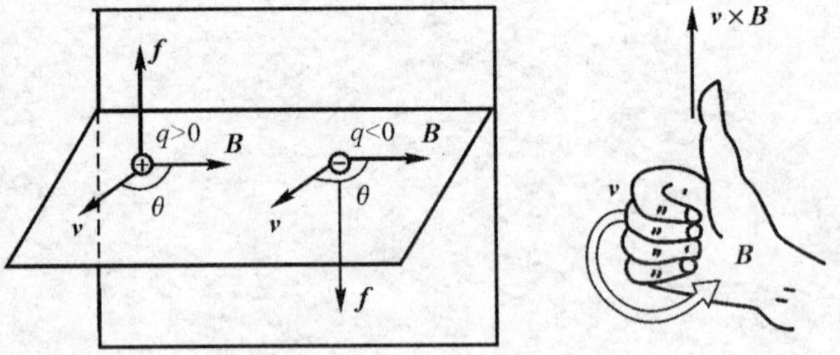

图 12.1　洛仑兹力

洛仑兹力 $\boldsymbol{f}$ 的矢量式为

$$\boldsymbol{f} = q\boldsymbol{v}\times\boldsymbol{B} \tag{12-2}$$

注意，式中的 q 本身有正负之别，其正、负决定于运动粒子所带电荷的正负。

当电荷运动方向平行于磁场时，$\boldsymbol{v}$ 与 $\boldsymbol{B}$ 之间的夹角 $\theta=0$ 或 $\theta=\pi$，则洛仑兹力 $\boldsymbol{f}=0$。

当电荷运动方向垂直于磁场时，$\boldsymbol{v}$ 与 $\boldsymbol{B}$ 的夹角 $\theta=\dfrac{\pi}{2}$，则运动电荷所受的洛仑兹力最大，$f=f_{\max}=qvB$。这正是第 11 章中定义磁感应强度 $\boldsymbol{B}$ 的大小时引用过的情况。

由于运动电荷在磁场中所受的洛仑兹力的方向始终与运动电荷的速度垂直，所以洛仑兹力只能改变运动电荷速度的方向，不能改变运动电荷速度的大小。也就是说洛仑兹力只能使

运动电荷的运动路径发生弯曲，对运动电荷永不做功。

例 12-1　如图 12.2 所示为一带电粒子的速度选择器的原理图。K 为一带正电的粒子源(或为电子源、离子源)。从 K 发出的速度大小不同的带电粒子经过狭缝 S_1 和 S_2 之间的电场加速后，进入两块金属板 P_1 和 P_2 之间的空隙。若在 P_1 和 P_2 之间的空隙内加上互相垂直的均匀电场和均匀磁场，其中电场强度 $E=5.0\times10^3\ \mathrm{N\cdot C^{-1}}$，方向由正极板 P_1 垂直指向负极板 P_2；其中磁感应强度 $B=5.0\times10^{-2}$ T，方向垂直纸面向外。试求：只有速率 v 为多大的带电粒子才能通过 P_1 和 P_2 之间的空隙，从狭缝 S_0 穿出？

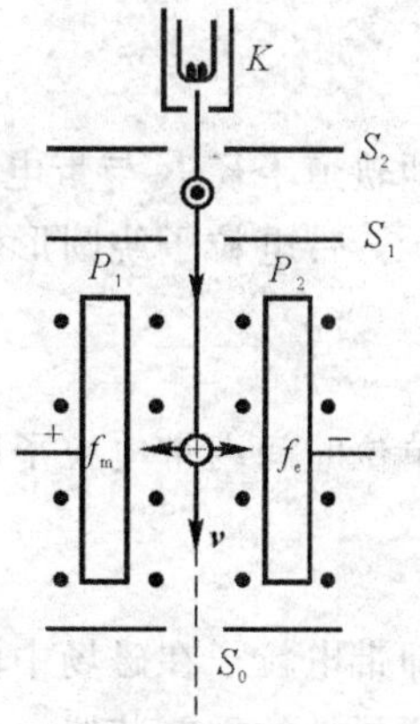

图　12.2

解　设粒子带正电荷 q，以速率 v 进入 P_1 和 P_2 之间的空隙，粒子所受的电场力 $\boldsymbol{f}_e$ 的大小为

$$f_e=qE$$

$\boldsymbol{f}_e$ 的方向垂直极板平面向右。同时，粒子所受洛仑兹力 $\boldsymbol{f}_m$ 的大小为

$$f_m=qvB$$

$\boldsymbol{f}_m$ 的方向垂直极板平面向左。只有粒子的速率 v 恰好使 $\boldsymbol{f}_m$ 和 $\boldsymbol{f}_e$ 大小相等、方向相反时，带电粒子才能沿直线通过 P_1 和 P_2 之间的空隙而从 S_0 穿出。即

$$qvB=qE$$

所以

$$v=\frac{E}{B} \tag{12-3}$$

对速度大于或小于 $\dfrac{E}{B}$ 的带电粒子，都会偏向 P_1 或 P_2 极板，而不能从 S_0 穿出。

将题中给出的数值，代入式(12-3)，则得

$$v=\frac{5.0\times10^3}{5.0\times10^{-2}}=1.0\times10^5\ \mathrm{m\cdot s^{-1}}$$

也就是说，在题设条件下，只有速度大小等于 $1.0\times10^5\ \mathrm{m\cdot s^{-1}}$ 的带电粒子才能通过该速度选择器而从小孔 S_0 穿出。

例 12-2　如图 12.3 所示，一带电粒子的电量为 q，质量为 m，以速率 v_0 进入一磁感应强度为 $\boldsymbol{B}$ 的均匀磁场中，速度方向和磁场方向垂直。求带电粒子在磁场中的运动轨迹(设 $q>0$)。

解　由题设 $\boldsymbol{v}\perp\boldsymbol{B}$，故 $\sin\theta=\sin\dfrac{\pi}{2}=1$，作用于带电粒了上的洛仑兹力是

$$f=qv_0B$$

该力的方向垂直于带电粒子运动速度方向，它只能改变粒子的运动方向，使运动轨道弯曲，而不会改变运动速度的大小。由上式可知，在粒子运动的全部路程中，洛仑兹力大小不变，因此，带电粒子将作圆周运动，而洛仑兹力 f 则是粒子作圆周运动时所需的向心力，由牛顿第二定律，有

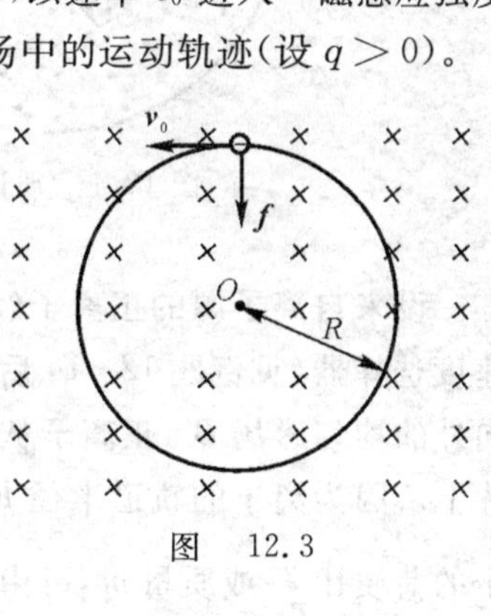

图　12.3

$$qv_0B=m\frac{v_0^2}{R}$$

R 是圆形轨迹的半径，其值为

$$R=\frac{mv_0}{qB} \tag{12-4}$$

即轨道半径 R 与带电粒子的速率 v_0 成正比，与磁感应强度 B 的大小 B 成反比。

带电粒子绕圆形轨迹一周所需时间 —— 周期 T 为

$$T=\frac{2\pi R}{v_0}=\frac{2\pi m}{qB} \tag{12-5}$$

单位时间内带电粒子所转动的周数 —— 频率 ν 为

$$\nu=\frac{1}{T}=\frac{qB}{2\pi m} \tag{12-6}$$

即带电粒子在磁场中沿圆形轨迹绕行时，它的周期与带电粒子运动的速度无关。在近代研究原子核的重要装置 —— 回旋加速器中，就是利用磁场使带电粒子作圆周运动，并用电场来加速的。

*12.2　带电粒子在电场和磁场中的运动

带电粒子在电场和磁场中的运动规律，在近代科学和工程技术中有许多重要应用，如质谱仪、霍尔效应等对测定同位素的原子量、半导体的应用等都有重要的价值。

12.2.1　质谱仪

如图 12.4 所示是倍恩勃力治(Bain Bridge) 用来测定离子荷质比的仪器，称为质谱仪。

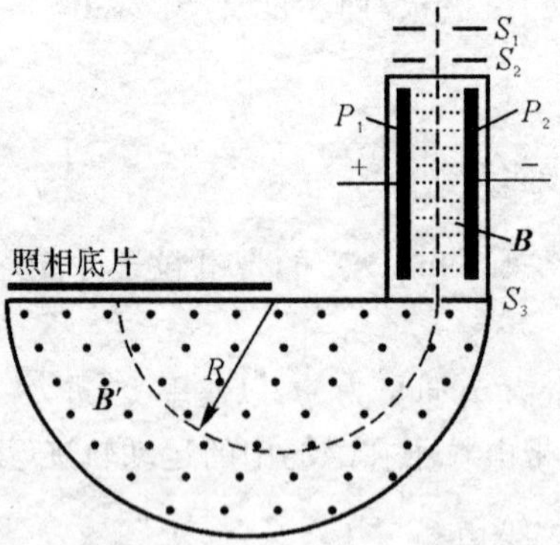

图 12.4　质谱仪原理图

图　12.5

设来自离子源的正离子经狭缝 S_1 和 S_2 之间的电场加速后，进入由 P_1 和 P_2 两极板构成的速度选择器(见例题 12-1) 后，以一定的速率 v 从狭缝 S_3 射出。在狭缝 S_3 外有一垂直于图面向外的均匀磁场 $\boldsymbol{B}'$，正离子从狭缝 S_3 射出后垂直进入这个磁场，将沿半圆形轨道射在照相底片上。因为离子的轨道半径 R 以及 $\boldsymbol{v}$，$\boldsymbol{B}'$ 的大小和离子的电量 q 都可以预先测量出来，所以离子的荷质比 $\frac{q}{m}$ 或质量 m，可由式(12-4) 计算出来，即

$$\frac{q}{m}=\frac{v}{RB'} \quad 或 \quad m=\frac{qRB'}{v} \tag{12-7}$$

如果离子中有质量不同的同位素，则它们将沿不同半径的轨道分别射到照相底片的不同位置上。照相底片感光后，在这些不同的位置上形成一系列线状的细条，称为质谱。根据各条谱线位置，可以计算出相应的质量。所以，利用质谱仪可以精确地测量同位素的原子量。图 12.5 表示用质谱仪测得的锗(Ge) 元素的质谱，其数字表示各同位素的质量数。

12.2.2　霍尔效应

在导体或半导体中，参与导电的微观粒子叫做载流子，在金属导体中的载流子一般都是带负电的自由电子；在半导体中，载流子是带正电的空穴或带负电的电子。

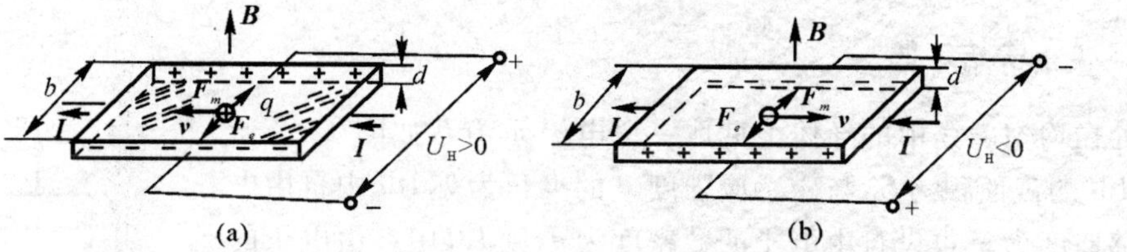

图 12.6　霍尔效应

把一块载流的半导体(或导体) 放在磁场中，如果磁场方向与电流垂直，则在与磁场和电流二者垂直的方向上出现横向电势差，这一效应(见图 12.6) 叫做霍尔效应。这一横向电势差叫做霍尔电压，用符号 U_H 表示。这种现象可用载流子受到洛仑兹力来解释。

设一半导体薄片宽为 b、厚为 d、载流子是带正电 q 的空穴(图 12.6(a))，把它放在磁感应强度为 $\boldsymbol{B}$ 的均匀磁场中，通以电流 I，方向如图 12.6 所示。如果载流子作宏观定向运动的平均速度为 $\boldsymbol{v}$(也叫平均漂移速度)，则每个载流子受到的平均洛仑兹力 $\boldsymbol{f}_m$ 的大小为

$$f_m = qvB$$

它的方向为矢积 $q\boldsymbol{v}\times\boldsymbol{B}$ 的方向，即图 12.6(a) 中宽度 b 向内的方向。在洛仑兹力的作用下，使正载流子聚集于里侧表面，外侧表面因缺少正载流子而积累等量异号的负电荷。随着电荷的积累，在两侧表面出现电场强度为 $\boldsymbol{E}_H$ 的横向电场，使载流子受到与洛仑兹力方向相反的电场力 $\boldsymbol{F}_e(=q\boldsymbol{E}_H)$ 的作用。达到动态平衡时，两力方向相反而大小相等，于是有

$$qE_H = qvB$$

所以

$$E_H = vB$$

由于半导体内各处，载流子的平均漂移速度相等，而且磁场是均匀磁场，所以动态平衡时，半导体内出现的横向电场是均匀电场。于是霍尔电压为

$$U_H = E_H \cdot b = vbB$$

由于电流 $I = nqvbd$，n 为载流子密度，上面两式消去 v 即得

$$U_H = \frac{1}{nq}\cdot\frac{IB}{d}$$

或写成

$$U_H = R_H\frac{IB}{d} \tag{12-8}$$

式中，$R_H = \dfrac{1}{nq}$，叫做材料的霍尔系数。霍尔系数越大的材料，霍尔效应越显著。霍尔系数与载流子密度 n 成反比，半导体的载流子密度远比金属导体的小，所以半导体的霍尔效应比金属导体明显得多，如果载流子是负电荷(则 $q<0$)，霍尔系数是负值，所以霍尔电压也是负值(见图

12.6(b))。因此可根据霍尔电压的正、负判断导电材料中的载流子是正的还是负的。

用半导体做成反映霍尔效应的器件叫做霍尔元件，它已广泛应用于科学研究和生产实际中。例如可用霍尔元件做成测量磁感应强度的仪器——高斯计。

12.3 磁场对载流导线的作用力

载流导体在磁场中也会受到磁场力的作用，这种力称为安培力。从微观上看，安培力是导体中作定向运动的电子受洛仑兹力作用的结果。

12.3.1 安培定律

从处在均匀磁场中的导体上截取一段电流元 $I\mathrm{d}\boldsymbol{l}$，如图 12.7 所示。设 $I\mathrm{d}\boldsymbol{l}$ 的截面积为 S，与磁感应强度 $\boldsymbol{B}$ 的夹角为 θ，$I\mathrm{d}l$ 中自由电子的漂移速度为 $\boldsymbol{v}$；再设自由电子的数密度为 n，则 $I\mathrm{d}l$ 中自由电子的总数为 $\mathrm{d}N=nS\mathrm{d}l$。每个自由电子所受的洛仑兹力为

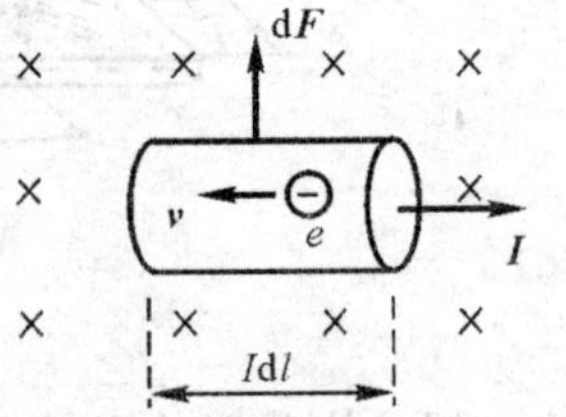

图 12.7 电流元受力情况

$$\boldsymbol{f}_{\mathrm{m}}=e\boldsymbol{v}\times\boldsymbol{B}$$

$\mathrm{d}N$ 个电荷受力的总和($\mathrm{d}l$ 很小，各电荷受力方向一致为

$$\mathrm{d}\boldsymbol{f}=\boldsymbol{f}_{\mathrm{m}}\mathrm{d}N=neS\mathrm{d}l\boldsymbol{v}\times\boldsymbol{B}$$

由于电流密度 $\boldsymbol{j}=n\boldsymbol{e}\boldsymbol{v}$，故导线中的电流为 $I=\boldsymbol{j}\cdot\boldsymbol{S}=nevS$，因而 $I\mathrm{d}\boldsymbol{l}=nevS\mathrm{d}\boldsymbol{l}$，考虑到对电流元方向的规定，可以得到

$$enS\mathrm{d}l\boldsymbol{v}=I\mathrm{d}\boldsymbol{l}$$

所以

$$\mathrm{d}\boldsymbol{f}=I\mathrm{d}\boldsymbol{l}\times\boldsymbol{B} \tag{12-9}$$

式(12-9)即安培总结出的电流元在磁场中受力的规律，称为安培定律。

12.3.2 有限长载流导线所受的安培力

因为安培定律给出的是载流导线上一个电流元所受的磁力，所以它不能直接用实验进行验证。但是，任何有限长的载流导线 l 在磁场中所受的磁力 $\boldsymbol{f}$，应等于导线 l 上各电流元所受磁力 $\mathrm{d}\boldsymbol{f}$ 的矢量和，即

$$\boldsymbol{f}=\int\mathrm{d}\boldsymbol{f}=\int_l I\mathrm{d}\boldsymbol{l}\times\boldsymbol{B} \tag{12-10}$$

对于一些具体的载流导线，理论计算的结果和实验测量的结果是相符的。这就间接证明了安培定律的正确性。

式(12-10)是一个矢量积分。如果导线上各个电流元所受的磁力 $\mathrm{d}\boldsymbol{f}$ 的方向都相同，则矢量积分可直接化为标量积分。例如，长为 l 的一段载流直导线，放在均匀磁场 $\boldsymbol{B}$ 中，如图 12.8 所示。根据矢积的右手螺旋法则，可以判断导线上各个电流元所受磁力 $\mathrm{d}\boldsymbol{f}$ 的方向都是垂直纸面向外的。所以整个载流直导线所受的磁力 $\boldsymbol{f}$ 的大小为

$$f=\int\mathrm{d}f=\int_l BI\sin\theta\mathrm{d}l=BIl\sin\theta \tag{12-11}$$

式中，θ 为电流 I 的方向与磁场 $\boldsymbol{B}$ 的方向之间的夹角。$\boldsymbol{f}$ 的方向与 $\mathrm{d}\boldsymbol{f}$ 的方向相同，即垂直于纸面向外。

由式(12-11)可以看出，当直导线与磁场平行时(即 $\theta=0$ 或 π)，$f=0$，即载流导线不受磁

力作用；当直导线与磁场垂直时($\theta=\frac{\pi}{2}$)，载流导线所受磁力最大，其值为 $f_{\max}=BIl$。

如果载流导线上各个电流元所受磁力 $\mathrm{d}\boldsymbol{f}$ 的方向各不相同，式(12-10)的矢量积分不能直接计算。这时应选取适当的坐标系，先将 $\mathrm{d}\boldsymbol{f}$ 沿各坐标分解成分量，然后对各个分量进行标量积分，即

$$f_x=\int \mathrm{d}f_x=\int_L (I\mathrm{d}\boldsymbol{l}\times\boldsymbol{B})_x,\quad f_y=\int \mathrm{d}f_y=\int_L (I\mathrm{d}\boldsymbol{l}\times\boldsymbol{B})_y,\quad f_z=\int \mathrm{d}f_z=\int_L (I\mathrm{d}\boldsymbol{l}\times\boldsymbol{B})_z$$

然后再求出合力。下面应用式(12-10)讨论几个特例。

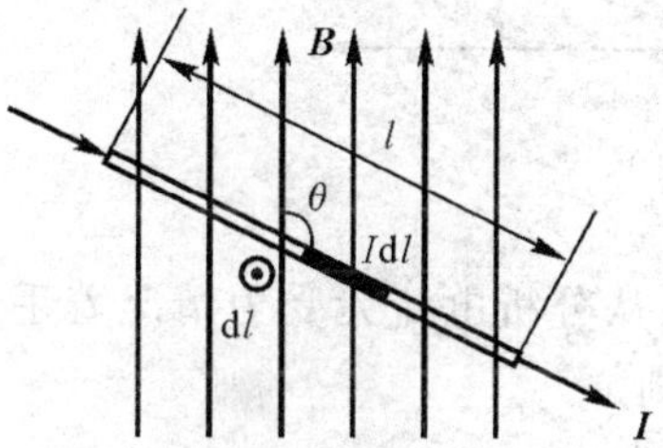

图 12.8　载流直导线的受力

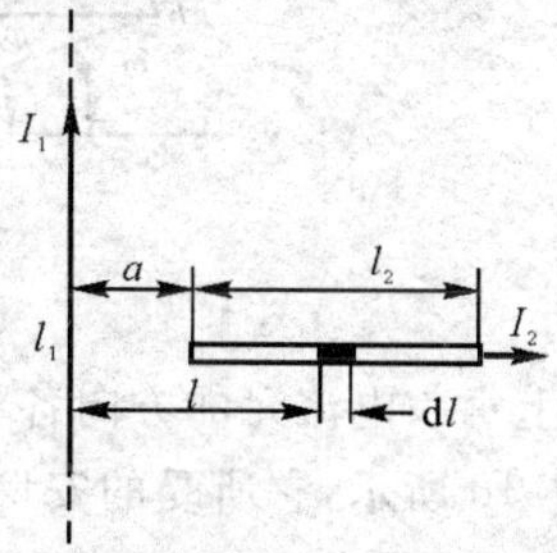

图　12.9

例 12-3　如图 12.9 所示，载流长直导线 l_1 通有电流 $I_1=2.0$ A，另一载流直导线 l_2 与 l_1 共面且正交，长为 $l_2=40$ cm，通电流 $I_2=3.0$ A，l_2 的左端与 l_1 相距 $a=20$ cm，求导线 l_2 所受的磁场力。

解　长直载流导线 l_1 所产生的磁感应强度 $\boldsymbol{B}$ 在 l_2 处的方向虽都是垂直图面向内，但它的大小沿 l_2 逐点不同。要计算 l_2 所受的力，先要在 l_2 上任意取一线段元 $\mathrm{d}l$，距 l_1 为 l。在电流元 $I_2\mathrm{d}l$ 的微小范围内，$\boldsymbol{B}$ 可看做恒量，它的大小为

$$B=\frac{\mu_0}{2\pi}\frac{I_1}{l}$$

显然，任一电流元 $I_2\mathrm{d}\boldsymbol{l}$ 都与磁感应强度 $\boldsymbol{B}$ 垂直，即 $\theta=\frac{\pi}{2}$，所以电流元受力的大小为

$$\mathrm{d}f=BI_2\mathrm{d}l\sin\frac{\pi}{2}=\frac{\mu_0 I_1}{2\pi l}I_2\mathrm{d}l$$

根据矢积 $I\mathrm{d}\boldsymbol{l}\times\boldsymbol{B}$ 的方向，电流元受力的方向垂直 l_2 沿图面向上。由于任一电流元受力方向相同，所以整个 l_2 所受的力 f 是各电流元受力大小的和，可用标量积分直接计算：

$$f=\int_l \mathrm{d}f=\int_a^{a+l_2}\frac{\mu_0 I_1}{2\pi l}I_2\mathrm{d}l=\frac{\mu_0 I_1 I_2}{2\pi}\int_a^{a+l_2}\frac{\mathrm{d}l}{l}=\frac{\mu_0 I_1 I_2}{2\pi}\ln\frac{a+l_2}{a}=\frac{\mu_0}{4\pi}2I_1 I_2\ln\frac{a+l_2}{a}$$

代入题设数据后得

$$f=10^{-7}\times 2\times 2\times 3\times \ln\frac{0.60}{0.20}=1.32\times 10^{-6}\ \mathrm{N}$$

导体 l_2 受力的方向和电流元受力的方向一样，也是垂直 l_2 沿图面向上。

例 12-4　如图 12.10 所示，通有电流 I 的刚性闭合回路 $abca$(bca 是半径为 R 的圆弧)，放在磁感应强度为 $\boldsymbol{B}$ 的均匀磁场中，$\boldsymbol{B}$ 的方向垂直于回路平面向内。如果电流的流向是顺时针，试求闭合回路所受的磁场力。

解　整个闭合回路与 $\boldsymbol{B}$ 垂直，即 $\theta=\frac{\pi}{2}$。整个回路可看成由导线 ab 和 bca 组成。由式

(12-11)可知作用在导线 ab 上的磁场力 $\boldsymbol{F}_1$ 的大小为

$$F_1 = BI\overline{ab}$$

它的方向与 y 轴方向相反。

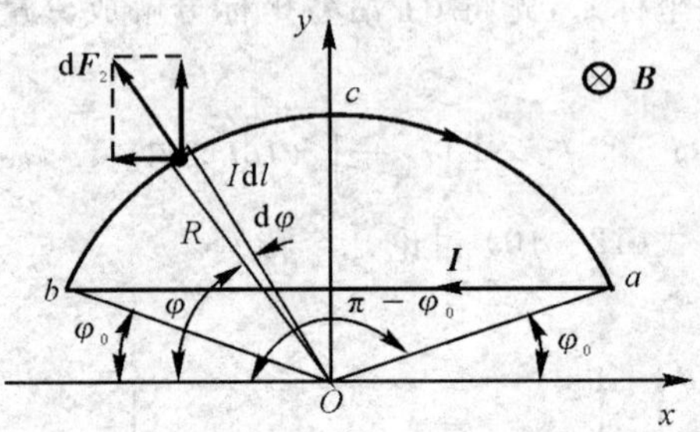

图 12.10

导线 bca 上每一电流元的方向各不相同,必须从分析电流元受力情况着手。任取一电流元 $I\mathrm{d}\boldsymbol{l}$,如图 12.10 所示,它所受的安培力为 $\mathrm{d}\boldsymbol{F}_2$,则

$$\mathrm{d}\boldsymbol{F}_2 = I\mathrm{d}\boldsymbol{l} \times \boldsymbol{B}$$

$\mathrm{d}\boldsymbol{F}_2$ 的方向为矢积 $I\mathrm{d}\boldsymbol{l} \times \boldsymbol{B}$ 的方向,即沿径向向外的方向,它的大小为

$$\mathrm{d}F_2 = BI\,\mathrm{d}l$$

由于各电流元受力的方向各不相同,所以导线 bca 所受的力是各电流元所受的力的矢量和。为便于积分,先把 $\mathrm{d}\boldsymbol{F}_2$ 的沿 x,y 轴分解为 $\mathrm{d}F_{2x}$,$\mathrm{d}F_{2y}$。由于导线 bca 对称于 y 轴,在 y 轴两边对称位置的电流元所受磁场力 $\mathrm{d}F_{2x}$ 的代数值必是等量异号而相消,即

$$F_{2x} = \int_{\overset{\frown}{bca}} \mathrm{d}F_{2x} = 0$$

$$F_{2y} = \int_{\overset{\frown}{bca}} \mathrm{d}F_{2y} = \int_{\overset{\frown}{bca}} \mathrm{d}F_2 \sin\varphi = \int_{\overset{\frown}{bca}} BI\sin\varphi \mathrm{d}l = \int_{\varphi_0}^{\pi-\varphi_0} BIR\sin\varphi \mathrm{d}\varphi = 2BIR\cos\varphi_0 = BI\overline{ab}$$

式中,应用了关系式 $\mathrm{d}l = R\mathrm{d}\varphi$ 及 $ab = 2R\cos\varphi_0$。因为所得到的结果是正值,所以导线 bca 所受的力 $\boldsymbol{F}_2$ 是沿 y 轴正向。

因为闭合回路的两部分 ab 及 bca 所受的力 $\boldsymbol{F}_1$ 及 $\boldsymbol{F}_2$ 的数值相等,并且它们的方向相反,所以在均匀磁场中,载流闭合回路所受的合磁场力为零。可以证明(从略):只要所在磁场是均匀磁场,任意载流的平面闭合回路所受的合磁场力恒为零。

12.3.3 平行电流间的相互作用力

在真空中有两条平行的长直载流导线,两者相距为 a,电流分别为 I_1 和 I_2,方向相同。如图 12.11 所示。

首先计算载流导线 CD 所受的力。在 CD 上任取一电流元 $I_2\mathrm{d}\boldsymbol{l}_2$,长直载流导线 AB 在 $I_2\mathrm{d}\boldsymbol{l}_2$ 处所产生的磁感应强度 $\boldsymbol{B}_{12}$ 的大小为

$$B_{12} = \frac{\mu_0}{2\pi}\frac{I_1}{a}$$

它的方向与两导线所决定的平面垂直,指向向下,所以 $I_2\mathrm{d}\boldsymbol{l}_2$ 与 $\boldsymbol{B}_{12}$ 垂直,即 $\theta = \frac{\pi}{2}$。根据安培定律,电流元 $I_2\mathrm{d}\boldsymbol{l}_2$ 所受安培力 $\mathrm{d}\boldsymbol{f}_{21}$ 的大小为

$$\mathrm{d}f_{21}=B_{12}I_2\mathrm{d}l_2=\frac{\mu_0 I_1 I_2}{2\pi a}\mathrm{d}l_2$$

$\mathrm{d}\boldsymbol{f}_{21}$ 的方向在两导线所决定的平面内，并垂直指向导线 AB。由于载流导线 CD 上各个电流元受到相同方向的力，所以导线 CD 上每单位长度所受的力为

$$\frac{\mathrm{d}f_{21}}{\mathrm{d}l_2}=\frac{\mu_0}{4\pi}\frac{2I_1 I_2}{a} \tag{12-12}$$

在式(12-12)中，电流 I_1 及 I_2 的地位是对等的，因此可预见导线 AB 上每单位长度所受的力也等于$\frac{\mu_0 2I_1 I_2}{4\pi a}$，但它的方向是垂直指向导线 CD。这说明，两条同向平行电流通过磁场的作用而相互吸引。同理可证明两条反向平行电流将通过磁场的作用而相互排斥，其计算式与式(12-12)相同。

由于电流比电量容易测定，所以在国际单位制中把“安培”定为基本单位。“安培”的定义如下：当电流强度相等的两条“无限长”平行载流直导线在真空中相距 1 m 时，如果每条导线每 1 m 长度上所受的安培力为 2×10^{-7} N，则每条导线上所通过的电流强度规定为 1 安培，用 A 表示。

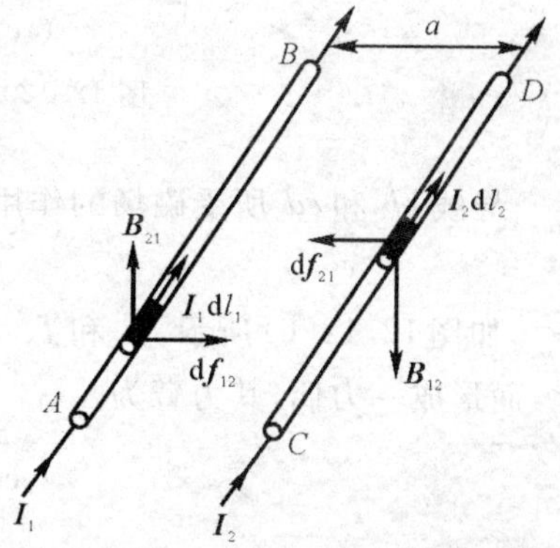

图 12.11　平行电流间的相互作用力

在国际单位制中，真空的磁导率 μ_0 是导出量。根据“安培”的定义，在式(12-12)中，令$a=1$ m，$I_1=I_2=1$ A，$\frac{\mathrm{d}f_{21}}{\mathrm{d}l_2}=2\times10^{-7}\ \mathrm{N\cdot m^{-1}}$，从而可得

$$\mu_0=4\pi\times10^{-7}\ \mathrm{N\cdot A^{-2}}$$

由此可见，$\frac{\mu_0}{4\pi}$ 在数值上恰好等于 10^{-7}，这不是偶然的，这是“安培”的定义的必然结果。

12.4　磁场对载流线圈的作用

一个刚性载流线圈放在磁场中往往要受力矩的作用，因而发生转动。这种情况在电磁仪表和电动机中经常用到。下面我们利用安培定律讨论载流线圈所受的力矩遵从的规律。

12.4.1　均匀磁场对平面载流线圈的作用

如图 12.12 所示，在磁感应强度为 $\boldsymbol{B}$ 的均匀磁场中，有一刚性的载流线圈 $abcd$，边长分别为 l_1 和 l_2，通有电流 I。设线圈平面的法线 $\boldsymbol{n}$ 的方向（由电流 I 的方向，按右手螺旋法则定出）与磁感应强度 $\boldsymbol{B}$ 的方向所成的夹角为 φ。ab 和 cd 两边与 $\boldsymbol{B}$ 垂直。由图 12.12 可见，线圈平面与 $\boldsymbol{B}$ 的夹角 $\theta=\frac{\pi}{2}-\varphi$。

根据安培定律，导线 bc 和 da 所受磁场的作用力分别为 $\boldsymbol{f}_1$ 和 $\boldsymbol{f}_2$，其大小为

$$f_1=BIl_1\sin\theta$$

$$f_2=BIl_1\sin(\pi-\theta)=BIl_1\sin\theta$$

如图 12.12(a) 所示，$\boldsymbol{f}_1$ 和 $\boldsymbol{f}_2$ 大小相等，方向相反，又都在过 bc 和 da 中点的同一直线上，所以它们的合力为零，对线圈不产生力矩。

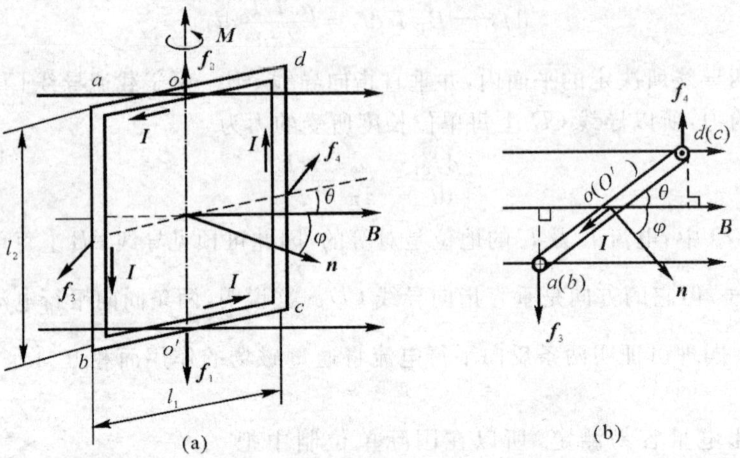

图 12.12　平面矩形载流线圈在磁场中所受力矩

导线 ab 和 cd 所受磁场的作用力分别为 $\boldsymbol{f}_3$ 和 $\boldsymbol{f}_4$，根据安培定律，它们的大小为

$$f_3 = f_4 = BIl_2$$

如图 12.12(b) 所示，$\boldsymbol{f}_3$ 和 $\boldsymbol{f}_4$ 大小相等，方向相反，虽然合力为零，但因它们不在同一直线上，而形成一力偶，其力臂为

$$l_1\cos\theta = l_1\cos\left(\frac{\pi}{2}-\varphi\right) = l_1\sin\varphi$$

因此，均匀磁场作用在矩形线圈上的力矩 $\boldsymbol{M}$ 的大小为

$$M = f_3 l_1\sin\varphi = BIl_1 l_2\sin\varphi = BIS\sin\varphi$$

式中，$S = l_1 l_2$ 为矩形线圈的面积。$\boldsymbol{M}$ 的方向沿 bc 和 da 的中点连线 $O'O$ 向上(见图 12.12(a))。

如果线圈有 N 匝，则线圈所受力矩为一匝时的 N 倍，即

$$M = NBIS\sin\varphi = P_m B\sin\varphi \qquad (12-13)$$

式中，$P_m = NIS$ 为载流线圈磁矩的大小，$\boldsymbol{P}_m$ 的方向就是载流线圈平面的法线 $\boldsymbol{n}$ 的方向。所以式(12-13) 可以写成矢量式，即

$$\boldsymbol{M} = \boldsymbol{P}_m \times \boldsymbol{B} \qquad (12-14)$$

式(12-13) 和式(12-14) 虽然是由矩形载流线圈推导出来的，但可以证明，在均匀磁场中，对于任意形状的载流平面线圈所受的磁力矩，上述二式都是普遍适用的。

总之，任何一个载流平面线圈在均匀磁场中，虽然所受磁力的合力为零，但它受一个磁力矩的作用。这个磁力矩 $\boldsymbol{M}$ 总是力图使线圈的磁矩 $\boldsymbol{P}_m$ 转到磁场 $\boldsymbol{B}$ 的方向上来。当 $\varphi=\frac{\pi}{2}$，即线圈磁矩 $\boldsymbol{P}_m$ 与磁场方向垂直，或者说线圈平面与磁场方向平行时，线圈所受磁力矩最大，即

$$M = M_{max} = P_m B \qquad (12-15)$$

由式(12-15) 也可以得到磁感应强度 $\boldsymbol{B}$ 的大小的又一个定义式，即

$$B = \frac{M_{max}}{P_m}$$

当 $\varphi=0$，即线圈磁矩 $\boldsymbol{P}_m$ 与磁场方向一致时，磁力矩 $M=0$，此时线圈处于稳定平衡状态。当 $\varphi=\pi$ 时，载流线圈所受的磁力矩为零，但线圈处于非稳定平衡状态。

例 12－5　在均匀磁场 $\boldsymbol{B}$ 中，有一载有电流 I 的圆形线圈，半径为 R，匝数为 N，若线圈平面与 $\boldsymbol{B}$ 平行，如图 12.13 所示，试用安培定律推导该圆线圈所受磁力矩的大小为

$$M = P_{\mathrm{m}} B$$

若 $B=0.2\ \mathrm{T}$，$I=3.0\ \mathrm{A}$，$R=0.1\ \mathrm{m}$，$N=100$，计算出 M 的数值。

解　以圆线圈的圆心 O 为原点取直角坐标系。其中圆线圈的法线方向即磁矩 $\boldsymbol{P}_{\mathrm{m}}$ 的方向为 z 轴正方向，x 轴正方向与磁场 $\boldsymbol{B}$ 的方向相同，而 y 轴将圆线圈分成左右两个半圆(图 12.13)。

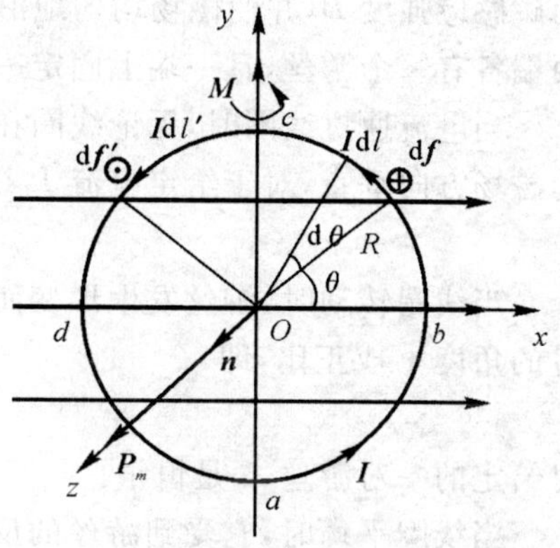

图　12.13

在线圈的右半圆弧 abc 上取一电流元 $I\mathrm{d}\boldsymbol{l}$，由安培定律，$I\mathrm{d}\boldsymbol{l}$ 所受磁力 $\mathrm{d}\boldsymbol{f}$ 的大小为

$$\mathrm{d}f = BI\,\mathrm{d}l\sin\left(\frac{\pi}{2}+\theta\right) = BI\,\mathrm{d}l\cos\theta = BIR\cos\theta\mathrm{d}\theta$$

$\mathrm{d}\boldsymbol{f}$ 的方向沿 z 轴负方向(垂直纸面向里)。$\mathrm{d}\boldsymbol{f}$ 对 y 轴产生的力矩 $\mathrm{d}\boldsymbol{M}$ 的大小为

$$\mathrm{d}M = \mathrm{d}f\,R\cos\theta = BIR^2\cos^2\theta\mathrm{d}\theta$$

$\mathrm{d}\boldsymbol{M}$ 的方向沿 y 轴正向。

由于电流分布的对称性，在线圈左半圆弧 $\widehat{cda}$ 上电流元 $I\mathrm{d}\boldsymbol{l}'$ 所受磁力 $\mathrm{d}\boldsymbol{f}'$ 的方向沿 z 轴正向，$\mathrm{d}\boldsymbol{f}'$ 对 y 轴产生的力矩 $\mathrm{d}\boldsymbol{M}'$ 的方向也是沿 y 轴正向的。可见在线圈的整个圆周上所有电流元所受磁力矩 $\mathrm{d}\boldsymbol{M}$ 的方向都相同。所以，一匝圆线圈所受的磁力矩 $\boldsymbol{M}_1$ 的大小为

$$M_1 = \int \mathrm{d}M = \int_0^{2\pi} BIR^2\cos^2\theta\mathrm{d}\theta = BI\pi R^2 = ISB$$

式中，$S=\pi R^2$ 为圆线圈面积。

N 匝圆线圈所受的磁力矩 $\boldsymbol{M}$ 的大小为 M_1 的 N 倍，即

$$M = NISB = P_{\mathrm{m}}B$$

$\boldsymbol{M}$ 的方向沿 y 轴正向，这也正是矢积 $\boldsymbol{P}_{\mathrm{m}} \times \boldsymbol{B}$ 的方向。

代入数值可算得

$$M = P_{\mathrm{m}}B = NI\pi R^2 B = 100 \times 3.0 \times 3.14 \times (0.10)^2 \times 0.20 = 1.9\ \mathrm{N\cdot m}$$

该题还可用如下解法，将会更简单些。如用式(12－14)，从图示电流方向，可知线圈的磁矩为

$$\boldsymbol{P}_{\mathrm{m}} = NIS\boldsymbol{k} = NI\pi R^2\boldsymbol{k}$$

而磁感应强度为

$$\boldsymbol{B} = B\boldsymbol{i}$$

根据式(12－14)即得

$$\boldsymbol{M} = \boldsymbol{P}_{\mathrm{m}} \times \boldsymbol{B} = NI\pi R^2 B\boldsymbol{k} \times \boldsymbol{i}$$

由单位矢量的矢积 $\boldsymbol{k} \times \boldsymbol{i} = \boldsymbol{j}$，故上式可写成

$$\boldsymbol{M} = NI\pi R^2 B\boldsymbol{j}$$

这一结果与前述解法是一致的。

12.4.2 磁电式电流计的基本原理

常用的直流安培计和直流伏特计，大多是由磁电式电流计改装的，磁电式电流计的结构如图 12.14 所示。在永久磁铁的两极之间，有圆柱形的软铁芯用来增强磁极和铁芯间的空气隙的磁感应强度 B，并使磁场均匀地沿径向分布。在空气隙内放一可绕固定轴转动的线圈，轴的两端各有一个游丝，且一端上固定一个指针。

当电流通过线圈时，无论线圈在气隙里转到什么位置，线圈平面的法线总是和线圈所在处的磁场方向垂直，对于给定电流 I，线圈所受磁力矩 $\boldsymbol{M}$ 的大小不变，即

$$M = NISB$$

当线圈转动时，游丝发生形变而产生一反力矩 M' 作用在线圈上，反力矩的大小与线圈转过的角度 φ 成正比，即

$$M' = \alpha\varphi$$

对给定的一对游丝，α 是恒量。

当线圈平衡时，它受到游丝的反力矩恰好等于它所受的磁力矩，即

$$NSIB = \alpha\varphi$$

所以

$$I = \frac{\alpha}{NSB}\varphi = K\varphi \tag{12-16}$$

式中，$K = \frac{\alpha}{NSB}$，对于给定的电流计，它是恒量，叫做电流计常数。它表示电流计的指针偏转单位角度时所需通过的电流。K 值越小，电流计越灵敏。因为线圈转过的角度与通过线圈的电流成正比，所以可从指针所指位置来测定电流，这就是磁电式电流计的工作原理。

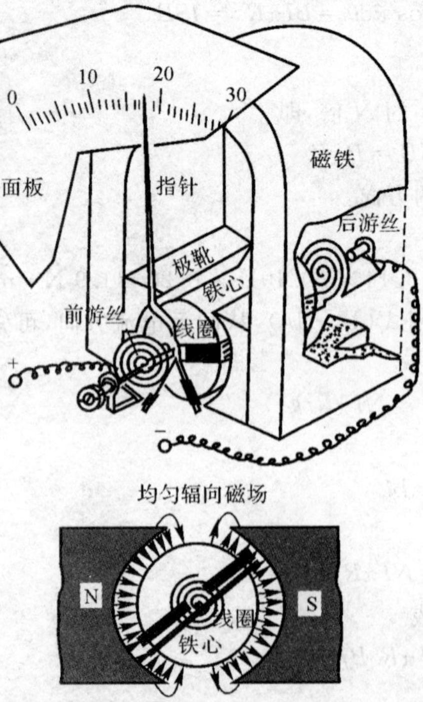

图 12.14 磁电式电流计的结构

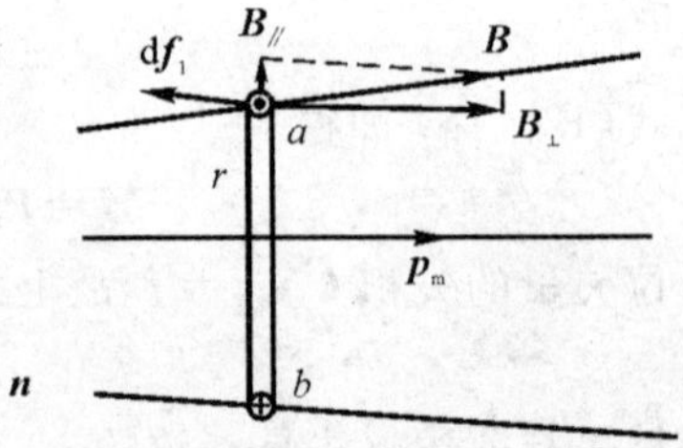

图 12.15 平面载流线圈在非均匀磁场中

12.4.3　非均匀磁场对载流平面线圈的作用

设有一平面载流线圈，放在非均匀磁场中，由于线圈上各个电流元所在处的 $\boldsymbol{B}$ 在量值和方向都不相同，各个电流元所受到的作用力的大小和方向，一般也都不可能相同。因此，合力和合力矩一般都不会等于零，所以线圈除转动外还要平动。为了便于说明，参看图 12.15，设线圈磁矩 $\boldsymbol{P}_{\mathrm{m}}$ 与线圈中心所在处的 $\boldsymbol{B}$ 同方向，取线圈上任一电流元 $I\mathrm{d}\boldsymbol{l}$，把电流元所在处的 $\boldsymbol{B}$ 分解为两个分量：垂直于线圈平面的分量 $B_{\perp}$ 和平行于线圈平面的分量 $B_{/\!/}$。电流元 $I\mathrm{d}\boldsymbol{l}$ 受到 $B_{\perp}$ 分量所作用的力为 $\mathrm{d}\boldsymbol{f}_2$（图中未画出），方向沿线圈半径向外。对整个线圈来说，作用在各个电流元上的这些力，只能使线圈发生形变，而不能使线圈发生平动或转动。但是电流元 $I\mathrm{d}l$ 还同时受到 $B_{/\!/}$ 分量作用的力 $\mathrm{d}\boldsymbol{f}_1$，方向垂直于线圈平面，指向左方。对整个线圈来说，各个电流元上的这些力，方向都相同。所以在合力的作用下，线圈将向磁场较强处移动（线圈左方，磁力线较密，磁场较强）。如果线圈位置使线圈磁矩 $\boldsymbol{P}_{\mathrm{m}}$ 既不与圆心 O 处的 $\boldsymbol{B}$ 垂直又不与 O 处的 $\boldsymbol{B}$ 平行，可以看到载流线圈在非均匀磁场作用下，既发生转动，使 P_{m} 转向 $\boldsymbol{B}$ 的方向，又发生平动，使线圈向磁场较强的方向移动。

12.5　磁力所做的功

当载流导线或载流线圈在磁场中受到磁力或磁力矩而运动时，磁力和磁力矩要做功，磁力做功是将电磁能转换为机械能的重要途径，在工程实际中具有重要意义。下面讨论两种简单情况。

12.5.1　磁力对运动载流导线的功

如图 12.16 所示，载流闭合矩形导线框 $ABCD$ 通有电流 I，其中，AB 长为 l，可在 DA 和 CB 两导线上自由滑动。均匀磁场 $\boldsymbol{B}$ 垂直导线框 $ABCD$ 平面向外，若保持 I 大小不变，则导线 AB 移至 $A'B'$ 时磁力做功为

$$A = F\Delta x = IlB\Delta x = IBl(DA' - DA) = I(\Phi_2 - \Phi_1)$$

即

$$A = I\Delta\Phi_{\mathrm{m}} \tag{12-17}$$

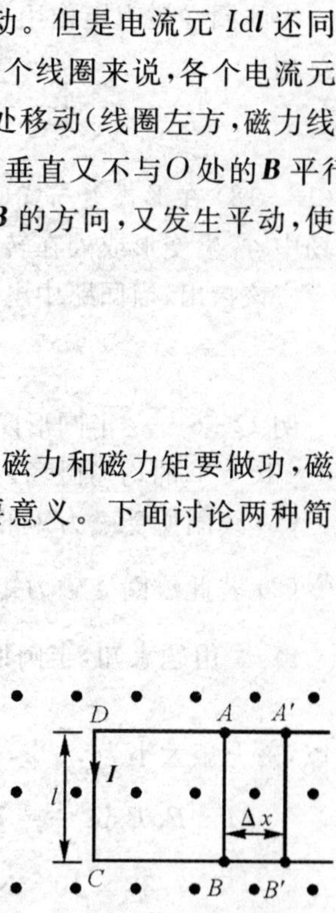

图 12.16　磁力的功

式中，$\Delta\Phi_{\mathrm{m}}$ 为回路线框 $ABCD$ 所包围面积磁通量的增量。式(12-17)说明，磁力对运动载流导线的功等于回路中电流乘以穿过回路所包围面积内磁通量的增量，或等于电流乘以载流导线在运动中切割的磁感线数。

12.5.2　磁力矩对转动载流线圈的功

如图 12.17 所示，设有一载流线圈在均匀磁场中转动，若保持线圈内电流 I 不变，则所受磁力矩的大小为

$$M = P_{\mathrm{m}}B\sin\theta = ISB\sin\theta$$

当线圈从 θ 转至 $\theta - \mathrm{d}\theta$ 时，磁力矩所做的功为

$$\mathrm{d}A = M[(\theta - \mathrm{d}\theta) - \theta] = -M\mathrm{d}\theta = -ISB\sin\theta\mathrm{d}\theta = I\mathrm{d}(BS\cos\theta) = I\mathrm{d}\Phi_{\mathrm{m}}$$

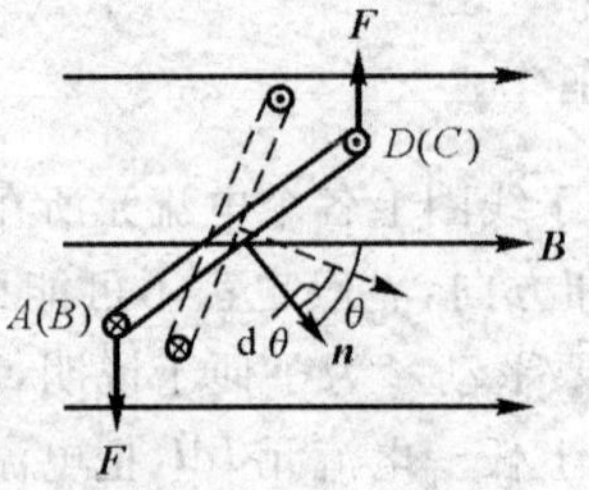

图 12.17　磁力矩的功

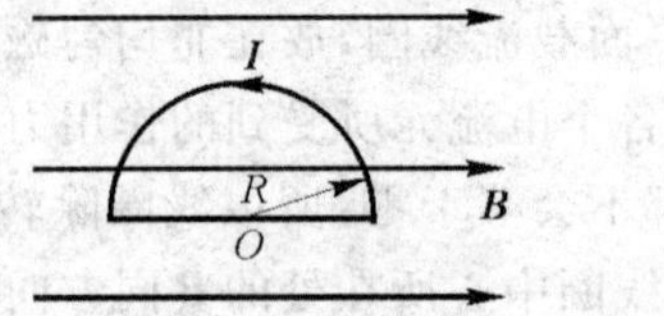

图 12.18　磁场中的半圆形闭合线圈

当线圈在磁力矩作用下从 θ_1 转到 θ_2 时，相应穿过线圈的磁通量由 Φ_{m1} 变为 Φ_{m2}，磁力矩做的总功为

$$A=\int \mathrm{d}A=\int_{\Phi_{m1}}^{\Phi_{m2}} I\mathrm{d}\Phi_m=I\Delta\Phi_m \tag{12-18}$$

式(12-18)在形式上与式(12-17)相同，可以证明，对任意形状的平面闭合电流回路，在均匀磁场中，产生变形或处在转动过程中，磁力或磁力矩做功可用式(12-18)计算。

应该指出，当回路中电流 I 变化时，磁力矩做功应为

$$A=\int_{\Phi_{m1}}^{\Phi_{m2}} I\mathrm{d}\Phi_m \tag{12-19}$$

例 12-6　一半圆形闭合线圈(见图 12.18)，半径 $R=0.1\ \mathrm{m}$，通有电流 $I=10\ \mathrm{A}$，置于 $B=5.0\times10^{-1}\ \mathrm{T}$ 的均匀磁场内，磁场方向与线圈平面平行，求：

(1) 线圈所受磁力矩的大小和方向；

(2) 若此线圈受磁力矩作用而旋转 $\frac{\pi}{2}$，磁力矩做功为多少？

解　由题意知，半圆形线圈所受磁力矩为

$$\boldsymbol{M}=\boldsymbol{P}_m\times\boldsymbol{B}$$

所以，磁力矩大小为

$$M=P_mB\sin\frac{\pi}{2}=ISB=\frac{1}{2}\pi R^2IB=\frac{1}{2}\times3.14\times(0.1)^2\times10\times5.0\times10^{-1}=7.85\times10^{-2}\ \mathrm{N\cdot m}$$

磁力矩方向垂直于 $\boldsymbol{P}_m$ 和 $\boldsymbol{B}$ 组成的平面而向上。

磁力矩做功为

$$A=\int -M\mathrm{d}\theta=-\int_{\frac{\pi}{2}}^{0} P_mB\sin\theta\mathrm{d}\theta=P_mB\cos\theta\Big|_{\frac{\pi}{2}}^{0}=P_mB=7.85\times10^{-2}\ \mathrm{J}$$

或

$$A=\int_{\Phi_{m1}}^{\Phi_{m2}} I\mathrm{d}\Phi_m=I(\Phi_{m2}-\Phi_{m1})=I\left(\frac{1}{2}\pi R^2B-0\right)=7.85\times10^{-2}\ \mathrm{J}$$

12.6　磁介质对磁场的影响

前边讨论了真空中磁场的性质和规律，但在实际的磁场中，一般都存在各种不同的实物性物质，放在磁场中的任何物质都要和磁场发生相互作用，所以人们把放在磁场中的任何物质统称为磁介质。

12.6.1　磁介质

放在静电场中的电介质要被电场极化，极化了的电介质会产生附加电场，从而对原电场产生影响。与此类似，放在磁场中的磁介质要被磁场磁化，磁化了的磁介质也会产生附加磁场，从而对原磁场产生影响。

实验表明，不同的磁介质对磁场的影响不同。如果在真空中某点磁感应强度为 $\boldsymbol{B}_0$，放入磁介质后，因磁介质被磁化而在该点产生的附加磁感应强度为 $\boldsymbol{B}'$，那么该点的磁感应强度 $\boldsymbol{B}$ 应是这两个磁感应强度的矢量和，即

$$\boldsymbol{B}=\boldsymbol{B}_0+\boldsymbol{B}' \tag{12-20}$$

在磁介质内任一点，附加磁感应强度 $\boldsymbol{B}'$ 的方向随磁介质而异，如果 $\boldsymbol{B}'$ 的方向与 $\boldsymbol{B}_0$ 的方向相同，使得 $B>B_0$，这种磁介质叫做顺磁质，如铝、氧、锰等。还有一些磁介质，在磁介质内部任一点，$\boldsymbol{B}'$ 的方向与 $\boldsymbol{B}_0$ 的方向相反，使得 $B<B_0$，这种磁介质叫做抗磁质，如铜、铋、氢等。无论是顺磁质还是抗磁质，附加的磁感应强度 $\boldsymbol{B}'$ 都比 B_0 小得多，它对原来的磁场的影响比较弱。所以，顺磁质和抗磁质统称为弱磁质。另一类磁介质，在磁介质内部任一点的附加磁感应强度 $\boldsymbol{B}'$ 的方向与顺磁质一样，也和 $\boldsymbol{B}_0$ 的方向相同，但 B' 的值却比 B_0 大得多，即 $B'\gg B_0$，从而使磁场显著增强，例如铁、钴、镍等就属于这种情况，人们把这类磁介质叫做铁磁质或强磁质。

为反映各种磁介质对外磁场影响的程度，常用磁介质的磁导率来描述。

12.6.2　相对磁导率和磁导率

以载流长直螺线管为例来讨论磁介质对外磁场的影响。设螺线管中的电流为 I，单位长度的匝数为 n，则电流在螺线管内产生的磁感应强度 $\boldsymbol{B}_0$ 的大小为

$$B_0=\mu_0 nI \tag{12-21}$$

如果在长直螺线管内充满某种均匀各向同性的磁介质，则由于磁介质的磁化而产生附加磁感应强度 $\boldsymbol{B}'$，使螺线管内的磁介质中的磁感应强度变为 $\boldsymbol{B}$，$\boldsymbol{B}$ 和 $\boldsymbol{B}_0$ 大小的比为

$$\frac{B}{B_0}=\mu_r \tag{12-22}$$

比值 μ_r 是决定磁介质磁性的纯数，叫做该磁介质的相对磁导率，它的大小表征了磁介质对外磁场影响的程度。比较式(12-21)和式(12-22)得

$$B=\mu_r\mu_0 nI \quad 或 \quad B=\mu nI \tag{12-23}$$

式中，$\mu=\mu_r\mu_0$，μ 叫做磁介质的磁导率。在国际单位制中，磁介质的磁导率 μ 的单位和真空磁导率的单位相同，即牛顿・安培$^{-2}$($\mathrm{N\cdot A^{-2}}$)。

对于顺磁质 $\mu_r>1$，对于抗磁质 $\mu_r<1$。事实上，大多数顺磁质和一切抗磁质的相对磁导率 μ_r 是与 1 相差极微的常数。说明这些物质对外磁场影响甚微，因而有时可忽略它们的影响。至于铁磁质，它们的相对磁导率 μ_r 远大于 1，并且随着外磁场的强弱而变化。

磁介质的磁化是物体的一个重要属性，它与物质微观结构分不开，下面介绍弱磁物质磁化的微观机理。

12.6.3　顺磁质与抗磁质的磁化机理

从物质结构看，任何物质分子中的每个电子除绕原子核作轨道运动外，还有自旋运动，这

些运动都要产生磁场。如果把分子当做一个整体,每一个分子中各个运动电子所产生的磁场的总和,相当于一个等效圆形电流所产生的磁场,这一等效圆形电流叫做分子电流。每种分子的分子电流的磁矩 $\boldsymbol{P}_m$ 具有确定的量值,叫做分子磁矩。

在顺磁质中,每个分子的分子磁矩 $\boldsymbol{P}_m$ 不为零,当没有外磁场时,由于分子的热运动,每个分子磁矩的取向是无序的,因此在一个宏观的体积元中,所有分子磁矩的矢量和 $\sum\boldsymbol{P}_m$ 为零。也就是说:当无外磁场时,磁介质不呈磁性。当有外磁场时,各分子磁矩都要受到磁力矩的作用。在磁力矩作用下,所有分子磁矩 $\boldsymbol{P}_m$ 将力图转到外磁场方向,但由于分子热运动的影响,分子磁矩沿外磁场方向的排列只是略占优势。因此在宏观的体积元中,各分子磁矩的矢量和 $\sum\boldsymbol{P}_m$ 不为零,即合成一个沿外磁场方向的合磁矩。这样,在磁介质内,分子电流产生了一个沿外磁场方向的附加磁感应强度 $\boldsymbol{B}'$。于是,顺磁质内的磁感应强度 $\boldsymbol{B}$ 的大小增强为

$$B = B_0 + B'$$

这就是顺磁质的磁化效应。

在抗磁质中,虽然组成分子的每个电子的磁矩不为零,但每个分子的所有电子磁矩正好相互抵消。也就是说:抗磁质的分子磁矩为零,即 $\boldsymbol{P}_m = 0$,所以当无外磁场时,磁介质不呈现磁性。当抗磁质放入外磁场中时,由于外磁场穿过每个抗磁质分子的磁通量增加,无论分子中各电子原来的磁矩方向怎样,根据中学里已学过的电磁感应知识,分子中每个运动着的电子将感应出一个与外磁场相反的附加磁场,来反抗穿过该分子的磁通量的增加。这一附加磁场可看做是由分子的附加等效圆形电流所产生的,其磁矩为 $\Delta\boldsymbol{P}_m$,叫做分子的附加磁矩。由于原子、分子中电子运动的特点 —— 电子不易与外界交换能量,磁场稳定后,已产生的附加等效圆形电流将继续下去,因而在外磁场中的抗磁质内,由所有分子的附加磁矩产生了一个与外磁场方向相反的附加磁感应强度 $\boldsymbol{B}'$。于是抗磁质内的磁感应强度的大小减为

$$B = B_0 - B'$$

这就是抗磁质的磁化效应。

实际上,在外磁场中的顺磁质分子也要产生一个与外磁场方向相反的附加磁矩,但在一个宏观的体积元中,顺磁质分子由于转向磁化而产生与外磁场方向相同的磁矩远大于分子附加磁矩的总和,因此顺磁质中的分子附加磁矩被分子转向磁化而产生的磁矩所掩盖。

12.6.4 磁介质中的安培环路定理 磁场强度 H

以图 12.19 所示的螺绕环为例,讨论螺绕环中磁介质的磁化问题。设想取螺绕环中的一段均匀各向同性顺磁介质来进行研究。如图 12.19 所示,当线圈中通有电流 I 时,环中的均匀磁场 $\boldsymbol{B}_0$ 将使磁介质中的分子磁矩沿着 $\boldsymbol{B}_0$ 方向排列起来,这时磁介质被磁化了,图 12.19(b) 为磁化后的顺磁质横截面上分子圆电流的排列情况示意图。在磁介质内部任一处,相邻分子圆电流总是成对而反向的,因而互相抵消。只是在横截面边缘的各点,分子圆电流并不成对,因而不能抵消,结果形成了沿横截面边缘的圆电流,通常称为束缚电流,如图 12.19(c) 所示。整个磁介质芯的总束缚电流 I_s 沿着磁介质芯环形柱表面流动着,可想象为绕在磁芯表面上另一组密绕线圈中的电流。对顺磁质芯,I_s 的方向与螺绕环线圈中的电流 I 方向一致;如果是抗磁质芯环,则 I_s 与 I 方向相反。

我们已讨论过真空中恒定磁场的安培环路定理,现在把它推广到有磁介质存在时的恒定

磁场中去，从而得到磁介质中的安培环路定理。

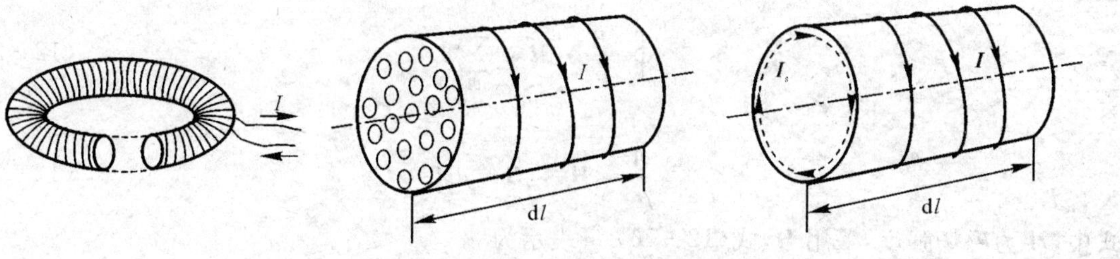

图 12.19　螺绕环内顺磁质中的磁化电流

为了简单，仍以充满各向同性均匀顺磁质的螺绕环为例进行讨论。设螺绕环中的传导电流为 I，束缚电流为 I_s，螺绕环的总匝数为 N，磁介质的相对磁导率为 μ_r。螺绕环的剖面图如图 12.20 所示。

将安培环路定理应用到磁介质中，并取以 r 为半径的闭合同心圆周为积分路径，则有

$$\oint_L \boldsymbol{B} \cdot \mathrm{d}\boldsymbol{l} = \mu_0 (NI + I_s) \tag{12-24}$$

式中，$\boldsymbol{B} = \boldsymbol{B}_0 + \boldsymbol{B}'$，为线圈中传导电流和磁介质磁化形成的束缚电流在磁介质中产生的总磁感应强度。

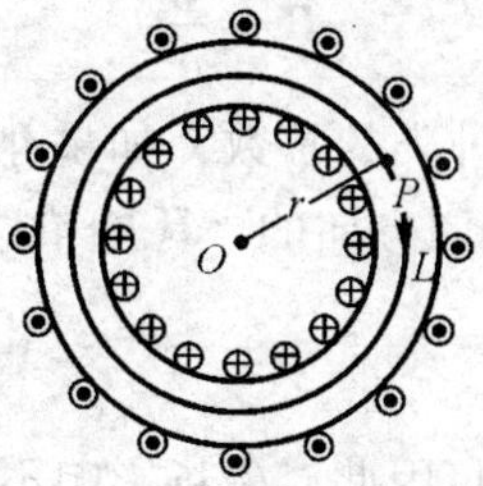

图 12.20　螺绕环的剖面图

由于 I_s 通常不能预先知道，且 $\boldsymbol{B}$ 又与 I_s 有关，因此一般说来式(12-24)应用起来是很困难的。如果能没法使 I_s 不在式(12-24) 中出现，问题就比较容易解决了。假定在螺绕环内的磁介质是各向同性并且均匀的，则根据对称性可知，在磁介质环内与环共心的圆周上，$\boldsymbol{B}$ 的大小相等、方向沿圆周的切线，指向由右手螺旋法则确定。因此，由积分式(12-24) 得

$$B \cdot 2\pi r = \mu_0 (NI + I_s)$$

另一方面有

$$B_0 \cdot 2\pi r = \mu_0 NI$$

由上两式可见

$$\mu_r = \frac{B}{B_0} = \frac{NI + I_s}{NI}$$

将此结果代入式(12-24)，得

$$\oint_L \boldsymbol{B} \cdot \mathrm{d}\boldsymbol{L} = \mu_0 \mu_r NI = \mu NI \tag{12-25}$$

式中，μ 称为磁介质的磁导率；又因 NI 为闭合路径所包围的传导电流的代数和，可改写成

$\sum\limits_{(内)} I$。这样，式(12-25)可改写成

$$\oint_L \frac{\boldsymbol{B}}{\mu} \cdot \mathrm{d}\boldsymbol{l} = \sum_{(内)} I \tag{12-26}$$

令

$$\frac{\boldsymbol{B}}{\mu} = \boldsymbol{H}, \quad \boldsymbol{B} = \mu \boldsymbol{H} \tag{12-27}$$

式中，$\boldsymbol{H}$ 为磁场强度，采用 $\boldsymbol{H}$，式(12-26)可表示为

$$\oint_L \boldsymbol{H} \cdot \mathrm{d}\boldsymbol{l} = \sum_{(内)} I \tag{12-28}$$

式(12-28)表明，磁介质内 $\boldsymbol{H}$ 沿所选闭合圆周路径的线积分等于闭合积分路径所包围的所有传导电流的代数和。与式(12-24)相比，式(12-28)中没有出现束缚电流，这就为它的应用带来了方便。式(12-28)就是磁介质中的安培环路定理，虽然它是通过特例导出的，但是理论研究表明它是在恒定磁场中磁介质存在时，普遍适用的安培环路定理。磁介质中的安培环路定理一般可表述为：$\boldsymbol{H}$ 沿任一闭合路径的线积分，等于该闭合路径所包围传导电流的代数和，与束缚电流以及闭合路径之外的传导电流无关。

在各向同性均匀的磁介质中，任意一点的磁场强度 $\boldsymbol{H}$ 可定义为该点的磁感应强度 $\boldsymbol{B}$ 除以该点的磁导率，即

$$\boldsymbol{H} = \frac{\boldsymbol{B}}{\mu}$$

对于均匀磁介质，μ 为取决于磁介质种类的常数。如果介质不均匀，则各处的 μ 值一般不同，但只要是各向同性介质，$\boldsymbol{H}$ 与 $\boldsymbol{B}$ 总是同方向的。$\boldsymbol{H}$ 的单位是 A/m。

12.6.5 铁磁质的特性

顺磁质和抗磁质的 μ_r 都接近于1，因此对磁场影响不大。而铁磁质的 μ_r 很大，因而磁导率 μ 是真空中 μ_0 的几百倍至几万倍。此外还有如下一些特性：

(1) 铁磁质的磁感应强度 B 与磁场强度 H 的关系是非线性关系，一般用 $B-H$ 曲线(称为磁化曲线)来描述这种关系(见图12.21)。由图可见，当铁磁质开始磁化时，B 随 H 的增加很快增长；但 H 增大到一定程度后，B 的增长变得极为缓慢，达到某个值后便不再增加，这种现象叫做磁饱和。

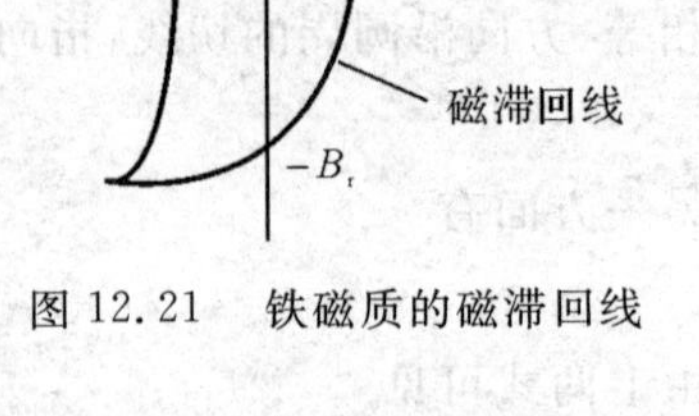

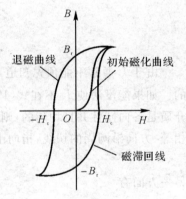

图12.21 铁磁质的磁滞回线

(2) 铁磁质的磁化过程是不可逆的，具有磁滞现象。所谓磁滞现象是指铁磁质磁化状态的变化总是落后于外加磁场的变化，在外磁场撤消后，铁磁质仍能保持原有的部分磁性。整个磁化过程如图12.21所示。由图可以看到，当外加磁场由强逐步减弱至0时，铁磁质中的 B 并不降为零，而是等于一个值 B_r，B_r 称为剩余磁感应强度，简称剩磁。只有提供一个反向磁场 H_c 才能使 B 恢复为零，H_c 称为矫顽力。当磁场强度变化一个周期时，铁磁质的磁化曲线是一条闭合曲线，称为磁滞回线。

(3) 实验还发现，铁磁质的磁化和温度有关。随着温度的升高，它的磁化能力逐渐减小，

当温度升高到某一温度时，铁磁性就完全消失。这个温度叫做居里温度或居里点。从实验知道铁的居里温度是 770℃(1 043K)。

为什么铁磁质放入磁场中能够大大地增强原来的磁场呢？这要从铁磁质的原子结构来说明，铁磁质内的原子间相互作用是非常强烈的。在这种作用下，铁磁质内部形成了一些微小区域，叫做磁畴。每一个磁畴中各个原子的磁矩排列得很整齐，因此它具有很强的磁性，这叫做自发磁化。但各个磁畴的排列方向则又彼此不同，所以在没有外磁场时，各个磁畴的磁矩彼此抵消，对外不显磁性(见图 12.22(a))。当铁磁质放入外磁场中时，其中磁化方向与外磁场方向接近的磁畴体积增大，而磁化方向与外磁场方向相反的磁畴体积缩小。这种现象叫做磁畴的壁移(见图 12.22(b))。继续增强外磁场，磁畴的磁化方向发生转向，直到所有磁畴的磁化方向转到和外磁场方向相同。这种现象叫做转向(见图 12.22(c))，这时铁磁质达到磁饱和状态。由于铁磁质磁畴界壁移动的过程是不可逆的，即外磁场减弱后，磁畴不能恢复原状，所以表现在退磁时，磁化曲线不沿原路退回，而形成磁滞回线。当温度升高并超过居里点时，铁磁质中的磁畴结构遇到分子热运动的破坏，以致完全瓦解，铁磁质的铁磁性消失，过渡到顺磁质。

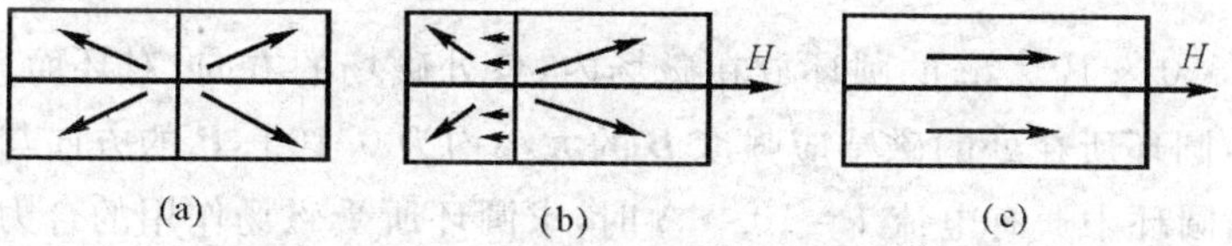

图 12.22　铁磁质磁化时磁畴的运动

习　　题

1. 载有电流 $I=10$ A 的一段直导线，其长度 $l=0.10$ m，放在 $B=1.5$ T 的均匀磁场中，电流 I 的方向与 $\boldsymbol{B}$ 成 $\theta=30^\circ$ 角(见图 12.23)，求这段导线所受磁力的大小和方向。

2. 如图 12.24 所示，有一根长为 l 的直导线，质量为 m，用细绳子挂在均匀的磁场 $\boldsymbol{B}$ 中，导体通有电流 I，I 的方向与 $\boldsymbol{B}$ 垂直。

(1) 已知 $l=50$ cm，$m=50$ g，$B=1.0$ T，求绳中张力为零时，导线中电流强度 I 是多少？

(2) 在什么条件下，导线会向上运动？

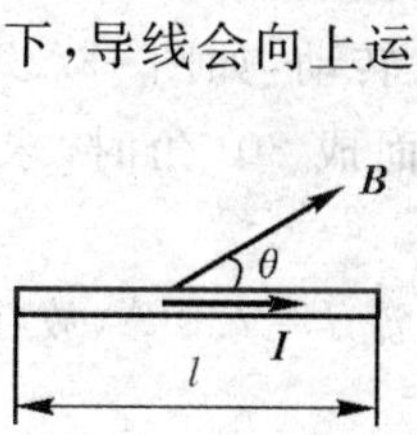

图　12.23

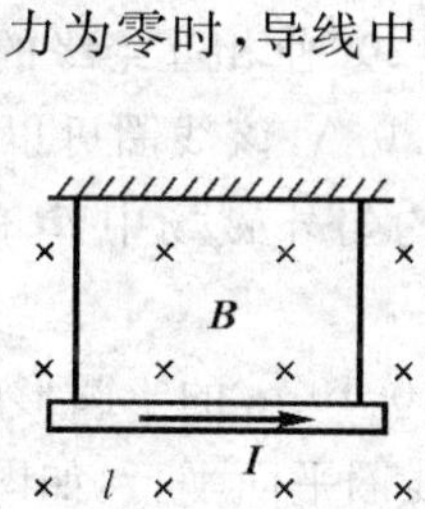

图　12.24

3. 如图 12.25 所示，在长直导线旁有共面的矩形线圈。导线中通有电流 $I_1=20$ A，线圈中通有电流 $I_2=10$ A，求矩形线圈受到的合力是多少？已知 $a=1$ cm，$b=9$ cm，$l=20$ cm。

4. 如图 12.26 所示，一通有电流为 I_1 的无限长直导线和一通有电流为 I_2 的直角三角形回路共面，$\theta=60^\circ$，求回路各边所受的力及穿过回路的磁通量。

5. 横截面积 $S=2.0\ mm^2$ 的铜导线弯成如图 12.27 所示的形状，其 OA 和 DO' 两段保持水平方向不动；$ABCD$ 段是边长为 a 的正方形的三边，该段可以绕 OO' 轴转动。整个导线放在均匀磁场 $\boldsymbol{B}$ 中，$\boldsymbol{B}$ 的方向竖直向上。已知铜的 $\rho=8.9\times10^3\ kg\cdot m^{-3}$，当铜线中的电流 $I=5.0$ A 时，在平衡情况下，AB 段和 CD 段与竖直方向的夹角 $\alpha=30°$，求磁感应强度 $\boldsymbol{B}$ 的大小。

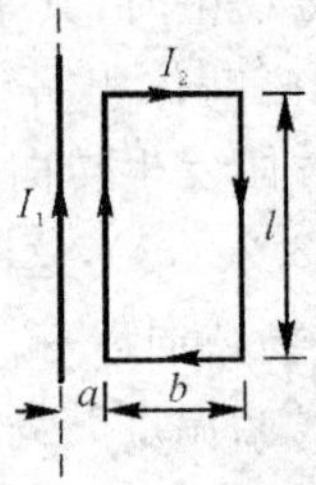

图 12.25

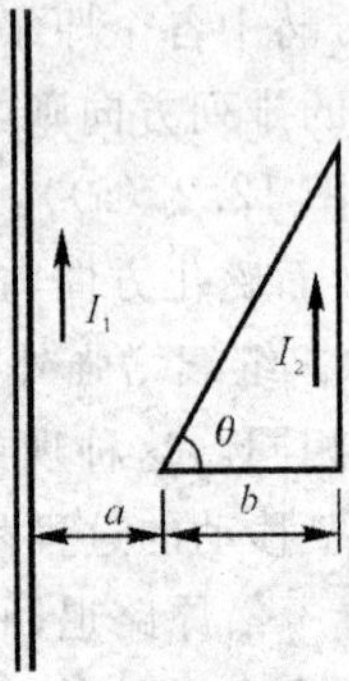

图 12.26

6. 一半径为 5.0×10^{-2} m 的圆环放在磁场内，各处磁场的方向，对环而言是对称发射的，如图 12.28 所示，圆环所在处的磁感应强度 $\boldsymbol{B}$ 的大小均为 0.10T，$\boldsymbol{B}$ 的方向与环面法线方向均成 $\alpha=60°$ 角。当圆环中通有电流 $I=10.0$ A 时，求圆环所受磁场作用的合力的大小和方向。

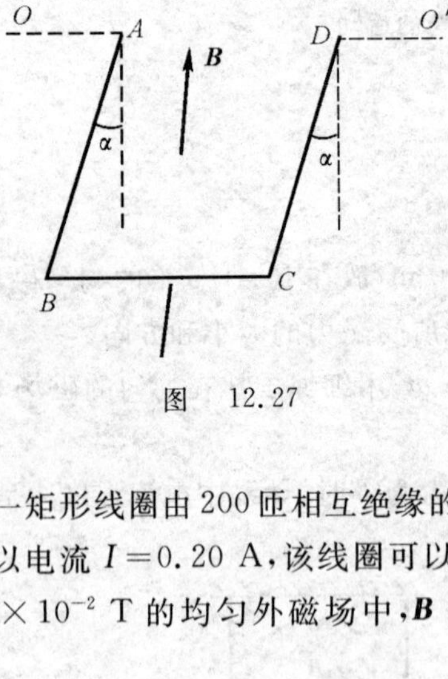

图 12.27

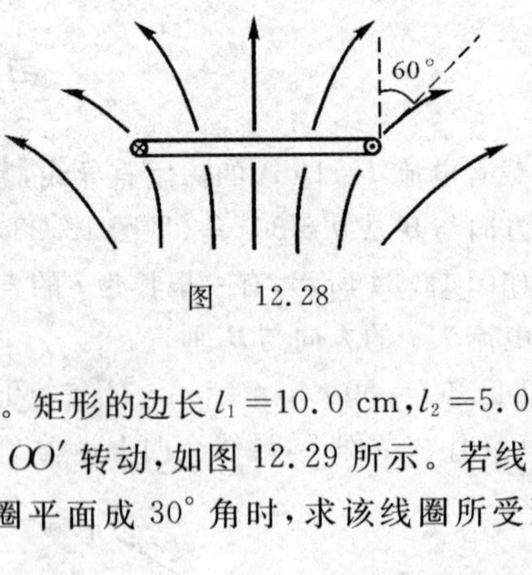

图 12.28

7. 一矩形线圈由 200 匝相互绝缘的细导线绕成。矩形的边长 $l_1=10.0$ cm，$l_2=5.0$ cm，导线中通以电流 $I=0.20$ A，该线圈可以绕它的一边 OO' 转动，如图 12.29 所示。若线圈处在 $B=5.0\times10^{-2}$ T 的均匀外磁场中，$\boldsymbol{B}$ 的方向与线圈平面成 30° 角时，求该线圈所受到的磁力矩。

8. 一半径为 $R=0.10$ m 的半圆形闭合线圈，载有电流 $I=7.0$ A，放在 $B=0.20$ T 的均匀磁场中，$\boldsymbol{B}$ 的方向与线圈平面平行，如图 12.30 所示。

(1) 求线圈所受磁力矩的大小和方向；

(2) 在这磁力矩的作用下线圈转过 90°(即转到线圈平面与 $\boldsymbol{B}$ 垂直)，求磁力矩所做的功。

9. 在均匀磁场 $\boldsymbol{B}$ 中，若把一个磁矩为 $\boldsymbol{P}_m$ 的平面载流线圈翻转 180°，试证明外力需要做的功为

$$A=2P_mB\cos\theta=2\boldsymbol{P}_m\cdot\boldsymbol{B}$$

式中，θ 为线圈在原来位置时磁矩 $\boldsymbol{P}_m$ 与磁感应强度 $\boldsymbol{B}$ 的夹角。

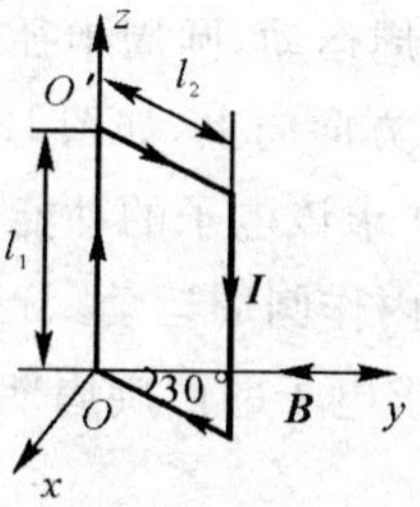

图　12.29

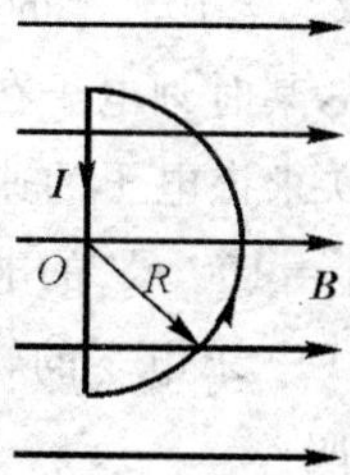

图　12.30

10. 一直螺线管长 $l=24$ cm，横截面积的直径 $D=2.0$ cm，由表面绝缘的细导线密绕而成，每 1 cm 上绕有 200 匝。问导线中通以电流 $I=1.0$ A 后，把该螺线管放到 $B=0.80$ T 的均匀磁场中，求：(1) 螺线管的磁力矩；(2) 螺线管受到磁力矩的最大值。

11. 如图 12.31 所示，一平面塑料圆盘，半径为 R，表面均匀分布有电量为 q 的剩余电荷。假定圆盘绕通过盘心而与盘面垂直的轴线 AA'，以角速度 ω 转动。在与盘面平行的方向上外加一均匀磁场 $\boldsymbol{B}$。试证明作用于圆盘上的磁力矩的大小为

$$M=\frac{1}{4}q\omega R^2B$$

12. 匝数 $N=10$ 的圆形小线圈，半径 $R=0.2$ cm，载有 $I=0.1$ A 的电流。将它置于均匀磁场中，若测得其最大磁力矩为 6.28×10^{-6} N · m，试求磁感应强度 B 的大小。

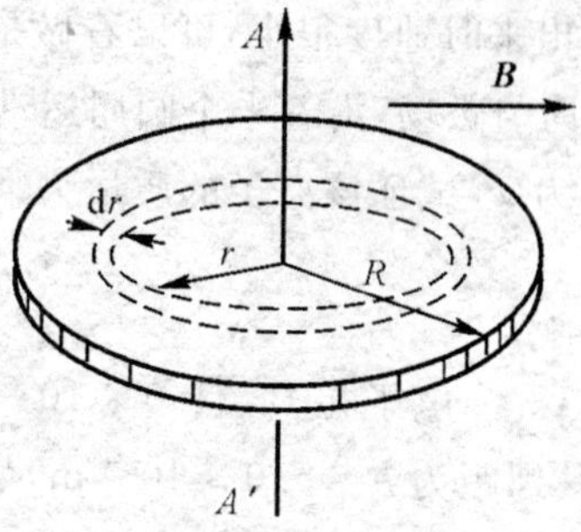

图　12.31

13. 长直导线载有电流 $I=10$ A，在距导线 $a=0.10$ m 处有一电子以速率 $v=5.0\times10^7$ m · s^{-1} 运动，如图 12.32 所示。已知电子的电荷 $-e=-1.6\times10^{-19}$ C，求下列情况下作用在电子上的洛仑兹力：

(1) 电子速度 $\boldsymbol{v}$ 平行于导线与 I 同向；

(2) 电子速度 $\boldsymbol{v}$ 垂直于导线并指向导线；

(3) 电子速度 $\boldsymbol{v}$ 垂直于由导线和电子所构成的平面。

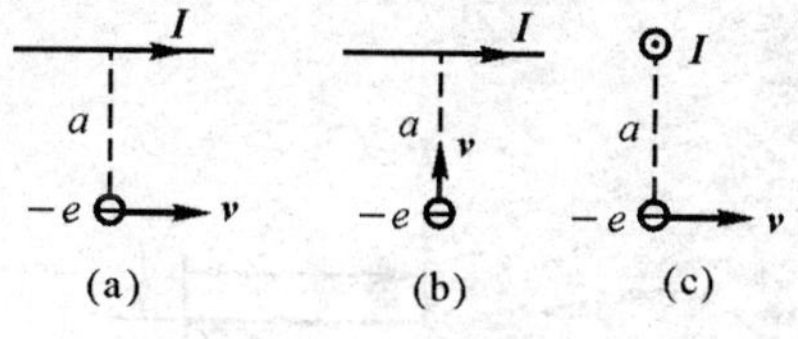

图　12.32

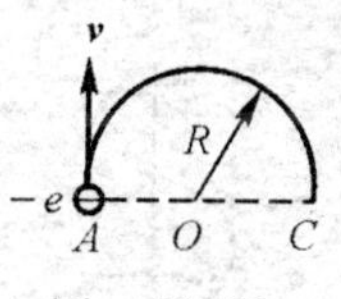

图　12.33

14. 如图 12.33 所示，一电子经过磁场中 A 点时，具有大小为 $v=2.0\times10^7$ m · s^{-1} 的初速度。试求：

(1) 欲使电子沿图中半径 $R=0.10$ m 的半圆周从 A 点运动到 C 点，所需的磁场大小和方向；

(2) 电子自 A 点运动到 C 点所需的时间。(电子的质量取 $m=9.1\times10^{-31}$ kg)

15. 一电子在 $B=2.0\times10^{-3}$ T 的均匀磁场中作圆周运动，圆周半径 $r=5.0\times10^{-2}$ m，已知 $\boldsymbol{B}$ 的方向垂直纸面向外，某时刻电子在 A 点的速度 $\boldsymbol{v}$ 的方向向上，如图 12.34 所示。(1) 试画出该电子的运动轨迹；(2) 求该电子的速度 $\boldsymbol{v}$ 的大小；(3) 求该电子的动能。

16. 一个动能为 $E_k=100$ eV 的电子，在均匀磁场内作圆周运动。已知磁感应强度的大小为 $B=5.0\times10^{-4}$ T。(1) 求电子的轨道半径 R；(2) 求电子的回旋周期 T；(3) 顺着 B 的方向看，电子是顺时针回旋吗？

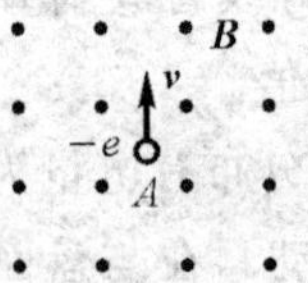

图 12.34

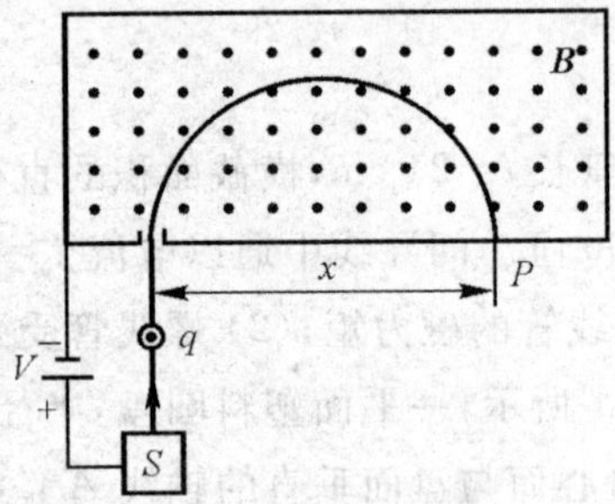

图 12.35

17. 一质谱仪的构造原理如图 12.35 所示，离子源 S 产生质量为 m、电荷为 q 的离子，离子产生出来时速度很小，可以看做是静止的；离子飞出 S 后经过电压 V 加速，进入磁感应强度为 $\boldsymbol{B}$ 的均匀磁场，沿着半个圆周运动，达到记录它的底片的 P 点。可测得 P 点的位置到入口处的距离为 x，试证该离子的质量为

$$m=\frac{qB^2}{8V}x^2$$

18. 一电子在 $B=1.0\times10^{-3}$ T 的均匀磁场中沿半径为 $R=4.0\times10^{-2}$ m 的螺旋线向下运动，其螺距为 $h=5.0\times10^{-2}$ m，如图 12.36 所示。(1) 磁场 $\boldsymbol{B}$ 的方向如何？(2) 求该电子的速度 $\boldsymbol{v}$ 的大小以及 $\boldsymbol{v}$ 和螺旋线轴线间的夹角 α。

19. 一块半导体样品的体积 $a\times b\times c$，如图 12.37 所示，沿 x 轴方向通有电流 I，在 z 轴方向加有均匀磁场 $\boldsymbol{B}$。这时实验测得的数据为：$a=0.20$ cm，$b=0.35$ cm，$c=1.0$ cm，$I=2.0\times10^{-3}$ A，$B=0.50$ T，样品两侧的电势差 $U_{AA'}=10.0\times10^{-3}$ V。(1) 问该半导体是正电荷导电(P 型) 还是负电荷导电(N 型)？(2) 求载流子浓度 n(单位体积内参加导电的带电粒子数)。

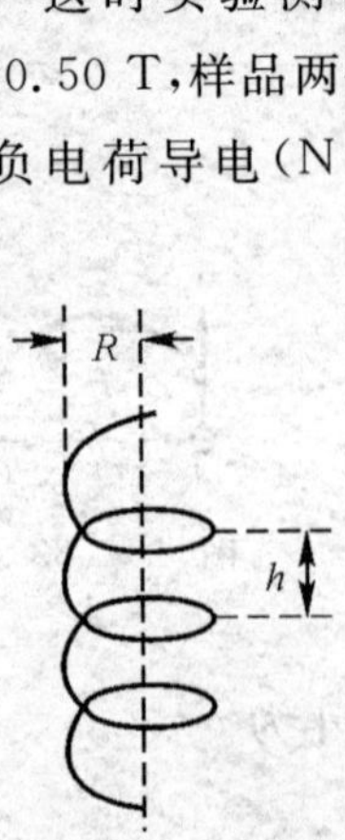

图 12.36

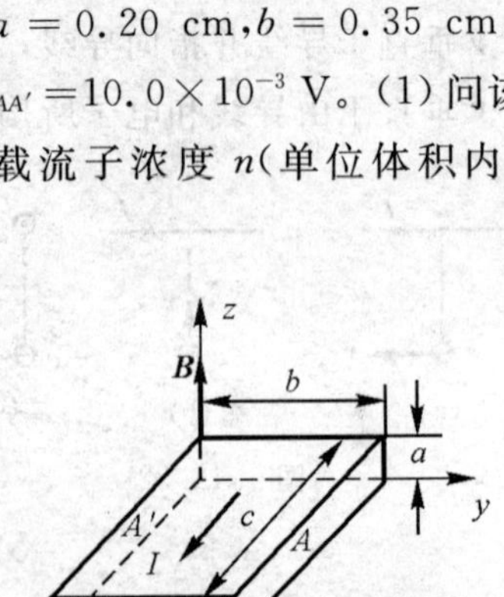

图 12.37

20. 在 $B=1.2\ \mathrm{T}$ 的均匀磁场中，有一个 α 粒子沿半径 $R=0.45\ \mathrm{m}$ 作圆周运动。试计算这个 α 粒子的速率、旋转周期和动能。

21. 分析下列正负带电粒子在磁场中的受力情况(见图 12.38)。

22. 在一个电视显像管里，电子在水平面内从南到北运动，动能是 $1.2\times10^{4}\ \mathrm{eV}$，该处地球磁场在竖直方向的分量向下，大小是 $5.5\times10^{-5}\ \mathrm{T}$，问(1) 电子受地球磁场影响往哪个方向偏转？(2) 电子加速度有多大？

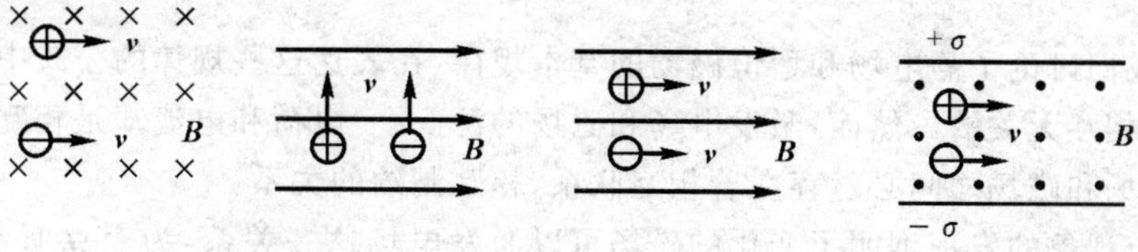

图　12.38

第13章　电磁场的普遍规律

前几章我们讨论了静电场和稳恒磁场的基本规律,在表达这些规律的公式中,电场和磁场是各自独立、相互无关的。然而,激发电场和磁场的源 —— 电荷和电流却是相互关联的,这就提醒我们:电场和磁场之间必然存在着相互联系、相互制约的关系。

电磁感应现象的发现阐明了变化的磁场可以激发电场这一关系,为麦克斯韦电磁场理论的建立奠定了坚实的基础。

电磁感应现象的发现在科学和技术上都具有划时代的意义,它不仅深刻地揭示了电场与磁场之间相互联系和相互转化的重要内容,促进了电磁理论的发展;而且为现代电工技术和无线电通信技术奠定了基础,为人类广泛利用电能开辟了道路。

本章的主要内容是:介绍法拉第电磁感应定律,根据产生感应电动势的原因不同,分别研究动生电动势和感生电动势;讨论自感和互感及其应用,最后推导磁场能量的表达式。

13.1　电磁感应定律

自从1820年丹麦物理学家奥斯特发现了电流的磁效应以后,人们自然联想到:既然电流能够激发磁场,磁场是否也能产生电流呢?许多科学家为此做了大量艰苦的工作,最后获得成功的是英国物理学家法拉第(M. Faraday)。法拉第经过近十年持之以恒的精心实验研究,于1831年首次发现随时间变化的磁场会在邻近导体中产生电流的现象,人们把这个现象称为电磁感应现象。

法拉第通过一系列的实验发现:不管什么原因使穿过闭合导体回路所包围面积内的磁通量发生变化(增加或减少),回路中都会出现电流,这种电流称为感应电流。在磁通量增加和减少的两种情况下,回路中感应电流的流向相反,感应电流的大小则取决于穿过回路中的磁通量变化快慢。变化越快,感应电流越大;反之,就越小。感应电流的流向可以用楞次定律来方便地判断。

13.1.1　楞次定律

1833年,俄国物理学家楞次在进一步概括大量实验结果的基础上,总结出了确定感应电流方向的法则,称为楞次定律。这就是:闭合回路中感应电流具有确定的方向,它总是使得感应电流所产生的、通过回路面积的磁通量去补偿或反抗引起感应电流的磁通量的变化。

这里,所谓补偿回路面积磁通量的变化,是指当磁通量增加时,感应电流所产生的磁场方向与原来磁场的方向相反(反抗它的增加);当磁通量减小时,感应电流所产生的磁场与原来磁场的方向相同(补偿它的减小)。

实质上,楞次定律是能量守恒定律在电磁感应现象中的具体体现。为理解这一点,我们从功和能的角度分析如图 13.1 所示的实验. 当磁棒插入时，按照楞次定律，出现感应电流的线圈可看做另一磁棒(电磁铁)，其右端相当于 N 极，正好与向左插入的磁棒 N 极相斥。为使磁棒匀速向左插入，就必须借用外力克服这一斥力做功。另一方面，感应电流流过线圈及电流计时必然要发热，这个热量正是外力的功转化而成的。可见，楞次定律符合能量守恒和转化这一普遍规律。假设如果感应电流的方向与楞次定律的结论相反，图 13.1(a) 线圈右端相当于 S 极，它与向左插入的磁棒左端的 N 极相吸引，磁棒在这个吸引力的作用下将加速向左运动(无需其他向左的外力)，线圈的感应电流越来越大，线圈与磁棒的吸引力也越来越强。如此循环，在没有任何外力做功的情况下，磁棒的动能不断增加，而感应电流放出越来越多的热能，这显然违反了能量守恒定律。可见，能量守恒定律要求感应电流的方向服从楞次定律。

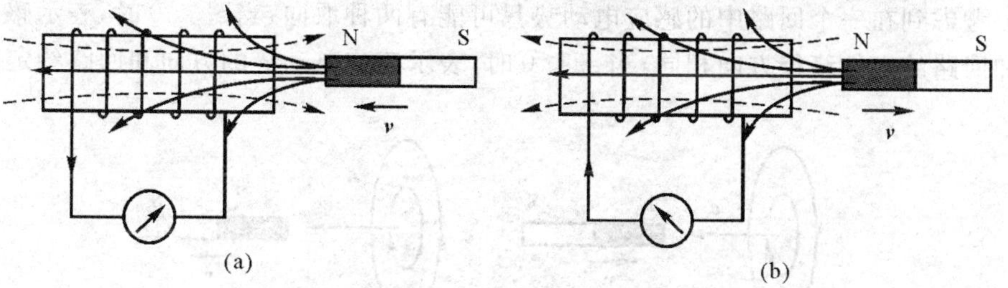

图 13.1　利用楞次定律判断感应电流的方向

13.1.2　法拉第电磁感应定律

通过各种实验，法拉第不仅发现了电磁感应现象，而且从两个方面揭示了电磁感应现象的本质。一方面，只有通过导体回路的磁通量发生变化，才会有电磁感应现象发生，这种磁通量的变化可以来源于磁场的变化，也可以来源于导体回路的运动以及导体回路中的一部分作切割磁感线的运动。另一方面，感应电动势的大小与磁通量变化的速率成正比，与回路电阻的大小无关。它反映了电磁感应现象的实质是磁通量的变化产生感应电动势。当闭合导体回路所包围面积的磁通量变化时，此回路中就会出现感应电流；这意味着该回路中必定存在某种电动势，这种直接由磁通量变化所引起的电动势叫做感应电动势。也就是说，在任何电磁感应现象中，只要穿过回路的磁通量变化，回路中就一定有感应电动势产生。若导体回路是闭合的，感应电动势就会在回路中产生感应电流；若导线回路不是闭合的，回路中仍然有感应电动势，但是不会形成电流。

将法拉第的实验研究结果归纳起来，就得到了法拉第电磁感应定律，可表述为如下

不论任何原因，当穿过闭合回路所包围面积的磁通量 Φ 发生变化时，在回路中都会产生感应电动势，而且感应电动势正比于磁通量随时间的变化率。

如果采用国际单位制，磁通量的单位是韦伯(Wb)，时间的单位是秒(s)，则此定律可表示为

$$\varepsilon_i = -\frac{\mathrm{d}\Phi}{\mathrm{d}t} \tag{13-1}$$

式中，ε_i 的单位是伏特(V)。在约定的正负符号规则下，式(13-1) 中的“−”号反映了感应电动势的方向，它是楞次定律的数学表现。

下面讨论式(13-1) 中“−”号的物理意义。由于 ε_i 和 Φ 都是标量，要赋予一个代数量的正

负，必须先约定一个正方向，当实际方向与约定方向一致时取正值，反之取负值。习惯上约定：回路上的绕行方向和回路包围面积的正法线方向 $\boldsymbol{e}_n$ 的关系服从右手螺旋法则。如图 13.2 所示，约定回路绕行方向是为了确定感应电动势 ε_i 的正负；约定回路面积法线方向 $\boldsymbol{e}_n$ 是为了确定磁通量 Φ 的正负，当穿过回路的磁感应强度方向与面法线 $\boldsymbol{e}_n$ 的方向所成夹角 θ 小于 90° 时，磁通量 Φ 为正；θ 大于 90° 时，磁通量 Φ 为负。有了 Φ 的正负，$\frac{d\Phi}{dt}$ 的正负就有了确定的意义。有了这一约定后，感应电动势 ε_i 的正负就可以由式(13-1)中的“−”号来确定了。考虑到在一个回路中的感应电动势只可能有两种取向，当 $\varepsilon_i > 0$ 时，表示感应电动势的方向和回路约定的绕行方向相同；当 $\varepsilon_i < 0$ 时，表示感应电动势的方向和回路约定的绕行方向相反。

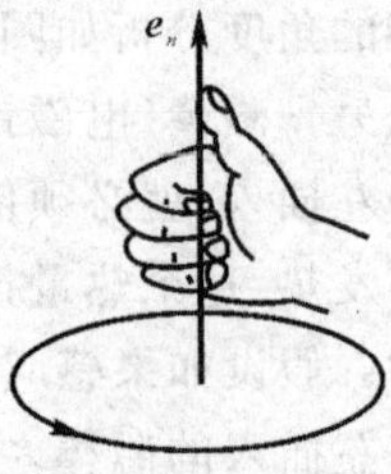

图 13.2　回路正方向的约定

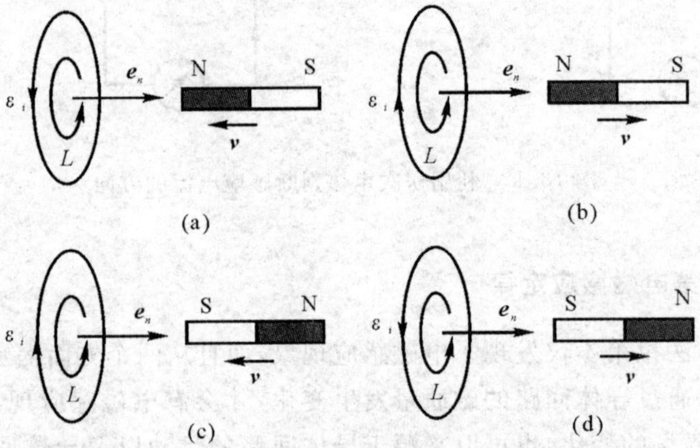

图 13.3　感应电动势的方向与磁通量变化率的关系

现在，以如图 13.3 所示的几种情况，讨论由式(13-1)中的“−”号来确定感应电动势 ε_i 方向的方法。当磁铁如图 13.3(a) 放置时，穿过线圈回路面积的磁通量 $\Phi < 0$，磁棒以速度 $\boldsymbol{v}$ 插入线圈时，$|\Phi|$ 增加，则 $\frac{d\Phi}{dt} < 0$，由式(13-1)可知 $\varepsilon_i > 0$，表明感应电动势的方向和回路约定的绕行方向相同。当磁铁如图 13.3(b) 放置时，$\Phi < 0$，若以速度 $\boldsymbol{v}$ 将磁棒从线圈中拔出时，$|\Phi|$ 减小，则 $\frac{d\Phi}{dt} > 0$，由式(13-1)可知 $\varepsilon_i < 0$，表明感应电动势的方向和回路约定的绕行方向相反。当磁铁如图 13.3(c) 放置时，$\Phi > 0$，此时磁棒以速度 $\boldsymbol{v}$ 插入线圈，$\frac{d\Phi}{dt} > 0$，由式(13-1)可知 $\varepsilon_i < 0$，表明感应电动势的方向和回路约定的绕行方向相反。当磁铁如图 13.3(d) 放置时，$\Phi > 0$，若以速度 $\boldsymbol{v}$ 将磁棒从线圈中拔出时，$\frac{d\Phi}{dt} < 0$，由式(13-1)可知 $\varepsilon_i > 0$，表明感应电动势的方向和回路约定的绕行方向相同。这与应用楞次定律判断感应电动势方向时所得结果是完全一致的。

应当指出，式(13-1)是针对单匝线圈回路而言的，如果导体回路是由 N 匝线圈绕制而成，则当磁通量发生变化时，每匝线圈中都将产生感应电动势，若每匝线圈穿过的磁通量分别是

$\Phi_1, \Phi_2, \cdots, \Phi_N$，由于匝与匝之间是串联的，所以，整个线圈回路的总电动势就等于各匝线圈电动势之和，即

$$\varepsilon_i = -\frac{d}{dt}(\Phi_1 + \Phi_2 + \cdots + \Phi_N) = -\frac{d\Psi}{dt} \tag{13-2a}$$

式中，$\Psi = \Phi_1 + \Phi_2 + \cdots + \Phi_N$，称为磁通匝链数，简称磁链。若穿过各匝线圈的磁通相同，均为 Φ，即 $\Psi = N\Phi$，则有

$$\varepsilon_i = -\frac{d\Psi}{dt} = -N\frac{d\Phi}{dt} \tag{13-2b}$$

若回路的电阻为 R，则回路中感应电流的大小为

$$I = \frac{\varepsilon_i}{R} = -\frac{1}{R} \cdot \frac{d\Psi}{dt} \tag{13-3}$$

该式表明，感应电流与回路中磁通量随时间的变化率有关，变化率越大，感应电流越强。在 $t_1 - t_2$ 这段时间内，通过回路任一截面的感应电量为

$$q = \int_{t_1}^{t_2} I dt = -\frac{1}{R}\int_{\Psi_1}^{\Psi_2} d\Psi = \frac{1}{R}(\Psi_1 - \Psi_2) \tag{13-4}$$

式(13－4) 表明，穿过回路中任一截面的感应电量只与磁通量的变化量有关。因此，若测得感应电量，就可计算出磁通量的变化量。常用的测量磁感应强度的磁通计(又称为高斯计) 就是根据这一原理制成。

例 13－1　在时间间隔$(0, t_0)$中，如图 13.4 所示长直导线通以 $I = kt$ 的变化电流，方向向上，式中 I 为瞬时电流，k 为常量，$0 < t < t_0$。在此导线近旁平行地放一长方形线圈，长为 l，宽为 a，线圈的一边与导线相距为 d，设磁导率为 μ 的磁介质充满整个空间，求任一时刻线圈中的感应电动势。

解　如图 13.4 所示，长直导线中的电流随时间变化时，在它的周围空间里产生随时间变化的磁场，穿过线圈的磁通量也随时间变化，所以在线圈中就产生感应电动势。

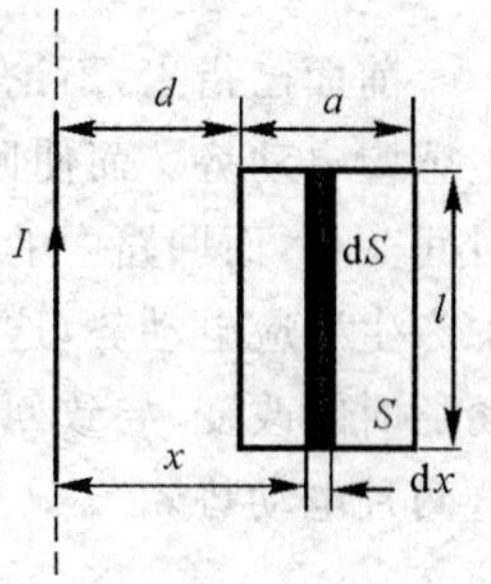

图　13.4

先求出某一时刻穿过线圈的磁通量，在该时刻距直导线为 x 处的磁感应强度$\boldsymbol{B}$ 的大小为$B = \frac{\mu I}{2\pi x}$。在线圈所在范围，$\boldsymbol{B}$ 的方向都垂直于图面向内，但它的大小各处一般不相同。取面积元 $dS(= l dx)$，如图 13.4 中涂黑部分所示。在这个面积元内，B 可看做常量，于是穿过面积元 dS 的磁通量为

$$d\Phi = \boldsymbol{B} \cdot d\boldsymbol{S} = \frac{\mu I}{2\pi x} l\,dx = \frac{\mu kt}{2\pi x} l\,dx$$

在给定时刻(t 为定值)，通过线圈所包围面积(S) 的磁通量为

$$\Phi = \int_S d\Phi = \int_d^{a+d} \frac{\mu kt}{2\pi x} l\,dx = \frac{\mu lkt}{2\pi} \ln\frac{d+a}{d}$$

它随 t 而增加，所以线圈中的感应电动势大小为

$$\varepsilon_i = \left| -\frac{d\Phi}{dt} \right| = \left| -\frac{d}{dt}\left(\frac{\mu ktl}{2\pi}\ln\frac{d+a}{d}\right) \right| = \frac{\mu lk}{2\pi}\ln\frac{d+a}{d}$$

根据楞次定律，为了反抗穿过线圈所包围面积、垂直图面向内的磁通量的增加，线圈中 ε_i 的绕行方向是逆时针的。

例 13-2 在磁感应强度为 $\boldsymbol{B}$ 的均匀磁场中，有一平面线圈，由 N 匝导线绕成。线圈以角速度 ω 绕如图 13.5 所示 OO' 轴转动，$OO' \perp \boldsymbol{B}$，设开始时线圈平面的法线 $\boldsymbol{n}$ 与 $\boldsymbol{B}$ 矢量平行，求线圈中的感应电动势。

解 因为 $t=0$ 时，线圈平面的法线 $\boldsymbol{n}$ 与 $\boldsymbol{B}$ 矢量平行，所以任一时刻线圈平面的法线 $\boldsymbol{n}$ 与 $\boldsymbol{B}$ 矢量的夹角为 $\theta=\omega t$。因此任一时刻穿过该线圈的磁通链为

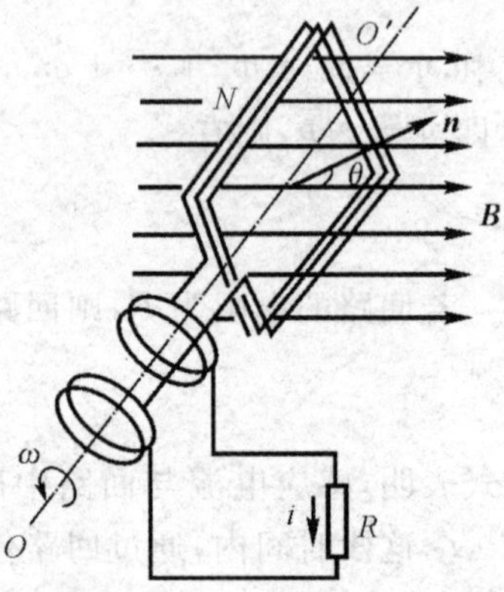

图 13.5

$$\Psi = N\Phi = NBS\cos\theta = NBS\cos\omega t$$

根据电磁感应定律，这时线圈中的感应电动势为

$$\varepsilon_i = -\frac{\mathrm{d}\Phi}{\mathrm{d}t} = -\frac{\mathrm{d}}{\mathrm{d}t}(NBS\cos\omega t) = NBS\omega\sin\omega t$$

式中，N,B,S 和 ω 都是常量，令 $NBS\omega=\varepsilon_{\mathrm{m}}$，叫做电动势振幅，则有

$$\varepsilon_i = \varepsilon_{\mathrm{m}}\sin\omega t$$

如果加电阻为 R，则电路中的电流为

$$I = \frac{\varepsilon_{\mathrm{m}}}{R}\sin\omega t = I_{\mathrm{m}}\sin\omega t$$

式中，$I_{\mathrm{m}}=\frac{\varepsilon_{\mathrm{m}}}{R}$，叫做电流振幅。由此可见，在均匀磁场作匀速转动的线圈能产生交流电，以上就是交流发电机的基本原理。

13.2 动生电动势和感生电动势

前面已指出，不论什么原因，只要穿过回路所包围面积的磁通量发生变化，回路中就要产生感应电动势。而使回路中磁通量发生变化的方式不外乎有下述两种情况：一种是磁场不随时间变化，而回路中的某部分导体运动，使回路面积发生变化导致磁通量变化，使在运动导体中产生感应电动势，这种感应电动势叫动生电动势；另一种是导体回路、面积不变，由于空间磁场随时间改变，导致回路中产生感应电动势，这种感应电动势叫做感生电动势。下面分别讨论这两种电动势。

13.2.1 动生电动势

如图 13.6 所示，在平面回路 $abcda$ 中，长为 l 的导线 ab 可沿 da，cb 滑动，滑动时保持 ab 与 dc 平行。设在磁感应强度为 $\boldsymbol{B}$ 的均匀磁场中，导线 ab 以速度 $\boldsymbol{v}$ 沿图示方向运动，并且 $\overline{ab}$，$\boldsymbol{v}$ 和 $\boldsymbol{B}$ 三者相互垂直，导线 ab 在图示位置时，通过闭合回路 $abcda$ 所包围面积 S 的磁通量为

$$\Phi = \boldsymbol{B}\cdot\boldsymbol{S} = Blx$$

式中，x 为 cb 的长度，当 ab 运动时，x 对时间的变化率 $\frac{\mathrm{d}x}{\mathrm{d}t}=v$，所以动生电动势的量值为

$$\varepsilon_i = \left|-\frac{\mathrm{d}\Phi}{\mathrm{d}t}\right| = \frac{\mathrm{d}}{\mathrm{d}t}(Blx) = Bl\,\frac{\mathrm{d}x}{\mathrm{d}t}$$

即

$$\varepsilon_i = Blv \tag{13-5}$$

这里，磁通量的增量也就是导线所切割的磁感线数，所以动生电动势的量值等于单位时间内导体所切割的磁感线数。

很容易确定动生电动势的方向是由 a 指向 b 的。当导线 ab 沿图示方向运动时，穿过回路的磁通量不断增加，根据楞次定律，感应电流产生的磁场要阻碍回路内磁通量的增加，因此导线 ab 上的动生电动势的方向从 a 到 b 的方向，又因除 ab 外，回路其余部分均不动，感应电动势必集中于 ab 一段内，因此，ab 可视为整个回路的"电源"，可见 b 点的电势高于 a 点。

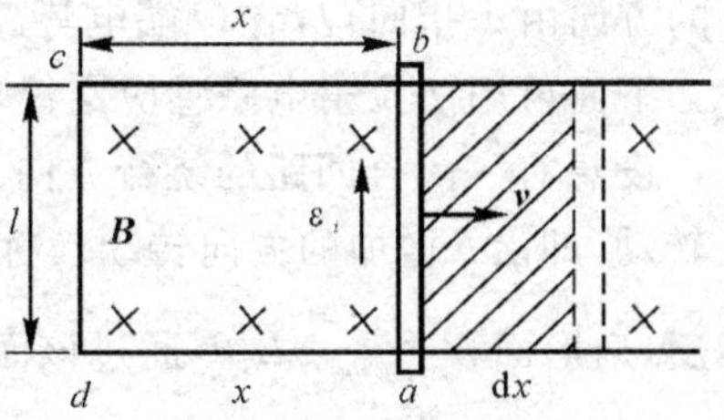

图　13.6

从微观上看，当 ab 以 $\boldsymbol{v}$ 向右运动时，ab 上的自由电子被带着以同一速度向右运动，因而每个自由电子都受洛仑兹力 $\boldsymbol{f}$ 的作用，即

$$\boldsymbol{f} = e\boldsymbol{v} \times \boldsymbol{B}$$

如果把 $\boldsymbol{f}$ 看成是非静电场的作用，则这个非静电场的强度应为

$$\boldsymbol{E}_{\mathrm{k}} = \frac{\boldsymbol{f}}{e} = \boldsymbol{v} \times \boldsymbol{B}$$

根据电动势的定义，$\overline{ab}$ 中产生的动生电动势就是这种非静电力作用的结果。因此

$$\varepsilon_i = \int_a^b \boldsymbol{E}_{\mathrm{k}} \cdot \mathrm{d}\boldsymbol{l} = \int_a^b (\boldsymbol{v} \times \boldsymbol{B}) \cdot \mathrm{d}\boldsymbol{l} \tag{13-6}$$

这就是动生电动势的一般表达式。它表明，动生电动势是由洛仑兹力引起的，也就是说，洛仑兹力是产生动生电动势的非静电力。因为 $\boldsymbol{v} \perp \boldsymbol{B}$，而且单位正电荷受力的方向就是 $(\boldsymbol{v} \times \boldsymbol{B})$ 的矢积方向，并与 $\mathrm{d}\boldsymbol{l}$ 方向一致，于是有

$$\varepsilon_i = \int_a^b (\boldsymbol{v} \times \boldsymbol{B}) \cdot \mathrm{d}\boldsymbol{l} = \int_0^l vB\,\mathrm{d}l = Blv$$

这是从微观上分析动生电动势产生的原因所得的结果，显然它与通过回路磁通量变化计算的结果(式(13-5))是一致的。因此，式(13-6)是计算动生电动势的普遍式。

例 13-3　一根长 L 的铜棒，在磁感应强度为 $\boldsymbol{B}$ 的均匀磁场中，以角速度 ω 在与磁场方向垂直的平面内绕棒的一端作匀速转动(见图 13.7)，试求铜棒两端之间产生的动生电动势。

解　如图 13.7 所示，因为 Oa 棒上各点的速度不同，在棒上取一微元 $\mathrm{d}\boldsymbol{l}$($\mathrm{d}\boldsymbol{l}$ 方向由 O 指向 a)，它与转轴的距离为 l，对应的速度大小为 $v = l\omega$，该小段在磁场中运动时所产生的动生电动势 $\mathrm{d}\varepsilon_i$ 为

$$\mathrm{d}\varepsilon_i = (\boldsymbol{v} \times \boldsymbol{B}) \cdot \mathrm{d}\boldsymbol{l} = vB\sin(\boldsymbol{v} \cdot \boldsymbol{B})\mathrm{d}l$$

因$(\boldsymbol{v} \cdot \boldsymbol{B}) = \dfrac{\pi}{2}$，故 $\sin\dfrac{\pi}{2} = 1$，即得

$$\mathrm{d}\varepsilon_i = vB\,\mathrm{d}l = Bl\omega\,\mathrm{d}l$$

$\mathrm{d}\varepsilon_i$ 的方向与矢积$(\boldsymbol{v} \times \boldsymbol{B})$的方向相同，即从 a 指向 O，对长度为 L 的铜棒来说，可以分成许多小段，各小段均有 $\mathrm{d}\varepsilon_i$，而且方向都相同。对整个铜棒可以看做是各小段串联，其总电动势等于各小段动生电动势的代数和，有

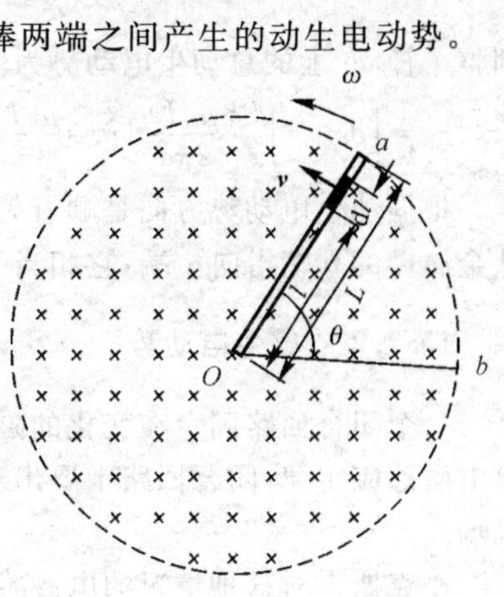

图　13.7

$$\varepsilon_i=\int d\varepsilon_i=\int_0^L Bl\omega\,dl=\frac{1}{2}B\omega l^2\Big|_0^L=\frac{1}{2}B\omega L^2$$

ε_i 的方向由 a 指向 O，故 O 端电势高。

下面再用法拉第电磁感应定律求解：

设想有一闭合回路的绕行方向为如图13.7所示 $aOba$ 的方向，其中只是铜棒 aO 在作逆时针转动（即沿 θ 增加的方向转动）。由右手螺旋法则判定扇形面积 aOb 的法线方向与 $\boldsymbol{B}$ 的方向相反，扇形面积 $S=\frac{1}{2}L^2\theta$，通过该面积的磁通量为

$$\Phi=-BS=-\frac{1}{2}BL^2\theta$$

所以感应电动势为

$$\varepsilon_i=-\frac{d\Phi}{dt}=-\frac{d}{dt}\left(-\frac{1}{2}BL^2\theta\right)=\frac{1}{2}BL^2\frac{d\theta}{dt}=\frac{1}{2}B\omega L^2$$

因所得的 ε_i 为正值，表明 ε_i 的方向与设定的回路绕行方向 $aOba$ 一致。由于只有 aO 铜棒在运动，所以这一感应电动势是在 aO 铜棒上，方向沿 aO 方向，这一结论与前一解法结果相同。

例 13-4 如图13.8所示，长直导线通有电流 $I=10$ A，另一长为 $l=0.20$ m 的金属棒 ab 以速率 $v=2.0\ \text{m}\cdot\text{s}^{-1}$ 平行长直导线作匀速运动，如棒与长直导线共面正交，且靠近导线的一端距导线 $d=0.1$ m，求棒中的动生电动势。

解 棒 ab，$\boldsymbol{v}$，$\boldsymbol{B}$ 三者相互垂直，但长直导线在棒上产生的磁感应强度逐点不同，所以要把金属棒分成许多线段元 dx，这样在每一段 dx 处的磁场可看做是均匀的，磁感应强度的大小为

$$B=\frac{\mu_0 I}{2\pi x}$$

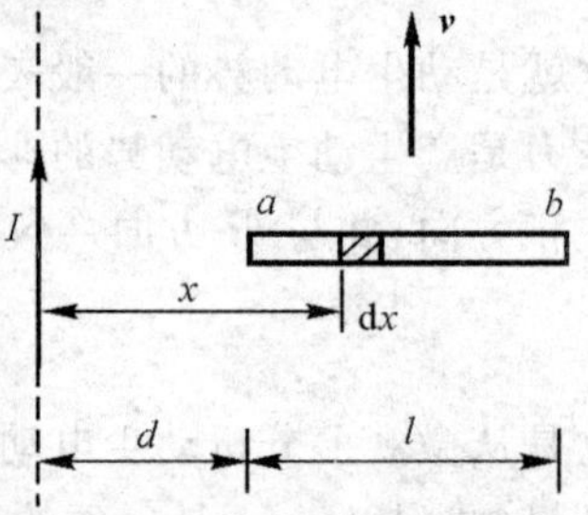

图 13.8

它的方向是垂直于图面向内，于是微元 dx 上动生电动势的大小为

$$d\varepsilon_i=(\boldsymbol{v}\times\boldsymbol{B})\cdot d\boldsymbol{x}=vB\,dx=\frac{\mu_0 Iv}{2\pi x}dx$$

则整个杆 ab 上的总动生电动势为

$$\varepsilon_i=\int d\varepsilon_i=\int_d^{d+l}\frac{\mu_0 Iv}{2\pi x}dx=\frac{\mu_0 I}{2\pi}v\ln\left(\frac{d+l}{d}\right)=\frac{4\pi\times10^{-7}\times10}{2\pi}\times2\times\ln3=4.4\times10^{-6}\ \text{V}$$

根据动生电动势方向是顺着矢积（$\boldsymbol{v}\times\boldsymbol{B}$）的方向，所以在导线 ab 中，动生电动势的方向是从金属棒的 b 端指向 a 端，它相当于一个电源，a 端电势高。

13.2.2 感生电动势

一个闭合回路固定在变化的磁场中，则穿过闭合回路的磁通量就要发生变化。根据法拉第电磁感应定律，闭合回路中要出现感应电动势。因而在闭合回路中，必定存在一种非静电性电场。

麦克斯韦对这种情况的电磁感应现象作出如下假设：任何变化的磁场在它周围空间里都要产生一种非静电性的电场，叫做感生电场，感生电场用符号 $\boldsymbol{E}_k$ 表示。感生电场与静电场有相同处也有不同处。它们的相同处就是对场中的电荷都施以力的作用；而不同处是：① 激发的原因不同，静电场是由静电荷激发的，而感生电场则是由变化磁场激发的；② 静电场的电场

线起源于正电荷，终止于负电荷，静电场是势场，而感生电场的电场线是闭合的，其方向与变化磁场（$\frac{\mathrm{d}B}{\mathrm{d}t}>0$）的关系满足左旋法则，因此感生电场不是势场而是涡旋场。正是由于涡旋电场的存在，才在闭合回路中产生感生电动势，其大小等于把单位正电荷沿任意闭合回路移动一周时，感生电场 $\boldsymbol{E}_{\mathrm{k}}$ 所做的功，表示为

$$\varepsilon_i=\oint_L \boldsymbol{E}_{\mathrm{k}}\cdot \mathrm{d}\boldsymbol{l}=-\frac{\mathrm{d}\Phi}{\mathrm{d}t} \tag{13-7}$$

应当指出：法拉第建立的电磁感应定律，即式(13－1)，只适用于由导体构成的回路，而根据麦克斯韦关于感生电场的假设，则电磁感应定律有更深刻的意义，即不管有无导体构成闭合回路，也不管回路是在真空中还是在介质中，式(13－7)都是适用的。也就是说，在变化的磁场周围空间里，到处充满感生电场，感生电场 $\boldsymbol{E}_{\mathrm{k}}$ 的环流满足式(13－7)。如果有闭合的导体回路放入该感生电场中，感生电场就迫使导体中自由电荷作宏观运动，从而显示出感生电流；如果导体回路不存在，只不过没有感生电流而已，但感生电场还是存在的。

从式(13－7)还可看出，感生电场 $\boldsymbol{E}_{\mathrm{k}}$ 的环流一般不为零，所以感生电场是涡旋场（又叫涡电场）。该式的另一意义是：感生电场使单位正电荷沿闭合路径移动一周所做的功一般不为零，所以感生电场是非保守场。

关于感生电场的假设，已被近代科学实验所证实。例如电子感应加速器就是利用变化磁场所产生的感生电场来加速电子的。

例 13－5　在半径为 R 的载流长直螺线管中，设磁感应强度为 $\boldsymbol{B}$ 的均匀磁场，以恒定的变化率 $\frac{\mathrm{d}\boldsymbol{B}}{\mathrm{d}t}$ 随时间增加。图 13.9(a) 表示的是这个均匀磁场的横截面，试问在螺线管内、外的感生电场强度如何分布？

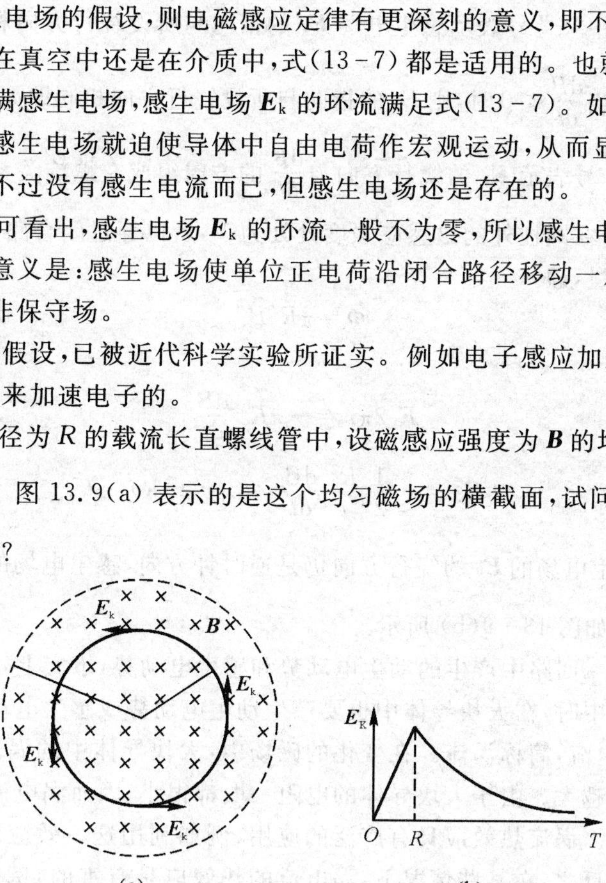

(a)　(b)

图　13.9

解　由于磁场的分布对圆柱的轴线对称，因而当磁场变化时所产生的感生电场的电场线也应对轴线对称，又因为这种电场线必须是闭合曲线，所以感生电场的电场线只能是圆心在轴线上，且在与轴线垂直的平面内的同轴圆周；此外，与轴线距离相等处，感生电场 E_{k} 的大小应相等。因此要计算某点感生电场 $\boldsymbol{E}_{\mathrm{k}}$ 的大小，只要取通过该点的同轴圆周作为积分路径，并设 $\boldsymbol{E}_{\mathrm{k}}$ 的指向与路径的绕行方向一致，且与 $\boldsymbol{B}$ 矢量成右螺旋关系，根据式(13－7)求得：

在 $r<R$ 处，$\boldsymbol{E}_{\mathrm{k}}$ 的环流为

$$\oint_l \boldsymbol{E}_{\mathrm{k}}\cdot \mathrm{d}\boldsymbol{l}=\oint_l E_{\mathrm{k}}\mathrm{d}l=E_{\mathrm{k}}\oint_l \mathrm{d}l=E_{\mathrm{k}}2\pi r$$

穿过该闭合路径所包围面积的磁通量为

$$\Phi=\int_S \boldsymbol{B}\cdot \mathrm{d}\boldsymbol{S}=\int B\mathrm{d}S=B\int \mathrm{d}S=B\pi r^2$$

把上面两式代入式(13-7),对于给定的 r 值,有

$$E_k\cdot 2\pi r=-\left(\frac{\mathrm{d}B}{\mathrm{d}t}\right)\cdot \pi r^2$$

所以

$$E_k=-\frac{1}{2}r\frac{\mathrm{d}B}{\mathrm{d}t}\qquad (r<R)$$

当$\frac{\mathrm{d}B}{\mathrm{d}t}>0$时,式中"-"号表示感生电场 $\boldsymbol{E}_k$ 的指向与所设绕行方向相反,即如图 13.9(a)所示的逆时针方向。当$\frac{\mathrm{d}B}{\mathrm{d}t}<0$时,则 $\boldsymbol{E}_k$ 的指向与所设绕行方向相同即如图 13.9(a) 所示方向相反。总之,式中"-"号表示 $\boldsymbol{E}_k$ 的绕行方向与$\frac{\mathrm{d}\boldsymbol{B}}{\mathrm{d}t}$的方向组成左螺旋关系。

在 $r>R$ 处,由于在圆柱外的磁感应强度处处为零,所以穿过闭合路径的磁通量就等于穿过圆柱横截面的磁通量,即

$$\Phi=\pi R^2 B$$

根据式(13-7),有

$$E_k 2\pi r=-\pi R^2\frac{\mathrm{d}B}{\mathrm{d}t}$$

所以

$$E_k=-\frac{1}{2}\frac{R^2}{r}\frac{\mathrm{d}B}{\mathrm{d}t}\qquad (r>R)$$

当$\frac{\mathrm{d}B}{\mathrm{d}t}>0$时,感生电场的 $\boldsymbol{E}_k$ 的绕行方向仍是逆时针方向,感生电场的大小 E_k 与轴线到观测者的距离 r 的关系如图 13-9(b) 所示。

以上只讨论了某一回路中产生的动生电动势和感生电动势,事实上,当大块导体在磁场中运动或处于变化磁场中时,在大块导体中也要产生动生电动势或感生电动势,因而要产生涡旋状感应电流,叫做涡电流,简称涡流。在变化的磁场中,大块导体中的涡流与磁场的变化频率有关,频率越高,涡流越大。由于大块导体的电阻一般都很小,因而涡电流通常是很强大的,从而产生剧烈的热效应。涡流热效应具有广泛的应用,例如利用这一效应所制成的感应电炉可以用于真空冶炼等。反之,在某些情况下,涡电流的热效应是有害的,例如在电机中为尽量减少涡电流的损耗,常采用彼此绝缘的硅钢片叠成一定形状,用来代替整块铁芯。

13.3 自感及其在工程技术中的应用

感生电动势也发生在电感器中,这种器件和电阻器、电容器一样,都是交流电路中的常见器件。下面介绍这种器件所发生的电磁感应现象和其特征量。

13.3.1 自感现象

从前面的学习中我们已经知道,若通过一个线圈回路的磁通量发生变化时,就会在线圈回路中产生感应电动势,而不管其磁通量改变是由什么原因引起的。

如图 13.10 所示，一个匝数为 N 的线圈回路与电源 E 及滑线电阻 R 相连接，当 R 固定为某值时回路的电流为 I，通过线圈的通量为 Φ（定值），当滑动电阻 R 使回路电流发生改变时，导致由此电流产生的穿过线圈本身所包围面积的磁通量发生改变，因而在回路中产生感生电动势。这种因回路的电流变化而在回路自身产生感生电动势的现象叫做自感现象。所产生的感生电动势叫做自感电动势，用 ε_L 表示。

通有电流的回路是一个密绕线圈，或是一个环形螺线管，或是一个边缘效应可忽略的直螺线管。在这些情况下，由回路电流 I 产生的穿过每匝线圈的磁通量 Φ 都可看做是相等的，因而穿过 N 匝线圈的磁通链 $\Psi = N\Phi$ 与线圈中的电流强度 I 成正比，即

$$\Psi = LI \tag{13-8}$$

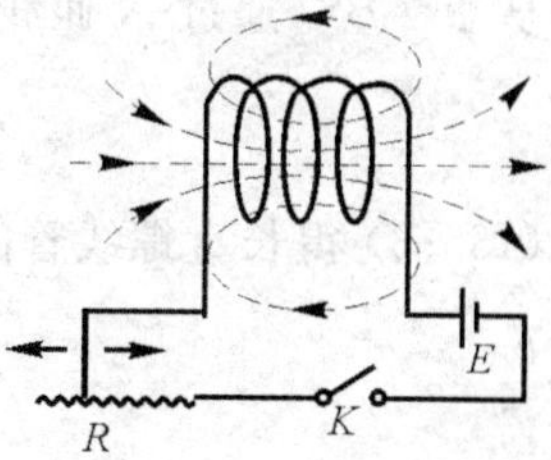

图　13.10

式中，比例系数 L 称为自感系数，简称自感。

自感系数 L 的大小，与线圈本身的大小、几何形状及磁介质的磁导率有关，而与线圈中的电流强度无关。自感系数的物理意义，从式(13-8)可知，当 I 为一个单位时，穿过线圈回路所包围面积的磁通链。

自感系数的单位可由式(13-8)确定，在国际单位制中，当线圈中的电流为 1 安培时，如果穿过线圈的磁通链为 1 韦伯，则该线圈的自感系数为 1 亨利，用 H 表示。实际应用时由于亨利单位太大，故常用毫亨(mH)、微亨(μH)。

自感系数的值一般采用实验的方法来测定，对于一些简单的情况也可根据毕奥-萨伐尔定律和公式进行计算。

13.3.2　自感电动势

当线圈中的电流发生变化时，则通过线圈的磁通链数也发生改变，将在线圈中激起自感电动势，根据法拉第电磁感应定律，有

$$\varepsilon_L = -\frac{\mathrm{d}\Psi}{\mathrm{d}t} = -\frac{\mathrm{d}}{\mathrm{d}t}(LI) = -L\frac{\mathrm{d}I}{\mathrm{d}t} - I\frac{\mathrm{d}L}{\mathrm{d}t}$$

如果线圈的大小、几何形状及周围磁介质的磁导率都不随时间改变时，L 为常数，$\frac{\mathrm{d}L}{\mathrm{d}t}=0$，则有

$$\varepsilon_L = -L\frac{\mathrm{d}I}{\mathrm{d}t} \tag{13-9}$$

根据式(13-9)，自感系数 L 的物理意义也可作如下理解：

$$L = \frac{\varepsilon_L}{\frac{\mathrm{d}I}{\mathrm{d}t}} \tag{13-10}$$

某线圈的自感系数 L，在数值上等于线圈中的电流随时间的变化率为 1 单位时，在该线圈中所激起自感电动势的大小。自感系数 L 的单位也可由式(13-9)确定，当线圈中单位时间内电流改变 1 A，在线圈中产生的自感电动势为 1 V 时，线圈的自感系数为 1 H。

式(13-9)中的负号是楞次定律的数学表示式，说明自感电动势总是反抗回路中电流的变化。回路中电流增加时，自感电动势的方向与电流的方向相反；回路中电流减少时，自感电动势的方向与电流的方向相同。

例 13－6 半径为 R 的长直螺线管的长度为 $l(\gg R)$，均匀密绕 N 匝线圈，管内充满磁导率 μ 为恒量的磁介质，计算该螺线管的自感系数。

解 设 S 为螺线管的横截面积，则 $S=\pi R^2$。因螺线管足够长，除两端外，管内的磁感应强度都是 $B=\mu\dfrac{N}{l}I$，如果忽略两端的磁感应强度较小的因素，则穿过螺线管中每一匝线圈的磁通量都是 $\Phi=BS$，通过 N 匝线圈的磁通链为

$$N\Phi=NBS=\mu\frac{N^2}{l}SI$$

由式(13－8)得长直螺线管的自感系数为

$$L=\frac{N\Phi}{I}=\mu\frac{N^2}{l}S=\mu\frac{N^2}{l^2}Sl$$

令 $\dfrac{N}{l}=n$ 为螺线管单位长度的匝数，$lS=V$ 为螺线管体积，有

$$L=\mu n^2V \tag{13－11}$$

例 13－7 设有一电缆，由两根无限长的同轴圆柱筒的导体组成，其间充满磁导率 μ 为恒量的磁介质。内、外筒沿轴向的电流 I 大小相等，而方向相反。设内、外筒的半径分别为 R_1 和 R_2，求电缆单位长度的自感系数。

解 由安培环路定理，可知在内筒之内及外筒之外的空间中，磁感应强度处处为零。在内、外筒之间，与轴线的距离为 r 处的磁感应强度为

$$B=\frac{\mu I}{2\pi r}\quad(R_1<r<R_2)$$

考虑长为 l 的部分电缆，通过如图 13.11 所示面积元 $l\mathrm{d}r$ 的磁通量为

$$\mathrm{d}\Phi=B\mathrm{d}S=Bl\,\mathrm{d}r=\frac{\mu Il}{2\pi}\cdot\frac{\mathrm{d}r}{r}$$

所以在长为 l 的这一段里，通过两筒之间的总磁通量为

$$\Phi=\int\mathrm{d}\Phi=\int_{R_1}^{R_2}\frac{\mu Il}{2\pi}\frac{\mathrm{d}r}{r}=\frac{\mu Il}{2\pi}\ln\frac{R_2}{R_1}$$

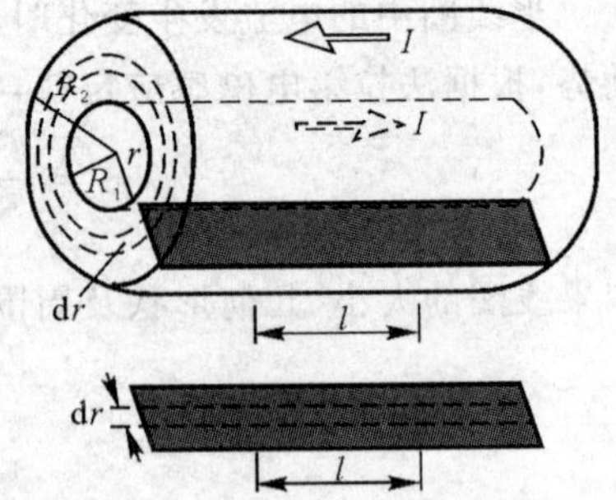

图 13.11

由于电缆的内外筒构成一个单回路，所以 $N=1$；由式(13－8)有

$$L=\frac{N\Phi}{I}=\frac{\mu l}{2\pi}\ln\frac{R_2}{R_1}$$

所以单位长度的自感系数为

$$L_1=\frac{L}{l}=\frac{\mu}{2\pi}\ln\frac{R_2}{R_1}$$

13.3.3 自感的应用

在工程技术和日常生活中，自感现象有广泛的应用，无线电技术和电工中常用的扼流圈、日光灯上用的镇流器等，都是利用自感原理控制回路中电流变化的。在许多情况下，自感现象也会带来危害，在实际应用中应采取措施予以防止。如当无轨电车在路面不平的道路上行驶时，由于车身颠簸，车顶上的受电弓有时会短时间脱离电网而使电路突然断开。这时由于自感而产生的自感电动势，在电网和受电弓之间形成较高电压，导致空气隙"击穿"产生电弧造成电

网的损坏，人们可针对这种情况，采取一些措施避免电网出现故障。电机和强力电磁铁，在电路中都相当于自感很大的线圈，在起动和断开电路时，往往因自感在电路形成瞬时的过大电流，有时会造成事故。为减少这种危险，电机采用降压启动，断路时，增加电阻使电流减小，然后再断开电路。大电流电力系统中的开关，还附加有"灭弧"装置，如油开关及其稳压装置等。

13.4　互感及其在工程技术中的应用

13.4.1　互感现象

如图 13.12 所示，两个彼此靠近的回路 1 和 2，分别通有电流 I_1 和 I_2，当回路 1 中的电流 I_1 改变时，由于它所激起的磁场将随之改变，使通过回路 2 的磁通量发生改变，这样便在回路 2 中激起感应电动势。同样，回路 2 中电流改变，也会在回路 1 中激起感应电动势，这种现象称为互感现象，所产生的电动势称为互感电动势。

当回路 1 通有电流 I_1 时，由毕奥-萨伐尔定律可以确定它在回路 2 处所激发的磁感应强度与 I_1 成正比，通过回路 2 的磁通链为

$$\Psi_{21} = M_{21} I_1 \tag{13-12}$$

同理可得出回路 2 的电流 I_2，在回路 1 处所激发的磁感应强度，通过回路 1 的磁通链数为

$$\Psi_{12} = M_{12} I_2 \tag{13-13}$$

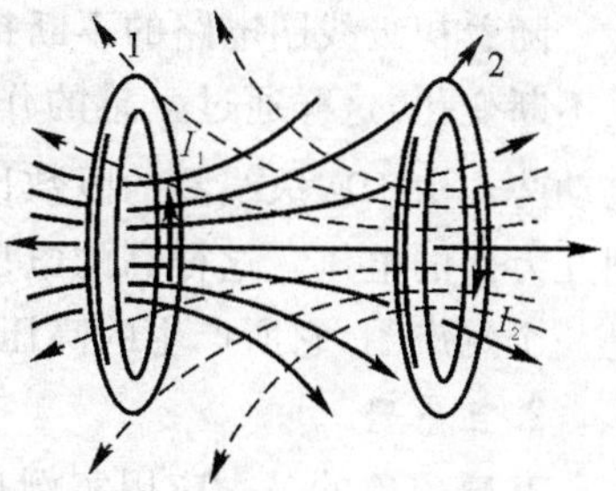

图　13.12

式(13－12) 和式(13－13) 中的 M_{21}，M_{12} 仅与两回路的结构(形状、大小、匝数)、相对位置及周围磁介质的磁导率有关，而与回路中电流无关。理论和实验都证明 $M_{21} = M_{12}$。令 $M_{21} = M_{12} = M$，称为两回路的互感系数，简称互感。

互感系数的物理意义由式(13－12) 和式(13－13) 得出：两回路的互感系数在数值上等于一个回路通过单位电流时，通过另一个回路的磁通链数。互感系数的单位和自感系数一样，在国际单位制中为亨利(H)，常用毫亨(mH) 或微亨(μH) 等。

13.4.2　互感电动势

如图 13.12 所示，在两回路的自身条件不变的情况下，当回路 1 中电流发生改变时，将在回路 2 中激起互感电动势 ε_{21}。根据法拉第电磁感应定律，有

$$\varepsilon_{21} = -\frac{\mathrm{d}\Psi_{21}}{\mathrm{d}t} = -M\frac{\mathrm{d}I_1}{\mathrm{d}t} \tag{13-14}$$

同理，回路 2 中电流发生变化时，在回路 1 中激起的互感电动势为

$$\varepsilon_{12} = -\frac{\mathrm{d}\Psi_{12}}{\mathrm{d}t} = -M\frac{\mathrm{d}I_2}{\mathrm{d}t} \tag{13-15}$$

互感系数的物理意义也可由式(13－14) 和式(13－15) 看出，两回路的互感系数在数值上等于其中一个回路中电流随时间变化率为 1 单位时，在另一回路所激起互感电动势的大小。

式(13－14) 和式(13－15) 中的负号表示，在一个线圈中所激起的互感电动势要反抗另一线圈中电流的变化。

13.4.3 互感的应用

1. 感应圈

感应圈是在工业生产和实验室中，用直流电源来获得得高压的一种装置，它的主要结构如图13.13所示。在铁芯上绕有两个线圈。初级线圈的匝数 N_1 较少，它经断续器 M、D、电键 K 和低压直流电源 E 相连接。在初级线圈的外面套有一个用绝缘很好的金属导线绕成的次级线圈，次级线圈的匝数 N_2 比初级线圈的匝数 N_1 大得多，即 $N_2 \gg N_1$。

闭合电键 K，初级线圈内有电流通过。这时，铁心因被磁化而吸引小铁锤 M，使 M 与螺钉 D 分离，电路重被切断。电路一旦被切断，铁芯的磁性就消失。这时，小铁锤 M 在弹簧片的弹力作用下又重新和螺钉 D 相接触，于是电路重新被接通。这样，由于断续器的作用，初级线圈电路的接通和断开，将自动地反复进行。

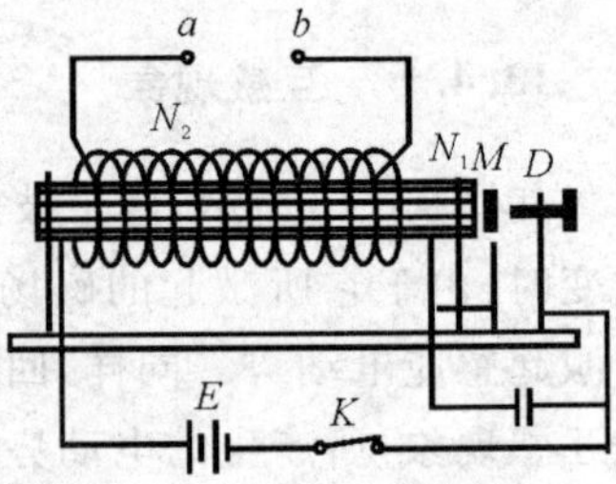

图 13.13 感应圈的结构

随着初级线圈电路的不断接通和断开，初级线圈中的电流也不断变化，这样通过互感的作用，就在次级线圈中产生感应电动势。由于次级线圈的匝数比初级线圈的匝数多得多，因而在次级线圈中能获得高达1万到几万伏的电压。这样高的电压，可以使 a，b 间产生火花放电现象。汽油发动机的点火器，就是一个感应圈，它所产生的高压放电的火花，能把混合气体点燃。

2. 互感器

互感现象的另一应用实例是互感器。互感器的作用原理与变压器一样。由于用途不同，互感器又分为电压互感器和电流互感器。

我们知道，如果变压器的初级线圈匝数为 N_1，次级线圈匝数为 N_2，那么，当输入电压为 U_1 时，输出电压 U_2 为

$$U_2 = \frac{N_2}{N_1} U_1$$

若 $N_2 > N_1$，则 $U_2 > U_1$，这种变压器为升压变压器；若 $N_2 < N_1$，则 $U_2 < U_1$，这种变压器为降压变压器。

电压互感器实际上是一个降压变压器，常在测量交流高压时与小量程电压表配合使用。如图13.14所示是用电压互感器测量交流高压的原理图。根据变压器的原理，高电压 U_1 与所测得的低电压 U_2 之间的关系为

$$U_1 = \left(\frac{N_1}{N_2}\right) U_2 \tag{13-16}$$

式中，N_1，N_2 为电压互感器内两组线圈的匝数。对于一定的电压互感器，$\frac{N_1}{N_2}$ 为一常数，所以，只要把由电压表测得的电压 U_2 乘以 $\frac{N_1}{N_2}$，就可得到被测电压 U_1。

电流互感器实际上是一个升压变压器，常在测量大电流时与小量程电流表配合使用。图13.15是用电流互感器测量大电流的原理图。根据变压器原理，被测电流 I_1 与交流表所测得电流 I_2 之间有下述关系：

$$I_1 = \frac{N_2}{N_1} I_2 \tag{13-17}$$

对于一定的电流互感器，$\frac{N_2}{N_1}$ 为一常数，所以，只要用电流表测得电流 I_2，就可由式(13-17) 求得被测电流 I_2。

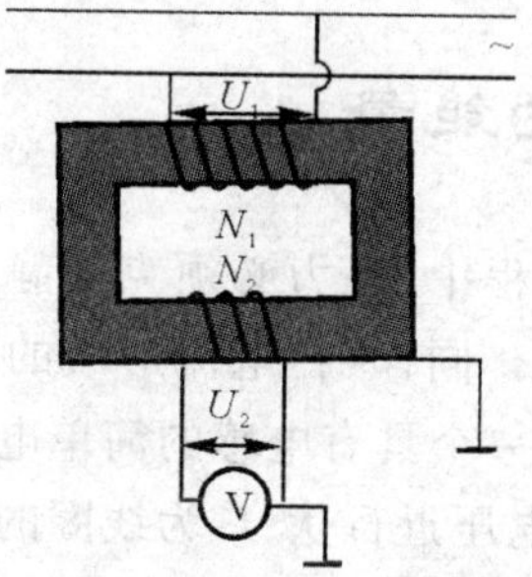

图 13.14　电压互感器

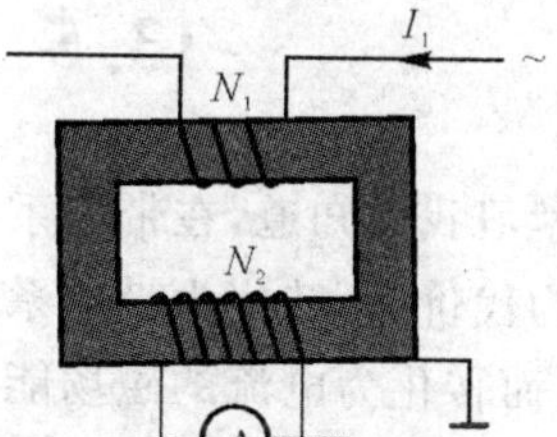

图 13.15　电流互感器

工厂中常用的钳形电流表(见图 13.16) 就是一种电流互感器，它的铁芯是钳形的，可以打开和闭合，用它测交流电时，不必断开电路，所以使用简便。

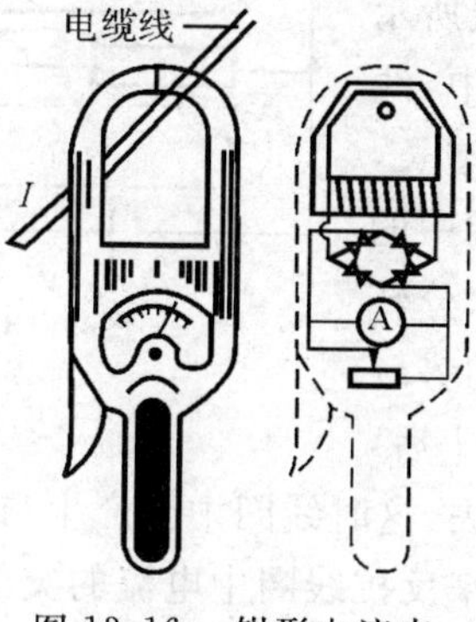

图 13.16　钳形电流表

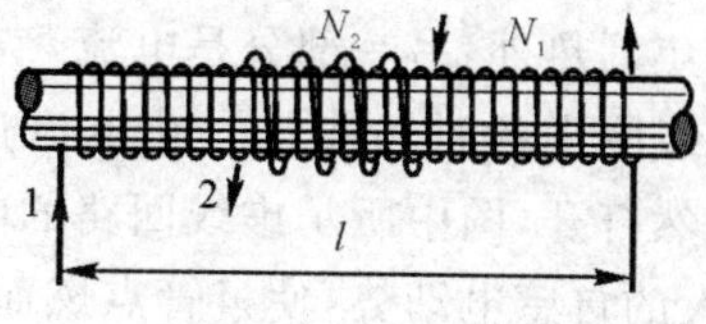

图　13.17

例 13-8　设在一长度 l 为 1 m，横截面积为 10 cm^2，密绕有 N_1 为 1 000 匝线圈的长直螺线管中部再绕有 N_2 为 20 匝的线圈(见图 13.17)。(1) 试计算这两个共轴螺线管的互感系数；(2) 如果在回路 1 中电流随时间变化率为 10 A · s^{-1}，求回路 2 中所引起的互感电动势。

解　(1) 如果在长直螺线管上通过的电流为 I_1，则螺线管内中部的磁感应强度为

$$B = \mu_0 \frac{N_1 I_1}{l}$$

穿过 N_2 匝线圈的总磁通量为

$$\Phi_{21} = BSN_2 = \mu_0 \frac{N_1 I_1 S N_2}{l}$$

根据互感系数定义，由式(13-12) 有

$$M = \frac{\Phi_{21}}{I_1} = \mu_0 \frac{N_1 N_2 S}{l}$$

代入题给数值，得

$$M=\frac{12.57\times10^{-7}\times1000\times20\times10^{-3}}{1}=25.1\times10^{-6}\,\mathrm{H}=25.1\,\mu\mathrm{H}$$

(2) 在回路 2 中所引起的互感电动势，由式(13－14)可得

$$\varepsilon_{21}=-M\frac{\mathrm{d}I_1}{\mathrm{d}t}=-25.1\times10^{-6}\,\mathrm{H}\times10\mathrm{A}\cdot\mathrm{s}^{-1}=-25.1\times10^{-5}\,\mathrm{V}$$

13.5 磁场的能量

通过电学的学习我们知道，在带电系统的形成过程中，外力必须克服静电力做功，以消耗其他形式的能量为代价，而转化为带电系统的电场能。同样，在电流形成的过程中，也要消耗其他形式的能量，而转化为电流的磁场能量。先考察一个具有电感的简单电路。

在如图 13.18 所示电路中，N 为氖管，它的点燃电压近百伏：L 为线圈的自感，R 为线圈的等效电阻，ε 为一节电池的电动势。在电键 K 闭合前、后，氖管不亮。但是在闭合的电键打开的瞬间，氖管就发出红色的闪光。氖管发光的能量从何获得呢？下面由实验进行分析。

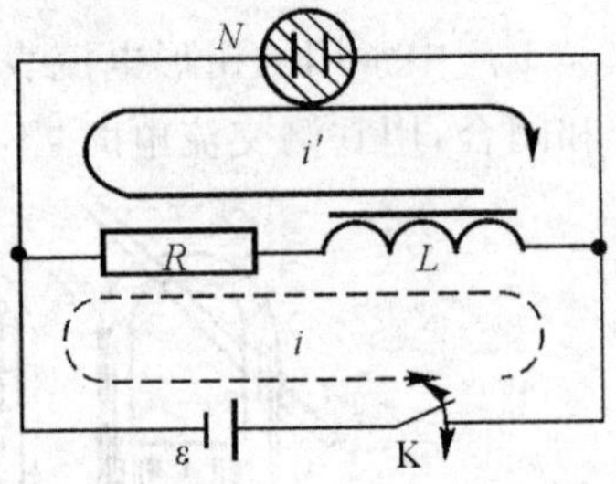

图 13.18

如图 13.18 所示，当电键未闭合前，电路中没有电流，线圈也没有磁场。如果闭合电键，由于电源的电动势比氖管的点燃电压小得多，氖管处于断路状态，所以只有图中虚线所示的回路电流 i，立即从零逐渐增长。在电流增长的过程中，线圈里产生与电流方向相反的自感电动势来反抗电流的增长，使电流不能立即增长到稳定值 I。随着电流的增长，线圈中的磁场增强。在这一过程中，电源 ε 所提供的电能，除一部分转化为电阻上的焦耳热外，另一部分是电流 i 克服自感电动势 ε_L 做功而转化为线圈中的磁场能量。在电流达到稳定值 I 后，如果把电键突然打开，图中所示虚线回路的电流立即消失，这时线圈中会产生与原来电流方向相同的、足够大的自感电动势，使氖管点燃而成为通路，来反抗线圈中电流的突然消失，从而使线圈中的电流 i' 沿图示实线回路，由 I 逐渐消失，线圈中的磁场能也随之逐渐消失。在这一过程中，电源 ε 的回路已断开，线圈中的自感电动势对电流做正功，以释放线圈中的磁场能量，一部分提供点燃氖管所需能量，一部分转化为电阻上的焦耳热。下面就以线圈中的电流增长的过程，推导磁场能量公式。

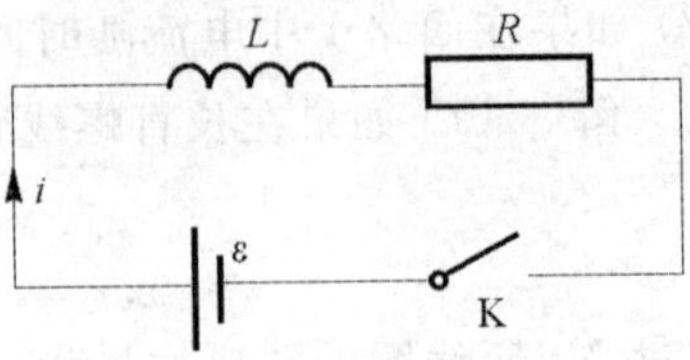

图 13.19　含自感的电路

如图 13.19 所示，开关 K 没有闭合时，回路中无电流，线圈中也没有磁场。闭合开关 K 瞬间，线圈中的电流从零迅速增加到稳定值 I_0。线圈中电流增加的过程中，将在线圈中产生自感电动势 ε_L，在这个过程中，电源提供的能量，一部分通过电阻转变为热能，另一部分用于克服自感电动势做功而转变为线圈中磁场的能量。

设电流从零增加到 I_0 的过程中，t 时刻回路中的电流为 i，则该时刻线圈中的自感电动势为

$$\varepsilon_L=-L\frac{\mathrm{d}i}{\mathrm{d}t}$$

根据欧姆定律，有

$$\varepsilon - L\frac{\mathrm{d}i}{\mathrm{d}t} = iR$$

两边同乘以 $i\mathrm{d}t$，得

$$\varepsilon i\,\mathrm{d}t = i^2 R\mathrm{d}t + Li\,\mathrm{d}i$$

利用初始条件：当 $t=0$ 时，$i=0$；当 $t=t_0$ 时，$i=I_0$，对上式积分，有

$$\int_0^{t_0} \varepsilon i\,\mathrm{d}t = \int_0^{t_0} i^2 R\mathrm{d}t + \int_0^{I_0} Li\,\mathrm{d}i$$

式中，$\int_0^{t_0} \varepsilon i\,\mathrm{d}t$ 是从 $t=0$ 到 $t=t_0$ 时间内电源提供的能量，一部分 $\int_0^{t_0} i^2 R\mathrm{d}t$ 通过电阻 R 转化为焦耳热，另一部分 $\int_0^{I_0} Li\,\mathrm{d}i = \frac{1}{2}LI_0^2$ 则是用于克服自感电动势做功，转化为磁能储存于线圈中。

因此，当自感为 L 的线圈中通过电流 I 时，线圈中所储存的磁能为

$$W_{\mathrm{m}} = \frac{1}{2}LI^2 \tag{13-18}$$

磁场能量也可用反映磁场特征的物理量 —— 磁感应强度 $\boldsymbol{B}$ 来表示。为简单起见，考虑一个长直螺线管，管内充满磁导率为 μ 的磁介质。由于螺线管外的磁场很弱，可认为磁场全部集中在管内，并假定管内各处的磁感应强度 $B=\mu nI$，由例 13-6 可知它的自感系数 $L=\mu n^2 V$。把 L 及 $I=\frac{B}{\mu n}$ 代入式(13-18)，即得磁场能量的另一表达式为

$$W_{\mathrm{m}} = \frac{1}{2}\frac{B^2}{\mu}V \tag{13-19}$$

因 $B=\mu H$，故式(13-19) 又可写成

$$W_{\mathrm{m}} = \frac{1}{2}BHV \tag{13-20}$$

$$W_{\mathrm{m}} = \frac{1}{2}\mu H^2 V \tag{13-21}$$

式(13-19)，式(13-20) 及式(13-21) 三式等效，V 为螺线管的体积，在通电时，管内的磁场应占据整个体积，所以 V 为充满磁场的空间体积。单位体积所具有的磁场能量，叫做磁能密度，用 w_{m} 表示，即

$$w_{\mathrm{m}} = \frac{W_{\mathrm{m}}}{V} = \frac{1}{2}\frac{B^2}{\mu} = \frac{1}{2}BH = \frac{1}{2}\mu H^2 \tag{13-22}$$

虽然式(13-22) 是从长直螺线管这一特殊情况导出的，但可证明它是任何情况下都适用的普遍式。即空间任一点的磁场能量密度只与该点的磁感应强度和介质的磁导率有关。由此可见，在磁场存在的空间里有磁场能量。

当空间磁场是均匀磁场时，磁场能量应等于磁能密度与磁场存在的空间体积的乘积，即

$$W_{\mathrm{m}} = w_{\mathrm{m}}V \tag{13-23}$$

如果空间磁场不是均匀场，可以证明式(13-22) 仍成立，只是它表示的是场中某小体积 $\mathrm{d}V$ 内的磁能密度，在 $\mathrm{d}V$ 内认为 $\boldsymbol{B}$ 和 $\boldsymbol{H}$ 是均匀的，于是 $\mathrm{d}V$ 体积内的磁能为

$$\mathrm{d}W_{\mathrm{m}} = w_{\mathrm{m}}\mathrm{d}V$$

而整个非均匀磁场的磁能为

$$W_m = \int_V w_m \mathrm{d}V \tag{13-24}$$

式中,积分应遍及磁场所分布的空间。

例 13-9 应用磁场能量公式求同轴圆柱体壳长度为 l 时的自感系数。

解 设在同轴圆柱体壳上均匀通有强度为 I 的电流,但方向相反,如图 13.20 所示,应用安培环路定理很容易确定,在 $R_2 < r$ 和 $r < R_1$ 区间内的磁感应强度均为零。在 $R_1 < r < R_2$ 区间内其磁场强度为

$$H = \frac{I}{2\pi r}$$

此区间内磁场能量密度 w_m 为

$$w_m = \frac{1}{2}\mu H^2 = \frac{\mu I^2}{8\pi^2 r^2}$$

式中,μ 为圆柱体壳间磁介质的磁导率。长度为 l 的两同轴圆柱体壳间体积内的总磁场能量为

$$W_m = \int_V w_m \mathrm{d}V = \frac{\mu}{8\pi^2} I^2 \int_V \frac{\mathrm{d}V}{r^2}$$

而 $\mathrm{d}V = 2\pi r \mathrm{d}r l$,代入上式得

$$W_m = \frac{\mu}{4\pi} I^2 l \int_{R_1}^{R_2} \frac{\mathrm{d}r}{r} = \frac{\mu l}{4\pi} I^2 \ln \frac{R_2}{R_1}$$

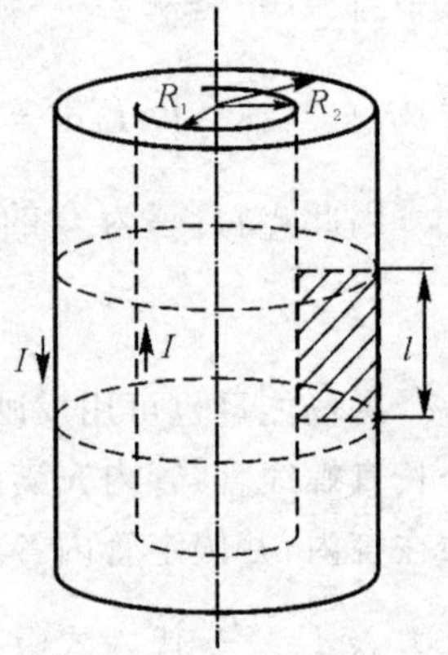

图 13.20

另一方面,根据自感磁能公式

$$W_m = \frac{1}{2} L I^2$$

两式相比较便得出长度为 l 时两同轴圆柱体壳的自感系数为

$$L = \frac{\mu l}{2\pi} \ln \frac{R_2}{R_1}$$

本例结果和例题 13-7 所得结果相同。通过本例间接验证了磁场能量公式的普适性。

13.6 麦克斯韦电磁场理论的基本概念

麦克斯韦(James Clerk Maxwell,1831—1879 年)是英国伟大的物理学家。

麦克斯韦是经典电磁理论的奠基人,他在提出了“有旋电场”和“位移电流”假说的基础上,把电场和磁场统一起来,建立了电磁场理论,1873 年,麦克斯韦的《电磁学通论》问世,这是一部可以与牛顿的《自然哲学的数学原理》相提并论的巨著,它涉及电磁学的各研究领域,内容极其广泛,成果也非常丰富。这部专著处处闪烁着智慧和创造力的光芒,给后人以重要的启示和鼓舞。

麦克斯韦还是气体动理论的创始人之一。

纵观麦克斯韦的一生,他的科学思想和研究方法的特点是:① 麦克斯韦的成功,在很大程度上是由他的首创精神决定的,他非常强调“新研究领域的发现和新科学观念的发展”;② 善于正确地、历史地审查物理学已有的重要成果及其基础,天才地发现问题的核心和关键,做出具有开拓性和奠基性的重大突破,直至建立完善的理论体系;③ 涉足的领域广泛多样,他往往在一个时期内同时交叉地从事多领域的研究,都做出了卓越的贡献;④ 重视科学理论与实验

的结合，他所创建的卡文迪许实验室是世界上实验物理的研究中心，已成为人才辈出和硕果累累的摇篮。

13.6.1　电磁场中基本实验定律的总结

为便于读者对电磁场理论的理解，先把前面已学过的有关静止电荷和稳恒电流的基本电磁现象归纳为四条基本规律：

$$\oint_S \boldsymbol{D}^{(1)} \cdot \mathrm{d}\boldsymbol{S} = \Sigma q \quad \text{（静电场的高斯定理）} \tag{13-25}$$

$$\oint_L \boldsymbol{E}^{(1)} \cdot \mathrm{d}\boldsymbol{l} = 0 \quad \text{（静电场的环路定理）} \tag{13-26}$$

$$\oint_S \boldsymbol{B}^{(1)} \cdot \mathrm{d}\boldsymbol{S} = 0 \quad \text{（磁场的高斯定理）} \tag{13-27}$$

$$\oint_L \boldsymbol{H}^{(1)} \cdot \mathrm{d}\boldsymbol{l} = \Sigma I \quad \text{（磁场的环路定理）} \tag{13-28}$$

在上述方程中，$\boldsymbol{E}^{(1)}$，$\boldsymbol{D}^{(1)}$，$\boldsymbol{B}^{(1)}$，$\boldsymbol{H}^{(1)}$ 各量右上角所加的符号(1)，标明这里所指的场是由静止电荷和稳恒电流产生的。在本章 13.2.2 中，我们也介绍了麦克斯韦提出的“变化磁场能产生感生电场”即“涡旋电场”的假说，还讨论了涡旋电场场强的环流和变化的磁场之间的定量关系(式(13－7))：

$$\oint_L \boldsymbol{E}^{(2)} \cdot \mathrm{d}l = -\frac{\mathrm{d}\Phi_\mathrm{m}}{\mathrm{d}t} \tag{13-29}$$

式中，$\boldsymbol{E}^{(2)}$ 表示涡旋电场的场强，Φ_m 表示磁通量。

麦克斯韦在总结前人成就的基础上，着重从场的观点考虑问题，把一切电磁现象及其有关规律，看做电场与磁场的性质、变化以及其间的相互联系或相互作用在不同场合下的具体表现。他不仅认为变化磁场能产生电场，而且还进一步认为：变化电场应该与电流一样，也能在空间产生磁场。后者就是所谓的“位移电流产生一磁场”的假说。这个假说和“涡旋电场”的假说一起，为建立完整的电磁场理论奠定了基础，也是理解变化电磁场能在空间传播或理解电磁波存在的理论根据。下面首先介绍位移电流的概念。

13.6.2　位移电流和全电流

我们知道，在一个不含电容器的闭合回路中，传导电流是连续的。也就是说，在任何一个时刻，通过导体上某一截面的电流应等于通过导体上其他任一截面的电流。

但是，在含有电容器的电路中，情况就不同了。设有一电路，其中接有平板电容器 AB，如图 13.21 所示，图(a) 和图(b) 分别表示电容器充电和放电的情形。不论在充电或放电时，通过电路中导体上任何横截面的电流强度，在同一时刻都相等，但是这种在金属导体中的传导电流，不能在电容器的两极板之间的真空或电介质中流动，因而对整个电路来说，传导电流是不连续的。

但是，我们注意到：在上述电路中，当电容器充电或放电时，电容器两极板上的电荷 q 和电荷面密度 σ 都随时间而变化(充电时增加，放电时减少)，极板内的电流强度以及电流密度分别等于$\frac{\mathrm{d}q}{\mathrm{d}t}$ 和$\frac{\mathrm{d}\sigma}{\mathrm{d}t}$。与此同时，两极板之间，电位移矢量 $\boldsymbol{D}$ 和通过整个截面的电位移通量 $\Phi_\mathrm{e} = DS$，也都随时间而变化。按静电学，在国际单位制中，平行板电容器内电位移矢量 $\boldsymbol{D}$ 等于极板上的

电荷面密度 σ，而电位移通量 Φ_D 等于极板上的总电荷 $\sigma S=q$，所以 $\frac{d\boldsymbol{D}}{dt}$ 和 $\frac{d\Phi}{dt}$ 在量值上也分别等于 $\frac{d\sigma}{dt}$ 和 $\frac{dq}{dt}$。关于方向，充电时，电场增加，$\frac{d\boldsymbol{D}}{dt}$ 的方向与场的方向一致，也与导体中传导电流的方向一致(见图 13.21(a))；放电时，电场减少，$\frac{d\boldsymbol{D}}{dt}$ 的方向与场的方向相反，但仍与导体中传导电流方向一致(见图 13.21(b))。至于 $\frac{d\Phi}{dt}$，无论在充电或放电时，其量值均相应地等于导体中的传导电流强度。因此，如果把电路中的传导电流和电容器内的电场变化联系起来考虑，并把电容器两极板间电场的变化看做相当于某种电流在流动，那么整个电路中的电流仍可视为保持连续。把变化的电场看做电流的论点，就是麦克斯韦所提出的位移电流的概念。位移电流密度 δ_d 和位移电流强度 I_d 分别定义为

$$\delta_d=\frac{d\boldsymbol{D}}{dt} \tag{13-30}$$

$$I_d=\frac{d\Phi_D}{dt} \tag{13-31}$$

上述定义式说明，电场中某点的位移电流密度等于该点处电位移矢量的时间变化率，通过电场中的某截面的位移电流强度等于通过该截面的电位移通量的时间变化率。

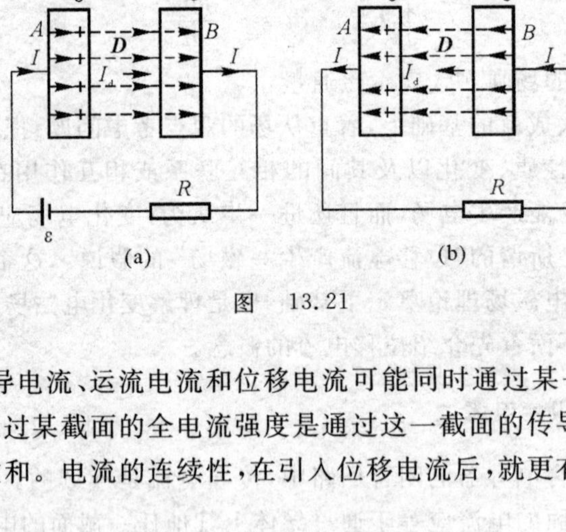

图 13.21

在一般情形下，传导电流、运流电流和位移电流可能同时通过某一截面，因此麦克斯韦又提出全电流的概念。通过某截面的全电流强度是通过这一截面的传导电流及运流电流的强度 I 和位移电流 I_d 的代数和。电流的连续性，在引入位移电流后，就更有其普遍的意义。全电流总是连续的。

13.6.3 位移电流的磁场

应该强调指出，位移电流的引入，不仅说明了电流的连续性，还同时揭示了电场和磁场的重要性质。根据麦克斯韦的假说，即与传导电流或运流电流所产生的磁效应完全相同，位移电流也在周围空间产生磁场。现在，这一假说已经直接或间接地为无数实验事实所证实。

令 $\boldsymbol{H}^{(2)}$ 表示位移电流 I_d 所产生的感生磁场的磁场强度，根据上述假说，可仿照安培环路定理建立：

$$\oint_L \boldsymbol{H}^{(2)}\cdot d\boldsymbol{l}=I_d=\frac{d\Phi_D}{dt} \tag{13-32}$$

式(13-32)说明，在位移电流所产生的磁场中，磁场强度 $\boldsymbol{H}^{(2)}$ 沿任何闭合回路的线积分，即

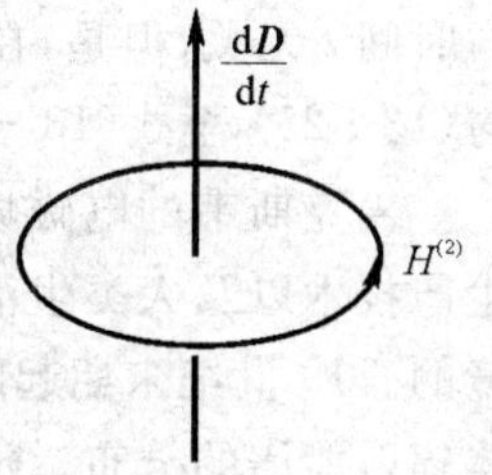

图　13.22

$\boldsymbol{H}^{(2)}$ 的环流，等于通过该回路所包围面积的电位移通量的时间变化率。并且 $\boldsymbol{H}^{(2)}$ 和回路中的电位移矢量的变化率 $\frac{\mathrm{d}\boldsymbol{D}}{\mathrm{d}t}$ 形成右旋关系：如果右手螺旋沿着 $\boldsymbol{H}^{(2)}$ 线绕行方向转动，那么，螺旋前进的方向就是 $\frac{\mathrm{d}\boldsymbol{D}}{\mathrm{d}t}$ 的方向（见图 13.22）。

我们应该注意，传导电流和位移电流是两个不同的物理概念：虽然在产生磁场方面，位移电流和传导电流是等效的，但在其他方面两者并不相同。传导电流意味着电荷的流动，而位移电流意味着电场的变化。传导电流通过导体时放出焦耳-楞次热，而位移电流通过空间或电介质时，并不放出焦耳-楞次热。在通常情况下，电介质中的电流主要是位移电流，传导电流可忽略不计；而在导体中则主要是传导电流，位移电流可以忽略不计。但在高频电流情况下，导体内的位移电流和传导电流同样起作用，不可忽略。

13.6.4　麦克斯韦方程的积分形式

麦克斯韦引入涡旋电场和位移电流两个重要概念以后，首先对静电场和稳恒电流的磁场所遵从的场方程组加以修正和推广，使之可适用于一般的电磁场。

在一般情况下，电场既包括静电场，也包括涡旋电场，因此场强 $\boldsymbol{E}$ 应写成两种场强的矢量和，即

$$\boldsymbol{E}=\boldsymbol{E}^{(1)}+\boldsymbol{E}^{(2)}$$

引入式(13－29) 所示涡旋电场的线积分式，可将 $\boldsymbol{E}$ 沿闭合回路线积分写作

$$\oint_L \boldsymbol{E}\cdot\mathrm{d}\boldsymbol{l}=\oint_L \boldsymbol{E}^{(1)}\cdot\mathrm{d}\boldsymbol{l}+\oint_L \boldsymbol{E}^{(2)}\cdot\mathrm{d}\boldsymbol{l}=0+\left(-\frac{\mathrm{d}\Phi_{\mathrm{m}}}{\mathrm{d}t}\right)$$

即

$$\oint_L \boldsymbol{E}\cdot\mathrm{d}\boldsymbol{l}=-\frac{\mathrm{d}\Phi_{\mathrm{m}}}{\mathrm{d}t} \tag{13－29a}$$

同理，在一般情形下，磁场既包括传导电流或运流电流所产生的磁场，也包括位移电流所产生的磁场。因此，这时对 $\boldsymbol{H}$ 沿闭合回路线积分应遵从全电流定律：

$$\oint_L \boldsymbol{H}\cdot\mathrm{d}\boldsymbol{l}=\Sigma I+\frac{\mathrm{d}\Phi_D}{\mathrm{d}t} \tag{13－28a}$$

麦克斯韦认为，在一般情形下，式(13－25) 和式(13－27) 仍然成立，而式(13－26) 和式(13－28) 应该以式(13－29a) 和式(13－28a) 代替。由此，得到如下的四个方程：

$$\left.\begin{aligned}
&\oint_S \boldsymbol{D}\cdot\mathrm{d}\boldsymbol{S}=\Sigma q\\
&\oint_L \boldsymbol{E}\cdot\mathrm{d}\boldsymbol{l}=-\frac{\mathrm{d}\Phi_{\mathrm{m}}}{\mathrm{d}t}\\
&\oint_S \boldsymbol{B}\cdot\mathrm{d}\boldsymbol{S}=0\\
&\oint_L \boldsymbol{H}\cdot\mathrm{d}\boldsymbol{l}=\Sigma I+\frac{\mathrm{d}\Phi_D}{\mathrm{d}t}
\end{aligned}\right\} \tag{13－33}$$

这四个方程就是一般所说的积分形式的麦克斯韦方程组。

应该指出，静止电荷和稳恒电流所产生的场量如 $\boldsymbol{D},\boldsymbol{E},\boldsymbol{B},\boldsymbol{H}$ 等，只是空间坐标的函数，而

与时间 t 无关；但是，在一般情况，式(13－33)中，有关各量都是空间坐标和时间的函数。所以与(13－25)至式(13－28)等四式相比，式(13－33)所含的意义远为丰富。

麦克斯韦的电磁场理论在物理学上是一次重大的突破，并对19世纪末到20世纪以来的生产技术以及人类生活产生了深刻变化。当然，物质世界是不可穷尽的，人类的认识是没有止境的。19世纪末期起陆续发现了一些麦克斯韦理论无法解释的实验事实(包括电磁以太、黑体辐射能谱的分布、线光谱的起源、光电效应等)，导致了20世纪以来关于高速运动物体的相对性理论，关于微观系统的量子力学理论以及关于电磁场及其与物质相互作用的量子电动力学理论等的出现，于是物理学的发展史上出现又一次深刻的、富有成果的重大飞跃。

*13.7 电磁波发现的历史

人类对电磁现象的认识开始很早。公元前人们就已经知道，用毛皮摩擦过的琥珀会吸引头发、丝线等；天然的磁石会相互吸引或相互排斥。我国东汉时代的王充在《论衡·乱龙篇》中有"顿牟缀芥，磁石引针"的记载，顿牟就是琥珀，它能吸引轻小的芥籽。王充把摩擦生电的静电吸引和磁石的相互吸引这两种现象相提并论，而又不相互混淆，表明他对电磁现象已有一定的认识，但在当时电与磁还似乎是两种完全不同的现象。

19世纪初，丹麦物理学家奥斯特发现了电流的磁效应，立即在全世界引起了很大的轰动，使人们开始认识到电和磁之间的联系。不少科学家开始致力于这方面的研究，其中有一位学徒出身、后来为电磁学的发展做出伟大贡献的英国科学家——法拉第。

法拉第因幼年时家境贫寒无法上学，13岁时便在一家书店里当学徒工。他勤奋好学，利用工余时间博览群书，使他开拓了视野，激发了他对科学的浓厚兴趣。学徒期满后经英国化学家戴维(Sir H. Davy，1778—1829年)的推荐，到皇家研究院实验室当助理研究员，在戴维的指导下，从事化学研究。由于他全身心地投入，使他在化学等方面的研究取得了很多成果，30岁时便当上了实验室主任，次年成为皇家学院的教授。

1821年，即奥斯特关于电流磁效应的重要发现公布的第二年，戴维受英国权威杂志《哲学年鉴》主编之约，撰写一篇介绍电流磁效应发现以来一年中电磁学研究进展的文章，他把此任务交给了法拉第，促使法拉第把研究方向转到了电磁学领域。法拉第并不满足于重复奥斯特的实验。他逐渐产生了一个想法：既然电能产生磁，那么磁是否也能产生电呢？于是他专心致志地投入到这方面的研究之中，经历了10年之久的无数次失败之后，终于发现了电磁感应现象，认识到磁在发生某种"变化"的情况下会产生电。有一次他在皇家学会演讲结束后，英国首相Glastone问他："你的新发现有何用处？"他回答说："先生，有一天你可能从它收税。"

法拉第另一个重要贡献是提出了"场"的概念。两个带电物体之间有力的相互作用，两根通电导线之间也有力的相互作用，为什么两个并不接触的物体之间会有这种力的作用呢？牛顿在发表他的万有引力定律时，曾简单地认为引力是不需要物质传递，也不需要任何传递时间的一种作用。这种"超距作用"观点虽曾使牛顿本人也深感困惑，但由于牛顿的权威，还是被当时大多数人所接受，并用于解释电荷之间和电流之间的相互作用。法拉第认为，任何相互作用都不可能是超距的，而应通过某种媒质来传递。在他看来，在电荷、电流或磁体周围存在着一种被他称为"场"的物质，正是这种"场"传递着电或磁的作用。法拉第极具想象力，他对这种看不见、摸不着的"场"用"力线"来形象地描绘。他用一张纸覆盖在磁棒上，撒上一些铁屑后轻敲纸张，这些铁屑便形成了“磁场力线”的图形。法拉第关于“场”的概念及其“力线”是物理学中具有开创性意义的见解。爱因斯坦甚至认为：“它的价值要比电磁感应的发现高出许多。”爱因斯坦还说过：“想象力比知识更重要，因为知识是有限的，而想象力概括着世界上的一切，推动着进步，并且是知识进化的源泉。”

法拉第的成功是与他的勤奋刻苦、坚韧不拔的精神以及严格的科学态度分不开的。他认为做实验就是与自然的直接对话，因此工作起来废寝忘食，遇到困难百折不挠。在化学实验中多次发生试管爆炸，伤及了眼睛，他绷上纱布继续做下去。在他勤奋实验的 40 年间，他坚持记下 3 000 多页的实验日记，内容包括几千幅插图和大量的实验条目等。其最后一条的编号是 No. 16041，由于有些条目编号重复，实际的条目比这个数还要多。这里记录了他的成功与更多的失败，这本日记连同他共 20 多集《电的实验研究》，是他留给后人的宝贵遗产。法拉第也被后人誉为 19 世纪最伟大的实验物理学家，是电磁学的奠基人之一。

在法拉第发现电磁感应现象的那一年，英国诞生了另一位物理学家 —— 麦克斯韦，他的青年时代与法拉第大不一样，他是英国两所著名大学 —— 爱丁堡大学和剑桥大学的研究生，受过严格而正规的教育，有着深厚的数学根基和高超的逻辑推理能力。当他读到法拉第的著作时，被他著作中丰富的内容，尤其是“力线”所深深吸引，于是全力投入对“力线”和电磁理论的研究之中。与法拉第一样，麦克斯韦也是一位富有想象力的科学家，他把场、力线与流体、流线作类比，即把正、负电荷比作流体的源与汇、电力线比作流线、电场强度比作流速等，从而可以用研究流体的数学方法来描写电场或磁场，把法拉第的物理“翻译”成了数学。1873 年，麦克斯韦把论文寄给法拉第，法拉第读后写回信大加赞扬说：“起初当我看到这种数学的力强加于这个主题上时，我几乎被吓坏了，尔后我惊异地看到：这个主题居然能处理得这么好！”麦克斯韦抓住了电磁理论的两根主线：其一是“变化的磁场产生电场”；另一则是“变化的电场产生磁场”。认识到电场和磁场在“变化”的情况下，形成不可分割的和谐统一体 —— 电磁场，并把电磁场的基本规律用极其精辟的数学语言 —— 四个方程表达出来。这就是著名的麦克斯韦方程组。

麦克斯韦方程组是他所建立的电磁场理论体系的核心，也是继牛顿之后人类对自然界认识的又一次大综合。半个世纪后，爱因斯坦建立了相对论，人们发现在高速运动情况下牛顿定律必须进行修改，而麦克斯韦方程却不必修改。又经过 20 年，建立了量子力学，人们又发现在微观世界中牛顿定律不再适用，而麦克斯韦方程仍然正确。这说明麦克斯韦的工作是何等的出色！

麦克斯韦方程组的一个重要结果就是预言了电磁波的存在。从麦克斯韦方程组可以推得：变化的电场在其周围产生与之垂直的磁场，变化的磁场也会在其周围产生与之垂直的电场，变化的电场和变化的磁场沿着与两者均垂直的方向传播，这就是电磁波。经计算在“国际单位制中”，电磁波的传播速度为$\frac{1}{\sqrt{\varepsilon\mu}}$，在真空中是$\frac{1}{\sqrt{\varepsilon_0\mu_0}}$。$\varepsilon$ 与 μ 分别为媒质的介电常数与磁导率。而从真空介电常数 $\varepsilon_0 = 8.854\times10^{-12}\ \mathrm{C^2/(N\cdot m^2)}$（本书末常数表中有更精确值）、真空磁导率 $\mu_0 = 4\pi\times10^{-7}\ \mathrm{N\cdot A^2}$，即可算得$\frac{1}{\sqrt{\varepsilon_0\mu_0}} = 3\times10^8\ \mathrm{m/s}$。麦克斯韦指出：“电磁波的这一速度与当时测得的光速如此接近，看来有充分理由断定光本身（以及热辐射和其他形式的辐射）是以波动形式按电磁波规律传播的一种电磁振动。”从而把表面上似乎毫不相干的光现象与电磁现象统一了起来，为人类深刻认识光的本质树起了一座历史的丰碑。

麦克斯韦的理论是如此的深刻、完美和新颖，以致在它问世以后的相当长时间里并不为人们所接受。甚至像德国著名的物理学家亥姆霍兹(H. L. F. Helmhotz,1821—1894 年)这样有才能的人,为了理解它,也花费了好几年的时间。1878 年的夏天,身为柏林大学教授的亥姆霍兹出了一个竞赛题,要学生用实验方法来验证麦克斯韦的电磁理论。他的一位学生,后来成为著名物理学家的赫兹从此开始了这方面的研究。1886 年 10 月,赫兹在做一个放电实验时,偶然发现在其近旁的一个线圈也发出火花,他敏锐地想到这可能是电磁共振。随后他又做了一系列实验,得到证实。实验中,他用一个感应圈与两根一端各装一金属板,另一端各有一金属小球 A 和 B 的金属杆连接,两杆的小球端靠得很近,相当于一个电容器,从而构成一个 LC 振荡回路,并在其附近再放置一个具有开口的金属圈,作为检测器,如图 12.23 所示。回路中的振荡电流在电容器的两极间形成交变电场,变化的电场产生磁场,变化的磁场又产生电场,从而形成电磁波,电磁波的交变电磁场使附近开口的金属圈中也产生高频振荡,高压致使开口处发生火花。因此,此开口金属圈起到了检验电磁波存在的作用。接着赫兹又用类似实验证明电磁波具有类似光的特性,如反射、折射、衍射、偏振等,证实了麦克斯韦电磁理论的正确性。

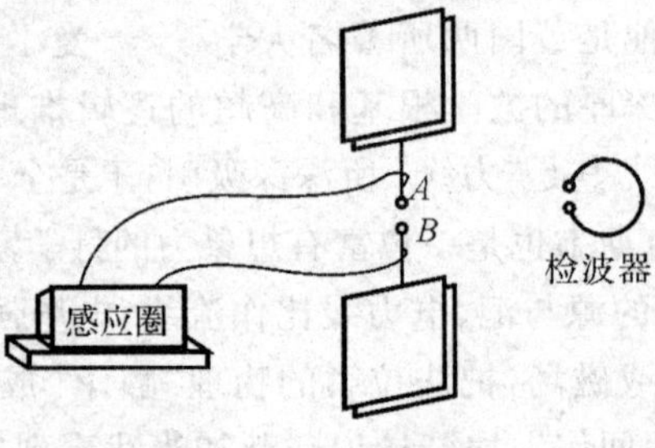

图 13.23　赫兹实验

赫兹的实验轰动了当时整个物理学界,全世界许多实验室立即投入了对电磁波及其应用的研究。在赫兹宣布他的发现后不到六年,意大利的马可尼与俄罗斯的波波夫(А. С. Попов,1859—1906 年)分别实现了无线电远距离传播,并很快投入实际应用。在以后的三四十年间,无线电报、无线电广播、无线电话、传真、电视以及雷达等无线电技术像雨后春笋般地涌现了出来。近几十年来,又实现了无线电遥控、遥测、卫星通信等。可以说,麦克斯韦电磁理论和赫兹实验为人类开创了一个电子技术的新时代。

习　题

1. 如图 13.24 所示,导体棒 AB 与金属轨道 CA 和 DB 接触,整个线框在 $B=0.50$ T 的均匀磁场中,磁场方向与图面垂直,线框宽 $l=0.5$ cm。

(1) 若导体棒以 $4.0\ \mathrm{m\cdot s^{-1}}$ 速率向右运动,求棒内感应电动势的大小和方向;

(2) 若导体棒运动到某一位置时,电路的电阻为 0.20 Ω,求此时棒所受的力(摩擦力可忽略不计);

(3) 比较外力做功的功率和电路中所消耗的热功率。

2. 在通有交流电 $i=I_0\sin\omega t$ 的长直导线旁边,有一个与它共面的矩形线圈 $ABCD$,已知 $BC=l$,$CD=b-a$,如图 13.25 所示。求回路 $ABCD$ 中的感应电动势。

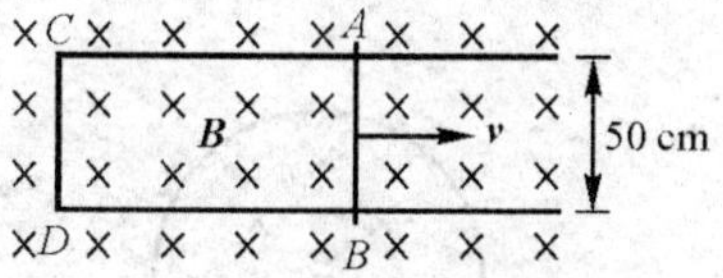

图　13.24

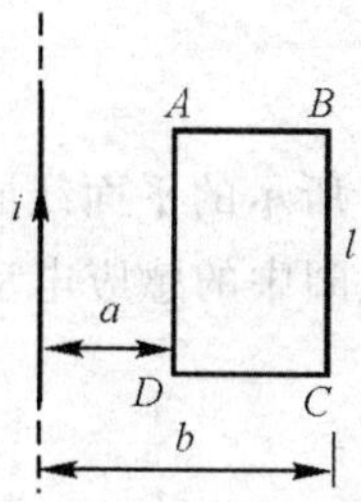

图　13.25

3. AB 和 BC 两段导线，其长均为 10 cm，在 B 处相接成 30° 角，若使导线在均匀磁场中以速率 $v=1.5\,\mathrm{m\cdot s^{-1}}$ 运动，方向如图 13.26 所示。磁场方向垂直纸面向里，磁感应强度为 $B=2.5\times10^{-2}$ T，问 A,C 两端之间的电势差为多少？哪一端电势高？

4. 一长直导线有 $I=5.0$ A 直流电流，在其旁边，有一与它共面的矩形线圈，线圈长 $l=4.0$ cm，宽 $a=2.0$ cm，共 1 000 匝，如图 13.27 所示，线圈以 $v=3.0\,\mathrm{cm\cdot s^{-1}}$ 的速率沿垂直于长导线的方向向右运动，当线圈与直导线相距 $d=5.0$ cm 时，线圈中的感应电动势是多少？

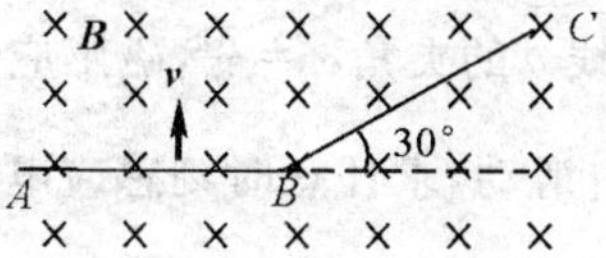

图　13.26

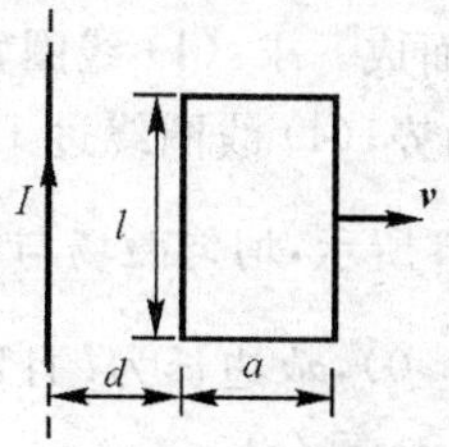

图　13.27

5. 如图 13.28 所示，一金属棒长为 0.5 m，水平放置，以长度为五分之一处为轴心，在水平面内旋转，每秒转两转，已知该处地磁场在竖直方向上的分量 $B_{\perp}=0.50$ T，求 a,b 两端的电势差。

6. 如图 13.29 所示，半径为 R 的导体圆盘，它的轴线与均匀外磁场 $\boldsymbol{B}$ 平行，并以角速度 ω 绕轴转动。(1) 问盘边与盘心间的电势差，那边电势高？(2) 当盘反转时，它们电势的高低是否也会反过来？

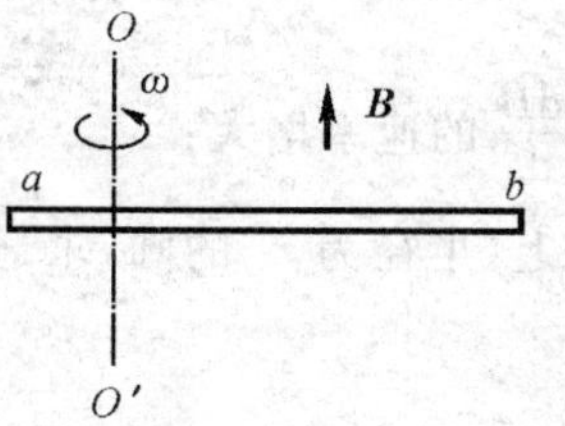

图　13.28

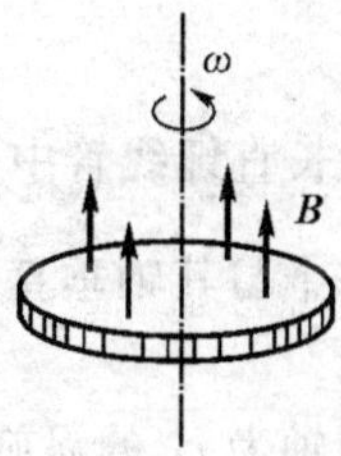

图　13.29

7. 如图 13.20 所示，一长为 l，质量为 m 的导体棒 ab，电阻为 R，沿两条平行的导电轨道无摩擦地滑下，轨道的电阻可忽略不计，轨道与导体棒构成一闭合回路。轨道所在的平面与水平面成 θ 角，整个装置放在均匀磁场中，磁感应强度 $\boldsymbol{B}$ 的方向铅直向上，试证：导体棒 ab 下滑时，其稳定速度的大小为

$$v=\frac{mgR\sin\theta}{B^2l^2\cos^2\theta}$$

8. 如图 13.31 所示的平面线圈，穿过它的磁通量在 0.04 s 内由 8×10^{-3} Wb 均匀地减少到 2×10^{-3} Wb，求线圈中的感应电动势。

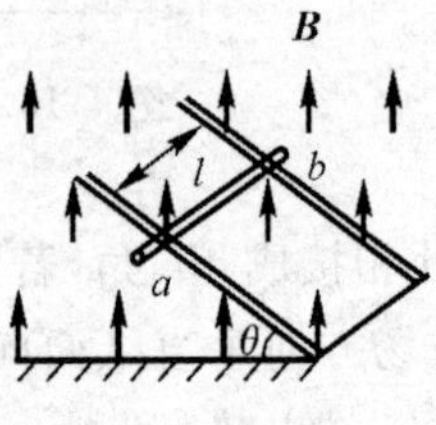

图 13.30

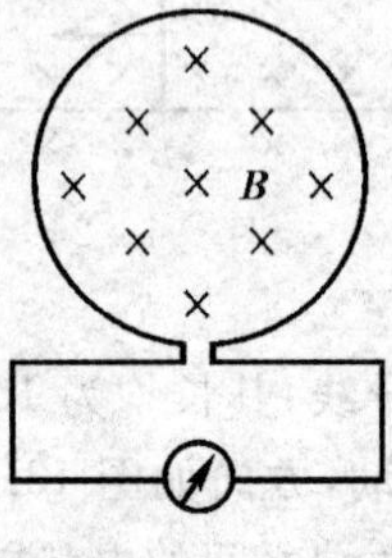

图 13.31

9. 边长为 $a=0.05$ m 的正方形线圈，在 $B=0.84$ T 的磁场中旋转，转速 $n=10$ r/s，线圈平面的初始位置如图 13.32 所示。线圈由截面积 $S=0.5\ \text{mm}^2$、电阻率 $\rho=4\times10^{-5}\ \Omega\cdot\text{cm}$ 的金属丝绕 $N=10$ 匝而成。求：(1) 线圈转到 30° 时的感应电动势；(2) 最大的感应电动势；(3) 第一秒末的感应电动势；(4) 线圈绕过 180° 时在导线中通过的感应电量。

10. 如图 13.33 所示，均匀磁场与导体回路法线 n 的夹角 $\alpha=\dfrac{\pi}{3}$，磁感应强度 B 随时间线性增加，即 $B=kt\,(k>0)$，ab 边长为 l 且以速度 $\boldsymbol{v}$ 向右滑动，求任意时刻感应电动势的大小和方向（设 $t=0$ 时，ab 与 dc 重合）。

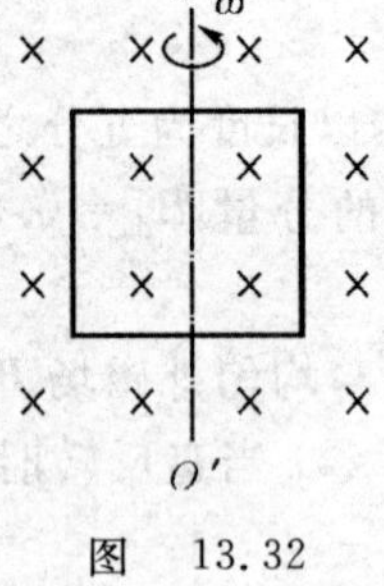

图 13.32

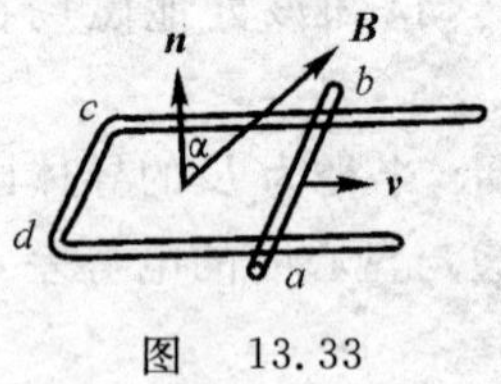

图 13.33

11. 在半径为 R 的长直螺线管中，磁场正以 $\dfrac{dB}{dt}$ 的速率增大：

(1) 螺线管内有一个与其轴垂直，圆心在轴上，半径为 r_1 的圆，求通过此圆面积的磁通量变化率；

(2) 求螺线管内距轴为 r_1 的涡旋电场 E_k；

(3) 求半径为 $\dfrac{R}{2}$ 的圆形回路中的感生电动势的大小。

12. 截面为 $6\ \text{cm}^2$ 的长直螺线管，每厘米绕有 10 匝，通以电流强度为 0.25 A 的电流，管外有一个 2 匝的副线圈，当断开长直螺线管电路后 0.05 s 内管内的磁场变为零，求在副线圈中的平均感生电动势大小。

13. 一截面为长方形的环形螺线管，其尺寸如图 13.34 所示，其有 N 匝，求此螺线管的自感系数。

14. 长为 10 cm，半径为 2.0 cm 的螺线管，均匀地绕有 1 000 匝，另一个 50 匝的线圈绕在螺线管的中部，试求这两个线圈的互感 M。

15. 一个感应器，其自感为 5 H，它所载电流以匀速率递减，即 $\frac{dI}{dt}=-0.02\ \text{A}\cdot\text{s}^{-1}$，试求其自感电动势。

16. 如图 13.35 所示，一矩形线圈长 $a=20$ cm，宽 $b=10$ cm，总匝数 $N=100$ 且导线间彼此绝缘，放在一很长的直线旁并与之共面。该长直导线可视为一个很大的闭合回路的一部分，除直导线外其他部分离线圈都很远，影响可略去不计，求线圈与长直导线间的互感。

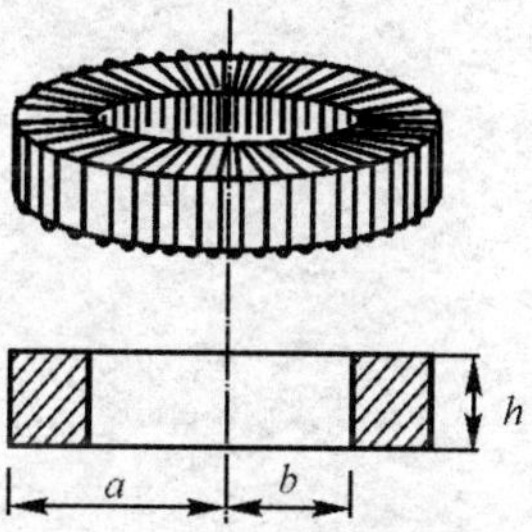

图　13.34

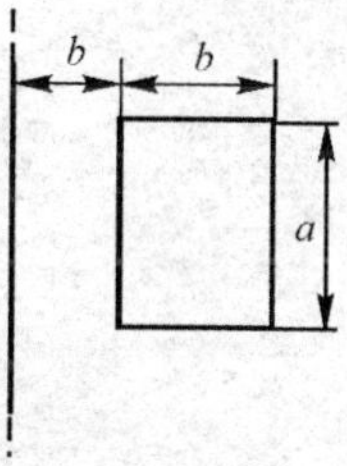

图　13.35

17. 已知两线圈的互感 $M=0.01$ H，第一个线圈内的电流随时间周期性变化，其关系为 $i=10\sin(120\pi)t$(A)，试求在第二个线圈内所产生的感应电动势。

18. 一长直螺线管的长度为 30 cm，直径为 1.5 cm，由 2 500 匝表面绝缘的导线均匀绕制而成，其中铁芯的相对磁导率 $\mu_r=1\ 000$。当它的导线中通有电流为 2.0 A 时，求管中心的磁能密度。

19. 如图 12.36 所示，一矩形线框（其长边与磁场边界平行）以匀速 $\boldsymbol{v}$ 自左侧无场区进入均匀磁场又穿出。进入右侧无场区，试问图(a)～(d)中哪一个图像能最合适地表示线框中电流 I 随时间 t 的变化关系？（不计线框自感）

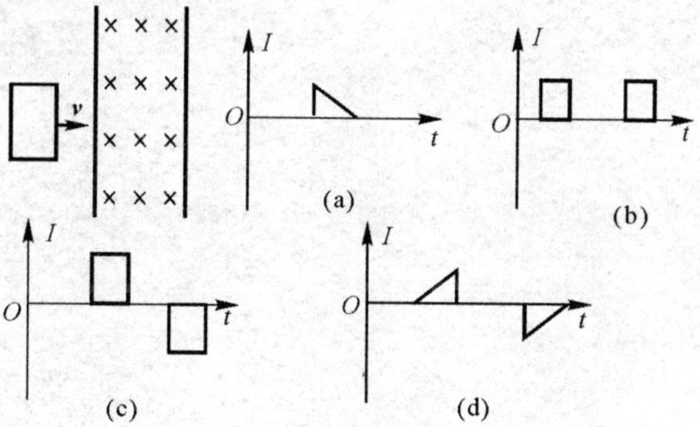

图　13.36

20. 将一导线弯成半径为 5.0 cm 的圆形，当其中通有 100 A 的电流时，求圆心处的磁能密度。

21. 一根半径为 R 的长直导线，载有电流 I，电流均匀分布在其横截面上，试求该载流导线内部单位长度上的磁场能量。

22. 试证明平行板电容器中的位移电流可写为

$$I_d = C\frac{dU}{dt}$$

式中，C 是电容器的电容，U 为两板电势差。

23. 要使极板面积为 $1.0\times10^{-2}\ m^2$ 的真空平行板电容器中产生 1.0 A 的位移电流，板间电场强度的变化率 $\frac{dE}{dt}$ 应为多大？

第14章　波动光学

光学是物理学中发展较早的一个分支，是物理学的一个重要组成部分，在19世纪中期，就已奠定了光的电磁理论基础，自从20世纪60年代激光问世以后，光学已成为现代物理学和科学技术的重要阵地，同时，又出现了许多崭新的分支学科。

光学的发展为生产技术提供了许多精密、快速、生动的实验方法和重要的理论依据，成为提高生产力的有力武器。

人类对光的研究至少有2 000多年的历史，研究最早的内容是几何光学，到了17世纪已有两种关于光的本性的学说：一是牛顿提出的微粒说；二是惠更斯提出的波动说。起初微粒说占统治地位。19世纪初，随着实验技术的提高，光的干涉、衍射、偏振等实验结果证明光具有波动性，而且是横波，使光的波动学说获得普遍承认。19世纪后半叶，麦克斯韦提出了电磁波理论，后又为赫兹的实验所证实，人们才认识到光不是机械波，而一种电磁波，从而形成了以电磁波理论为基础的波动光学。19世纪末和20世纪初，当人们研究光与物质的相互作用问题时，又进一步发现了黑体辐射、光电效应等现象，而这些现象无法用波动光学理论进行解释，只有从光的量子性出发才能说明。至此，人们对光的本性的认识又向前迈了一大步，承认光具有波粒二象性。

以光的波动说为基础，研究光的传播及其规律问题的理论称为波动光学，波动光学的内容，主要包括光的干涉、衍射和偏振，通过双缝实验、薄膜干涉等说明光的干涉的基本原理，由单缝、光栅的衍射叙述光衍射的基本概念和规律，说明偏振的意义，以及起偏和检偏的方法。

14.1　光的干涉

根据麦克斯韦的电磁场理论，光是某一波段的电磁波，可见光波长为400～760 nm，亦即频率在$4.3\times10^{14}\sim7.5\times10^{14}$ Hz之间，电磁波的传播速度的大小v决定于介质的介电系数ε和磁导率μ，有

$$v=\frac{1}{\sqrt{\varepsilon\mu}}$$

在真空中光速为

$$c=\frac{1}{\sqrt{\varepsilon_0\mu_0}}$$

采用国际单位制的单位表示，真空磁导率$\mu_0=4\pi\times10^{-7}\ \mathrm{H\cdot m^{-1}}$，真空介电系数$\varepsilon_0=8.85\times10^{-12}\ \mathrm{N^{-1}\cdot m^{-2}\cdot C^2}$。可推算得

$$c = \frac{1}{\sqrt{\varepsilon_0 \mu_0}} = 2.997\,9 \times 10^8\ \mathrm{m \cdot s^{-1}}$$

由于理论计算结果和实验所测定的真空中的光速恰好相符合，因此可以肯定光波是一种电磁波。电磁波是横波，由两个互相垂直的振动矢量即电场强度 $\boldsymbol{E}$ 和磁场强度 $\boldsymbol{H}$ 来表征，而 $\boldsymbol{E}$ 和 $\boldsymbol{H}$ 都与电磁波的传播方向相垂直。在光波中，产生感光作用与生理作用的是电场强度 $\boldsymbol{E}$，因此我们常将 $\boldsymbol{E}$ 称为光矢量，$\boldsymbol{E}$ 的振动称为光振动，在以后的讨论中，将以 $\boldsymbol{E}$ 振动为主。在光学中，电磁波的强度为光强，用符号 I 表示，它与该光波的电场强度振幅的二次方成正比。

14.1.1 相干光

1. 光源

发射光波的物体称为光源。太阳、白炽灯、日光灯、水银灯、蜡烛等都是人们日常生活中熟悉的光源。

光源发光需要能量去激发，激发的方式决定光源的类型，普通光源有热光源和气体放电光源等。用热能激发的称为热光源，如白炽灯；而日光灯、霓虹灯、道路照明等用高压汞灯和高压钠灯都是气体放电光源。

原子发射的光波是一段频率一定、振动方向一定、有限长的光波，称为光波列。

2. 单色光

具有单一频率的光波称为单色光，严格的单色光是不存在的，任何光源所发出的光波都有一定的频率(或波长)范围，范围越小单色性越好。

3. 相干光

干涉现象是波动过程的基本特征之一，在波动中已经指出。

只有频率相同、振动方向相同、相位相同或相位差保持恒定的两个波源所发出的波才是相干波。两束相干波在空间相遇时产生干涉现象，有的区域的振动总是加强，有的区域的振动总是减弱。对于机械波和无线电波很容易观察到干涉现象，例如，使两个频率相同的音叉在房间里振动，就可以听到房间里有些点的声振动始终很强；而另一些点的振动始终很弱。然而，对于光波，就不容易观察到干涉现象。例如，在一个房间内有两盏完全相同的灯，即使发出相同的频率的光，在光的相遇区域中，也观察不到光的干涉现象，这表明两个独立光源所发出的光波不满足相干条件，其原因与光源的发光机理是分不开的。

一般普通光源(指非激光光源)发光的机理是处于激发态的原子(或分子)的自发辐射，即光源中的原子吸收了外界能量而处于激发态，这些激发态是极不稳定的。电子在激发态上存在的时间平均只有 $10^{-11} \sim 10^{-8}$ s，这样，原子就会自发地回到低激发态或基态，在这个过程中，原子向外发射电磁波(光波)。每个原子的发光是间歇的。一个原子经一次发光后，只有在重新获得足够能量后才会再次发光。每次发光的持续时间极短，约为 10^{-8} s。可见，原子发射的光波是一段频率一定、振动方向一定、有限长的光波列。如图 14.1 所示为原子光波列的示意图。在普通光源中，各个原子的激发和辐射参差不齐，而且彼此之间没有联系，是一种随机过程。因而，不同原子在同一时该所发出的波列在频率、振动方向和相位也各自独立，同一原子在不同时刻所发出的波列之间振动方向和相位也各不相同。

因而，两个独立的光源不是相干光源，同一光源不同部分所发出的光也不能构成相干光，而只有来自同一波列的光才是相干的。

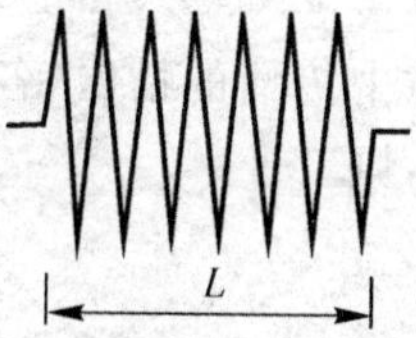

图 14.1　光波波列

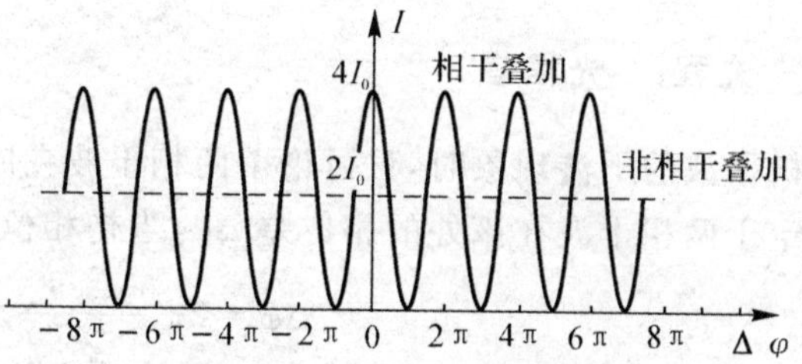

图 14.2　$I_1 = I_2 = I_0$ 时两类叠加的光强分布

（图中实线表示相干叠加；虚线表示非相干叠加）

波的叠加原理是波动遵循的一条基本规律，两列或两列以上的波在交叠区域总是要叠加的。并不是所有情况下波的叠加都能呈现出干涉现象，因此，根据是否能出现干涉现象，可以把波的叠加分为非相干叠加和相干叠加。对光波而言，若两束光叠加时，空间各点的光强简单地等于每束光的强度之和（即 $I = I_1 + I_2$），这种叠加称为非相干叠加。此时，叠加区光强分布均匀，看不到干涉现象。若叠加区各点的光强不简单地等于两束光的强度之和，有的地方 $I > I_1 + I_2$，有的地 $I < I_1 + I_2$，呈现一种强度不均匀的稳定分布，这种叠加就是相干叠加。图14.2给出了 $I_1 = I_2 = I_0$（即两束强度相同的光）时两类叠加的光强分布曲线。可见，光波的相干叠加和非相干叠加只是光能在空间的两种不同分布。非相干叠加时，两束光好像互不干扰地把能量加在一起，形成能量在空间的均匀分布；相干叠加时，则两束光好像互相干扰，能量在空间重新分布。此时，能量的空间分布虽不均匀，但总能量仍是守恒的。

4. 相干光的获得方法

虽然普通光源发出的光是不相干的，但可以采用光学方法，将光源上同一点发出的光分成两部分，并让它们通过不同的路径传播，然后在某一空间区域又重新相遇，发生叠加。

由于这两部分光的相应部分实际上都来自同一发光原子的同一次发光，即每一个光波列都分成两个频率相同、振动方向相同、相位差恒定的波列，因而这两部分光是满足相干条件的相干光。把同一光源发出的光分成两部分的方法有两种：

一种叫分波阵面法（见图 14.3）。由于同一波阵面上各点的振动具有相同相位，所以从同一波阵面上取出的两部分可以作为相干光源。另一种叫分振幅法（见图 14.4），就是当一束光投射到两种介质的分界面上时，一部分反射，一部分透射，随着光能被分成两部分或分成几部分，光的振幅也同时被分成几份。

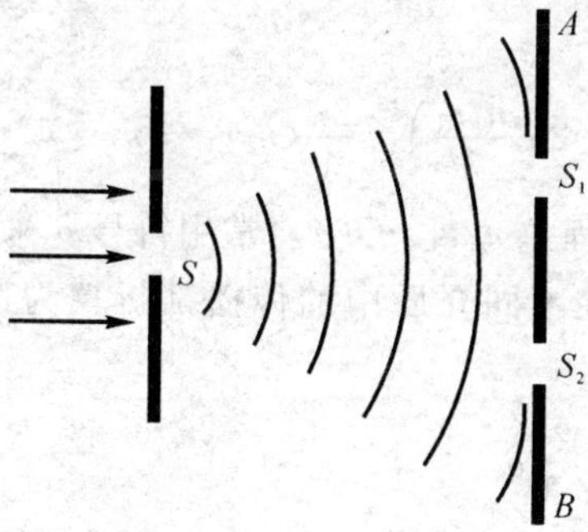

图 14.3　分波阵面法

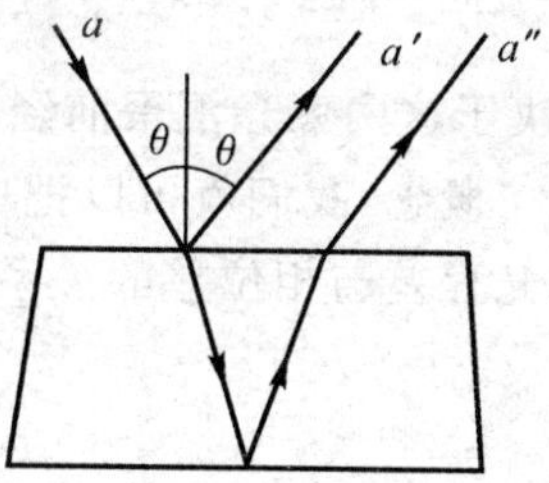

图 14.4　分振幅法

14.1.2 光程 光程差

在讨论机械波的干涉现象时，只讨论了两相干波在同一介质中传播的情况，各处的干涉加强或减弱决定于两相干波在该处的相位差 $\Delta\varphi$，当初相位相同时，则

$$\Delta\varphi = 2\pi \frac{r_2 - r_1}{\lambda}$$

式中，r_1，r_2 分别为两相干波的波源到该处所经历的路程，λ 为两相干波在该介质中的波长。干涉加强还是减弱可由几何路程差 $r_2 - r_1$ 决定，满足

$$r_2 - r_1 = \pm k\lambda \quad (k = 0,1,2,\cdots)$$

处，振幅加强，满足

$$r_2 - r_1 = \pm(2k+1)\frac{\lambda}{2} \quad (k = 0,1,2,\cdots)$$

处，振幅减弱。

但是，在光的干涉现象中，往往两束相干光可以通过不同介质后再相遇而产生干涉，为此引入光程这个概念。

给定单色光的振动频率 ν 在不同介质中是恒定不变的，而光速 v 却是真空中光速 c 的 $\frac{1}{n}$（n 为所在介质的折射率），所以在该介质中，单色光的波长 λ_n 将是真空中波长 λ 的 $\frac{1}{n}$，即

$$\lambda_n = \frac{v}{\nu} = \frac{c}{n\nu} = \frac{\lambda}{n}$$

由于波行进一个波长的距离，相位变化 2π，若光波在介质中传播的几何路程为 r，则相位的变化为

$$\Delta\varphi = 2\pi \frac{r}{\lambda_n} = 2\pi \frac{nr}{\lambda}$$

上式表明，光波在介质中传播时，其相位的变化与光波传播的几何路程 r、真空中的波长 λ 及介质的折射率 n 有关。如果对于任意介质，都采用真空中波长 λ 来计算相位变化，那么就需要把介质中的几何路程 r 乘以折射率 n。我们把光波在某一介质中所经历的几何路程 r 与该介质的折射率 n 的乘积 nr，称为光程。

如图 14.5 所示，两束初相位都是 φ_0 的相干光从 S_1，S_2 发出，分别经历光程 n_1r_1 和 n_2r_2 而会聚于 P 点。这两束光在 P 点的相位差为

$$\Delta\varphi = \left(\varphi_0 - 2\pi\frac{n_2r_2}{\lambda}\right) - \left(\varphi_0 - 2\pi\frac{n_1r_1}{\lambda}\right) = \frac{2\pi}{\lambda}(n_1r_1 - n_2r_2)$$

即相位差 $\Delta\varphi$ 取决于这两束光汇聚前经历的光程差 $n_1r_1 - n_2r_2$，常用符号 δ 来表示光程差。

采用光程这一概念，我们就可以把单色光在不同介质中的传播都折算为该单色光在真空中的传播。于是光程差与相位差的关系为

$$\Delta\varphi = \frac{2\pi}{\lambda}\delta$$

相干光在各处干涉加强还是减弱决定于光程差 δ 而不是几何路程差，满足当

$$\delta = \pm k\lambda \quad (k = 0,1,2,\cdots)$$

时，有 $\Delta\varphi = \pm 2k\pi$，干涉加强；当

$$\delta = \pm (2k+1)\frac{\lambda}{2} \quad (k=0,1,2,\cdots)$$

时，有 $\Delta\varphi = \pm(2k+1)\pi$，干涉减弱。

在干涉和衍射实验中，常常需用薄透镜将平行光线会聚成一点，使用透镜后会不会使平行光的光程引起变化呢？下面对这个问题做简单分析。

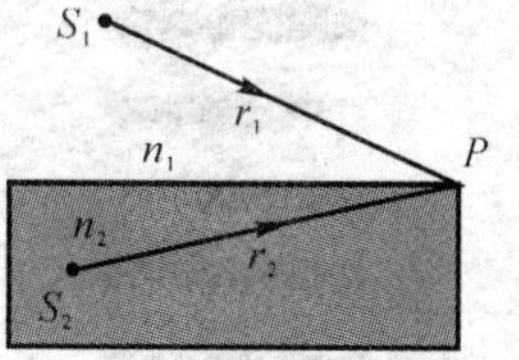

图 14.5　用光程差计算相位差

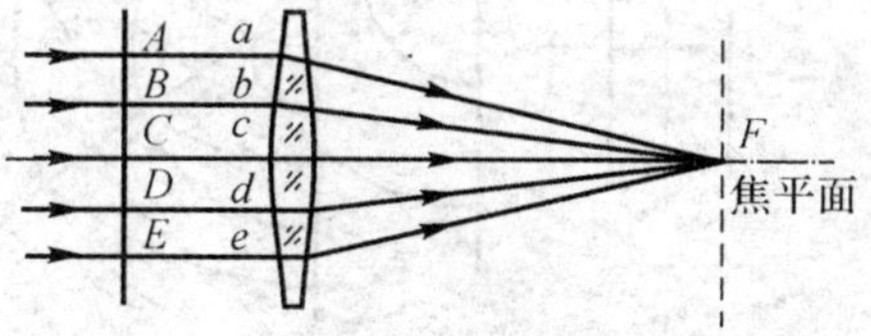

图 14.6　光通过透镜的光程

如图 14.6 所示，一束平行光通过透镜后会聚于焦平面的 F 点，相互加强而成为亮点，这是由于平行光的波面上各点(A,B,C,D,E) 的相位相同，到达焦平面后相位仍相同，因而相互加强。可见从 A,B,C,D,E 各点到达 F 点的光程都相等，也就是说使用薄透镜不会产生附加的光程差。关于这一事实可以这样来理解，图中光 AaF 经过的几何路程虽然比光 CcF 经过的长，但是光 CcF 在透镜中经过的路程比光 AaF 在透镜中经过的长，由于透镜的折射率比空气的大，因此可证明，AaF 与 CcF 及其他各条光的光程都相等，使用透镜只能改变光波的传播情况，但对物像间各光线不会引起附加的光程差。

14.1.3　杨氏双缝　洛埃镜

1. 杨氏双缝实验

两束相干光叠加时，在叠加区域光的强度成明暗有一稳定的分布，这种现象称为光的干涉。干涉现象是光波以及一般波动的特征。

托马斯·杨在 1801 年首先在实验中用分波阵面的方法实现了光的干涉。如图 14.7 所示，在单色平行光的前方放一狭缝 S，S 前又放有两条平行狭缝 S_1 和 S_2，均与 S 平行且等距，这时 S_1 和 S_2 恰在由光源 S 发出的光的同一波面上，构成一对相干光源。从 S 发出的光波波阵面到达 S_1 和 S_2 处，再从 S_1 和 S_2 发出的光就是从同一波阵面分出的两束相干光，它们在空间相遇，将形成干涉现象，若在 S_1 和 S_2 前放一屏幕，屏上将出现明暗相间的平行条纹，称为干涉条纹。

定量分析屏幕上形成干涉明、暗条纹所满足的条件，如图 14.8 所示。设双缝 S_1 与 S_2 的距离为 d，双缝到屏幕的垂直距离为 D，在屏幕上任取一点 P，P 距 S_1 和 S_2 分别为 r_1 和 r_2，从 S_1 和 S_2 所发出的光到达 P 点处的光程差为

$$\delta = \Delta r = r_2 - r_1 \approx d\sin\theta$$

一般情况下，$d \ll D$，且 D 的大小是米的数量级，条纹分布范围 x 的大小为毫米数量级，所以

$$\sin\theta \approx \tan\theta = \frac{x}{D}$$

代入上式得

$$\delta = d\sin\theta = d\frac{x}{D}$$

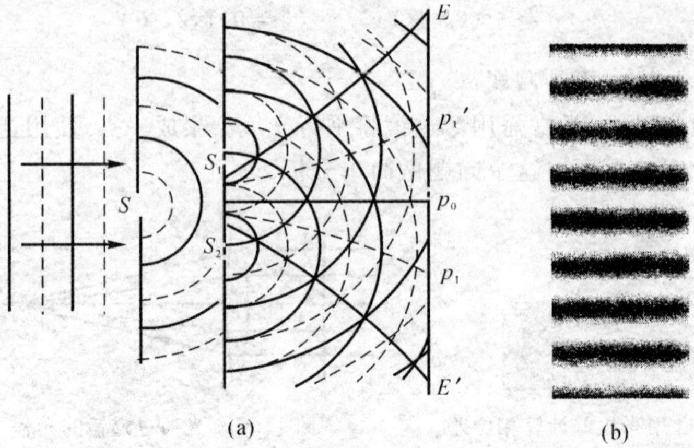

图 14.7　杨氏双缝干涉实验

(a) 双缝干涉；(b) 双缝干涉条纹

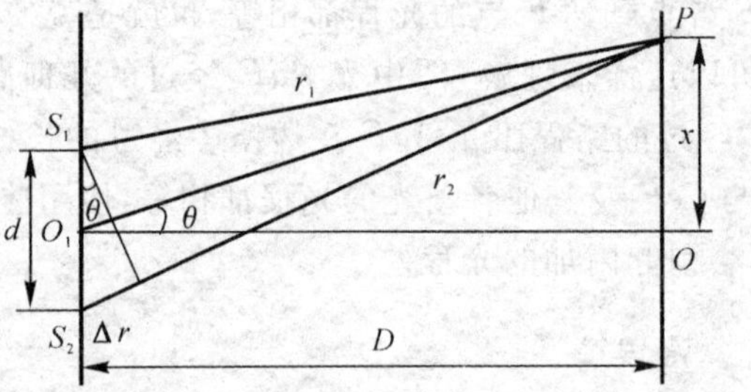

图 14.8　杨氏双缝干涉条纹的计算

设入射光的波长为 λ，由波动理论可知：

(1) 两束光加强的条件为

$$\delta=\frac{dx}{D}=\pm k\lambda$$

则明条纹中心到 O 点的距离为

$$x=\pm\frac{kD\lambda}{d}\quad(k=0,1,2,\cdots)\tag{14-1}$$

当 $k=0$ 时，对应光程为零的明条纹，称为中央明条纹，它位于 $x=0$ 处，其他与 $k=1,2,\cdots$ 对应的明条纹分别称为第一级、第二级 … 明条纹，式中正负号表示干涉条纹对称地分布在中央明纹的两边。

(2) 两束光减弱的条件为

$$\delta=\frac{d}{D}x=\pm(2k+1)\frac{\lambda}{2}$$

则暗纹中心到 O 点的距离为

$$x=\pm(2k+1)\frac{D\lambda}{2d}\quad(k=0,1,2,\cdots)\tag{14-2}$$

式中，与 $k=0,1,2,\cdots$ 对应的暗条纹分别叫第一级、第二级 …… 暗条纹。

从式(14-1)或式(14-2)分析可知，干涉条纹的位置、形状及间距等都由波程差决定。同一条纹由屏上具有相同波程差的点构成，因此，条纹为与缝平行的直纹。相邻两明纹（或暗纹）中心间的距离 Δx 可由式(14－2)求得，即

$$\Delta x = x_{k+1} - x_k = \frac{D}{d}\lambda \tag{14-3}$$

由此可见，双缝干涉条纹有以下特点：① 双缝干涉条纹是明暗相间的、等宽度的，并对称地分布于中央明纹的两边。由于光的波长 λ 很小，因此两缝间的距离 d 必须充分小，而屏幕与双缝的距离 D 应足够大，使得干涉条纹间的距离 Δx 大到用眼睛可以分辨时，才能观察到干涉条纹。② 从式(14－3)可以看到，若 d 与 D 的值一定时，则相邻条纹间的距离 Δx 与入射光波长 λ 成正比，波长较长的红光，所产生的相邻明纹的间距比波长较短的紫光为大，所以紫光条纹较密，红光较稀。③ 如果用白光做实验，除中央明纹是白色外，其他各级明纹因各色光互相错开而形成由紫到红的彩色条纹。

例 14－1　在杨氏双缝干涉实验中，屏与双缝间的距离 $D=1$ m，用钠光灯作单色光源（$\lambda=589.3$ nm）。问：(1) 在 $d=2$ mm 和 $d=10$ mm 两种情况下，相邻明纹间距各为多少？(2) 如肉眼仅能分辨两条纹的间距为 0.15 mm，现用肉眼观察干涉条纹，问双缝的最大间距是多少？

解　(1) 由式(14－3)，相邻两明纹间的距离为

$$\Delta x = \frac{D}{d}\lambda$$

当 $d=2$ mm 时

$$\Delta x = \frac{1\times 589.3\times 10^{-9}}{2\times 10^{-3}} = 2.95\times 10^{-4}\,\mathrm{m} = 0.295\ \mathrm{mm}$$

当 $d=10$ mm 时

$$\Delta x = \frac{1\times 589.3\times 10^{-9}}{10\times 10^{-3}} = 5.89\times 10^{-5}\,\mathrm{m} = 0.059\ \mathrm{mm}$$

(2) 若 $\Delta x=0.15$ mm，则

$$d = \frac{D}{\Delta x}\lambda = \frac{1\times 589.3\times 10^{-9}}{0.15\times 10^{-3}} = 3.93\times 10^{-3}\,\mathrm{m} \approx 4\ \mathrm{mm}$$

表明在这样的条件下，双缝间距必须小于 4 mm 才能看到干涉条纹。

例 14－2　波长 $\lambda=540$ nm 的单色光照射在相距 $d=4\times 10^{-4}$ m 的双缝上，屏到双缝的距离 $D=2$ m，如图 14.9 所示。试求：

(1) 相邻明条纹或相邻暗条纹间的距离；

(2) 中央明纹两侧的两条第 10 级明纹中心的距离 L；

(3) 用一折射率 $n=1.58$ 的薄云母片，覆盖其中的一条缝，屏幕上的第 7 级明纹恰好移到屏幕中央原零级明条纹的位置，云母片的厚度应为多少？

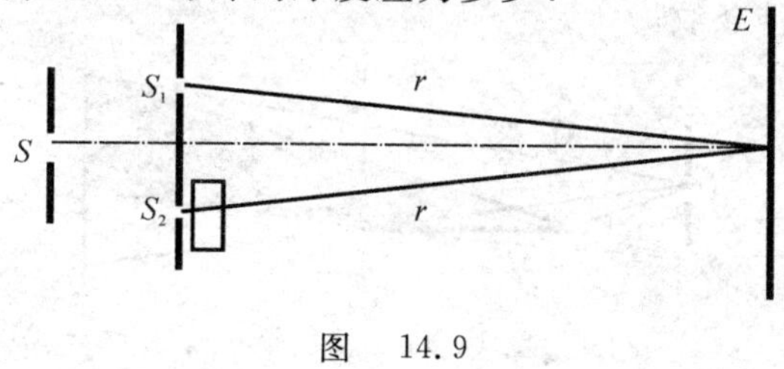

图　14.9

解 (1) 由式(14-3)可知两相邻明条纹或暗条纹之间的距离为

$$\Delta x=\frac{D\lambda}{d}=\frac{2\times 5.4\times 10^{-7}}{4\times 10^{-4}}=2.7\times 10^{-3}\,\text{m}=2.7\ \text{mm}$$

(2) 因为双缝干涉各级明纹中心位置为

$$x_k=\frac{kD\lambda}{d}$$

所以中央明纹两侧的两条第10级明纹中心的距离为

$$L=2x_{10}=\frac{2kD\lambda}{d}=\frac{2\times 10\times 2\times 5.4\times 10^{-7}}{4\times 10^{-4}}=5.4\times 10^{-2}\ \text{m}=5.4\ \text{cm}$$

(3) 根据题意,原来没有光程差的中央明条纹所在位置,现在已是第7级明条纹处,由此可见,因覆盖云母片,从两狭缝传播到屏幕中央的两列光波之间存在7倍于光波波长的光程差,设云母片的厚度为e,狭缝到屏幕中央的距离为r,插入云母片后引起的光程差为

$$\delta=r-e+ne-r=(n-1)e=7\lambda$$

$$e=\frac{7\lambda}{n-1}=\frac{7\times 5.4\times 10^{-7}}{1.58-1}=6.5\times 10^{-6}\ \text{m}$$

2. 菲涅耳双镜实验

1818年,菲涅耳由双镜反射产生相干光源,获得干涉现象。如图14.10所示,M_1和M_2是两个夹角近于180°的平面镜,由狭缝光源S发出的光波一部分在M_1上反射,一部分在M_2上反射,S_1和S_2分别是S在M_1和M_2中所形成的虚像。从M_1和M_2反射出来的两束光,可看做是由S_1和S_2发出的相干光,如果把屏幕放在相遇的区域中,屏幕上将出现干涉条纹,且干涉条纹的性质与杨氏双缝条纹相同。

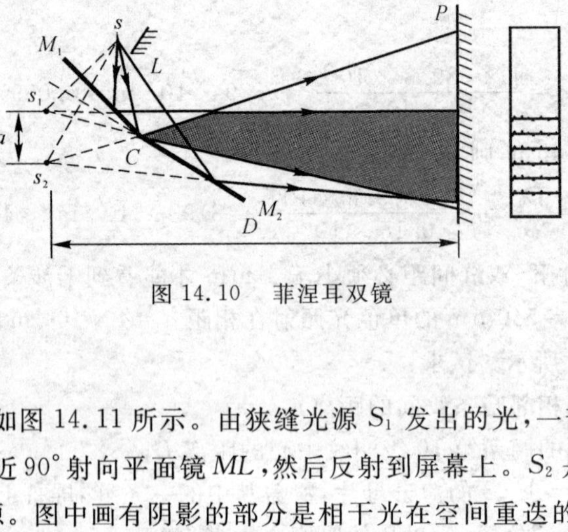

图14.10 菲涅耳双镜

3. 洛埃镜实验

洛埃镜实验的装置如图14.11所示。由狭缝光源S_1发出的光,一部分直接射向屏幕,另一部分光线以入射角接近90°射向平面镜ML,然后反射到屏幕上。S_2是S_1在镜中的虚像,S_2与S_1构成一对相干光源。图中画有阴影的部分是相干光在空间重迭的区域。把屏幕放在这个区域,屏幕上将出现干涉条纹。

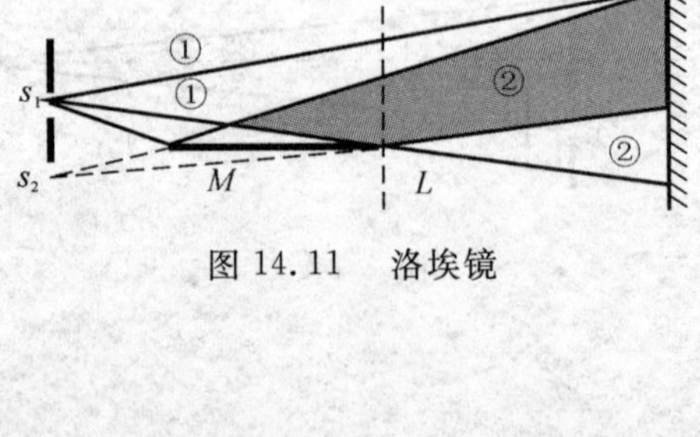

图14.11 洛埃镜

若在图14.11中，把屏幕放在$P'L$位置上，这时屏幕和洛埃镜的边缘L相接触，在接触处，从S_1和S_2发出的光的光程相等，似乎在接触处应出现一明条纹，但是实验事实恰恰相反，在L处实际呈现一暗条纹，表明直接射到屏上的光与镜面反射光有相位变化。只可能是光从空气射向玻璃发生反射时反射光有了π的相位突变，相当于半个波长的光程的突变，称为“半波损失”(电磁场理论可以严格证明这一点)。而洛埃镜的意义就在于证实了光由光疏介质进入光密介质被反射时会产生“半波损失”的事实。

14.1.4　薄膜干涉

光学上的所谓薄膜是指像肥皂泡那么薄的一层透明膜，如马路上的油膜、玻璃表面上镀的一层既能透光又能反光的膜等，其厚度$e \sim 10^2$ nm。

一束光经薄膜的上、下表面反射(或透射)后分成两束光，由于是同束光线经薄膜上、下表面反射，不会改变频率和振动方向，只产生恒定的相位差，又由于膜很薄，e在10^2nm的数量级，小于可见光波长$4.0\times10^2 \sim 7.6\times10^2$ nm，故干涉光程差也不会太大，而且两光束振幅相近，所以满足相干光的必要而又充分的条件。这种把原入射的光束的振幅分成振幅相近的反射(或透射)相干光束的方法，称为分振幅法。

如图14.12所示，折射率为n_2、厚度为e的均匀平面薄膜，其上、下方的折射率分别为n_1和n_3，设有一条光线以入射角i射到薄膜上，入射光在入射点A产生反射光a，而折入膜内的光在C点经反射后射到B点，又折回膜的上方成为b，此外还有在膜内经三次反射、五次反射……再折回膜上方的光线，但其强度迅速下降，所以只需考虑a，b两束光线间的干涉。由于这两束光线是平行的，所以它们经透镜L会聚于焦平面上一点P，然后在其焦平面上放上光屏，就能在屏上观察到干涉现象。

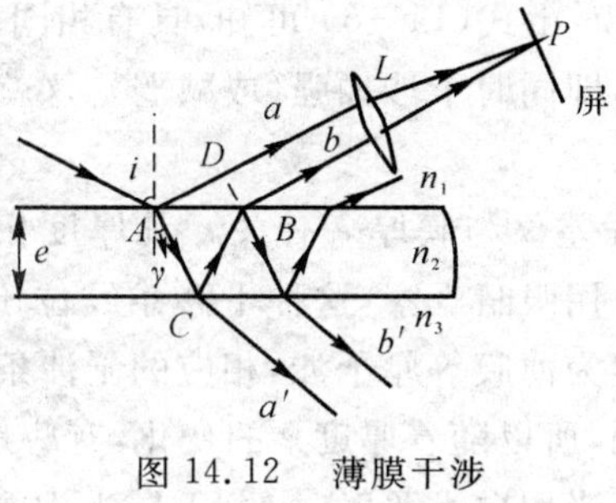

图14.12　薄膜干涉

现在来计算两光线a，b在焦平面上P点相交时的光程差。从反射点B作光线a的垂线BD，由于从D到P和从B到P的光程相等(透镜不引起附加的光程差)，所以这两束光线之间的光程差为

$$\delta = n_2(AC + CB) - n_1 AD + \delta'$$

式中，δ'等于$\pm\dfrac{\lambda}{2}$或0，由光束在薄膜上、下表面反射时，有无附加光程差决定。当满足$n_1 > n_2 > n_3$或$n_1 < n_2 < n_3$时，不存在附加光程差。当满足$n_1 < n_2 > n_3$或$n_1 > n_2 < n_3$时，要考虑附加光程差$\dfrac{\lambda}{2}$。从图14.12还可以看出$AC = BC = \dfrac{e}{\cos\gamma}$，$AD = AB\sin i = 2e\tan\gamma\sin i$，代入上式，得

$$\delta = 2n_2 \frac{e}{\cos\gamma} - 2n_1 e \tan\gamma \sin i + \delta'$$

式中，e 为薄膜厚度，γ 为折射角。再利用折射定律 $n_1 \sin i = n_2 \sin\gamma$，所以有

$$\delta = \frac{2n_2 e}{\cos\gamma}(1 - \sin^2\gamma) + \delta' = 2n_2 e \cos\gamma + \delta'$$

或
$$\delta = 2e\sqrt{n_2^2 - n_1^2 \sin^2 i} + \delta' \tag{14-4}$$

当 $\delta' = \frac{\lambda}{2}$ 时，反射光的干涉条件为

$$\delta = 2e\sqrt{n_2^2 - n_1^2\sin^2 i} + \frac{\lambda}{2} = \begin{cases} k\lambda & 明纹 \quad (k=1,2,3,\cdots) \\ (2k+1)\dfrac{\lambda}{2} & 暗纹 \quad (k=0,1,2,3,\cdots) \end{cases} \tag{14-5}$$

当光垂直照射(即 $i=0$) 时，有

$$\delta = 2n_2 e + \frac{\lambda}{2} = \begin{cases} k\lambda & 明纹 \quad (k=1,2,3,\cdots) \\ (2k+1)\dfrac{\lambda}{2} & 暗纹 \quad (k=0,1,2,3,\cdots) \end{cases} \tag{14-6}$$

透射光的干涉条件为

$$\delta = 2e\sqrt{n_2^2 - n_1^2\sin^2 i} = \begin{cases} k\lambda & 明纹 \\ (2k+1)\dfrac{\lambda}{2} & 暗纹 \end{cases}, k=0,1,2,\cdots \tag{14-7}$$

由式(14-5) 和式(14-7) 可知，反射光和透射光的光程差相差$\frac{\lambda}{2}$，即反射光的干涉相互加强时，透射光的干涉相互减弱，这是符合能量守恒定律要求的。

对于厚度 e 一定的均匀薄膜，由式(14-5) 可知，具有相同入射角 i 的光线的光程差相同，显然这些光线的干涉情况相同，即同时干涉加强(或减弱)，这就是等倾干涉。等倾干涉形成的条纹叫做等倾干涉条纹。

若入射光是平行光，则光程差仅与膜厚 e 有关。凡厚度相同之处，相干光波的光程差相同，从而对应同一条干涉条纹。用眼睛观察，这种干涉条纹位于薄膜表面上，同一干涉条纹下薄膜的厚度相同，故称这种干涉为薄膜等厚干涉，相应的干涉条纹称为等厚干涉条纹。

通常，薄膜的厚度各处不同，所以随着厚度 e 的变化，有些地方干涉加强，有些地方干涉减弱，形成明暗交替的干涉条纹。当用白光照射时，由于白光中含有各种波长的光，因此随着厚度的变化，将形成彩色的干涉花纹。

在现代光学仪器中，为了减少入射光能量在透镜等元件的玻璃表面上反射时所引起的损失，常在镜面上镀一层厚度均匀的透明薄膜(常用的有氟化镁 M_gF_2)，它的折射率介于玻璃与空气之间，膜的厚度适当时，可使所使用的单色光在膜的两个表面上的反射光因发生干涉而相消，于是该单色光就几乎完全不发生反射而透过薄膜，这种使透射光增强的薄膜就是增透膜。利用类似的方法，采用多层镀膜可以制成只能透过特定波长单色光的滤色片。当薄膜厚度恰好使某单色光在两表面的反射光发生干涉加强时，该单色光几乎完全被反射，这样的薄膜常称为增反膜。现已制成反射本领高达 98% 的反射式滤色片。

例 14-3 透镜表面通常镀一层折射率 $n_2=1.38$ 的透明氟化镁(M_gF_2) 薄膜，利用干涉来降低玻璃透镜表面的反射，试问：为了使透镜在可见光 550 nm 处产生极小的反射，这层薄膜至

少有多厚？假定光线垂直入射(见图 14.13)。

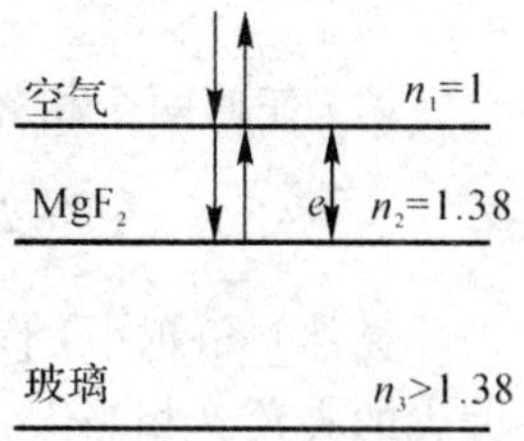

图　14.13

解　依题意可知，当入射光在 M_gF_2 薄膜上、下表面反射时，都有半波损失，所以干涉相消的条件是

$$\delta = 2n_2 e = (2k+1)\frac{\lambda}{2}, \quad k=0,1,2,\cdots$$

取 $k=0$ 得薄膜最小厚度为

$$e = \frac{\lambda}{4n_2} = \frac{550}{4\times 1.38} = 99.6\ \text{nm}$$

14.1.5　劈尖　牛顿环

在薄膜干涉中，在厚薄不均匀的薄膜上所产生的干涉现象也是常见的，下面介绍两个重要的例子：劈尖的干涉和牛顿环。

1. 劈尖的干涉

如图 14.14 所示，两块平面玻璃片，一端互相迭合，另一端夹一薄纸片，这时在两玻璃片之间形成一劈尖形空气薄膜，称为空气劈尖。两玻璃片的交线称为棱边，在平行于棱边的线上，劈尖的厚度是相等的。因尖角 θ 很小，所以在劈尖上、下表面反射的光线都可看做是垂直于劈尖表面的，它们在劈尖表面处相遇而相干叠加，利用显微镜观察到明暗相间、均匀分布的干涉条纹。相邻两暗纹(或明纹)中心间的距离 Δl 叫做条纹宽度。

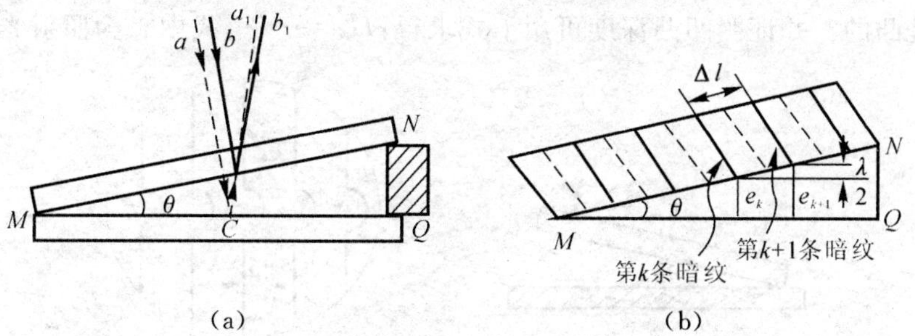

图 14.14　劈尖干涉与等厚干涉

(a) 劈尖的干涉；(b) 等厚干涉条纹

当平行单光垂直($i=0$)入射于这样的两玻璃片时，在空气劈尖($n_2=1$)的上、下两表面所引起的反射光线将形成相干光。因为由劈尖下表面反射的光有半波损失，故光程差由式(14-6)确定为

$$\delta = 2e + \frac{\lambda}{2} = \begin{cases} k\lambda & \text{明纹}\quad (k=1,2,3,\cdots) \\ (2k+1)\dfrac{\lambda}{2} & \text{暗纹}\quad (k=0,1,2,\cdots) \end{cases} \tag{14-8}$$

根据劈尖的光程差，其干涉条纹有如下特点。

(1) 干涉条纹为平行于劈尖棱边的直线条纹。每一明、暗条纹都与一定的 k 值相应，也就是与劈尖一定的厚度 e 相应。这种与劈尖厚度相对应的干涉条纹，称为等厚干涉条纹。

(2) 在劈尖的棱边处，$e=0$，光程差 $\delta=\dfrac{\lambda}{2}$ 是对应 $k=0$ 的一条暗纹。这一结论与实验相符，这是存在半波损失的又一证据。

(3) 任何两个相邻的明条纹或暗条纹所对应的空气层厚度之差为

$$e_{k+1}-e_k=\frac{1}{2}(k+1)\lambda-\frac{1}{2}k\lambda=\frac{\lambda}{2} \tag{14-9}$$

(4) 任何两个相邻的明条纹或暗条纹之间的距离 l 与劈尖角 θ 关系为：

$$l\sin\theta=e_{k+1}-e_k=\frac{\lambda}{2}$$

显然 θ 角越小，干涉条纹越疏；θ 越大，干涉条纹越密。如果劈尖的夹角 θ 相当大，干涉条纹就将密得无法分开，因此干涉条纹只能在很尖的劈上看到。

劈尖干涉的实验装置如图 14.15 所示。M 为半透明半反射玻璃片，L 为透镜，T 为显微镜，单色光源 S 发出的光经透镜 L 后成为平行光，经 M 反射后垂直($i=0$)射向劈尖。自劈尖上、下两面反射的相干光，从显微镜 T 中可观察到如前述特征的劈尖干涉条纹。

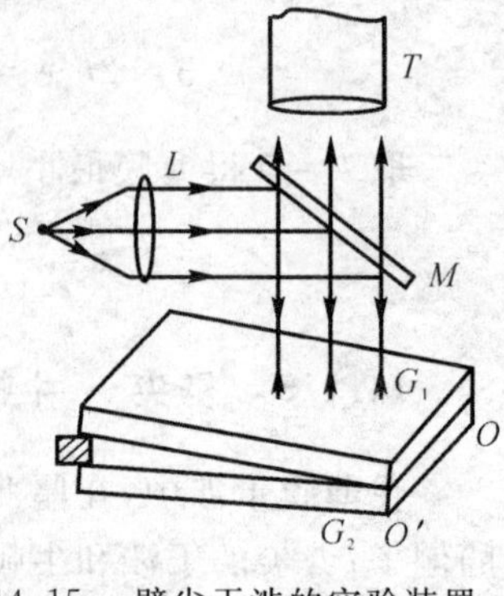

图 14.15　劈尖干涉的实验装置

劈尖干涉在生产、生活中有很多应用，例如检验待测工件的平整度、细丝的直径或薄片的厚度、两平面的微小夹角等。

例 14-4　利用空气劈尖的等厚干涉条纹可以检测工件表面存在的极小的凹凸不平：在经过精密加工的工件表面上放一光学平面玻璃，使其间形成空气劈尖，用单色光垂直照射玻璃表面，在显微镜中观察到的干涉条纹如图 14.16 所示。试根据干涉条纹弯曲的方向，说明工件表面是凹的还是凸的？并证明凹凸深度可用下式求得：$H=\frac{a}{b}\frac{\lambda}{2}$，式中 λ 为照射光的波长。

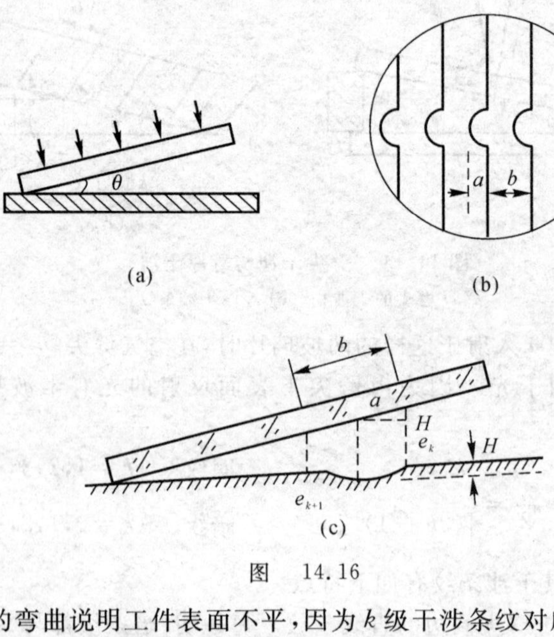

图　14.16

解　干涉条纹的弯曲说明工件表面不平，因为 k 级干涉条纹对应的空气层厚度 e_k 是相同的，如果条纹向劈尖棱的一方弯曲，说明该处空气层厚度有了增加，因此，可判断工件表面是下凹的。

由图中两直角三角形相似，可得

$$a:b=H:\frac{\lambda}{2}$$

故
$$H=\frac{a}{b}\frac{\lambda}{2}$$

例 14-5　一波长为 680 nm 的扩展光源发出的光波垂直照射在 15 cm 长的两块玻璃片上，两块玻璃片的一边相互接触，另一边被直径 d 为 0.048 mm 的金属丝分开，如图 14.17 所示。试求：在 15 cm 的距离内能够呈现多少条亮纹？多少条暗纹？

解　由图 14.14(b) 中结构，可得
$$\sin\theta=\frac{d}{L}=\frac{\Delta e}{\Delta l}$$
所以
$$\Delta l=\frac{L}{d}\Delta e=\frac{L}{d}\frac{\lambda}{2}=\frac{15\times10^{-2}\times680\times10^{-9}}{2\times0.048\times10^{-3}}=8.5\times10^{-4}\ \text{m}$$
故在 15 cm 内亮纹数目为
$$N=\frac{L}{\Delta l}=\frac{15\times10^{-2}}{8.5\times10^{-4}}=141$$
由于两块玻璃片接触处为暗纹(半波损失)，故在 15 cm 内暗纹数目为 141＋1＝142 条。

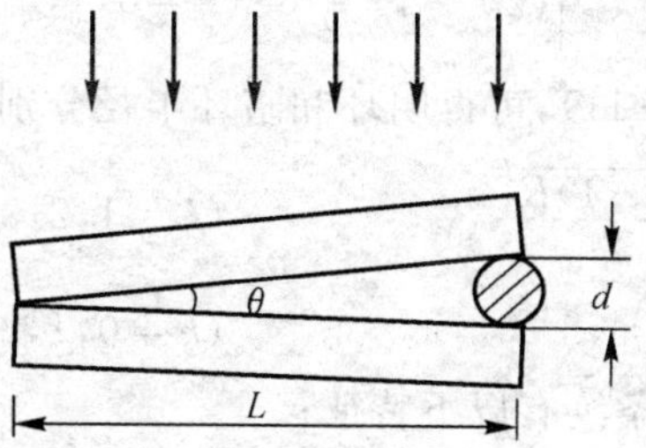

图　14.17

2. 牛顿环

牛顿环是一种特殊的等厚干涉图样，图 14.18 是牛顿环的实验装置和光路图。

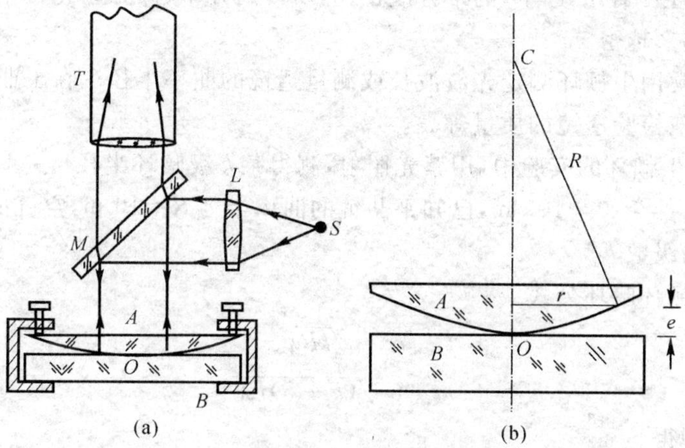

图 14.18　牛顿环的实验装置和光路图

在一块光平的玻璃片 B 上，放一曲率半径 R 很大的平凸透镜 A，如图 14.18 所示，在 A，B 之间形成一环形空气劈尖。用平行光垂直入射时，由透镜下表面所反射的光和平面玻璃片的上表面所反射的光发生干涉，将呈现干涉条纹，可以观察到这种干涉条纹是以接触点 O 为中心的许多同心圆环，称为牛顿环，如图 14.19 所示。

与劈尖的等宽条纹不同，牛顿环是内疏外密。下面定量计算牛顿环的半径 r、光波波长 λ 和平凸镜的曲率半径 R 之间的关系。

由图 14.18(b) 的几何关系可得

$$R^2 = r^2 + (R-e)^2$$

$$e = \frac{r^2}{(2R-e)}$$

图 14.19　牛顿环

因为 $R \gg e$，所以

$$e \approx \frac{r^2}{2R} \qquad (14-10)$$

当单色光垂直入射时，光线由平凸透镜的下表面和平板玻璃的上表面反射的光相遇发生相干叠加时，上表面反射光无半波损失，下表面反射光有半波损失，则两相干光的光程差为

$$\delta = 2e + \frac{\lambda}{2} = \begin{cases} k\lambda & (k=1,2,3,\cdots(\text{明环})) \\ (2k+1)\dfrac{\lambda}{2} & (k=0,1,2,\cdots(\text{暗环})) \end{cases} \qquad (14-11)$$

将式(14-10)代入式(14-11)，可得明环和暗环半径分别为

$$\begin{cases} r = \sqrt{\dfrac{(2k-1)R\lambda}{2}} & (k=1,2,3,\cdots(\text{明环})) \\ r = \sqrt{kR\lambda} & (k=0,1,2,\cdots(\text{暗环})) \end{cases} \qquad (14-12)$$

由以上定量分析可见干涉条纹有以下特征：

(1) 对应同一个环形条纹，空气层的厚度相同，所以这种干涉条纹也是等厚干涉条纹。

(2) 在接触点 $e=0$，光程差 $\delta = \dfrac{\lambda}{2}$，因此 O 点是一暗斑。

(3) 由式(14-10)看出，e 与 r 的平方成正比，所以离开中心越远，光程差增加越快，所看到的牛顿环也变得越来越密。

在实验室里，常用牛顿环测定光波波长或测量透镜的曲率半径。在工业生产中，利用牛顿环原理，可以精确地检验透镜的质量等。

例 14-6　在牛顿环的实验中，用紫光照射，测得某 k 级暗环半径 $r_k = 4.0\times10^{-3}$ m，第 $k+5$ 级暗环的半径 $r_{k+5} = 6.0\times10^{-3}$ m，已知平凸镜的曲率半径 $R=10$ m，空气的折射率为 1，求紫光的波长和暗环的级数 k。

解　根据牛顿环暗环公式

$$r_k = \sqrt{kR\lambda}$$

$$r_{k+5} = \sqrt{(k+5)R\lambda}$$

由以上两式即得

$$r_{k+5}^2 - r_k^2 = 5R\lambda$$

$$\lambda = \frac{r_{k+5}^2 - r_k^2}{5R} = 4.0\times10^{-7}\ \text{m}$$

$$k = \frac{r_k^2}{R\lambda} = 4$$

例 14-7　在牛顿环实验中，平凸透镜的曲率半径为 5.0 m，而透镜的直径为 2.0 cm，用波

长 λ 为 589.3 nm 的钠黄光垂直入射。试求:(1) 在空气中可以产生多少个环形干涉明条纹? (2) 如果把透镜和玻璃板之间充以水($n_2=1.33$)时,可以产生多少个环形干涉明条纹?(设透镜凸面与平板玻璃之间接触良好)

解　(1) 由题意可知透镜的直径 2.0 cm 就是所能看到的最外层明环的直径,设最外层明环是 k 级,由明环公式

$$r=\sqrt{(2k-1)\frac{R\lambda}{2}}$$

可得

$$k=\frac{r^2}{R\lambda}+\frac{1}{2}=\frac{(1\times10^{-2})^2}{5.0\times589.3\times10^{-9}}+\frac{1}{2}=34.4\text{ 条}$$

所以可看到 34 条干涉明环。

(2) 将该装置浸没在水中,此时两玻璃表面之间形成一环状水膜,它的折射率 $n=1.33$,这时有

$$k=\frac{r^2}{R\lambda_n}+\frac{1}{2}=n\left(\frac{r^2}{R\lambda}\right)+\frac{1}{2}=\frac{1.33\times(1\times10^{-2})^2}{5.0\times589.3\times10^{-9}}+\frac{1}{2}=45.6\text{ 条}$$

式中,λ_n 是光在水中的波长,即可看到 45 条干涉明环。

14.1.6　迈克耳逊干涉仪

根据光的干涉原理制成各样的干涉仪,以适应近代各种不同的精密测量的需要,迈克耳逊干涉仪就是这种精密仪器之一,它是根据分振幅法原理设计的,由美国物理学家迈克耳逊于 1881 年制成的,他因此于 1907 年获得诺贝尔物理学奖。

迈克耳逊干涉仪的构造如图 14.20 所示。

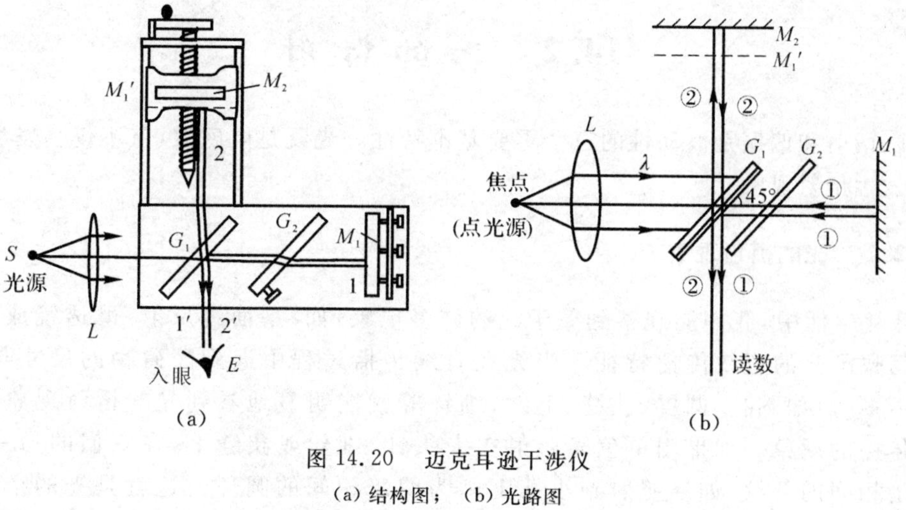

图 14.20　迈克耳逊干涉仪

(a) 结构图;　(b) 光路图

M_1 和 M_2 是两面精细磨光的平面反射镜,其中 M_1 是固定的,M_2 用螺旋控制,可作微小移动,G_1 和 G_2 是两块完全相同的玻璃板,在 G_1 的一个表面上镀有半透明的薄银层,使照射在 G_1 上的光线,一半反射,一半透射,称为分光板,G_1 和 G_2 与 M_1 和 M_2 成 45° 角倾斜安装。由光源 S 发出的光束,射向分光板 G_1 分成反射光束 2 和透射光束 1,分别射向 M_2 和 M_1,并被反射回

到 G_1。光束 2 透过银膜的部分 $2'$ 与光束 1 从银膜反射的部分 $1'$ 被目镜会聚于观察屏上，由于两束光是相干光，从而产生干涉。干涉仪中的 G_2 称为补偿板，是为了使光束 1 也同光束 2 一样地三次通过玻璃板，以保证两光束间的光程差不致过大。

由于 G_1 银膜的反射，使在 M_2 附近形成 M_1 的一个虚像 M'_1，来自 M_1 的反射光线 $1'$ 可看做是从 M'_1 处反射的，如果 M_1 与 M_2 并不严格地相互垂直，那么相应地，M'_1 与 M_2 也不严格地相互平行，因而 M'_1 与 M_2 形成一空气劈尖，来自 M_2 和 M'_1 的光线 $2'$ 和 $1'$ 与劈尖两表面上反射的光线相类似，这时，在视场中将观察到平行的等厚条纹（如果 M_1 和 M_2 严格地相互垂直，那么干涉条纹将是环状的明暗条纹），因此干涉条纹的级数和条纹的位置应取决于光程差 δ（或膜厚 e）。当 M'_1 与 M_2 之间的距离有微小变化（例如改变量仅是光波 λ 的 $\frac{1}{10}$）就会引起条纹的明显移动。当 M_2 平移 $\frac{\lambda}{2}$ 的距离时，就相当于产生（改变）了一个波长的光程差，因而在视场中某个确定位置将明显地看到一个明纹移动过去，故明条纹移过去的数目 ΔN 是与 M_2 对 M'_1 平移的距离 Δd 成正比的，比例系数为 $\frac{\lambda}{2}$，即

$$\Delta d = \Delta N \frac{\lambda}{2} \tag{14-13}$$

由式（14－13）可知，用已知波长的光波可以测定长度，也可用已知的长度来测定光波的波长，迈克耳逊曾用自己的干涉仪测定了在温度为 15℃、压力的 760mmHg 汞高的干燥空气中，镉的蒸气在放电管中所发出的红光谱线的波长 λ。测量结果 1m＝1 553 163.5 倍红镉线波长，即红镉线波长 λ＝643.847 22nm。另外也可利用迈克耳逊干涉仪测量微小角度的变化，这些应用推动了原子物理和计量科学的发展。

14.2 光的衍射

干涉、衍射和偏振是波动性的三个重要基本特性。光既是电磁波，就不仅会发生干涉现象，也会发生衍射现象。

14.2.1 光的衍射现象

在日常生活中，我们能观察到关于光的许多现象，如：平面镜反射、薄透镜成像等，这些现象反映了光的直线传播特征。当光在直线传播过程中遇到障碍物的尺寸与光的波长相差不多时，如圆孔、圆屏、狭缝、毛发、细针等就能明显地看到光的衍射现象，即光偏离直线传播的现象。如果用单色光照射在大头针、细丝或狭缝上，在它们的另一边就会看到明暗相间的条纹，如果照射到小孔上则为明暗相间的圆环。这就是光的衍射现象，或偏离直线传播的现象。

如图 14.21 所示，当平行光通过较宽的单缝时，在屏幕上能清晰地映出条形光斑，且亮度均匀，界限分明，反映了光的直线传播特性。当逐渐缩小缝宽时，光斑也随之缩小，但当缝宽缩小到一定程度时，屏幕上的光斑不仅不缩小，反而扩大，并在光斑的外围产生许多平行条纹，光斑的界限变得模糊不清，这就是光的衍射现象。

衍射可分为两种类型:一种叫菲涅耳衍射,它的特征为入射光和衍射光两者中至少有一个是非平行光,如图 14.22(a) 所示;一种叫夫琅和费衍射,它的特征为入射光、衍射光都是平行光,如图 14.22(b) 所示。在实验室中,夫琅和费衍射可用两个会聚透镜来实现,如图 14.22(c) 所示。下面只限于讨论夫琅和费衍射。

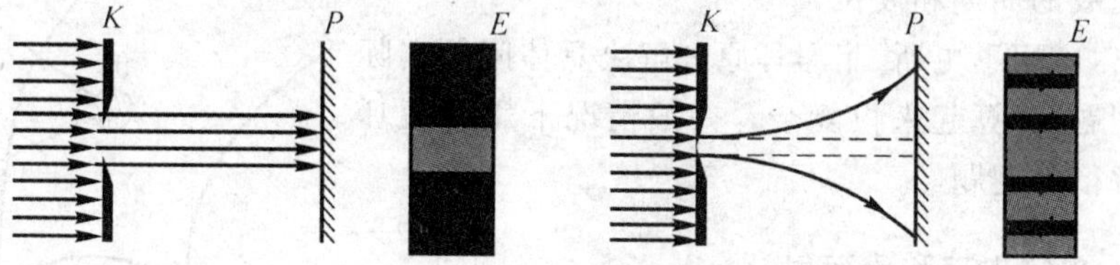

图 14.21　光的衍射现象

(a) 当缝宽比波长大得多时,光可看成直线传播;(b) 当缝宽与波长相当时,出现衍射条纹

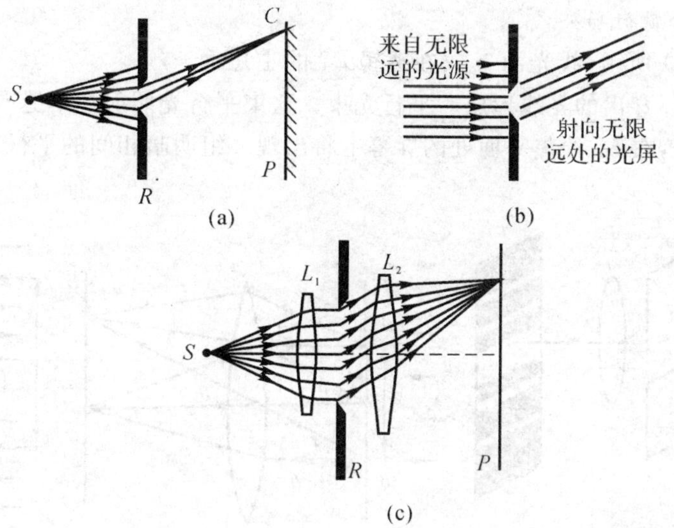

图 14.22　衍射的分类

(a) 菲涅耳衍射;(b) 夫琅和费衍射;(c) 在实验室中进行夫琅和费衍射实验

14.2.2　惠更斯-菲涅耳原理

荷兰物理学家惠更斯提出:介质中波动传播的各点都可以看做是发射子波的波源,而在其后的任意时刻,这些子波的包络就是新的波面,这就是惠更斯原理。惠更斯提出的子波的概念及子波传播理论成功地解释了波的衍射现象,还推论了波的折射、反射定律,但它无法解释光波衍射的明暗条纹宽度、强度分布不同的原因。

菲涅耳根据波的叠加和干涉原理,提出了"子波相干叠加"的概念,从而对惠更斯原理作了物理性的补充。他提出:从同一波面上各点发出的子波是相干波,在传播到空间某一点时,各子波进行相干叠加的结果决定了该处的波振幅。这个发展了的惠更斯原理叫做惠更斯-菲涅耳原理。

如图 14.23 所示,根据惠更斯-菲涅耳原理,可将某时刻的波面 S 分割成无数面元 dS,每一面元可视为一子波源。所有面元发出的子波在空间某点 P 的叠加结果决定了该点的振动情

况，也即决定了该点的振幅或光强度。点 P 处的光矢量 $\boldsymbol{E}$ 的大小为

$$E=c\int\frac{k(\theta)}{r}\cos\left[2\pi\left(\frac{t}{T}-\frac{r}{\lambda}\right)\right]\mathrm{d}S \tag{14-14}$$

式中，c 为比例常数；$k(\theta)$ 是随 θ 增大而减小的倾斜因数；T 和 λ 分别是光波的周期和波长。

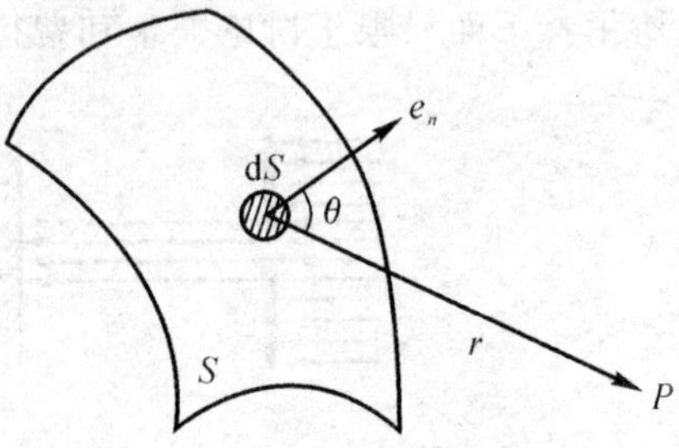

图 14.23　干涉相干叠加

可以看出，应用惠更斯-菲涅耳原理解决具体问题实际是一个积分问题，计算起来很复杂。一般情况下用菲涅耳半波带法求解衍射问题。

14.2.3　单缝夫琅和费衍射

所谓单缝是指缝的宽度 a 与光波波长 λ 相近，且缝长远远比缝宽 a 大的狭缝。

1. 单缝夫琅和费衍射公式

如图 14.24(a) 所示，线光源 S 放在透镜 L_1 的主焦面上，因此，从透镜 L_1 穿出的光线形成一平行光束。这束平行光照射在单缝 K 上，一部分穿过单缝，再经过透镜 L_2，在 L_2 的焦平面处的屏幕上将出现一组明暗相间的平行直条纹。

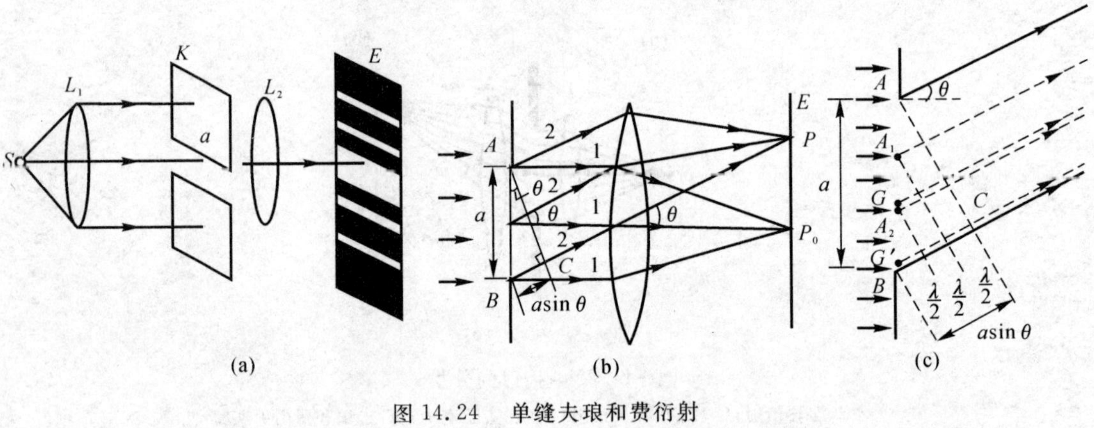

图 14.24　单缝夫琅和费衍射

(a) 单缝衍射实验；(b) 单缝衍射原理图；(c) 菲涅耳半波带分析法

下面来分析单缝衍射图样的形成及其特点。设单缝宽度为 a，入射光波长为 λ，如图 14.24(b) 所示。在平行单色光的垂直照射下，位于单缝所在处的波阵面 AB 上各点所发出的子波沿各个方向传播。我们把衍射后沿某一方向传播的子波波线即衍射线与缝平面法线间的夹角 θ 称为衍射角。

在衍射角 θ 为某些特定值时能将单缝处宽度为 a 的波阵面 AB 分成许多等宽度的纵长条带，并使相邻两带上的对应点发出的光在 P 点的光程差为半个波长，干涉结果为干涉相消。于是相邻两个波带上的各子波将两两成对地在点 P 处相互干涉抵消。这样的条带称为半波带，利用这样的半波带来分析衍射图样的方法叫半波带法。

当衍射角 $\theta=0$，即衍射线 1 与入射线同方向时，因由同相位面 AB 到点 P_0 等光程，故各衍射线到达 P_0 点时同相位，它们相互干涉加强，在 P_0 处就形成平行于缝的明纹，称为中央明纹。

当θ角为其他任意值时，相同衍射角θ的衍射线(图中用2表示)经过透镜后，聚焦在屏幕上同一点P，由缝AB上各点发出的衍射线到P点光程不等，其光程差可这样来分析：过A作平面AC与衍射线2垂直，由透镜的等光程性可知，从AC面上各点到P点等光程，所以，两条边缘衍射线之间的光程差为

$$BC = a\ \sin\theta$$

P点条纹的明暗完全取决于光程差BC的量值。因此根据菲涅耳半波带法，作一些平行于AC的平面，使两相邻平面之间的距离等于入射光的半波长，即$\frac{\lambda}{2}$。假定这些平面将单缝处的波阵面AB分成AA_1，A_1A_2，A_2B等整数个波带，如图14.24(c)所示。由于各个波带的面积相等，所以各个波带在P点所引起的光振幅接近相等。在两相邻的波带上，任何两个对应点(如A_1A_2带上的G点与A_2B带上的G'点)所发出的子波的光程差总是$\frac{\lambda}{2}$，亦即相位差总是π。经过透镜聚焦，由于透镜不产生附加光程差，所以到达P点时相位差仍然是π。结果任何两相邻波带所发的子波在P点引起的光振动将完全相互抵消。由此可见，当BC是半波长的偶数倍，亦即对应于某给定角度θ，单缝可分成偶数个波带时，所有波带的作用成对地相互抵消，在P点处将出现暗纹；如果BC是半波长的奇数倍，亦即单缝可分成奇数个波带时，相互抵消的结果，还留下一波带的作用，在P点处将出现明纹。

综上所述，当平行光垂直于单缝平面入射时，单缝夫琅和费衍射形成的明暗条纹，可以用数学式表示为

$$a\sin\theta = \begin{cases} \pm k\lambda & \text{暗纹} \\ \pm(2k+1)\dfrac{\lambda}{2} & \text{明纹} \end{cases} \quad (k=1,2,3,\cdots) \tag{14-15}$$

必须指出，对于任意衍射角θ来说，若BC不是半波长的整数倍，即波面AB不能分割成整数个半波带，那么衍射光经透镜会聚后，在屏幕上形成的光强介于它相邻明纹和暗纹的光强之间。

2. 单缝的衍射图样

根据单缝衍射公式对单缝衍射特征综述如下：

(1) 中央明纹最宽。在单缝衍射条纹中，光强分布并不是均匀的，中央条纹(即零给明纹)最亮，同时也最宽(约为其他明纹宽度的两倍)。中央条纹的两侧，光强迅速减小，直至第一个暗条纹；其后，光强又逐渐增大而成为第一级明条纹，依此类推。必须注意的是，各级明纹的光强随着级数的增大而逐渐减小。

我们把$k=\pm1$的两暗点之间的角距离作为中央明纹的角宽度。一般θ角很小，所以中央明条纹的半角宽度为

$$\theta \approx \sin\theta = \frac{\lambda}{a} \tag{14-16}$$

中央明条纹的线宽度为

$$\Delta x \approx 2f\tan\theta \approx 2f\sin\theta = 2f\,\frac{\lambda}{a} \tag{14-17}$$

式中，f为透镜的焦距。

(2) 各级明条纹对称地分布在中央明纹两侧，其宽度约是中央明纹的一半。其他任意两相邻暗条纹中心间的距离，即各级明条纹的宽度为

$$\Delta x = f\theta_{k+1} - f\theta_k = \left[\frac{(k+1)\lambda}{a} - \frac{k\lambda}{a}\right]f = \frac{f\lambda}{a} \qquad (14-18)$$

可见，当衍射角 θ 很小时，其他各级明纹宽度都是相同的。

(3) 亮度分布不均匀。中央明纹最亮，两侧的亮度迅速减小，直至第一个暗条纹，其后亮度又逐渐增大而成为第一级明条纹，依此类推。各级明条纹的亮度随着级数的增大而逐渐减小，这主要由于未被抵消的一个半波带面积减小的缘故。单缝衍射的光强分布如图 14.25 所示。

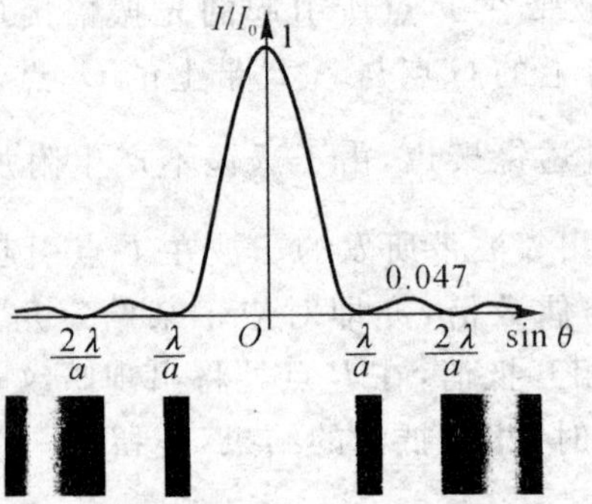

图 14.25　单缝夫琅和费衍射图样和光强分布

从式(14－15)可知，当缝宽 a 一定时，波长 λ 越大的光，同一级明条纹衍射角 θ 越大，若以白光入射时，在屏上中央明纹中心仍是白光外，其两侧将出现一系列狭窄的彩色条纹。同一级明条纹中，最靠近 P_0 处是紫光，最远处是红光，这种由衍射所形成的彩色条纹称为衍射光谱。

从式(14－18)可知，当单色光的波长一定时，a 越小，条纹分布越宽，光的衍射作用明显。当单缝逐渐加宽，即 a 变大时，条纹相应地变得狭窄而密集，当单缝很宽($a \gg \lambda$)时，各级衍射条纹都将变得更加狭窄，且密集于中央明纹附近而分辨不清。这样只能观察到一条亮线，它就是单缝通过透镜造成的单缝的像。这时，光可以当做是直线传播的，这表明，只有在障碍物的大小可以和波长相比较时，才能观察到明显的衍射现象。

例 14－8　在一单缝夫琅和费衍射实验中，缝宽为 5λ，缝后透镜焦距 $f=40$ cm，试求中央条纹和第一级亮纹的宽度。

解　根据式(14－15)可得对第一级和第二级暗纹中心有

$$a\sin\theta_1 = \lambda, \quad a\sin\theta_2 = 2\lambda$$

因此，第一级和第二级暗纹中心在屏幕上的位置分别为

$$x_1 = f\tan\theta_1 \approx f\sin\theta_1 = f\frac{\lambda}{a} = 40 \times \frac{\lambda}{5\lambda} = 8 \text{ cm}$$

$$x_2 = f\tan\theta_2 \approx f\sin\theta_2 = f\frac{2\lambda}{a} = 40 \times \frac{2\lambda}{5\lambda} = 16 \text{ cm}$$

由此得中央亮纹宽度为

$$\Delta x_0 = 2x_1 = 2 \times 8 = 16 \text{ cm}$$

第一级亮纹的宽度为

$$\Delta x_1 = x_2 - x_1 = 16 - 8 = 8\ \text{cm}$$

这只是中央亮纹宽度的一半。

例 14-9　在宽度 $a=0.6$ mm 的狭缝后，紧贴一焦距为 40 cm 的会聚透镜，在透镜焦平面处的屏上形成衍射条纹，若在离光轴与屏的交点 O 为 1.4 mm 的 Q 点看到明条纹，求：(1) 入射光的波长；(2) Q 点条纹的级数；(3) 从 Q 点看，狭缝处的波阵面可以分割的半波带数。

解　(1) 因为在 Q 点看到的是明纹，所以 Q 点的衍射角 φ 应满足明纹公式

$$a\sin\varphi = (2k+1)\frac{\lambda}{2}$$

由于

$$\sin\varphi \approx \frac{x}{f}$$

故

$$\lambda = \frac{2ax}{(2k+1)f}$$

因为 λ、k 均是未知数，不能直接求出，但可见光的波长范围是已知的，而 k 值又只能取整数，所以我们可把一系列的 k 许可值代入上式中，以求得符合题意的解。

当 $k=1$ 时，$\lambda_1 = \dfrac{2\times 0.06\times 0.14}{(2+1)\times 40} = 14\times 10^{-5}\ \text{cm} = 1\ 400\ \text{nm}$；

当 $k=2$ 时，$\lambda_2 = 840$ nm；

当 $k=3$ 时，$\lambda_3 = 600$ nm；

当 $k=4$ 时，$\lambda_4 = 470$ nm；

当 $k=5$ 时，$\lambda_5 = 380$ nm。

由于波长 λ_1、λ_2 和 λ_5 已超出可见光范围，本题的入射光只能是波长为 λ_3 和 λ_4 的两种情况。

(2) 以 $\lambda_2 = 600$ nm 的入射光照射，Q 点为第三级($k=3$) 明纹，以 $\lambda_4 = 470$ nm 的入射光照射时，Q 点为第四级($k=4$) 明纹。

(3) 由 $a\sin\varphi = (2k+1)\dfrac{\lambda}{2}$ 可知，当 $k=3$ 时，可作 $2k+1=7$ 个半波带，当 $k=4$ 时，可作 9 个半波带。

14.2.4　衍射光栅

1. 衍射光栅

光栅是由大量等宽、等间距的平行狭缝(或反射面) 构成的光学元件。一般常用的光栅是在玻璃片上刻划出一系列平行等距的划痕，划痕为不透光部分，故刻过的地方不透光，两刻痕之间未刻的光滑部分透光，相当于一狭缝，精密的光栅，在 1 cm 内刻有成千上万条透光狭缝。利用透射光衍射的光栅称为透射光栅，如图 14.26(a) 所示。还有利用两刻痕间的反射光衍射的光栅，如在镀有金属层的表面上刻出许多平行刻痕，两刻痕间的光滑金属面可以反射光，这种光栅称为反射光栅，如图 14.26(b) 所示。

光栅相当于多光束干涉，故光栅形成的光谱线尖锐、明亮。

通常定义光栅缝的宽度 a 和刻痕的宽度 b 之和称为光栅常数，如图 14.27 所示。

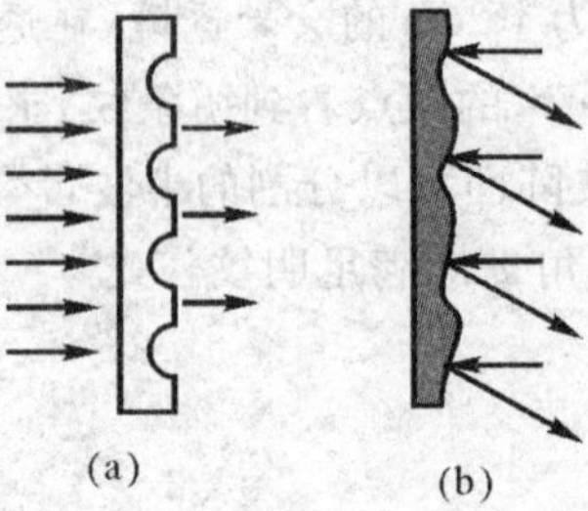

图 14.26　衍射光栅

(a) 透射光栅；(b) 反射光栅

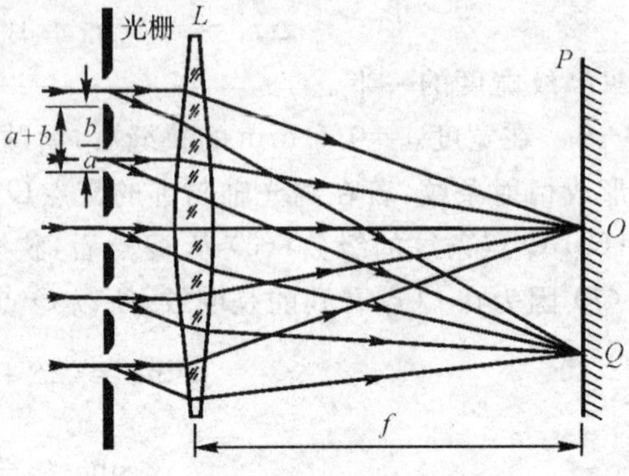

图 14.27　光栅衍射原理图

一束单色平行光垂直照射在光栅上，每一个狭缝都要产生衍射，这些衍射光波彼此之间又要发生干涉，用透镜 L 把光束会聚到屏幕上，呈现由衍射和干涉所形成的光栅衍射条纹，如图 14.28 所示。从图中可以看出：① 只有在某些地方光相互加强，出现明纹，而其余地方的光强十分微弱，以致形成一片暗区；② 明条纹的亮度随狭缝数增多而增大，而且随狭缝数增多而变细。

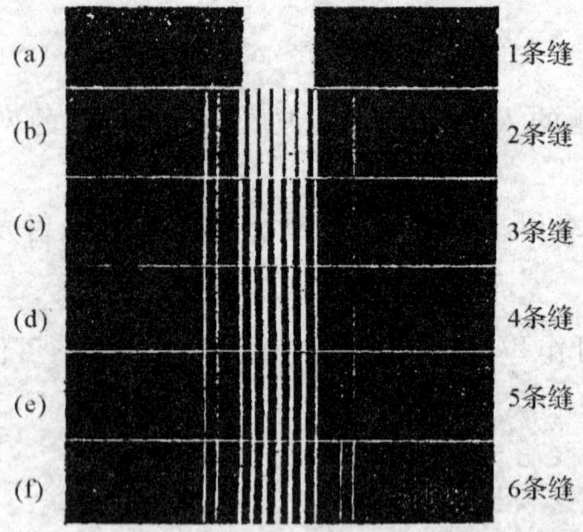

图 14.28　不同狭缝数的透射光栅的衍射图样

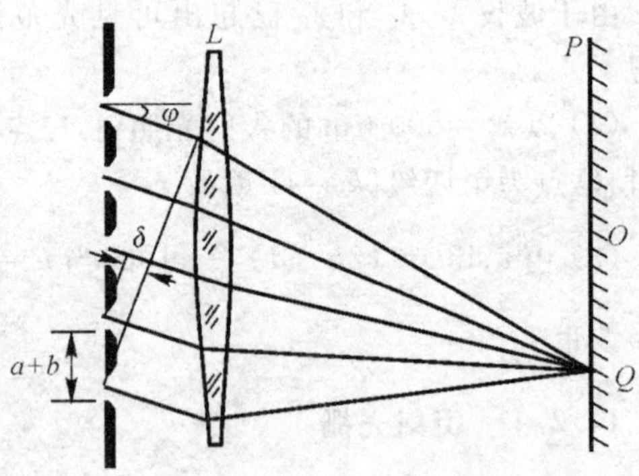

图 14.29　光栅衍射原理图

2. 光栅公式

如图 14.29 所示，就任意的相邻透光缝来分析，两两对应发光点发出的与光栅法线成 φ 角的那些平行光线组、光程差都为

$$\delta=(a+b)\sin\varphi$$

当光程差恰好为入射光波波长的整数倍 k 时，这些平行光线经透镜会聚于焦平面处的屏上的 Q 点，干涉效果应是加强且呈现出一个主极大(主明纹)；以此类推，其他两两相邻的透光缝，各对应发光点的 φ 方向的平行光线也应有相等的光程差经透镜会聚于同一 Q 点干涉加强。由此可得衍射光栅形成主极大的条件为

$$(a+b)\sin\varphi=\pm k\lambda \quad (k=0,1,2,\cdots) \tag{14-19}$$

式(14-19)称为光栅公式,式中 $k=0$ 时,$\varphi=0$ 为中央明纹,对应于 $k=1,2,\cdots$ 的明条纹分别叫第一级、第二级 … 明纹,正负号表示各级明纹对称地分布于中央明纹两侧。

3. 光栅衍射条纹

在光栅衍射中,当 φ 角满足式(14-19)时,形成细窄而明亮的主极大条纹。在其他 φ 角,可以证明,形成暗条纹的机会远比形成明条纹的机会多,这样就在这些主极大明条纹之间充满大量的条纹,当光栅狭缝数 N 很大时,在主极大明条纹之间实际上形成一片黑暗的背景。

当衍射屏上任意一点 P 所在的衍射角 φ 既满足多缝干涉明纹公式

$$(a+b)\sin\varphi=\pm k\lambda \quad (k=0,1,2,\cdots)$$

又满足各单缝衍射的暗纹公式

$$a\sin\varphi=\pm k'\lambda \quad (k'=1,2,\cdots)$$

时,也就是说,多光束干涉的亮纹中心位置落在单缝衍射的暗纹中心位置上时,光强等于零,φ 角所对应的明纹就不再存在了,这就是所谓的缺级现象。

当缺级出现时,将以上二式相比得

$$k=\frac{a+b}{a}k' \tag{14-20}$$

因为 k 和 k' 为整数,所以只有当 $\frac{a+b}{a}$ 为整数比时,缺级现象才会出现。若 $\frac{a+b}{a}=3$ 则 $k=3k'$,那么衍射明条纹的 3,6,9… 等诸级为缺级。

给定入射单色光的波长,光栅常数 $a+b$ 越小,由式(14-19)可知,各级明条纹的位置将分得越开,光栅狭缝总数越多,透射光越强,因此所得明条纹也越亮。由于这些优点,通常用衍射光栅可以准确地测量波长。

从式(14-19)可知,给定光栅常数时,衍射角 φ 的大小与入射光波的波长有关,白光通过光栅后,除中央条纹仍为白色外,各种波长的单色光将产生各自分开的条纹,同级条纹组成彩色光谱带,由于波长短的光衍射角小,波长长的光衍射角大,所以波长较短的紫光靠近中央明纹,波长较长的红光远离中央明纹,因此光栅起着分光的作用,且级数较高的光谱彼此重迭起来。

例 14-10 用钠光($\lambda=589.3$ nm)垂直照射到某光栅上,测得第三级光谱的衍射角为 60°。

(1) 若换用另一光源测得其第二级光谱的衍射为 30°,求后一光源发光的波长;

(2) 若以白光(400 ~ 760 nm)照射在该光栅上,求其第二级光谱的张角($1\ \text{nm}=10^{-9}\ \text{m}$)。

解 (1) 根据光栅公式,衍射角为 60° 的第三级光谱有

$$a+b=\frac{3\lambda}{\sin 60^\circ}=\frac{3\times 589.3}{\sin 60^\circ}=2\ 041.4\ \text{nm}$$

又依题意,衍射角为 30° 的第二级光谱有

$$a+b=\frac{2\lambda'}{\sin 30^\circ}$$

由上两式得

$$\frac{3\lambda}{\sin 60^\circ}=\frac{2\lambda'}{\sin 30^\circ}$$

所以

$$\lambda'=510.3\ \text{nm}$$

(2) 由图 14.29 可知,第二级光谱的张角为由第二级的紫光中心到第二级的红光中心相对

于透镜光心所张的角，故有

$$\Delta\varphi=\varphi_{2红}-\varphi_{2紫}=\sin^{-1}\left(\frac{2\lambda_{红}}{a+b}\right)-\sin^{-1}\left(\frac{2\lambda_{紫}}{a+b}\right)=\sin^{-1}\left(\frac{2\times 760}{2041.4}\right)-\sin^{-1}\left(\frac{2\times 400}{2041.4}\right)=25^{\circ}$$

例 14-11　用每厘米有5 000条刻线的衍射光栅观察钠光谱线（λ=590 nm），问：(1) 光线垂直入射时，(2) 光线以入射角 30° 入射时，最多能看到几级条纹？

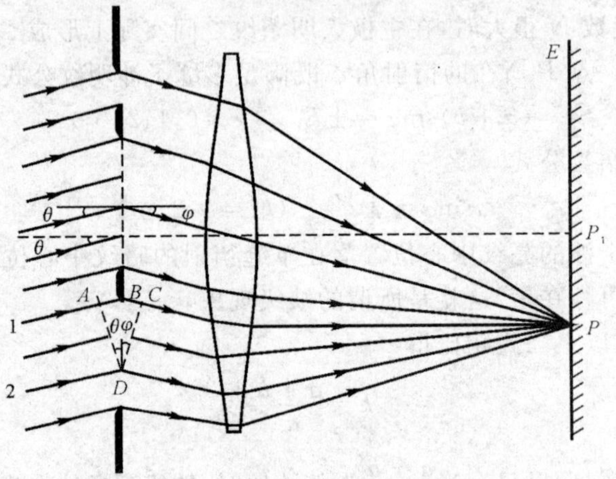

图　14.30

解　(1) 由光栅公式

$$(a+b)\sin\varphi=k\lambda$$

可得

$$k=\frac{a+b}{\lambda}\sin\varphi$$

可见 k 的可能的最大值相应于 $\sin\varphi=1$，按题意光栅常数为

$$a+b=\frac{1\times 10^{-2}}{5\ 000}=2\times 10^{-6}\ \mathrm{m}$$

所以

$$k=\frac{2\times 10^{-6}}{5.9\times 10^{-7}}\approx 3$$

此处只能取整数。

(2) 当光以 θ 角入射，由图 14.30 可见 1，2 两光线的光程差为

$$AB+BC=(a+b)\sin\theta+(a+b)\sin\varphi=(a+b)(\sin\theta+\sin\varphi)$$

这时，光栅公式应写作

$$(a+b)(\sin\theta+\sin\varphi)=k\lambda$$

则

$$k=\frac{(a+b)(\sin\theta+\sin\varphi)}{\lambda}$$

k 的可能的最大值相应于 $\varphi=\frac{\pi}{2}$，将 $\theta=30^{\circ}$，$\sin\varphi=1$ 代入上式，得

$$k=\frac{2\times 10^{-6}(\frac{1}{2}+1)}{5.9\times 10^{-7}}\approx 5$$

可见，垂直入射时，最多只能看到第三级条纹，而在斜射时，最多可以看到第五级条纹。

14.3　光的偏振

光的干涉和衍射现象揭示了光的波动性，光的偏振现象则进一步说明光波是横波，充实了光的波动理论。

14.3.1　自然光和偏振光

1. 横波的偏振性

机械波可分为横波和纵波，振动方向和波的传播方向平行的波称为纵波；振动方向和波的传播方向相互垂直的波称为横波。不论横波还是纵波，表现出的干涉和衍射现象是相同的，但在某些情况下，横波和纵波表现出迥然不同的特性。以机械波为例，如果在波的传播途中放置一个狭缝，对横波来说，只有当缝 AB 与横波的振动方向平行时（见图 14.31(a)），横波才能自由地穿过狭缝继续传播，当缝 AB 与横波的振动方向垂直时，横波不能穿过狭缝继续传播（见图 14.31(c)）；但对纵波来说，不论缝 AB 的方向如何，它总能穿过狭缝继续传播（见图 14.31(b) 和(d)）。这是鉴别某机械波是横波还是纵波的一种最简单的方法，至于光波，我们只能用光的偏振性来说明横波特性。

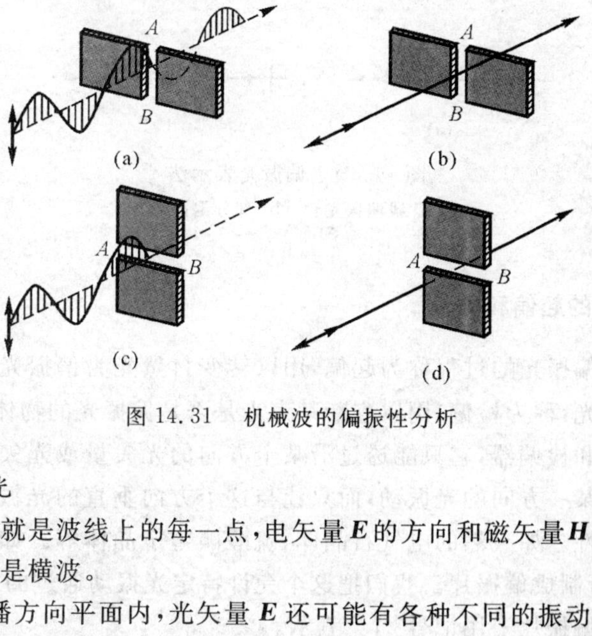

图 14.31　机械波的偏振性分析

2. 自然光和偏振光

光波是电磁波，也就是波线上的每一点，电矢量 $\boldsymbol{E}$ 的方向和磁矢量 $\boldsymbol{H}$ 的方向总是垂直于光的传播方向，所以光波是横波。

在垂直于光的传播方向平面内，光矢量 $\boldsymbol{E}$ 还可能有各种不同的振动状态。如果光矢量始终沿某一方向振动，这样的光就称为线偏振光。我们把光的振动方向和传播方向组成的平面称为振动面。由于线偏振光的光矢量始终在振动面内，所以线偏振光又称平面偏振光。光的振动方向在振动面内不具有对称性，这叫做偏振。显然，只有横波才有偏振现象。

一个原子（或分子）每次发出的波列可认为是线偏振光，它的光矢量具有一定的方向。但是，普通光源中各个原子或分子发光的持续时间极短，发出的光的波列不仅初相位彼此不相关，而且光振动的方向完全是随机的，在所有可能的方向上 $\boldsymbol{E}$ 的振幅都相等，这样的光叫做自然光，如图 14.32(a) 所示，自然光是非偏振的，它有无数个振动面，它们以光的传播方向为轴对称而且均匀分布。

组成自然光的任何一个取向的光矢量 $\boldsymbol{E}$ 都可以分解为两个互相垂直的方向，由于各波列的相位和振动方向都是无规律分布的，故这两个分量也没有固定的相位关系，如图 14.32(b)所示。我们把自然光分解为两个相互独立、等振幅、相互垂直方向的振动，也即两束线偏振光，如图 14.32 所示。这两束线偏振光的光强各等于自然光光强的一半。自然光可用图 14.32(c)表示，图中用短线和点分别表示平行于纸面和垂直于纸面的光振动。

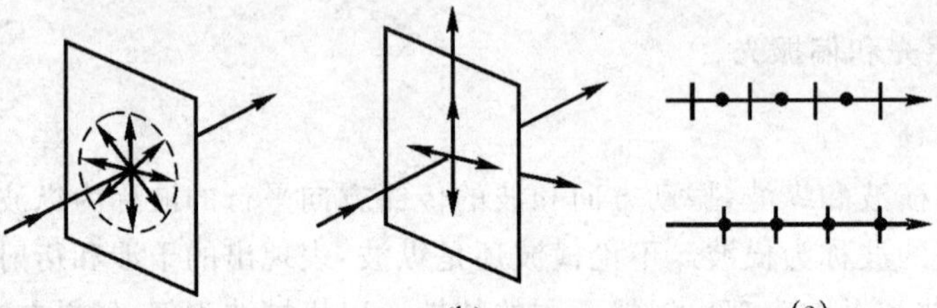

(a) (b) (c)

图 14.32 自然光

若光线中某一方向的光振动比与它垂直方向的光振动强，这种光称为部分偏振光，如图 14.33(b) 所示。

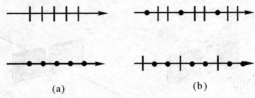

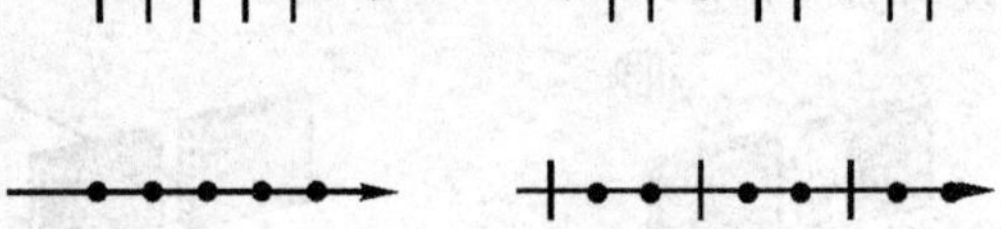

(a) (b)

图 14.33 偏振光表示法

(a) 线偏振光； (b) 部分偏振光

14.3.2 偏振片的起偏和检偏

将自然光转变为偏振光的过程称为起偏，用以转变自然光为偏振光的物体叫起偏器。检验某束光是否是偏振光，称为检偏，用以判断某束光是否是偏振光的物体称为检偏器。偏振片是一种常用的起偏器和检偏器，它只能透过沿某个方向的光矢量或光矢量振动沿该方向的分量。某些物质能吸收某一方向的光振动，而只让与这个方向垂直的光振动通过，形成偏振光，这种性质称为二向色性。如天然的电气石晶体、硫酸碘奎宁晶体等。如将硫酸碘奎宁晶粒涂敷于透明薄片上，就可制成偏振片。我们把这个允许特定光振动通过的方向，称为偏振化方向或透振方向。通常在偏振片上用记号“↕”表示。

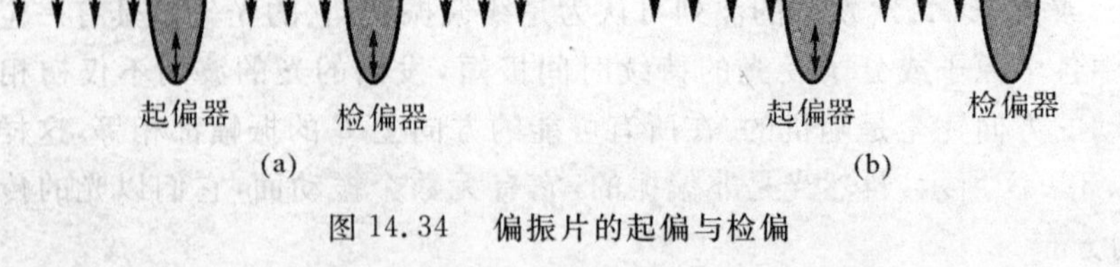

(a) (b)

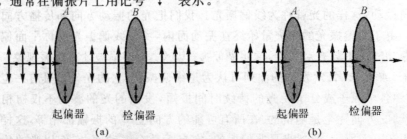

图 14.34 偏振片的起偏与检偏

偏振片不但可以使自然光变为偏振光，而且也可用它来检验某一光束是否是偏振光，亦即起偏振器也可以作为检偏振器。如图 14.34 所示，让一束自然光直射到偏振片 A 上，当偏振片 B 的偏振化方向与入射的线偏振光的光振动方向相同时，则该线偏振光可继续通过偏振片 B 射出(见图 14.34(a))；如果把偏振片 B 转过 90° 角，即当 B 的偏振化方向与入射的线偏振光的光振动方向互相垂直时，则该线偏振光不能透射偏振片 B 射出(见图 14.34(b))。以这束入射线偏振光的传播方向为轴，不停地旋转偏振片 B，就会发现通过 B 的线偏振光，经历着由最明变到最暗，再由最暗变回最明的变化过程。因此偏振片 A 就是起偏器，偏振片 B 就是检偏器。

偏振片成本低，面积大，而且轻便，所以在工业上应用很广，在一般使用偏振光的检测试验中，常以偏振片作起偏和检偏之用。在实际应用中，为避免强光照射刺眼，可使用偏振片制成眼镜。在陈列展品的橱窗布置中，可使用偏振片避免一些不必要的光线，或使用偏振光观察某些物品以显示在普通光线下观察不到的情况。

14.3.3　马吕斯定律

偏振光入射转动检偏器时，透射光强会呈现强弱变化。马吕斯发现：如果入射光强为 I_1，透射光强(不计检偏器对透射光的吸收)I_2 为

$$I_2 = I_1\cos^2\alpha \tag{14-21}$$

式(14-21)称为马吕斯定律，式中，α 为线偏振光的光振动方向和检偏器偏振化方向之间的夹角。

证明如下：

如图 14.35 所示，A_0 和 A 分别表示入射偏振光光矢量的振幅和透过检偏器的偏振光的振幅，当入射光的振动方向与检偏器的偏振化方向 OP 成 α 角时，有

$$A = A_0\cos\alpha$$

因光强与振幅的平方成正比，透射的偏振光和入射偏振光光强之比为

$$\frac{I}{I_0} = \frac{A^2}{A_0^2} = \cos^2\alpha$$

可得

$$I = I_0\cos^2\alpha$$

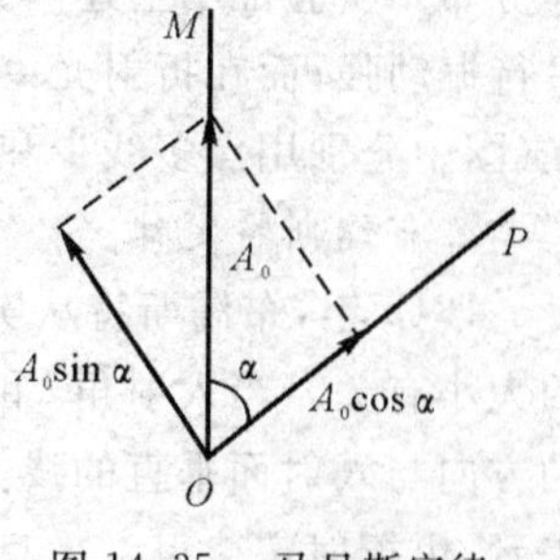

图 14.35　马吕斯定律

当 $\alpha = 0$ 或 π，即二者平行时，$I = I_0$，透射光最强；当 $\alpha = \frac{\pi}{2}$，即垂直时，$I = 0$，出现消光现象。

例 14-12　由起偏片 A 获得的线偏振光的强度为 I_0，入射到检偏片 B 上。如果透射光的强度降为原来的 $\frac{1}{4}$，问检偏片 B 与起偏片 A 两者偏振化方向的夹角应为多少？

解　由题意知，透射光强度 $I = \frac{I_0}{4}$，又由马吕斯定律有

$$\cos^2\theta = \frac{I}{I_0} = \frac{1}{4}$$

所以

$$\cos\theta = \pm\frac{1}{2}$$

因此

$$\theta = \pm 60^\circ \quad 或 \quad \pm 120^\circ$$

说明偏振片 A 和 B 的偏振化方向的夹角满足上面四种结果中任意一种都能得到所要求的结果。

14.3.4 反射光和折射光的偏振

1. 反射光和折射光的偏振

实验表明，自然光经物体反射和折射后都是部分偏振光。如图 14.36 所示。

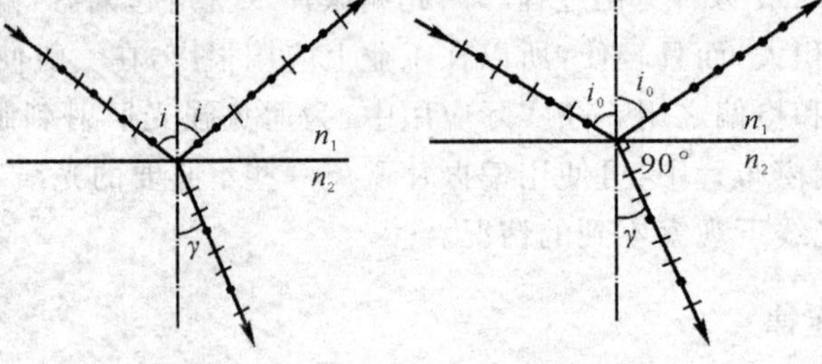

图 14.36 反射光和折射光的偏振

一束自然光以入射角 i 投射到折射率分别为 n_1 和 n_2 的两种介质的分界面上，前面已经讲过，自然光的振动可分解为两个振幅相等的分振动，其一和入射面垂直，称为垂直振动，用黑点表示；另一和入射面平行，称为平行振动，用短线表示，在自然光入射线中，黑点和短线画成均等分布。实验证明上述两分振动的光波从介质 n_1 入射到介质 n_2 后，在反射光束中垂直振动比平行振动强；而在折射光束中，平行振动比垂直振动强，可见反射光和折射光都成为部分偏振光(图中分别用点多线少和线多点少来表示)，如图 14.36(a) 所示。

2. 布儒斯特定律

1812 年，布儒斯特从实验中发现，反射光和折射光的强度以及偏振化的程度都与入射角的大小有关。当入射角 i 和折射角 γ 之和等于 90°，即反射光与折射光垂直时，反射光成为光振动方向与入射面垂直的线偏振光，如图 14.36(b) 所示。此时的入射角称为布儒斯特角，用 i_0 表示，由折射定律得

$$\frac{\sin i_0}{\sin\gamma} = \frac{n_2}{n_1}$$

因为 $i_0 + \gamma = 90°$，所以有

$$\sin\gamma = \sin(90° - i_0) = \cos i_0$$

故

$$\tan i_0 = \frac{n_2}{n_1} \tag{14-22}$$

式(14-22) 称为布儒斯特定律。

例如，当自然光由 $n_1 = 1$ 的空气射向 $n_2 = 1.50$ 的玻璃时，$i_0 = \arctan\frac{n_2}{n_1} = 56.3°$，入射光平行于入射面的光振动全部被折射，垂直于入射面的光振动也有 85% 被折射，反射光只占垂直入射面光振动的 15%。由于一次反射得到的偏振光的强度很小，折射光的偏振化程度又不高，为了能够增强反射光的强度和提高折射光的偏振化程度，可使自然光连续通过许多平行玻璃片(玻璃片堆)，如图 14.37 所示。当以布儒斯特角入射时，由折射定律可知，在每块玻璃板

的每个界面上都是以布儒斯特角入射，因而在每个界面上反射的都是垂直振动的线偏振光，而平行振动都不反射，若不考虑玻璃的吸收，平行振动将无损失地透过玻璃片堆。当玻璃片数目足够多时，从玻璃片堆射出的折射光，就非常接近线偏振光。由此可见，利用玻璃片的反射和玻璃片堆的折射可以获得线偏振光。

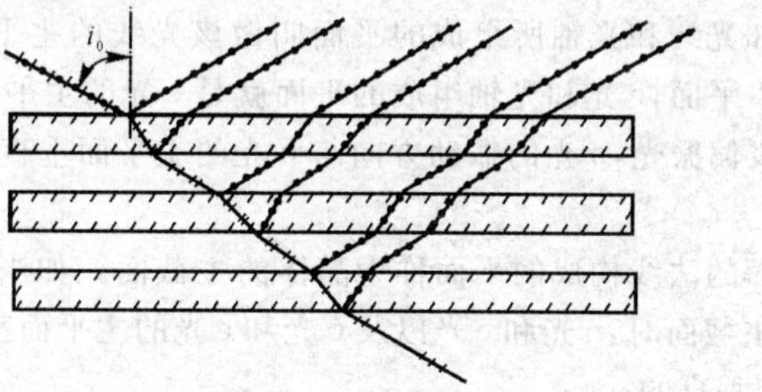

图 14.37　玻璃片堆

例 14-13　平行平面玻璃板放置在空气中，空气折射率近似为1，玻璃折射率 $n=1.50$。试计算当自然光以布儒斯特角入射到玻璃板的上表面时，折射角是多少？当折射光在下表面反射时，其反射光是否是线偏振光？

解　根据题意，自然光入射到玻璃板的上表面发生起偏现象，可得自然光的布儒斯特角为

$$i_0 = \arctan n = \arctan 1.5 = 56.3^\circ$$

根据反射起偏规律，可知反射光与折射光相互垂直，故此时折射角为

$$\gamma = 90^\circ - i_0 = 33.7^\circ$$

对于玻璃板的下表面，布儒斯特角为

$$i'_0 = \arctan \frac{1}{n} = \arctan \frac{1}{1.5} = 33.7^\circ$$

所以玻璃板内的折射光，也是以布儒斯特角入射到玻璃板下表面上的，因此它的反射光是线偏振光。

14.3.5　双折射现象　尼科耳棱镜*

1. 双折射现象

对于某些晶体，当一束光入射于这些晶体时，折射光将分成两束，这种现象叫双折射现象。

图 14.38 表示光线在方解石晶体内的双折射，如果入射光束足够细，同时晶体足够厚，透射出来的两束光线可以完全分开。

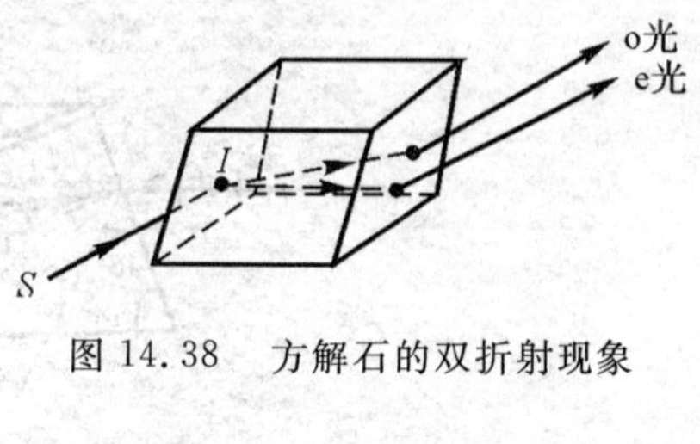

图 14.38　方解石的双折射现象

进一步研究表明，晶体中两束折射光线，具有不同的性质，当改变入射角 i 时，其中一束折射光线恒遵守折射定律，这束光线称为寻常光线，简称 o 光；另一束光线不遵守折射定律，它不一定在入射面内，而且 $\frac{\sin i}{\sin\gamma}$ 的量值也不是一个常数，这束光线称为非常光线，简称 e 光。

当改变入射光方向时，可以发现在晶体中存在着一个特殊的方向，光沿着这个方向传播时不发生双折射，这一方向称为晶体的光轴。光轴表示晶体内的一个方向，因此在晶体内任何一条与上述光轴方向平行的直线都是光轴，只具有一个光轴的晶体叫单轴晶体（如方解石、石英等）。有些晶体具有两个光轴，叫双轴晶体（如云母、硫磺等）。

在晶体中任一已知光线和光轴所组成的平面叫做该光线的主平面。显然，o光和光轴组成的平面就是o光的主平面；e光和光轴组成的平面就是e光的主平面，如用检偏器观察，可以发现o光和e光都是线偏振光，o光的振动方向与o光的主平面垂直，e光的振动方向包含在e光的主平面内。

由光轴与晶体表面的法线构成的平面称为晶体的主截面。如当入射光线在主截面内，也就是入射面是晶体的主截面时，o光和e光以及o光和e光的主平面都在主截面内，这时o光和e光的振动方向是互相垂直的。

产生双折射的原因在于晶体的各向异性，由于晶体内部在不同方向上分子的排列不相同，引起了各个方向上光学（电学）性质的不同，所以各向异性的晶体对不同振动方向的偏振光具有不同的传播速度，相应的折射率也不同。当一束自然光射入晶体时，自然光中两个相互垂直的光振动，由于具有不同的折射率，就分成o光和e光两条折射光线，从而产生了双折射。

对于o光，在各个方向上的传播速度都相等，因而它的折射率是一个与入射角无关的常数，所以o光遵守折射定律。而e光在晶体中各个方向的传播速度不同，它的折射率就不是一个常数，故e光不遵守折射定律。沿光轴方向，o光和e光的传播速度相同，所以沿光轴方向不发生双折射。

2. 尼科耳棱镜

利用双折射晶体，可以制成适合各种用途的偏振器件，具有起偏效果好，使用方便的特点。尼科耳棱镜就是其中一个，其基本原理是借助全反射将晶体中的o光和e光分开，从而获得纯度很高的线偏振光。

将两块加工成如图14.39所示形状的自然方解石晶体，用加拿大树胶粘合起来，即可组成尼科耳棱镜。

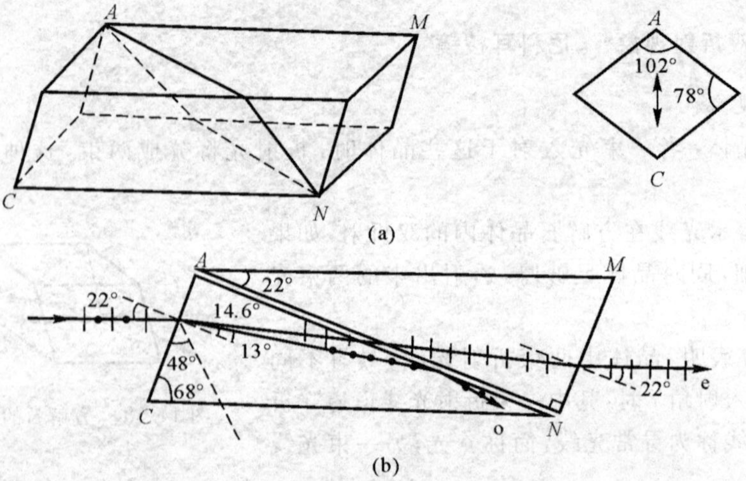

图14.39 尼科耳棱镜

如图 14.39(b) 所示，自然光从左端面射入，被分解为 o 光和 e 光，并以不同的角度入射于左晶体与加拿大树胶的界面，选用的加拿大树胶折射率为 1.550，小于 o 光折射率 1.658 而大于 e 光主折射率 1.486，对 o 光而言，是由光密介质射向光疏介质，棱镜的设计使其在界面的入射角(77°) 大于临界角(62.9°) 从而发生了全反射，结果被涂黑的侧面所吸收，而 e 光在界面上是由光疏介质射向光密介质，因而能透过树胶层，从右晶体端面射出，透射光是光振动方向在入射面内的线偏振光。微调入射角，可以使出射的光线方向平行于棱镜的底边。

由于尼科耳棱镜只允许某一振动方向的光通过，所以它既可以作起偏器，也可以作检偏器。

*14.4　全息照相

全息照相是一门崭新的技术，它被人们誉为 20 世纪的一个奇迹，全息照相是由美国科学家伯格在利用 X 射线拍摄晶体的原子结构照片时发现的，并与盖伯一起建立了全息照相理论。全息照相是以光的干涉、衍射规律为基础而形成的一种无镜头摄影技术。物体上各部分所发出的光中，包含光的强度和相位这两部分信息，普通照相只能把光的强度记录在底片上，得到物体的平面像，全息照相能把这两部分信息全部记录下来，在被摄物体再现时，能得到物体的立体像。

在拍摄全息图像时，激光器射出的激光束通过分光镜分成两束，一束经透镜使光束扩大照射到被摄物体上，再经物体反射后照射到感光底板上，这部分光叫物光。另一束经反射镜改变光路，再由透镜扩大后直达感光板，这部分光叫参考光。由于激光是相干光，物光和参考光在感光板上叠加，就产生干涉条纹，因为从被摄物体上各点反射出来的物光，在强度上和相位上都不相同，所以感光板上各处的干涉条纹也不相同，强度不同使条纹变黑程度不同，相位不同使条纹的密度、形状不同。因此，被摄物体反射光中的全部信息是以干涉条纹的形式记录在感光板上的，经显影、定影后，就得到了全息照片。这种全息照片在普通光的照射下是不能再现出被摄物体原来形象的，必须用激光去照射它才能再现。在和摄影时相同的角度上，可以看到被摄物体的虚像，这个像和原来物体的立体形象完全相同。

但是，全息照相是根据干涉法原理拍摄的，须用高密度(分辨率) 感光底片记录，由于普通光源单色性不好，相干性差，因而全息技术发展缓慢，很难拍出像样的全息图。直到 20 世纪 60 年代初激光出现之后，其高亮度、高单色性和高相干度的特性，迅速推动了全息技术的发展，许多种类的全息图被制作出来，全息理论得到了很好的验证，但由于拍摄和再现时的特殊要求，从诞生之日起，就几乎一直被局限在实验室里。

20 世纪 70 年代末期，人们发现全息图片具有包括三维信息的表面结构(即纵横交错的干涉条纹)，这种结构是可以转移到高密度感光底片等材料上去的。1980 年，美国科学家利用压印全息技术，将全息表面结构转移到聚酯薄膜上，从而成功地印制出世界上第一张模压全息图片，这种激光全息图片又称为彩虹全息图片，它是通过激光制版，将影像制作在塑料薄膜上，产生五光十色的衍射效果，并使图片具有二维、三维空间感，在普通光线下，隐藏的图像、信息会重现。当光线从某一特定角度照射时，又会出现新的图像。这种模压全息图片可以像印刷一样大批量快速复制，成本较低，且可以与各类印刷品相结合使用。至此，全息照相向普及应用迈出了决定性的一步。

全息照相除有事实的立体感外，还有许多优点。例如，取出全息照片的一小块，通过这一小块仍然能看到原片记录的全部形象。又如，在全息照相的同一张底片上，可以同时记录许多物像，而在观察时又互不干扰。

全息照相的独特性质使它有着多方面的应用前景。如利用全息照相可拍摄立体电影，可用全息照片储存信息，分析材料所受应力的分布，对机器零件进行无损检查，分析物体形状的微小变化等。

习　题

1. 如图14.40所示，S_1，S_2 是两个相干光源，它们到 P 点的距离分别为 r_1 和 r_2。路径 S_1P 垂直穿过一块厚度为 t_1，折射率为 n_1 的介质板，路径 S_2P 垂直穿过厚度为 t_2，折射率为 n_2 的另一介质板，其余部分可看做真空，这两条路径的光程差等于(　　)。

(A) $(r_2+n_2t_2)-(r_1+n_1t_1)$　　(B) $[r_2+(n_2-1)t_2]-[r_1+(n_1-1)t_1]$

(C) $(r_2-n_2t_2)-(r_1-n_1t_1)$　　(D) $n_2t_2-n_1t_1$

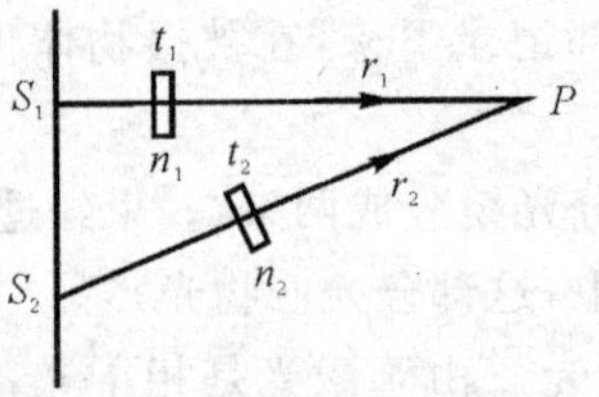

图　14.40

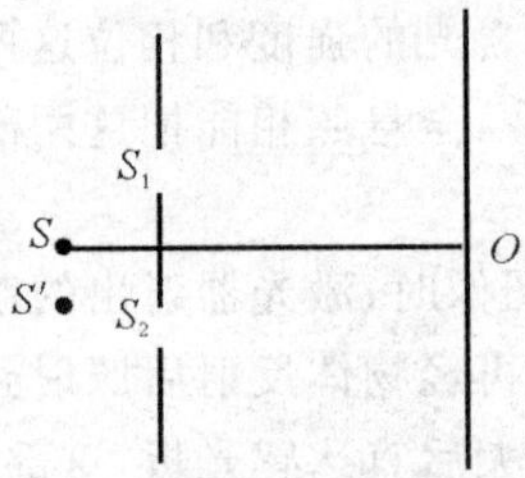

图　14.41

2. 如图14.41所示，在双缝干涉实验中，若单色光源 S 到两缝 S_1，S_2 距离相等，则观察屏上中央明条纹位于图中 O 处，现将光源 S 向下移动到示意图中的 S' 位置，则(　　)。

(A) 中央明条纹也向下移动，且条纹间距不变

(B) 中央明条纹向上移动，且条纹间距不变

(C) 中央明条纹向下移动，且条纹间距增大

(D) 中央明条纹向上移动，且条纹间距增大

3. 如果单缝夫琅和费衍射的第一级暗纹发生在衍射角为 $\varphi=30°$ 的方位上，所用单色光波长为 $\lambda=500$ nm，则单缝宽度为(　　)。

(A) 2.5×10^{-5} m　　(B) 1.0×10^{-5} m

(C) 1.0×10^{-6} m　　(D) 2.5×10^{-7} m

4. 对某一定波长的垂直入射光，衍射光栅的屏幕上只能出现零级和一级主极大，欲使屏幕上出现更高级次的主极大，应该(　　)。

(A) 换一个光栅常数较小的光栅　　(B) 换一个光栅常数较大的光栅

(C) 将光栅向靠近屏幕的方向移动　　(D) 将光栅向远离屏幕的方向移动

5. 波长为 λ 的平行单色光垂直照射到折射率为 n 的劈形膜上，相邻的两明纹所对应的薄膜厚度之差是________。

6. 波长为 $\lambda=600$ nm 的单色光垂直照射到牛顿环装置上，第二个明环与第五个明环所对

应的空气膜厚度之差为__________nm。($1\ nm=10^{-9}\ m$)

7. 平行单色光垂直入射于单缝上，观察夫琅和费衍射。若屏上 P 点处为第二级暗纹，则单缝处波面相应地可划分为________个半波带。若将单缝宽度缩小一半，P 点处将是______级______纹。

8. 自然光以入射角 $57°$ 由空气投射于一块平板玻璃面上，反射光为完全线偏振光，则折射角为______。

9. 在杨氏双缝实验中，当做如下调节时，屏幕上的干涉条纹将如何变化？为什么？

(1) 使两缝间的距离逐渐减少；

(2) 保持缝间距离不变，而使缝到观察屏的距离逐渐减小；

(3) 把红光光源换成紫光光源；

(4) 仍用单色光作光源，但用一块透明薄云母片将 S_2 盖住；

(5) 如图 14.42 所示，把双缝中的一条狭缝遮住，并在两缝的垂直平分线上放置一块平面镜。

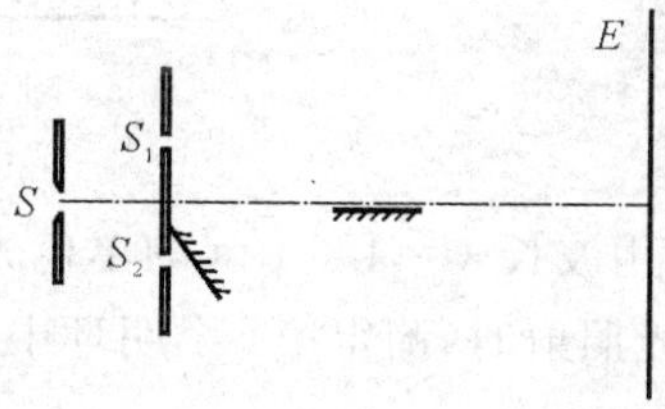

图　14.42

10. 薄钢片上有两条平行细缝，用波长 $\lambda=546\ nm$ 的单色光正入射到钢片上，屏幕距双缝的距离 $D=2.00\ m$，测得中央明条纹两侧的第五级明条纹间的距离为 12 mm。求：

(1) 两缝间的距离；

(2) 从任一明条纹(记作 O)向一边数到第 20 条明条纹，共经过多大距离。

11. 在玻璃板表面镀一层 ZnS 介质膜，如适当选取膜层厚度，则可使在 ZnS 上、下表面的反射光形成干涉加强。已知玻璃的折射率为 1.50，ZnS 的折射率为 2.37，垂直入射光的波长为 $6.33\times10^{-7}\ m$，试求 ZnS 的膜层的最小厚度。

12. 白光垂直照射到空气中一厚度为 380 nm 的肥皂膜上，设肥皂膜的折射率为 1.33，试问该膜的正面呈现什么颜色？背面呈现什么颜色。

13. 如图 14.43 所示，若劈尖的上表面向上平移(见图(a))，若劈尖的上表面向右平移(见图(b))；若劈尖的角度增大(见图(c))，以上三种情况下，干涉条纹都将发生怎样的变化？

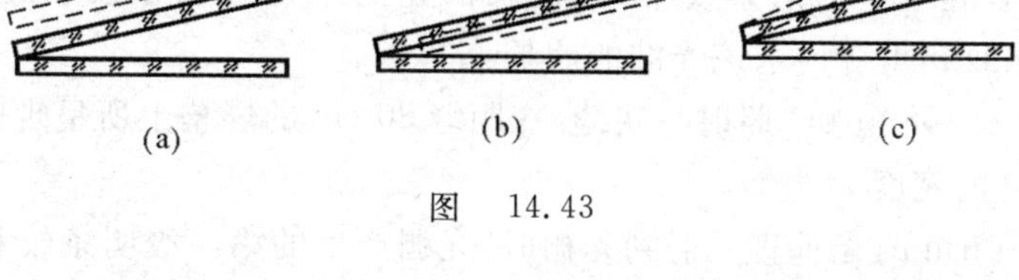

图　14.43

14. 用波长为 500 nm($1\ nm=10^{-9}\ m$) 的单色光垂直照射到由两块光学平玻璃构成的空气劈形膜上，在观察反射光的干涉现象中，距劈形膜棱边 $l=1.56\ cm$ 的 A 处是从棱边算起的第四条暗条纹中心。

(1) 求此空气劈形膜的劈尖角 θ；

(2) 改用 600 nm 的单色光垂直照射到此劈尖上仍观察反射光的干涉条纹，A 处是明条纹还是暗条纹？

(3) 在第(2) 问的情形从棱边到 A 处的范围内共有几条明纹？几条暗纹？

15. 为了测量金属丝直径，我们把它夹在两块平板玻璃之间构成一个空气劈尖，如图14.44 所示，现以单色光垂直照射，观察劈尖表面的干涉条纹，测得在 4.29 mm 的一段玻璃表面上有 30 条明条纹，玻璃板的长度 $L=28.88$ mm，入射光的波长 $\lambda=589.3$ nm，求金属丝的直径。(注意：30 条明条纹之间有 29 个条纹间距)

16. 如果牛顿环是由三种透明材料做成，各种材料的折射率不同，如图 14.45 所示，问该牛顿环干涉条纹的分布如何？

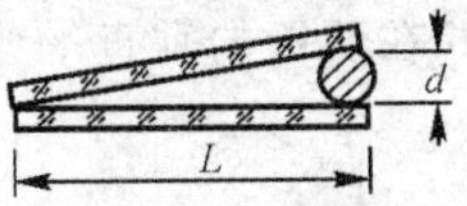

图 14.44

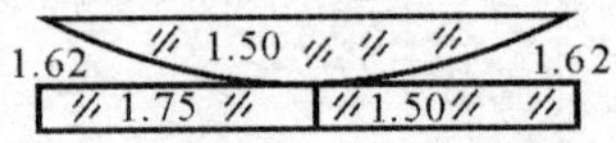

图 14.45

17. 在牛顿环实验装置中，当用波长 $\lambda=450$ nm 的单色光照射时，测得第 3 个明环中心的半径为 1.06×10^{-3} m；若改用红光照射时，测得第 5 个明环中心的半径为 1.77×10^{-3} m。求红光的波长和透镜的曲率半径。

18. 若用波长不同的光观察牛顿环，$\lambda_1=600$ nm，$\lambda_2=450$ nm，观察到用 λ_1 时的第 k 个暗环与用 λ_2 时的第 $k+1$ 个暗环重合，已知透镜的曲率半径是 190 cm，求用 λ_1 时第 k 个暗环的半径。

19. 在牛顿环实验中，当透镜和玻璃之间充以某种液体时，第 10 个明环纹的直径由 1.40×10^{-2} m 变为 1.27×10^{-2} m，试求这种液体的折射率。

20. 用波长为 589.3 nm 的钠黄光观察牛顿环，测得某一明环半径为 1×10^{-3} m，而其外第 4 个明环半径为 3×10^{-3} m，试求平凸透镜凸面的曲率半径。

21. 把折射率 $n=1.40$ 的薄膜放入迈克耳逊干涉仪的一臂时，如果由此产生了 7.0 条条纹移动，求膜的厚度。(已知光波波长为 589 nm)

22. 在宽度 $a=0.6$ mm 的狭缝后 40 cm 处，有一与狭缝平行的屏幕。今以平行光自左面垂直照射狭缝，在屏幕上形成的衍射条纹，若离零级明条纹的中心 P_0 处为 1.4 mm 的 P 处，看到的是第 4 级明条纹。求：(1) 入射光的波长；(2) 从 P 处来看该光波时，在狭缝处的波前可分成几个半波带。

23. 在白色光形成单缝衍射条纹中，某波长的光的第 3 级明条纹和红色光(波长为 630 nm) 的第 2 级明条纹相重合。求该光波的波长。

24. 以黄色光($\lambda=589$ nm) 照射一狭缝，在距缝 80 cm 的屏幕上所呈现的中央条纹的宽度为 2 mm，求此狭缝的宽度。

25. 当波长 600 nm 的光垂直入射到光栅时，光栅产生的第一级明条纹和中央明条纹的距离为 3.3 cm，透镜焦距为 1.10 m。求此光栅上每厘米刻痕的数目。

26. 由波长 $\lambda_2=400$ nm 的紫光和 $\lambda_1=750$ nm 的红光所组成的复色平行光垂直照射在一

个光栅上，光栅常数为 1.00×10^{-3} cm。用焦距为 2.00 m 的透镜，把光聚在它的焦平面上，试求第一级红线和第二级紫线间的距离。

27. 白光垂直照射在每厘米有 5 000 条刻痕的光栅上，问在第四级光谱中，可以观察到的最大波长为多少？

28. 单色光垂直入射到光栅上，若光栅常数为 2.0×10^{-6} m，入射光为红光 $\lambda_1=700$ nm 和紫光 $\lambda_2=450$ nm 的情况下，所产生的明条纹的最大级数分别是多少？

29. 使自然光通过两个偏振化方向成 60° 的偏振片，透射光的强度为 I_1，今在这两个偏振片之间再插入另一偏振片，它的方向与前两个偏振片均成 30° 角，则透射光的强度为多少？

30. 自然光入射到放在一起的两个偏振片上，问：(1) 如果透射光的强度为最大透射光强度的 $\frac{1}{3}$，这两块偏振片的偏振化方向的夹角是多少？(2) 如果透射光的强度为入射光强度的 $\frac{1}{3}$，则它们的偏振化方向的夹角又为多少？

31. 一束光是自然光和线偏振光的混合，当它通过一偏振片时，改变偏振片的取向发现透射光的强度可变化五倍(即最大光强与最小光强之比)，求入射光中两种成分的相对强度。

32. 一束太阳光以某一入射角入射到平面玻璃上，这时的反射光为线偏振光，透射光的折射角为 32°，试问：(1) 太阳光的入射角是多少？(2) 玻璃的折射率是多少？

第 15 章　光的量子性

第 14 章中，通过对光的干涉、衍射及偏振现象的研究，说明了光的波动性。本章将通过光电效应和康普顿效应说明光的粒子性，这就是波-粒二象性。

15.1　光电效应

金属在光的照射下释放出电子的现象，称为光电效应。光电效应是证实光具有粒子性的重要现象之一。

15.1.1　光电效应的实验定律

研究光电效应基本规律的实验装置如图 15.1 所示，S 是一个抽空的玻璃容器，窗口内装有阴级 K 和阳极 A。阴极 K 为一金属平板。A 和 K 分别与电流计 G、伏特计 V 及电池组 B 连接。当紫外光或短波长的可见光照射金属板 K 时，金属板将释放出电子，这些电子称为光电子，电路连接后，使光电子被电场加速，飞向阳极，形成线路中的电流，称为光电流，光电流的强弱可用电流计读出。从实验中得到以下规律。

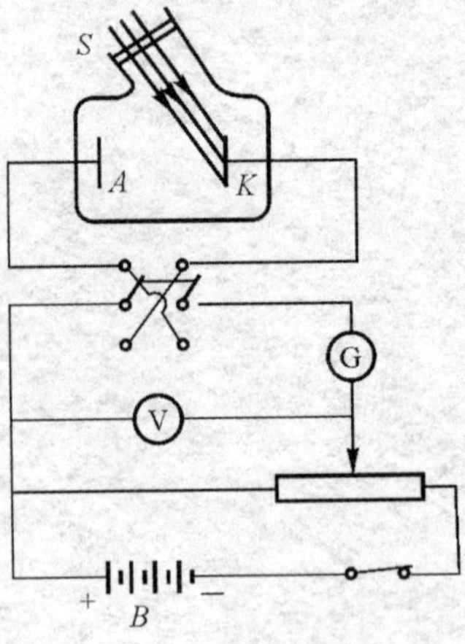

图 15.1　光电效应实验装置

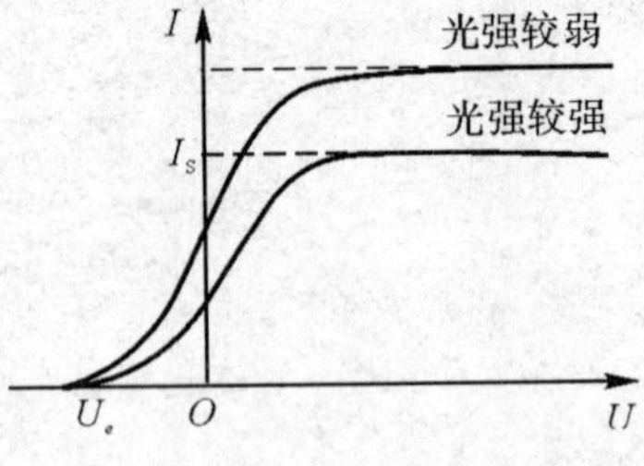

图 15.2　光电效应的伏安曲线

1. 第一条基本定律

单位时间内受光照射的电极上释放出的电子数和入射光的强度成正比。以一定强度的单色光照射阴极 K，图 15.2 所示是由实验得出的光电流 I 随加速电势差 U 变化的曲线，曲线表明，光电流随加速电势差的增大而增大。加速电势差增大到某一数值后，光电流就不再增加，此时的光电流 I_S 叫饱和光电流；当电势差 U 为负值时，光电流随 $|U|$ 的增大而减小，直至为零，此时对应的电势差 U_a，叫遏止电势差。用不同强度的光照射阴极 K 时，可得出不同的伏-安特性曲线。实验指出：饱和光电流与入射光的强度成正比。

我们知道，光电流 I 反映飞到 A 极的电子数。光电流达到饱和时，K 极上所释出的电子全部飞到 A 极上，所以饱和电流 I_S 的意义在于它测定了 K 极每秒内发射的电子数，设 N 为单位时间内 K 极所释出的电子数，e 为电子电量的绝对值，饱和光电流强度 $I_S=Ne$，由此得到光电效应的第一条基本定律。

2. 第二条基本定律

光电子的初动能随入射光的频率 ν 线性增加，而与入射光的强度无关。实验指出，遏止电势差和入射光的频率之间有线性关系，如图 15.3 所示，用数学式表示为

$$|U_a|=K\nu-U_0 \tag{15-1}$$

式中，K 和 U_0 都是正值，U_0 由阴极金属的性质决定。

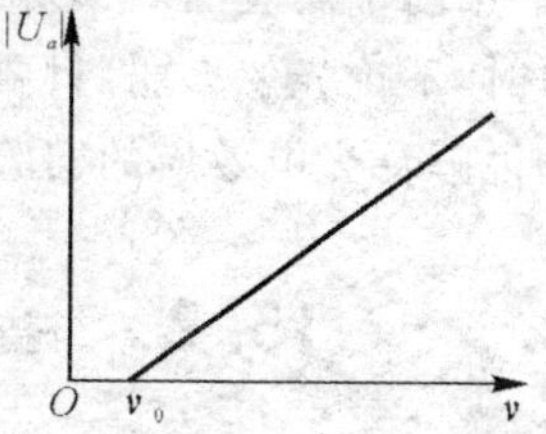

图 15.3　截止电压与光频率关系图

我们知道，当 U 为负值时，电子由 K 极到 A 极的运动方向与电场力的方向相反，可见电子从 K 极表面逸出时具有一定的初速度，直到 $U=U_a$，电子不能到达 A 极时，光电流才为零。所以电子的初动能应等于电子反抗电场力所做的功，即

$$\frac{1}{2}mv^2=e\,|U_a| \tag{15-2}$$

式中，e 表示电子电量的绝对值，$|U_a|$ 是遏止电势差的绝对值，把式(15-1)代入式(15-2)，得

$$\frac{1}{2}mv^2=eK\nu-eU_0 \tag{15-3}$$

因此得出了光电效应第二条基本定律。

3. 第三条基本定律

实验指出：如果光的频率小于截止频率 ν_0，则不论光的强度多大，照射时间多长，都不会产生光电效应。所谓截止频率是要使某一种金属产生光电效应，入射光的频率必须大于或等于某一频率 ν_0，频率 ν_0 叫截止频率，也称红限。参看表 15-1。

表 15-1　几种金属的逸出功和红限

金属	红限 ν_0/Hz	$\lambda_0=\dfrac{c}{\nu_0}$/nm	逸出功 /eV
铯 Cs	4.8×10^{14}	6520	1.9
铍 Be	9.4×10^{14}	3190	3.9
钛 Ti	9.9×10^{14}	3030	4.1
汞 Hg	1.09×10^{15}	2750	4.5
金 Au	1.16×10^{15}	2580	4.8
钯 Pd	1.21×10^{15}	2480	5.0

4. 光电效应瞬时响应性质

实验表明：从光线开始照射直到金属释出电子，无论光的强度如何，几乎是瞬时的，据现代的测量，时间不超过 10^{-9} s。

15.1.2　光的波动说的困难

上述光电效应的实验事实是光的波动说无法解释的，按照光的波动说，金属在光的照射

下，金属中的电子受到入射光 $\boldsymbol{E}$ 振动的作用而进行受迫振动，从入射光中吸收能量，从而逸出金属表面。逸出时的动能应决定于光振动的振幅，也就是应决定于光的强度，但实验结果是光电子的初动能与光强无关却随频率线性增加。根据波动说，只要光的强度足够供应电子从金属释出所需要的能量，光电效应对各种频率的光都会发生，不应存在红限；但实验事实却表明每种金属都有确定的红限频率 $\nu < \nu_0$ 时，不论光多么强，都不会发生光电效应。

按照光的波动说，金属中的电子从入射光中吸收的能量必须积累到等于电子的逸出功之后，才能逸出金属表面。入射光越弱，能量积累的时间越长。而实验结果并不如此，当物体受光照射时，不论光怎么弱，只要频率大于红限，光电子几乎立刻发射出来。以上足以说明用光的波动说解释光电效应的实验规律遇到了极大的困难。

15.2　普朗克量子假说　爱因斯坦方程

本节将扼要介绍爱因斯坦在普朗克量子假说的基础上，提出光子假说，从而使光电效应的各条定律得到圆满的解释。

15.2.1　普朗克量子假说

1900 年，物理学家普朗克在研究热辐射问题时，提出以下假设：

(1) 原子的振动能量不是连续地取值，而是只能取

$$\varepsilon, 2\varepsilon, \cdots, n\varepsilon \quad n \text{ 为正整数}$$

而能量 ε 同频率 ν 成正比，即 $\varepsilon = h\nu$，式中，h 为普朗克常数，量值为

$$h = 6.63 \times 10^{-34}\ \text{J} \cdot \text{s}$$

(2) 振动的原子在发射和吸收能量时，要以 $h\nu$ 为单元一份一份进行，$h\nu$ 称为能量子。以上称普朗克量子假说。

量子假说不仅圆满地导出了热辐射的实验规律，后经发展推广，逐渐形成近代物理学中极为重要的量子理论。

爱因斯坦　(1879—1955 年)是 20 世纪最伟大的自然科学家，物理学革命的旗手，1879 年 3 月 14 日出生于德国乌耳姆。从小受到科学和哲学的启蒙，富有独立思考的良好习惯。1905 年在任瑞士专利局技术员期间，一年内发表了三篇划时代的论文，在物理学三个不同领域中取得了历史性突破，特别是狭义相对论的建立和光量子论的提出，推动了物理学理论的革命。

15.2.2　爱因斯坦方程

为了解释光电效应的实验事实，1905 年，爱因斯坦在普朗克量子假说的基础上，进一步提出了关于光的本性的光子假说。爱因斯坦认为：光不仅像普朗克已指出过的，在发射或吸收时，具有粒子性，而且光在空间传播时，也具有粒子性，即一束光是一粒一粒以光速 c 运动的粒子流，这些光粒子称为光量子，也称为光子，每一光子的能量也是 $\varepsilon = h\nu$（h 是普朗克常数，ν 是频率），不同频率的光子具有不同的能量。光的能流密度 S（即单位时间内通过单位面积的光

能）决定于单位时间内通过单位面积的光子数 N。频率为 ν 的单色光的能流密度为

$$S = Nh\nu$$

爱因斯坦对光电效应做出如下解释：当光照射金属表面时，电子吸收了一个光子，便获得 $h\nu$ 的能量。该能量一部分消耗于电子从金属表面逸出时所需要的逸出功 A，另一部分转换为光电子的初动能 $\frac{1}{2}mv^2$，按能量守恒定律，得

$$h\nu = A + \frac{1}{2}mv^2 \tag{15-4}$$

式(15-4)称为爱因斯坦光电效应方程，该方程成功地解释了光电子的初动能与入射光频率之间的线性关系。当入射光子的能量 $h\nu$ 小于电子的逸出功 A 时，电子就不能从金属中逸出，只有当 $h\nu \geqslant A$，即 $\nu \geqslant \frac{A}{h}$ 时，才能产生光电效应，这就说明了光电效应具有一定的截止频率，其数值为 $\nu_0 = \frac{A}{h}$。

当入射光的强度增加时，光束中的光子数增多，因而单位时间内从金属逸出的电子数也增多，从而说明了饱和光电流与入射光强度之间的正比关系。当光照射金属时，光子的全部能量一次地被电子吸收，不需要积累能量的时间，这也说明了光电效应的瞬时性。

另外，比较式(15-3)和式(15-4)，还可得到

$$h = Ke, \quad U_0 = \frac{A}{e}$$

只要从实验中测出 K，即能算出普朗克常数 h，而实验公式(15-1)中的 U_0 是金属的逸出电势。

美国物理学家密立根在 1905 年到 1916 年间，做了很多光电效应的精密实验，完全证实了爱因斯坦方程的正确性。

15.2.3　光子的能量、质量和动量

按光子假说，每个光子有能量 $\varepsilon = h\nu$，根据相对论的质量-能量关系式，光子的质量 m 可写作

$$m = \frac{\varepsilon}{c^2} = \frac{h\nu}{c^2} \tag{15-5}$$

但按相对论中运动质量与静止质量之间的关系式

$$m = \frac{m_0}{\sqrt{1-\left(\frac{v}{c}\right)^2}}$$

来看，因光子以光速运动 $v=c$，所以光子的静止质量必须等于零，即 $m_0=0$，光子是静止质量等于零的粒子。

光子既然具有质量 m 和速度 c，所以光子也具有动量

$$P = mc = \frac{h\nu}{c} = \frac{h}{\lambda} \tag{15-6}$$

由于光子具有能量和动量，当光束投射到物体的表面时，将对该表面施有压力。

例 15-1　已知铯的红限 $\nu_0 = 4.8 \times 10^{14}$ Hz，用钠黄光 $\lambda = 589.3$ nm 照射铯，试计算：

(1) 黄光光子的能量、质量和动量；

(2) 铯在光电效应中释放的光电子的初速度；

(3) 铯的遏止电势差是多大？若用 $\lambda'=500$ nm 的光照铯，遏止电势差又是多大？

解 (1) $$\varepsilon=h\nu=h\frac{c}{\lambda}=\frac{6.63\times10^{-34}\times3\times10^{8}}{589.3\times10^{-9}}=3.38\times10^{-19}\ \mathrm{J}$$

$$m=\frac{h\nu}{c^2}=\frac{3.38\times10^{-19}}{(3\times10^{8})^2}=3.76\times10^{-36}\ \mathrm{kg}$$

$$P=\frac{h}{\lambda}=\frac{6.63\times10^{-34}}{589.3\times10^{-9}}=1.13\times10^{-27}\ \mathrm{kg\cdot m\cdot s^{-1}}$$

(2) 应用爱因斯坦方程

$$\frac{1}{2}mv^2=h\nu-A$$

得光电子速度 v 为

$$v=\sqrt{\frac{2}{m}(h\nu-A)}=\sqrt{\frac{2h}{m}\left(\frac{c}{\lambda}-\nu_0\right)}=\sqrt{\frac{2\times6.63\times10^{-34}}{9.11\times10^{-31}}\left(\frac{3\times10^{8}}{589.3\times10^{-9}}-4.8\times10^{14}\right)}=$$

$$2.05\times10^{5}\ \mathrm{m\cdot s^{-1}}$$

(3) 设遏止电势差 U_a 的绝对值记作 V，因为 $\frac{1}{2}mv^2=e\mid U_a\mid=eV$，所以

$$\mid U_a\mid=V=\frac{1}{2e}mv^2=\frac{9.11\times10^{-31}\times(2.05\times10^{5})^2}{2\times1.6\times10^{-19}}=0.12\ \mathrm{V}$$

根据爱因斯坦方程

$$h\nu=\frac{1}{2}mv^2+A$$

对于题中两种波长，可分别有

$$\frac{hc}{\lambda}=eV+A$$

$$\frac{hc}{\lambda'}=eV'+A$$

由两式相减得

$$hc\left(\frac{1}{\lambda}-\frac{1}{\lambda'}\right)=e(V-V')$$

$$V'=V-\frac{hc}{e}\left(\frac{1}{\lambda}-\frac{1}{\lambda'}\right)=0..12-\frac{6.63\times10^{-34}\times3\times10^{8}}{1.6\times10^{-19}}\left(\frac{1}{589.3\times10^{-9}}-\frac{1}{500\times10^{-9}}\right)=0.49\ \mathrm{V}$$

光电效应的应用极为广泛，利用光电效应可制成光电转换器件，如光电管广泛用于光功率的测量、光信号的记录、电影、电视和自动控制中。在光照很弱时(如夜间)，光电管所产生的电流很小，不易探测，常用光电倍增管使光电流放大，产生较强的电流，它在科学研究、工程技术、天文和军事等方面都有重要的应用。

在以上发生的光电效应中，光电子飞出金属，故称外光电效应。而某些晶体或半导体，在光的照射下，内部的原子可释出电子，但电子仍留在物体的内部，使物体导电性增加，这种光电效应称为内光电效应，半导体光敏元件、光电池等就是内光电效应器件。

15.3 康普顿效应

1923—1925 年，康普顿和我国物理学家吴有训研究了 X 射线通过物质的散射，进一步证

实了光子假说的正确性。

15.3.1　康普顿实验

如图 15.4 所示，X 射线源发射一束波长为 λ_0 的 X 射线，投射到一块石墨上，从石墨再射出的 X 射线是沿着各个方向的，故称为散射。散射光的波长和强度可利用摄谱仪测量，实验结果指出：散射线中有与入射线波长 λ_0 相同的射线，也有波长 $\lambda > \lambda_0$ 的射线，这种改变波长的散射称为康普顿效应。我国物理学家吴有训在与康普顿合作期间所做的实验指出：① 在原子量小的物质中，康普顿散射较强；在原子量大的物质中，康普顿散射较弱；② 波长的改变量 $\lambda - \lambda_0$ 随散射角 φ（散射线与入射线之间的夹角）的增加而增加。在同一散射角下，对于所有散射物质，波长的改变量 $\lambda - \lambda_0$ 都相同。实验结果如图 15.5 所示。图中横坐标是波长，纵坐标表示散射光的强度，实验采用波长为 0.071 nm 的 X 射线作为入射光。当 $\varphi = 0$ 时，即在入射光方向测量，发现只有单一波长的光被散射，这个波长与入射光的波长相同，当 φ 不等于零时（如等于 45°，90°，135°），发现存在两种波长的散射光，除和入射波长相同的以外，还存在一种比入射波长更长的 X 光，而且后者的波长与散射角 φ 有关。随着散射角的增加，两种散射光的波长差也增加。

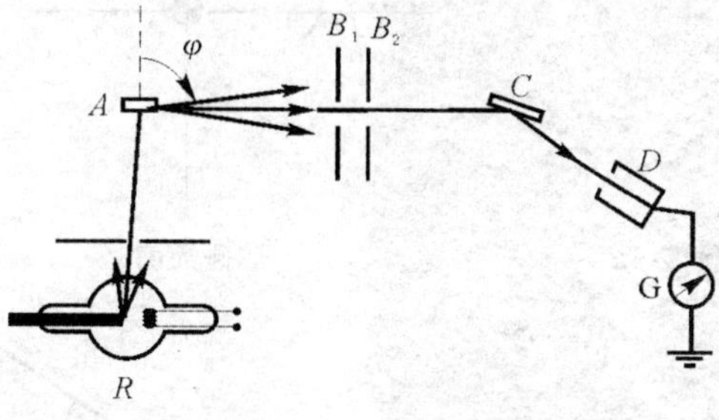

图 15.4　康普顿实验装置

15.3.2　康普顿效应的量子解释

按照光的波动理论，当电磁波进入物质时，将引起原子内电子的受迫振动，振动频率应与入射电磁波相同，受迫振动的电子又向四周发射同一频率电磁波，这就成为散射的 X 射线。因此，散射的 X 射线的频率（或波长）应该和入射的 X 射线的频率（或波长）相等，可见光的波动理论能够解释波长不变的散射，而不能解释康普顿效应。

但是，如果应用光子的概念，并进一步将光和物质的相互作用视作光子与电子的碰撞，就能解释康普顿实验结果。

图 15.6 表示一个光子和一个自由电子作弹性碰撞，设碰撞前电子是静止的，即 $v_0 = 0$，频率为 ν_0 的光子沿 x 轴方向入射，碰撞后光子沿着 φ 角的方向散射出去。电子则获得了速率 v，而沿 θ 角的方向运动，因为电子获得的速率很大，可以与光速相比，这种电子叫反冲电子。

因为光子和电子的碰撞是弹性碰撞，所以应同时满足能量守恒定律和动量守恒定律。电子碰撞前后的静止质量和运动质量分别为 m_0 和 m，由狭义相对论的质能关系可知，其相应的能量为 m_0c^2 和 mc^2。所以在碰撞过程中，根据能量守恒定律有

$$h\nu_0 + m_0c^2 = h\nu + mc^2$$

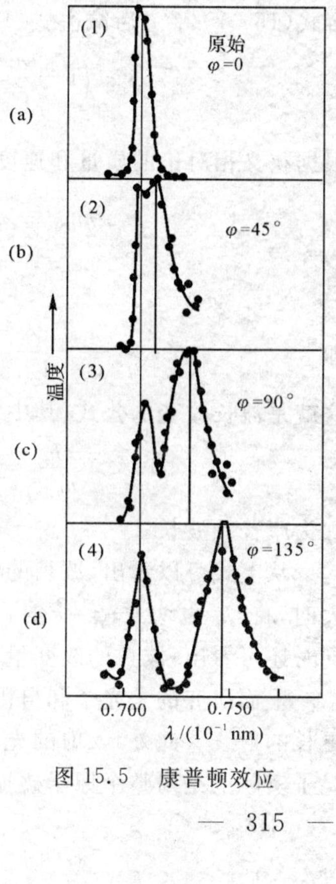

图 15.5　康普顿效应

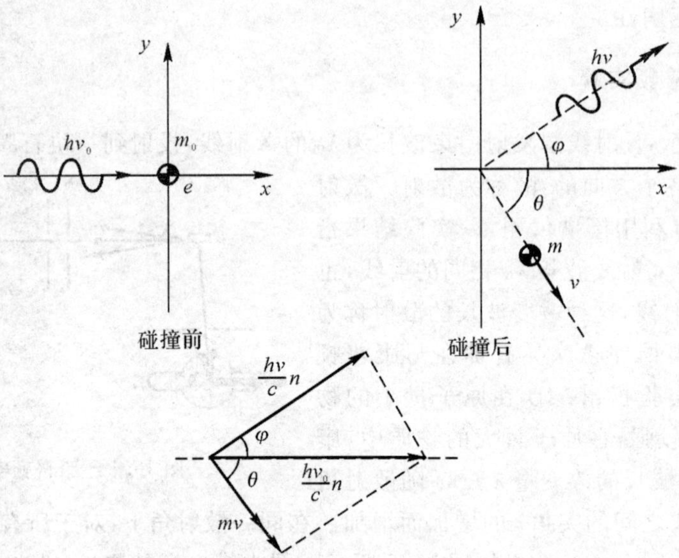

图 15.6　光子与静止电子碰撞示意图

即
$$mc^2 = h(\nu_0 - \nu) + m_0c^2 \tag{15-7}$$

考虑到动量是矢量，根据动量守恒定律，由图 15.6 可以看出

$$(mv)^2 = \left(\frac{h\nu_0}{c}\right)^2 + \left(\frac{h\nu}{c}\right)^2 - 2\,\frac{h\nu_0}{c}\,\frac{h\nu}{c}\cos\varphi$$

即
$$m^2v^2c^2 = h^2\nu_0^2 + h^2\nu^2 - 2h^2\nu_0\nu\cos\varphi \tag{15-8}$$

将式(15-7)平方后减去式(15-8)，得

$$m^2c^4\left(1-\frac{v^2}{c^2}\right) = m_0^2c^4 - 2h^2\nu_0\nu(1-\cos\varphi) + 2m_0c^2h(\nu_0-\nu)$$

根据狭义相对论的质量和速度关系 $m = m_0\Big/\sqrt{1-\frac{v^2}{c^2}}$，上式变为

$$m_0^2c^4 = m_0^2c^4 - 2h^2\nu_0\nu(1-\cos\varphi) + 2m_0c^2h(\nu_0-\nu)$$

有
$$\frac{c(\nu_0-\nu)}{\nu_0\nu} = \frac{h}{m_0c}(1-\cos\varphi)$$

即
$$\frac{c}{\nu} - \frac{c}{\nu_0} = \frac{h}{m_0c}(1-\cos\varphi) \quad 或 \quad \lambda - \lambda_0 = \frac{2h}{m_0c}\sin^2\frac{\varphi}{2} \tag{15-9}$$

这就是波长改变的公式，其中

$$\frac{h}{m_0c} = \frac{6.63\times10^{-34}}{9.11\times10^{-31}\times3\times10^8} = 2.43\times10^{-12}\ \text{m}$$

称为康普顿波长。

从上式可以看出，波长的改变量仅与光子的散射角 φ 有关，当 $\varphi=0$ 时，波长不变；当 φ 增大时，$\lambda-\lambda_0$ 也增大；$\varphi=\pi$ 时，波长的改变最大，由公式得出的计算值与实验结果符合得很好。同时还可看出，波长的改变量与入射光的波长无关。

上面研究的是光子和自由电子发生碰撞时的情况，它只说明散射线中具有波长比入射线更长的射线。此外，入射的光子也会同原子的内层电子相碰，但由于内层电子被束缚得较紧，光子实际上是与整个原子碰撞的。由于原子的质量很大，光子将只改变方向，而不改变能量，因而在散射线中也有与入射线波长相同的射线。由于轻原子中电子束缚较弱，重原子中内层电子束缚很紧，因此原子量小的物质康普顿效应较强，原子量大的物质康普顿效应较弱，这和实验结果也是一致的。

康普顿效应的发现，及其理论上与实验上的符合，不仅有力地证实了光子理论的正确性，而且也证明在微观粒子的相互作用过程中，严格遵守能量守恒和动量守恒定律。

例 15-2　$\lambda_0 = 1.88 \times 10^{-2}$ Å 的入射 γ 射线在碳块上散射，当散射线与入射的 γ 射线成 $\frac{\pi}{2}$ 时，求：(1) $\lambda - \lambda_0$ 有多大？(2) 电子得到的动能有多大？(3) 入射光在碰撞时失去的能量占总能量百分之几？

解　(1) 根据式(15-9)，当 $\varphi = \frac{\pi}{2}$ 时，波长的变化为

$$\Delta\lambda = \frac{h}{m_0 c}(1-\cos\varphi) = \frac{6.63 \times 10^{-34}}{9.11 \times 10^{-31} \times 3 \times 10^8}\left(1-\cos\frac{\pi}{2}\right) = 2.43 \times 10^{-12}\ \text{m} = 0.024\,3\ \text{Å}$$

(2) 若以 E_k 表示电子的动能，则它应等于散射前后光子能量之差，即

$$E_k = h\nu_0 - h\nu = hc\left(\frac{1}{\lambda_0} - \frac{1}{\lambda}\right)$$

而

$$\lambda = \lambda_0 + \Delta\lambda$$

所以

$$E_k = hc\left(\frac{1}{\lambda_0} - \frac{1}{\lambda_0 + \Delta\lambda}\right) = \frac{hc\Delta\lambda}{\lambda_0(\lambda_0 + \Delta\lambda)} = \frac{6.63 \times 10^{-34} \times 3 \times 10^8 \times 2.43 \times 10^{-12}}{1.88 \times 10^{-12} \times (1.88 + 2.43) \times 10^{-12}} =$$

$$5.96 \times 10^{-14}\ \text{J} = 3.73 \times 10^5\ \text{eV}$$

光子损失的能量等于电子获得的能量，为 3.73×10^5 eV，因此能量损失的百分比为

$$\frac{3.73}{6.61} \times 100\% = 56.4\%$$

通过类似计算可知，如果 $\varphi = 90°$，当 $\lambda_0 = 1.0$ Å（X 射线）时，能量损失百分比为 2.4%；若 $\lambda_0 = 2\,500$ Å（紫外线）时，能量损失百分比仅为 0.01%。可见，波长越长，在上述碰撞中光子能量损失的百分比越小，以致不能观测出康普顿效应。这就是为什么首先在 X 射线而不是在可见光观察到康普顿效应的原因。

15.3.3　光的波-粒二象性

光电效应、康普顿效应等实验证实了光子假说是正确的，所以光具有粒子性。但是在光的干涉、衍射及偏振等现象中，又明显地表现出光的波动性。这说明光既具有波动性，又具有粒子性。所以，光具有波-粒二象性。光子的能量和动量表示式 $\varepsilon = h\nu$，$P = \frac{h}{\lambda}$ 是联系光的波动性和粒子性的重要关系式，它表明描述光的粒子性的量——能量 ε 和动量 P，与描述光的波动性的量——频率 ν 和波长 λ 是彼此依存的。一般说来，光在传播过程中，波动性表现比较显著；当光和物质相互作用时，粒子性表现比较显著，但应指出，粒子性实质上仅指光和物质相互作用时，在交换能量和动量时，是以整个光子的能量和动量交换的，应该说把光的粒子性称为量子性更为恰当。

光子和电磁波应该能以某种方式相互联系起来，以双缝干涉为例，根据波动的观点，光是一种电磁波，屏幕上干涉图样的明纹处光的强度大，即通过该处光的能流密度大；暗纹处光的

强度弱，即通过该处光的能流密度小，而能流密度就是光强，它与光波的电场强度振幅的平方成正比。所以图样的明纹处表示光波振幅的平方很大，图样的暗纹处表示光波振幅的平方很小。而根据光子的观点，光的能流密度为 $Nh\nu$。光强大的明纹处表示单位时间内到达屏幕上的光子数多，光强小的暗纹处表示单位时间内到达屏幕上的光子数很少。从统计的观点来看，在明纹处光子出现的概率大，在暗纹处光子出现的概率几乎为零。以上分析可以得出光的波动和粒子两种图像的联系：在光波中，某处电场强度振幅的平方与该处光子出现的概率成正比，光的波动性是大量光子的统计平均行为。

15.4　实物粒子的波-粒二象性

15.4.1　德布罗意波

对于光的二象性认识，先是发现其波动性，其次发现其粒子性，那么，像电子、质子、中子、原子等实物粒子，是否也具有波动性呢？1924 年，法国青年物理学家德布罗意在总结前人工作的基础上提出了一个很好的问题。他说："整个世纪以来，在光学中，比起波的研究方法来，如果说是过于忽视粒子的研究方法的话；那么在实物粒子的理论上，是不是发生了相反的错误，把粒子的图像想得太多，而过分忽视了波的图像呢？"接着他提出了一个大胆的假设，认为不只是光子具有波、粒二象性，一切实物粒子（如电子、原子、分子 … 等）也具有波-粒二象性，他把辐射的频率、波长与光子的能量、动量的关系，引伸到实物粒子。认为质量为 m 的粒子，在以速度 v 作匀速运动时，伴随着一平面单色波动的传播，若表征粒子性的物理量为能量 E 和动量 P，表征波动性的物理量为波长 λ 与频率 ν，则它们之间的联系为

$$E = mc^2 = h\nu$$

$$P = mv = \frac{h}{\lambda} \tag{15-10}$$

这同光子的能量和动量与相应的光波波长和频率的关系是一样的

这就是说，实物粒子的运动，既可用动量、能量来描述，也可用波长、频率来描述。在有的情况下，其粒子性表现得突出些，在另一些情况下，又是波动性表现得突出些，这就是实物粒子的波-粒二象性。

按照德布罗意的上述假设，粒子以速度 v 作匀速运动时，相应于粒子的平面单色波波长是

$$\lambda = \frac{h}{mv} \tag{15-11}$$

这种波通常称为德布罗意波或实物波，这个公式叫作德布罗意公式。式中，m 为粒子的运动质量，如果以粒子的静止质量 m_0 表示，则式(15-11)为

$$\lambda = \frac{h}{m_0 v}\sqrt{1 - \frac{v^2}{c^2}}$$

若 $v \ll c$，那么

$$\lambda = \frac{h}{m_0 v}$$

15.4.2　德布罗意假设的实验证明

德布罗意实物波的概念提出以后很快在实验上得到证实。1928 年，G. P. 汤姆逊和塔尔塔

科夫斯基分别让电子射过金箔或其他金属箔，并在后面一段距离处用一张照相底片接受电子，获得了分布为同心圆的衍射图样(见图 15.7)。这些衍射图样与伦琴射线通过金属箔时发生的衍射条纹是极其类似的。这说明了电子也和伦琴射线一样，在通过晶体时出现衍射现象。

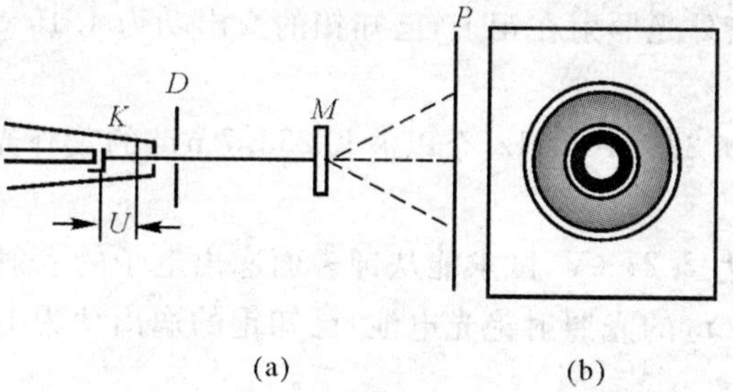

图 15.7　电子通过晶体的衍射实验装置

不仅电子，其他粒子也具有波动性质，用气体(如氦原子或氢分子)分子做类似的实验，完全证实了中性分子也同样具有波动性，对于这些粒子，德布罗意公式也是正确的，后来中子的衍射现象也被证实。1961 年，约恩逊制造出缝距为微米级的狭缝，完成了用电子束做的双缝实验，其衍射图像与杨氏做的光的双缝实验十分类似，目前德布罗意公式已成为表示电子、中子、质子、原子和分子等微观粒子的波动性和粒子性之间关系的基本公式。在德布罗意假设的基础上，许多物理学家经过大量的研究工作建立了现代的量子力学理论。在量子力学中，物质的粒子性和波动性得到了统一的解释。

物质的波动性已获得多方面的应用，其中突出的例子就是以电子束代替光束制成电子显微镜，根据波动光学中曾指出的显微镜的鉴别率与光的波长成反比，对于波长平均约为 550 nm 的可见光，放大倍数只有一两千倍。而对于 25 万伏电压加速下的电子相应的波长约 0.002 45 nm 的实物波，放大倍数要高得多，可见，电子显微镜的鉴别率比光学显微镜高得多。我国已制成能分辨 1.44Å、放大 80 万倍的电子显微镜。另外，中子的波动性也得到了应用，中子衍射已成为研究固体和液体结构的有力工具。

例 15-3　试求：(1) 质量为 0.5 kg 的棒球，以 $v=20\ \mathrm{m\cdot s^{-1}}$ 的速率运动时的德布罗意波波长；(2) 动能为 100 eV 的电子的德布罗意波波长。

解　(1) 与棒球相应的德布罗意波的波长

$$\lambda=\frac{h}{mv}=\frac{6.63\times10^{-34}}{0.5\times20}=6.63\times10^{-35}\ \mathrm{m}=6.63\times10^{-25}\ \text{Å}$$

(2) 动量 P 与动能 E_k 之间的关系为

$$P^2=2mE_k$$

所以

$$\lambda=\frac{h}{P}=\frac{h}{\sqrt{2mE_k}}=\frac{6.63\times10^{-34}}{(2\times9.11\times10^{-31}\times100\times1.6\times10^{-19})^{1/2}}=\frac{6.63\times10^{-34}}{5.4\times10^{-24}}=$$

$$1.2\times10^{-10}=1.2\text{Å}$$

对于电子这种微观粒子，可以找到一些点阵常数同电子波长相比拟的晶格，让电子束射在晶体上，产生衍射，由此肯定电子的波动性。棒球的德布罗意波长如此之短，以致它的波动性显现不出来，因此可不必考虑它的波动性。

习　题

1. 波长 100 nm 的紫外光照射在钼上，已知钼的逸出功为 4.15 eV。求逸出光电子的最大速度。

2. 已知银的红限为 9.23×10^{14} Hz，今以波长 253.7 nm 的紫外光入射，试求从银表面逸出电子的能量。

3. 已知钾的逸出功为 2.24 eV，试求能从钾表面逸出电子的入射光的波长范围。

4. 以波长 4.2×10^{-7} m 的光照射铯光电池，已知铯的逸出功为 1.9 eV，试求遏止电势差的大小。

5. 在光电效应的实验中，测得某金属的遏止电势差的绝对值 $|U_a|$ 和入射光的波长 λ 有下列对应关系：

λ/m	3.6×10^{-7}	3.00×10^{-7}	2.4×10^{-7}
U_a/V	1.40	2.00	3.10

试用作图法求：(1) 普朗克常数 h 与电子电量的比值 h/e；(2) 该金属的逸出功 A；(3) 该金属光电效应的红限。

6. 试求：(1) 红光（$\lambda=7\times10^{-7}$m）；(2)X 射线（$\lambda=0.025$ nm）；(3) 射线（$\lambda=1.24\times10^{-3}$ nm）的光子能量、动量和质量。

7. 波长 $\lambda_0=0.070\,8$ nm 的 X 射线在石腊上受到康普顿散射，求在 $\frac{\pi}{2}$ 和 π 方向上所散射的 X 射线波长各是多大？

8. 已知 X 光光子的能量为 0.60 MeV，在康普顿散射之后，波长变化了 20%，求反冲电子的能量。

9. 计算下列实物波的德布罗意波长：

(1) 经 200V 的电势差加速后的电子（设初速为零）；

(2) 质量为 40×10^{-3}kg，以 1 000 $\text{m}\cdot\text{s}^{-1}$ 的速度飞行的子弹。

第 16 章　现代物理技术

16.1　激光技术

激光技术是 20 世纪 60 年代发展起来的一门新兴科学，激光的问世引起了现代光学技术的巨大变革。世界上第一台激光器诞生于 1960 年。我国于 1961 年研制出第一台激光器，40 多年来，激光技术与应用发展迅猛，已与多个学科相结合形成多个应用技术领域，比如光电技术、激光医疗与光子生物学、激光加工技术、激光检测与计量技术、激光全息技术、激光光谱分析技术、非线性光学、超快激光学、激光化学、量子光学、激光雷达、激光制导、激光分离同位素、激光可控核聚变、激光武器等。这些交叉技术与新的学科的出现，大大地推动了传统产业和新兴产业的发展。

16.1.1　激光的形成及特征

激光 Laser 的原来含义为：Light Amplificationl by stimulated Emissiono of Radialion，称为"光受激发射放大器"，也有人称为"光激射器"、"光量子放大器"等，为便于学术交流，1964 年钱学森教授建议将其称为"激光"。

1. 激光与普通光源的区别

普通光源发光是自发辐射过程，每个粒子各自独立地发出一列波，电荷之间无固定的相位差，有不同的偏振方向且沿所有可能的方向传播，是非相干光，如太阳、白炽灯、汞灯等。

激光是在外来光子的激励下发生的受激辐射过程，所发出的光与入射光的频率、振动方向、相位和偏振态完全相同，频率均为 $\nu=\dfrac{E_j-E_i}{h}$，E_i，E_j 分别是低能级、高能级能量。外来光只起激励作用，不被吸收，一个光子激励一个粒子受激辐射形成两个光子，这两个光子再激励其他粒子，于是又出现四个光子，随着过程的继续，能得到完全相同的许多光子。因此，激光就是在一定条件下，在受激辐射的光放大过程中产生的。

2. 激光的形成

激光器由三部分组成，如图 16.1 所示。

(1) 工作物质。当它受到泵浦作用时成为激活介质，在高能级上具有粒子数布局反转，对入射光具有受激辐射的放大作用。

(2) 泵浦系统。泵浦系统是外界向工作物质提供能量的装置，使工作物质由热平衡态（低能级粒子数 ＞ 高能级粒子数）转变为粒子数反转的非平衡态。泵浦方法有电激励（电流注入、弧光或辉光放电）、光泵（闪光灯、激光）、热泵（绝热膨胀）、化学、电子束、核泵浦等，有连续与脉冲方式之分。

(3) 谐振腔。谐振腔由两个反射镜组成，起到形成激光，改善光束性能的作用。

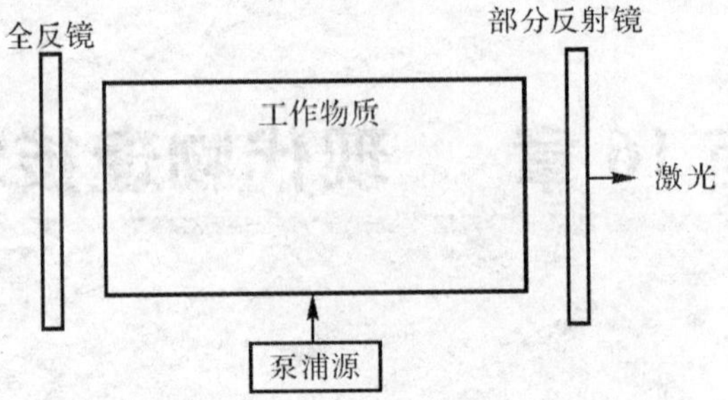

图 16.1　激光器的组合

光放大作用。通过反射使光及反复通过工作物质得到持续的光放大，使激光具有高强度。

方向选择。只有沿谐振腔轴向的光才能经过反复反射不逸出腔外，得到较大增益，使激光具有极好的方向性。

选频作用，反复反射的光在腔内叠加时，只有波长 $\lambda=\frac{2nl}{m}$ 的驻波才能稳定存在，其中 n 为工作物质的折射率，l 为腔长，m 为整数。这种约束称为谐振条件，这种对光波的选频作用导致激光具有极好的单色性。

3. 激光的特性

(1) 单色性好。气体激光器的激光单色性最好，如 He－Ne 激光，$\lambda=632.8$ nm，谱线宽度 $\Delta\lambda\approx10^{-9}$ nm；而普通光源中最好的氪灯：$\lambda=605.7$ nm，$\Delta\lambda\approx10^{-3}$ nm，比激光的单色性差得多。

(2) 方向性好，高亮度。由于谐振腔的选向作用，使激光几乎在一条直线上传播，发散极小，约 10^{-8} sr 量级，而普通光源沿 4π sr 分布。可见激光的方向性很强，此特性又带来了两个结果：① 光源表面亮度很强，例如一个 10 mW 的 He－Ne 激光器的辐射亮度比太阳高几千倍；② 被照射区域光的亮度很大。如果再使能量在时间上也高度集中，便可得到极高脉冲功率密度的激光束。

(3) 相干性好。由于受激辐射的光子频率、相位、偏振态完全相同。因此相干性极好，这一特性又使激光的相干长度 $\left(L=\frac{\lambda^2}{\Delta\lambda}\right)$ 优于普通光源。例如 He－Ne 激光，$L\approx10^3$ m；而有单色性之冠的氪灯，$L\approx0.78$ m。

激光具有可调制性，例如利用腔长变化调节输出波长，通过碰撞锁模等技术使能量在时间上集中（达 $10^{-12}\sim10^{-15}$ sr 量级），从而得到的激光脉冲具有巨大的峰值功率。

16.1.2　典型激光器

1. 固体激光器

固体激光器是以掺杂离子的绝缘晶体或玻璃作为工作物质的激光器。1960 年，T. H. 梅曼发明的红宝石激光器就是固体激光器，也是世界上第一台激光器。固体激光器一般由激光工作物质、激励源、聚光腔、谐振腔反射镜和电源等构成。这类激光器所采用的固体工作物质，是把具有能产生受激发射作用的金属离子掺入晶体而制成的。晶体激光器以红宝石、铷玻璃、掺钕钇铝石榴石为典型代表。玻璃激光器则是以钕玻璃激光器为典型代表。

2. 气体激光器

气体激光器是以气体或蒸汽作为工作物质的激光器。这种激光器是在可见光区域内输出功率最高的一种激光器。由于气体激光器是利用气体原子、分子或离子能级进行工作的，所以它的跃迁谱线及相应的激光波长范围较宽，目前已观测到的激光谱线不下万余条，遍及从紫外到红外的整个光谱区。气体激光器的特点是输出光束的质量好，因此在工农业生产、国防和科学研究中有广泛的应用。气体激光器的典型代表是氩离子激光器、CO_2 激光器、He－Ne 激光器、N_2 激光器、KrF 准分子激光器等。

3. 染料激光器

工作物质是有机染料，其能级由单态和三重态组成。对于每个电子能级都有一组振动——转动能态，在溶液中这些能态还要明显加宽，因此能发出很宽的荧光。一般染料激光器的结构简单，价廉，输出功率和转换效率都比较高。环形染料激光器的结构比较复杂，但性能优越，可以输出稳定的单纵模激光。染料激光器的调谐范围为 0.3 ～ 1.2 μm，是应用最多的一种可调谐激光器。基于以上特点，它在光化学、光生物学、光谱学、化学动力学、同位素分离、全息照相和光通信中正获得日益广泛的重要应用。

4. 半导体激光器

半导体激光器又称为激光二极管(LD)，是以半导体材料作为激光工作物质的激光器。进入 20 世纪 80 年代，人们吸收了半导体物理发展的最新成果，采用了量子阱(QW) 和应变量子阱(SI－QW) 等新颖结构，引进了折射率调制 Bragg 发射器以及增强调制 Bragg 发射器最新技术，同时还发展了 MBE，MOCVD及 CBE等晶体生长技术新工艺，使得新的外延生长工艺能够精确地控制晶体生长，达到原子层厚度的精度，生长出优质量子阱以及应变量子阱材料。于是，制作出的 LD，其阈值电流显著下降，转换效率大幅度提高，输出功率成倍增长，使用寿命也明显加长。半导体激光器是目前光通信系统的最重要的光源，并且在 CD、VCD、DVD 播放机、计算机光盘驱动器、激光打印机、激光准直、测距及医疗等多方面都获得了重要应用。

16.1.3　激光在材料加工中的应用

激光加工技术是利用激光束与物质相互作用的特性对材料(包括金属与非金属) 进行切割、焊接、表面处理、打孔、微加工以及作为光源，识别物体等的一门技术。传统应用最大的领域为激光加工技术。激光技术是涉及光、机、电、材料及检测等多门学科的一门综合技术。传统上看，它的研究范围一般可分为：

(1) 激光加工系统，包括激光器、导光系统、加工机床、控制系统及检测系统。

(2) 激光加工工艺，包括切割、焊接、表面处理、打孔、打标、划线、微调等各种加工工艺。

激光焊接：汽车车身厚薄板、汽车零件、锂电池、心脏起搏器、密封继电器等密封器件以及各种不允许焊接污染和变形的器件。目前使用的激光器有 YAG 激光器、CO_2 激光器和半导体泵浦激光器。

激光切割：汽车行业、计算机、电气机壳、各种金属零件和特殊材料的切割、圆形锯片、亚克力、弹簧垫片、2 mm 以下的电子机件用铜板、一些金属网板、钢管、镀锡铁板、镀亚铅钢板、磷青铜、电木板、薄铝合金、石英玻璃、硅橡胶、1 mm 以下氧化铝陶瓷片、航天工业使用的钛合金等。使用的激光器有 YAG 激光器和 CO_2 激光器。

激光打标：在各种材料和几乎所有行业均得到广泛应用，目前使用的激光器有 YAG 激光器、CO_2 激光器和半导体泵浦激光器。

激光打孔：激光打孔主要应用在航空航天、汽车制造、电子仪表、化工等行业，激光打孔的迅速发展，主要体现在打孔用 YAG 激光器的平均输出功率已由 5 年前的 400 W 提高到了 800 W 至 1 000 W。国内目前比较成熟的激光打孔的应用是在人造金刚石和天然金刚石拉丝模的生产及钟表和仪表的宝石轴承、飞机叶片、多层印刷线路板等行业的生产中。目前使用的激光器多以 YAG 激光器、CO_2 激光器为主，也有一些准分子激光器、同位素激光器和半导体泵浦激光器。

激光热处理：在汽车工业中应用广泛，如缸套、曲轴、活塞环、换向器、齿轮等零部件的热处理，同时在航空航天、机床行业和其他机械行业也应用广泛。我国的激光热处理应用远比国外广泛得多。目前使用的激光器多以 YAG 激光器、CO_2 激光器为主。

激光快速成型：将激光加工技术和计算机数控技术及柔性制造技术相结合而形成，多用于模具和模型行业。目前使用的激光器多以 YAG 激光器、CO_2 激光器为主。

激光涂敷：在航空航天、模具及机电行业应用广泛。目前使用的激光器多以大功率 YAG 激光器、CO_2 激光器为主。

16.1.4 激光在信息技术中的应用

21 世纪知识经济占主导地位，大力发展高新技术是迎接知识经济时代到来的必然选择。目前全球业界公认的发展最快、应用日趋广泛的最重要的高新技术就是光电技术，它必将成为 21 世纪的支柱产业。而在光电技术中，其基础技术之一就是激光技术。科学界预测，2010 年至 2015 年，光电产业可能会取代传统电子产业。光电技术将继微电子技术之后再次推动人类科学技术的革命和进步。

21 世纪的激光技术与产业的发展将支撑并推进高速、宽带、海量的光通信以及网络通信，并将引发一场照明技术革命，小巧、可靠、寿命长、节能半导体（LED）将主导市场，此外将推出品种繁多的光电子消费类产品（例如 VCD、DVD、数码相机、新型彩电、掌上电脑电子产品、智能手机、手持音响播放设备、摄影、投影和成像、办公自动化光电设备如激光打印、传真和复印等）以及新型的信息显示技术产品（例如 CRT、LCD 及 PDP、FED、OEL 平板显示器等）。激光产品已成为现代武器的“眼睛”和“神经”，光电子军事装备将改变 21 世纪战争的格局。

16.1.5 激光化学

传统的化学过程，一般是把反应物混合在一起，然后往往需要加热（或者还要加压）。加热的缺点，在于分子因增加能量而产生不规则运动，这种运动破坏原有的化学键，结合成新的键，而这些不规则运动破坏或产生的键会阻碍预期的化学反应的进行。

如果用激光来指挥化学反应，不仅能克服上述不规则运动，而且还能获得更大的好处。这是因为激光携带着高度集中而均匀的能量，可精确地打在分子的键上，比如利用不同波长的紫外激光，打在硫化氢等分子上，改变两激光束的相位差，即控制了该分子的断裂过程，也可利用改变激光脉冲波形的方法，十分精确且有效地把能量打在分子身上，触发某种预期的反应。

激光化学的应用非常广泛，制药工业是第一个得益的领域。应用激光化学技术，不仅能加速药物的合成，而又可把不需要的副产品剔在一旁，使得某些药物变得更安全可靠，价格也可降低一些。激光化学虽然尚处于起步阶段，但其前景十分光明。

16.1.6　激光医疗

激光在医学上的应用分为两大类：激光诊断与激光治疗，前者是以激光作为信息载体，后者则以激光作为能量载体。多年来，激光技术已成为临床治疗的有效手段，也成为发展医学诊断的关键技术。它解决了医学中的许多难题，为医学的发展做出了贡献。现在，在基础研究、新技术开发以及新设备研制和生产等诸多方面都保持持续的、强劲的发展势头。

当前激光医学的出色应用研究主要表现在以下几方面：光动力疗法治癌；激光治疗心血管疾病；准分子激光角膜成形术；激光治疗前列腺良性增生；激光美容术；激光纤维内窥镜手术；激光腹腔镜手术；激光胸腔镜手术；激光关节镜手术；激光碎石术；激光外科手术；激光在吻合术上的应用；激光在口腔、颌面外科及牙科方面的应用；弱激光疗法等。

激光医疗近期研究的重点包括：

(1) 研究激光与生物组织间的作用关系，特别是在诸多有效疗法中已获得重要应用的激光与生物组织间的作用关系；研究不同激光参数（包括波长、功率密度、能量密度与运转方式等）对不同生物组织、人体器官组织及病变组织的作用关系，取得系统的数据。

(2) 研究弱激光的细胞生物学效应及其作用机制，包括弱激光与细胞生物学现象（基因调控和细胞凋亡）的关系、弱激光镇痛的分子生物学机制以及弱激光与细胞免疫（抗菌、抗毒素、抗病毒等）的关系及其机制。

(3) 深入开展有关光动力疗法机制、激光介入治疗、激光心血管成形术与心肌血管重建机制的研究，积极开拓其他新的激光医疗技术。

(4) 对医学光子技术中重要的、新颖的光子器件和仪器设置进行开发性研究，例如：研制医用半导体激光系统、角膜成形与血管成形用准分子激光设备、激光美容（换皮去皱、植发）设备或其他新激光设备，开拓新工作波段的医用激光系统以及开发Ho：YAG及Er：YAG激光手术刀等。

16.1.7　激光在精密测量中的应用

激光的高度相干性使它一经发明就成为替代氪86成为绝对光波干涉仪的首选光源。激光测距仪是激光在军事上应用的起点，将其应用到火炮系统，大大提高了火炮射击精度。激光雷达相比于无线电雷达，由于激光发散角小，方向性好，因此其测量精度大幅度提高。由于同样的原因，激光雷达不存在“盲区”，因此尤其适宜于对导弹初始阶段进行跟踪测量。但由于大气的影响，激光雷达并不适宜在大范围内搜索，还只能作为无线电雷达的有力补充。还有精确的激光制导导弹，以及模拟战场上使用的激光武器技术运用。

16.2　光导纤维

16.2.1　光及其特性

我们知道，光是一种电磁波。可见光部分波长范围是390～760 nm。大于760 nm部分是红外光，小于390 nm部分是紫外光。光纤中应用的是850 nm，1 300 nm，1 550 nm三种波长。

因为光在不同物质中的传播速度是不同的，所以光从一种物质射向另一种物质时，在两种物质的交界面处会产生折射和反射，而且，折射光的角度会随入射光角度的变化而变化。当入射光的角度达到或超过某一角度时，折射光会消失，入射光全部被反射回来，这就是光的全反射。不同的物质对相同波长光的折射角度是不同的(即不同的物质有不同的光折射率)，相同的物质对不同波长光的折射角度也是不同的。光纤通信就是基于以上原理而形成的。

16.2.2 光纤

1.光纤结构

光纤结构呈同心圆柱状，一般分为3层：中心为高折射率玻璃芯(芯径一般为50或62.5 μm)，中间为低折射率硅玻璃包层(直径一般为125 μm)，最外是加强用的树脂涂层。纤芯的作用是传导光波，包层的作用是将光波封闭在光纤中传播。

2.数值孔径

入射到光纤端面的光并不能全部被光纤所传输，只是在某个角度范围内的入射光才可以，这个角度就称为光纤的数值孔径。光纤的数值孔径大一些对于光纤的对接是有利的。不同厂家生产的光纤的数值孔径不同。

3.光纤的传输模式

光线以某一特定角度射入光纤端面，并能在纤芯与包层的界面上形成全反射传输时，称为光的一个传播模式。若光纤的纤芯直径 d 较大，则在由数值孔径确定的入射角度范围内，可允许光以多个特定的角度射入光纤端面，并在光纤中传播，此时，我们称光纤中有多个模式，并把这种能传输多个模式的光纤称为多模光纤。如果光纤的纤芯直径 d 较小，只允许与光纤轴方向一致的光线传播，即只允许光的一个模式沿光纤的轴线传播，我们把这一个模式称为基模，把只允许传输一个基模的光纤称为单模光纤。

4.光纤的种类

按光在光纤中的传输模式可分为：单模光纤和多模光纤。

多模光纤：中心玻璃芯较粗(芯径为50或62.5 μm)，可传多种模式的光。但其模间色散较大，这就限制了传输数字信号的频率，而且随距离的增加会更加严重。例如，600 MB/km的光纤在2 km时就只有300 MB的带宽。因此，多模光纤传输的距离比较近，一般只有几千米。

单模光纤：中心玻璃芯较细(芯径一般为9或10 μm)，只能传一种模式的光，因此，其模间色散很小，适用于远程通信，但其色度色散起主要作用，这样单模光纤对光源的谱宽和稳定性有较高的要求，限谱宽要窄，稳定性要好。

5.常用光纤规格

单模：8/125 μm，9/125μm，10/125μm；

多模：50/125μm(欧洲标准)，62.5/125μm(美国标准)；

工业、医疗和低速网络：100/140μm，200/230μm；

塑料：98/1 000μm(用于汽车控制)。

16.2.3 均匀折射率光纤导光原理

光线是怎样在光纤中传播的呢？下面讨论光在均匀折射率光纤中的传播情形。在均匀折射率光纤中，光是依靠在纤芯和包层两种介质分界面上的全反射向前传播的。射入光纤的光线有两种，一种是穿过光纤纤芯轴线的光线，叫子午光线，如图16.2(a)所示。子午光线在光纤内沿锯齿形的折线前进，另一种是斜光线，它不穿过纤芯的轴线，如图16.2(b)所示，从光纤的端面上看，斜光线的传播轨迹呈多边形折线状。

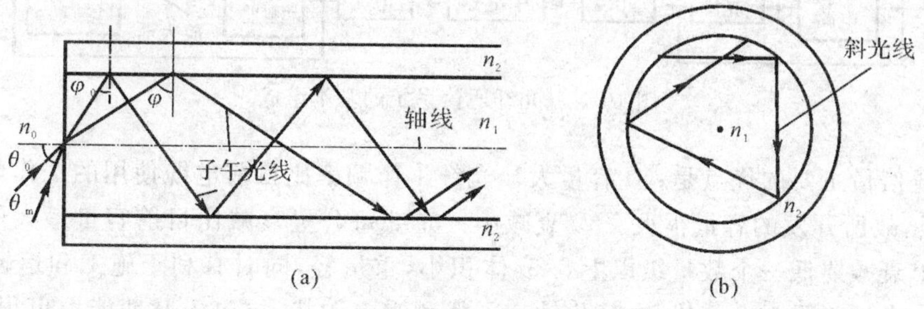

图16.2　均匀折射率光纤中光线的传播

16.2.4　光纤制造与衰减

1. 光纤制造

现在光纤制造方法主要有：管内CVD(化学气相沉积)法，棒内CVD法，PCVD(等离子体化学气相沉积)法和VAD(轴向气相沉积)法。

2. 光纤的衰减

造成光纤衰减的主要因素有：本征、弯曲、挤压、杂质、不均匀和对接等。

本征是光纤的固有损耗，包括瑞利散射、固有吸收等；弯曲是光纤弯曲时部分光纤内的光会因散射而损失，从而造成的损耗；挤压是光纤受到挤压时产生微小的弯曲而造成的损耗；杂质是光纤内杂质吸收和散射在光纤中传播的光而造成的损失；不均匀是光纤材料的折射率不均匀造成的损耗；对接是光纤对接时产生的损耗，如不同轴(单模光纤同轴度要求小于0.8 μm)、端面与轴心不垂直、面不平、对接心径不匹配和熔接质量差等。

16.2.5　光纤的应用

光纤在通信等领域具有日益广泛的应用。人类社会现在已发展到了信息社会，声音、图像和数据等信息的交流量非常大，以前的通信手段已经不能满足现在的要求，而光纤通信以其独特的优点得到广泛应用。光纤的应用领域遍及通信、交通、工业、医疗、教育、航空航天和计算机等行业，并正在向更广更深的层次发展。光及光纤的应用正给人类的生活带来深刻的影响与变革。下面简略介绍光纤通信。

各种电信号对光波进行调制后，通过光纤进行传输的通信方式，称光纤通信。光纤通信不同于有线电通信，后者是利用金属媒体传输信号，光纤通信则是利用透明的光纤传输光波。虽然光和电都是电磁波，但频率范围相差很大。一般通信电缆最高使用频率约9～24 MHz，光纤工作频率为10^{14}～10^{15} Hz。

光纤通信系统的基本组成如图16.3所示，它包括发送机、光缆、中继器和接收机。发送机主要由光源及其相关的驱动电路组成。接收机主要由光检测器、放大器和信号恢复电路组成。中继器负责放大和整形信号，而光缆作为最主要的部件之一，用于传输光信号。一根光缆中通常包括若干根像头发丝一样细的光纤和多种光纤保护层，用于远距离通信的光缆中甚至还包含金属导线，以便用来为放大光信号的中继器供电。

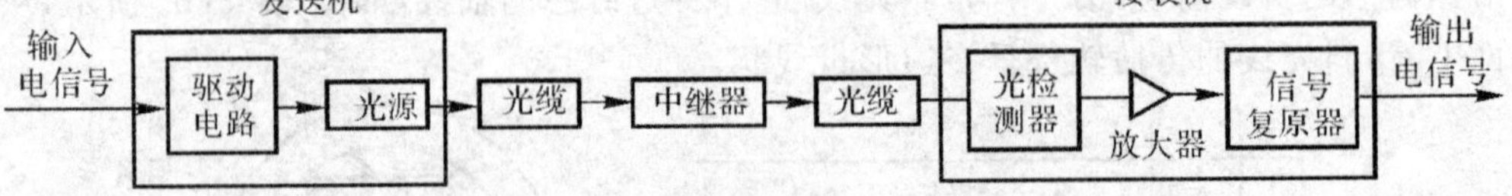

图 16.3　光纤通信系统的基本组成

光纤通信最主要的优点是：① 容量大。光纤工作频率比目前电缆使用的工作频率高 8～9 个数量级，故所开发的容量很大。② 衰减小。光纤每公里衰减比目前容量最大的通信同轴电缆每公里衰减要低一个数量级以上。③ 体积小，重量轻，同时有利于施工和运输。④ 防干扰性能好。光纤不受强电干扰、电气化铁道干扰和雷电干扰，抗电磁脉冲能力也很强，保密性好。⑤ 节约有色金属。一般通信电缆要耗用大量的铜、铝或铅等有色金属。光纤本身是非金属，光纤通信的发展将为国家节约大量有色金属。⑥ 成本低。目前市场上各种电缆金属材料价格不断上涨，而光纤价格却有所下降。这为光纤通信得到迅速发展创造了重要的前提条件。

光纤通信首先应用于市内电话局之间的光纤中继线路，继而广泛地用于长途干线网上，成为宽带通信的基础。光纤通信尤其适用于国家之间大容量、远距离的通信，包括国内沿海通信和国际间长距离海底光纤通信系统。目前，各国还在进一步研究、开发用于广大用户接入网上的光纤通信系统。

16.3　超导电性

我们知道，自由电子沿某一特定方向运动就在物体中形成了电流。但导体有电阻，电阻的存在使一部分电能转变为热能损耗掉了。人们曾有一个梦想：找到没有电阻的导体材料，则电流经过时不受阻力，没有热损耗，那就具有很高的应用价值。这一梦想于 1911 年由荷兰科学家卡末林·昂纳斯(H. K. Onnes，1853—1926 年)发现汞的超导现象而实现！

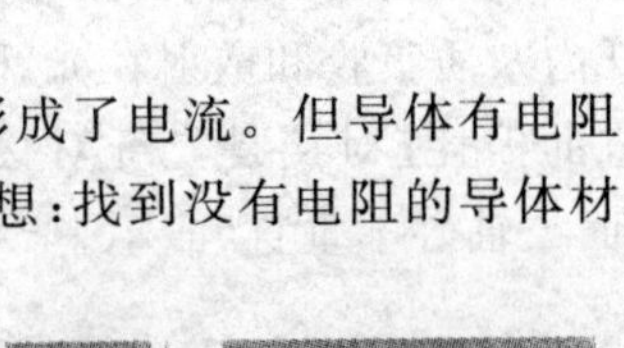

图 16.4　超导电性的发现者卡末林·昂纳斯

超导电性是在人类发展低温技术并不断地在新的温度范围里研究物质的物理性质的过程中发现的。19 世纪末，低温技术获得了显著的进展。1877 年，氧气被首先液化，液化温度90 K，随后人们又液化了液化温度为 77 K 的氮气。1898 年，杜瓦(J. Dewar) 第一次把氢气变成液氢，液化温度为 20 K，他发明了以他的名字命名的杜瓦瓶。1906 年，卡末林·昂纳斯液化了最后一个“永久气体”—— 氦气，获得 4 K 的低温，这是当时所能达到的最低温度，为在极低温条件下探索各种物质的物理性质创造了必要条件，当然也为后来卡末林·昂纳斯发现超导电性奠定了实验基础。图 16.4 就是超导电性的发现者卡末林·昂纳斯。

16.3.1　超导体的基本性质

1. 零电阻效应

随着低温技术的进展，1911 年，卡末林·昂纳斯决定研究在它们所达到的新低温区——液氦温区内金属电阻的变化规律。他选择了汞，想知道它在尽可能低的温度下其电阻的变化情况。他发现：当温度降低时，汞的电阻先是平缓地减小，但出人意料的是，在 4.2K 附近电阻突然降为零。如图 16.5 所示为汞的电阻随温度的变化关系（纵坐标是该温度下汞电阻与 0℃ 时电阻的比值）。

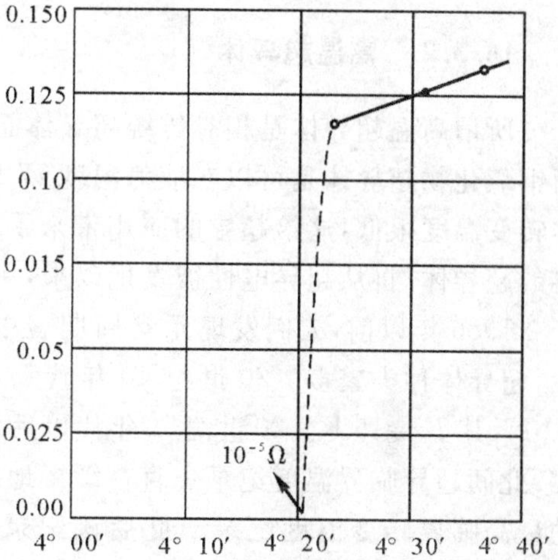

图 16.5　汞的零电阻效应

卡末林·昂纳斯指出：在 4.2 K 以下汞进入了一个新的物态，在该新物态中汞的电阻实际变为零。他把这种电阻突然降为零而显示出具有超传导电性的物质状态定名为超导态。而把电阻发生突变的温度称为超导临界温度或超导转变温度，用 T_c 表示。此后，人们又发现了其他许多金属有超导电性，如1913年发现了锡在 3.69 K时也有零电阻现象等。

2. 完全抗磁性

1933 年，德国物理学家迈斯纳（W. Meissner）和奥森菲尔德（R. Ochsenfeld）对锡单晶球超导体做磁场分布测量时发现：当置于磁场中的导体通过冷却过渡到超导体时，原来进入此导体中的磁力线会一下子被完全排斥到超导体之外，如图 16.6 所示，超导体内磁感应强度变为零，这表明超导体是完全抗磁体，超导体的这种现象称为迈斯纳效应。

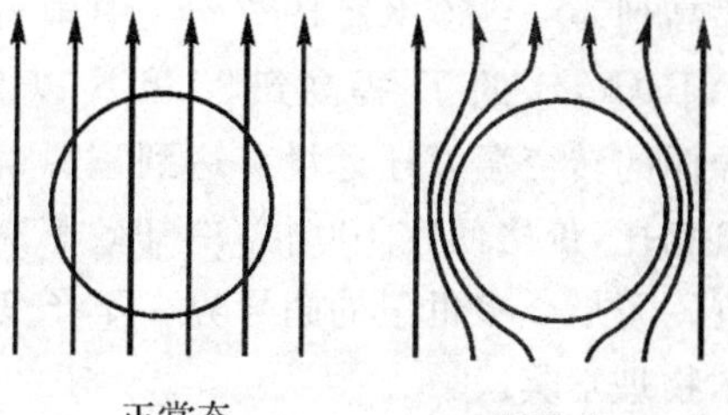

图 16.6　迈斯纳效应

迈斯纳效应和零电阻效应是超导体的两个独立的基本属性，衡量一种材料是否有超导电性，必须看它是否同时有零电阻和迈斯纳效应。

3. 存在临界磁场 H_c

前面我们已经知道了当温度高于临界温度时，超导态被破坏而变成正常态，即有电阻的状态。通过实验还发现，超导电性也可以被外加磁场所破坏。在低于 T_c 的任一温度 T 下，当外加磁场强度 H 小于某一临界值 H_c 时，超导电性可以保持；当外磁场超过某一数值 H_c 时，超导电性会被突然破坏而转变成正常态。我们将 H_c 称为临界磁场。实验表明：对一定的超导体，临界磁场是温度的函数，达到临界温度 T_c 时，临界磁场为零，即

$$H_c = H_c(0)[1-(T/T_c)^2]$$

4. 存在临界电流 I_c

实验还表明。如果在不加磁场的情况下，在超导体中通过足够强的电流也将会破坏超导电性，为破坏超导电性所需要的电流称为临界电流 I_c。在临界温度下，临界电流为零。

5. 同位素效应

超导体的临界温度 T_c 与其同位素质量 M 有关。M 越大，T_c 越低，这称为同位素效应。M 与 T_c 有近似关系：$T_c M^{1/2}=$ 常数。

16.3.2 高温超导体

所谓高温超导体是相对传统超导体而言的。传统超导体必须在液氦温度 4.2 K 下工作，而铜氧化物超导体是可以在液氮温度 77 K 下工作的，通常称之为高温超导体。由于传统超导体转变温度很低，这给超导的应用带来了极大的困难。如何提高材料的 T_c 以及寻求高 T_c 材料的超导体，自从超导电性被发现以来，一直是科学家们研究的课题。

1986 年以前，人们发现元素周期表中相当一部分元素在各种不同的条件下出现超导电性，超导体种类繁多。20 世纪 40 年代初，人们发现了第一个转变温度较高的超导体氮化铌 NbN，其 $T_c=15$ K。20 世纪 50 年代以后，又发现了多种高临界温度超导材料，如 V_3Si，Nb_3Ge 等，此间超导临界温度纪录一直在缓慢地提高。直到 1973 年，在 Nb_3Ge 薄膜中得到了 23.2 K 的最高临界转变温度纪录。此后该纪录再未被打破，一直到 1986 年柏诺兹(J. G. Bednorz，1950—)和缪勒(K. A. Muller，1927—)首次发现 LaBaCuO(镧钡铜氧化物)陶瓷材料中存在 35 K 的超导转变温度，为超导体的研究开辟了崭新的道路，将超导体从金属、合金和化合物扩展到氧化物陶瓷。陶瓷材料在常温下一般是绝缘体，在低温下一下子变成了超导体，大大出乎人们的意料，改变了从金属和合金中寻找超导材料的传统想法。中国科学院物理研究所、美国休斯敦大学和日本东京大学的科学工作者重复了柏诺兹和缪勒的结果，并用 Sr 置换 Ba，将 T_C 提高到 40 ~ 50 K。1987 年，中国科学院宣布，由赵忠贤领导的科研组已将钇钡铜氧化物(YBaCuO)的 T_c 提高到 92.8 K 以上，从而实现了转变温度在液氮温区的突破。虽然新型超导体的转变温度还远没有达到室温，但在液氮温区实现超导也是极大的飞跃。由于液氮与液氦相比，价格便宜 100 倍，冷却效率高 62 倍，且氮十分安全，故大大扩展了超导的应用前景，使沉闷了半个多世纪的超导界一下子变得气氛活跃起来。为此，柏诺兹和缪勒共同获得了诺贝尔物理学奖。

16.3.3 BCS 理论

超导电性量子理论是巴丁(J. Bardeen)、库珀(L. K. Cooper)和施瑞弗(J. R. Schrieffer)于 1957 年提出的，被称为 BCS 超导微观理论。按照该理论，在超导体中两个自旋相反以及动量大小相等、方向相反的电子对之间有很强的关联作用(吸引作用)，且胜过电子间的排斥，使两个电子结成对(称为库珀对)。在超导体中，导电的不是自由电子，而是库柏对。该理论成功地指明了电子通过交换声子形成库珀对，定性地描述了能隙、热学和电磁性质。

当考虑被绝缘体隔开的两个超导体，即超导体 — 绝缘体 — 超导体，绝缘体通常对于从一种超导体流向另一超导体的传导电子起阻挡层的作用。若阻挡层足够薄，则由于隧道效应，电子具有相当大的概率穿越绝缘层。当超导隧道的绝缘层厚度只有 10 Å 左右时，将发生一种奇异的约瑟夫森隧道电流效应，即库柏电子隧道效应。电子对穿过势垒时仍保持着配对状态。

16.3.4 超导材料的应用

超导态是物质的一种独特的状态，其新奇特性立刻使人们想到要将它们应用到技术上去。开展应用问题的研究可以追溯到 20 世纪 20 年代，人们对超导应用的热情总是比研究超导机理更高。超导体的零电阻效应显示其具有无损耗输运电流的性质，因而，在工业、国防、科学研究的大工程上有着广泛的应用。大功率的发电机、电动机如能实现超导化，将大大降低能耗并使其小型化；如将超导体应用于潜艇的动力系统，可以大大提高其隐蔽性和作战能力；在交通运输方面，负载能力强、速度快的超导悬浮列车和超导船的应用，都依赖于磁场强、体积小、重量轻的超导磁体。此外，超导体在电力、交通、国防、地质探矿和科学研究（如回旋加速器、受控热核反应装置）中都有很多应用。

1. *超导材料在强电方面的应用*

超导电性被发现后首先应用于制作导线，目前常用的制造超导导线的材料是传统超导体 Nb－Ti（铌钛合金）与 Nb_3Sn 合金，现在已能大规模生产。在强磁场下，输运电流密度达 $10^3\ A/mm^3$ 以上。而截面积为 $1\ mm^2$ 的普通导线为了避免熔化，电流不能超过 1 ～ 2 A。超导线圈已用于制造发电机和电动机线圈、高速列车上的磁悬浮线圈、轮船和潜艇的磁流体和电磁推进系统，以及用于高能物理受控热核反应和凝聚态物理研究的强场磁体，这些物理研究需要很强的磁场，这样的磁场可由超导磁体提供，一些特殊的设备如果没有超导磁体就不能使用。中国科学院合肥等离子体研究所已建造了使用超导磁体的、用于研究受控热核反应的托卡马克装置 HT－7，如图 16.7 所示。

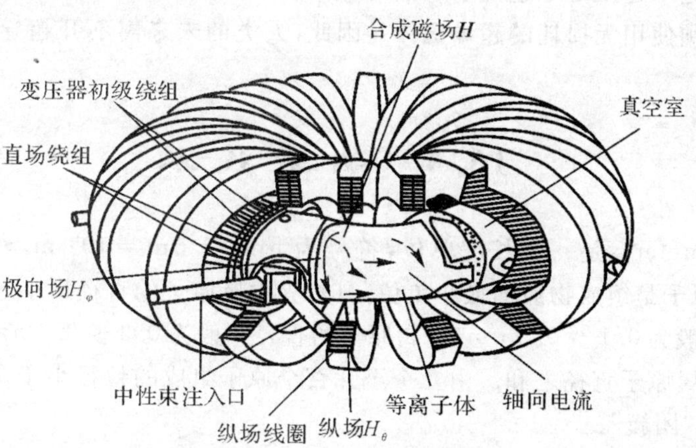

图 16.7　托卡马克装置

目前，应用超导体产生的强磁场，已研制出磁悬浮列车。在列车运行时，超导磁体在地面环中产生强大感应电流，由于超导体磁场与环中感应电流相互作用，使车辆悬浮起来，因而，车辆不受地面阻力影响，可实现高速运行，车速高达 500 km/h。若使超导磁悬浮列车在真空隧道中运行，完全消除空气阻力影响，车速可提高到 1 600 km/h。

2. *超导材料在弱电方面的应用*

根据约瑟夫森效应，利用约瑟夫森结可以得到电压的精确值。它把电压基准提高了两个数量级以上，并已被确定为国际基准。约瑟夫森效应的另一个基本应用是超导量子干涉仪（SQUID）。用 SQUID 为基本元件可制作磁强计、磁场梯度计、检流计、伏特计、温度计、重力仪及射频衰减仪等装置，具有灵敏度高、噪声低、响应快、损耗小等特点。

约瑟夫森结还有在计算应用上的巨大潜力，其开关速度可达 10^{-12} s，比半导体元件快 1 000 倍左右，而功耗仅为微瓦级，仅为半导体元件的 1/1 000。用超导芯片制成的超导计算机，具有速度快、容量大、体积小、功耗低等优点。

3. 高温超导体的应用

从原则上说，高温超导器件可比传统超导器件在更高的温度下工作，高温超导体的特有性质可用于研制未知的新器件。

由铋、锶、钙、铜和氧构成的高温超导材料已制成超导导线，比常规铜线运载电流大 100 倍。我国第一根铋系高温超导输电电缆于 1998 年研制成功，运载电流达到 1 200 A。

利用溅射、脉冲激光沉积、金属有机化学沉积等技术已能制备高质量的 YBCuO（亿钡铜氧化物超导体）薄膜和高温超导多层膜，薄膜技术的发展为高温超导电子学器件的研制提供了先决条件。这种薄膜特别适用于蜂窝电话基地电台的滤波器，经其过滤的信号保持原来强度而提高了信噪比，而常规的铜滤波器使信号强度降低，难以与噪声区别。1996 年，这种薄膜进入了市场。

由于高温超导体具有较低的表面电阻和较高的工作温度，高温超导无源微波器件的研制获得了巨大的成功。如滤波器、谐振器、延迟线等，这些器件可望在今后几年里变为商品面市，为全球通信服务。

综上所述，我们已看到在人类的生活中已获得了超导电技术带来的诸多好处，我们还将看到超导电技术会越来越广泛地造福于人类，如解决人类未来能源的基本技术是受控热核反应，而实现这一点必须使用无损耗的超导磁体。因此，人类的未来离不开超导电技术及其相关技术的发展。

16.4 纳米技术

纳米（Nanometer），是一个长度单位，符号为 nm。1 nm $=10^{-9}$ m，约为 10 个原子的长度。我们知道，原子是组成物质的最小单位，自然界中氢原子的直径最小，仅为 0.08 nm，非金属原子的直径一般为 0.1 ～ 0.2 nm，金属原子的直径一般为 0.3 ～ 0.4 nm。因此，1 nm 大体上相当于数个金属原子直径之和。由几个至几百个原子组成的粒径小于 1 nm 的原子集合体称为“原子簇”或“团簇”。

纳米技术是 20 世纪 80 年代末 90 年代初逐步发展起来的前沿性、交叉性的新型学科。它在纳米尺度（1 ～ 100 nm）上研究物质的特性和相互作用，以及利用这些特性的多学科交叉的科学和技术。纳米科技涵盖了所有的基础化学、大部分物理学和分子生物学的知识。

若以研究对象或工作特点来分类，纳米科技可分为三个研究领域：纳米材料、纳米器件、纳米尺度的检测与表征。

著名的诺贝尔奖获得者费曼在 20 世纪 60 年代就预言：如果对物体微小规模上的排列加以某种控制的话，物体就能得到大量的异乎寻常的特性。纳米材料可以做到这一点。纳米材料研究是目前材料科学研究的一个热点，纳米技术被公认为是 21 世纪最具有前途的科研领域。目前纳米技术在纤维、塑料、橡胶、石化、家电、能源、军工、环保、农业、陶瓷、涂料（层）、油漆、食品、造纸、皮革等产业中已取得成功应用；另外，纳米材料在制药、生化、航空航天、环境和能源、微电子、绿色材料等领域也取得积极应用。

16.4.1　纳米技术在陶瓷领域方面的应用

陶瓷材料作为材料的三大支柱之一，在日常生活及工业生产中起着举足轻重的作用。但是，由于传统陶瓷材料质地较脆，韧性、强度较差，因而使其应用受到了较大的限制。纳米陶瓷可以克服陶瓷材料的脆性，使陶瓷具有像金属一样的柔韧性和可加工性。英国材料学家 Cahn 指出，纳米陶瓷是解决陶瓷脆性的战略途径。所谓纳米陶瓷，是指显微结构中的物相具有纳米级尺度的陶瓷材料，也就是说晶粒尺寸、晶界宽度、第二相分布、缺陷尺寸等都是在纳米量级的水平上。要制备纳米陶瓷，这就需要解决粉体尺寸形貌和粒径分布的控制；团聚体的控制和分散；块体形态、缺陷、粗糙度以及成分的控制。

16.4.2　纳米技术在微电子学上的应用

纳米电子学是纳米技术的重要组成部分，其主要思想是基于纳米粒子的量子效应来设计并制备纳米量子器件，它包括纳米有序(无序)阵列体系、纳米微粒与微孔固体组装体系、纳米超结构组装体系。纳米电子学的最终目标是将集成电路进一步减小，研制出由单原子或单分子构成的在室温下能使用的各种器件。

目前，利用纳米电子学已经研制成功了各种纳米器件。单电子晶体管，红、绿、蓝三基色可调谐的纳米发光二极管，以及利用纳米丝、巨磁阻效应制成的超微磁场探测器已经问世。并且，具有奇特性能的碳纳米管的研制成功，为纳米电子学的发展起到了关键的作用。纳米电子学立足于最新的物理理论和最先进的工艺手段，按照全新的理念来构造电子系统，并开发物质潜在的储存和处理信息的能力，实现信息采集和处理能力的革命性突破，纳米电子学将成为创世纪信息时代的核心。

16.4.3　纳米技术在生物工程上的应用

众所周知，分子是保持物质化学性质不变的最小单位。生物分子是很好的信息处理材料，每一个生物大分子本身就是一个微型处理器，分子在运动过程中以可预测方式进行状态变化，其原理类似于计算机的逻辑开关，利用该特性并结合纳米技术，可以设计量子计算机。美国南加州大学的 Adclman 博士等应用基于 DNA 分子计算技术的生物实验方法，有效地解决了目前计算机无法解决的问题——“哈密顿路径问题”，使人们对生物材料的信息处理功能和生物分子的计算技术有了进一步的认识。

16.4.4　航空与航天

质量更轻、强度更高、热稳定性更好的纳米结构材料是设计和制造用于飞机、火箭、空间站和行星、太阳探索平台等方面的关键材料。纳米结构和器件可大大降低有效载荷的尺寸、质量和能耗。纳米科技在航空航天领域的应用，不仅可以增加有效载体，更重要的是使耗能指标倍数的降低。因此，轻型航空航天器、经济的能量发生器和控制器、微型机器人等渴望研制成功。

16.4.5　纳米技术在光电领域的应用

纳米技术的发展，使微电子和光电子的结合更加紧密，在光电信息传输、存储、处理、运算和显示等方面，使光电器件的性能大大提高。将纳米技术用于现有雷达信息处理上，可使其能力提高10倍至几百倍，甚至可以将超高分辨率纳米孔径雷达放到卫星上进行高精度的对地侦察。但是要获取高分辨率图像，必须掌握先进的数字信息处理技术。科学家们发现，将光调制器和光探测器结合在一起的量子阱光电效应器件，将为实现光学高速数学运算提供可能。

16.4.6　纳米技术在化工领域的应用

纳米粒子作为光催化剂，有着许多优点。首先是粒径小，比表面积大，光催化效率高。另外，纳米粒子生成的电子、空穴在到达表面之前，大部分不会重新结合。因此，电子、空穴能够到达表面的数量多，则化学反应活性高。其次，纳米粒子分散在介质中往往具有透明性，容易运用光学手段和方法来观察界面间的电荷转移、质子转移、半导体能级结构与表面态密度的影响。目前，工业上利用纳米二氧化钛-三氧化二铁作光催化剂，用于废水处理，已经取得了很好的效果。纳米静电屏蔽材料，是纳米技术的另一重要应用。以往的静电屏蔽材料一般都是由树脂掺加碳黑喷涂而成，但性能并不是特别理想。将纳米 TiO_2 粉体按一定比例加入到化妆品中，则可以有效地遮蔽紫外线。研究人员还发现，可以利用纳米碳管其独特的孔状结构、大的比表面(每克纳米碳管的表面积高达几百平方米)、较高的机械强度做成纳米反应器，该反应器能够使化学反应局限于一个很小的范围内进行。

16.4.7　纳米技术在医学上的应用

随着纳米技术的发展，在医学上该技术也开始崭露头脚。研究人员发现，生物体内的RNA蛋白质复合体，其线度在15～20 nm之间，并且生物体内的多种病毒也是纳米粒子。10 nm以下的粒子比血液中的红血球还要小，因而可以在血管中自由流动。如果将超微粒子注入到血液中，输送到人体的各个部位，作为监测和诊断疾病的手段。科研人员已经成功利用纳米 SiO_2 微粒进行了细胞分离，用金的纳米粒子进行定位病变治疗，以减少副作用等。另外，利用纳米颗粒作为载体的病毒诱导物已经取得了突破性进展，现在已用于临床动物实验，估计不久的将来即可服务于人类。

研究纳米技术在生命医学上的应用，可以在纳米尺度上了解生物大分子的精细结构及其与功能的关系，获取生命信息。科学家们设想利用纳米技术制造出分子机器人，在血液中循环，对身体各部位进行检测、诊断，并实施特殊治疗，疏通脑血管中的血栓，清除心脏动脉脂肪沉积物，甚至可以用其吞噬病毒，杀死癌细胞。这样，在不久的将来，被视为当今疑难病症的爱滋病、高血压、癌症等都将迎刃而解，从而将使医学研究发生一次革命。

16.4.8　纳米技术在分子组装方面的应用

纳米技术的发展，大致经历了以下几个发展阶段：在实验室探索用各种手段制备各种纳米微粒，合成块体；研究评估表征的方法，并探索纳米材料不同于常规材料的特殊性能；利用纳米材料已挖掘出来的奇特的物理、化学和力学性能，设计纳米复合材料。目前主要是进行纳米组装体系、人工组装合成纳米结构材料的研究，虽然已经取得了许多重要成果，但纳米级微粒的尺寸大小及均匀程度的控制仍然是一大难关。如何合成具有特定尺寸并且粒度均匀分布无团聚的纳米材料，一直是科研工作者努力解决的问题。目前，纳米技术深入到了对单原子的操纵，通过利用软化学与主客体模板化学、超分子化学相结合的技术，正在成为组装与剪裁、实现分子手术的主要手段。科学家们设想能够设计出一种在纳米量级上尺寸一定的模型，使纳米颗粒能在该模型内生成并稳定存在，可以控制纳米粒子的尺寸大小并防止团聚的发生。

16.4.9　国家安全

由于纳米科技对经济社会的广泛渗透，拥有纳米科技知识产权和广泛应用这些技术的国家，将在国家经济安全方面处于有利的地位。美国政府对于纳米技术的研究给予了强有力的支持。通过先进的纳米电子器件在信息、控制方面的应用，将使军队占有信息上的优势，在预警、导弹拦截时做出快速的反应。通过微小机器人的应用，使得无人驾驶的战斗机不存在驾驶员受加速度力的限制，将提高部队的灵活性，增加战斗的有效性。用纳米和微米机械设备进行控制，国家核防卫系统的性能将大幅度提高。基于纳米电子学的更加先进的虚拟现实系统使军事训练变得更加经济高效；利用昆虫作平台，把分子机器人植入昆虫的神经系统中，控制昆虫飞向敌方收集情报，使目标丧失功能。

作为21世纪的主导科学技术，纳米科技受到了各个国家的广泛的重视，近年来也得到了快速的发展。纳米科技是知识创新和技术创新的源泉，新规律、新原理的发现及新理论的建立促进了基础科学的发展，对于未来高新技术产业的发展及国家和地区经济技术竞争能力的提高都将具有前瞻性的重大带动作用。

16.5　等离子体

等离子体是由处在非束缚态的带电粒子组成的多粒子体系。它是除去固、液、气外物质存在的第四个基本形态。物质是由原子构成的，原子内部又含有电子和原子核。物质从气态过渡到等离子体状态后，电子就会跑出原子成为带负电荷的“自由电子”，留下带正电荷的“离子”。还有一部分原子因为吸收的能量不足，电子一个都没跑掉，仍然是中性的（没电荷）。所以等离子体就是电子、离子和中性粒子构成的混合体。它导电，但宏观上又是中性的。利用经过巧妙设计的磁场可以捕捉、移动和加速等离子体。等离子体物理的发展为材料、能源、信息、环境空间、空间物理、地球物理等学科的进一步发展提供了新的技术和工艺。

普通气体温度升高时，气体粒子的热运动加剧，使粒子之间发生强烈碰撞，大量原子或分子中的电子被撞掉，当温度高达百万开到1亿开时，所有气体原子全部电离，电离出的自由电子总的负电量与正离子总的正电量相等。这种高度电离的、宏观上呈中性的气体叫等离子体。等离子体和普通气体性质不同，普通气体由分子构成，分子之间的相互作用力是短程力，仅当分子碰撞时，分子之间的相互作用力才有明显效果，理论上用分子运动论描述。在等离子体中，带电粒子之间的库仑力是长程力，库仑力的作用效果远远超过带电粒子可能发生的局部短程碰撞效果，等离子体中的带电粒子运动时，能引起正电荷或负电荷局部集中，产生电场；电荷定向运动引起电流，产生磁场。电场和磁场要影响其他带电粒子的运动，并伴随着极强的热辐射和热传导；等离子体能被磁场约束作回旋运动等。

看似“神秘”的等离子体，其实是宇宙中一种常见的物质，在太阳、恒星、闪电中都存在等离子体，它占了整个宇宙的99%。现在人们已经掌握了利用电场和磁场产生来控制等离子体的方法。例如焊工们用高温等离子体焊接金属。

等离子体可分为两种：高温和低温等离子体。现在低温等离子体已广泛运用于多种生产领域。例如,等离子电视,婴儿尿布表面防水涂层,增加啤酒瓶阻隔性等。更重要的是在电脑芯片中的蚀刻运用,让网络时代成为现实。常见的霓虹灯广告牌中也有等离子体的状态。不过,这种等离子体里的电子浓度,即单位体积里电子的个数很低,一般叫“冷等离子体”或者“非平衡等离子体”。“非平衡”的意思是说,其中的电子温度远远高于重粒子的温度。反之,如果重粒子温度差不多等于电子的温度,就是“热等离子体”了。要注意大多数热等离子体未必就是严格热力学意义上所谓“平衡”的,科学家常称其为“局域平衡”。

宇宙 99% 是处在等离子体状态,像太阳这样的等离子体大火球,具有几乎取之不尽的能量,物理学家就想能不能也模仿太阳的机理制造能源呢,这就是等离子体物理学的一大课题:磁控核聚变发电。其中心任务是研制出稳定自持的一亿度高温(比太阳中心还热六倍!)的等离子体,实现氘与氚之间的聚变。这当然是很“热”很“热”的热等离子体了。卫星、飞船进出大气层,由于和大气高速摩擦,都会在飞行体周围产生等离子体。因此需要对这个温度范围的等离子体的性质进行详细研究。这些研究产生了很多极有意义的成果,包括热等离子体的热力学性质计算模拟;“尘世的”热等离子体发生方法;热等离子体性质的测量和诊断等。这些研究今天仍然在积极进展着,并产生了许多新的有意思的应用,比如等离子体推进、隐形飞机等,这些均属等离子体物理的研究范畴。等离子体化学家把“尘世的”等离子体发生方法用到了人类地球生活的许多方面,特别是在材料科学领域。今天,发达的信息产业得益于 20 世纪七八十年代电子工业的飞速发展。“冷等离子体”用于集成电路制造中的刻蚀、灰化和薄膜淀积等关键工艺,至今仍然是不可替代的支柱技术。其他应用包括光源(例如高效电弧灯)和显示(例如霓虹灯、等离子体显示屏幕等),以及新材料合成、环境保护(例如空气净化)等方面。

冶金工业上用热等离子体熔炼、精炼金属,特别是那些价值高的特殊材料。等离子体冶炼还有可能自由地控制冶炼的化学气氛,还可以用热等离子体回收贵重金属。机械工业中的热喷涂,如一根大轴,一段时间运转后就磨损得不行了,那么先在易磨损的部位喷上一层超硬耐磨的材料,大轴的使用寿命就会大大延长。又比如飞机涡轮发动机的叶片,也是用热喷涂方法定期维修养护的,这样做其经济效益是不言而喻的。等离子体喷涂是热喷涂业内十分重要的技术手段之一。

燃料电池大概是下一代汽车的首选能源之一,最近等离子体喷涂与成型在这方面也开展了不少的研究开发工作。

在粉末工业中,热等离子体可以用来球化和密集化粉末颗粒,使粉末原料的流动性改善,密度提高,纯度增加。这样处理极大地增强了粉末原料在下游用户的可用性,或者直接就改善了粉末的使用效果。热等离子体还可以用来烧结粉末制品,特别是一些尖端的陶瓷材料制品。比起常规烧结技术,热等离子体技术的优点是工艺时间大大缩短,且有可能得到优异的微观物质结构。

随着环境保护问题的日益迫切,热等离子体在废物处理领域也大显身手。对比传统的焚烧炉,热等离子体能量高,处理量大,特别适用有毒废料和核废料的处理,减少了二次污染,并有可能集成在某些产生有害污染的生产线上,在污染源头就实现无害化。美国海军近年一直在投资研制一种小型的舰载热等离子体生活垃圾处理装置,以免水兵们向海洋倾倒生活垃圾,造成海洋污染。

近年来热等离子体在材料科学中较引人注目的进展有两方面:一是热等离子体化学气相

淀积。较之以前的低压化学气相淀积方法，热等离子工艺的沉积速度大大提高，因为它可以产生高浓度的气相源并以高速冲向基底材料。这种方法主要用来制备金刚石薄膜和其他一些高级陶瓷材料薄膜，比如氮化硼、氮化碳等。二是热等离子体方法在超细超纯粉末，亦即纳米粉末合成方面的应用。

16.6　混沌现象

混沌现象(Chaos)是貌似随机的不规则运动，其实是指在确定性非线性理论描述的系统中，不需附加任何随机因素亦可出现类似随机的行为，其行为却表现为不确定性、不可重复性、不可预测性，这就是混沌现象。进一步研究表明，混沌是非线性动力系统的固有特性，是非线性系统普遍存在的现象。牛顿确定性理论能够处理的多为线性系统，而线性系统大多是由非线性系统简化来的。因此，在现实生活和实际工程技术问题中，混沌是无处不在的。

混沌不等同于混乱，它是一种确定论系统中出现的看似不规则的有序运动。这种有序不同于我们所熟悉的有序 —— 寻常有序、简单有序、线性有序。现在说的有序是乱中有序，是有序与无序的结合。就是说到混乱，它也是一种确定性的混乱，形式的混乱。各种混沌现象支持以上观点。无限嵌套的自相似结构的存在不仅说明混沌有序，而且说明这是一种复杂有序，高级有序!

人们经过对混沌现象近几十年的深入研究，已经取得了许多突破性进展。目前，混沌现象广泛存在于数学、物理、化学、生物、天文、哲学、社会学、经济学、医学、气象、音乐、体育等学科，因此，科学家认为，在现代的科学中普遍存在混沌现象，它打破了不同学科之间的界线，它是涉及系统总体本质的一门新兴科学。混沌理论已经开始应用于激光、超导等众多高科技领域，还创建了混沌工科学等分支学科，甚至已经拓展到社会科学的众多方面。比如股市行情的风云变幻，市场经济的潮涨潮落。像太阳系这样的系统的稳定性问题，当运动时间足够长，由于耗散效应不可忽略，也会出现混沌运动。在激光器中，当照射强度加大到一个新的阈值时，则会出现随机的单模脉冲尖峰。在生物学中，生物群体的个数随世代的变化，其实也是一种混沌运动的表现。在地壳运动中和地震孕育系统中同样也存在着混沌。

混沌的出现，一方面预示着人们认识世界的预测能力将受到根本性的限制，另一方面则又大大转变了人们的传统观念，向人们提供了研究问题的新思路、新方法。

过去人们往往认为搜集到的许多复杂的随机信息是一种偶然现象的反映，甚至认为是“噪声”，是实验的失败，因而弃置一旁，不予理睬。现在，人们意识到以前可能错了。这些信息里有相当一部分或许可以归入混沌一类，且可以另辟蹊径。用混沌的方法去进行研究，或者能从混沌中找到出路，甚至取得令人意想不到的结果。另外，鉴于混沌的复杂性，要用好它往往也不是一件轻而易举的事。

下面将着重讲几个例子：

洛仑兹证明了长期天气预报的不可能，这种不可能性正是混沌的结果，但即使如此我们仍然可以使天气预报变得稍微正确一些。

随着中国大城市人口的增加，公车和私车的数量不断增加，加上中国的自行车数量堪称世界第一，自行车的乱行又加大了交通堵塞的可能性。所以中国的交通堵塞愈来愈严重。就拿北京来说，道路愈建愈多、愈宽，但交通堵塞状况并没有多大的改善。德国的科学家正在试图解决这个棘手的问题。他们把不同的车辆流动分成三个状态:自由流动、同步流动、交通堵塞。他们发现一个不同寻常的特点,车流与一块漂浮的冰相似,它既不迅速扩大也不很快融化。当缓慢移动的车流阻碍了车辆自由流动时,就导致了车辆缓慢的同步行驶。研究显示,当高速公路上的车容量达到 85% 时,车流量变得不稳定了,这就是公路的混沌现象。如果由电脑控制传感网络及交通导航系统,准确地预测车流变化状况并及时采取措施,就可以大大地减少高速公路的交通拥堵状况。

湍流又称紊流,通俗地说就是流体常有的不规则涨落的紊乱流动叫湍流。

湍流的运动非常复杂,大旋涡中套小旋涡,小旋涡中还有更小的旋涡。湍流问题被称为经典物理学的百年难题。尽管苏联物理学家朗道在 1944 年就对湍流的发生机制进行了深入研究,并取得重大突破,我国物理学家周培源等又创立了湍流的统计理论,把概率论的方法引进了湍流研究,也取得了很大成绩。但这些远不能解决问题,其根本原因在于流体力学的基本方程是非线性方程。

后来,人们越来越多地将混沌理论应用于湍流的研究,获得了许多重要成果。

科学工作者从混沌现象着手考察了湍流的发生机制,研究了通往混沌的道路,提出了用混沌来描述湍流形成的新观点,根据流体中所发生的实际情况建立新的统计模型,有希望在探求湍流过程的共同特性上得到新的认识。人们已经在湍流的研究中得到了类似虫口方程那样的迭代方程,但形式要复杂得多。人们也早已发现在湍流中有倍周期分岔现象,发现在瞬息万变的湍流现象内部有无限多的层次,这当然就是无限嵌套的自相似结构了。

以上成果加深了我们对湍流的认识,提高了我们控制和利用湍流的能力,改进各种和湍流有关的产品的设计和制造技术以及对大气和海洋这一类大尺度无序的预报能力。

但是,因为湍流现象实在太复杂,它不仅有时间上的混乱,而且还有空间上的混乱,还会出现大尺度的规则运动。因此,还存在许多难题,湍流之谜还不能说已经最终解开。

通过对混沌的研究,极大地扩展了人们的视野,活跃了人们的思维。过去被人们认为是确定论的和可逆的某些力学方程,却具有内在的随机性和不确定性。确定论的方程可以得到不确定的结果,这就跨越了确定论和随机论两套描述体系之间的鸿沟,给传统科学以很大的冲击,在某种意义上使传统科学被改造,这必将促使其他学科的进一步发展。

习题参考答案

第 2 章

1. 大小为 4.47,方向与 Ox 轴成 $-63°$ 角

2. 距起飞点 78.1 km,方向为东偏北 26.3°

3. 0

4. (1)20.5 $m \cdot s^{-1}$,20.005 $m \cdot s^{-1}$,方向均沿 Y 轴正向;
(2)20 $m \cdot s^{-1}$,沿 Y 轴正方向

5. (1)27 m

6. (1)0.705 s; (2)0.72 m

7. D

8. C

9. (1)(−52m, −32 m), $\Delta \boldsymbol{r} = \boldsymbol{r}_4 = -52\boldsymbol{i} - 32\boldsymbol{j}$ (m);
(2)$\bar{\boldsymbol{v}} = \boldsymbol{r}_4/4 = -13\boldsymbol{i} - 8\boldsymbol{j}(m \cdot s^{-1})$, $\bar{\boldsymbol{a}} = -8\boldsymbol{i}(m \cdot s^{-2})$;
(3)$\boldsymbol{v}_2 = -13\boldsymbol{i} - 12\boldsymbol{j}(m \cdot s^{-1})$, $\boldsymbol{a}_2 = -8\boldsymbol{j}(m \cdot s^{-2})$

10. (1)420 m,7.0 s; (2)75 $m \cdot s^{-1}$,$\theta = 37°$ 向下

11. $\boldsymbol{r}_3 = 1.04 \times 10^2 \boldsymbol{i} + 5.56 \times 10^2 \boldsymbol{j}(m)$,
$\boldsymbol{v}_3 = 3.46 \times 10^2 \boldsymbol{i} + 1.71 \times 10^2 \boldsymbol{j}(m \cdot s^{-1})$,
$a_t = 4.35\ m \cdot s^{-2}$,$a_n = 8.80\ m \cdot s^{-2}$

12. 4.19 m,$4.14 \times 10^{-3}\ m \cdot s^{-1}$,与 x 轴成 60° 角

13. $a_n = 0.25\ m \cdot s^{-1}$,$a = 0.32\ m \cdot s^{-2}$,$\theta = 128.7°$

14. $hv_0/(h-l)$

15. $\frac{\sqrt{h^2+s^2}}{s}v_0$,$\frac{h^2 v_0^2}{s^3}$

16. 略

17. (1)84 N,56 N; (2)14 N,42 N

18. 沿斜面向上;沿斜面向下

19. C

20. 约 100 N

21. 0.078

22. 196 N

23. 1.54×10^6 J

24. 1.67 J

25. 15 J

26. 432 J

27. 100 m · s^{-1}

28. (1) $E_{kA}=\frac{1}{2}mb^2\omega^2$, $E_{kB}=\frac{1}{2}ma^2\omega^2$;

(2) $\boldsymbol{F}=-ma\omega^2\cos\omega t\boldsymbol{i}-mb\omega^2\sin\omega t\boldsymbol{j}$, $W_x=\frac{1}{2}ma^2\omega^2$, $W_y=-\frac{1}{2}mb^2\omega^2$

29. B

30. C

31. 略

32. $\frac{1}{3}R$ 处，该点与顶点角距离为 θ，$\cos\theta=\frac{2}{3}$

33. A

34. (1) mv_0；(2) 竖直向下

35. 2.7 m · s^{-1}，1.5 m · s^{-2}

36. 126 N，0.882 J

37. m_B/m_A

38. 1.8v_0，与质点原运动方向的夹角为 33.7°

39. (1) 2.9 km/h；(2) 0.7 km/h

40. 319 m · s^{-1}

41. 0.355 m

42. 36 m · s^{-1}

第 3 章

1. $\beta=6bt-12ct^2$

2. (1) 13.1 rad · s^{-2}；(2) 390

3. 0.15 m · s^{-2}，1.26 m · s^{-2}

4. 刚体的质量、质量的空间分布、转轴的位置和方向

5. 28 ml^2

6. 略

7. −15.7 N · m

8. 7.07 s，约 53 转

9. $a_1=\frac{2rg(m_2R-m_1r)}{mr^2+MR^2+2m_1r^2+2m_2R^2}$，$a_2=\frac{2Rg(m_2R-m_1r)}{mr^2+MR^2+2m_1r^2+2m_2R^2}$，

$T_1=m_1g\frac{mr^2+MR^2+2m_2R^2+2m_2Rr}{mr^2+MR^2+2m_1r^2+2m_2R^2}$　$T_2=m_2g\frac{mr^2+MR^2+2m_1R^2+2m_1Rr}{mr^2+MR^2+2m_1r^2+2m_2R^2}$

10. (1) 39.2 rad · s^{-2}；(2) 44.3 rad · s^{-1}，490 J；(3) 21.8 rad · s^{-2}，272.5 J，不相等

11. $\Delta h=\omega^2l^2/6g$

12. $v=16.4$ cm · s^{-1}

13. (1) 200 r/min；(2) 418 N · m · s，与各自转速反向；(3) 1.32×10^4 J

14. 动能、动量;角动量

15. C

16. 8 $\mathrm{rad \cdot s^{-1}}$

17. $\omega = 0.4\ \mathrm{rad \cdot s^{-1}}$

18. $\omega = 4.63 \times 10^{18}\ \mathrm{rad \cdot s^{-1}}$

第 4 章

1. 在所有惯性系中,物理定律的形式都相同;在所有的惯性系中,真空中的光速恒为 c,与光源的运动无关。

2. $c\Delta t$

3. 7.2 $\mathrm{cm^2}$

4. 3 昼夜

5. $v = -c/2$

6. 略

7. $\dfrac{25}{9}\dfrac{m}{ls}$

8. 4 倍

第 5 章

1. C

2. (1) $\varphi_0 = -\dfrac{\pi}{3}$; (2) $x = 0.052$ m, $v = -0.094\ \mathrm{m \cdot s^{-1}}$; $a = -0.512\ \mathrm{m \cdot s^{-2}}$;

(3) $\Delta t = \dfrac{5}{6}$ s

3. (1) $x = 0.02\cos 4\pi t$ (m); (2) $x = 0.02\cos(4\pi t + \pi)$ (m);

(3) $x = 0.02\cos\left(4\pi t + \dfrac{\pi}{2}\right)$ (m); (4) $x = 0.02\cos\left(4\pi t + \dfrac{3}{2}\pi\right)$ (m);

(5) $x = 0.02\cos\left(4\pi t + \dfrac{\pi}{3}\right)$ (m); (6) $x = 0.02\cos\left(4\pi t + \dfrac{4}{2}\pi\right)$ (m)

4. (1) 略; (2) $A = 0.1$ m, $\omega = 9.9\ \mathrm{rad \cdot s^{-1}}$, $v = 1.58$ Hz;

(3) $x = 0.1\cos(9.9t + \pi)$ (m)

5. (1) $x = -0.208$ m, $F = 5.13 \times 10^{-3}$ N,方向指向平衡位置 O;

(2) $\Delta t_{\min} = \dfrac{2}{3}$ s

6. 略

7. 3.1 cm

8. (1) $T = 0.201$ s; (2) $E_k = 3.92 \times 10^{-3}$ J

9. (1) $A = 6 \times 10^{-2}$ m, $T = 0.4\pi$ s;

(2)$F=0.15$ N， 指向 x 轴正向；

(3)$x=6\times10^{-2}$ m， $v=0$， $a=-1.5\ \mathrm{m\cdot s^{-1}}$， $E_{max}=4.5\times10^{-3}$ J

10. $x=10\cos\left(2t+\frac{23}{180}x\right)$ (cm)

11. 10 cm， $\frac{\pi}{2}$

12. (1) $\frac{T}{4}$； (2) $\frac{T}{12}$； (3) $\frac{T}{6}$

13. (1)0.078 m， 84.8° (2)135°， 225°

14. 510 Hz

15. $A=\sqrt{\frac{Mg}{k}\left(\frac{Mg}{k}+\frac{2Mh}{M+m}\right)}$， $\varphi=\arctan\sqrt{\frac{2kh}{(M+m)g}}$

第 6 章

1. $1.08\times10^{3}\ \mathrm{m\cdot s^{-1}}$

2. C

3. π

4. 2 cm， 0.01 m， $2.5\times10^{-3}\ \mathrm{cm\cdot s^{-1}}$， 0.25 Hz， $\Delta\varphi=200\pi$

5. $y=10\cos\left[\pi\left(t-\frac{x}{100}+\frac{\pi}{2}\right)\right]$ (cm)， $y=10\cos[\pi t-\pi]$ (cm)

6. (1)$y=0.02\mathrm{cox}(500\pi t-20\pi)$ (m)， $v=-10\pi\sin(500\pi t-20\pi)(\mathrm{m\cdot s^{-1}})$；
(2) 略； (3)$u=25\ \mathrm{m\cdot s^{-1}}$

8. (1)$y=0.06\cos\left(\frac{\pi}{5}t-\frac{3}{5}\pi\right)$ (m)； (2)$\Delta\varphi=\frac{3}{5}\pi$；
(3)$A=6\times10^{-2}$m， $v=0.1$ Hz； (4)$\lambda=20$ m

9. $y=0.03\cos\left(\pi\times10^{4}t-100\pi x-\frac{\pi}{2}\right)$ (m)

10. (1)$2.70\times10^{-3}\ \mathrm{J\cdot s^{-1}}$； (2)$9.00\times10^{-2}\ \mathrm{W\cdot m^{-2}}$； (3)$2.65\times10^{-4}\ \mathrm{J\cdot m^{-3}}$

11. $0.318\ \mathrm{W\cdot m^{-2}}$， $7.95\times10^{-2}\ \mathrm{W\cdot m^{-2}}$

12. $ws\frac{\omega\lambda}{2\pi}$

13. 含振幅 $A=|A_1-A_2|$， 减弱

14. $|A_1-A_2|$， A_1+A_2

15. 0

16. 0； π； 0

17. $y_1=A\cos\left[2\pi\left(vt+\frac{x}{\lambda}\right)+\pi\right]$， $y=2A\cos\left(\frac{2\pi x}{\lambda}+\frac{\lambda}{2}\right)\cos\left(2\pi vt+\frac{\pi}{2}\right)$

第 7 章

1. 61.1 $\mathrm{cm^3}$

2. (1) $P=1.66\times10^{5}$ Pa； (2) $\Delta V=1.20\times10^{-4}$ m^3； (3) $\Delta T=1.20$ K

3. 3.92×10^{24} m^{-3}

4. $\left(\frac{KT}{P}\right)^{\frac{1}{3}}$； $l=3.34\times10^{-9}$ m

5. (1) 2.45×10^{25} m^{-3}； (2) 1.30 $kg\cdot m^{-3}$； (3) 5.3×10^{-26} kg； (4) 6.21×10^{-21} J

6. (1) $E_k=N\bar{\varepsilon}_k=\frac{3}{2}NKT$； (2) $T=\frac{2\bar{\varepsilon}_k}{3K}$； (3) $P=\frac{N}{V}KT$

7. (1) $2nmu^2$； (2) $2nm(u+v)^2$

8. 6.9×10^{-6}

9. 1.61×10^{12} 个； 10^{-8} J； 0.667×10^{-8} J； 1.67×10^{-8} J

10. 6.23×10^{3} $J\cdot mol^{-1}$； 3.12×10^{3} $J\cdot mol^{-1}$； 6.23×10^{3} $J\cdot g^{-1}$；

2.2×10^{2} $J\cdot g^{-1}$

11. 25%

12. 7.73×10^{19} 个， 0.80 J

13. (1) 447 $m\cdot s^{-1}$； (2) 485 $m\cdot s^{-1}$； (3) 396 $m\cdot s^{-1}$

14. $n=3.22\times10^{17}$ m^{-3}， $\bar{\lambda}=7.84$ m

15. 8.39×10^{-7} m， 5.42×10^{8} s^{-1}， 640 m， 0.71 s^{-1}

16. 两个结论都错，应改正为：由于 $\bar{v}$ 增大到原来的 2 倍，n 减小到原来的 $\frac{1}{2}$，由 $\bar{Z}=\sqrt{2}\pi d^2\bar{v}n$ 知 $\bar{Z}$ 不变；从 $\bar{\lambda}=\frac{1}{\sqrt{2}\pi d^2 n}$ 得 $\bar{\lambda}$ 增为原来的 2 倍。

第 8 章

1. (1) 251 J； (2) −293 J

2. 1.52×10^{2} J， 2.53×10^{2} J

3. 略

4. 略

5. (1) 0.692 J； (2) 277 J, 969 J

6. $\Delta E_B=\frac{5}{8}$A

7. (1) $T_2=285$ K； (2) 0.89atm， 5×10^{-2} m^3； (3) 281.6 K， 4.6×10^{-2} m^3

8. 7.0×10^{-3} K

9. (1) $Q=3\ 279$ J， $A=2\ 033$ J， $\Delta E=1\ 247$ J； (2) $Q=2\ 934$ J， $A=1\ 688$ J， $\Delta E=1\ 247$ J

10. 1.26 倍

11. (1) $V_T=0.1$ m^3， $A_T=2.33\times10^{4}$ J； (2) $V_Q=4\times10^{-2}$ m^3， $A_Q=9\times10^{3}$ J

12. 1.7×10^{3} J， 1.7×10^{3} J， O； 2.4×10^{3} J， 6.2×10^{3} J， 3.7×10^{3}， O， O， O

14. $\eta=13.3\%$

15. (1) 4.05×10^2 J， O， -2.8×10^2 J， 1.25×10^2 J； (2) $\eta=8.9\%$

16. (1) 3 762 J， 1 256 J； (2) 6 688 J， 1 672 J

17. (1) 2.7%； (2) 10%

第 9 章

1. $\pm1.0\times10^{-6}$ C， $\mp3.0\times10^{-6}$ C

2. $Q'=-\dfrac{2\sqrt{2}+1}{4}Q$

3. 略

4. 略

5. $M=PE\sin\theta$， 电矩 $\boldsymbol{P}$ 与场强 $\boldsymbol{E}$ 一致的方向

6. 0.7×10^4 N·C^{-1}，与从 q_1 到 q_2 的连线方向成 51.8°

7. 略

8. $E=\dfrac{Q}{\varepsilon_0\pi^2R^2}$

9. (1) $E=\dfrac{\sigma}{2\varepsilon_0}\left[1-\dfrac{x}{\sqrt{R^2+x^2}}\right]$； (2) $R\to\infty$， $E=\dfrac{\sigma}{2\varepsilon_0}$

10. πR^2E

11. $\dfrac{q}{6\varepsilon_0}$， $\dfrac{q}{24\varepsilon_0}$

12. 略

13. 略

14. 略

15. (1) 0； (2) 2.25×10^3 V·m^{-1}； (3) 9.0×10^2 V·m^{-1}， 不是

16. 5×10^{-4} C·m^{-2}

17. 8.85×10^{-9} C

18. (1) 0； (2) 0； (3) $\dfrac{\lambda}{2\pi\varepsilon_0r}$

19. 4.32×10^{-17} J

20. $\dfrac{\sigma q_0d}{2\varepsilon_0(R^2+d^2)^{\frac{1}{2}}}$

21. (1) 6.38×10^3 V·m^{-1}； (2) 在 $x=\pm\dfrac{R}{\sqrt{2}}$ 处，6.95×10^3 V·m^{-1}

22. 略

23. 略

24. -2.0×10^{-7} C

25. $\dfrac{P}{4\pi\varepsilon_0r^2}$ 或 $-\dfrac{P}{4\pi\varepsilon_0r^2}$

26. (1) 3.6×10^{-6} J； (2) -3.6×10^{-6} J

27. (1) 1.49×10^4 V； (2) 1.86×10^4 V

28. (1) 900 V； (2) 450 V

29. (1) $\frac{\lambda}{4\pi\varepsilon_0}\ln\frac{x+l}{x}$； (2) $\frac{\lambda l}{4\pi\varepsilon_0 x(x+l)}$， 0

30. $U_{AB}=\frac{R\sigma}{6\varepsilon_0}$

第　10　章

1. 略

2. $\frac{Q}{4\pi\varepsilon_0 r^2}$， 0， 0

3. $\frac{\lambda_1}{2\pi\varepsilon_0 r}$， 0， $\frac{\lambda_1+\lambda_2}{2\pi\varepsilon_0 r}$； $-\lambda_1$， $\lambda_1+\lambda_2$

4. (1) 600 V； (2) 450 V

5. 306 V， 216 V， 90 V

6. -1.0×10^{-7} C， -2.0×10^{-7} C； 2.26×10^3 V

7. (1) 0, 8×10^2 V·m^{-1}， 1.44×10^3 V·m^{-1}； (2) 540 V， 480 V， 360 V

8. $\frac{\lambda}{2\pi\varepsilon_0\varepsilon_r r}$， $\frac{\lambda}{2\pi\varepsilon_0\varepsilon_r}\ln\frac{R_2}{R_1}$

9. 5.65×10^7 m^2

10. 略

11. 略

12. 3.16 μF， 21 V， 21 V， 79 V； 7.33μF， 33.3 V， 66.7 V， 100 V

13. 2 倍； $\frac{2\varepsilon_r}{1+\varepsilon_r}$ 倍

14. 3×10^{-4} C； 6×10^{-4} C； 能量减少了 0.003 J

15. (1) $\frac{Q^2 d}{2\varepsilon_0 S}$； (2) $\frac{Q^2 d}{2\varepsilon_0 S}$

16. $W=\frac{1}{8\pi\varepsilon_0}\left[q_1^2\left(\frac{1}{a}-\frac{1}{b}\right)+(q_1+q_2)^2\left(\frac{1}{b}-\frac{1}{c}\right)+(q_1+q_2+q_3)^2\frac{1}{c}\right]$

第　11　章

1. 略

2. (1) $\Phi_m=\int_S d\Phi_m=\int_s \boldsymbol{B}\cdot d\boldsymbol{S}$； (2) $\Phi_m=\oint \boldsymbol{B}\cdot d\boldsymbol{S}=0$， 涡旋场或非保守力场

3. 略

4. 略

5. (1) -4.0×10^{-3} Wb； (2) 0； (3) 4×10^{-3} Wb

6. $\frac{\mu_0 I}{2\pi b}\ln\frac{r+b}{r}$

7. 2.5×10^{-5} T； $\boldsymbol{B}$ 的方向 PI_1 夹角 36°52′

8. $\dfrac{9\mu_0 I}{\pi a}$

9. $\dfrac{2\sqrt{2}\mu_0 I}{\pi a}$

10. 6.5×10^{-6} T

11. $\dfrac{\mu_0 I}{2R}\left(\dfrac{1}{4}+\dfrac{1}{\pi}\right)$

12. 0

13. $\dfrac{\mu_0 qR^2\omega}{4\pi(R^2+x^2)^{\frac{3}{2}}}$； $\dfrac{qR^2\omega}{2}$

14. $\dfrac{\mu_0 Il}{2\pi}\ln\dfrac{b}{a}$

15. 筒内 $B=0$， 筒外 $B=\dfrac{\mu_0 I}{2\pi r}$

16. $r<R_1$， $B=0$； $R_1<r<R_2$， $B=\dfrac{\mu_0 I(r^2-R_1^2)}{2\pi(R_2^2-R_1^2)r}$； $r>R_2$， $B=\dfrac{\mu_0 I}{2\pi r}$

17. $\dfrac{\mu_0 I}{8R}$； $\dfrac{\mu_0 I}{2R}-\dfrac{\mu_0 I}{2\pi R}$； $\dfrac{\mu_0 I}{2\pi R}+\dfrac{\mu_0 I}{4R}$

第 12 章

1. 0.75 N， 垂直纸面向外

2. (1)0.98 A； (2)$I>\dfrac{mg}{Bl}$

3. 7.2×10^{-4} N， 向左

4. 略

5. 4.0×10^{-2} T

6. 0.27 N， 方向向上

7. 8.66×10^{-3} N·m， 沿 z 轴正方向

8. (1)2.2×10^{-2} N·m， 方向向上； (2)2.2×10^{-2} J

9. 略

10. (1)1.5 A·m²； (2)1.2 N·m

11. 略

12. 0.5 T

13. (1)1.6×10^{-16} N， 方向垂直背向导线； (2)1.6×10^{-16} N， 方向平向于导线与 I 方向相同； (3)0

14. (1)1.14×10^{-3} T， 方向垂直纸面向里； (2)1.57×10^{-8} s

15. (1) 略； (2)1.76×10^{7} m·s^{-1}； (3)1.41×10^{-16} J

16. (1)6.7×10^{-2} m； (2)7.1×10^{-8} S； (3) 电子顺时针回旋

17. 略

18.(1)$7.14\times10^6\ m\cdot s^{-1}$

19.(1)负电荷导电；(2)$3.1\times10^{20}\ m^{-3}$

20.$2.6\times10^7\ m\cdot s^{-1}$；$1.1\times10^{-7}$ S；14 MeV

21.略

22.(1)向东；(2)$6.2\times10^{14}\ m\cdot s^{-2}$

第 13 章

1.(1)1.0 V，方向：$B\rightarrow A$；(2)1.25 N，方向向左；(3)5 W,5 W

2.$-\frac{\mu_0 l}{2\pi}\omega I_0\ln\frac{b}{a}\cos\omega t$

3.7.0×10^{-3} V，A点电势高

4.6.9×10^{-6} V

5.$U_{ab}=-4.7\times10^{-5}$ V

6.(1)$\frac{1}{2}B\omega R^2$，盘边电势高；(2)会

7.略

8.0.15 V

9.(1)0.66 V；(2)1.32 V；(3)0；(4)2.6×10^{-2} C

10.$-lkvt$，方向$b\rightarrow a$

11.(1)$\pi r^2\frac{dB}{dt}$；(2)$\frac{1}{2}r\frac{dB}{dt}$；(3)$\frac{\pi R^2}{4}\frac{dB}{dt}$

12.7.54×10^{-6} V

13.$\frac{\mu_0 N^2 h}{2\pi}\ln\frac{b}{a}$

14.0.79 mH

15.$\varepsilon_L=0.10V$

16.2.8×10^{-6} H

17.$12\pi\cos120\pi t$

18.$1.74\times10^5\ J/m^3$

19.C

20.0.628 J/m^3

21.$\frac{N_0 I^2}{16\pi}$

22.略

23.$1.13\times10^{13}\ V\cdot m^{-1}\cdot s^{-1}$

第 14 章

1.B

2. B

3. C

4. B

5. $\dfrac{\lambda}{2n}$

6. 900

7. 4;第一;暗

8. 33°

9.(1) 干涉条纹变疏,两侧条纹向远离中央的方向移动;

(2) 干涉条纹变密,由两侧向中央靠拢;

(3) 干涉条纹变密;

(4) 条纹向光程增加的光路一侧移动,间距不变;

(5) 和杨氏双缝干涉条纹相比其明暗的情况恰好相反

10.(1)0.91 mm; (2)24 mm

11. 6.67×10^{-8} m

12. 正面呈紫红色,6.74 nm和404.3 nm的光反射增强背面呈绿色,505.4 nm的光折射增强

13.(a) 条纹向棱边移动,间距不变;

(b) 条纹远离棱边,间距不变;

(c) 条纹变密

14.(1)$\theta=4.8\times10^{-5}$ rad; (2)A 点是明纹; (3) 共有 3 条明纹,3 条暗纹

15. 5.75×10^{-2} mm

16. 暗

17.(1)$\lambda=696.2$ nm; (2)$R=1.0$ m

18. 1.85×10^{-3} m

19. 1.22

20. 3.4 m

21. 5.2×10^{-6} m

22.(1)$\lambda=467$ nm; (2)9 个半波带

23. $\lambda=450$ nm

24. 0.47 mm

25. 500 cm^{-1}

26. 1.0×10^{-2} m

27. 500 nm

28. 2,4

29. $2.25I_1$

30.(1)54°44′; (2)35°16′

31. 自然光为$\dfrac{1}{3}$,线偏振光为$\dfrac{2}{3}$

32.(1)58°; (2)1.60

附录 A　微积分初步

常用导数公式	常用积分公式
$(kx)' = k$	$\int k\mathrm{d}x = kx + C$
$C' = 0$	$\int 0\mathrm{d}x = C$
$(x^{\alpha+1})' = (\alpha+1)x^{\alpha}$	$\int x^{\alpha}\mathrm{d}x = \frac{1}{1+\alpha}x^{\alpha+1} + C\ (\alpha \neq -1)$
$(\ln\lvert x \rvert)' = \frac{1}{x}$	$\int \frac{1}{x}\mathrm{d}x = \ln\lvert x \rvert + C$
$(a^x)' = a^x\ln a$	$\int a^x\mathrm{d}x = \frac{1}{\ln a}a^x + C$
$(\mathrm{e}^x)' = \mathrm{e}^x$	$\int \mathrm{e}^x\mathrm{d}x = \mathrm{e}^x + C$
$(\sin x)' = \cos x$	$\int \cos x\mathrm{d}x = \sin x + C$
$(\cos x)' = -\sin x$	$\int \sin x\mathrm{d}x = -\cos x + C$
$(\tan x)' = \sec^2 x$	$\int \sec^2 x\mathrm{d}x = \tan x + C$
$(\cot x)' = -\csc^2 x$	$\int \csc^2 x\mathrm{d}x = -\cot x + C$
$(\sec x)' = \sec x\tan x$	$\int \sec x\tan x\mathrm{d}x = \sec x + C$
$(\csc x)' = -\csc x\cot x$	$\int \csc x\cot \mathrm{d}x = -\csc x + C$
$(\arcsin x)' = \frac{1}{\sqrt{1-x^2}}$	$\int \frac{\mathrm{d}x}{\sqrt{1-x^2}} = \arcsin x + C$
$(\arctan x)' = \frac{1}{1+x^2}$	$\int \frac{\mathrm{d}x}{1+x^2} = \arctan x + C$

附录B 矢量基础

矢量代数在物理学中是常用的数学工具，它可用较为简洁的数学语言表达某些物理量及其变化规律，这对加深某些物理量及物理定律是很有帮助的。本部分主要介绍矢量的概念、矢量的加减、矢量的分解、矢量的标积和矢积，以及矢量的导数和积分。希望读者随着课程的进行，经常查阅本附录的内容，这样就可以逐步熟练掌握矢量的基本概念和计算方法。

B.1 矢量概念

1. 矢量定义

在普通物理学范围内，我们经常遇到两类物理量，一类是标量物理量(简称标量)，如质量、时间、体积等，它们仅有大小和单位，并遵循通常的代数运算法则；另一类是矢量物理量(简称矢量)，如位移、速度、力等，它们不仅有大小和单位，还有方向，它们遵循矢量代数运算法则。

2. 矢量表示

印刷品中矢量通常用黑粗体字母(如 $\boldsymbol{A}$) 来表示，作图时常用有向线段表示(见图 B.1)。线段的长短按一定比例表示矢量的大小，箭头的指向表示矢量的方向。

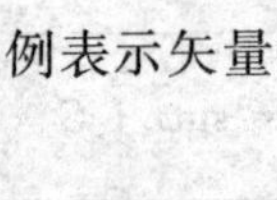

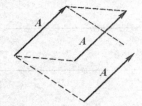

图 B.1 作图时矢量的表示方法

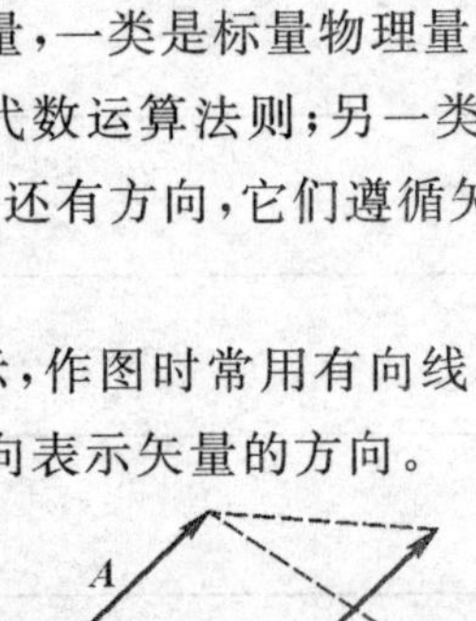

图 B.2 矢量平移的不变性

矢量的大小称为矢量的模，矢量 $\boldsymbol{A}$ 的模常用符号 $|\boldsymbol{A}|$ 或 A 表示。则

$$\boldsymbol{A} = |\boldsymbol{A}|\boldsymbol{A}^0 = A\boldsymbol{A}^0$$

式中，$\boldsymbol{A}^0$ 是矢量 $\boldsymbol{A}$ 方向的单位矢量，$|\boldsymbol{A}^0| = 1$。

如果有一个矢量，其模与矢量 $\boldsymbol{A}$ 的模相等，方向相反，这时就可用 $-\boldsymbol{A}$ 来表示这个矢量(见图 B.1)

如图 B.2 所示，如把矢量 $\boldsymbol{A}$ 在空间平移，则矢量 $\boldsymbol{A}$ 的大小和方向都不会因平移而改变。矢量的这个性质称为矢量平移的不变性，它是矢量的一个重要性质。

B.2 矢量合成

1. 矢量相加

两个矢量合成时，遵守平行四边形法则，表示为：$\boldsymbol{C}=\boldsymbol{A}+\boldsymbol{B}$ 或 $\boldsymbol{C}=\boldsymbol{B}+\boldsymbol{A}$，$\boldsymbol{C}$ 称为矢量 $\boldsymbol{A}$ 与 $\boldsymbol{B}$ 的合矢量；而 $\boldsymbol{A}$，$\boldsymbol{B}$ 称为矢量 $\boldsymbol{C}$ 的分矢量。它们间的关系如图 B.3 所示，满足交换率。

对多个矢量，合成时用多边形法则（见图 B.4）。

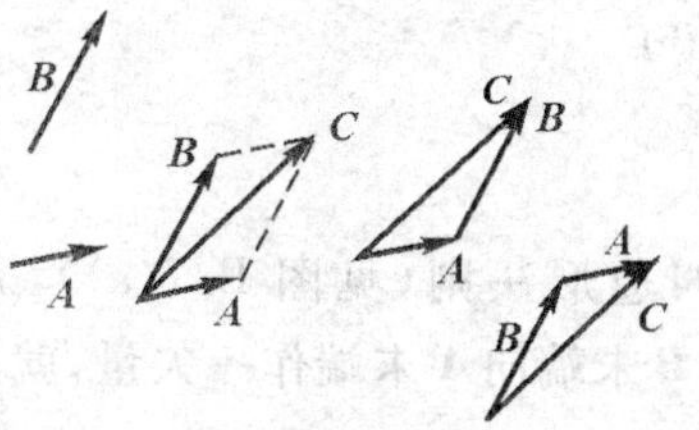

图 B.3 两矢量合成

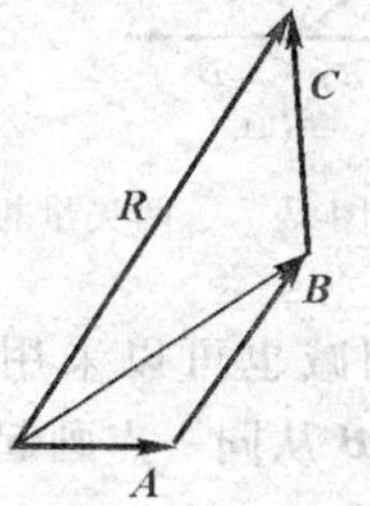

图 B.4 多矢量合成

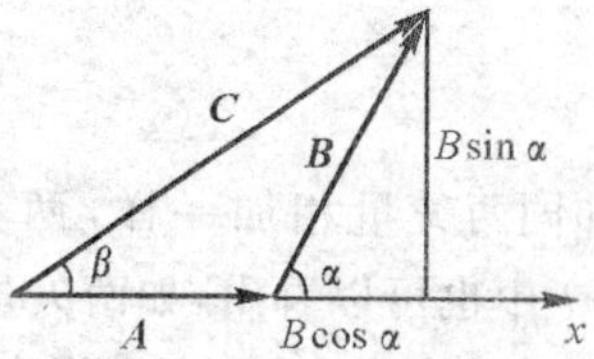

图 B.5 合矢量 $\boldsymbol{C}$ 的计算

合矢量的大小和方向，除了上述几何作图法外，还可计算求得。

设 α 为矢量 $\boldsymbol{A}$ 和 $\boldsymbol{B}$ 之间小于 π 的夹角，合矢量 $\boldsymbol{C}$ 与矢量 $\boldsymbol{A}$ 的夹角为 β，由图 B.5 可知，合矢量 $\boldsymbol{C}$ 的大小和方向分别为

$$C=\sqrt{A^2+B^2+2AB\cos\alpha},\quad \beta=\arctan\frac{B\sin\alpha}{A+B\cos\alpha}$$

2. 矢量合成的解析法

(1) 矢量在直角坐标轴上的表示：

根据矢量合成法则，一个矢量 $\boldsymbol{A}$ 可用空间直角坐标系 $Oxyz$ 三个坐标轴上的分矢量表示。设 $\boldsymbol{i}$，$\boldsymbol{j}$，$\boldsymbol{k}$ 分别为 x，y，z 三坐标轴的单位矢量，A_x，A_y，A_z 在 $\boldsymbol{A}$ 在三坐标轴上的投影，如图 B.6 所示，则

$$\boldsymbol{A}=A_x\boldsymbol{i}+A_y\boldsymbol{j}+A_z\boldsymbol{k}$$

$$A=|\boldsymbol{A}|=\sqrt{A_x^2+A_y^2+A_z^2}$$

$\boldsymbol{A}$ 的方向可由三个方向余弦决定，即

$$\cos\alpha=\frac{A_x}{A},\quad \cos\beta=\frac{A_y}{A},\quad \cos\gamma=\frac{A_z}{A}$$

(2) 矢量合成的解析法：

$$\boldsymbol{R}=\boldsymbol{A}+\boldsymbol{B}+\boldsymbol{C}+\cdots$$

$$R_x=A_x+B_x+C_x+\cdots$$

$$R_y=A_y+B_y+C_y+\cdots$$

$$R_z=A_z+B_z+C_z+\cdots$$

$$R=\sqrt{R_x^2+R_y^2+R_z^2}$$

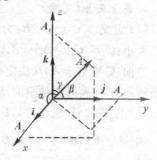

图 B.6 矢量在直角坐标轴上的表示

$\boldsymbol{R}$ 的方向由三个方向余弦决定，即

$$\cos\alpha=\frac{R_x}{R},\quad \cos\beta=\frac{R_y}{R},\quad \cos\gamma=\frac{R_z}{R}$$

3. 矢量相减

两个矢量 $\boldsymbol{A}$ 与 $\boldsymbol{B}$ 之差也是一个矢量，可用 $\boldsymbol{A}-\boldsymbol{B}$ 表示。矢量 $\boldsymbol{A}$ 与 $\boldsymbol{B}$ 之差可定义成矢量 $\boldsymbol{A}$ 与矢量$(-\boldsymbol{B})$之和，其中$(-\boldsymbol{B})$表示与矢量 $\boldsymbol{B}$ 的大小相等而方向相反的一矢量，即 $\boldsymbol{A}-\boldsymbol{B}=\boldsymbol{A}+(-\boldsymbol{B})$ 或 $\boldsymbol{A}-\boldsymbol{B}=(A_x-B_x)\boldsymbol{i}+(A_y-B_y)\boldsymbol{j}+(A_z-B_z)\boldsymbol{k}$

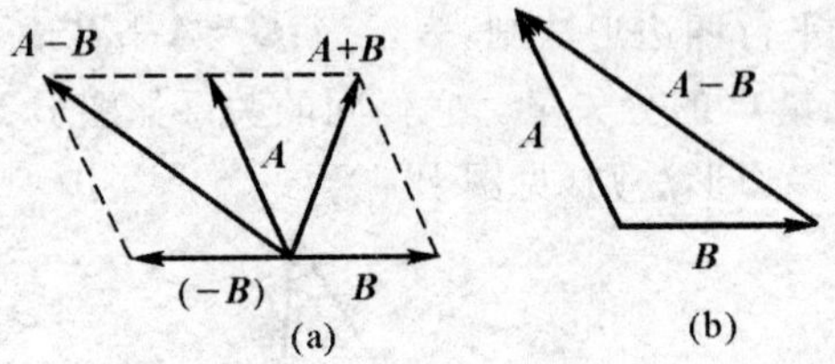

图 B.7　两矢量相减

如同两矢量相加一样，两矢量相减也可以采用平行四边形法则（见图 B.7(a)），从图 B.7(b) 中也可以看出，如两矢量 $\boldsymbol{A}$ 和 $\boldsymbol{B}$ 从同一点画起，则自 $\boldsymbol{B}$ 末端向 $\boldsymbol{A}$ 末端作一矢量，就是矢量 $\boldsymbol{A}$ 与 $\boldsymbol{B}$ 之差 $\boldsymbol{A}-\boldsymbol{B}$，方向指向 $\boldsymbol{A}$。

B.3　矢量乘法

1. 矢量数乘

若 $\boldsymbol{C}=m\boldsymbol{A}$，则 $C=mA$；$m>0$ 时，$\boldsymbol{C}$ 的方向与 $\boldsymbol{A}$ 相同；$m<0$ 时，$\boldsymbol{C}$ 的方向与 $\boldsymbol{A}$ 相反。

2. 矢量标积（点乘）

(1) 定义　$\boldsymbol{A}\cdot\boldsymbol{B}=AB\cos(\boldsymbol{A},\boldsymbol{B})$，为标量。

(2) 性质　① 若 $\angle(\boldsymbol{A},\boldsymbol{B})=0$（$\boldsymbol{A}$,$\boldsymbol{B}$ 平行同向），则 $\boldsymbol{A}\cdot\boldsymbol{B}=AB$。

② 若 $\angle(\boldsymbol{A},\boldsymbol{B})=\pi$（$\boldsymbol{A}$,$\boldsymbol{B}$ 平行反向），则 $\boldsymbol{A}\cdot\boldsymbol{B}=-AB$。

③ 若 $\angle(\boldsymbol{A},\boldsymbol{B})=\dfrac{\pi}{2}$（$\boldsymbol{A}$,$\boldsymbol{B}$ 垂直），则 $\boldsymbol{A}\cdot\boldsymbol{B}=0$。

(3) 推论 ①$\boldsymbol{A}\cdot\boldsymbol{A}=A^2$。

②$\boldsymbol{i}\cdot\boldsymbol{i}=\boldsymbol{j}\cdot\boldsymbol{j}=\boldsymbol{k}\cdot\boldsymbol{k}=1$。

③$\boldsymbol{i}\cdot\boldsymbol{j}=\boldsymbol{j}\cdot\boldsymbol{k}=\boldsymbol{k}\cdot\boldsymbol{i}=0$。

④$\boldsymbol{A}\cdot\boldsymbol{B}=(A_x\boldsymbol{i}+A_y\boldsymbol{j}+A_z\boldsymbol{k})\cdot(B_x\boldsymbol{i}+B_y\boldsymbol{j}+B_z\boldsymbol{k})=A_xB_x+A_yB_y+A_zB_z$。

(4) 实例　功 $W=FS\cos(\boldsymbol{F},\boldsymbol{S})=\boldsymbol{F}\cdot\boldsymbol{S}$（$\boldsymbol{F}$ 为恒力）。

3. 矢量矢积（叉乘）

(1) 定义　$\boldsymbol{C}=\boldsymbol{A}\times\boldsymbol{B}$，为矢量。

大小：$C=|\boldsymbol{C}|=AB\sin(\boldsymbol{A},\boldsymbol{B})$。

方向：$\boldsymbol{C}$ 垂直于 $\boldsymbol{A}$,$\boldsymbol{B}$ 决定的平面，指向由右手螺旋定则决定，即右手四指从 $\boldsymbol{A}$ 经由小于 π 的角转向 $\boldsymbol{B}$ 时大拇指伸直时所指的方向，如图 B.8 所示。

(2) 性质　① 若 $\angle(\boldsymbol{A},\boldsymbol{B})=0$ 或 π（$\boldsymbol{A}$,$\boldsymbol{B}$ 平行），则 $\boldsymbol{A}\times\boldsymbol{B}=0$。

② 若 $\angle(\boldsymbol{A},\boldsymbol{B})=\dfrac{\pi}{2}$（$\boldsymbol{A}$,$\boldsymbol{B}$ 垂直），则 $|\boldsymbol{A}\times\boldsymbol{B}|=AB$。

③$\boldsymbol{A}\times\boldsymbol{B}=-(\boldsymbol{B}\times\boldsymbol{A})$。

(3) 推论　①$\boldsymbol{A}\times\boldsymbol{A}=0$。

②$\boldsymbol{i}\times\boldsymbol{i}=\boldsymbol{j}\times\boldsymbol{j}=\boldsymbol{k}\times\boldsymbol{k}=0$。

③$\boldsymbol{i}\times\boldsymbol{j}=\boldsymbol{k}\quad \boldsymbol{j}\times\boldsymbol{k}=\boldsymbol{i}\quad \boldsymbol{k}\times\boldsymbol{i}=\boldsymbol{j}$。

④$\boldsymbol{A}\times\boldsymbol{B}=(A_x\boldsymbol{i}+A_y\boldsymbol{j}+A_z\boldsymbol{k})\times(B_x\boldsymbol{i}+B_y\boldsymbol{j}+B_z\boldsymbol{k})$。

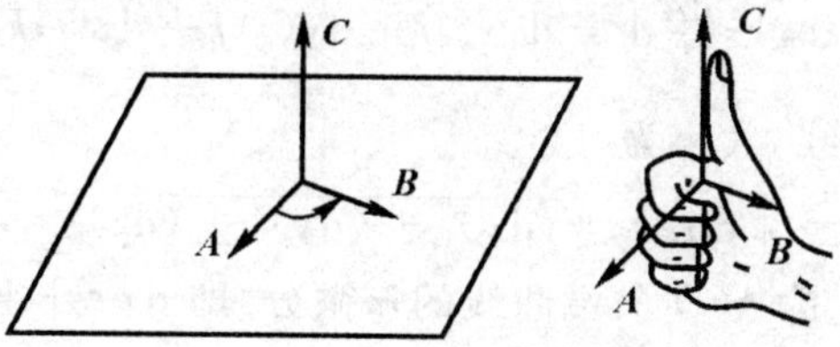

图 B.8 叉乘时方向的确定

可用行列式表示为

$$\boldsymbol{A}\times\boldsymbol{B}=\begin{vmatrix}\boldsymbol{i} & \boldsymbol{j} & \boldsymbol{k}\\ A_x & A_y & A_z\\ B_x & B_y & B_z\end{vmatrix}$$

(4) 实例 力矩$\boldsymbol{M}=\boldsymbol{r}\times\boldsymbol{F}$($\boldsymbol{r}$为$\boldsymbol{F}$作用点的位置矢量)。

B.4 矢量函数的微分

设有矢量函数$\boldsymbol{A}(t)=x(t)\boldsymbol{i}+y(t)\boldsymbol{j}+z(t)\boldsymbol{k}$,且$x(t)$,$y(t)$,$z(t)$可导,$\boldsymbol{i}$,$\boldsymbol{j}$,$\boldsymbol{k}$代表空间固定直角坐标轴正方向的单位矢量,它们是不变的。

1. $\boldsymbol{A}(t)$在t处的导数记为$\frac{\mathrm{d}\boldsymbol{A}}{\mathrm{d}t}$,定义为

$$\frac{\mathrm{d}\boldsymbol{A}}{\mathrm{d}t}=\lim_{\Delta t\to 0}\frac{\Delta\boldsymbol{A}}{\Delta t}$$

因为$\Delta\boldsymbol{A}=\Delta x\boldsymbol{i}+\Delta y\boldsymbol{j}+\Delta z\boldsymbol{k}$(注意:$\boldsymbol{i}$,$\boldsymbol{j}$,$\boldsymbol{k}$不变),所以

$$\lim_{\Delta t\to 0}\frac{\Delta\boldsymbol{A}}{\Delta t}=\lim_{\Delta t\to 0}\frac{\Delta x}{\Delta t}\boldsymbol{i}+\lim_{\Delta t\to 0}\frac{\Delta y}{\Delta t}\boldsymbol{j}+\lim_{\Delta t\to 0}\frac{\Delta z}{\Delta t}\boldsymbol{k}$$

故
$$\frac{\mathrm{d}\boldsymbol{A}}{\mathrm{d}t}=\frac{\mathrm{d}x}{\mathrm{d}t}\boldsymbol{i}+\frac{\mathrm{d}y}{\mathrm{d}t}\boldsymbol{j}+\frac{\mathrm{d}z}{\mathrm{d}t}\boldsymbol{k}$$

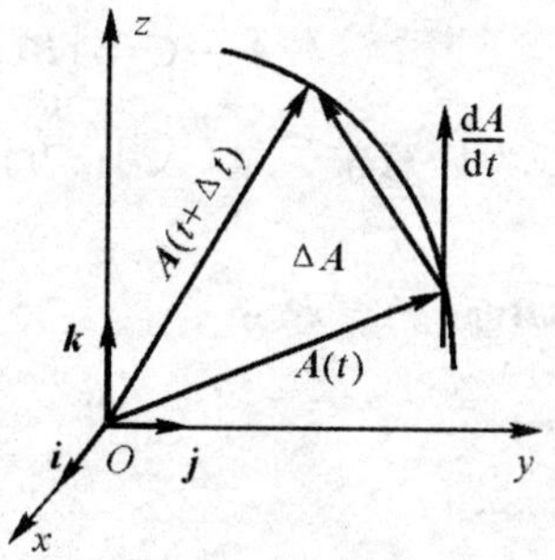

图 B.9 $\frac{\mathrm{d}A}{\mathrm{d}t}$的方向

矢量函数$\boldsymbol{A}(t)$的导数$\frac{\mathrm{d}\boldsymbol{A}}{\mathrm{d}t}$仍是矢量,它的方向沿$\boldsymbol{A}(t)$的矢端曲线的切线方向,指向$\boldsymbol{A}(t)$增加的一方,如图 B.9 所示。它的模或大小为

$$\left|\frac{\mathrm{d}\boldsymbol{A}}{\mathrm{d}t}\right|=\sqrt{\left(\frac{\mathrm{d}x}{\mathrm{d}t}\right)^2+\left(\frac{\mathrm{d}y}{\mathrm{d}t}\right)^2+\left(\frac{\mathrm{d}z}{\mathrm{d}t}\right)^2}\quad\text{(遵从矢量运算法则,几何相加)}$$

注意$\boldsymbol{A}$是矢量,它的大小和方向都是可变的。$\frac{\mathrm{d}\boldsymbol{A}}{\mathrm{d}t}$是矢量$\boldsymbol{A}$的瞬时变化率,它包括$\boldsymbol{A}$的大小和方向两方面变化所产生的影响;而$A=|\boldsymbol{A}|$只是矢量$\boldsymbol{A}$的大小,$\frac{\mathrm{d}A}{\mathrm{d}t}$仅表示$\boldsymbol{A}$的大小瞬时变化率,完全不包含$\boldsymbol{A}$的方向变化所产生的影响;$\frac{\mathrm{d}\boldsymbol{A}}{\mathrm{d}t}$是矢量,$\frac{\mathrm{d}A}{\mathrm{d}t}$是标量。因此$\frac{\mathrm{d}\boldsymbol{A}}{\mathrm{d}t}$和$\frac{\mathrm{d}A}{\mathrm{d}t}$是完

全不同的，并且$\frac{d\boldsymbol{A}}{dt}$的大小也不等于$\frac{dA}{dt}$的大小，即$\left|\frac{d\boldsymbol{A}}{dt}\right| \neq \frac{dA}{dt}$.

2. $\boldsymbol{A}(t)$ 的微分

$$d\boldsymbol{A} = \frac{d\boldsymbol{A}}{dt}dt = dx(t)\boldsymbol{i} + dy(t)\boldsymbol{j} + dz(t)\boldsymbol{k}$$

方向沿 $\boldsymbol{A}(t)$ 矢端曲线的切线，大小为

$$|\,d\boldsymbol{A}\,| = \sqrt{(dx)^2 + (dy)^2 + (dz)^2}$$

值得注意的是，$|\,d\boldsymbol{A}\,|$ 是 $\boldsymbol{A}(t)$ 矢端曲线的弧微分，即 $dx = |\,d\boldsymbol{A}\,|$。

3. 常用公式

$$\frac{d}{dt}(\boldsymbol{A} + \boldsymbol{B}) = \frac{d\boldsymbol{A}}{dt} + \frac{d\boldsymbol{B}}{dt} \qquad \frac{d}{dt}(C\boldsymbol{A}) = C\frac{d\boldsymbol{A}}{dt}\ (C\text{ 为常量})$$

$$\frac{d}{dt}[f(t)\boldsymbol{A}(t)] = f(t)\frac{d\boldsymbol{A}}{dt} + \frac{df(t)}{dt}\boldsymbol{A} \qquad \frac{d}{dt}(\boldsymbol{A}\cdot\boldsymbol{B}) = \boldsymbol{A}\cdot\frac{d\boldsymbol{B}}{dt} + \frac{d\boldsymbol{A}}{dt}\cdot\boldsymbol{B}$$

$$\frac{d}{dt}(\boldsymbol{A}\times\boldsymbol{B}) = \boldsymbol{A}\times\frac{d\boldsymbol{B}}{dt} + \frac{d\boldsymbol{A}}{dt}\times\boldsymbol{B}$$

B.5　矢量函数的积分

1. $\boldsymbol{B}(t)$ 的不定积分

若
$$\frac{d\boldsymbol{A}}{dt} = \boldsymbol{B}(t) = B_x(t)\boldsymbol{i} + B_y(t)\boldsymbol{j} + B_z(t)\boldsymbol{k}$$

则
$$\boldsymbol{A} + \boldsymbol{C} = \int\boldsymbol{B}(t)dt = \boldsymbol{i}\int B_x(t)dt + \boldsymbol{j}\int B_y(t)dt + \boldsymbol{k}\int B_z(t)dt$$

式中，$\boldsymbol{C}$ 为任意常矢量（大小、方向都不随时间变化）。可见 $\boldsymbol{B}(t)$ 的不定积分是一族 t 的矢量函数。

2. $\boldsymbol{B}(t)$ 的定积分

定义
$$\int_a^b\boldsymbol{B}(t)dt = \lim_{\substack{n\to\infty \\ \Delta t_i\to 0}}\sum_{i=1}^{n}\boldsymbol{B}(t_i)\Delta t_i$$

若$\frac{d\boldsymbol{A}}{dt} = \boldsymbol{B}(t)$，则$\boldsymbol{A} = \int_a^b\boldsymbol{B}(t)dt$。通常先取 3 个分量式分别积分，然后再合成，即

$$A_x = \int_a^b B_x(t)dt,\quad A_y = \int_a^b B_y(t)dt,\quad A_z = \int_a^b B_z(t)dt,\quad \int_a^b\boldsymbol{B}(t)dt = \boldsymbol{A} = A_x\boldsymbol{i} + A_y\boldsymbol{j} + A_z\boldsymbol{k}$$

附录 C　常用的物理恒量

万有引力恒量	$G_0 = 6.672 \times 10^{-11}\ \mathrm{N \cdot m^2 \cdot kg^{-2}}$
标准重力加速度	$g = 9.80665\ \mathrm{m \cdot s^{-2}}$
地球的质量	$M_e = 5.98 \times 10^{24}\ \mathrm{kg}$
地球的平均半径	$R_e = 6.37 \times 10^{6}\ \mathrm{m}$
太阳的质量	$M_s = 1.99 \times 10^{30}\ \mathrm{kg}$
地球与太阳间的平均距离	$r = 1.496 \times 10^{11}\ \mathrm{m}$
阿伏伽德罗常数	$N_0 = 6.022 \times 10^{23}\ \mathrm{mol^{-1}}$
摩尔气体常数	$R = 8.314\ \mathrm{J \cdot mol^{-1} \cdot K^{-1}}$
玻耳兹曼常数	$k = 1.38 \times 10^{-23}\ \mathrm{J \cdot K^{-1}}$
标准大气压	$P = 1.013 \times 10^{5}\ \mathrm{N \cdot m^{-2}}$
空气的平均摩尔质量	$M_a = 28.9 \times 10^{-3}\ \mathrm{kg \cdot mol^{-1}}$
基本电荷	$e = 1.602 \times 10^{-19}\ \mathrm{C}$
电子静止质量	$m_e = 9.11 \times 10^{-31}\ \mathrm{kg}$
质子静止质量	$m_p = 1.673 \times 10^{-27}\ \mathrm{kg}$
真空介电常数	$\varepsilon_0 = 8.854 \times 10^{-12}\ \mathrm{F \cdot m^{-1}}$
真空磁导率	$\mu_0 = 4\pi \times 10^{-7}\ \mathrm{H \cdot m^{-1}}$
真空中光速	$c = 2.998 \times 10^{8}\ \mathrm{m \cdot s^{-1}}$
普朗克常数	$h = 6.63 \times 10^{-34}\ \mathrm{J \cdot s}$

附录D 国际制(SI)基本单位

量的名称	单位名称	单位符号	定义
长度	米	m	米是光在真空中(1/299 792 458)s时间间隔内所经路径的长度。（1983年第17届国际计量大会通过）
质量	千克	kg	千克是质量单位，等于国际千克原器的质量 。（第1届和第3届国际计量大会，1889年，1901年）
时间	秒	s	秒是铯—133原子基态的两个超精细能级之间跃迁所对应的辐射的9 192 631 770个周期的持续时间 。（第13届国际计量大会，1967年，决议1）
电流	安培	A	安培是一恒定电流，若保持在处于真空中相距1米的两无限长圆截面可以忽略的平行直导线内通以等量恒定电流时，若此两导线之间产生的力在每米长度上等于2×10^{-7}牛顿，则每根导线中的电流为1 A。（国际计量委员会，1946年，决议2；1948年第9届国际计量大会批准）
热力学温度	开尔文	K	热力学温度单位开尔文是水的三相点热力学温度的1/273.16 。（第13届国际计量大会，1967年，决议4）
物质的量	摩尔	mol	(1)摩尔是一系统的物质的量，该系统中所包含的基本单元数与0.012千克碳—12的原子数目相等。(2)在使用摩尔时，基本单元应予指明，可以是原子、分子、离子、电子及其他粒子，或是这些粒子的特定组合 。（国际计量委员会1969年提出，1971年第14届国际计量大会通过，决议3）
发光强度	坎德拉	Cd	坎德拉是一光源在给定方向上的发光强度，该光源发出频率为540×10^{12} Hz的单色辐射，且在此方向上的辐射强度为(1/683) W/Sr。（第16届国际计量大会，1979年）

参考文献

[1] 教育部高等学校物理学与天文学指导委员会,物理基础课程教学指导分委会.理工科类大学物理课程教学基本要求、理工科类大学物理实验课程教学基本要求.北京:高等教育出版社,2008.

[2] 程守洙.普通物理学.5版.北京:高等教育出版社,1998.

[3] 马文蔚.物理学.4版.北京:高等教育出版社,1999.

[4] 范力茹.物理学基础.长沙:国防科技大学出版社,2009.

[5] 吴百诗.大学物理.北京:科学出版社,2001.

[6] 赵凯华.新概念物理教程.北京:高等教育出版社,1998.

[7] 王少杰.新编基础物理学.北京:科学出版社,2009.

[8] 胡素芬.近代物理基础.杭州:浙江大学出版社,1988.

[9] 曾谨言.量子力学教程.北京:科学出版社,2003.

[10] 王亚民.大学物理学习与指导.西安:陕西科学技术出版社,2003.

[11] 孟泉水.大学物理教程.西安:陕西科学技术出版社,2006.

[12] 范中和.大学物理学.西安:陕西师范大学出版社,2005.